从入门到精通的飞跃

库倍科技 编著

Office 2019 从入门到精通

北京希望电子出版社
Beijing Hope Electronic Press
www.bhp.com.cn

内 容 简 介

本书由浅入深，循序渐进地介绍了Offce 2019软件三大常用办公组件的具体应用。

全书共23章，第1章主要介绍Office 2019的通用操作；第2章～第9章，主要介绍Word 2019的初级、中级和高级操作，包括文档操作、文字输入和编辑、文本和段落格式设置、高级排版、表格处理、图文混排、长文档编排以及页面设置和打印等；第10章～第17章，主要介绍Excel 2019的具体操作，包括工作表和工作簿操作、单元格数据编辑和格式设置、Excel公式和函数、分析和管理数据、图表工具等；第18章～第23章，主要介绍PowerPoint 2019的具体操作，包括演示文稿基础操作、幻灯片编辑、文本编辑、插入图片和图形对象、添加多媒体内容、设计幻灯片母版、设置幻灯片播放等。

本书可供大中专院校师生作为办公应用类教材使用，也可作为职场人士提升办公应用技能的参考书。

图书在版编目（CIP）数据

Office 2019 从入门到精通 / 库倍科技编著. -- 北京 : 北京希望电子出版社, 2019.11

ISBN 978-7-83002-711-7

Ⅰ. ①O… Ⅱ. ①库… Ⅲ. ①办公自动化－应用软件 Ⅳ. ①TP317.1

中国版本图书馆 CIP 数据核字(2019)第 210902 号

出版：北京希望电子出版社
地址：北京市海淀区中关村大街 22 号
中科大厦 A 座 10 层
邮编：100190
网址：www.bhp.com.cn
电话：010-82620818（总机）转发行部
010-82626237（邮购）
传真：010-62543892
经销：各地新华书店

封面：深度文化
编辑：李　萌
校对：龙景楠
开本：787mm×1092mm　1/16
印张：26.5
字数：628 千字
印刷：北京昌联印刷有限公司
版次：2020 年 1 月 1 版 1 次印刷

定价：76.00 元

前　言

Microsoft Office 2019 是美国微软公司在 2018 年 9 月 25 日正式推出的新一代办公套装软件，新版 Office 在 Windows 10 操作系统上可以获得最佳用户体验。本书基于 Windows 10 操作系统编写，详细地介绍了 Office 2019 最为常用的产品，包括 Word 2019、Excel 2019 和 PowerPoint 2019 等。本书提供了全面而规范的 Office 产品功能介绍、应用经验和操作技巧，可以为读者熟练掌握 Office 办公应用软件的使用方法和操作技巧提供强有力的帮助。

新版本的 Office 2019 功能更加强大，用户可以通过图文编辑方式，使自己的文档、图表数据、演示文稿等更加直观，具有更强的说服力，形式更加美观；利用 Word、Excel 和 PowerPoint 中的现成模板，用户可以充分表现自己的创意，设计出文本和数据丰富的视觉效果，并且实现完善的数据管理和编辑功能，使自己的办公作业更加方便快捷、轻松高效。

在 Office 2019 专业版组件中，Word 2019 属于图文编辑工具，它可以用来创建和编辑具有专业外观的文档，如信函、论文、报告和小册子；Excel 2019 属于数据处理程序，它可以用来执行计算、分析信息以及将电子表格中的数据图表化；PowerPoint 2019 属于幻灯片制作程序，它可以用来创建和编辑演示文稿，实现幻灯片的播放和自动展示。

本书共分为 5 个部分 23 章，第 1 部分包括第 1 章，主要介绍 Office 2019 的通用操作；第 2 部分包括第 2 章～第 9 章，主要介绍 Word 2019 的初级、中级和高级操作，包括文档操作、文字输入和编辑、文本和段落格式设置、高级排版、表格处理、图文混排、长文档编排以及页面设置和打印等；第 3 部分包括第 10 章～第 17 章，主要介绍 Excel 2019 的各项操作，包括工作表和工作簿操作、单元格数据编辑和格式设置、Excel 公式和函数、分析和管理数据、图表工具等；第 4 部分包括第 18 章～第 23 章，主要介绍 PowerPoint 2019 的各项操作，包括演示文稿基础操作、幻灯片编辑、文本编辑、插入图片和图形对象、添加多媒体内容、设计幻灯片母版、设置幻灯片播放等。这些都是作者在应用和教学实践中长期积累的宝贵经验，相信能为读者熟悉和提高 Office

2019 的应用水平提供很大的帮助。

本书由库倍科技编写，其中参与资料收集和整理的人员有：黄刚、马宏华、唐盛、郝艳杰、张俊、宋万峰、周玉兰、黄永强、刘三芬、王婷、陈凯、李斌、齐永杰、徐志恒、马路俊、熊计华、黄进青、武海军、郭兴霞、郑铁文、熊爱华、王静涛、姜大为、陈会翔和马京京等。

由于作者水平所限，书中难免有疏漏之处，敬请广大读者批评指正。如果在学习过程中遇到问题可以联系我们，我们的电子邮箱是 bhpbangzhu@163.com。如果希望知悉更多的图书信息，可登录北京希望电子出版社的网站 http://www.bhp.com.cn 进行了解。

编著者

目　录

第 6 章 Word 2019 的表格处理 ······101

第 7 章 图文混排 ······119

第 8 章 长文档的编排处理 ······137

第 11 章 输入和编辑数据 197

第 12 章 格式化工作表 212

第 13 章 操作工作表和工作簿 232

第 1 章 Office 2019 概述

Office 2019 是微软公司运行于 Microsoft Windows 10 操作系统的新一代办公软件，其中包括 Word、Excel、PowerPoint 等组件。本章将对 Office 2019 的新功能特点、基础操作等知识加以介绍，使读者从整体上认识 Office 2019。

≫ 本章学习内容：

- Office 2019 的新功能和特点
- 认识 Office 2019 组件界面
- 设置 Office 2019 操作环境
- Office 2019 的基础操作
- 使用 OneDrive 协同办公

1.1 Office 2019 的新功能和特点

Microsoft Office 2019 启用了人性化设计，支持包括平板电脑在内的 Windows 设备，支持使用触控、手写笔、鼠标或键盘进行操作。它在支持社交网络的同时，提供包括阅读、笔记、会议和沟通等现代应用场景，并可通过最新的云服务模式交付给用户。在 Office 2019 中，可发现新的墨迹工具、数据类型、函数、翻译和编辑工具、动态图形、易用功能等，并且原来的 SkyDrive 也已经升级为 OneDrive，使得 Office 办公文件共享和协同更加方便。下面分别介绍 Office 2019 的新功能。

1.1.1 添加视觉效果

现在，Office 2019 可以轻松地将图标和可缩放矢量图形 (Scalable Vector Graphics，SVG) 文件插入 Microsoft Office 文档、Excel 工作簿、电子邮件和演示文稿中。完成后，还可以旋转、着色并调整其大小，且不会损失任何图像质量。

例如，在 Word 中，用户单击“插入”选项卡，然后选择“插图”工具组中的“图标”，即可在打开的“插入图标”对话框中，找到大量的矢量图形，如图 1-1 所示。

可以看到，矢量图标包含了 35 个类别，提供了大量的富有表现力的矢量图片（其中就包括社交媒体常用的表情图案），这些图片还可以填充不同的颜色、做缩放处理（不影响图形质量），旋转、变形等。合理利用这种新功能将极大地丰富文档的表现手段。

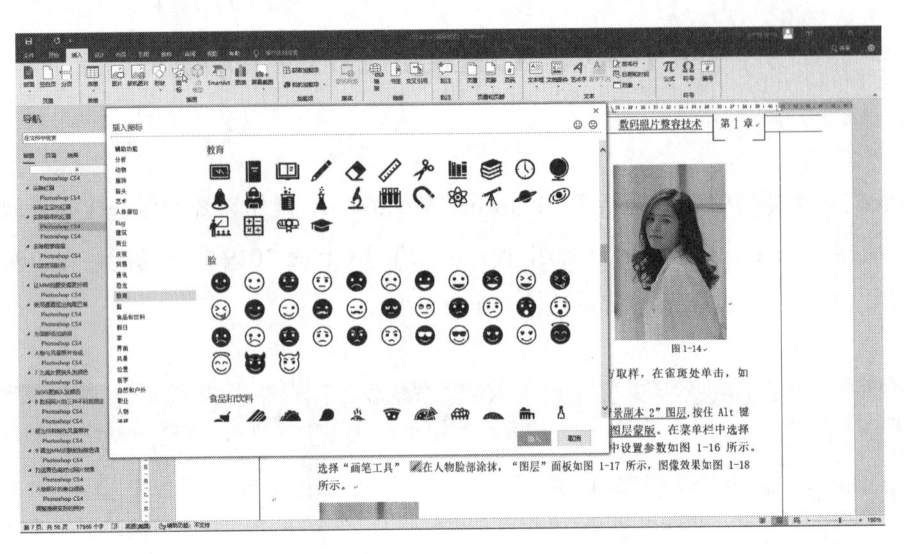

图 1-1

1.1.2　新增 Excel 函数

众所周知，Excel 中有很多很好用的函数，而 Office 2019 中也加入了更多的新函数，比如多条件判断函数 IFS、多列合并函数 CONCAT 等，对于经常使用 Excel 表格办公的人来说，大大提升了工作效率，如图 1-2 所示。

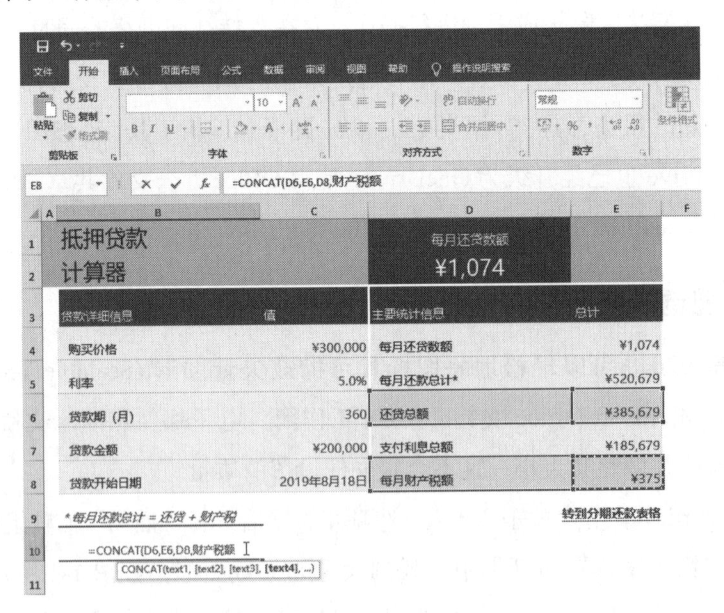

图 1-2

1.1.3　阅读模式

Office 2019 的 Word 文档中，在“视图”选项卡下新增了一个“阅读视图”功能，该

功能可以提高阅读的舒适度，如图 1-3 所示。

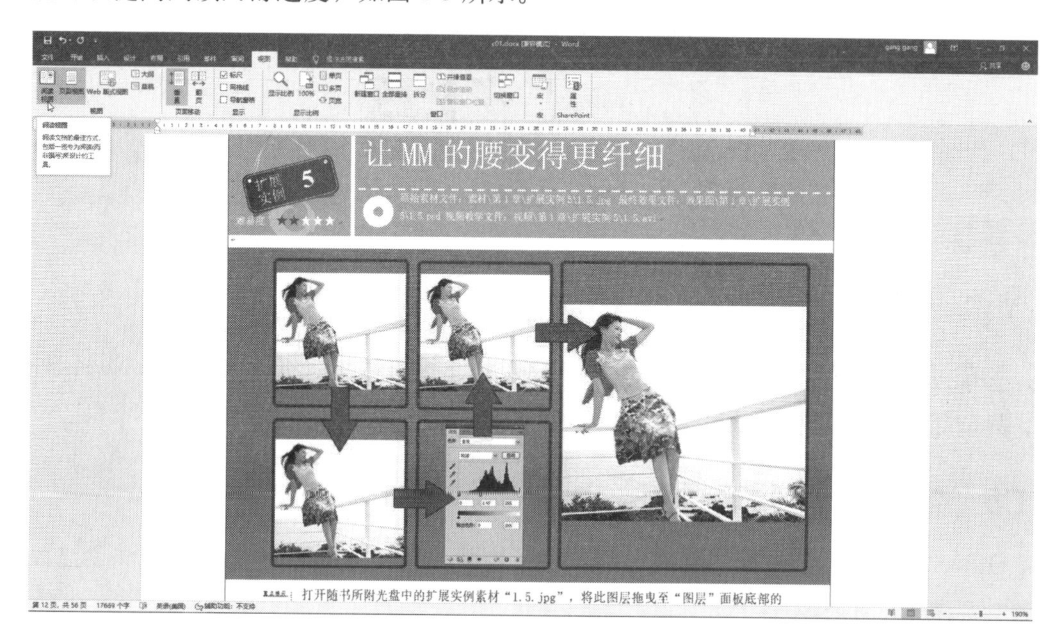

图 1-3

在阅读模式下，可以调整文档页面颜色、页面宽幅、分栏显示等，给人以真正读书的感觉，如图 1-4 所示。

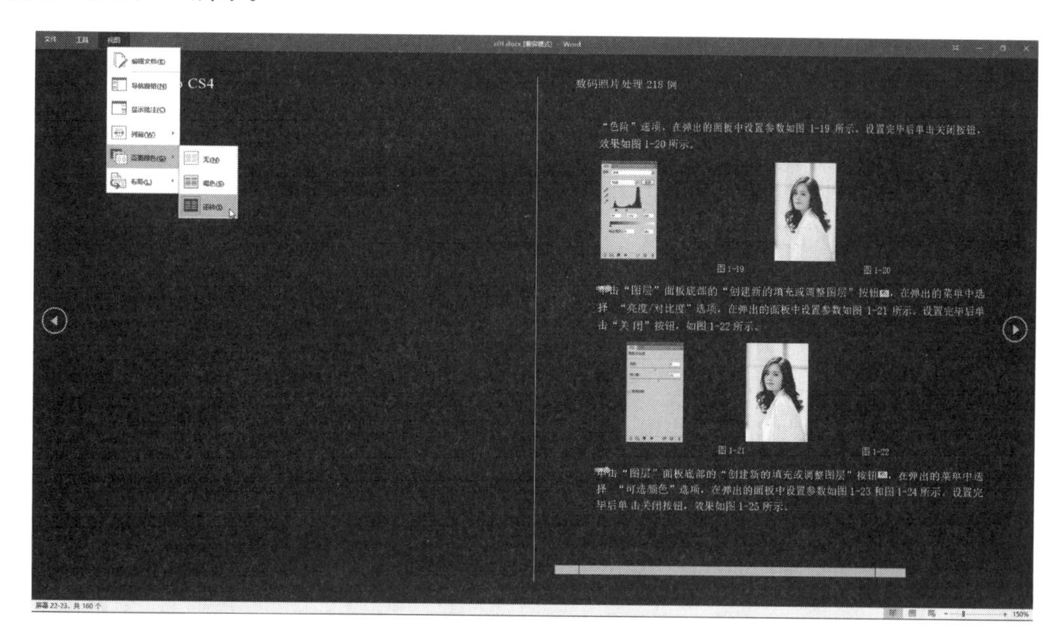

图 1-4

1.1.4　翻译功能

使用 Office 2019 打开同时存在多种语言文字（例如，中英文）的文档时，会出现提示，询问是否要翻译文档，如图 1-5 所示。

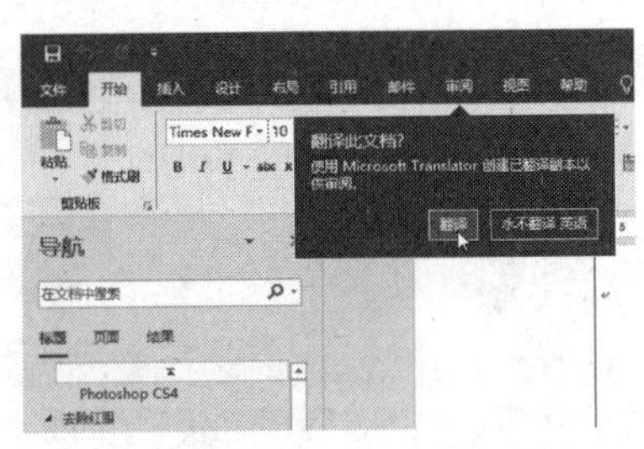

图 1-5

现在可以使用 Microsoft Translator 功能将单词、短语和其他所选文字翻译成另一种语言，只是翻译的质量仍然存疑。

1.1.5 增强的公式功能

Office 2019 中的公式编辑功能已经获得了增强，现在支持使用 LaTeX 语法创建数学公式，如图 1-6 所示。

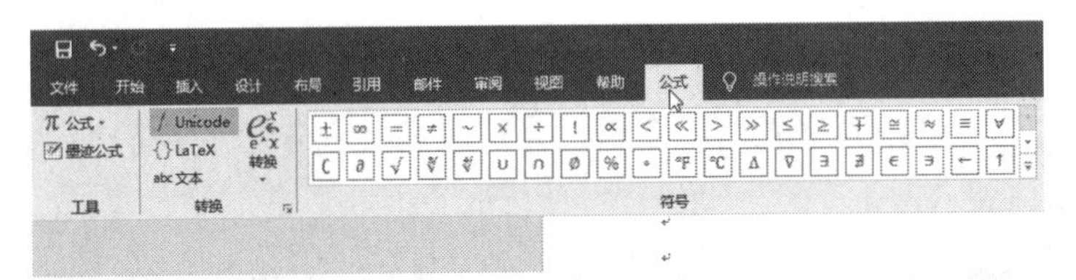

图 1-6

普通用户对 LaTeX 语法可能会比较无感，但是 Office 2019 的墨迹公式识别功能同样有所增强，即使用户写得不太标准也可以轻松识别，如图 1-7 所示。

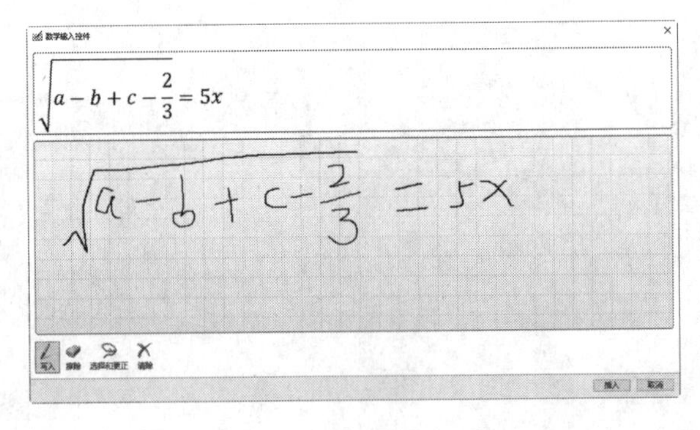

图 1-7

1.1.6 新 Excel 图表

在 Excel 2019 中，用户可以从 11 种新图表中进行选择，以更好地将数据可视化，如图 1-8 所示。

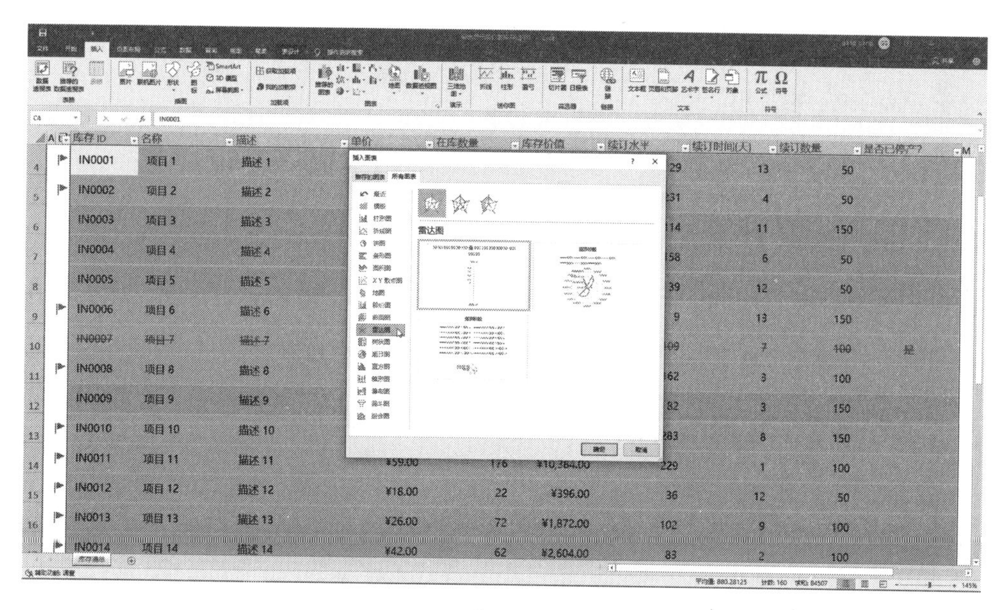

图 1-8

1.1.7　声音辅助功能

初学者现在可以获得更多的 Office 的音频操作提示。音频提示属于声音效果，可以打开“Word 选项”，然后在“轻松访问”类别找到并选中“提供声音反馈”复选框，如图 1-9 所示。

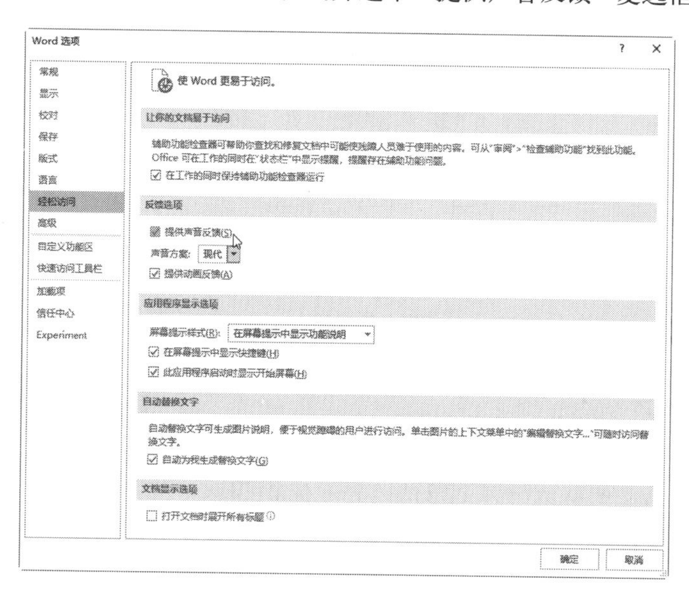

图 1-9

1.1.8　通过 OneDrive 强化办公协作

OneDrive 是 Microsoft 公司用来替代以前的云存储服务 SkyDrive 的，它是 2014 年 2 月 19 日正式上线的云存储服务，支持 100 多种语言。OneDrive 和 Office 2019 通过

Windows 账号无缝集成，可以为办公协作提供更好和更方便的用户体验。本章将在 1.5 节详细介绍 OneDrive 的应用。

1.2 认识 Office 2019 组件界面

Office 2019 中最常用的 3 个办公组件包括 Word、Excel 和 PowerPoint。为了让用户在以后的操作中能够得心应手，本节先对这 3 个组件的界面进行介绍。

1.2.1 Word 2019 界面介绍

Word 2019 的操作界面如图 1-10 所示。

图 1-10

在该界面中各部分的作用如下。

- 快速访问工具栏：位于界面左上角，用于放置一些常用工具，在默认情况下包括保存、撤销和恢复 3 个工具按钮，用户可以根据需要进行添加，如图 1-11 所示。
- 标题栏：位于界面顶部，用于显示当前文档名称。
- 窗口控制按钮：位于界面右上角，包括最小化、最大化和关闭 3 个按钮，用于对文档窗口的大小和是否关闭进行相应的控制。

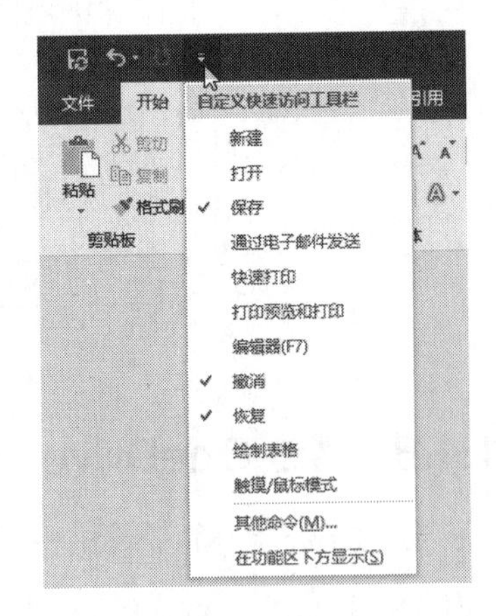

图 1-11

- 选项卡：用于切换选项组，单击相应选项卡，即可完成切换。默认的选项卡包括“文件”“开始”“插入”“设计”“布局”“引用”“邮件”“审阅”“视图”和“帮助”等。当选定了不同的对象时，会出现相应的选项卡。例如，当在文档窗口中选择了图片时，就会在“视图”后面出现“图片格式”选项卡，如图 1-12 所示。

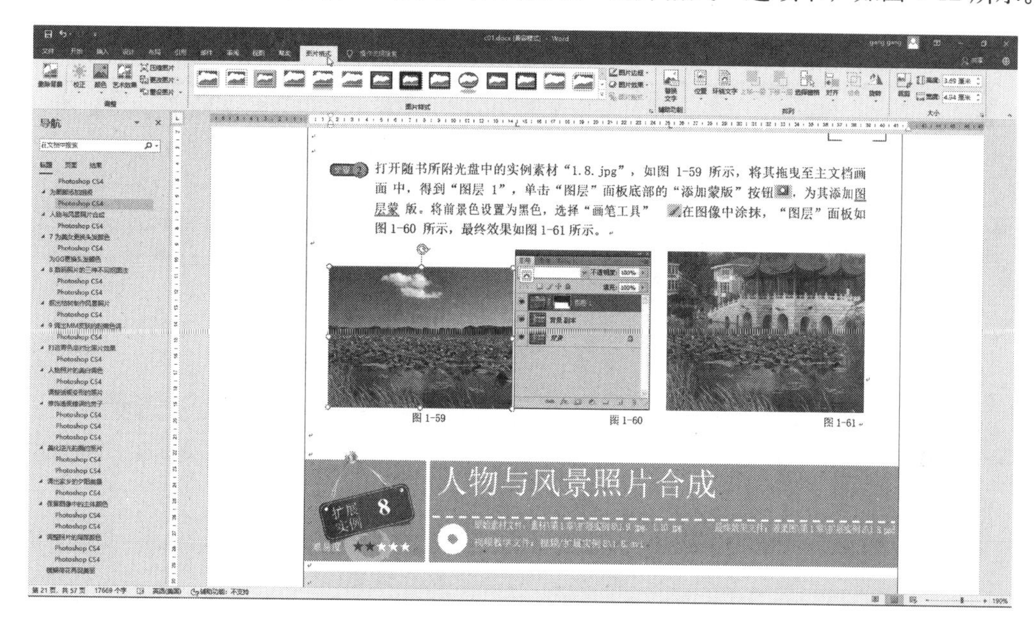

图 1-12

- 功能区：用于放置编辑文档时所需要的功能，程序将各功能划分为一个一个的组，称为功能组。
- 标尺：用于显示或定位文本的位置。
- 滚动条：位于右侧和底部，拖动可向上下或向左右查看文档中未显示的内容。
- 编辑区：用于显示或编辑文档内容的工作区域。
- 状态栏：位于左下角，用于显示当前文档的页数、字数、使用语言、输入状态等信息。
- 视图按钮：位于右下角，用于切换文档的视图方式，单击相应按钮，即可完成切换。
- 缩放标尺：位于右下角，用于对编辑区的显示比例和缩放尺寸进行调整，缩放后，标尺左侧会显示出缩放的具体数值。

1.2.2　Excel 2019 界面介绍

Excel 2019 软件的操作界面如图 1-13 所示。

在该界面中各部分的作用如下。

- 名称框：用于显示或定义所选单元格或单元格区域的名称，如图 1-14 所示。
- 编辑栏：用于显示或编辑所选择单元格中的内容。

- 列标：用于显示工作表中的列，以A，B，C，D……的形式进行编号。
- 行号：用于显示工作表中的行，以1，2，3，4……的形式进行编号。
- 工作表标签：位于左下角，用于显示当前工作簿中的工作表名称。在默认情况下标签标题显示为Sheet1、Sheet2、Sheet3，可以进行更改，也可以拖动调整前后顺序，如图1-15所示。

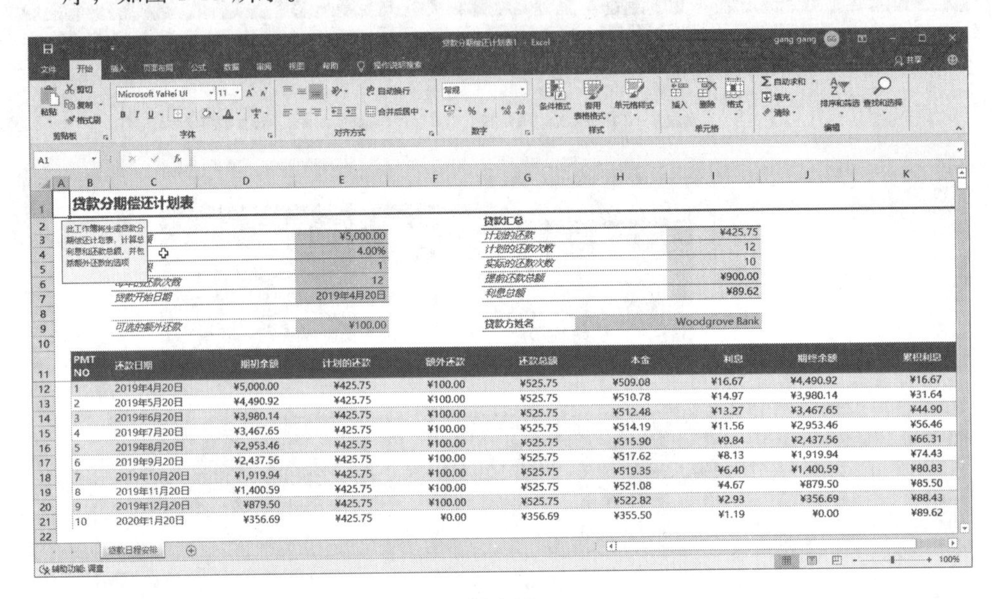

图 1-13

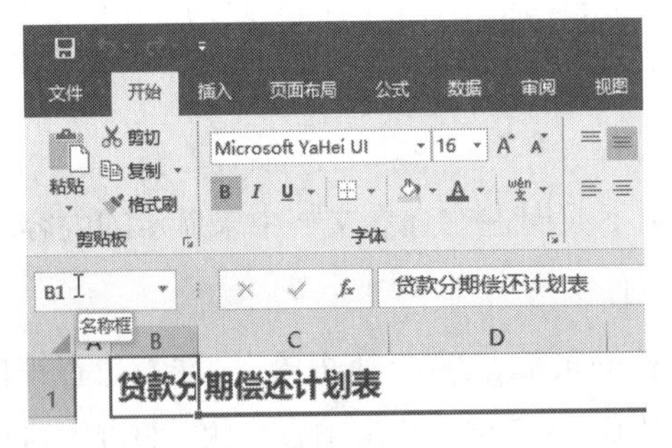

图 1-14

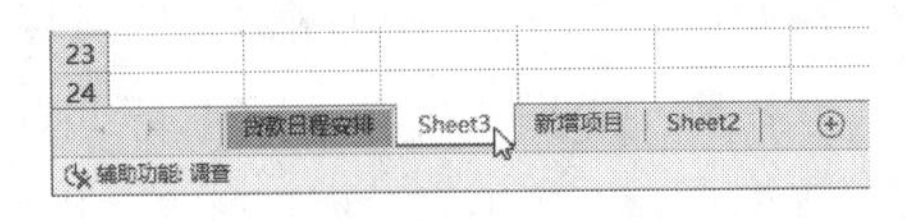

图 1-15

- “插入工作表”按钮：位于工作表标签右侧，用于插入新的工作表，单击该按钮即可完成插入工作表的操作。
- 工作区：用于对表格内容进行编辑，每个单元格都以虚拟的网格进行界定。

Excel 其他的工作界面和 Word 等 Office 组件是一样的，兹不赘述。

1.2.3 PowerPoint 2019 界面介绍

PowerPoint 2019 主要用于编辑动画演示文稿，它的工作界面包括编辑区、幻灯片窗格、

备注栏等部分，如图 1-16 所示。

图 1-16

该界面中的菜单选项卡和功能组同 Word、Excel 等是一样的，其余各部分的作用如下。

- 幻灯片窗格：位于左侧，用于预览区的索引，单击即可切换到“幻灯片”窗格。
- 大纲窗格：和幻灯片窗格其实在同一位置，可以通过“视图”切换，如图 1-17 所示。

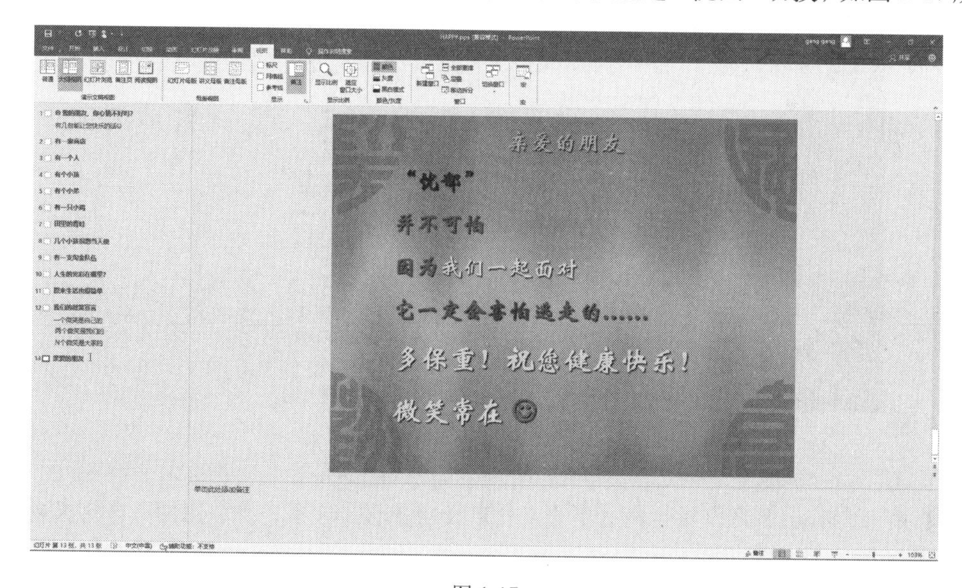

图 1-17

- 备注窗格：位于底部，用于为幻灯片添加备注内容，添加时将插入点定位在其中直接输入即可。未被选中时，它显示有“单击此处添加备注”字样。
- 编辑窗格：用于显示或编辑幻灯片中的文本、图片、图形等内容。

1.3 设置 Office 2019 操作环境

在使用 Office 2019 之前，有必要对其操作环境进行相关设置，这些设置将帮助用户更好地应用 Office 2019，从而提高工作效率。

1.3.1 自定义功能区

功能区用于放置功能按钮，在 Office 2019 中可以对功能区中的功能按钮进行添加或删除操作。本节以在 Word 2019 中为功能区添加功能按钮为例，介绍自定义功能区的操作。

自定义功能区的操作步骤如下。

01 启动 Word 2019，单击“文件”按钮，在弹出的菜单中选择“选项”命令，如图 1-18 所示。

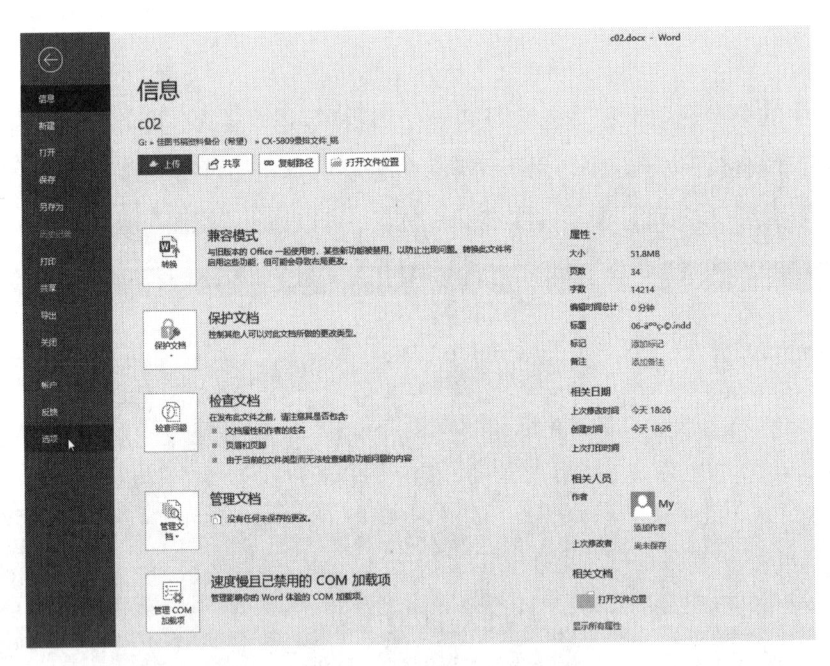

图 1-18

02 弹出“Word 选项”对话框，单击“自定义功能区”选项，在右侧的“自定义功能区”列表框中选择选项组要添加到的具体位置，例如，“开始”选项卡，如图 1-19 所示。

03 选择需要添加的位置后，单击“自定义功能区”列表框下方的“新建组”按钮，如图 1-20 所示。

04 单击“重命名”按钮，弹出“重命名”对话框，在“显示名称”文本框中输入组名称为“英汉翻译”，然后单击“确定”按钮，如图 1-21 所示。

05 在“从下列位置选择命令”列表框中单击“不在功能区中的命令”，如图1-22所示。

图1-19

图1-20

图1-21

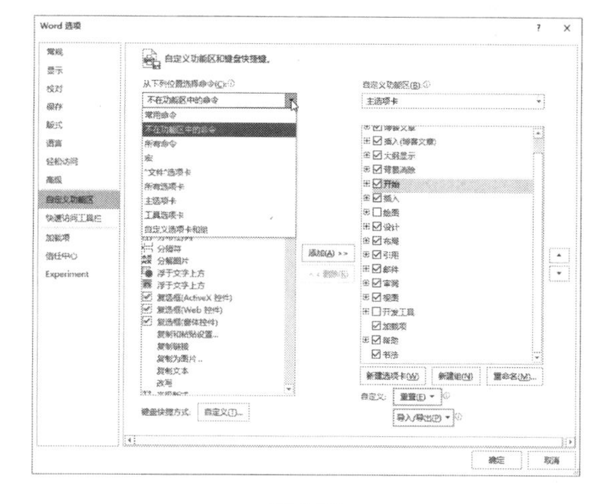

图1-22

06 选择需要添加到新建的“英汉翻译”组中的按钮（例如“翻译”命令），然后单击“添加”按钮，将它添加到右侧“英汉翻译（自定义）”组中，完毕后单击“确定”按钮，如图1-23所示。

07 完成自定义设置功能区的操作后返回文档中，切换到“开始”选项卡，即可看到添加的自定义“英汉翻译”功能组和添加到该组中的“翻译”按钮，如图1-24所示。

若需要删除功能组中的功能区时，可在“Word选项”对话框中切换到“自定义功能区”选项卡，在“自定义功能区”列表框中选中需要删除的功能组，单击“删除”按钮，最后单击“确定”按钮，即可完成删除操作。

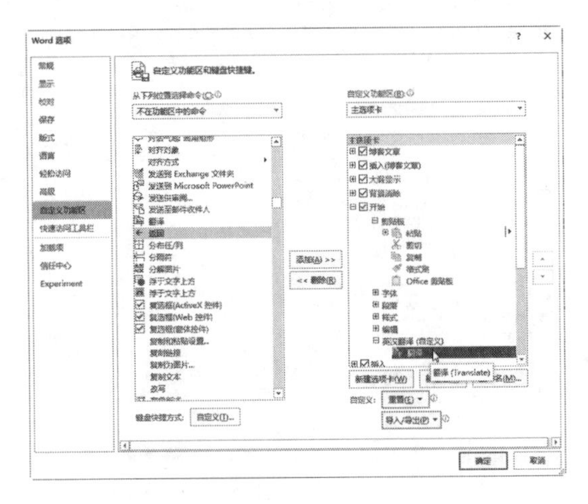

图 1-23

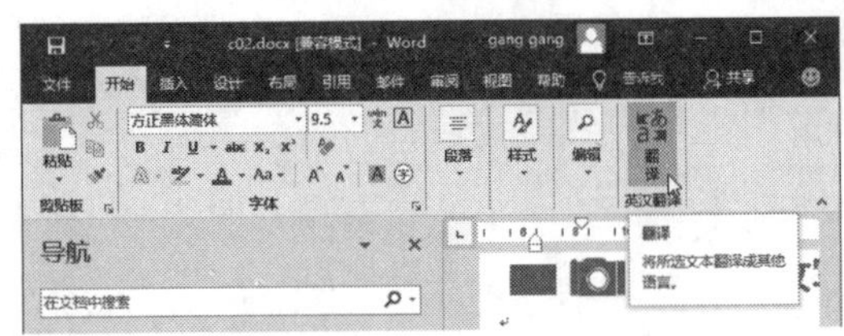

图 1-24

1.3.2 自定义快速访问工具栏

在默认情况下，快速访问工具栏中包括“保存”“撤销”和“恢复”3 个按钮，用户可以根据需要将其他需要的工具添加到快速访问工具栏中，操作步骤如下。

01 打开文档后，单击快速访问工具栏右侧的下拉按钮，在弹出的菜单中单击需要显示的工具选项（例如“新建”），即可完成添加操作，如图 1-25 所示。

02 要添加弹出菜单之外的其他命令，可以单击“其他命令”，打开“Word 选项”对话框，此时会自动定位到“快速访问工具栏”分类，可以选择要添加的命令（例如“插入图片”），然后单击“添加”按钮，将它添加到右侧“自定义快速访问工具栏”列表中，如图 1-26 所示。

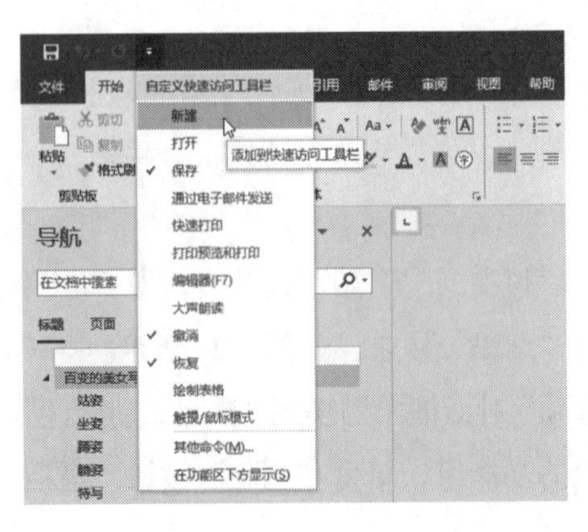

图 1-25

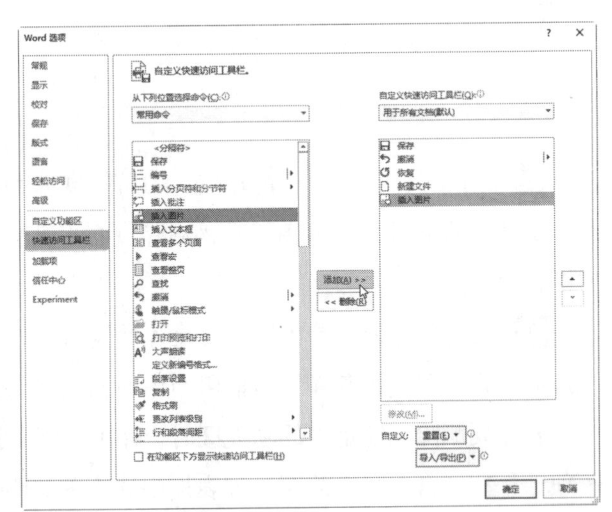

图 1-26

03 需要取消快速访问工具栏上的按钮时，在其弹出菜单中再次单击该选项即可。对于通过“其他命令”方式添加的按钮，则可以右击它，然后从快捷菜单中选择“从快速访问工具栏删除”，如图 1-27 所示。

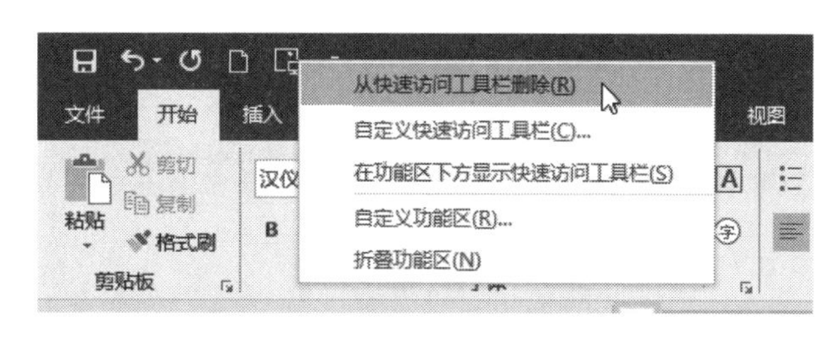

图 1-27

1.3.3　隐藏屏幕提示信息

Office 2019 提供了一项比较人性化的功能，就是当鼠标指向某个按钮时，会弹出一个浮动菜单，其中显示了对该按钮功能的提示信息，如图 1-28 所示。

图 1-28

如果已经对 Office 应用程序的各项功能比较熟悉，不再需要显示这些提示信息，则可以将此功能关闭。以 Excel 2019 为例，具体操作步骤如下。

01 启动 Excel 2019 应用程序，单击“文件”按钮并在“文件”菜单中选择“选项”命令，打开“Excel 选项”对话框。

02 选择左侧列表中的“常规”选项，在右侧的“屏幕提示样式”下拉列表中选择“不显示屏幕提示”选项，然后单击“确定”按钮，如图 1-29 所示。

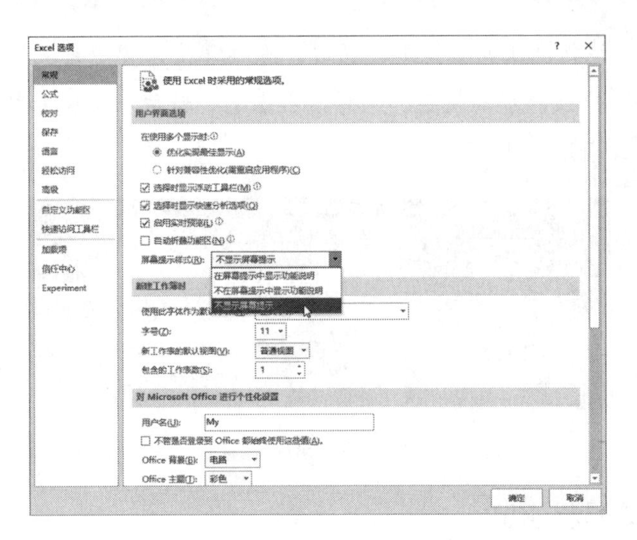

图 1-29

1.3.4 调整界面颜色

在 Office 2019 中，可以根据个人喜好从多种预置的界面颜色中选择任意一种。例如，PowerPoint 的界面颜色默认为褐色。现在以 PowerPoint 2019 为例调整其界面颜色，具体操作步骤如下。

01 启动 PowerPoint 2019 应用程序，单击“文件”按钮并在“文件”菜单中选择“选项”命令。

02 打开“PowerPoint 选项”对话框，选择左侧列表中的“常规”选项，在右侧的“配色方案”下拉列表中选择一种界面颜色（例如白色），如图 1-30 所示。

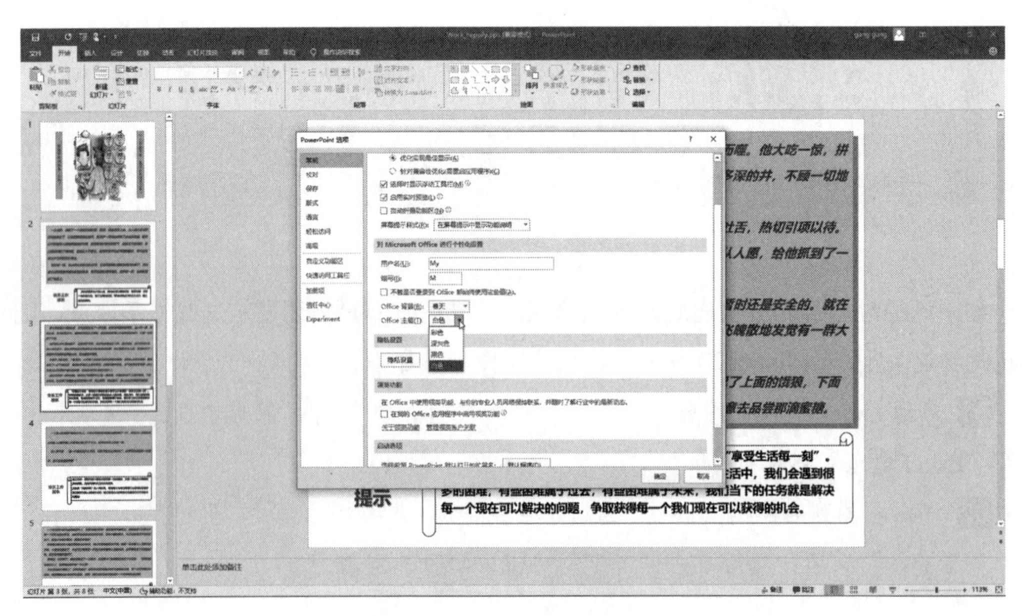

图 1-30

03 单击“确定”按钮，此时 PowerPoint 的界面颜色已经改变，如图 1-31 所示。

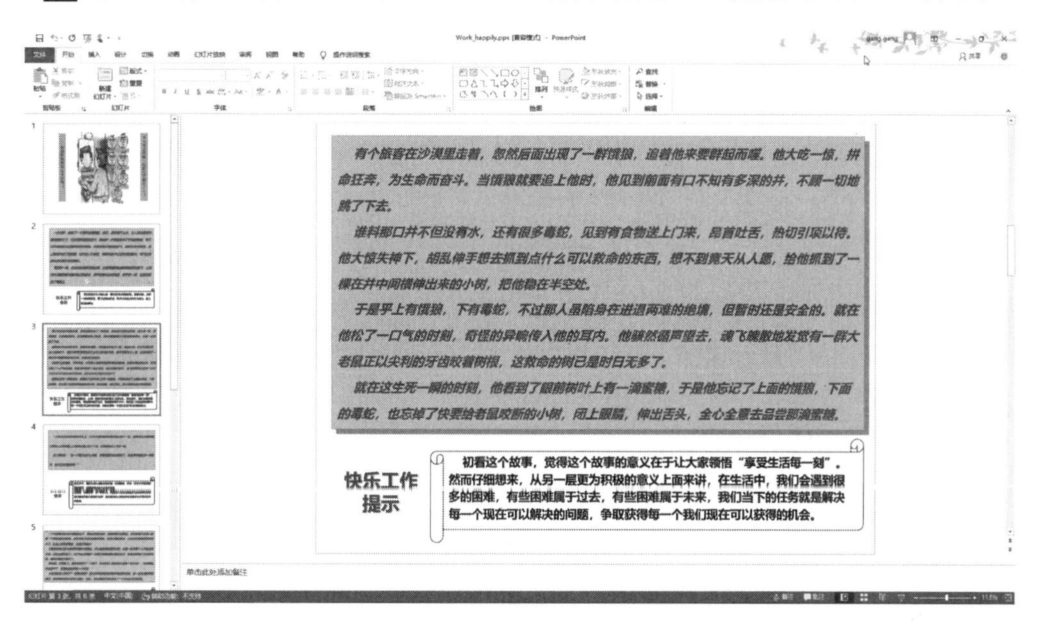

图 1-31

提示： 这个其实就是 Office 软件的“换肤”功能。在同一位置的“Office 背景”选项中还可以切换选择其他背景图像。

1.3.5 指定自动保存的时间间隔

Office 应用程序提供了一种程序在意外关闭时的补救措施，即默认情况下每隔 10 分钟 Office 应用程序会自动保存当前打开文件的一个临时备份。当出现诸如突然停电、计算机意外死机等突发情况时，可以使用临时备份文件来恢复出现问题之前的文档数据，具体操作步骤如下。

01 启动 PowerPoint 2019 应用程序，单击“文件”选项卡，然后选择“选项”命令。

02 打开“PowerPoint 选项”对话框，选择左侧列表中的“保存”选项。在右侧确保选中“保存自动恢复信息时间间隔”复选框，然后在其右侧的文本框中输入希望的时间间隔，单击“确定”按钮完成设置，如图 1-32 所示。

图 1-32

1.3.6 调整文档的显示比例

在 Office 2019 中，可以通过以下 3 种方法来调整窗口的显示比例。

（1）按住 Ctrl 键滚动鼠标滚轮。这样可以按 10% 递减或递增来改变显示比例。

（2）使用状态栏右侧（即窗口右下角）的显示比例控件，如图 1-33 所示。拖动滑块可任意调整显示比例，而单击按钮则可以按 10% 递减或递增来改变显示比例。

（3）按钮右侧的数字显示的是当前的显示比例，此数字也是可以单击的一个按钮。单击该按钮会弹出一个对话框，可以从中选择显示比例的选项，如图 1-34 所示；也可以在“视图”选项卡的“显示比例”选项组中单击“显示比例”按钮，打开同样的对话框。

图 1-33

图 1-34

1.4 使用 OneDrive 协同办公

OneDrive 是 Microsoft 公司新一代的网络存储工具，它实际上和百度云、华为云之类的产品是一样的，都是方便用户共享文件的利器。比较特别的是，OneDrive 通过 Microsoft 账号和 Office 2019 集成在一起，这意味着用户可以使用它更方便地协同办公。

要在 Office 2019 中使用 OneDrive 协同办公，可以按以下 3 个阶段操作。

1.4.1 登录 Microsoft 账号

由于 OneDrive 是通过 Microsoft 账号和 Office 2019 集成在一起的，所以用户在共享文档之前，需要先在 Office 2019 中登录 Microsoft 账号。其操作步骤如下。

01 启动 Office 2019 中的任何应用程序，例如 Word，单击右上角的“登录”按钮，如图 1-35 所示。

02 此时将出现 Microsoft“登录”对话框。如果用户目前还没有该账号，则可以单击

“创建一个”，如图 1-36 所示。

03 在“创建账户”对话框中，单击“改为使用电话号码”，如图 1-37 所示。

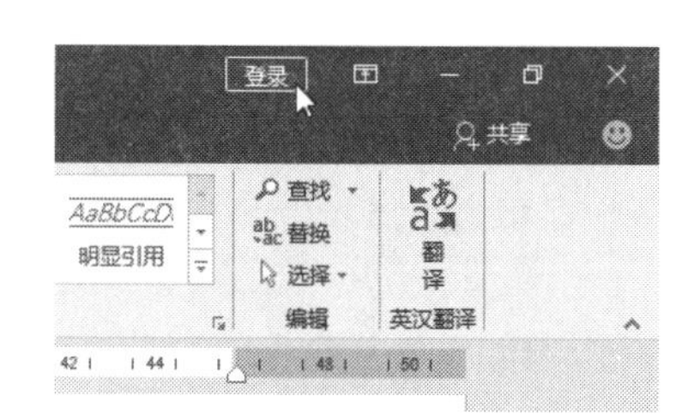

图 1-35

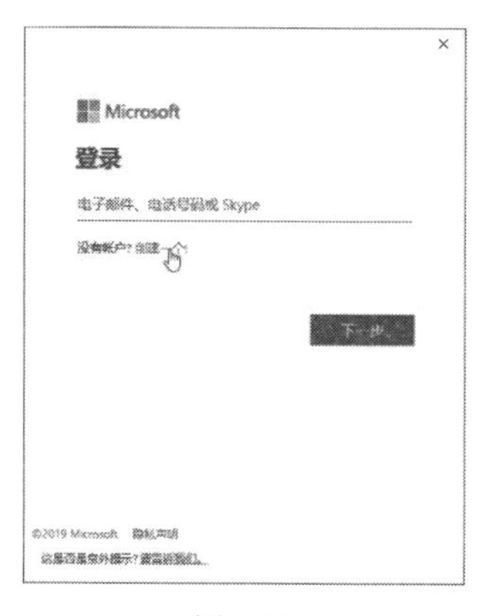

图 1-36

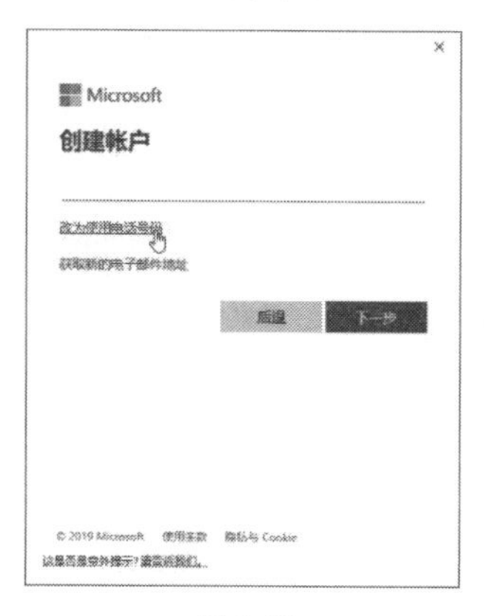

图 1-37

04 输入用于注册的电话号码，如图 1-38 所示。

05 输入账号密码，然后单击“下一步”按钮，如图 1-39 所示。

06 输入姓名，然后单击“下一步”按钮，如图 1-40 所示。

图 1-38

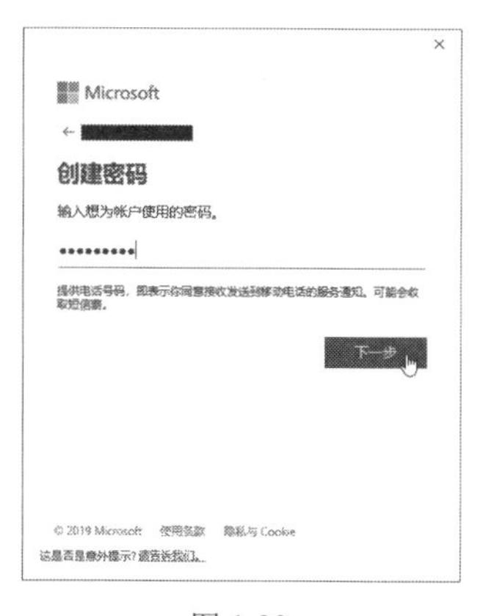

图 1-39

图 1-40

07 设置出生日期等信息，然后单击“下一步”，如图 1-41 所示。

08 此时手机会收到一个验证码，填写该验证码，然后单击“下一步”，如图 1-42 所示。

09 在“添加电子邮件”界面中，填写用于验证的电子邮件地址，如图 1-43 所示。

10 该邮箱会立即收到一封验证邮件，填写验证码，如图 1-44 所示。

图 1-41

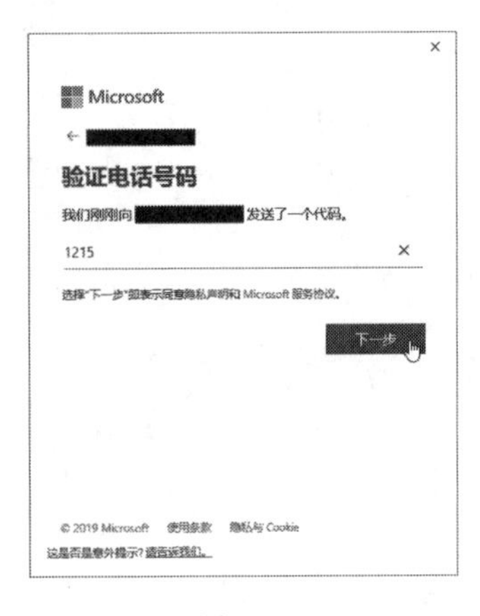

图 1-42

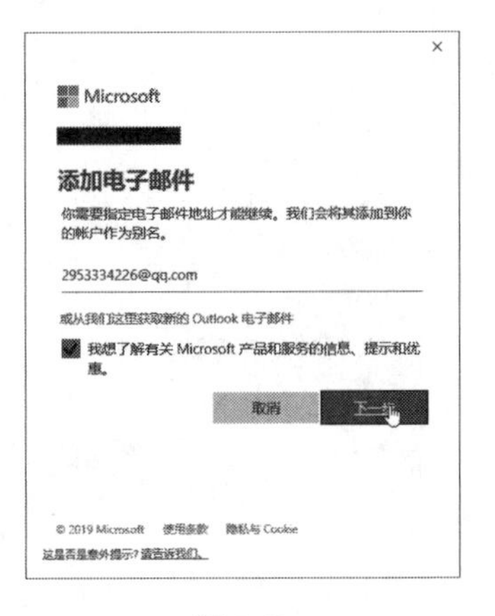

图 1-43

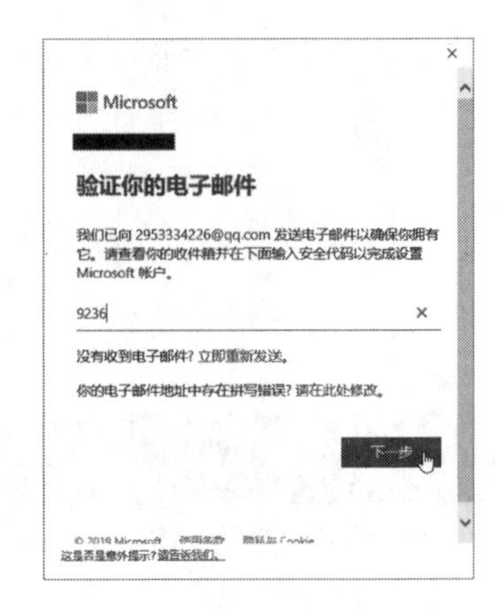

图 1-44

11 注册成功之后，即可登录 Microsoft 账号，回到 Word 界面，可以看到右上角已经显示了登录的账号，如图 1-45 所示。

图 1-45

1.4.2 启用 OneDrive

在 Office 2019 中登录 Microsoft 账号之后，还需要启用 OneDrive。其操作步骤如下：

01 在打开的 Word 窗口中（假定已经编辑了一篇文档），单击"文件"选项卡，然后选择"另存为"，在出现的界面中，单击"添加位置"下的 OneDrive，如图 1-46 所示。

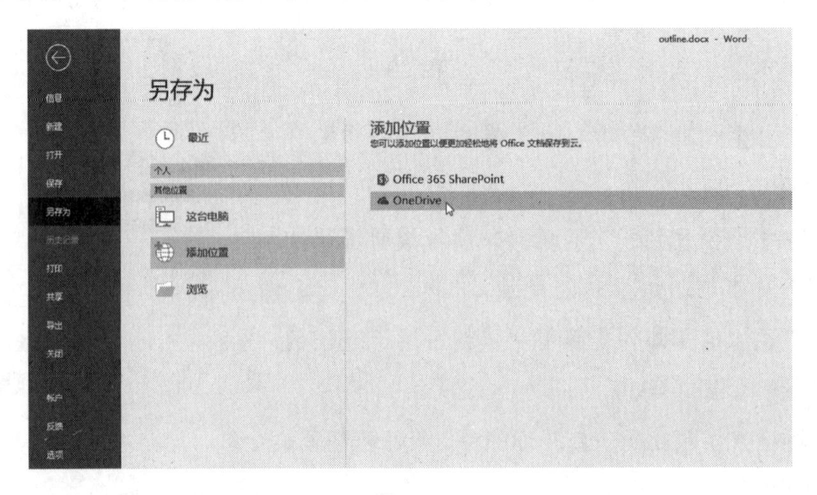

图 1-46

02 在出现的“设置 OneDrive”对话框中，输入已注册的 Microsoft 账号，单击“登录”按钮，如图 1-47 所示。

03 输入密码，然后单击“登录”按钮，如图 1-48 所示。

图 1-47

图 1-48

04 在出现默认 OneDrive 文件夹指示对话框时，可以单击“更改位置”，将 OneDrive 文件夹移动到其他驱动器（因为 C 盘容易因为重做系统的原因被格式化）。这里仅作为示例，所以未做改变，如图 1-49 所示。

05 当出现“你的 OneDrive 已准备就绪”窗口时，表明已经可以在 Office 2019 中使用 OneDrive 保存和共享数据了，如图 1-50 所示。在此之前，可以单击“打开我的 OneDrive 文件夹”查看。

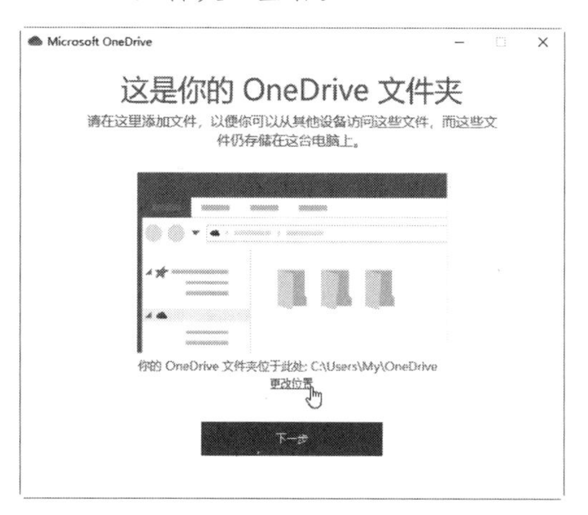

图 1-49

图 1-50

06 可以看到此时的 OneDrive 包含了 3 个文件夹和 1 个“OneDrive 入门 .pdf”文件，如图 1-51 所示。

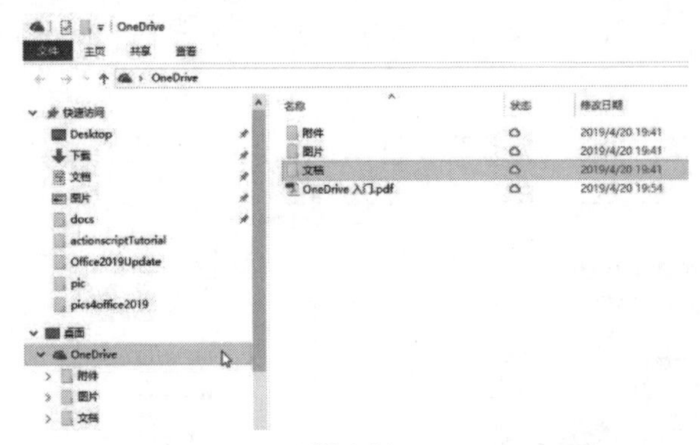

图 1-51

1.4.3 使用 Office 2019 协同办公

在启用 OneDrive 之后，即可通过使用 Office 2019 协同办公。其操作方法如下。

01 在共享文档之前，首先必须将它上传到 OneDrive，所以，第一步需要单击“文件”选项卡，然后在“信息”窗口中单击“上传”按钮，如图 1-52 所示。

02 此时 Office 2019 将打开“共享”面板，单击“保存到云”按钮，将文档保存到 OneDrive 云端，如图 1-53 所示。

图 1-52

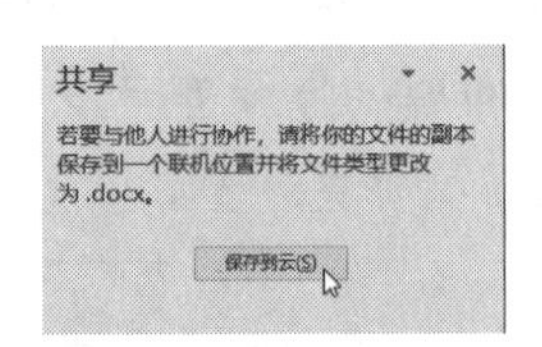

图 1-53

03 Office 2019 将启动连接 OneDrive，并且要求选择共享文档在 OneDrive 中的保存位置，以便同步到云端服务器，如图 1-54 所示。

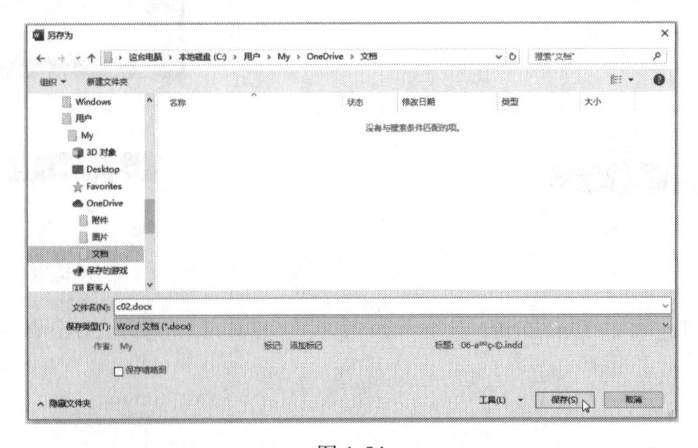

图 1-54

04 在同步成功之后，意味着 OneDrive 云端已经有用户要共享的文档了。接下来即可以在“共享”面板中输入“邀请人员”的电子邮箱，邀请对方协同修改，如图 1-55 所示。

05 用户可以邀请多人进行修改。Office 2019 会自动给邀请者发送电子邮件。如果想要通过其他方式通知协作者，则可以单击底部的“获取共享链接”，如图 1-56 所示。

图 1-55

图 1-56

06 当其他用户编辑此文档时，共享者将收到通知，查看更改结果，如图 1-57 所示。

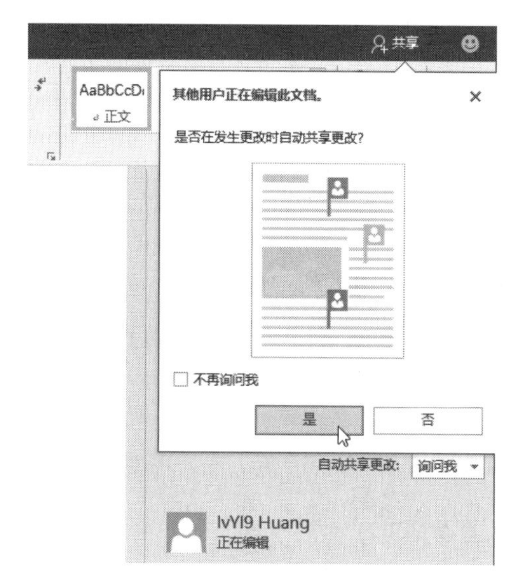

图 1-57

第 2 章　Word 2019 基础知识

Word 2019 是 Microsoft 公司推出的 Office 套装软件中的文字处理软件，它可以方便地进行文字、图形和数据处理，是最常用的文档处理软件之一。

≫ 本章学习内容：

- Word 的术语
- Word 2019 新增功能
- 启动 Word 2019
- Word 2019 操作界面
- Word 2019 视图方式
- 帮助功能

2.1　Word 的术语

Word 是一款用于文档处理的软件，具有高级排版及自动化文字处理功能。用户可以在文档中插入图片，并设置字体的格式效果，为文档添加页眉和页脚内容，以制作精美的文档效果。灵活运用 Word 的各项操作功能，不仅能够制作出精美的文档内容，同时也可以为用户的工作带来极大的方便，不仅可以提高工作效率，而且可以简化工作的流程。

每种程序都有自己的工作方式和术语，Word 也不例外。下面我们介绍 Word 中一些基本的术语和概念。

2.1.1　Word 文档

Word 文档中通常既包含文字，也包含各种对象，如图形、声音、域、超级链接或指向其他文档的快捷方式，文档中甚至可以包含视频剪辑。用户可以将 Word 文档保存为 Web 页，并添加 HTML 脚本。

2.1.2　文档视图

Word 允许用户使用以下多种方法查看文档：

- 使用页面视图和 Web 版式视图可以查看文档打印出来时或发布到 Web 上时的效果。用户可以使用这两种视图插入图形、文本框、图像、声音、视频和文字，以创建出专业水平的出版物和 Web 页。页面视图是 Word 使用的默认视图。
- 普通视图着重于处理文档中的文字。

- 大纲视图显示了文档的大纲，以便能比较容易地把握文档的整体结构。
- 阅读视图可以按实际输出方式显示页面，使用户更好地把握文档编辑的效果。

此外，用户还可以缩放（放大或缩小）文档。放大文档可以更轻松地阅读文档，而缩小文档则可以在屏幕上显示更多的内容。

2.1.3　文档元素

为了更好地理解 Word 功能，读者还需要了解以下术语。

1. 字符

文档中的每个汉字或字母数字都被称为“字符”。用户可以单独设置每个字符的格式，但是一般以单词、行或段落为单位设置文字的格式。用户可以改变每个字符的字体、样式（如设置为粗体或添加下划线）、字号、位置、字符间距或颜色等属性。

2. 段落

文档被划分为段落。如果愿意，用户可以分别设置每段的缩进方式、对齐方式、制表位以及行间距，还可以为段落添加边框或底纹、设置项目符号和编号列表，以及分级显示。

3. 页

打印的文档划分为页。通过页面设置选项，可以控制页边距、页眉、页脚、脚注、行号、分栏和其他页面元素的位置。

4. 节

在复杂的文档中，用户也许想使用若干种不同的页面格式。例如，用户也许想在文档的不同页面使用不同的页眉和页脚；或者想创建既能使用一栏格式，又使用多栏格式的页面。在这种情况下，可以将文档分节，并分别设置每节的页面格式。

5. 模板

Word 使用模板存放文档的格式设置、键盘快捷键、自定义菜单或工具栏以及其他信息。每个新文档都是建立在模板的基础上的。Word 提供了许多定义好的模板，以满足不同类型文档的需要，其中包括备忘录、信函、报告、简历和通讯等。在 Word 中可以修改这些模板，也可以自己创建新模板。

6. 样式和主题

Word 提供了许多格式选项。为了便于同时应用一组格式选项，Word 又提供了样式和主题功能。

样式中即可以包含字符，也可以包含段落格式选项。每个文档模板都有一个默认的样式集合（也称为样式表），但是用户可以添加、删除或修改样式，也可以在文档模板之间复制样式。

主题是样式的集合，它们彼此协作以生成外观和谐一致的 Web 页或其他电子文档。主题包含字符和段落样式、文档背景以及用于 Web 页或者电子邮件的图形。Word 提供了许多设计好的主题，用户可以根据具体需求使用它们。

2.2 Word 2019 新增功能

在本书第 1 章中已经对 Office 2019 的新功能做了全面性的介绍，所以，在此仅针对 Word 2019 的新功能做一些侧重性的说明。本节介绍为体验性的，如果读者目前对 Word 2019 的操作还不熟悉，则可以先跳过本节内容。

2.2.1 翻译功能

Word 2019 本身就是处理文字的软件，所以翻译功能对它来说可谓相得益彰。要使用 Word 2019 的翻译功能，可以按以下方式操作。

01 打开要翻译的文档，然后单击“审阅”选项卡，选择“翻译”，再从下拉菜单中选择“选择翻译语言”。

02 在出现的“翻译语言选项”对话框中，选择“译自”为“中文（中国）”，“翻译为”为“英语（美国）”。

03 现在单击“翻译”下拉菜单中的“翻译文档 [中文（中国）至英语（美国）]”。

04 此时会弹出“翻译整个文档”对话框，单击“是”按钮即可，如图 2-1 所示。

图 2-1

05 翻译的处理速度是很快的，翻译之后的结果会在浏览器中打开，鼠标移动到译文上时，会有原文显示，总的来说，译文错误不少，但还是比较有参考价值的，如图 2-2 所示。

06 除了翻译整个文档之外，也可以选定文档中的词语，然后单击“翻译所选文字”，如图 2-3 所示。

总之，在 Word 2019 中直接提供了全文翻译功能，还是很让人惊喜的，随着其翻译引擎机器学习效率的提高，相信翻译的准确性也会有很大的提升。

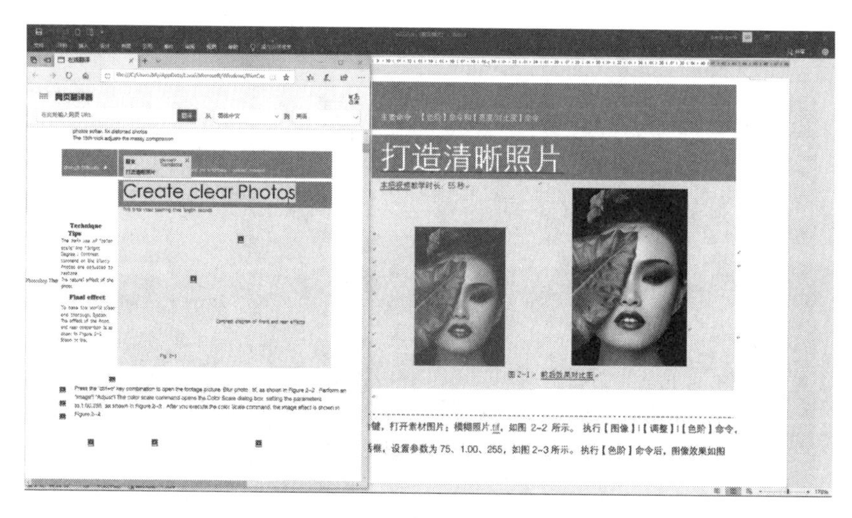

图 2-2

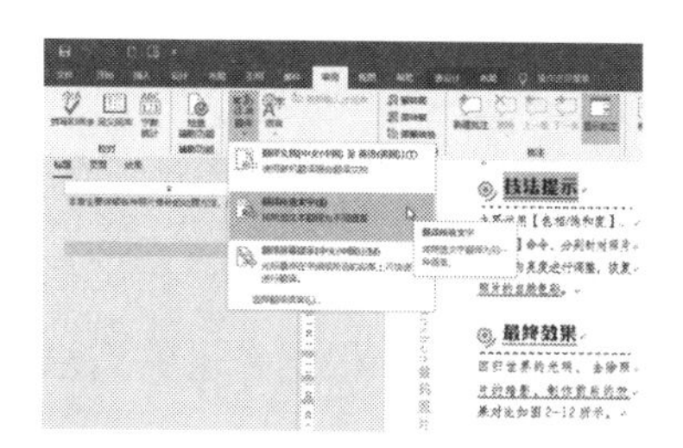

图 2-3

2.2.2　沉浸式阅读视图

Word 2019 大大改善了文档的阅读体验。它可以调整文本间距、列宽和页面颜色等。要体验沉浸式阅读视图，可以按以下步骤操作。

01 在打开文档后单击“视图”选项卡，然后选择“阅读视图”，如图 2-4 所示。

02 进入阅读视图之后，可以选择“布局”为“页面布局”，这其实相当于打印输出 PDF 的预览效果，如图 2-5 所示。

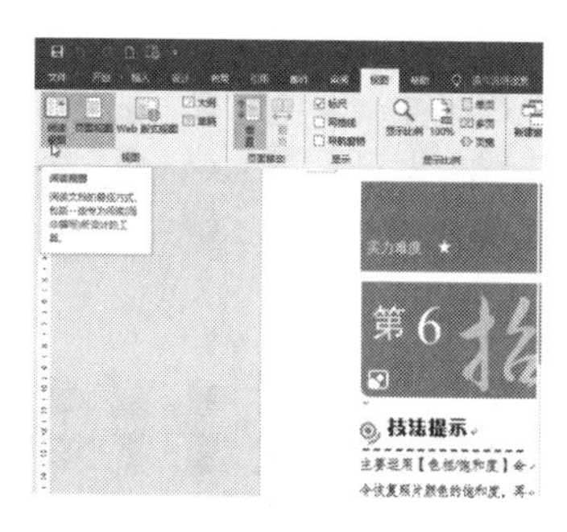

图 2-4

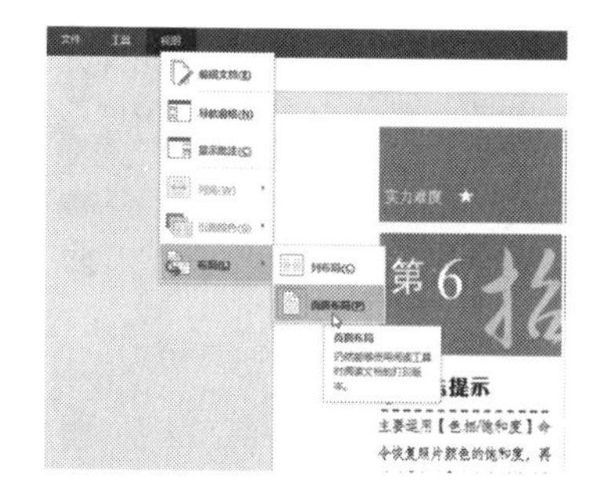

图 2-5

03 也可以选择“布局”为“列布局”，然后选择“列宽”为“窄”，“页面颜色”为“逆转”，进入沉浸式的影院模式，如图 2-6 所示。

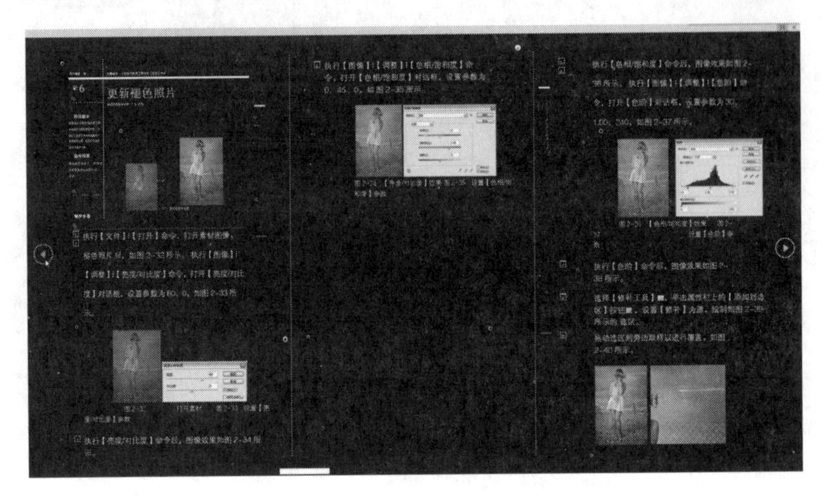

图 2-6

2.2.3 添加矢量图形

Word 2019 现在提供了大量的图标库，方便用户在文档中添加图标或其他可缩放矢量图形，更改它们的颜色、应用各种效果，并根据自己的需求来对其进行调整。

要在文档中添加和编辑矢量图形，可以按以下步骤操作。

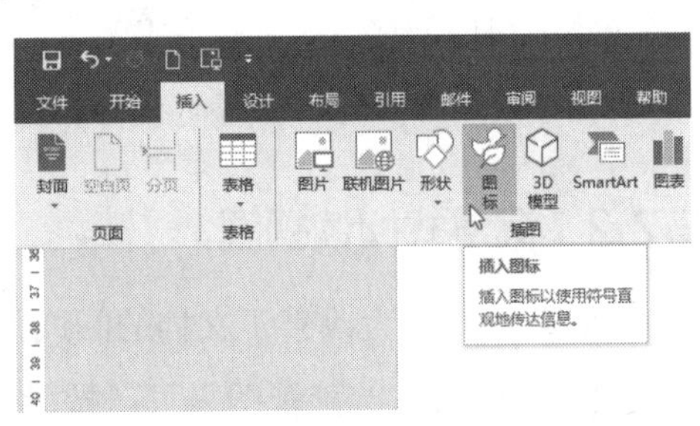

图 2-7

01 在打开的文档中，单击“插入”选项卡，然后选择“图标”，如图 2-7 所示。

02 在出现的“插入图标”对话框中，选择分类和需要的图标，单击“插入”按钮，如图 2-8 所示。

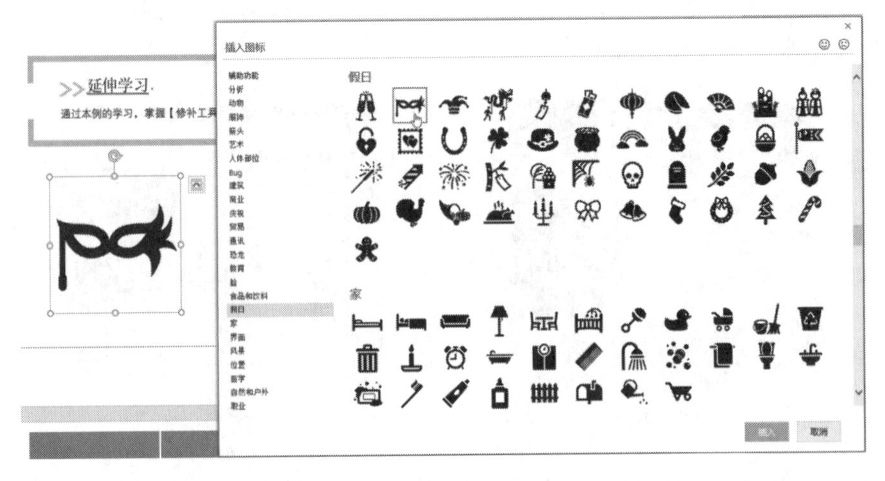

图 2-8

03 选中插入的矢量图形，通过调整柄旋转它，然后将它移动到合适的位置，并且可以修改其外框和填充颜色等，如图 2-9 所示。

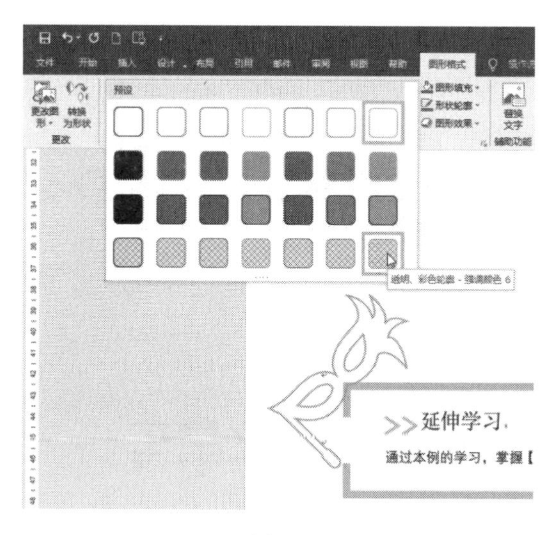

图 2-9

2.2.4　在文档中置入 3D 图像

Word 2019 现在支持在文档中置入 3D 图像。用户可以将其 360° 全方位旋转，并且文档的读者也将能够对其进行旋转，这对于产品展示或项目演示等特别有用。

要在文档中置入 3D 图像，可以按以下步骤操作。

01 在 Word 2019 窗口中单击“文件”选项卡，然后单击“新建”，在出现的“新建”界面中，输入“3d 模型”进行搜索，如图 2-10 所示。

02 此时会出现一个“3D Word 科学报告（火星车模型）”，双击即可下载（因为该 3D 模型是在线模板，所以需要先下载），如图 2-11 所示。

图 2-10

图 2-11

03 下载完成之后，即可单击“创建”按钮，如图 2-12 所示。

04 该 3D 模型即被插入到 Word 文档中。可以看到，其中心位置有一个 3D 控制调整柄，

通过它可以实现上下左右 360° 的旋转，如图 2-13 所示。

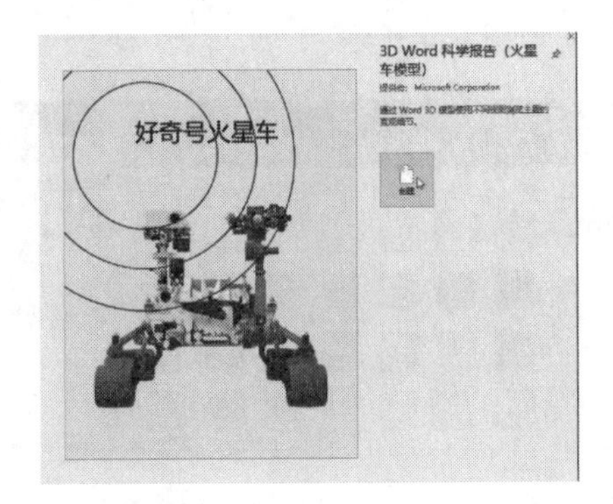

图 2-12

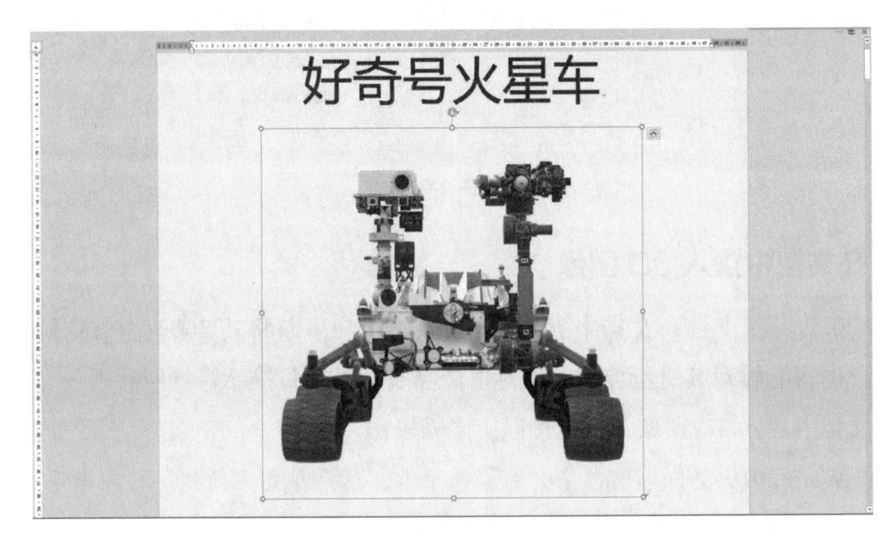

图 2-13

05 使用鼠标单击调整柄拖动，还可全方位查看该 3D 模型。

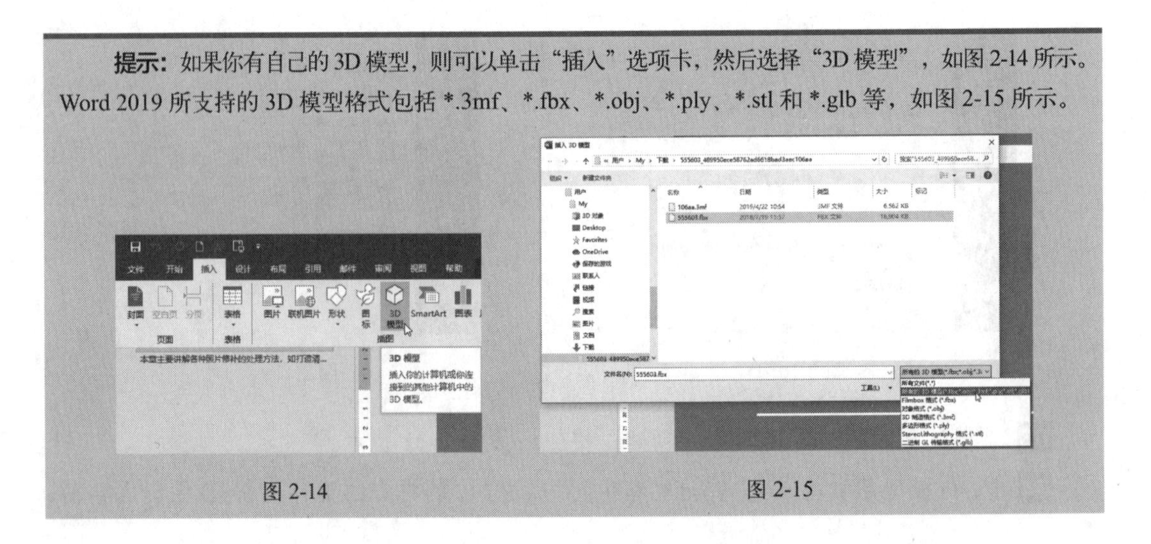

提示： 如果你有自己的 3D 模型，则可以单击“插入”选项卡，然后选择“3D 模型”，如图 2-14 所示。Word 2019 所支持的 3D 模型格式包括 *.3mf、*.fbx、*.obj、*.ply、*.stl 和 *.glb 等，如图 2-15 所示。

图 2-14　　图 2-15

2.3　Word 2019 操作界面

Word 2019 操作界面由快速访问工具栏、标题栏、功能选项卡及功能区、文档编辑区、状态栏和视图栏组成（图 2-16 所示）。在本书第 1 章中已经介绍过快速访问工具栏、标题栏、功能选项卡和状态栏等界面，故不赘述。

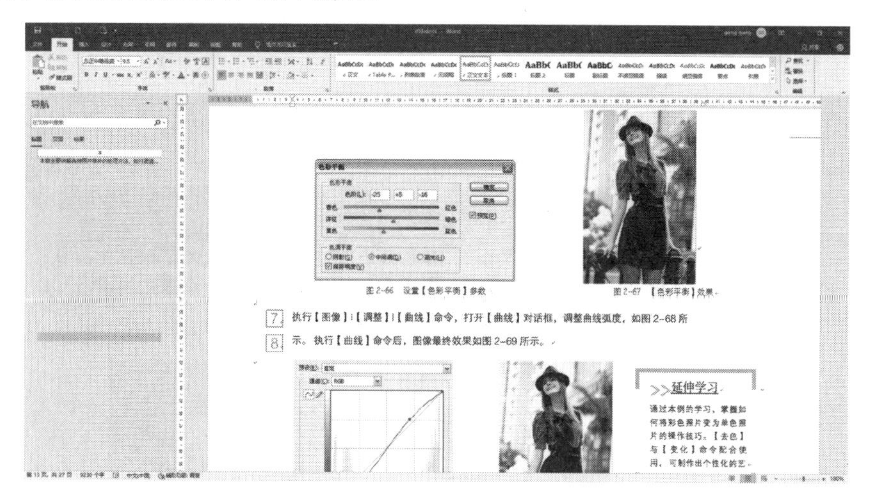

图 2-16

2.3.1　文档编辑区和标尺

文档编辑区是 Word 操作界面中最大也是最重要的部分，所有关于文本编辑的操作都将在该区域中完成。文档编辑区中有一个闪烁的光标，称为文本插入点，用于定位文本的输入位置。

在文档编辑区的左侧和上侧都有标尺，用于确定文档在屏幕及纸张上的位置。在文档编辑区的右侧和底部都有滚动条，当文档在编辑区内只显示了部分内容时，可以通过拖动滚动条来显示其他内容。文档编辑区和标尺如图 2-17 所示。

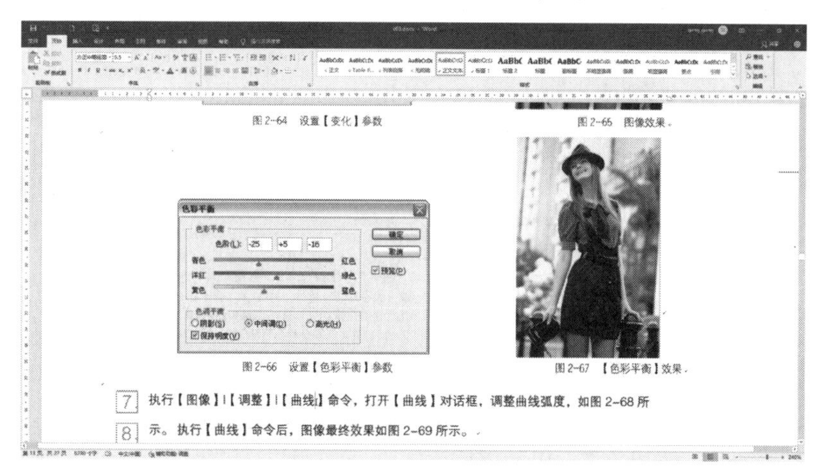

图 2-17

标尺是可以切换显示的，也就是说，在不需要标尺的时候，可以将它关闭。切换显示的方法如下。

单击“视图”选项卡，然后清除“标尺”复选框，这样就可以关闭标尺显示，如图 2-18 所示。

图 2-18

2.3.2 导航窗格

对于编辑文档来说，非常重要的一个功能是“导航窗格”。导航窗格可以列出文档的标题，使得用户对于文档的结构做到一目了然，如图 2-19 所示。

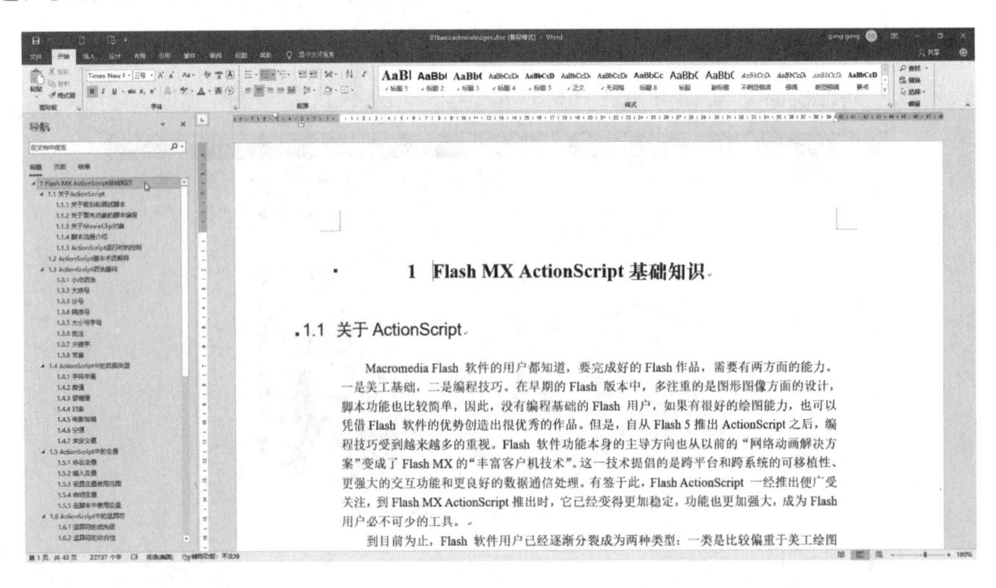

图 2-19

要切换显示“导航窗格”，可以单击“视图”选项卡，然后选中或清除“导航窗格”复选框，如图 2-20 所示。在该图中可以看到，导航窗格显示该文档的标题设置是不合适的，需要修改。

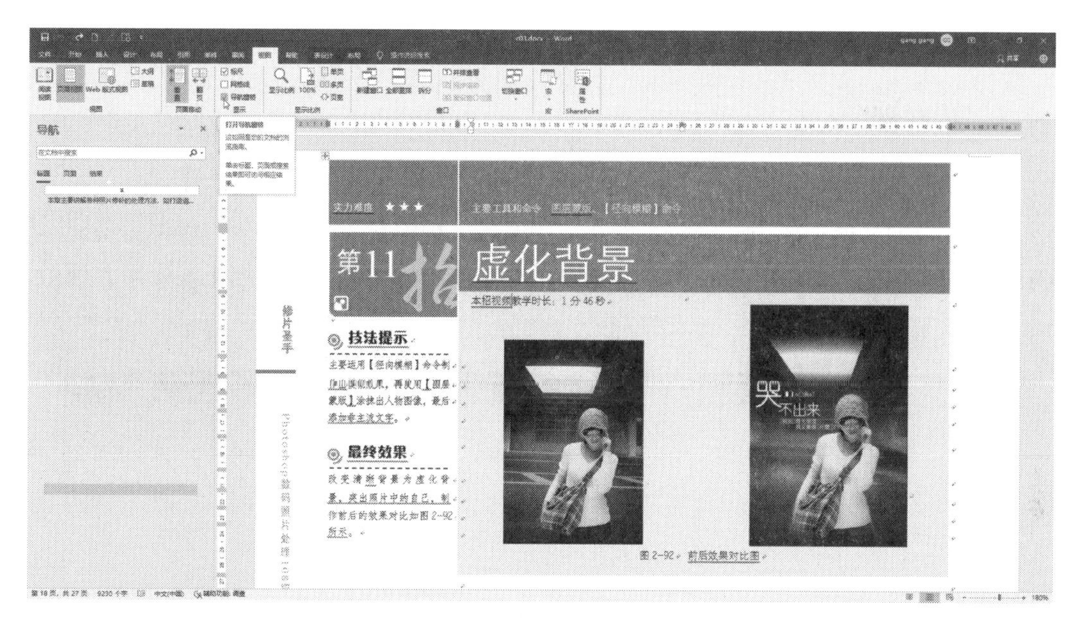

图 2-20

修改的方法很简单，就是选定要设置标题的文本，对它应用标题样式。在修改完成之后，即可看到清晰的文档结构，单击导航窗格中的标题即可轻松定位到相应的内容，如图 2-21 所示。

图 2-21

2.4 Word 2019 视图

Word 2019 中提供了 5 种基本文档视图方式，包括页面视图、Web 版式视图、阅读版式视图、大纲视图和草稿视图。善用这些视图，对于编辑文档很有帮助。

2.4.1 切换视图

若需要将 Word 文档在各视图之间进行切换，可以按以下方式操作。

在打开文档之后，单击“视图”选项卡切换至“视图”选项区，在“视图”选项组中显示了各视图按钮，单击可进行切换，当前呈高亮显示的按钮表示文档正在使用的视图，如图 2-22 所示。

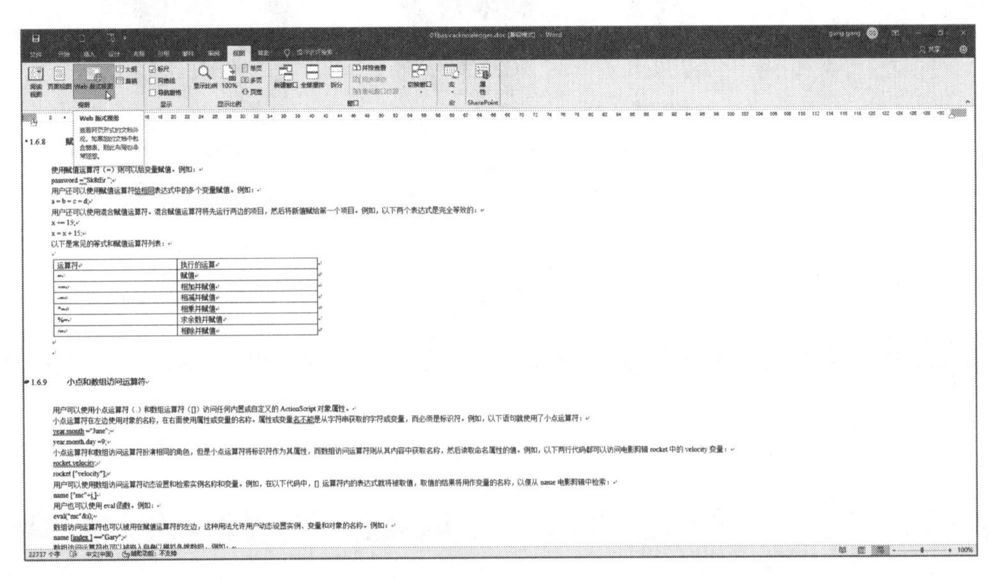

图 2-22

Word 2019 中的视图包括：

1. 页面视图

页面视图用于显示文档所有内容在整个页面的分布状况，及整个文档在每一页上的位置，真正实现“所见即所得”，可进行编辑排版、添加页眉页脚、多栏版面等操作。单击“翻页”按钮，可以像看书一样翻页显示，这进一步增强了阅读体验，如图 2-23 所示。

2. Web 版式视图

在 Web 版式视图中，可以创建能在屏幕上显示的 Web 网页或文档。在该版式中，可看到背景和文本都发生了变化，能完整显示用户编辑的网页效果。图 2-22 即为 Web 版式视图的显示效果。

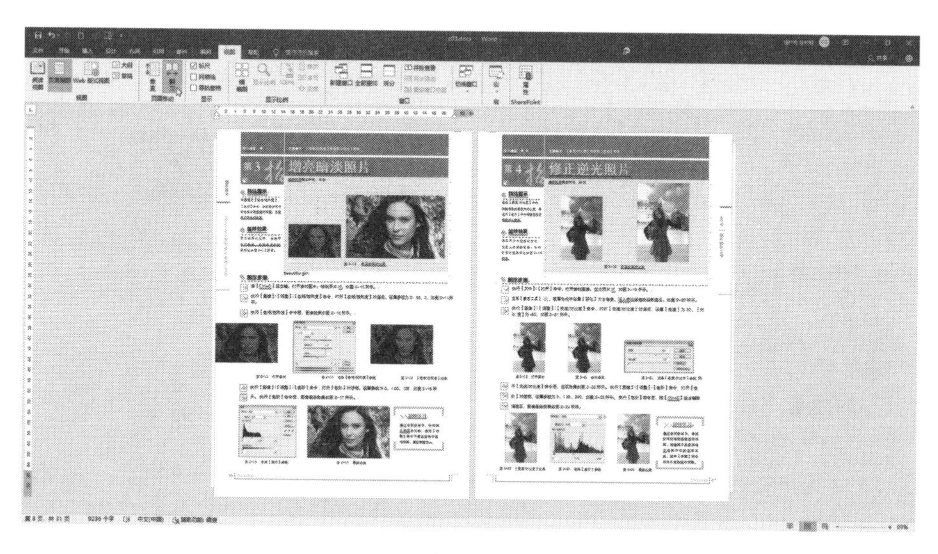

图 2-23

3. 阅读视图

在阅读视图中，以书页的形式显示文档，非常便于阅读。单击右侧的按钮，可以进行文档的“翻页”操作，方便用户的阅读操作。在本章第 2.2.2 节“沉浸式阅读视图”中已经介绍过该视图，故不赘述。

4. 大纲视图

大纲视图用于审阅和处理文档的结构，为处理文稿的目录工作提供了一个方便的途径，也适合处理层次较多的文档。大纲视图显示出了大纲工具栏，使用户调整文档的结构更加方便，如图 2-24 所示。

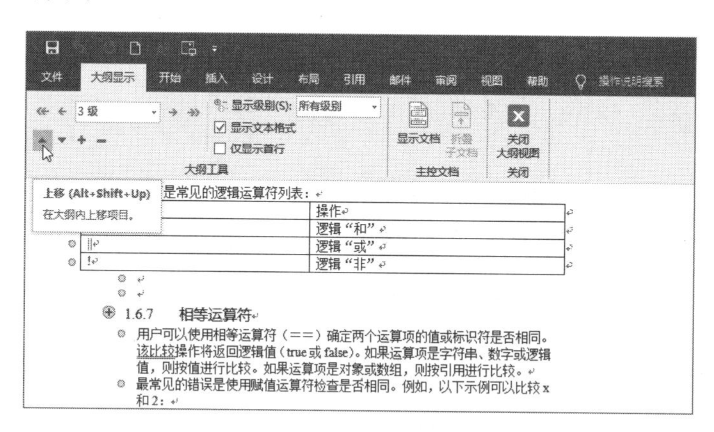

图 2-24

5. 草稿视图

普通视图可显示文本格式，简化了页面的布局，是最好的文本录入的编辑环境，但不显示页边距、页眉页脚、背景和图形对象等，如图 2-25 所示。

图 2-25

2.4.2 在全屏模式下编辑文档

Word 2019 支持在全屏模式下编辑文档，也就是说，Word 可以将整个显示器屏幕都当作编辑区。这在某些时候是非常实用的一项功能。要实现该功能，可以按以下步骤操作。

01 在启动 Word 2019 并打开文档之后，单击右上角“功能区显示选项”按钮，在弹出菜单中选择“自动隐藏功能区”，如图 2-26 所示。

02 现在编辑文档时，就已经看不到功能区了，几乎整个屏幕都变成了 Word 的文档编辑区。当然，底部的任务栏还在。要将任务栏也隐藏起来，可以右击任务栏，然后在弹出菜单中选择“任务栏设置”，如图 2-27 所示。

03 在出现的“设置”对话框中，开启“任务栏”中的“在桌面模式下自动隐藏任务栏”选项，如图 2-28 所示。

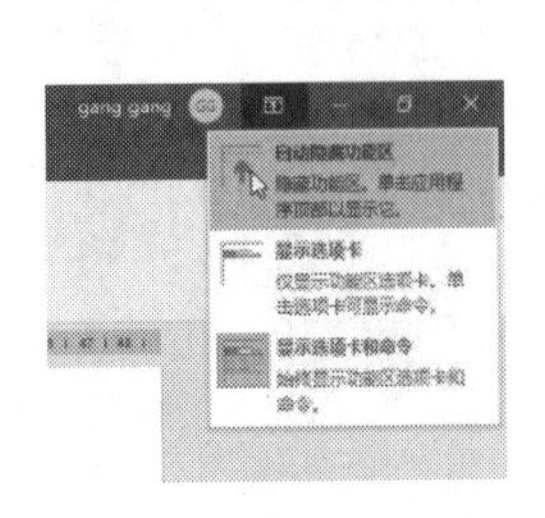

图 2-26

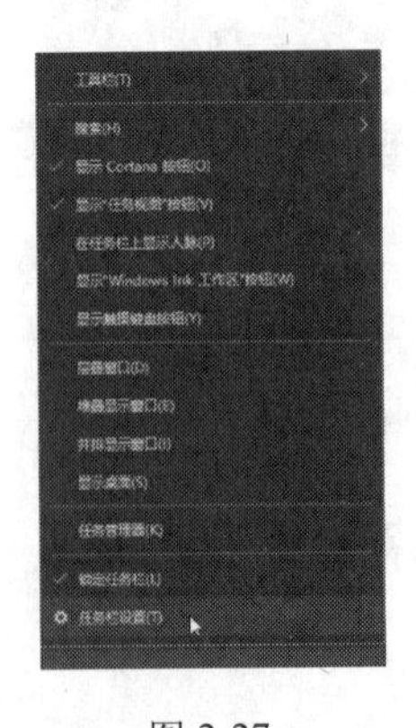

图 2-27

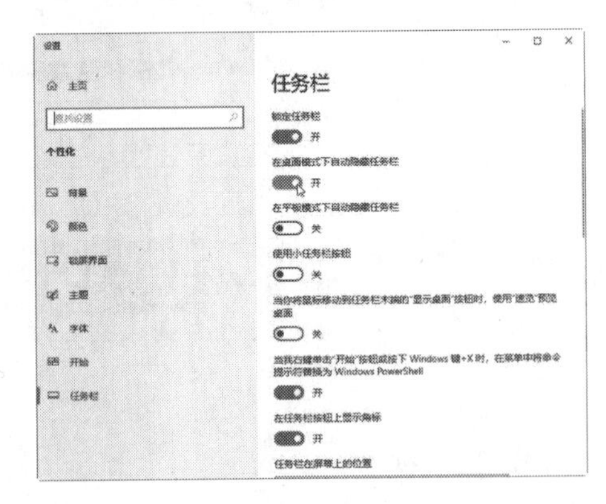

图 2-28

04 现在，只要在编辑文档的窗口中操作，那么整个屏幕都已经是编辑区了，如图 2-29

所示。这样的编辑环境无疑达到了极致精简和清爽的境界。

图 2-29

05 当然，并非所有的用户都对 Office 的快捷键操作很熟悉，在这种情况下，如果要使用功能选项（例如，选择设置文字的样式），那该怎么办呢？很简单，将鼠标移动到屏幕顶端，就会出现一个蓝色的长条，单击即可显示功能区，如图 2-30 所示。

图 2-30

提示：以这种方式选择了功能选项或命令之后，回到编辑窗口，功能区会再次自动消失。

06 要恢复功能区的正常显示，可以单击右上角的“功能区显示选项”按钮，在弹出菜单中选择“显示选项卡”或“显示选项卡和命令”，如图 2-31 所示。

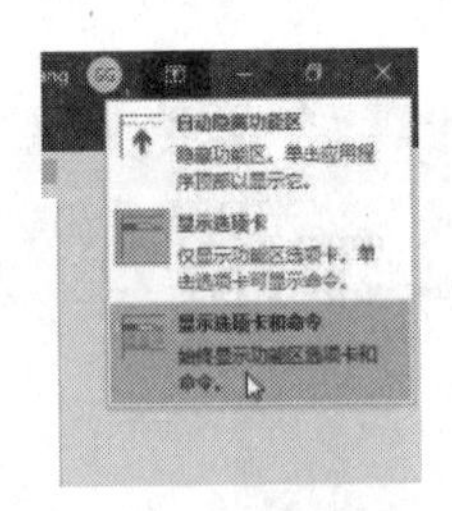

图 2-31

2.5 帮助功能

Microsoft Office 2019 软件为用户提供了功能强大的帮助功能，方便用户对不了解的问题或困难进行查询。

下面介绍如何在 Word 2019 中运用帮助功能来查询问题，其操作步骤如下。

01 在打开的 Word 窗口中单击“操作说明搜索”按钮，然后输入要寻求帮助的关键字，例如“朗读文本”，Word 会弹出一个列表，允许用户选择自己想要的操作，如图 2-32 所示。

02 在该列表中可以看到“操作”和“帮助”这两类与输入的关键字相关的选项，用户可以选择自己感兴趣的操作，也可以选择自己要了解的帮助内容，如图 2-33 所示。

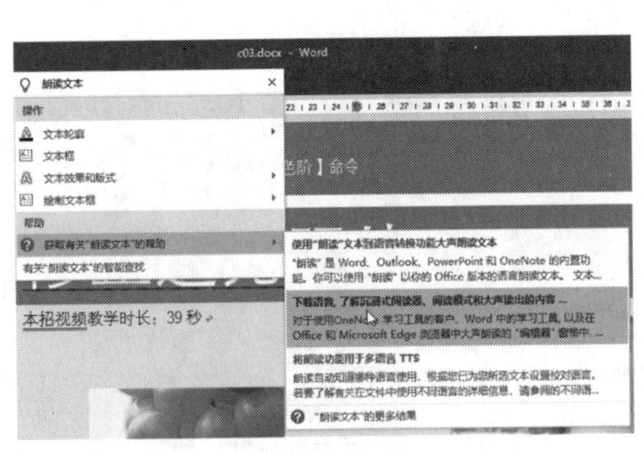

图 2-32

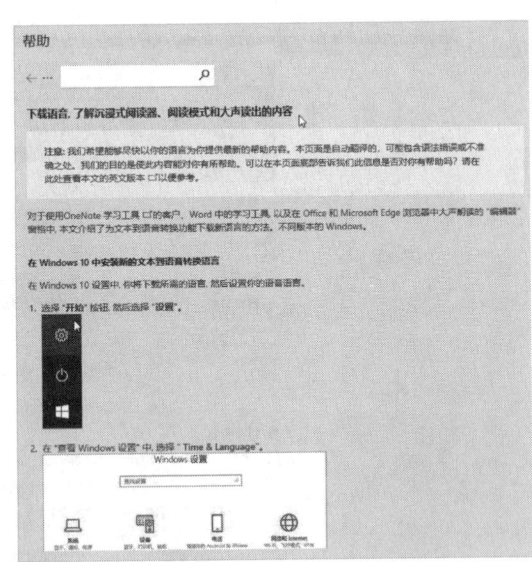

图 2-33

第 3 章　输入和编辑文本

一个直观明了的 Word 文档需要有文本的说明，因此在 Word 中进行输入文本、插入符号、查找与替换文本等操作，是整个文档编辑过程的基础操作。在格式设置和文档出版方面，Microsoft Word 具有许多强大的功能，但大多数人仍然只是使用它来简单输入和编辑文字。对 Word 文档中的文字，可以进行添加、删除、复制和重新排列等操作。本章将介绍文本编辑方面的诸多知识和技巧，包括：如何插入、选择和重新安排文字；如何在文档中导航；如何复制和剪切文本；如何查找、替换文本；如何插入特殊字符和日期组件等。

≫ 本章学习内容：

- 输入文本
- 在文档中导航
- 选择文本
- 复制与剪切文本
- 查找与替换文本
- 撤销、恢复和重复操作
- 拼写和语法检查
- 统计文档字数

3.1　输入文本

为文档输入文本内容时，可能会涉及字符、符号等各种内容，输入不同内容时可以通过不同的方法完成输入操作。本节将以字符、特殊符号、日期和时间的输入为例，介绍在文档中输入文本的操作。

3.1.1　输入普通文本

在文档中输入普通文本时，只需要切换到要使用的输入法，就可以进行输入操作。

输入普通文本的操作步骤如下。

01 启动 Word 2019，单击“文件”选项卡，然后在“新建”界面中选择“简洁清晰的简历”模板，如图 3-1 所示。

> **提示：** Word 2019 提供了大量的文档模板，用户可以在线搜索获取自己想要的任何类型的文档模板。

02 选定的模板为在线模板，需要下载，单击“创建”即可，如图 3-2 所示。

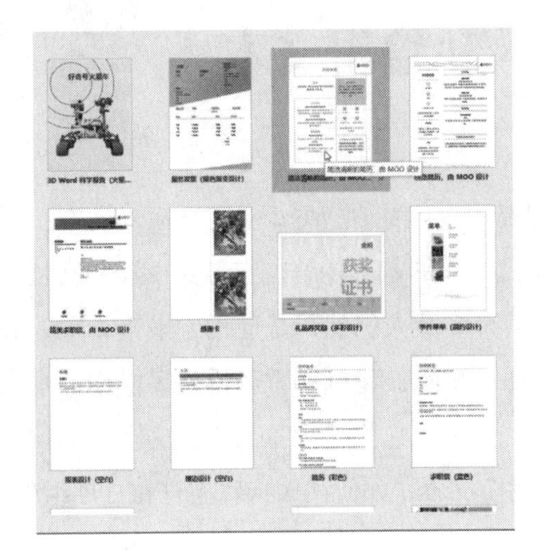

图 3-1

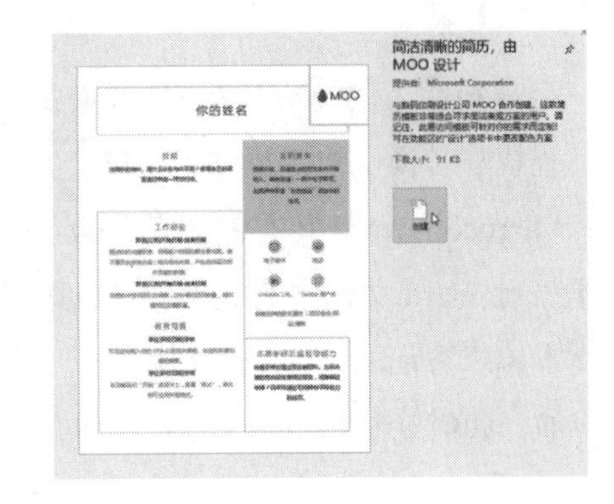

图 3-2

03 在新建文档的窗口中，按照模板提示输入文本，例如，双击顶部页眉，输入姓名为“赵匡胤”，如图 3-3 所示。

04 继续按照提示输入求职者技能、求职意向和个人信息等，如图 3-4 所示。

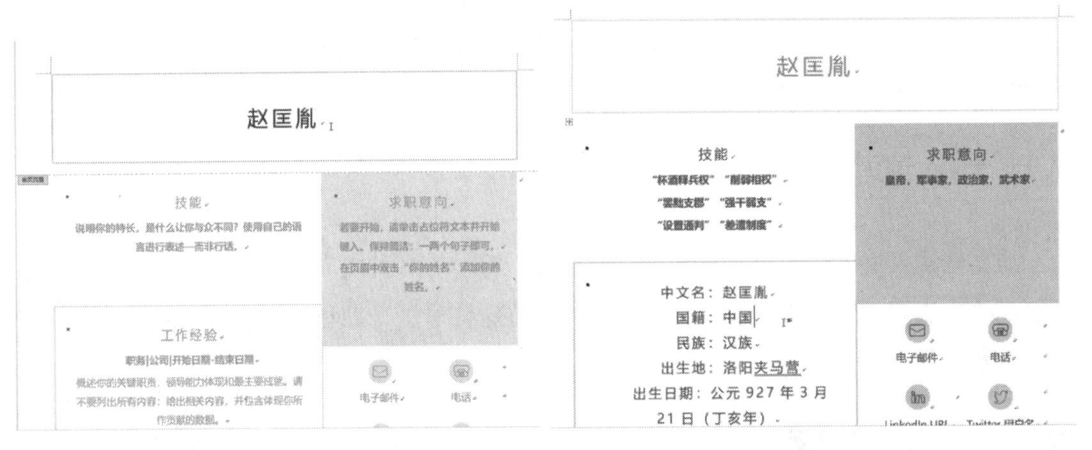

图 3-3

图 3-4

3.1.2 插入特殊符号

虽然在键盘上设置了一些特殊符号，但是如果需要在文档中输入键盘无法输入的符号，可以通过 Word 中的“符号”对话框在文档中插入特殊字符。

插入特殊符号时，其操作步骤如下。

01 将插入点定位在需要插入符号的位置，单击“插入”选项卡下“符号”选项组中的“符号”按钮，在弹出的菜单中选择“其他符号”命令，如图 3-5 所示。

02 在弹出的“符号”对话框中，在“符号”选项卡中单击“字体”下拉列表框右侧

的下三角按钮，在展开的下拉列表中选择“Wingdings”选项，在符号列表框中单击需要使用的符号，然后单击“插入”按钮，如图 3-6 所示。

03 重复插入所需的符号，如图 3-7 所示。

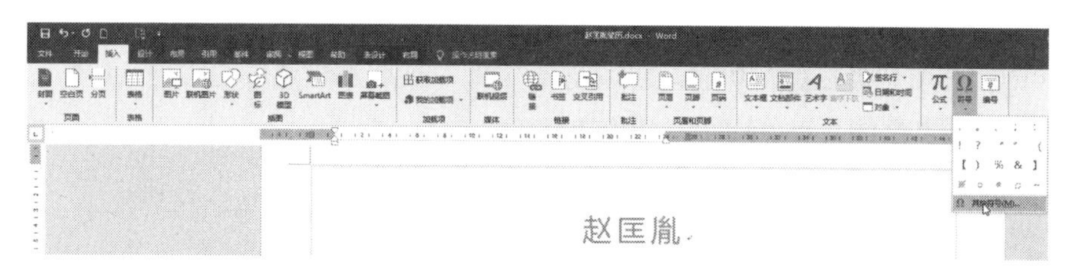

图 3-5

图 3-6

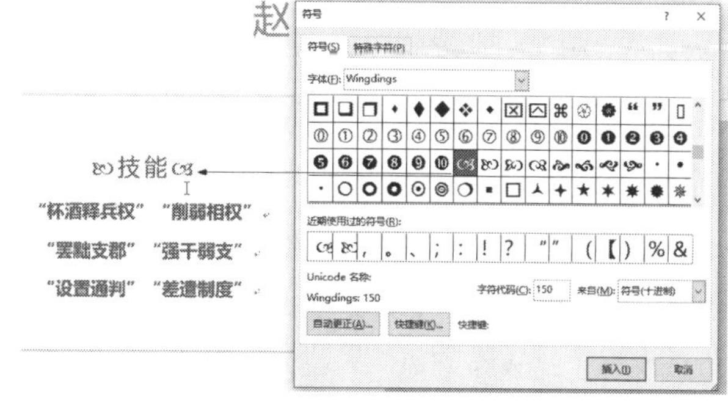

图 3-7

04 当需要为文档插入更多符号时，则在插入第一个符号后不要关闭对话框，继续选择文档中的位置，然后插入其他特殊符号即可，如图 3-8 所示。

05 将所有符号插入完毕后，再单击“关闭”按钮，即可关闭“符号”对话框。此外，在“特殊字符”选项卡中可以看到一些特殊字符（例如注册符号）的快捷键输入方式，如图 3-9 所示。

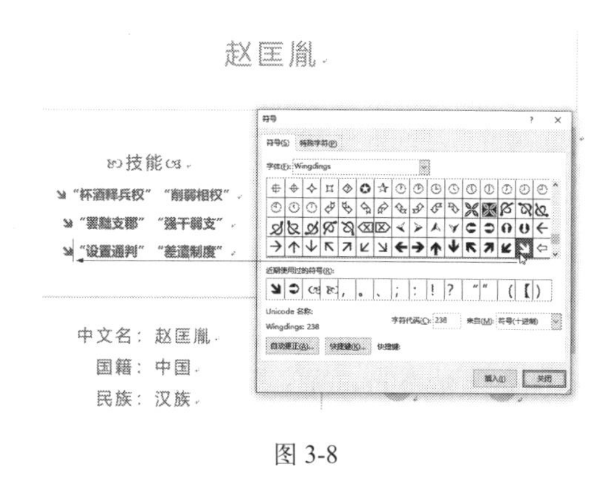

图 3-8

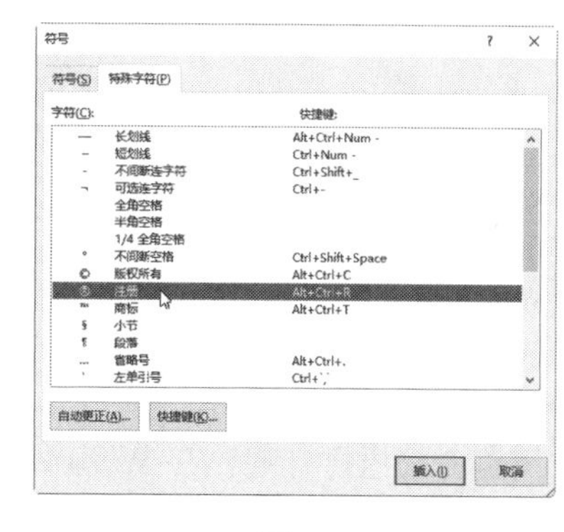

图 3-9

通过键盘输入是最常见的输入方式，但并不是唯一的方式。用户还可以通过粘贴或使用“插入”菜单中的命令进行输入。

3.1.3 插入自动更新的日期和时间

在文档中手动输入日期和时间后，其内容不会随着时间的变化而改变，如果需要插入到文档中的时间有不断更新的功能，可以直接插入“日期和时间”组件。

要插入自动更新的日期和时间，其操作步骤如下。

01 将插入点定位在需要插入日期和时间的位置，单击“插入”选项卡下“文本”选项组中的“日期和时间”按钮，如图 3-10 所示。

图 3-10

02 在弹出的“日期和时间”对话框中，在“可用格式”列表框中选择合适的日期格式，注意选中“自动更新”复选框，然后单击“确定”按钮，如图 3-11 所示。

03 返回文档中，可以看到已插入的日期。使用鼠标单击时，它在未选定的情况下也会变成灰色，这表示它是一个组件而不是普通文本，如图 3-12 所示。当计算机系统的时间发生变化时，该文档的日期也会进行相应的更改。

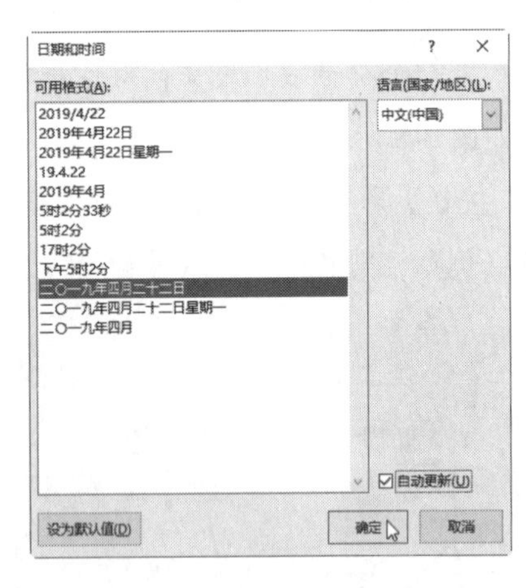

图 3-11

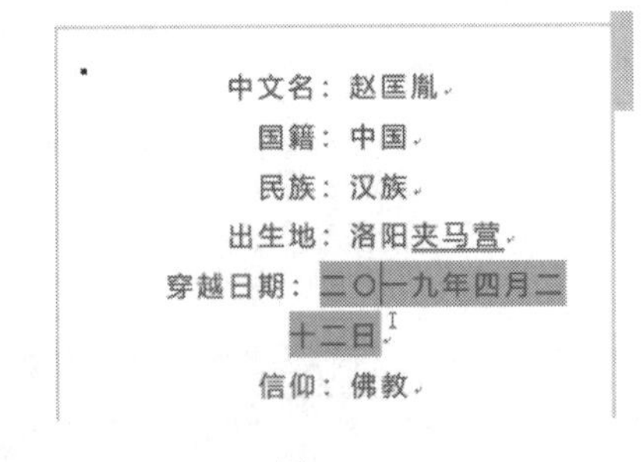

图 3-12

3.1.4 输入汉语拼音

如何输入汉语拼音呢？在 Word 2019 中有一个很贴心的“拼音指南”，可以很完善地解决这个问题。例如，如果你需要给一首古诗标注拼音，则可以按如下步骤操作。

01 在 Word 编辑窗口中输入一首古诗，并且选中它们。然后单击“开始”选项卡“字体”工具组中的“拼音指南”按钮，如图 3-13 所示。

02 在出现的“拼音指南”对话框中，选择“对齐方式”为“居中”，字体为一种适合英文显示的字体（因为这里设置的是拼音的字体），如图 3-14 所示。

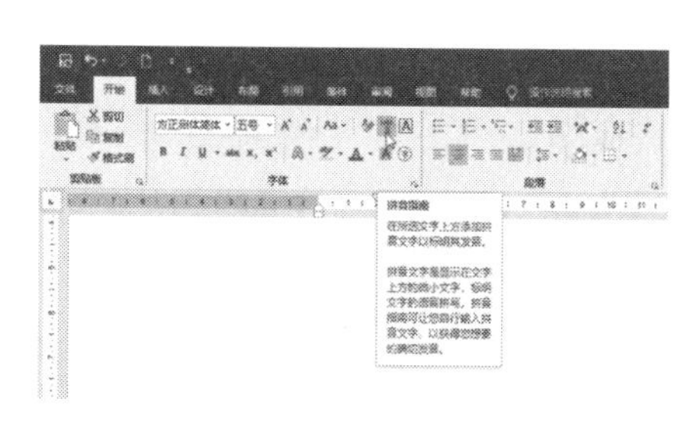

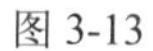

图 3-13

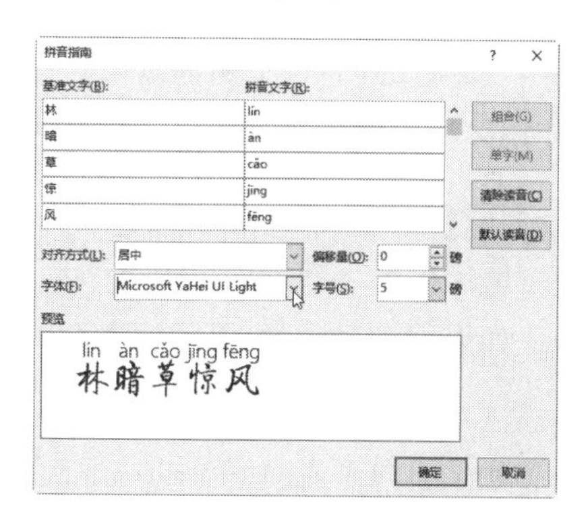

图 3-14

03 在“偏移量”框中输入磅值可以设置拼音和汉字的距离；在“字号”框中输入磅值可以设置拼音字母的字号大小；单击“组合”可以将拼音组合在一起；单击“单字”则按单个字的拼音进行标注。单击“确定”按钮关闭对话框，拼音将出现在文字的上方，如图 3-15 所示。

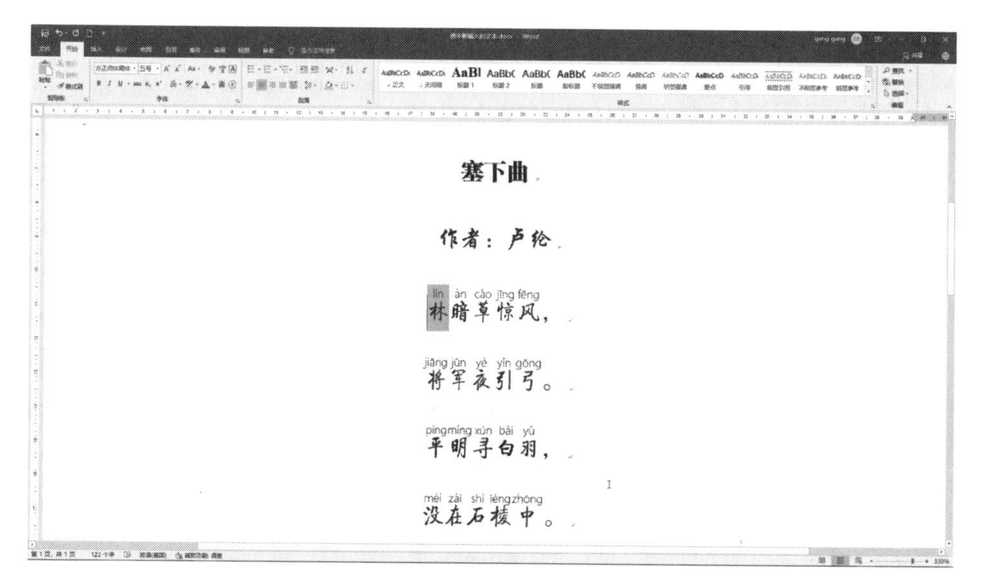

图 3-15

3.2 在文档中导航

在处理文档的过程中，用户也许需要在文档中移动以浏览文档的其他部分。文档窗口中的滚动条可以最直观地帮助用户在文档中导航。当然，用户也可以使用键盘、一些特殊的导航按钮和“定位”命令来进行此操作。

3.2.1 滚动

使用滚动条和滚动按钮是最常用的在文档中移动的方法。每个滚动条都有滚动块，在滚动条的两端还各有一个箭头按钮。但用户也可以使用键盘滚动文档。

使用鼠标控制滚动条来滚动文档的方法有数种，具体采用哪种方法需要视在文档中移动的距离而定。

- 使用鼠标滚轮进行短距离的上下滚动是最方便的。
- 如果只滚动很短的距离，可单击滚动条两端的箭头按钮。如果想加速滚动，可以一直按住鼠标左键。
- 如果要向上或向下滚动一屏，可单击滚动条中滚动块上方或下方的任何位置。
- 如果要按比例在文档中滚动，可拖动滚动块上下移动。例如如果要滚动到文档的中部，则可将滚动块拖动到滚动条的中部。在拖动滚动块时，旁边将弹出一个提示框，显示当前页码。

滚动时，插入符并不随之移动。在滚动到文档的其他部分后，如果想要在新位置输入文字，必须先单击一下要输入文字的位置，然后才能在新位置进行输入。如果忽略了这一点，则当用户想输入时，Word 将自动回到插入符处。

3.2.2 使用键盘进行导航

如果熟悉键盘的快捷键操作，那么，使用键盘进行浏览实际上效率是非常高的，专业的录入排版人员基本上都是使用键盘在文档中导航定位的。

使用键盘在滚动文档的同时，插入符也将随之滚动。表 3-1 说明了可使用的按键和按键组合。

表 3–1 键盘导航快捷键

按键	效果
上箭头或下箭头	向上或向下移动一行
左箭头或右箭头	向左或向右移动一个字符
Ctrl +左箭头或 Ctrl +右箭头组合键	向左或向右移动一个单词
Home 或 End 键	当前行的开始或结尾
Ctrl + Home 或 Ctrl + End 组合键	文档的开始或结尾
Page Up 或 Page Down	上下滚动一屏
Ctrl + Page Up 或 Ctrl + Page Down 组合键	上下滚动一页
Shift + F5 组合键	回到上次编辑的位置

3.2.3　使用“定位”命令进行导航

如果要跳转到文档中的特殊位置，那么“定位”命令通常更为有效，对于长文档来说尤其如此。“定位”命令能够查找某些文档元素。使用此命令，可以跳转到文档中特定的页、脚注、图形、审阅者的批注等位置。如果要使用“定位”命令，请按以下步骤进行操作。

01 单击“开始”选项卡，找到“编辑”工具组，然后单击“查找”右侧的向下三角形，在弹出的菜单中选择“转到”命令，或者直接按Ctrl + G组合键，将显示“查找和替换”对话框，并打开“定位”选项卡。

02 选择“定位目标”中的某个项目，例如，“页”，然后输入页号，按回车键或单击“定位”按钮，如图3-16所示。

03 当前文档将立即定位到目标行。单击“关闭”按钮，可关闭“查找和替换”对话框。

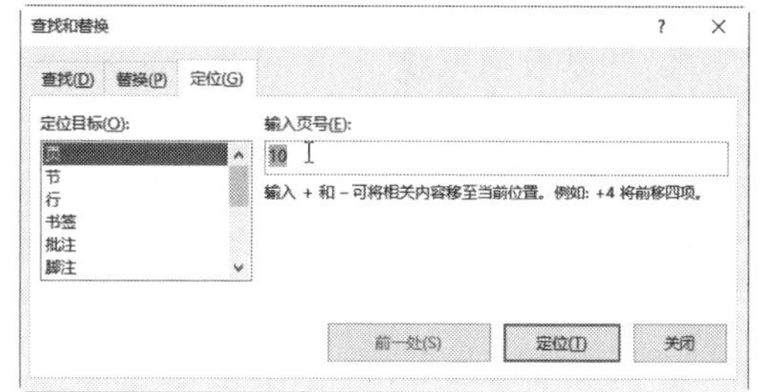

图 3-16

3.2.4　快速返回上次编辑的位置

在打开文档时，Word总是将插入符置于文档的起始部位。如果要迅速回到上次打开该文档进行编辑的位置，可按Shift + F5组合键。

对于Word 2019来说，还有一个很小的新功能，那就是提供书签定位。当打开上次编辑的文档时，在Word文档编辑区右上角会出现一个书签图标气泡，如图3-17所示。

使用鼠标移动到书签图标气泡上，会出现“欢迎回来”提示，单击即可回到上次离开的位置，如图3-18所示。

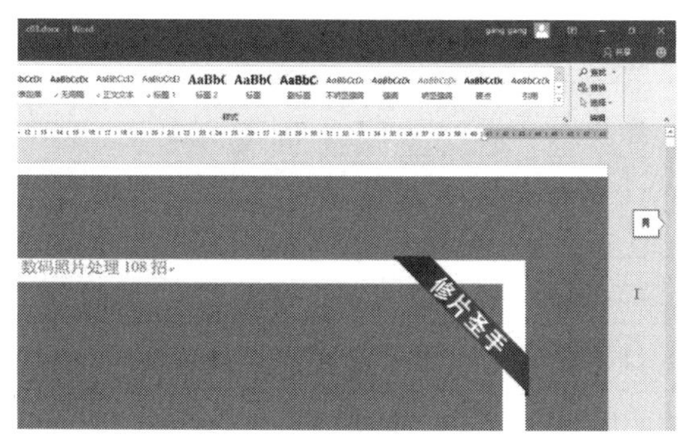

图 3-17

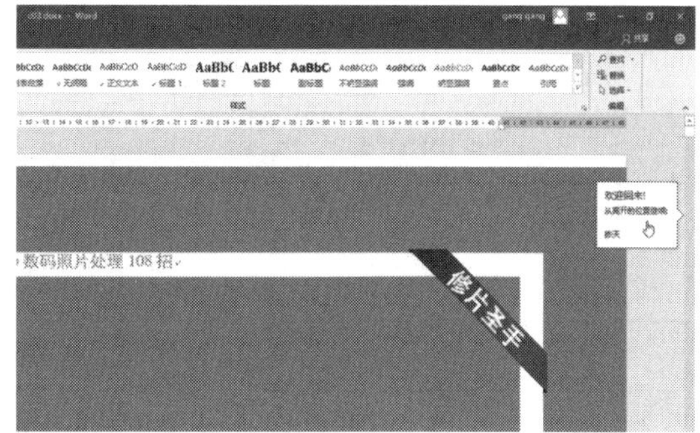

图 3-18

3.3　选择文本

在完成文字输入后，用户也许想对文档进行编辑或格式设置。而无论要进行哪种操作，都必须先选定用户想进行操作的文字。通过选定，Word 便知道了用户的工作对象。

3.3.1 通过拖动进行选定

指向并拖动是选定文字最直观的方法。小到一个字符，大到整篇文档，都可以使用这种方法进行选定。

用户也可以上下或横向拖动，以选定行、段落以至整篇文档。当拖动到文档窗口的顶部或底部时，文档将自动滚动以扩展选定范围。

如果要取消选定，则可以单击突出显示的选定区域外的任何位置。

用户可以改变 Word 进行选定的方式，这样就可以在拖动时自动选定整个单词。设置方法如下：

01 单击“文件”选项卡，然后单击“选项”。

02 单击“高级”分类，再选中右侧的“选定时自动选定整个单词”复选框，如图 3-19 所示。

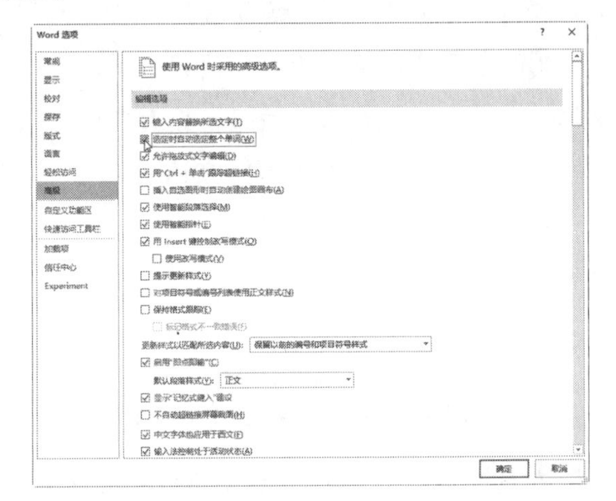

图 3-19

3.3.2 通过鼠标单击进行选定

Word 还提供了一些通过鼠标单击选定特定文字的快捷方式。用户可以在文档的文字中单击，或通过在左页边距中单击来选定整行、整段或整篇文档。表 3-2 说明了如何通过单击选定文档中的不同部分。

表 3–2 通过鼠标单击选定文字

要选定的对象	方法
一个单词	双击单词
一个句子	按住 Ctrl 键，然后单击句子
一个段落	三次单击段落（间隔时间要短，连续单击）
一行	在此行左侧的页边距中单击
整篇文档	在左页边距中三击；或按住 Ctrl 键，然后在左页边距中单击

用户也可以通过结合使用单击和拖动，使选定操作更为快速。例如，可以在左页边距中单击以选定一行，然后按住鼠标左键，通过上下拖动，选定其他行。

3.3.3　通过键盘进行选定

如果用户不喜欢使用鼠标，那么 Word 也为用户提供了通过键盘执行所有命令的方法，包括选定操作在内。表 3-1 中已列出了通过键盘进行导航的快捷键。要使用键盘进行选定，请按以下步骤进行操作：

01 使用箭头键将光标移到选定区域的起始位置。

02 按下 Shift 键，同时使用箭头键将光标移动到选定区域的结束位置。

按住 Shift 键和箭头键，可以很快地进行选定和滚动。

03 松开 Shift 键。

提示：快速选定大段文字

如果要快速选定大段文字，则可以在使用键盘快捷键进行导航的同时，按住 Shift 键。例如：

- 如果要选定当前段落，可按 Alt + Shift 组合键和上箭头或下箭头键。
- 如果要选定从插入符到行首或行尾的内容，可按 Shift + Home 或 Shift + End 组合键。
- 如果要选择屏幕上显示的所有内容，可将插入符移至屏幕顶端，然后按 Shift + Page Down 组合键。
- 按 Ctrl + A 组合键可选定整篇文档。
- 如果要加速文字的选定，可以使用“Shift +单击”，即在单击鼠标时按下 Shift 键。如果要扩展已有的选定区域，或者要选定的区域范围很大，跨越了多个屏幕时，Shift +单击将是十分方便的方法。

3.4　复制与剪切文本

如果需要重复使用文档中的内容或对内容进行移动时，可以使用 Word 中的复制与剪切功能完成操作。

3.4.1　复制文本

复制文本就是将某些内容再重复制作一份，复制文本内容时可以通过多种方法完成操作，下面介绍 3 种比较常用的方法。

方法 1：使用快捷菜单命令进行复制

打开 Word 文档，选中需要复制的文本，然后单击鼠标右键，在弹出的快捷菜单中选择“复制”命令，如图 3-20 所示，即可完成文本的复制操作。

方法 2：使用命令按钮进行复制

选中需要复制的文本，然后单击“开始”选项卡下“剪贴板”选项组中的“复制”按钮，如图 3-21 所示，即可将该文本复制到剪贴板中。

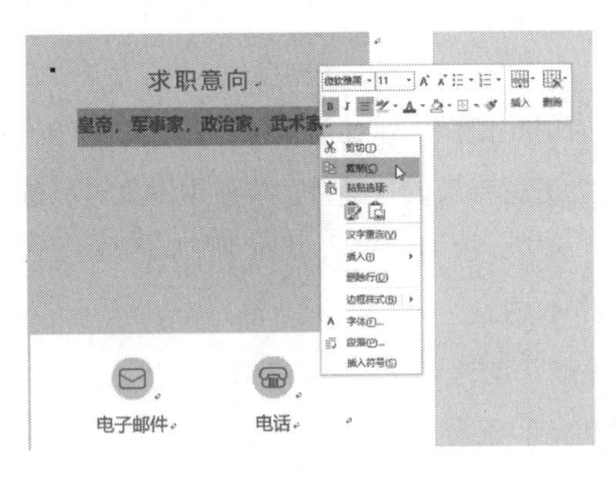

图 3-20

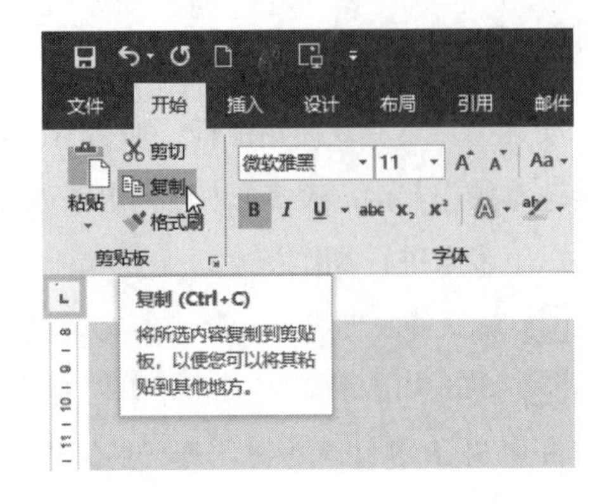

图 3-21

方法 3：使用快捷键进行复制

选中需要复制的文本，然后按 Ctrl+C 快捷键。这实际上是最快速的方法，也是本书提倡的方法。

3.4.2 剪切文本

剪切文本是将文本从一个位置移动到另一个位置（注意，原位置的内容在剪切之后将不复存在），执行该操作时也有 3 种方法可以使用，在图 3-20 和图 3-21 中分别可以看到和“复制”命令相邻的“剪切”命令，说明它的前 2 种方法和复制的方法是一样的，而第 3 种方法则是 Ctrl+X 快捷键。

3.4.3 粘贴文本

将文本复制或剪切后只是将文本转移到剪贴板中，要想将其移动到文档中还需要执行粘贴操作。粘贴时可以根据所选的内容选择适当的粘贴方式。

执行粘贴操作时，根据所选的内容格式，程序会提供 3 种粘贴方式，分别为保留源格式、合并格式以及只保留文本。用户可以根据需要选择相应的粘贴方式。下面以只保留文本为例来介绍 3 种粘贴文本的方法。

方法 1：通过快捷菜单命令进行粘贴

打开文档，选择需要复制的文本，单击鼠标右键，在弹出的快捷菜单中选择“复制”命令，然后在需要粘贴到的位置右击，在弹出的快捷菜单中单击“粘贴选项”区域中的“只保留文本”按钮，如图 3-22 所示。

经过以上操作，即可完成只保留文本的粘贴操作。

方法 2：使用选项组进行粘贴

打开文档，选择一段文本进行复制后，单击“开始”选项卡下“剪贴板”选项组中“粘贴”按钮下方的三角按钮，在展开的菜单中单击“粘贴选项”区域中的“只保留文本”按

钮，如图 3-23 所示。

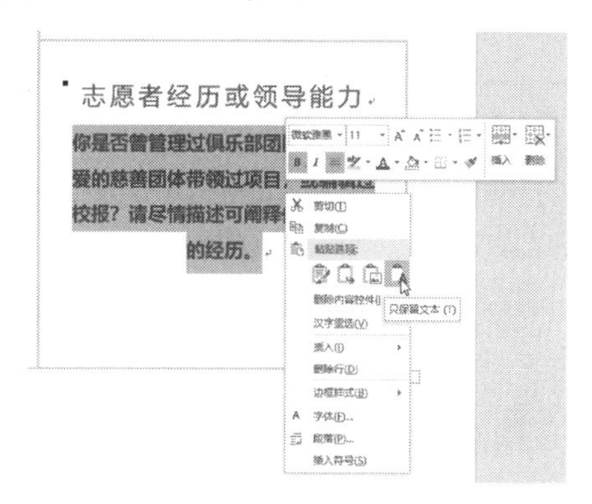

图 3-22

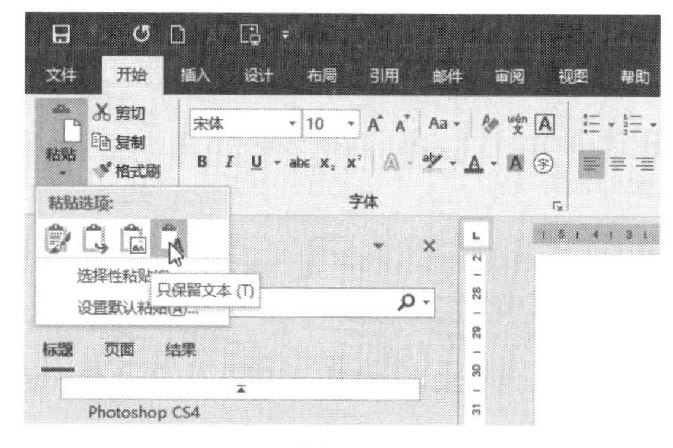

图 3-23

经过以上操作，同样可以完成只保留文本的粘贴操作。

方法 3：使用“选择性粘贴”命令

使用普通的“粘贴”命令，可将剪切或复制到剪贴板上的副本原封不动地复制到插入符处。根据所复制的内容的不同，还会出现不同的粘贴选项，如图 3-24 所示。

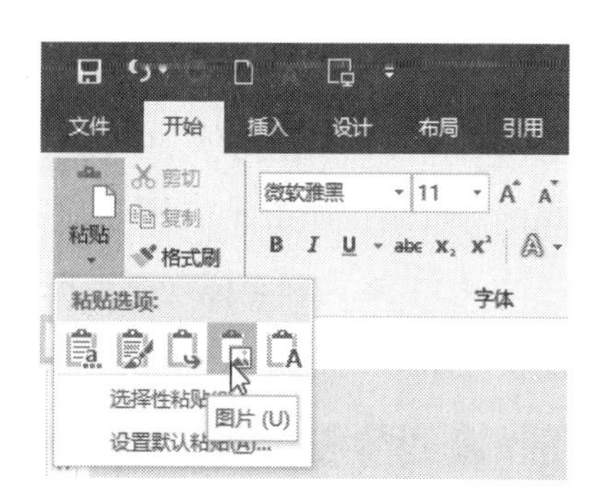

图 3-24

比较图 3-23 和图 3-24 可以发现，前者只有 4 个粘贴选项，而后者有 5 个粘贴选项，这就是由于复制或剪切的内容不同而造成的。那么，这些选项究竟是什么呢？我们可以通过 “选择性粘贴”命令来清晰地看到它们，其使用方法如下：

01 从当前文档或其他应用程序中剪切或复制文字、图形或其他对象。

02 将插入符移动到相应位置。

03 单击“开始”选项卡，然后单击“剪贴板”工具组中的“粘贴”按钮下方的三角按钮，在展开的菜单中单击“选择性粘贴”，如图 3-25 所示。

04 在出现的“选择性粘贴”对话框，可以看到多种粘贴选项（它们对应于前面提到的粘贴选项按钮）。选择“无格式文本”，则粘贴的结果和前两种方法是一样的，如图 3-26 所示。

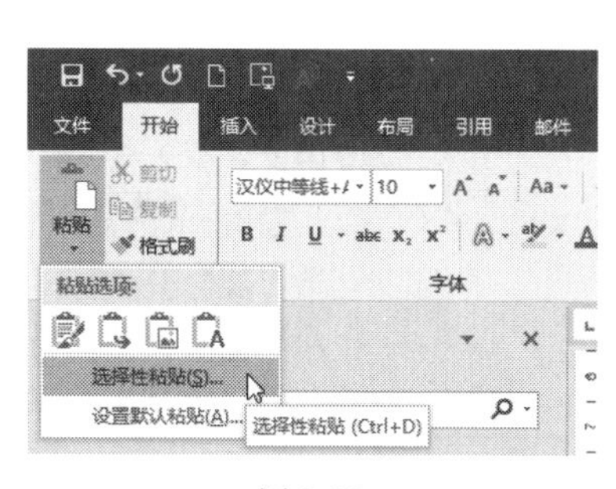

图 3-25

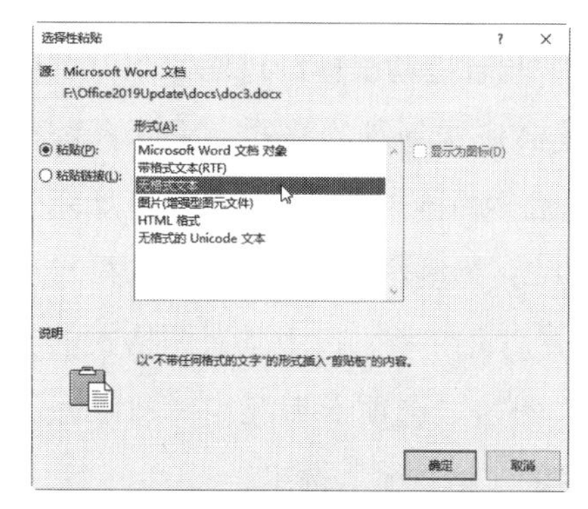

图 3-26

05 单击“确定”按钮，完成粘贴。

> **提示：**“选择性粘贴”命令是一个非常实用的命令，善用它可以解决许多内容复制方面的问题。用户可以多次尝试，以了解各种粘贴选项的区别。如果要直接粘贴复制的内容（包括格式），可以按快捷键 Ctrl+V。

3.4.4 使用格式刷复制文本格式

需要单独复制文本的格式时，可通过格式刷来完成操作。为文本复制格式时，可以一次为一处文本应用复制的格式，也可以一次为多处文本应用复制的格式。

方法 1：为一处文本应用复制的格式

（1）打开文档，选中要复制格式的文本（这里选择的源格式文本是“赵匡胤”，它应用了“方正启体简体”字体），然后在“开始”选项卡下单击“剪贴板”选项组中的“格式刷”按钮，如图 3-27 所示。

（2）格式刷光标（在光标左边显示了一把小刷子）出现后，按住鼠标左键拖动经过需要应用格式的文本，如图 3-28 所示。

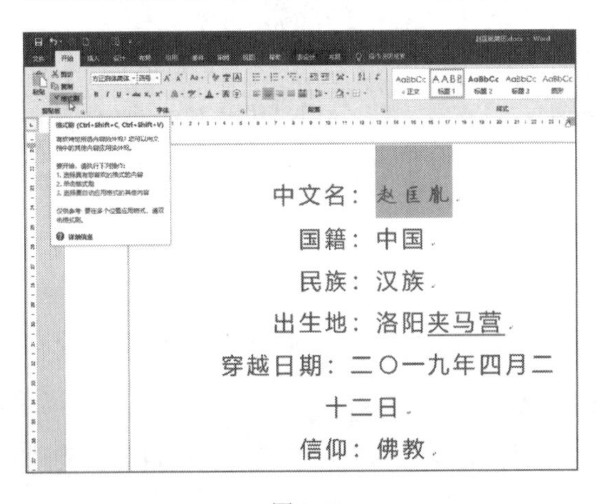

图 3-27

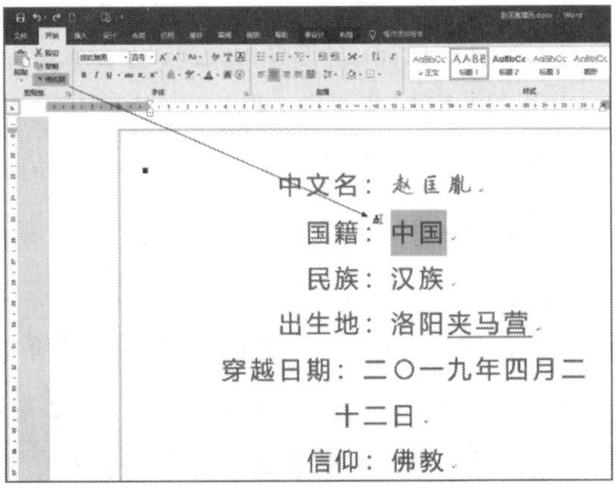

图 3-28

（3）此时拖动鼠标经过的文本（“中国”）就会应用复制的格式，它同样获得了“方正启体简体”字体，如图 3-29 所示。

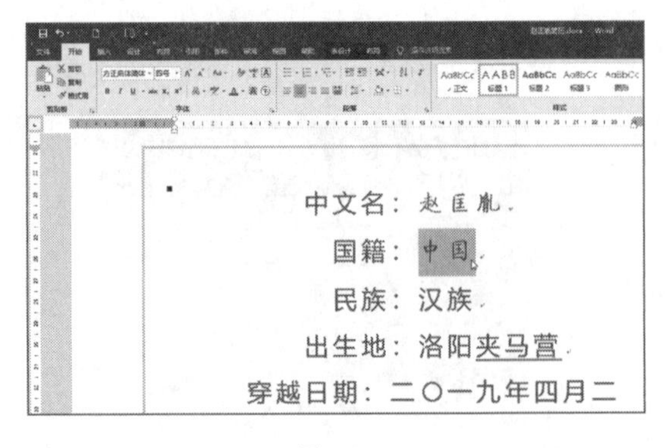

图 3-29

方法 2：为多处文本应用复制的格式

（1）打开文档，选中具有源格式的文本，在“开始”选项卡下双击“剪贴板”选项组中的“格式刷”按钮。

（2）当光标变为刷子形状时，按住鼠标左键依次拖动经过需要应用格式的文本。

注意： 双击（而不是单击）“剪贴板”选项组中的“格式刷”按钮时，为第一处文本应用格式后光标仍为刷子形状，即可为下一处文本应用格式。

3.5　查找与替换文本

在文档中查找某一特定内容，或在查找到特定内容后将其替换为其他内容，可以说是一件烦琐的工作。使用 Word 2019 提供的文本查找与替换功能，使用户可以轻松、快捷地完成文件的查找与替换操作。

3.5.1　查找文本

要在 Word 2019 中查找文本，可以按以下步骤操作。

01 启动 Word 2019 并打开文档，在“开始”选项卡下单击“编辑”选项组中的“查找”按钮，如图 3-30 所示。

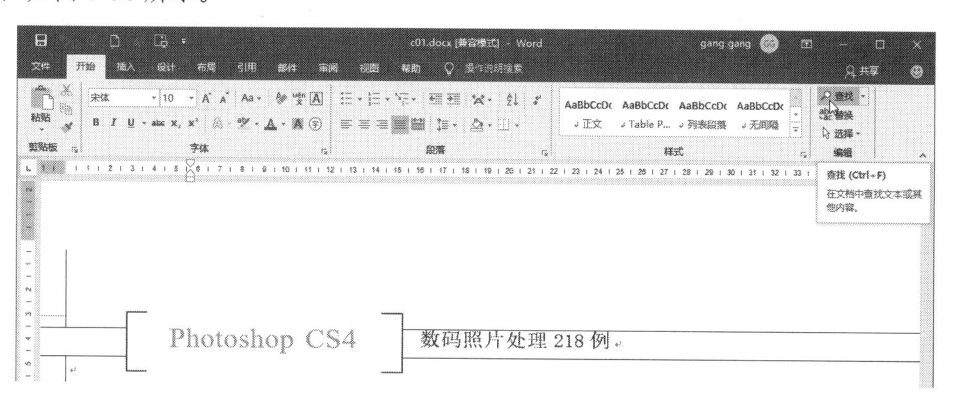

图 3-30

02 此时 Word 将在左侧窗格中打开“导航”面板。“查找”功能和“导航”共享这个“导航面板”。在该面板中，用户可以输入要查找的关键字，例如“Photoshop”，如图 3-31 所示。

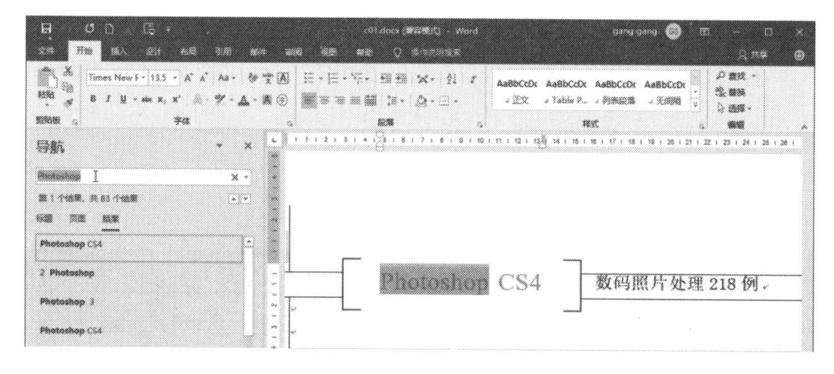

图 3-31

03 可以看到，Word 立即显示了查找匹配到的结果数量，并且单击其中一项即可定位到该结果所在的位置。这和导航视图是否有异曲同工之妙？这也是它们共享同一个面板的原因。

> **提示：**查找文本的快捷键是 Ctrl+F。

3.5.2 替换文本

查找和替换是一对关联性极大的功能。在文档中替换文本内容时，可直接通过“查找和替换”对话框来完成。设置好查找和替换的内容后，即可执行替换操作。要替换文本，可以按以下步骤操作。

01 启动 Word 2019 并打开文档，在“开始”选项卡下单击“编辑”选项组中的“替换”按钮，如图 3-32 所示。

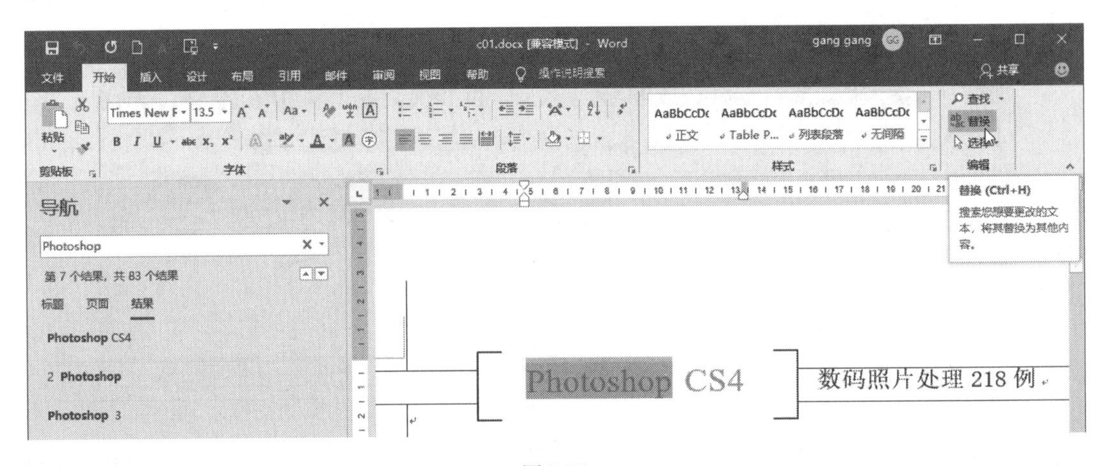

图 3-32

02 此时将打开“查找和替换”对话框，在“替换”选项卡下的“查找内容”和“替换为”文本框中分别输入相关内容，然后单击“查找下一处”按钮，如图 3-33 所示。

03 被查找的内容会被选中并显示出来，需要查找下一处时可以再次单击“查找下一处”按钮，当需要替换的内容出现后，单击“替换”按钮，如图 3-34 所示。

04 单击“全部替换”按钮，即可完成快速替换文本的操作。

> **提示：**由于文本存在多种组合的可能性，所以在使用“全部替换”功能时可以先通过“查找”功能了解匹配情况，否则可能出现难以预料的情况，把不该替换的内容替换掉了。

图 3-33

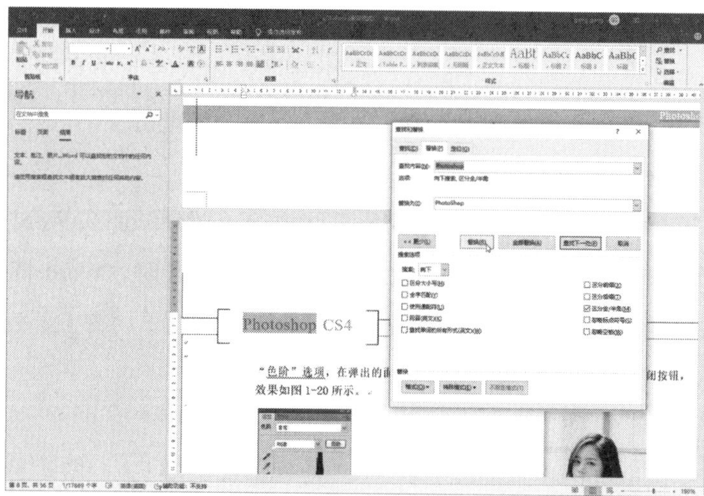

图 3-34

3.5.3　使用查找和替换选项

单击位于“查找和替换”对话框底部的“高级”按钮，用户将看到一些附加的选项和按钮，使用它们，用户能更为精确地设置 Word 查找的方式。如图 3-35 所示，“查找内容”和“替换为”中填写的内容其实是一样的，只是修改了一个字母 s 的大小写。要实现这样的替换，就必须选中“区分大小写”选项。

图 3-35

> **提示：**“更多”按钮在单击之后就变成了“更少”按钮。

下面将介绍这些选项的使用。

- “搜索范围”

设置 Word 对哪部分文档进行搜索。其默认设置为“全部”，即从插入点开始，搜索整篇文档。用户也可以选择“向上”或“向下”，即从插入点开始，搜索到文档的开始部分或结束部分。

> **提示：**如果要搜索文档中的某一部分，可在搜索前先选定该部分。

- “区分大小写”

Word 查找到的文字必须同“查找内容”框中的输入文字大小写形式相同。通常，Word 将查找输入文字的各种大小写形式如大写、小写和大小写混合忽略，但如果选中此选项，Word 将只查找与输入项大小写完全匹配的文字。

- “全字匹配”

如果键入的单词只是其他单词中的一部分，那么 Word 在查找时将忽略它们。例如，如果选中了此选项，那么在搜索单词“Word”时，Word 将忽略“Words”或“password”这样的单词。如果用户查找的单词是许多其他单词的一部分，那么该选项对于准确找出目标文本将非常有用。

- “使用通配符”

让 Word 识别“*”、“?”、“!”或其他通配符（通配符可替代文字中的一个或几个字符），而不是将通配符处理为普通文字。例如，如果搜索“7*GT”，那么可以查找到如“7300GT”“7600GT”和“7900GT”这样的匹配结果。

3.6 撤销、恢复和重复操作

Word 会自动记录下一段时间内用户对文档的每一个修改，并可让用户任意撤销这些改动，只要没有退出 Word，用户甚至可以把文档恢复到几个小时前的状态，而且格式上的改动也可以撤销。Word 同时提供了“恢复”命令，可恢复已撤销的更改。此外，如果希望将以前的文字或格式上的改动，使用于文档中的其他多个位置，则还可以重复操作。

3.6.1 使用“撤销”和“恢复”命令

“撤销”命令是文档编辑中最常用的命令之一，所以它获得了应有的待遇——它位于“快速访问工具栏”上，如图 3-36 所示。

但是，对于编辑文档的老手来说，这样方便的按钮仍然很难用到，因为他们更习惯于使用 Ctrl + Z 快捷键。

按 Ctrl+Z 快捷键只能一次撤销一步操作。用户还可以使用“撤销”列表，一次完成多步改动。使用这些列表的方法是：单击“快速访问工具栏”上“撤销”按钮旁边的箭头按钮，用户将看到已进行的操作的列表，如图 3-37 所示。

单击最近的操作，便可以完成“撤销”命令；用户也可以拖动鼠标，或在菜单中滚动，来选择多个操作，完成“撤销”命令。在列表底部的批注将显示要进行“撤销”操作的数目。

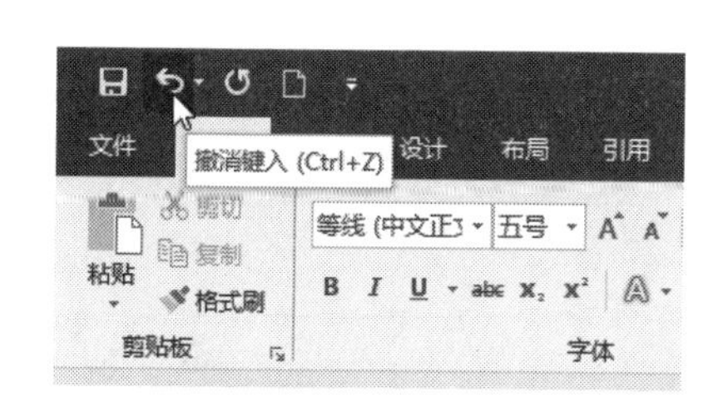

图 3-36

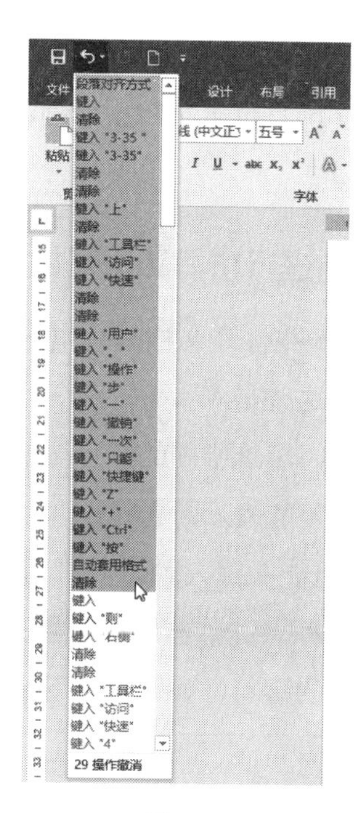

图 3-37

3.6.2 使用“重复”命令

“撤销”命令与“重复”命令位于“快速访问工具栏”中的同一位置。当没有进行“撤销”操作时，“重复”命令将重复用户上一个操作，即最后的键入或格式设置。当要多次添加文字或在文档中多处应用某种格式设置时，“重复”命令便显得非常方便，如图 3-38 所示。

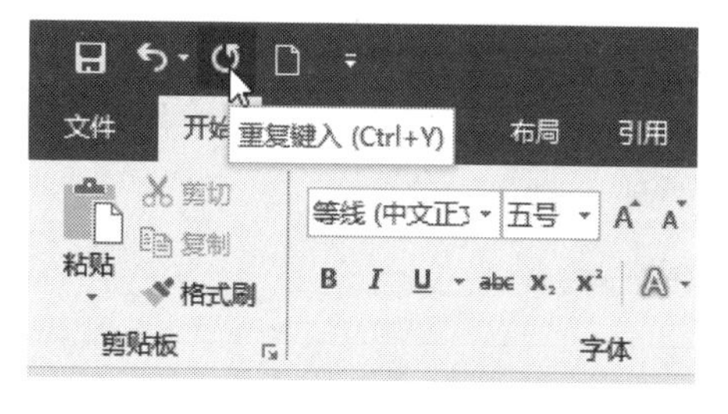

图 3-38

> **提示：**重复操作的快捷键是 Ctrl+Y。

3.7 拼写和语法检查

Microsoft Word 包含了许多写作工具，这些工具可以检查拼写、语法和文档可读性；帮助用户查找同义词或反义词；甚至自动添加或修改文字。

Word 既可以在输入文本时进行拼写和语法的检查，也可以在某一特定时间完成这些工作。Word 能标出拼写和语法中存在的问题，使它们一目了然，用户还可以设置其他组选项来自定义拼写或语法检查。例如，可以让 Word 忽略首字母缩略词或包含数字的单词的拼写检查。

3.7.1 自动进行拼写和语法检查

启动 Word 并打开文档时，用户可能会看到有些单词或部分文本的下面出现红色或绿色的波浪线。这些是 Word 在工作时使用的拼写和语法工具。单词下的红色波浪线表示该单词拼写有误。段落中间的红色波浪线表示词组搭配有问题或标点符号错误，而在结尾处的波浪线，则可能表示断句错误，如图 3-39 所示。

Word 不但能在键入时进行拼写检查，而且可以在文档中更正错误。如果要更正拼写错误，可用鼠标右键单击标有红色波浪线的文本。如果有可以更正的建议，则 Word 将显示它认为正确的拼写，如图 3-40 所示。

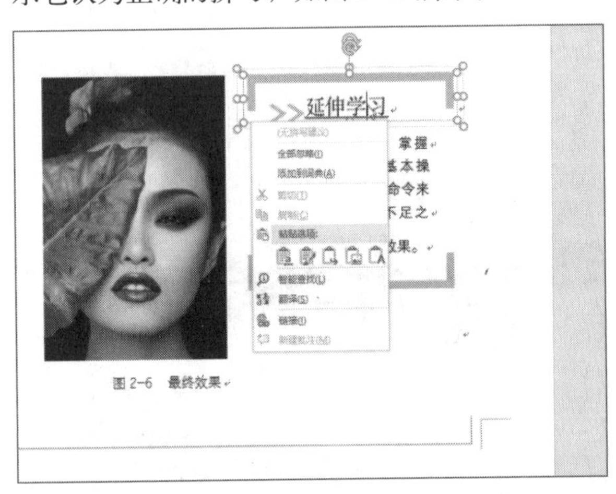

图 3-39

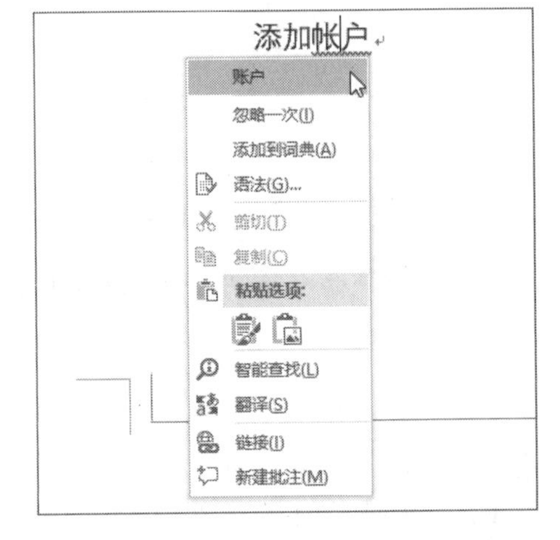

图 3-40

3.7.2 文本校对

要进行文本校对工作，请按以下步骤操作。

01 将光标停放在要校对的文本中，单击“审阅”选项卡，然后单击“拼写和语法”，如图 3-41 所示。

02 此时文档编辑窗口右侧会出现“校对”面板，显示 Word2019 识别出来的校对错误，并提供了修改建议，如图 3-42 所示。

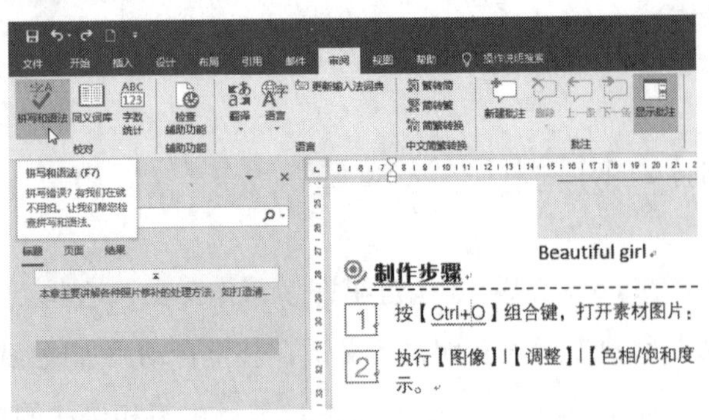

图 3-41

03 当然，这种拼写确实有疑问（所以 Word 2019 才会将它标记为红色波浪线）。要解决该问题，可以选中加号，然后单击“开始”选项卡，选择“字体”工具组中的“更改大小写”右侧的向下三角形，最后在弹出菜单中选择“全角”，这样，“Ctrl + O”就不再被标记为红色波浪线了，如图 3-43 所示。

04 如果拼写确认无误，是 Word 2019 的校对功能误报，则可以单击“添加到字典”，如图 3-44 所示。这样，以后再次出现同类拼写时，Word 就不会将其标记为红色波浪线了。

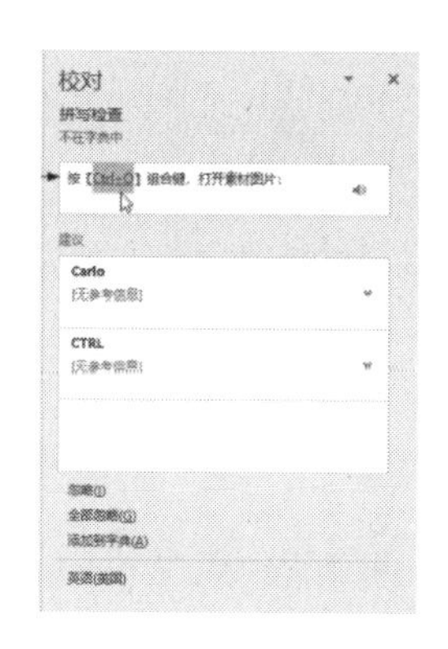

图 3-42

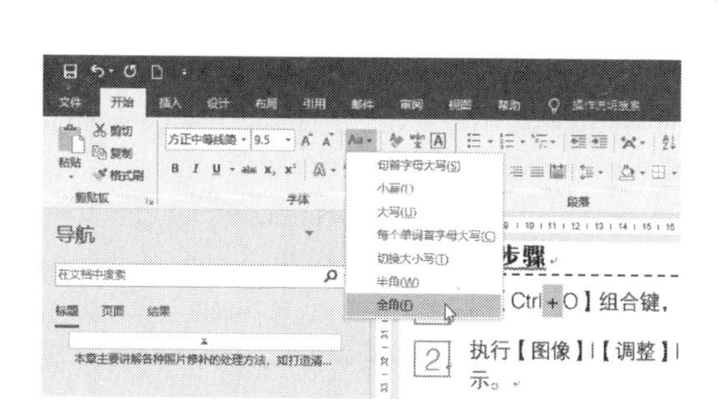

图 3-43

图 3-44

总之，校对功能对于检查文档中的拼写错误还是有很大帮助的，善用它可以显著提升文档的质量。

3.7.3 禁用“自动更正”选项

Word 的“自动更正”是一个很好的功能，或者说，它是一个立意良善的功能，但是，有时候它也会产生一些麻烦。例如，如果用户故意想模拟一些出错的情况，Word 总会自动更正“自动更正”对话框中列出的错误，或者，当用户输入网址时，Word 会自动给该网址添加对应的网络链接，而这可能并不是用户所需要的。所以，在这种情况下，用户可以考虑关闭此功能，关闭操作的步骤如下：

01 单击“文件”选项卡。

02 单击“选项”。

03 在出现的“Word 选项”对话框中，单击“校对”分类。

04 在右侧窗格中找到并单击“自动更正选项”。

05 在出现的“自动更正”对话框中，单击“自动更正”选项卡，然后清除所有复选框，如图 3-45 所示。

06 连续单击“确定”按钮，关闭“自动更正”对话框和“Word 选项”对话框。

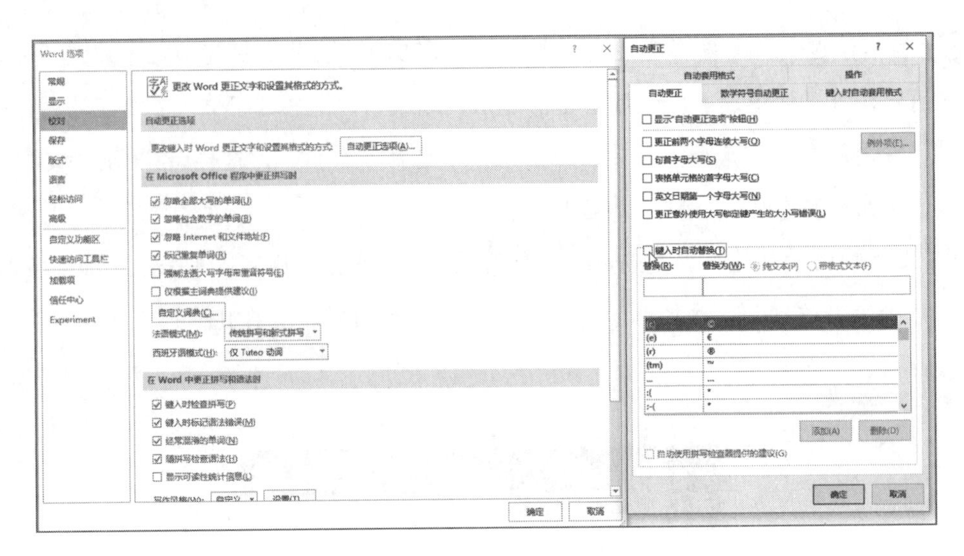

图 3-45

3.8 统计文档字数

如果用户要撰写特定字数的文档，或者只是想了解文档的大小，那么可以使用 Word 的“字数统计”功能。其操作方式如下：

01 启动 Word 2019 并打开要统计字数的文档。

02 单击“审阅”选项卡，然后再单击“字数统计”按钮。Word 将统计文档中的所有中英文字数，并显示“字数统计”对话框，如图 3-46 所示。

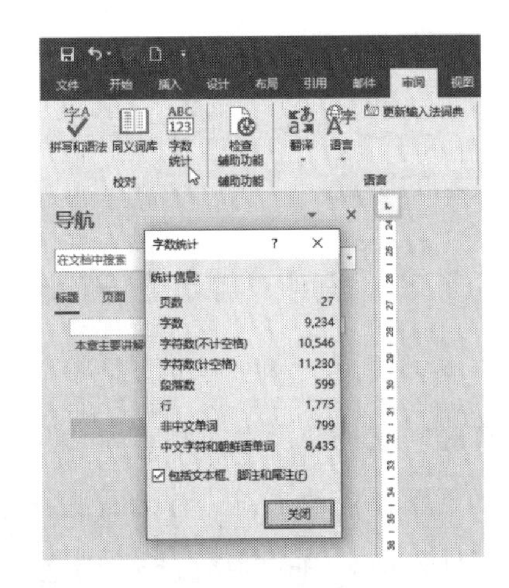

图 3-46

在“字数统计”对话框中显示了文档中的字数、字符数、行数、段落数和其他元素统计值。通常，Word 将对包括页眉和页脚在内的所有文本进行统计。单击“包括文本框、脚注和尾注”复选框后，Word 将在统计时将包含文本框、尾注和脚注中的文本。

Word 不会统计图形中的单词，但它会统计图题中的文字。

> **提示：**另外还有一种快速查看文档字数的方法，即单击 Word 2019 状态栏左下角的“文档的字数”统计项。用户将看到同样的字数统计数字，如图 3-47 所示。

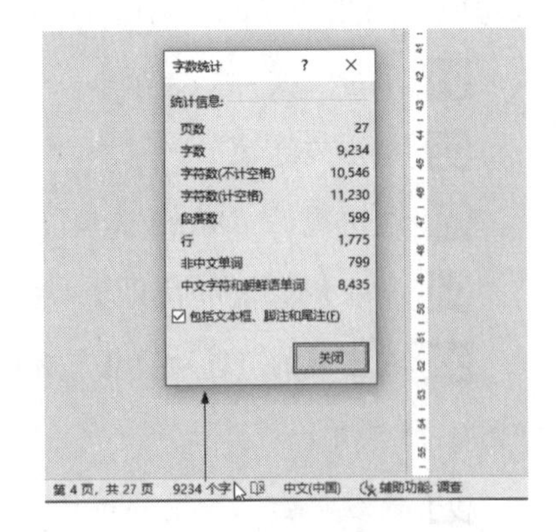

图 3-47

第 4 章　格式化文档

在文档中，文字是组成段落的最基本内容，任何一个文档都是从段落文本开始进行编辑的，当输入所需的文本内容后即可对相应的段落文本进行格式化操作，从而使文档层次分明，便于阅读。

≫ 本章学习内容：

- 设置文本格式
- 设置段落格式
- 项目符号与编号的应用
- 设置边框和底纹

4.1　设置文本格式

在 Word 中，文档格式设置分为 5 个层次，即：对于字符，对于段落，对于节，对于页面和对于整个文档。

设置文本格式有两种方式：一是首先选中文字，然后选择相应选项，将已有文字设置为任何格式；二是先选择格式选项，再输入文字，这样所输入的文字就会被设置为所选择的格式。

- 如果要选中已有的字符、段落或节，请在相应文字上拖动鼠标。选中后即可选择格式设置选项。
- 如果要设置单个段落或节的格式，请在任意位置单击鼠标，然后选择格式选项。
- 如果要设置文档的格式，则可以选择“页面主题”中的格式选项。

使用样式可以一次存储并应用若干种字符或段落的格式选项。

设置文本格式包括对文字的字体、字形、大小、外观效果、字符间距等内容的设置，对于有特殊需要的字符，还可以为其应用带圈字符、上标、下标、艺术字以及首字符下沉等格式。通过对这些方面的设置，文本将会展现出全新的面貌。

在 Word 2019 中，文本格式的设置主要通过“开始”选项卡下的“字体”选项组来完成，该功能区中所包括的内容如图 4-1 所示。

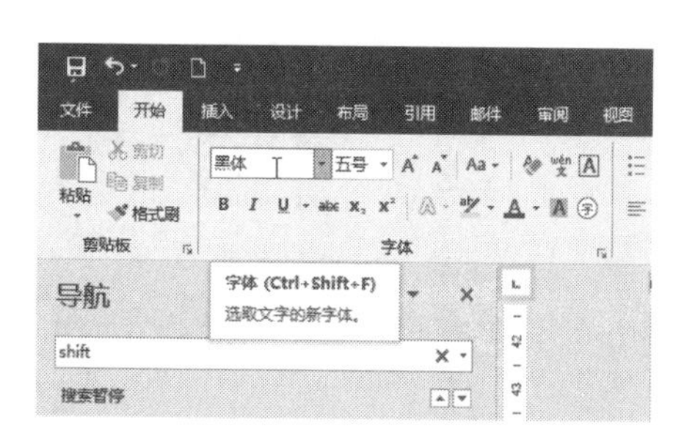

图 4-1

4.1.1 设置文本的字体、字形和大小

通常情况下，在一个文档中不同的内容对文本格式的要求会有所不同，例如标题与正文就会有明显的区别，这些区别可以体现在字体、字形、大小等方面。一般情况下标题都会比正文显眼一些。下面就来介绍标题文本格式的设置操作。

01 启动 Word 2019 并打开文档，选中需要设置格式的标题文本，如图 4-2 所示。

图 4-2

02 在“开始”选项卡中，单击“字体”选项组中“字体”下拉列表框右侧的下三角按钮，展开“字体”下拉列表后，单击需要使用的字体“方正琥珀简体”。

03 设置了标题的字体后，单击“字体”选项组中“字号”下拉列表框右侧的下三角按钮，在展开的下拉列表框中单击“二号”选项。

04 单击“字体”选项组中的“下划线”按钮右侧的向下三角形，在弹出菜单中选择并设置文本的下划线，完成对标题的文本字体、字形、大小的设置操作，如图 4-3 所示。

图 4-3

提示： 为文本设置格式后，如果需要清除全部格式，则可以选中目标文本，在“开始”选项卡中单击“样式”选项组下的“其他”按钮，在弹出的菜单中选择“清除格式”命令，即可清除之前设置的所有文本格式，如图 4-4 所示。

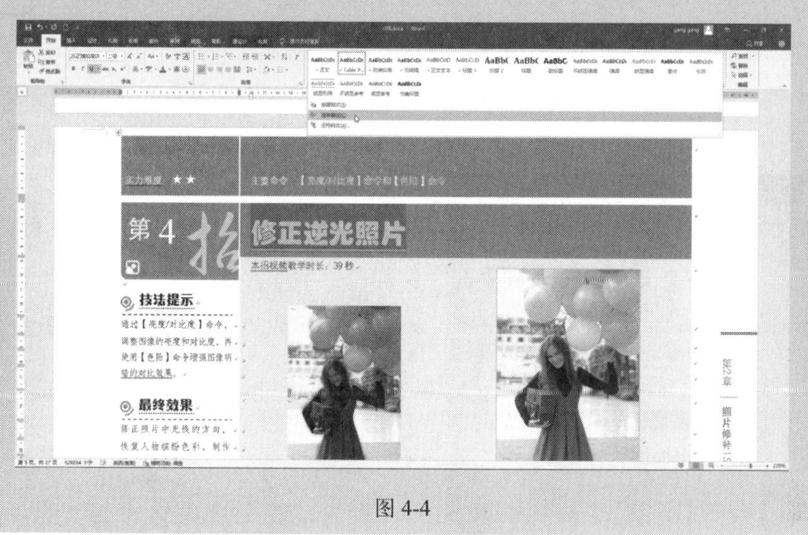

图 4-4

4.1.2　设置文本的外观效果

通过设置文本的外观效果，可以使文本变得更加多样美观。外观包括文本颜色、填充、发光、映像等效果，设置时可以直接使用 Word 2019 中预设的外观效果，也可以自定义制作渐变填充的文本效果。

1. 使用预设样式设置文本外观效果

Word 2019 中预设了 20 种文本效果，在选择预设样式后，还可以再根据需要对文本的发光、映像等效果进行自定义设置。

01 选择需要设置外观效果的文本，在“开始”选项卡下单击“字体”选项组中的“文本效果”按钮，弹出文本效果库后，单击需要使用的效果“渐变填充 - 水绿色，主题色 5，映像”图标，如图 4-5 所示。

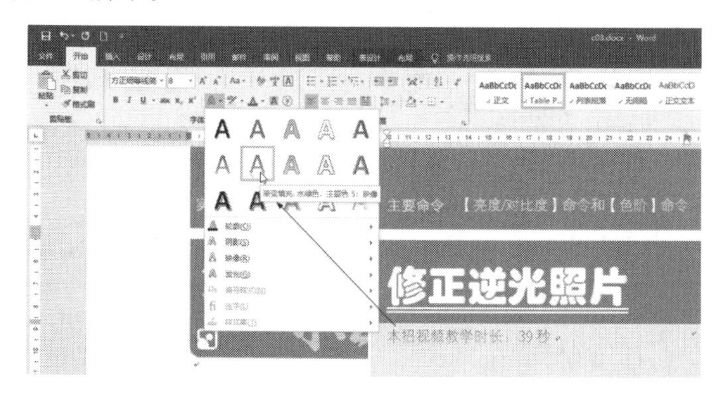

图 4-5

02 选择文本样式后，再次单击“文本效果”按钮，在弹出的文本效果库中指向“映像”选项，在级联列表中单击“映像变体”区域内的“半映像：4 磅 偏移量”图标，如图 4-6 所示。

03 再次单击“文本效果”按钮，在弹出的文本效果库中指向“阴影”选项，在级联列表中单击“偏移：右”图标，如图 4-7 所示。

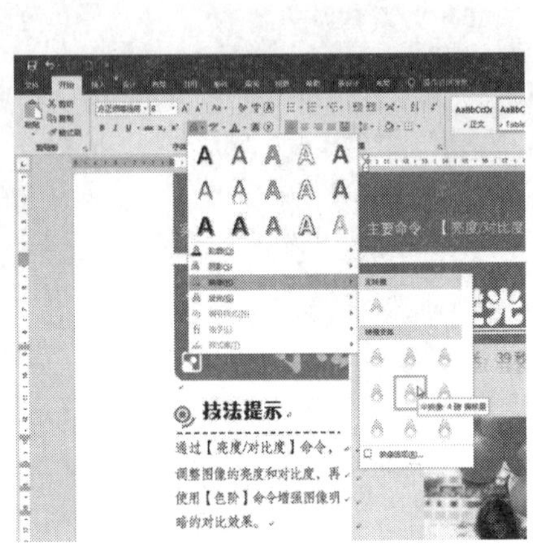

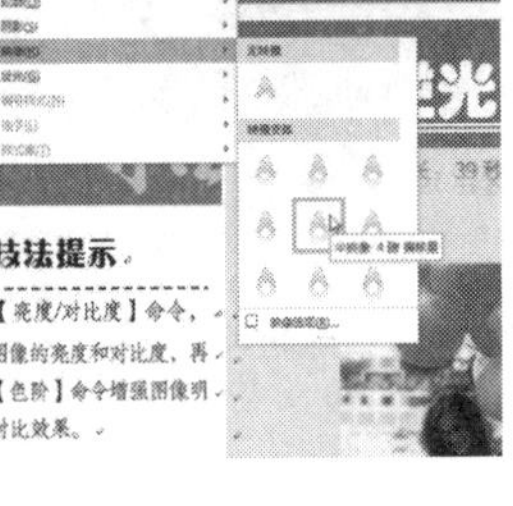

图 4-6

图 4-7

用户还可以自己尝试更多的文本外观效果设置选项。

2. 自定义制作渐变色彩的文本效果

除了使用预设的文本效果，还可以自定义文本的填充方式，对文字效果进行设置。

01 选中需要设置效果的文本，单击“开始”选项卡下“字体”选项组中的“字体”按钮，如图 4-8 所示。

02 弹出“字体”对话框，单击“文字效果”按钮，如图 4-9 所示。

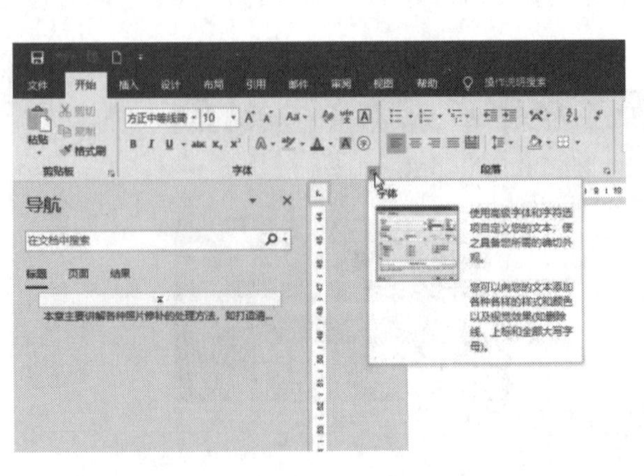

图 4-8

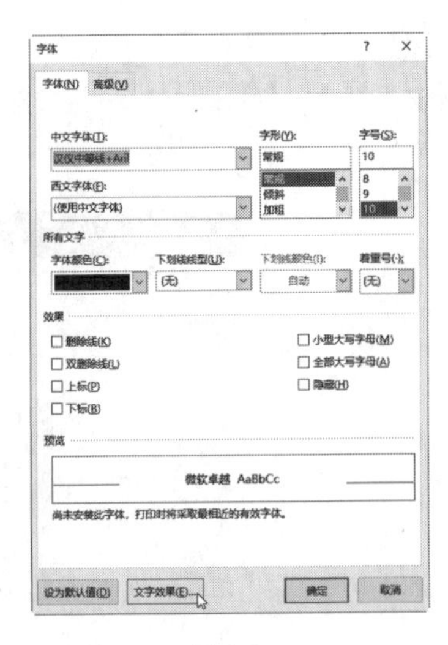

图 4-9

03 弹出“设置文本效果格式”对话框，单击“文本填充”展开按钮，在弹出的选项中选中“渐变填充”单选按钮，如图 4-10 所示。

04 单击对话框下方的“颜色”按钮，在展开的颜色列表中单击“红色”选项，如图 4-11 所示。

05 单击“渐变光圈”色条中的第 2 个滑块，然后单击“颜色”按钮，在弹出的下拉列表中单击“橙色”选项，如图 4-12 所示。

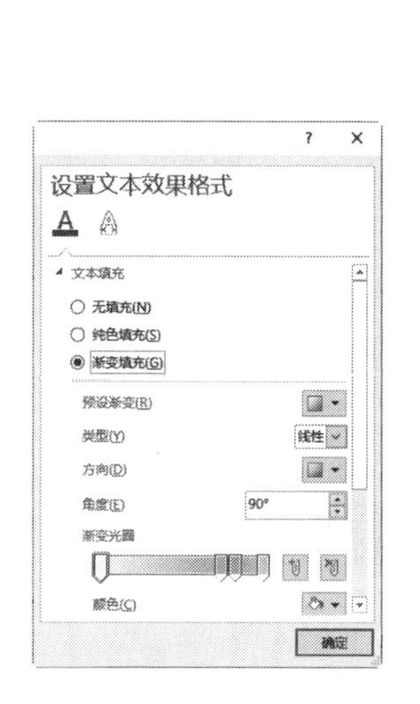

图 4-10

图 4-11

图 4-12

06 单击第 4 个滑块，然后单击“颜色”按钮，在弹出的下拉列表中单击“深蓝”选项，如图 4-13 所示。

07 单击“方向”按钮，在展开的方向样式库中单击“线性向右”图标，如图 4-14 所示。最后单击“关闭”按钮返回“字体”对话框，单击“确定”按钮。

图 4-13

图 4-14

经过以上的步骤，就完成了自定义制作渐变填充文本效果的操作，最终效果如图 4-15 所示。

图 4-15

4.1.3 设置字符间距

字符间距是指字符与字符之间的距离，字符的间距主要有加宽和紧缩两种类型，本节中以加宽字符间距为例介绍设置字符间距的操作。

01 启动 Word 2019，打开文档，选中需要设置字符间距的文本（例如，本示例中的“技法提示”），单击“开始”选项卡下“字体”选项组中的“字体”按钮，如图 4-16 所示。

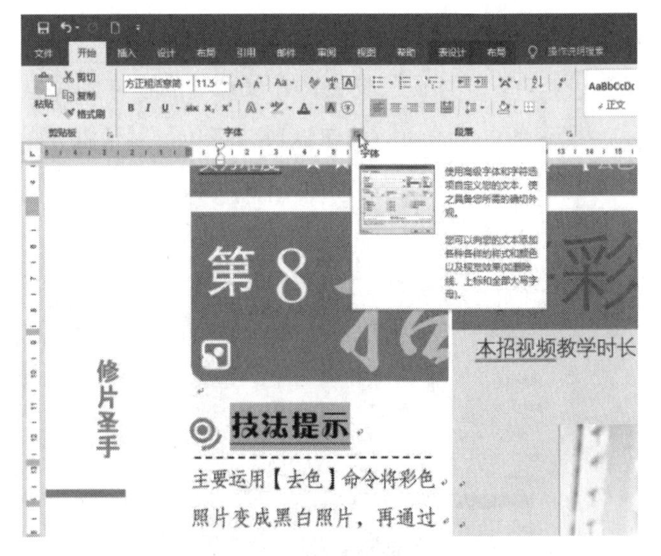

图 4-16

02 弹出“字体”对话框，切换到“高级”选项卡，单击“间距”下拉列表框右侧的下三角按钮，在展开的下拉列表中选择“加宽”选项，如图 4-17 所示。

03 选择间距类型后单击“磅值”数值框右侧的上调按钮，将数值设置为“3 磅”，

最后单击“确定”按钮，如图 4-18 所示。

图 4-17

图 4-18

04 经过以上操作后返回文档，可以看到加宽字符间距后的效果（和下面未加宽字符间距的“最终效果”相比，非常明显），如图 4-19 所示。

图 4-19

4.1.4 制作艺术字

艺术字就是具有艺术效果的字，在 Word 2019 文档中为文本添加艺术字效果，可以使文档更加美观和富于变化。Word 2019 对艺术字的效果进行了多方面改进，使其效果更加丰富。选择艺术字样式后，还可以根据需要对样式进行自定义。

01 启动 Word 2019，打开文档，选中需要设置为艺术字的文本（仍然以“技法提示”为例），切换到“插入”选项卡，单击“文本”选项组中的“插入艺术字”按钮，如图 4-20 所示。

02 在弹出的“艺术字”库中单击如图 4-21 所示的图标。

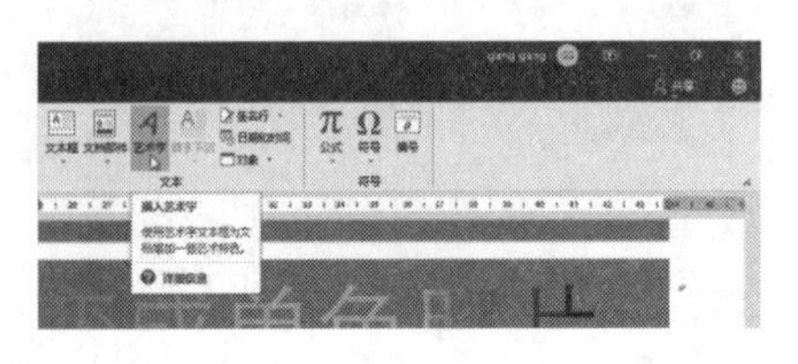

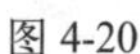

图 4-20

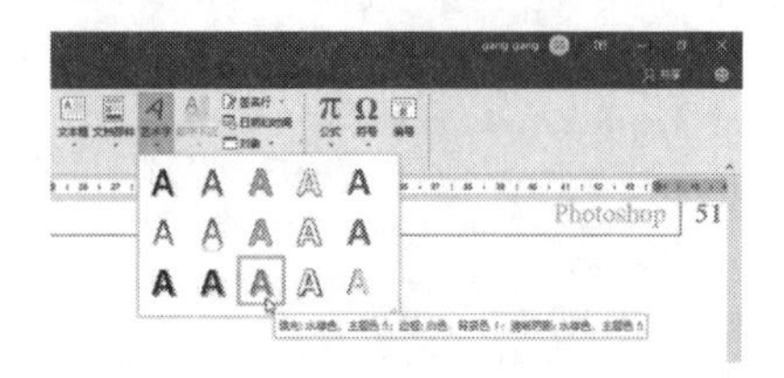

图 4-21

03 添加艺术字后，在它旁边会显示一个“布局选项”按钮，单击它即可显示一个“布局选项”菜单，通过该菜单可以设置艺术字的文字环绕格式，例如“上下型环绕”，如图 4-22 所示。

04 在添加艺术字之后，会出现一个“形状格式”选项卡，在该选项卡中可以对艺术字进行更多的设置。例如，可以单击“编辑形状”按钮，在弹出菜单中选择“更改形状”，然后选择一个形状。本示例中选择的是“卷形：水平”，如图 4-23 所示。

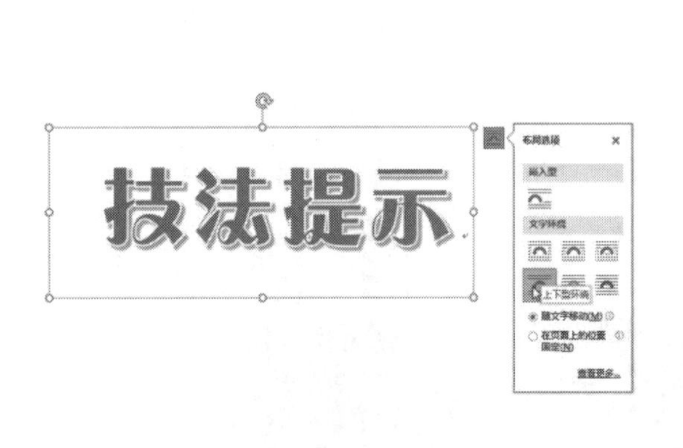

图 4-22

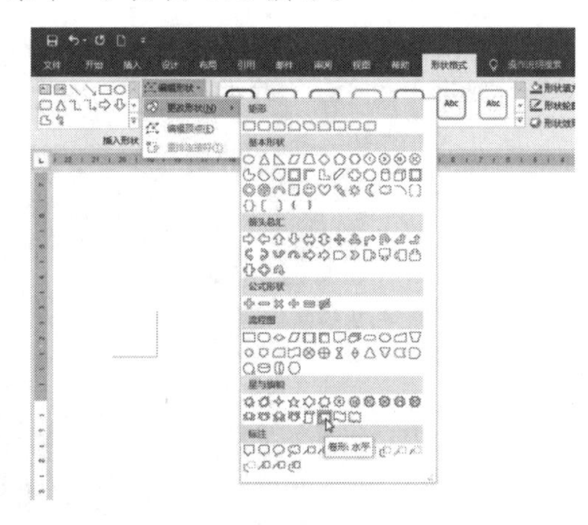

图 4-23

05 在“形状样式”下拉菜单中可以选择艺术字形状样式的一种效果，如图 4-24 所示。

06 艺术字本身也可以选择和设置不同的样式，如图 4-25 所示。

07 或者也可以对艺术字本身做转换变形处理，方法是从“转换”下拉菜单中选择一种样式（本示例选择的是“朝鲜鼓”），如图 4-26 所示。

总之，在 Word 2019 中，艺术字可以变化和设置的样式是非常丰富的，用户可以不断尝试，以选择自己认为合适的外观效果。

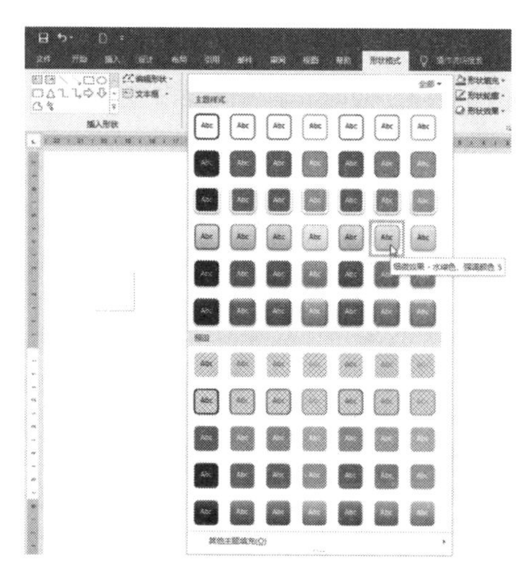

图 4-24

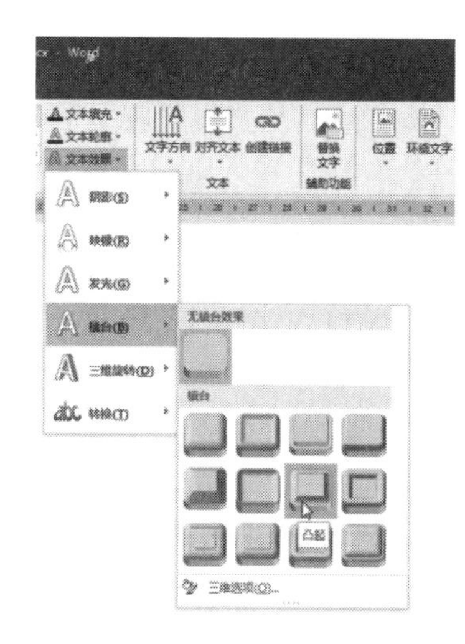

图 4-25

图 4-26

4.2　设置段落格式

段落的格式设置选项包括缩进、制表位、文字对齐方式和行距等。可以使用标尺来设置缩进和制表位，或单击“格式”工具栏上的按钮来设置文字对齐方式，或通过“段落”对话框，完成段落的所有格式设置。

因为段落格式设置选项的对象是整个段落，所以只需单击段落中任意位置，即可选中该段落。如果要将格式设置应用于多个段落，则必须至少在每一个目标段落中都选择一部分，或按 Ctrl ＋ A 组合键选中整个文档。

段落标记对格式设置是很有帮助的，它可使用户看清段落结束和开始的位置。

设置段落格式时，主要在“段落”选项组中完成设置，最基本的是段落对齐方式、段落大纲、缩进以及段落间距的设置。“段落”选项组中包括对齐方式、项目符号、增加缩进量等按钮。

4.2.1 设置段落的对齐方式

段落的对齐方式包括文本左对齐、居中对齐、右对齐、两端对齐和分散对齐 5 种，用户可以根据文本的内容和具体要求对段落的对齐方式进行设置。

要设置段落对齐方式，请按以下步骤操作。

01 打开文档，将插入点定位在需要设置对齐方式的文本（例如，图题）中，在“开始”选项卡下单击“段落”选项组中的“居中”按钮，如图 4-27 所示。

02 大多数情况下，Word 默认的文本段落对齐方式都是“两端对齐”，如图 4-28 所示。

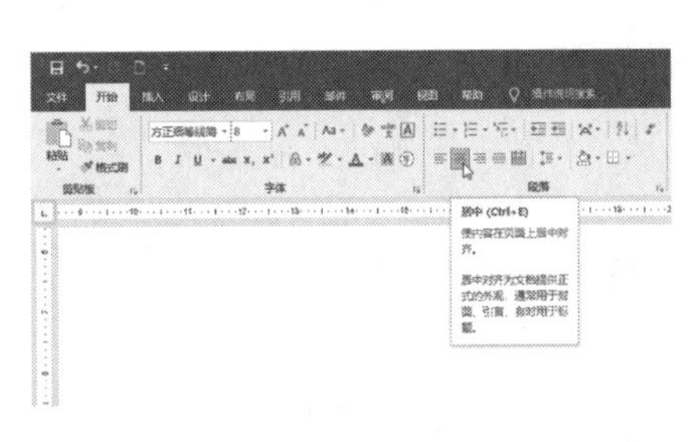

图 4-27

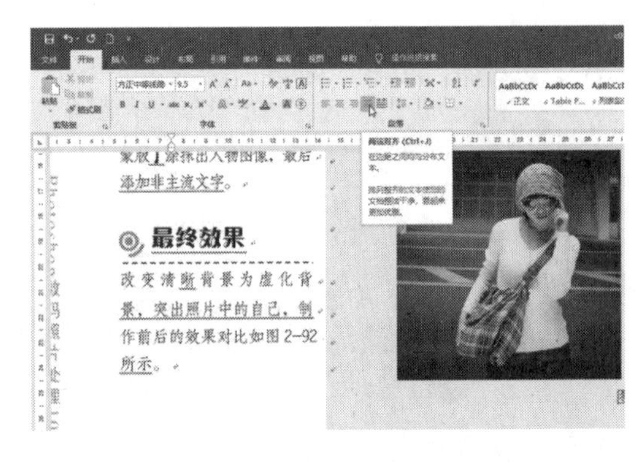

图 4-28

> **提示：**设置段落左对齐的快捷键为 Ctrl+L，右对齐为 Ctrl+R，居中对齐为 Ctrl+E，两端对齐为 Ctrl+J。这些都是需要牢记和经常运用的快捷键。

4.2.2 设置段落的大纲和缩进间距格式

设置段落的大纲、缩进以及间距时，可在“段落”对话框中一次性完成设置，具体操作步骤如下。

01 打开文档，选中需要设置段落格式的段落，单击“开始”选项卡下“段落”选项组中的“段落设置”按钮，如图 4-29 所示。

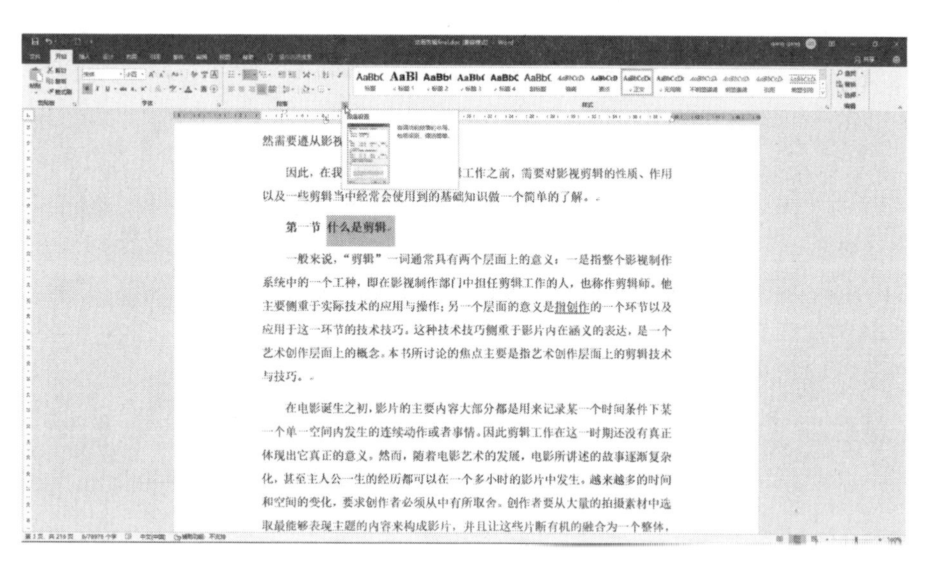

图 4-29

02 在打开的“段落”对话框中，在“缩进和间距”选项卡下，单击“常规”选项组中“大纲级别”下拉列表框右侧的下三角按钮，在展开的下拉列表中选择“3 级”选项，如图 4-30 所示。

03 单击“缩进”选项组中“特殊”格式下拉列表框右侧的下三角按钮，在弹出的下拉列表中选择“首行”缩进选项，如图 4-31 所示。

04 输入“缩进值”为 1。单击“间距”选项组中“段前”数值框右侧的上调按钮，将数值设置为“1 行”，将“段后”设置为“0.5 行”，选择“行距”为“1.5 倍行距”，如图 4-32 所示，最后单击“确定”按钮。

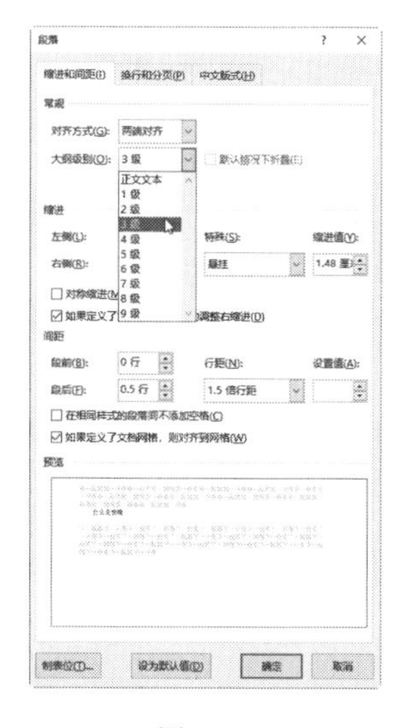

图 4-30

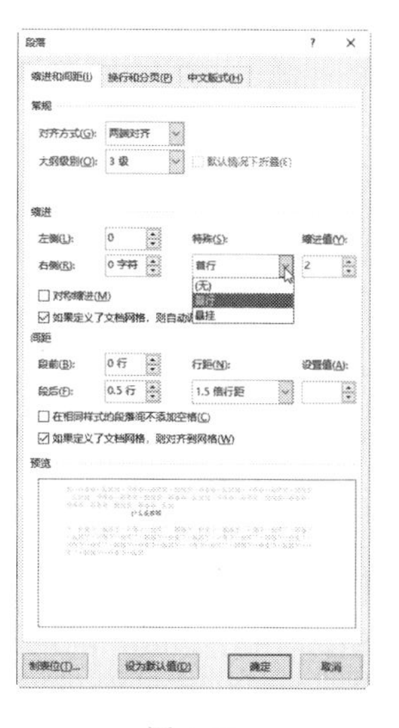

图 4-31

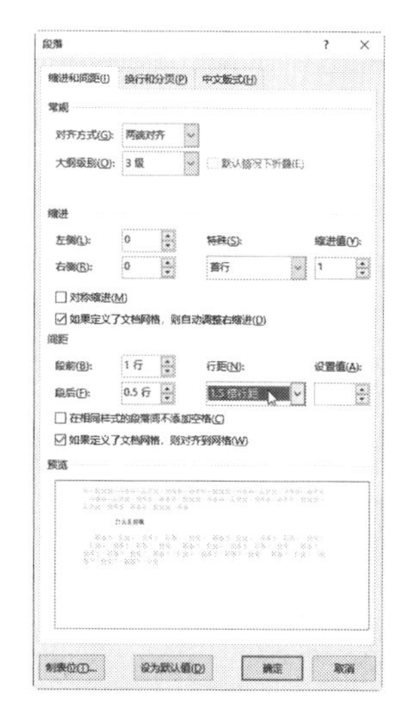

图 4-32

完成以上操作后返回文档，此时在文档的正文中即可看到设置了缩进和段落间距的效果，如图 4-33 所示。

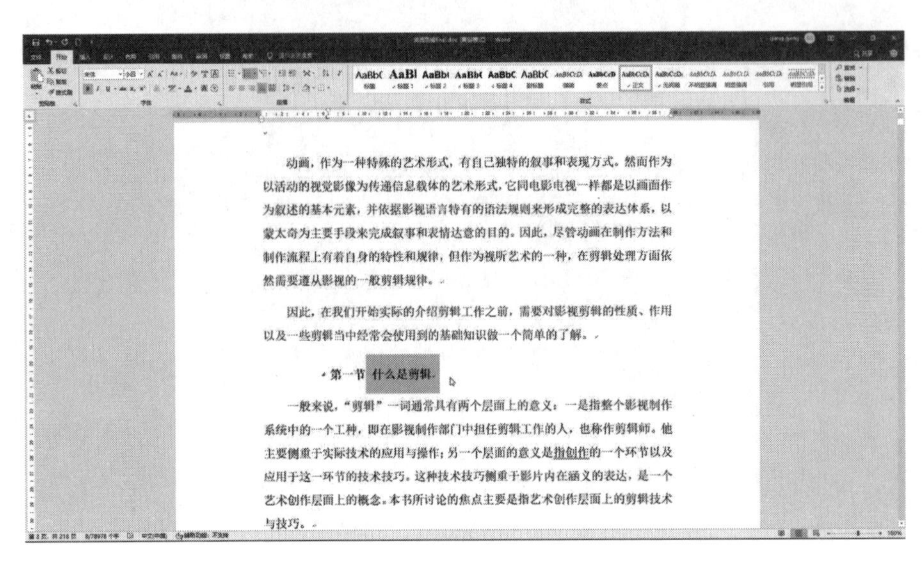

图 4-33

4.2.3 设置段落的垂直对齐格式

段落的垂直对齐方式有时非常有用。现在我们就通过一个操作示例来说明这个问题。

01 输入一段图文混排的文本，并且它们在同一行上，如图 4-34 所示。

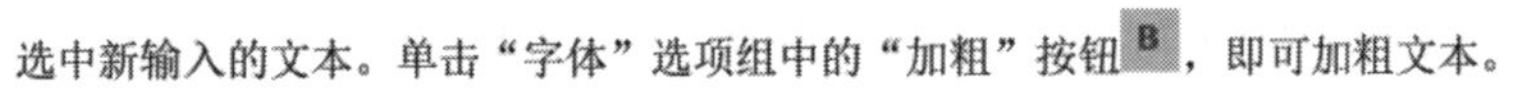

选中新输入的文本。单击“字体”选项组中的“加粗”按钮 B，即可加粗文本。

图 4-34

02 可以看到，该行上由于图片的出现，导致了段落的垂直对齐不太协调。要解决这种情况，可以单击“开始”选项卡下“段落”选项组中的“段落设置”按钮，在出现的“段落”对话框中，单击“中文版式”选项卡，然后从“文本对齐方式”下拉菜单中选择“居中”，如图 4-35 所示。

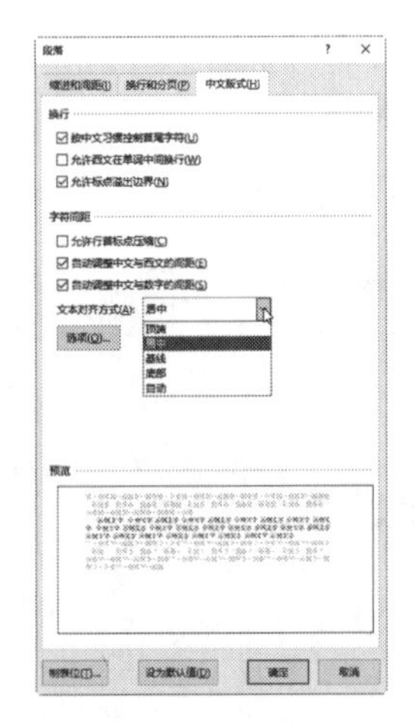

图 4-35

03 单击“确定”按钮，现在可以看到图标已经很好地实现了和文本的垂直对齐，如图 4-36 所示。

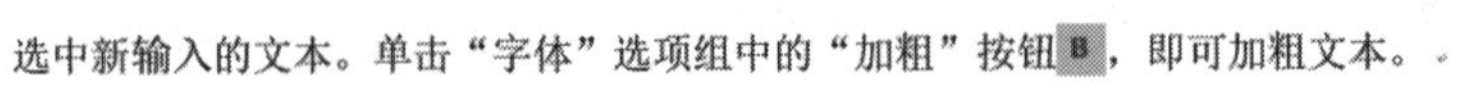

选中新输入的文本。单击“字体”选项组中的“加粗”按钮 B，即可加粗文本。

图 4-36

4.2.4　通过标尺设置缩进

位于文档窗口顶部的标尺，显示了文字的行宽，以及制表位和缩进的设置。在默认状态下，标尺度量单位是厘米。如果在文档窗口顶部没有看到标尺，则可以单击“视图”选项卡，然后选择“显示”工具组中的“标尺”复选框，如图 4-37 所示。

用户可以将标尺的度量单位设置为英寸、厘米、毫米、磅或派卡等。如果要进行修改，可以单击“文件”选项卡，然后选择“选项”命令，在出现的“Word 选项”对话框中，单击“高级”分类，然后在右面的窗格中找到“显示”栏，再从“度量单位”列表中选择另一个选项，如图 4-38 所示。

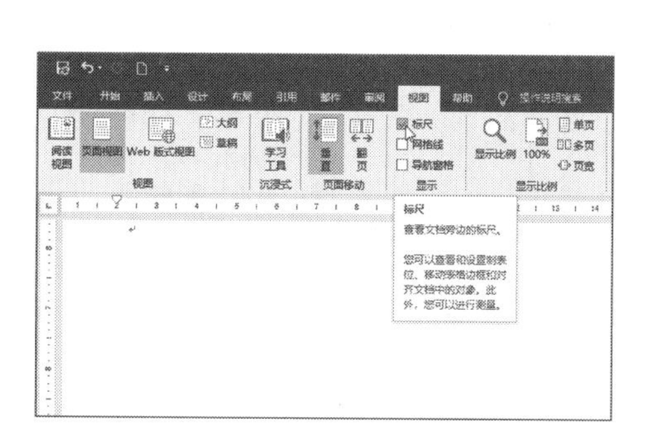

图 4-37

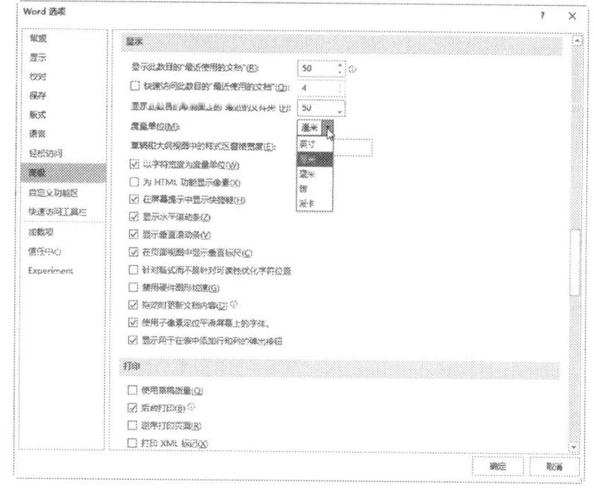

图 4-38

标尺由两部分组成：白色区域代表文档中的文字区域，而阴影区域代表页边，如图 4-39 所示。

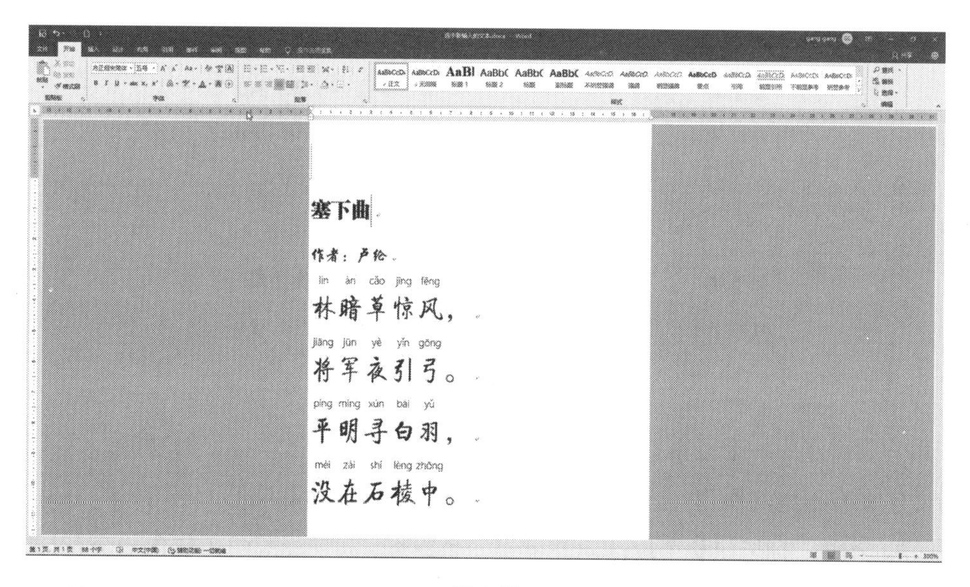

图 4-39

用户可以将缩进标记拖动到标尺的任何位置，甚至拖动到页边区域。例如，对于诗歌名（塞下曲），如果要让它居中显示，则可以将光标停放在该行，然后直接拖动标尺中的“首行缩进”标记，如图 4-40 所示。

页边距的大小由“页面设置”对话框控制，双击标尺的阴影区域，即可显示该对话框，如图 4-41 所示。

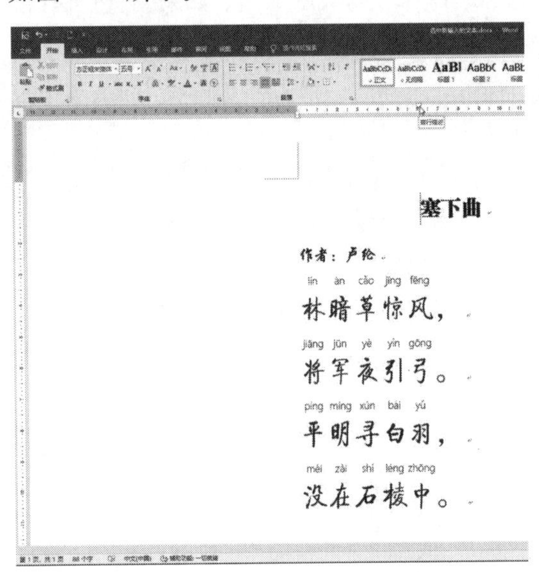

图 4-40

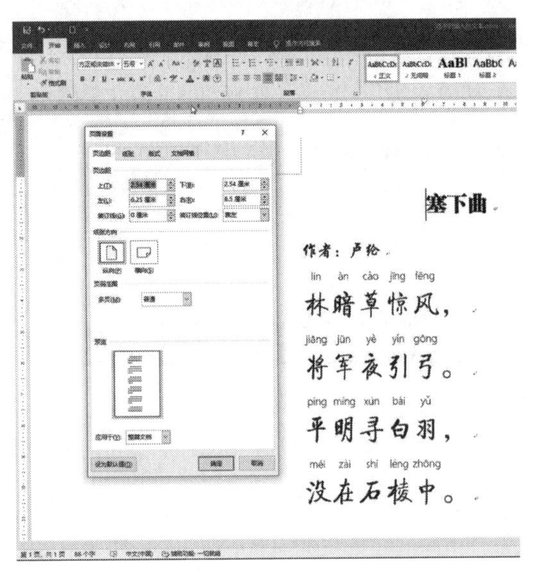

图 4-41

标尺的 4 种缩进标记代表了段落的 4 种缩进形式，每一个标记的位置说明了当前段落的缩进方式。如果要设置缩进，可将标记拖动到标尺的其他位置，如图 4-42 所示。

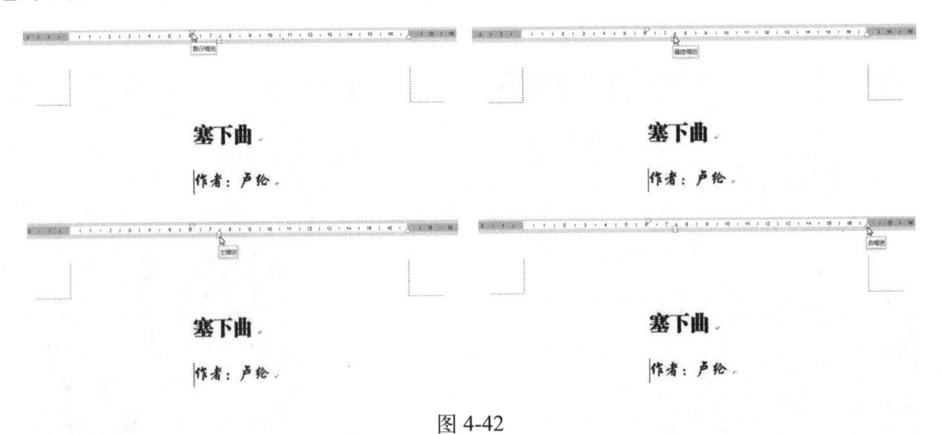

图 4-42

请用户尝试选中一个段落，然后拖动这些标记，再观察这些标记的功能。这 4 种缩进标记对文字各有不同的作用。

- “左缩进”标记使整个段落向左缩进一个距离。如果段落中还包含一个首行缩进，则“首行缩进”标记将随“左缩进”标记的移动而相应移动，以保持第一行与段

落中其他行的相对位置不变。

- “首行缩进”标记仅作用于段落的第一行。通过它，可以创建普通缩进或悬挂缩进。悬挂缩进是指段落第一行的缩进量小于其他行。如果要在第一行设置悬挂缩进，则可将“首行缩进”标记拖到“左缩进”标记的左方。
- 通过“悬挂缩进”标记，也可以创建悬挂缩进，它控制除首行外的其他行的缩进。如果要通过“悬挂缩进”标记设置缩进，可将它拖动到“首行缩进”标记的右侧。
- 悬挂缩进与左缩进外观相似，很容易让人误认为两者没有区别。但它们还是有所不同。
- 当用户移动“左缩进”标记时，“首行缩进”标记也随之移动，以保证第一行与其他行之间的相对位置不变。
- 当用户移动“悬挂缩进”标记时，“首行缩进”标记保持不动，第一行与其他行之间的相对位置发生了改变。

使用缩进控制有两大优点：

- 用户可以轻而易举地合并段落，而不必考虑段落之间多余的空格字符。
- Word 将对每个段落自动缩进，因为，每当用户按 Enter 键时，新段落将自动继承前面段落的缩进方式。

4.3 项目符号与编号的应用

项目符号与编号用于对文档中带有并列性的内容进行排列，使用项目符号可以使文档更加美观，有利于美化文档，而编号是使用数字形式对并列的段落进行顺序排号，使其具有一定的条理性。

4.3.1 使用项目符号

为文档添加项目符号时，可以直接使用项目符号库中的符号，也可以在程序的符号库中选择已有符号，自定义新项目符号。

1. 使用符号库中的符号

在 Word 2019 的项目符号库中预设了圆形、矩形、棱形等 7 种项目符号，应用时可在符号库中直接选取目标符号。请按以下步骤操作。

01 启动 Word 2019，打开文档，选择需要添加项目符号的段落，在“开始”选项卡下单击“段落”选项组中“项目符号”按钮右侧的下三角按钮，如图 4-43 所示。

02 在弹出的下拉菜单中，选择项目符号库中的项目符号，如图 4-44 所示。

03 完成以上操作后就实现了使用预设项目符号的操作，如图 4-45 所示。

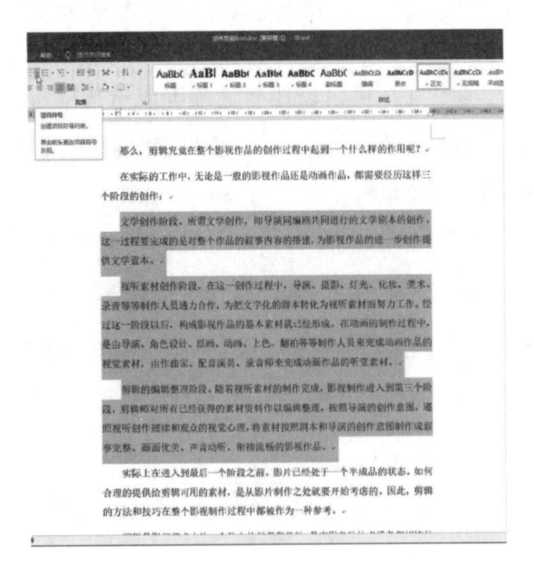

图 4-43

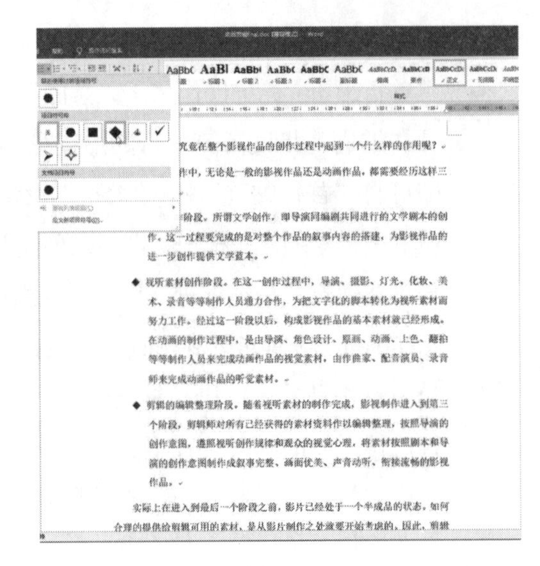

图 4-44

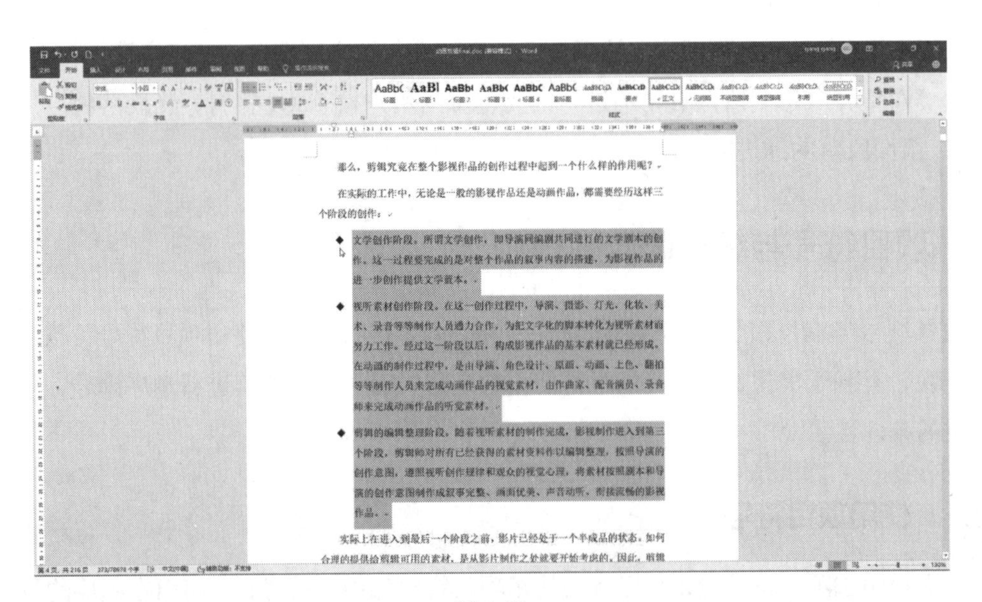

图 4-45

2. 定义新项目符号

程序中预设的项目符号数量有限，如果用户希望使用更精彩的项目符号，可以根据需要定义新的项目符号。其操作步骤如下。

01 打开文档，选中目标段落，在“开始”选项卡下，单击“段落”选项组中“项目符号”按钮右侧的下三角按钮，如图 4-46 所示。

02 弹出项目符号库，单击“定义新项目符号”选项，如图 4-47 所示。

03 弹出“定义新项目符号”对话框，单击“符号”按钮，如图 4-48 所示。

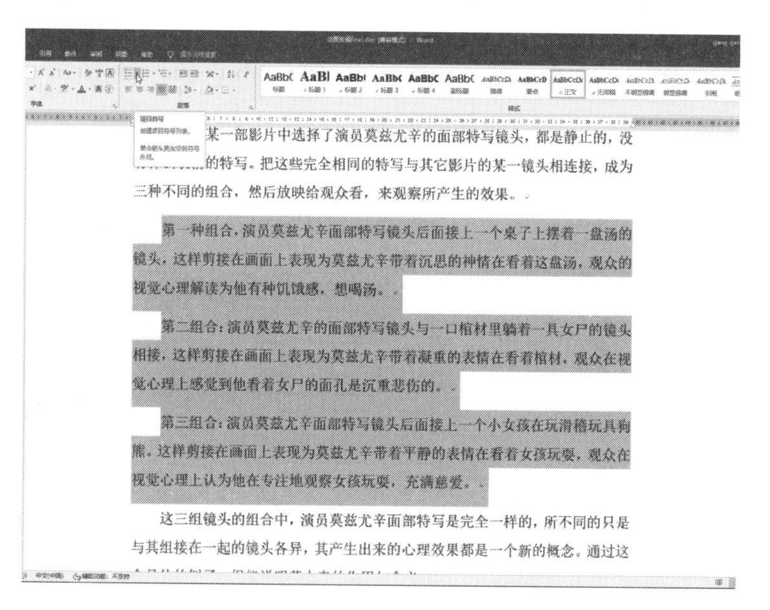

图 4-46

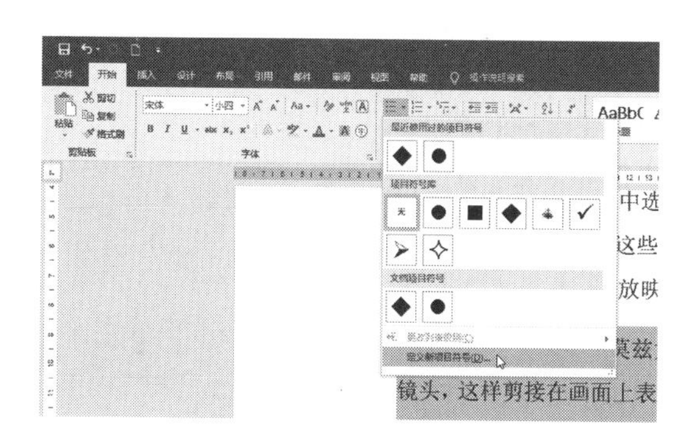

图 4-47

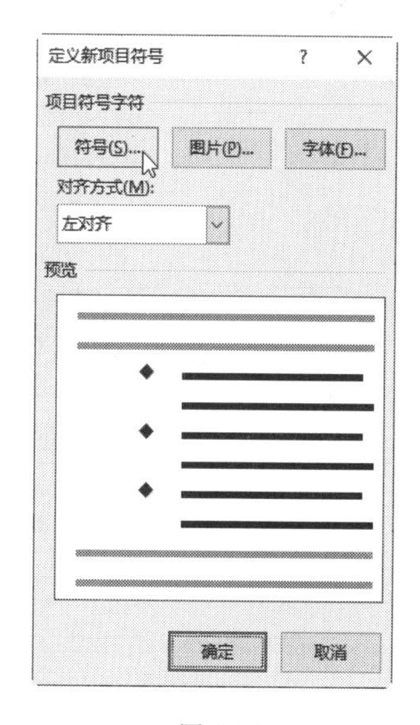

图 4-48

04 弹出“符号”对话框，将“字体”设置为 Wingdings，单击需要作为项目符号的符号，最后单击“确定”按钮，如图 4-49 所示。

05 返回“定义新项目符号”对话框，单击“字体”按钮，如图 4-50 所示。

06 弹出“字体”对话框，将“字体颜色”设置为“蓝色”，在“字号”列表框中单击“四号”选项，如图 4-51 所示。最后依次单击对话框中的“确定”按钮。

07 返回文档后，可以看到所选择的文档已经应用了新定义的项目符号，效果如图 4-52 所示。

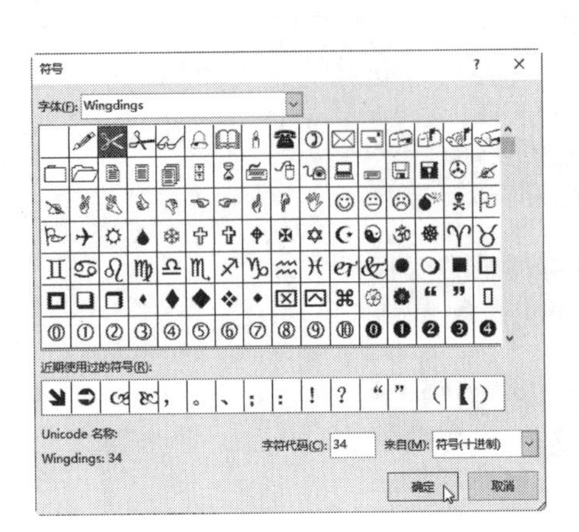

图 4-49

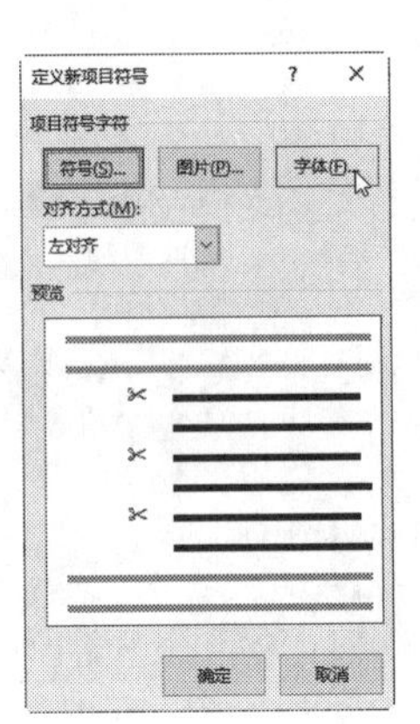

图 4-50

图 4-51

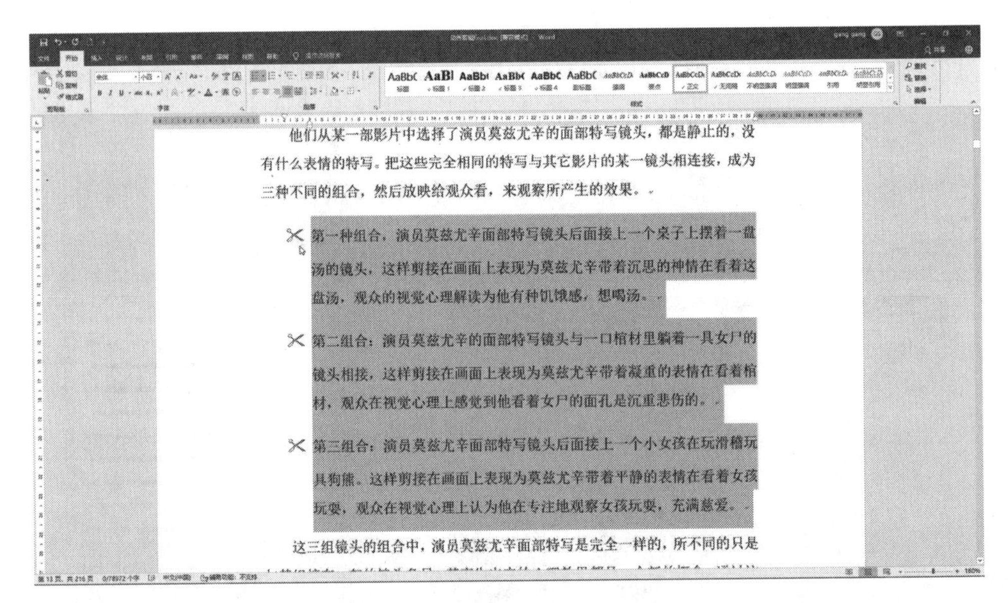

图 4-52

4.3.2 编号的应用

对文本使用编号是按照一定的顺序使用数字对文本内容进行编排，使用编号时可以使用预设的编号样式，也可以定义新的编号样式。由于使用预设编号的操作与使用预设项目符号的操作相似，所以本节中只介绍定义新编号样式的操作。

01 启动 Word 2019，打开文档，选中需要应用编号的段落，在“开始”选项卡下单击“段落”选项组中“编号”按钮右侧的下三角按钮，在弹出的菜单中选择“定义新编号格式”命令，如图 4-53 所示。

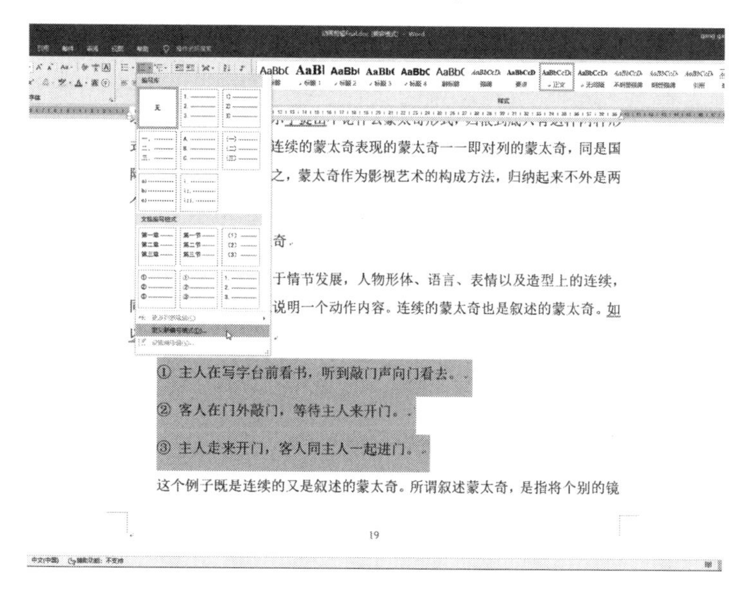

图 4-53

02 弹出“定义新编号格式”对话框，单击“编号样式”按钮右侧的下三角按钮，在弹出的下拉列表中选择“1st，2nd，3rd...”选项，如图 4-54 所示。

03 选择编号样式后单击“字体”按钮，如图 4-55 所示。

04 弹出“字体”对话框，在“字体”选项卡中将“西文字体”设置为“Century”，在“字形”列表框中单击“加粗”选项，设置“字号”为“小四”，选择“字体颜色”为绿色，“下划线线型”为双线，如图 4-56 所示，最后单击“确定”按钮。

05 字体格式设置完毕后，返回“定义新编号格式”对话框，将“对齐方式”设置为“左对齐”，最后单击“确定”按钮，如图 4-57 所示。

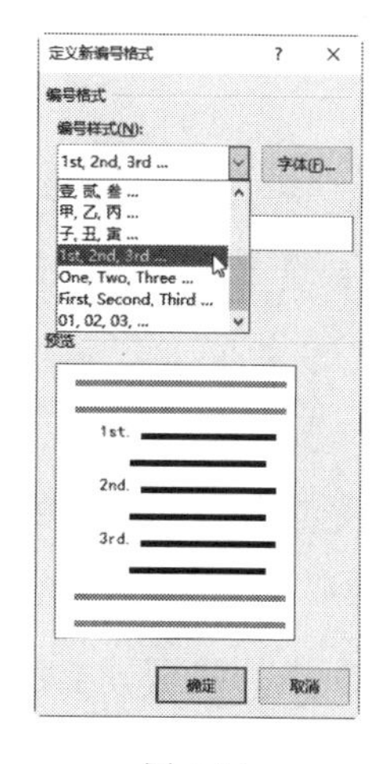

图 4-54

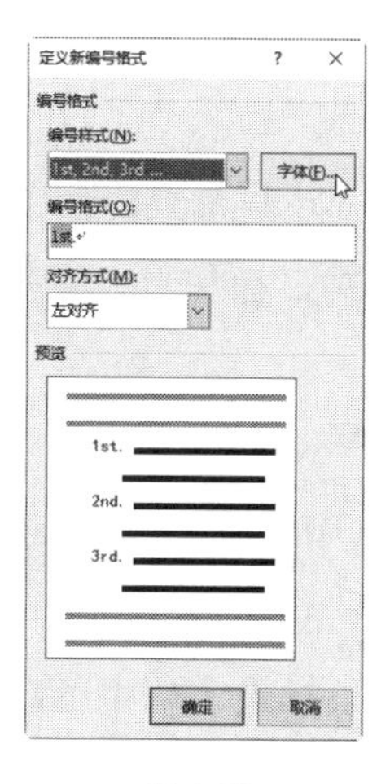

图 4-55

图 4-56

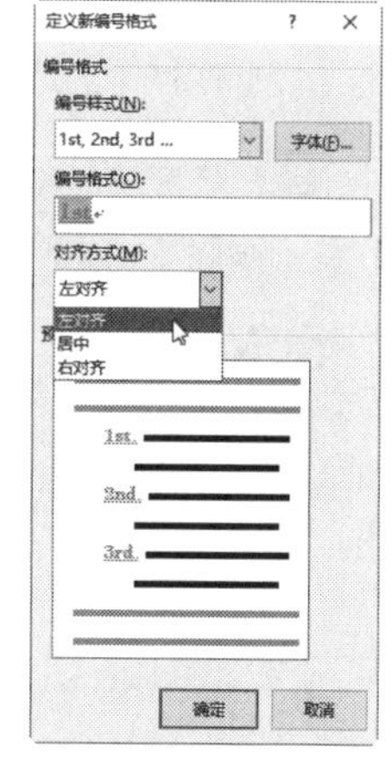

图 4-57

06 完成定义新编号样式的操作，返回文档中，即可看到文本应用新编号样式后的效

果，如图 4-58 所示。

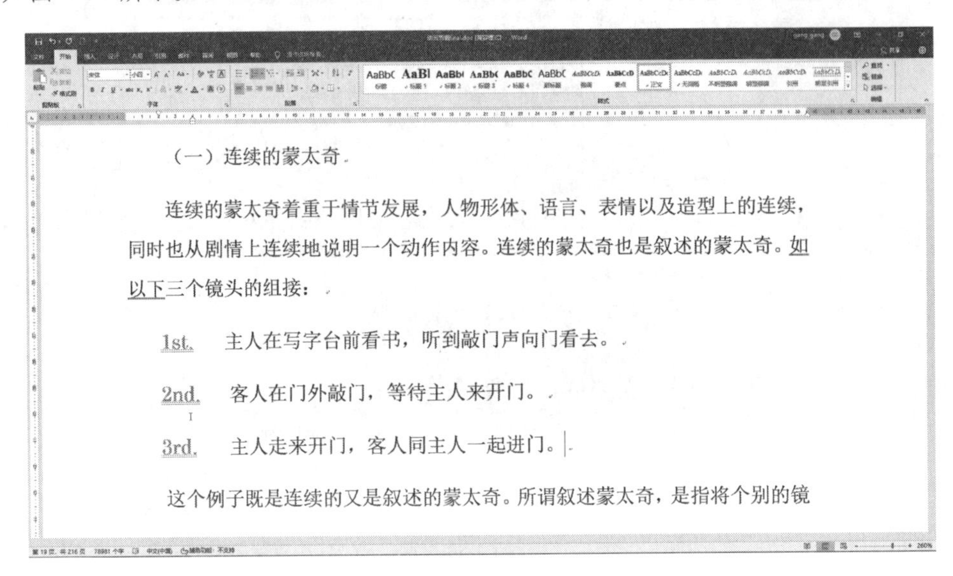

图 4-58

4.4 设置边框和底纹

在进行文字处理时，可以在文档中添加多种样式的边框和底纹，以增加文档的生动性和实用性。

4.4.1 设置边框

不同的边框设置方法也不同，Word 2019 提供了多种边框类型，用来强调或美化文档内容。

1. 设置段落边框

01 启动 Word 2019，打开文档，选择需要进行边框设置的段落，选择“开始”选项卡下“段落”选项组中的“边框”按钮，单击后面的三角按钮，在弹出的菜单中选择“边框和底纹”命令，如图 4-59 所示。

02 打开“边框和底纹”对话框，选择“边框”选项卡。

- 在“设置”选项组中有 5 种边框样式，从中可选择所需的样式；本示例选择的是“阴影”。
- 在“样式”列表框中列出了各种不同的线条样式，从中可选择所需的线型。本示例选择的是斜线。
- 在“颜色”和“宽度”下拉列表中可以为边框设置所需的颜色和宽度。本示例选择蓝色。

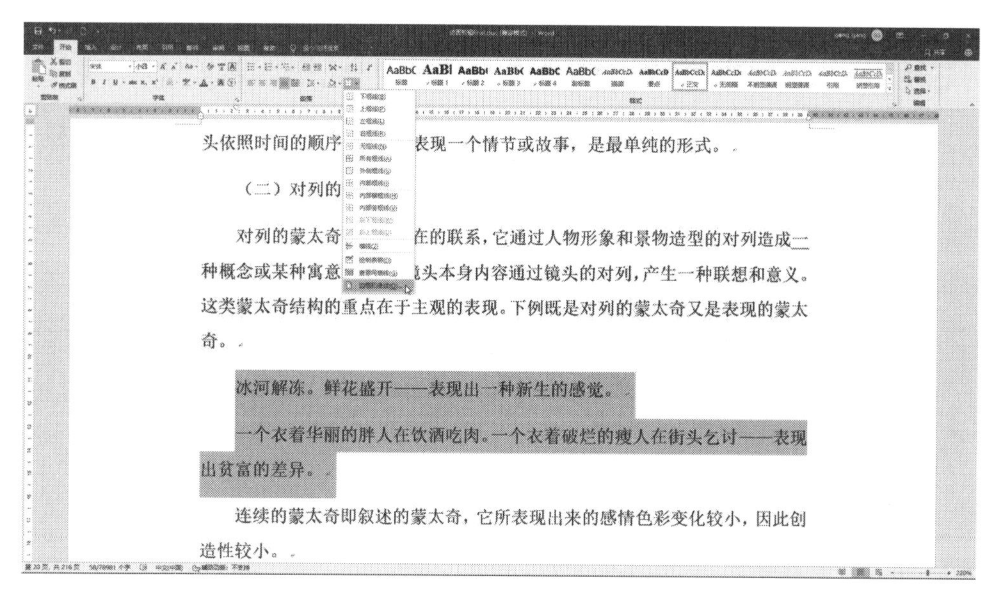

图 4-59

- 在“应用于”下拉列表中可以设定边框应用的对象是文字或是段落。本示例选择的是“段落”，如图 4-60 所示。

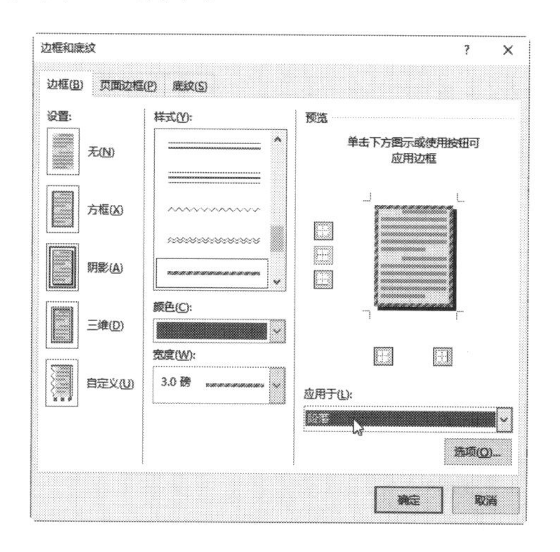

图 4-60

03 单击“确定”按钮，完成设置，效果如图 4-61 所示。

2. 设置页面边框

要对页面进行边框设置，只需在“边框和底纹”对话框中选择“页面边框”选项卡，其中的设置基本上与“边框”选项卡相同，只是多了一个“艺术型”下拉列表框，通过该列表框可以定义页面的边框。

为页面添加艺术型边框时，其具体操作步骤如下。

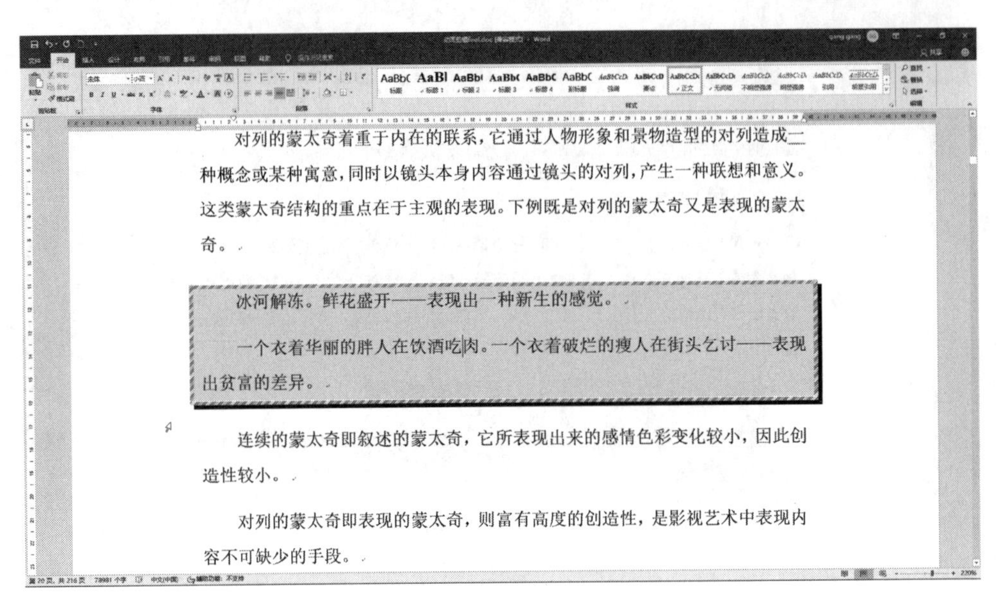

图 4-61

01 启动 Word 2019，打开文档，选择“开始”选项卡，在“段落”选项组中单击“边框”按钮后面的三角按钮，在弹出的菜单中选择“边框和底纹”命令，打开“边框和底纹”对话框。

02 切换到“页面边框”选项卡，在“设置”选项组中选择“方框”选项，在“艺术型”下拉列表中选择艺术型样式，注意在“应用于”下拉列表中选择页面边框的应用范围。本示例选择的是“整篇文档”，如图 4-62 所示。

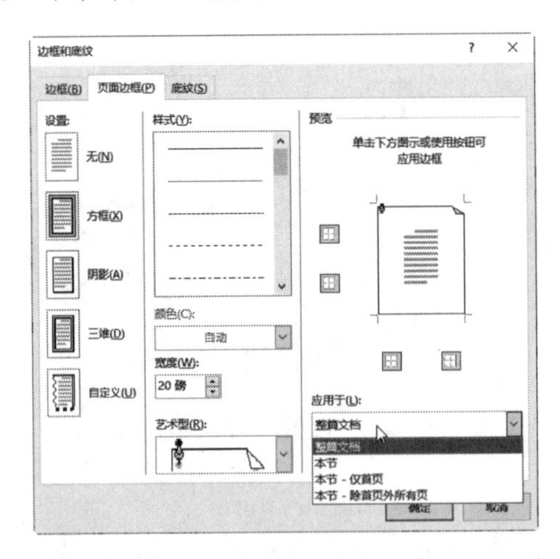

图 4-62

03 单击“确定”按钮，完成设置，效果如图 4-63 所示。可以看到，该文档的所有页面都添加了一个页面边框。

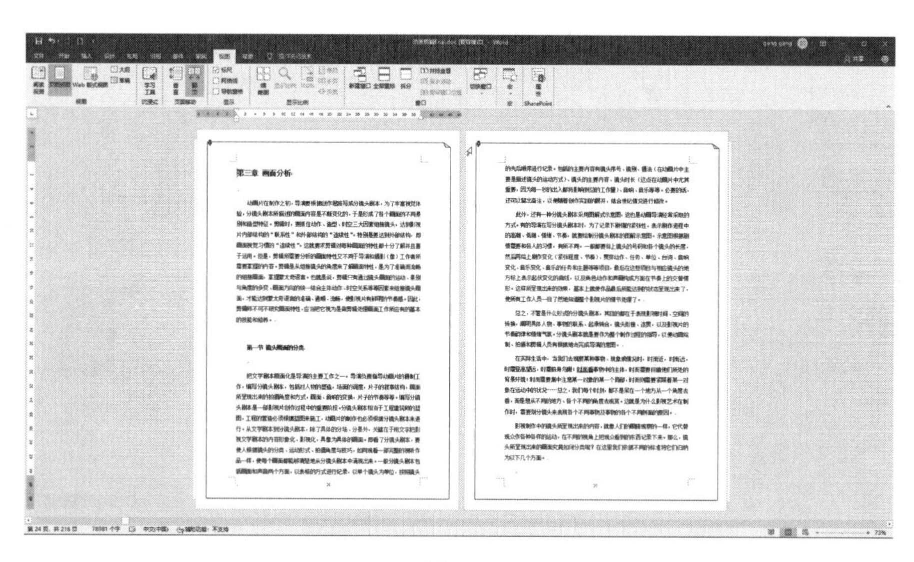

图 4-63

4.4.2　设置底纹

要为文档设置底纹，只需在“边框和底纹”对话框中选择“底纹”选项卡，对填充的颜色和图案等进行设置即可。

为文字设置底纹时，其具体操作步骤如下。

01 启动 Word 2019，选择需要设置底纹的文本，在“开始”选项卡下，单击“段落”选项组中“边框”按钮后面的三角按钮，在弹出的菜单中选择“边框和底纹”命令，打开“边框和底纹”对话框。

02 在“边框”选项卡中，选择“设置”为“阴影”，如图 4-64 所示。

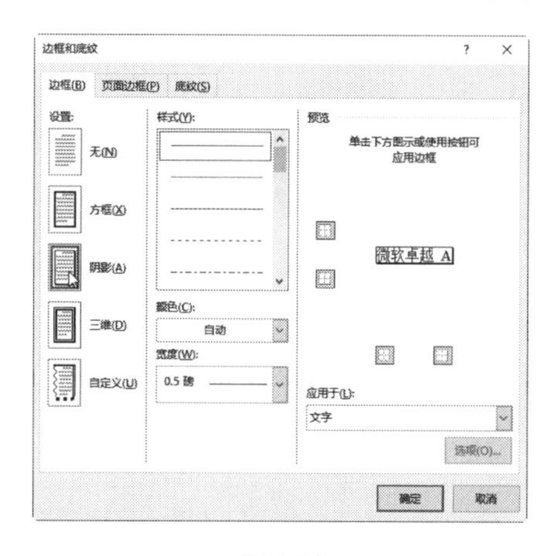

图 4-64

03 选择“底纹”选项卡，在“填充”下拉列表中选择“蓝色，个性色 1，单色 60%”色块，如图 4-65 所示。

04 在“样式”下拉菜单中选择“10%”，从“应用于”列表中选择“段落”，然后单击“确定”按钮，即可为文本添加底纹效果，如图 4-66 所示。

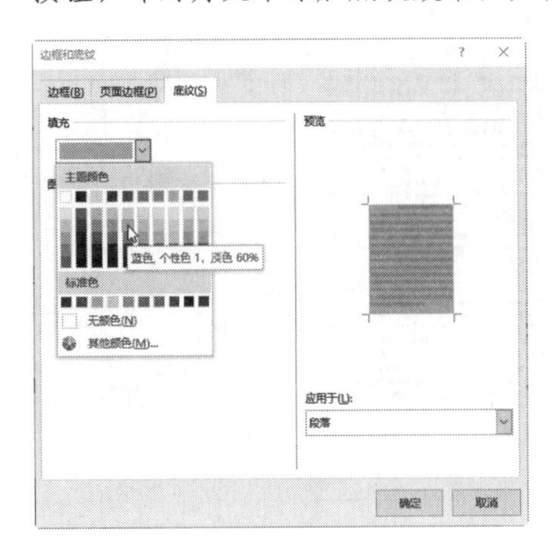

图 4-65

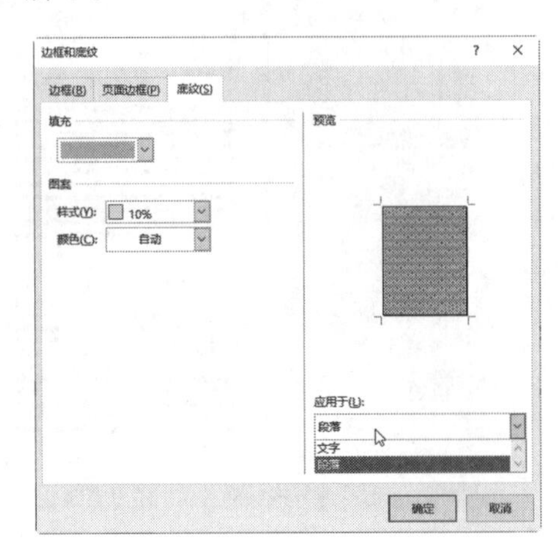

图 4-66

经过以上的操作，最终效果如图 4-67 所示。

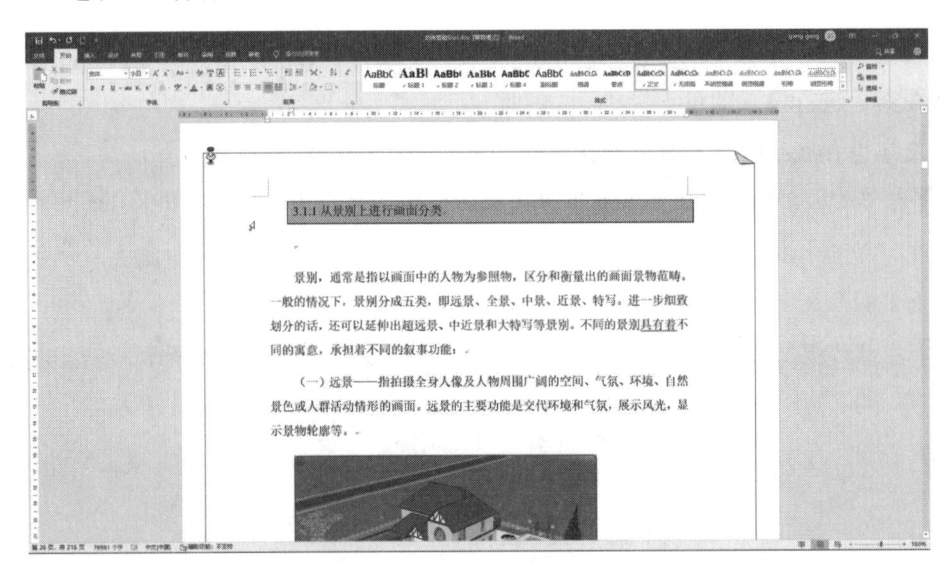

图 4-67

第 5 章　Word 2019 的高级排版

为了提高文档的编辑效率，可创建具有特殊效果的文档，Word 2019 提供了一些高级格式设置功能来优化文档的格式编辑，还可以利用特殊的排版方式设置文档效果。

≫ 本章学习内容：

- 了解字体
- 使用样式和主题
- 分栏排版
- 应用特殊排版方式
- 创建和使用模板

5.1　了解字体

了解和字体相关的知识是一个高级排版设计人员必须掌握的基础技能。使用 Word 设置字符格式时，可以选择数十种字体以便在文档中产生不同的效果。其中一些字体，如“宋体”“黑体”以及“Times New Roman”，经常用于正式场合。而其他一些字体，如 Ransom，Braggadocio 或 Playbill 等英文字体，则比较少用。Word 可以使用 Microsoft Windows 提供的所有字体。

在 Windows 系统中可以使用的字体有几千种之多。除了 Windows 自带的字体集，Word 在安装过程中还添加了一些自己的新字体。如果用户对可供选择的字体不满意，也可以自己安装新字体。

5.1.1　查看已安装的字体

使用 Word 2019 时，查看可用字体的最简单的方式是检查“开始”选项卡“字体”工具组中的“字体”菜单。该菜单中列出了所有可用的字体，如图 5-1 所示。

> **提示：**Word 2019 的“字体”菜单能以字体在文档中的实际效果显示字体名，但是并没有指明每种字体是 TrueType 字体还是打印机字体。

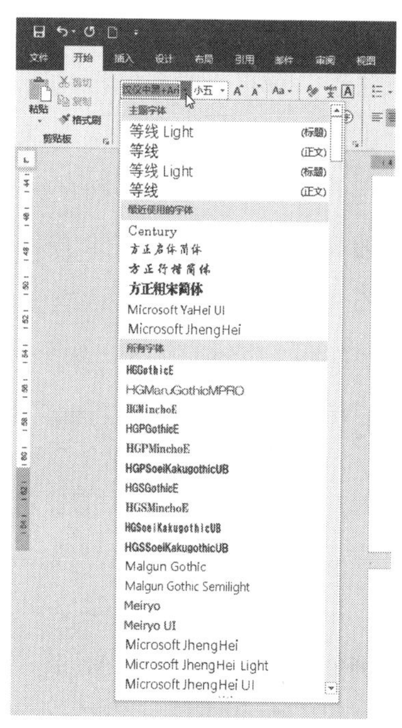

图 5-1

要识别这些字体是 TrueType 字体还是打印机字体，可以按以下方式操作。

01 选择“开始”选项卡，然后单击“字体”工具组右下角的“字体”对话框扩展按钮，如图 5-2 所示。

02 在出现的“字体”对话框中，用户可以从列表中选择一种字体，然后在“字体”对话框下部的“预览”框中即可查看到该字体是否属于 TrueType 字体，如图 5-3 所示。

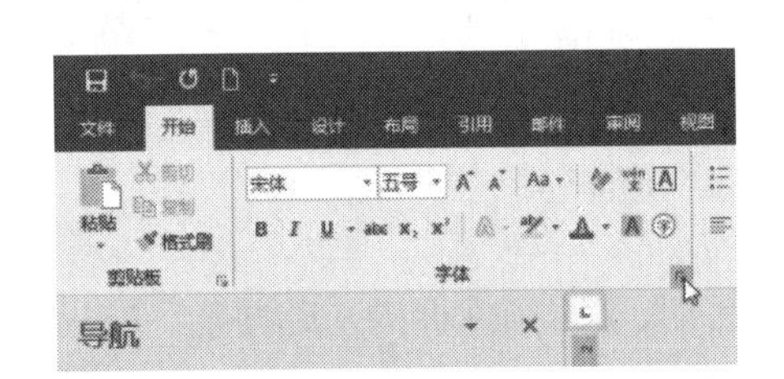

图 5-2

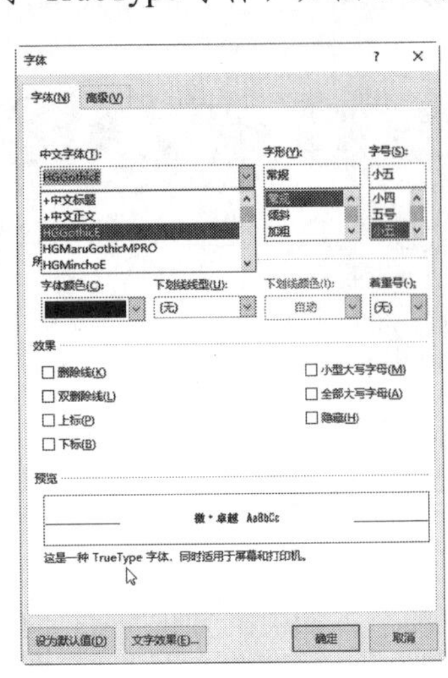

图 5-3

5.1.2 使用 TrueType 字体还是打印机字体

Word 2019 中的大部分字体都是 TrueType 字体，这意味着，屏幕上看到的格式选项，如字号、格式和间距，都能在打印时准确地再现出来。但是，如果使用的是打印机字体，则在屏幕看到的只是一种近似效果，字符间距与打印出来的文档相比可能会略有不同。在“字体”对话框中，“预览”框下方的文字说明了字体的状况，如图 5-4 所示。

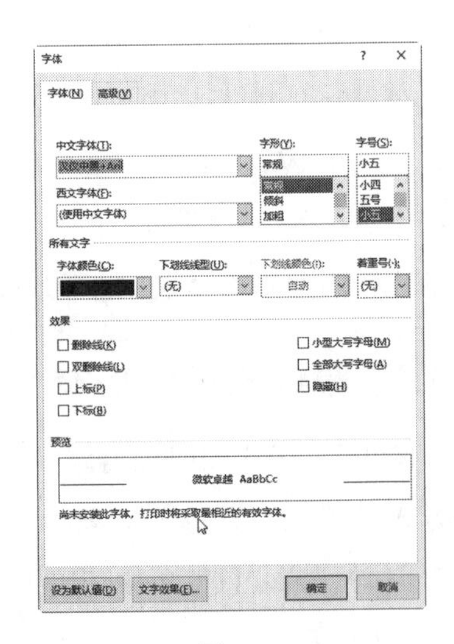

图 5-4

5.1.3 英文字体族

用户可以使用 Word 中的任意一种字符格式选项将文字设置为加粗、带下划线、倾斜或其他格式。但是，用户使用的大部分英文字体都属于某个字体族。例如，如果选择了“Arial”字体，并将文字设置为“倾斜”格式时，Word 实际上使用的是保存在 Windows 的 Fonts 文件夹中的“Arial Italic”字体。另外，用户也可以直接从 Word 的“字体”菜单中选择字体族中样式更丰富的字体。例如，除了标准的 Arial 字

体之外，还有 Arial Black，Arial Rounded 和 Arial Narrow 等字体。

对于大多数的 Word 任务而言，仅使用一种字体，然后使用 Word 的字符样式修改字体的显示效果就足够了。如果用户要编写用于在高质量打印机上输出的文档，则可以使用该字体族中的其他成员来获得加粗、紧缩以及其他特殊效果。

5.1.4　使用等宽字体还是比例字体

可供选择的字体包括等宽字体和比例字体。对于 Courier 这样的等宽字体，字体中的每个字符在一行中都占据相同的宽度。而对于 Arial，Bookman 或 Times New Roman 这样的比例字体，字符“I”的宽度比字符“W”要窄很多，如图 5-5 所示。

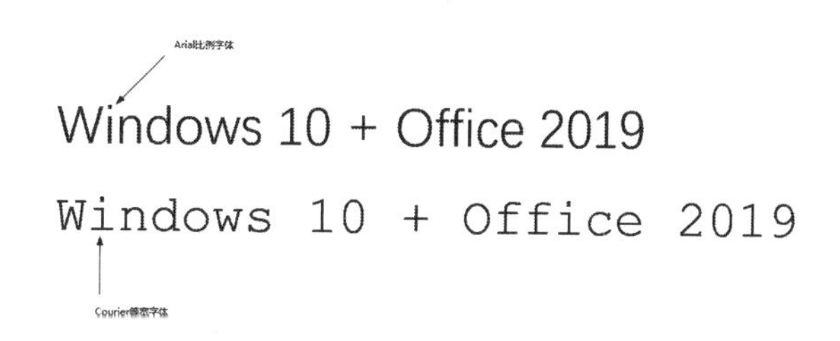

图 5-5

一般来说，使用比例字体时，文档的视觉效果最好。Windows 中的大部分字体都是比例字体。但是，如果要将文字打印到预先印制好的表格上，最好使用等宽字体。预先印制好的表格一般是为打字机设计的，而大多数打字机都使用等宽字符。因此，为了使文字正确地打印在预先印制好的表格上的空白位置，使用等宽字体的可靠性更高。此外，在对源程序代码进行排版时，一般都使用等宽字体，如图 5-6 所示。

```
37            grade = 'A';
38         else if (testScore >= MIN_B_SCORE)
39            grade = 'B';
40         else if (testScore >= MIN_C_SCORE)
41            grade = 'C';
42         else if (testScore >= MIN_D_SCORE)
43            grade = 'D';
44         else if (testScore >= MIN_POSSIBLE_SCORE)
45            grade = 'F';
46         else
47            goodScore = false;   // The score was below 0
48
49         // Display the letter grade
50         if (goodScore)
51            cout << "The letter grade is " << grade << ".\n";
52         else
53            cout << "The score cannot be below zero. \n";
54
55         // Set student to the next student
56         student = student + 1;
57      }
58      return 0;
59   }
```

程序输出结果和以粗体显示的输入示例

How many students do you have grades for?　**3【按回车键】**

Enter the numeric test score for student #1:　**88【按回车键】**

The letter grade is B.

图 5-6

5.1.5　添加和删除字体

Word 中每种可用的字体都以文件的形式存放在 C:\Windows\Fonts（假定用户的操作

系统安装在C盘上）文件夹中。用户可以从许多不同的来源购买新字体，在Internet上或从某些用户团体也可以获得大量可供免费使用的字体。

如果要安装新字体，请关闭Word和其他应用程序，然后找到下载的字体文件（扩展名为*.ttf），选中之后右击，从快捷菜单中选择“安装”命令，如图5-7所示。

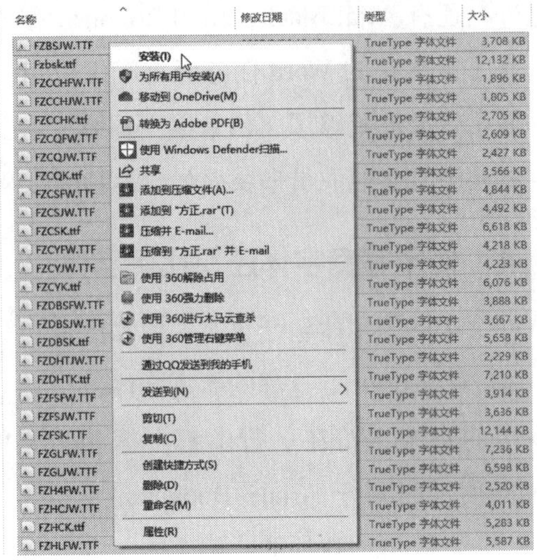

图 5-7

安装的字体文件将复制到Fonts文件夹中。Word每次启动时都会扫描Fonts文件夹，所以Fonts文件夹中的任何变化都会在Word重新启动时得到注册。

如果要删除某种字体，只需将字体拖动到Fonts文件夹外或直接删除它。但是，删除字体时要谨慎。绝大多数字体都有其存在的理由，它们要么用于Windows、Microsoft Office、Microsoft Internet Explorer或者其他应用程序的对话框和文字，要么用于Word的某些样式和主题。

5.2 分栏排版

分栏排版在报纸、杂志排版中应用非常普遍。在Word文档中，运用分栏排版也可以使版面更加活泼。虽然大多数文档都采用单栏版式，但是采用多栏版式的文档也不鲜见。用户可以在整篇文档中都使用多栏版式，也可以只在其中的一节中使用多栏版式。此外，还可以调整栏与栏之间的距离。

在多栏版式下，文字先在最左边的栏中由上而下排列，然后转入右边的下一栏中由上而下排列，依此类推。

编辑页面上的文字时，每栏中的文字都会移动。但是，可以通过插入分栏符来保证某些标题或文字显示在一栏的顶部。

应用多栏版式时，Word将自动从其他视图切换到页面视图。如果在普通视图下查看多栏版式，则在屏幕上将只能看到一栏，但是宽度与页面视图中的一栏相同。在Web版式视图中不能使用多栏版式。

在文档中设置文本的分栏排版时，其操作步骤如下。

01 启动 Word 2019，打开文档，选择需要分栏排版的文本。

02 选择“布局”选项卡，在“页面设置”选项组中单击“栏”按钮，在弹出的菜单中选择“两栏”选项，如图 5-8 所示。

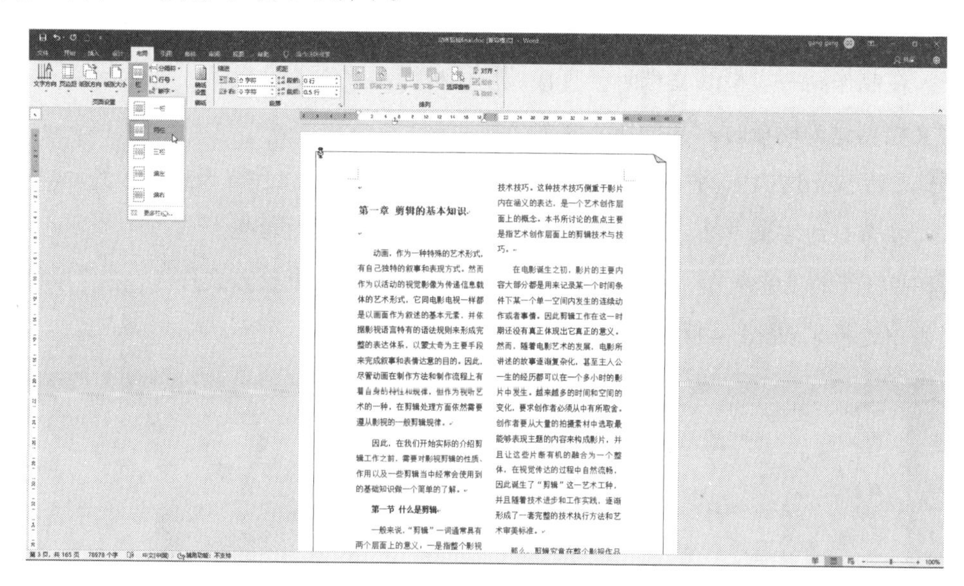

图 5-8

03 单击“更多栏”命令，可以打开“栏”对话框，设置更多的分栏选项，如图 5-9 所示。

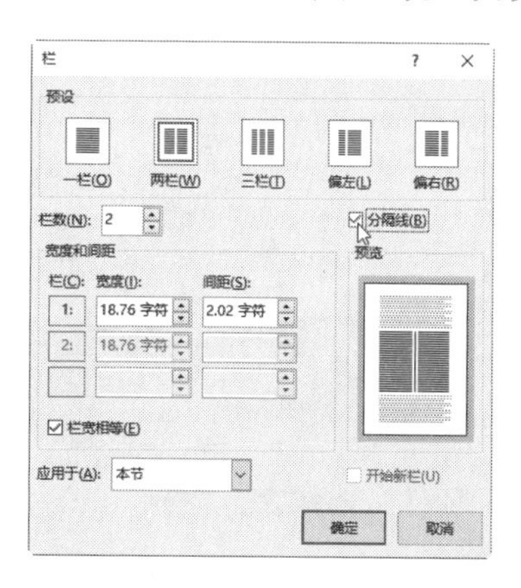

图 5-9

由于分栏设置的效果是所见即所得的，用户只需要自己尝试就可以控制分栏的结果，所以这里就不再赘述了。

5.3 创建和使用模板

模板是一种特殊的 Word 文档，它决定了文档的基本结构和文档设置，如字体、指定方案、页面设置、特殊格式和样式等。在日常办公中正确地使用模板可大大提高工作效率。

5.3.1 创建模板

当用户制作完一篇文档后，若想根据该文档的格式来制作其他文档，可将该文档另存为模板。在制作同一类型的文档时，直接调用模板即可。

将文档创建为模板时，其操作步骤如下。

01 启动 Word 2019，打开要另存为模板的文档，单击“文件”选项卡，然后单击“另存为”，在窗口的右侧单击“浏览”按钮，弹出“另存为”对话框。

02 在打开的“另存为”对话框中，在“文件名”文本框中输入文件名，在“保存类型”下拉列表中选择“Word 模板”选项，如图 5-10 所示。

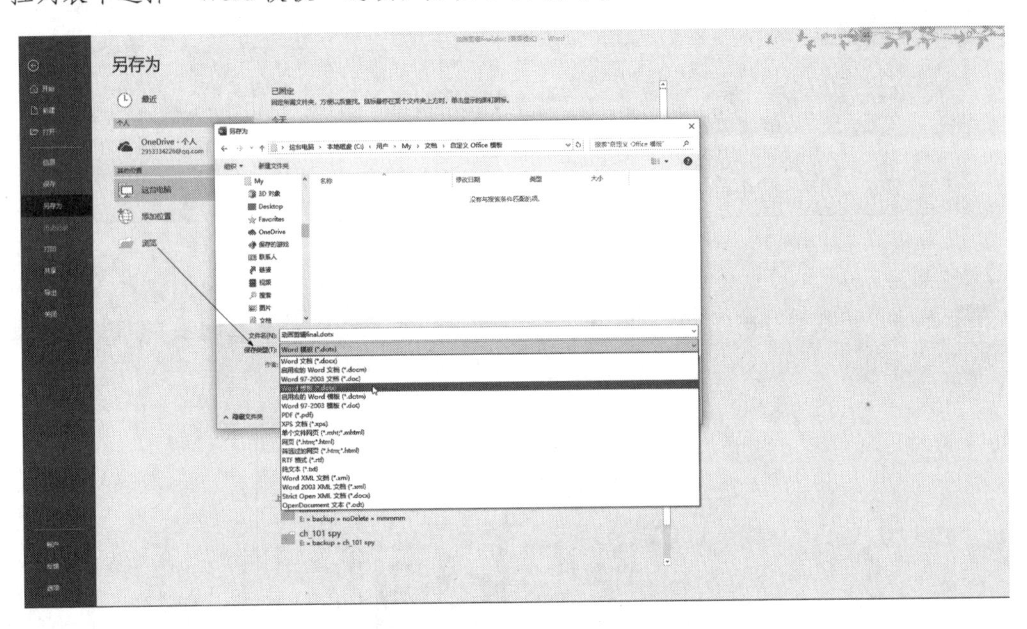

图 5-10

03 单击“确定”按钮，即可将文档保存为模板。

5.3.2 使用模板创建新文档

如果使用 Word 内置模板创建新文档，其样式就和模板文档的样式一样了，只需对文档中的内容进行修改即可。

使用创建的模板新建文档时，其操作步骤如下。

01 单击“文件”选项卡，在弹出的菜单中选择“新建”命令。

02 此时在窗口右侧会显示更多的模板列表。

03 要想快速访问常用模板，可单击搜索框下方的任何关键字，也可以在“特别推荐”

选项中单击需要的模板，在此单击“简历（彩色）”选项（图 5-11），打开该模板并查看其详细信息，单击“创建”按钮即可使用该模板新建文档，如图 5-12 所示。

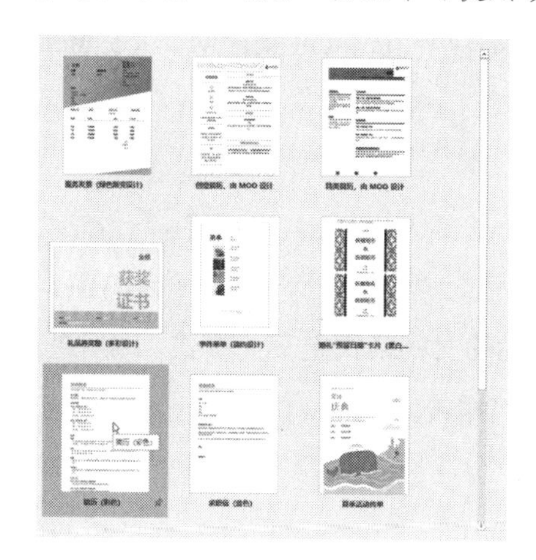

图 5-11

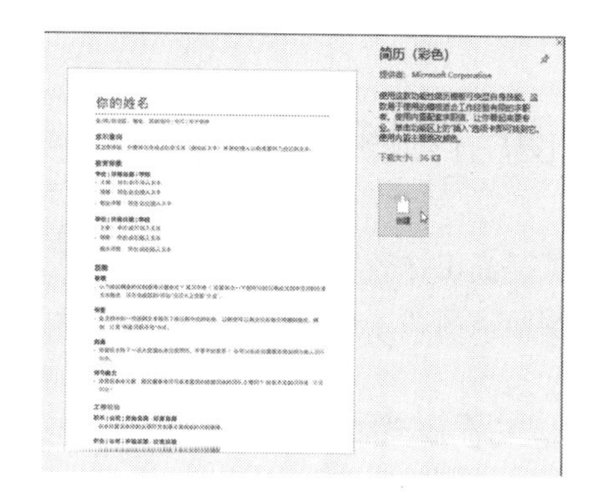

图 5-12

04 要使用自己创建的模板新建文档，可以在“新建”面板中单击“个人”，然后选择使用由用户自己创建的模板，如图 5-13 所示。

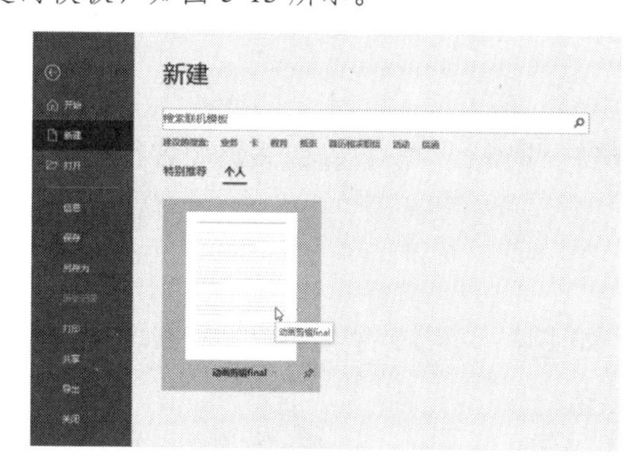

图 5-13

5.3.3 Word 保存模板的位置及方法

通过将文档保存为文档模板（.dot）可以将任何文档转化为模板。从技术角度讲，可以将模板存放在任何位置，但是 Word 使用两个特定的文件夹存放出现在“新建”对话框“特别推荐”和“个人”中的预定义模板。

首先，Word 2019 支持在线搜索联机模板，这意味着 Microsoft Office 云服务器上存储了大量的模板。

其次，C:\Program Files\Microsoft Office\root\Templates\2052 文件夹是 Office 存放预定义中文模板的位置。

最后，在“C:\Users\My\Documents\ 自定义 Office 模板”文件夹中可以找到“动画剪辑 final.dotx”模板，这也是 Word 存放用户自定义模板的默认位置。

在保存自己创建的模板时，可以将模板存放在任何位置。但是，如果希望该模板出现在“新建”面板的“个人”分类中，则必须将模板保存在“C:\Users\My\Documents\ 自定义 Office 模板”文件夹中。

5.4 使用样式和主题

为了提高工作效率，用户可将其中具有代表性的文档格式定义为样式，然后进行保存，以后要创建类似的文档时，即可直接调用该类文档样式。

5.4.1 关于样式和主题

Microsoft Word 2019 允许用户使用字符和段落格式选项创建美观的个性化文档。以下我们将介绍使用样式和主题美化文档的方法。

使用样式和主题不但可以更快、更轻松地设置文档格式，而且有助于保持文档外观上的一致性。

1. 样式工作原理

使用样式能够控制字符、选定文字、段落、表格中各行或大纲级别的格式。样式分为两类：

- 字符样式

包括字符格式选项，如字体、字号、字形、位置和间距等。

- 段落样式

包括段落格式选项，如行距、缩进、对齐方式和制表位。段落样式也可包括字符样式或字符格式选项。绝大部分样式都是段落样式。

每个文档模板都提供了一组预先定义的样式（即“样式表”），但是用户可以随时添加或更改样式、在模板间复制样式，还可以直接将样式保存在每个文档中。

在文档中输入特定类型的文字时，Word 会自动应用某些样式。例如，在文档的页眉或页脚中输入文字时，Word 会切换到“页眉”或“页脚”样式。在文档中插入批注和注释时也是如此。插入题注、标记索引和页码也会选用相应的样式。

如果用户在开始输入文本时发现文本样式奇怪地改变了，那么很有可能是 Word 改变了文本的样式。

用户可以使用“开始”选项卡的“样式”工具组中的样式命令来定义或应用样式。通过查看“样式”工具组中的“样式”列表可以确定当前选定的对象所应用的样式。

2. 主题工作原理

“主题”将“样式”这一概念引入了网页的范畴。“主题”通过指定一组样式以及图形、彩色背景或者其他元素定义网页的外观。

但是，主题和样式仍有很大的区别。

- 主题主要用于网页、通过电子邮件发送的 HTML 文档，或那些仅仅在屏幕上浏览的文档。
- 在 Word 中不能打印主题的彩色背景或背景图片（但用户可以在 Web 浏览器中打开页面并打印）。
- 主题是 Word 内置的格式设置功能，因此，所有文档都可以利用主题。主题并没有保存在特定的文档模板中。
- 不能像创建样式那样创建主题。
- 用于修改主题的选项受到的限制比用于修改样式的选项要多出许多。

5.4.2 预览样式

将样式应用于文档中的文本即可查看样式的效果。

在“样式”面板中可以预览文档模板中所有样式或只预览当前正在使用的样式。要在“样式”面板中查看样式，请按以下步骤进行操作：

01 选择“开始”选项卡，然后单击“样式”工具组右下角的“样式”按钮，如图 5-14 所示。文档中选定文字正在使用的样式显示在“所选文字的格式”框中，并且提供了说明。

02 鼠标移动到样式列表中的某个样式上，用户将可以看到该样式的说明信息。选中“显示预览”复选框，可以看到样式的预览效果，如图 5-15 所示。

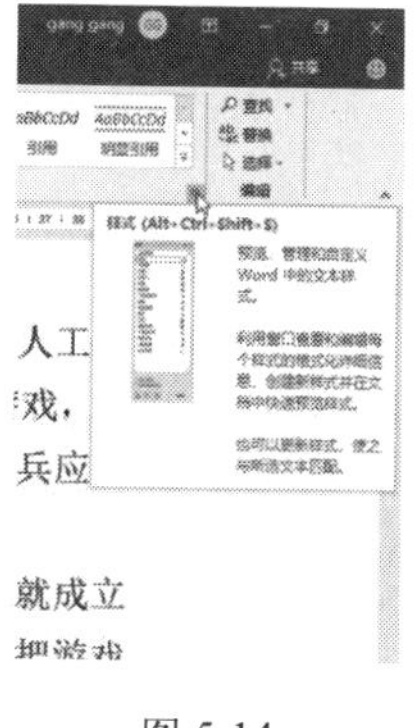

图 5-14

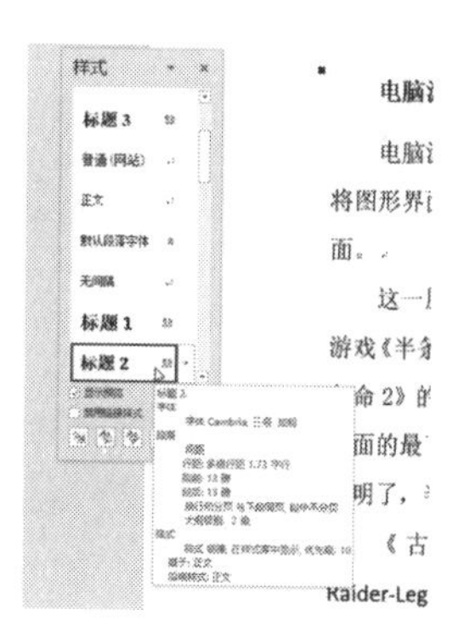

图 5-15

5.4.3 打印样式列表

模板中的样式列表及其说明是可以打印的。如果要打印一张样式列表，请按以下步骤操作：

01 打开使用了包含打印样式的模板的文档。

02 选择“文件”选项卡，然后单击“打印”命令或按 Ctrl + P 组合键显示“打印”对话框。

03 在“打印机”选项中选择“Microsoft Print to PDF”，然后再选择“打印内容”列表中的“样式”选项，如图 5-16 所示。

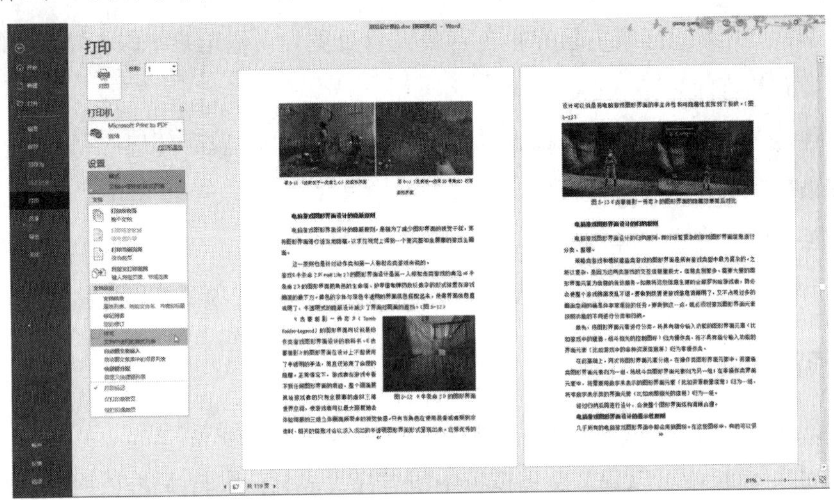

图 5-16

04 单击“确定”按钮，打印样式列表。由于在步骤**03**中选择了“Microsoft Print to PDF”，所以这里会输出为 PDF 文件。

05 找到输出的 style.pdf 文件，双击打开，可以看到样式按字母顺序打印，在每个样式名称后面还附有说明，如图 5-17 所示。

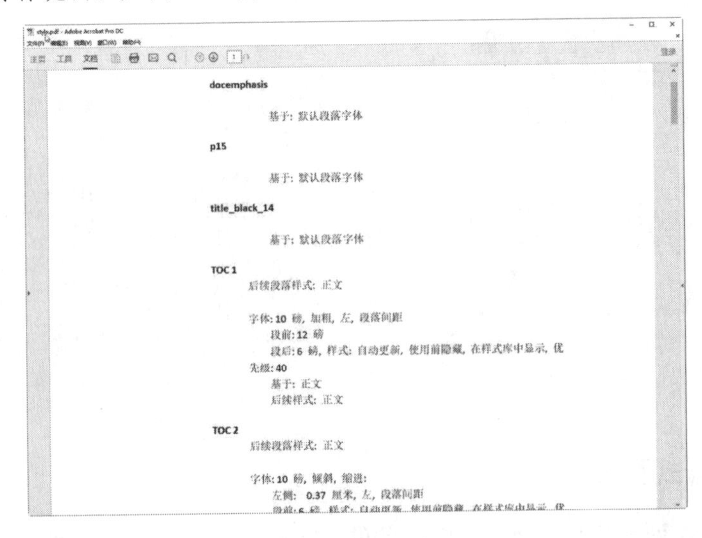

图 5-17

5.4.4 使用不同模板中的样式表

"样式"列表只能查看保存在当前文档模板中的样式。如果用户喜欢其他模板中的一组样式，则可以从该模板获取样式表并应用于用户的文档。如果要选择不同模板中的样式表，可以使用"文档格式"功能。其操作步骤如下。

01 选择"设计"选项卡。

02 单击"文档格式"工具组中的"其他"按钮，如图 5-18 所示。

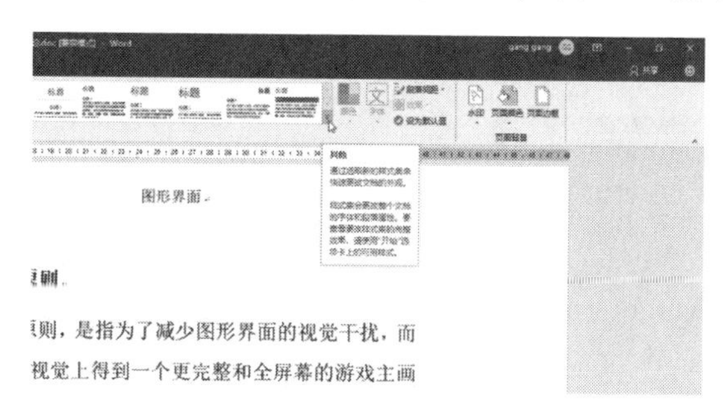

图 5-18

03 选择包含要使用样式的模板，如图 5-19 所示。

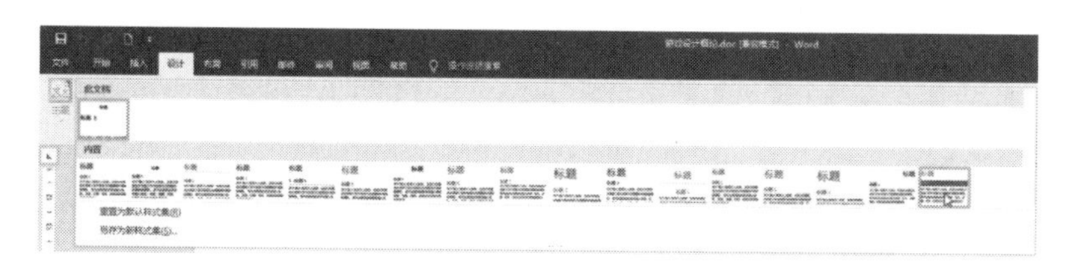

图 5-19

04 在预览满意之后，单击选定样式集，这些样式将取代当前文档中的样式。

5.4.5 应用样式

用户可以使用"样式"列表为选定的文字或在某个段落中应用样式。

在"开始"选项卡的"样式"列表中显示了当前文档的全部样式。如果要使用"样式"列表应用样式，请按以下步骤进行操作：

01 选定文字（仅适用于字符样式）或单击需要应用样式的段落。如果要设置多个段落的格式，请选中每个段落的文字。

02 单击"开始"选项卡的"样式"工具组右下角的"其他"按钮，打开当前文档的"样式"面板。此时即可看到该面板的样式列表，并且当前选定文本应用的样式将被突出加框显示。如图 5-20 所示，当前选定文本已经应用的样式是"正文"。另外还需要注意的是，后面有"a"标记的，表示是可以应用于选定文本的样式；后面带有段落标记的，表示可以应用于段落（不必选定文本，只要将光标停放在段落中即可）。例如，图 5-20 中的“明显强调”后面有“a”标记，表示它必须先选定文本然后才能应用。

03 单击列表中的某个样式即可应用该样式，如图 5-21 所示。

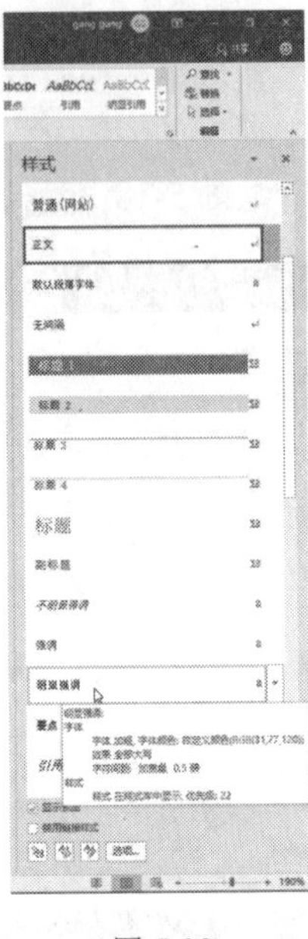

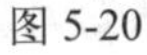

图 5-20

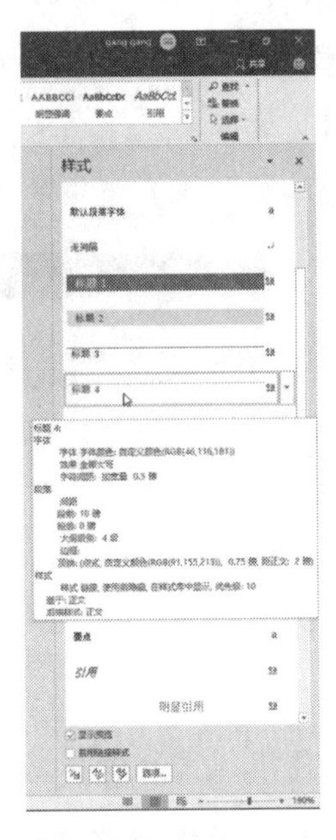

图 5-21

5.4.6 使用键盘快捷键

在 Word 2019 中可以为任何命令指定键盘快捷键，选择特定样式也不例外。Word 已经为一些预定义的样式指定了键盘快捷键（如表 5-1 所示），用户也可以定义自己的快捷键。

要使用键盘快捷键应用样式，请先选定需要设置格式的文字，然后按快捷键。

表 5–1　应用样式的键盘快捷键

应用样式	快捷键
正文	Ctrl + Shift + N 组合键
标题 1、标题 2 或标题 3	Ctrl + Alt + 1，Ctrl + Alt + 2，Ctrl + Alt + 3 组合键
“样式”列表中的样式	Ctrl + Shift + S 组合键，然后键入样式名称或移动上下箭头选择样式

5.4.7 定义样式

定义样式的方法有两种：

1. 根据实例定义样式

即直接给样式命名，并使用当前选定的文本或段落的格式设置作为样式说明。

2. 手工定义样式

即先选择基准样式，然后从菜单中选择字体、段落和其他格式选项。

要定义样式，可以使用“样式”面板。其操作方式如下。

01 使用“字体”工具组设置实例文本的格式。例如，可以将文本设置为幼圆字体、三号字号、红色，加粗显示，如图 5-22 所示。

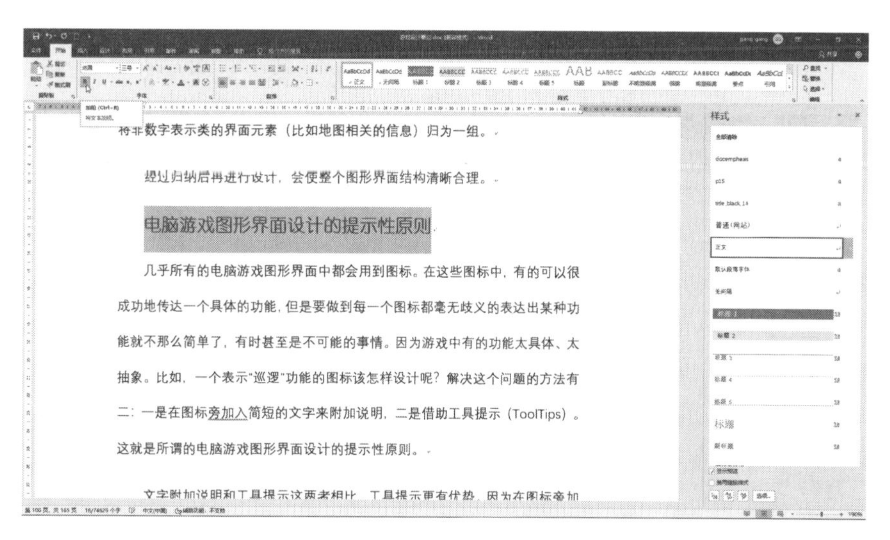

图 5-22

02 选定文档中已设置好格式的红色加粗实例文字。

03 单击“样式”面板中的“新建样式”按钮，如图 5-23 所示。

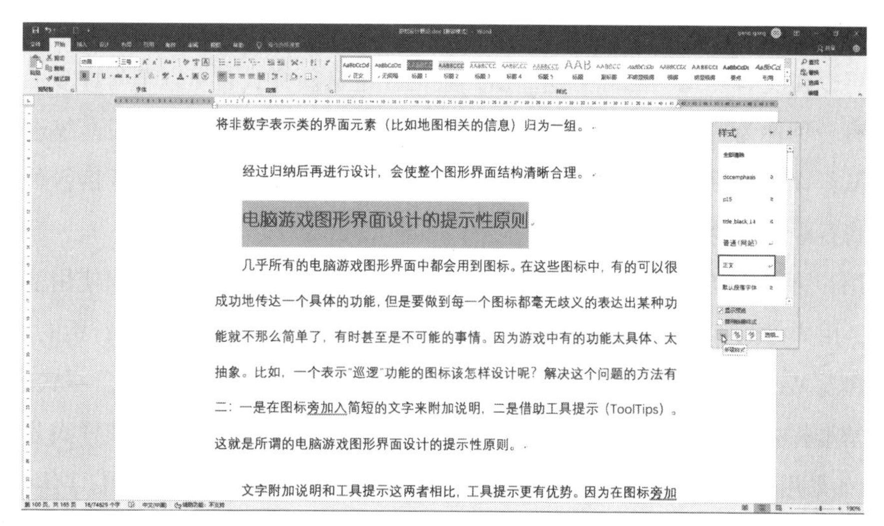

图 5-23

04 输入新样式的名称“样式 1”，新样式的名称会被添加到“样式”列表中，并且新样式将具有所选文本的基准样式和格式设置。在“样式类型”中可以设置它是字符样式还是段落样式，如图 5-24 所示。

05 新建立的“样式 1”即时有效。用户可以将它应用在当前文档的其他相似部分，如图 5-25 所示。

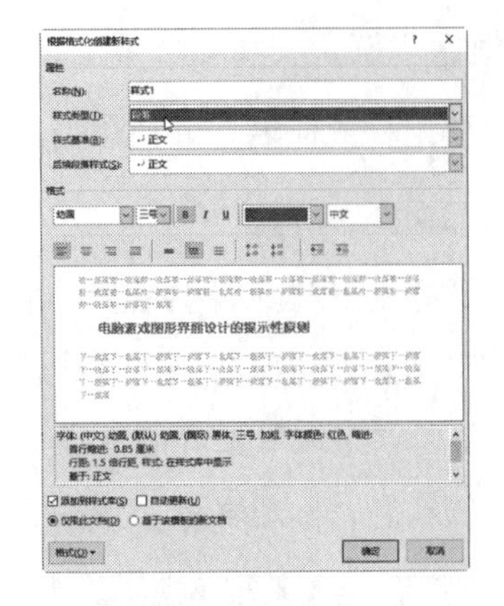

图 5-24

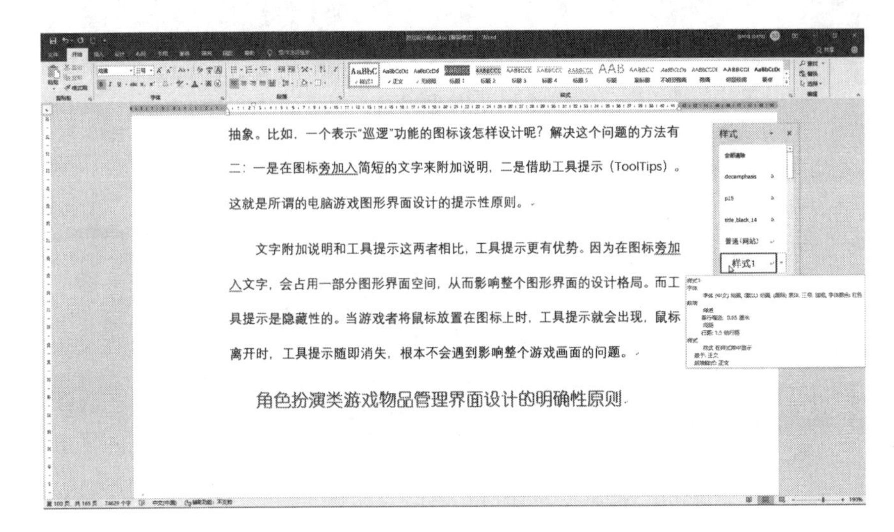

图 5-25

5.4.8 使用基准样式的优势和缺点

由于可以在现有样式的基础上建立新样式，在定义新样式时可以节省许多工作量。例如，假定有一种称为“正文”的样式，它的说明部分包括字体和字号、段落缩进设置、单倍行距、孤行设置和段落前后间距。现在需为同一段落新建一种称为“双倍行距正文”的样式，仅将行距设置为双倍行距。

虽然用户可以重新设置相同的缩进、字体和其他设置来创建样式，但使用基准样式要容易得多。用户可以直接选中“正文”作为新样式的基准，然后增加双倍行距的格式设置。

如果浏览 Word 中模板的样式说明，用户将发现许多样式建立在“正文”样式的基础上。

使用基准样式的缺点在于对于基准样式的任何改动将影响到任何以该样式为基础的样式。例如，如果用户将“正文”样式的字体改为黑体，那么“双倍行距正文”的字体也会改变。

使用基准样式常常可以节省时间。但是，如果要创建不受其他样式变化影响的样式，请在“新建样式”对话框的“样式基于”下拉菜单中选择“无样式”，如图 5-26 所示。

5.4.9　使用“后续段落样式”提高工作效率

定义样式时，Word 自动为下一段落使用同一种样式。这是 Word 进行格式设置的一般方法：除非特别说明，否则 Word 假定用户希望为当前段落后新建的所有段落使用相同的样式。但有时为后续段落设置不同的样式是有用处的。

例如，假定用户在一份报告中使用了“正文”样式，而且正在修改用于报告标题的“标题 2”样式。在定义“标题 2”样式时，通过将“正文”设置为后续段落样式可节省大量的工作，如图 5-27 所示。

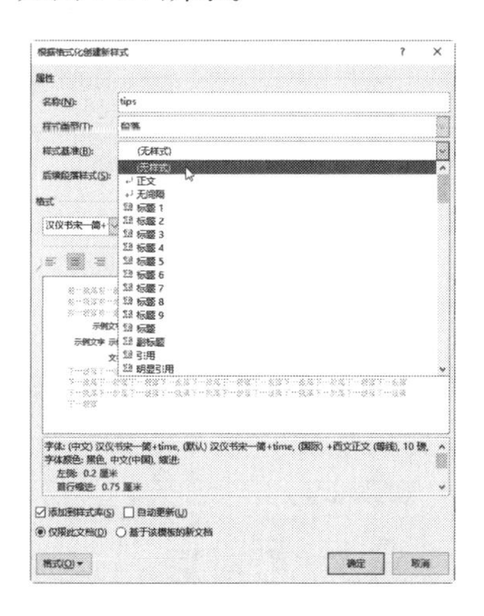

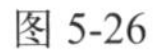

图 5-26

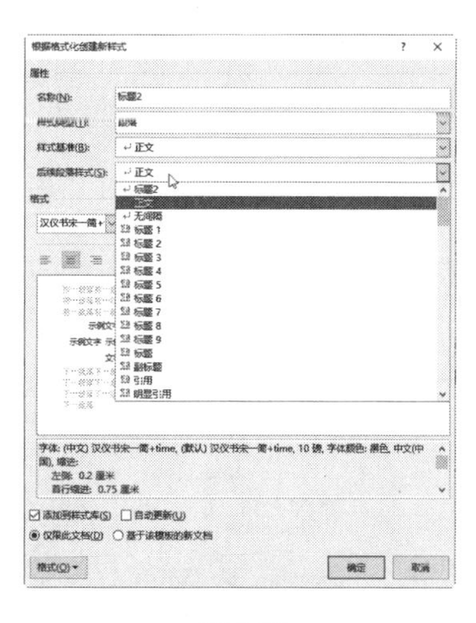

图 5-27

这样就可以在“标题 2”样式下输入标题，按 Enter 键，然后直接在“主体正文”样式下输入文字。由于用户选择“主体正文”作为“标题 2”样式的后续段落样式，Word 将自动切换到“主体正文”样式，而不需要用户自己做出选择。

5.4.10　清除格式和删除样式

用户可以删除在 Word 中创建的任何自定义样式，也可以删除某些保存在模板中的预定义样式。但是，Word 不允许删除“正文”样式，这是因为 Word 中许多其他的预定义样式是建立在“正文”样式的基础上的。

如果要清除格式，请按以下步骤操作：

01 单击“开始”选项卡，然后单击“样式”工具组“样式”列表右下角的“其他”按钮，如图 5-28 所示。

02 单击“清除格式”命令可以将当前选定对象上的所有格式和样式都清除掉，如图 5-29 所示。

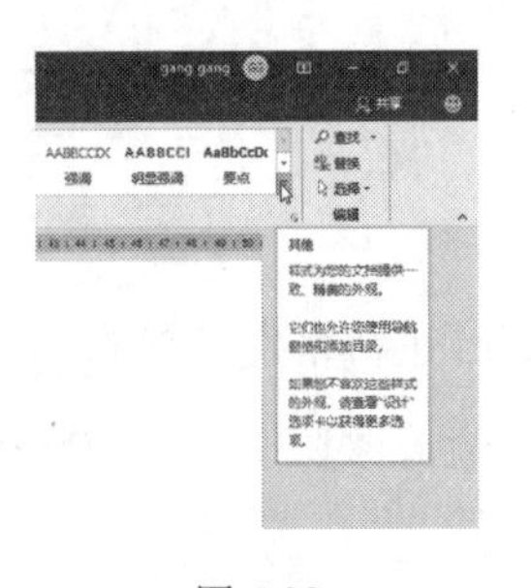

图 5-28

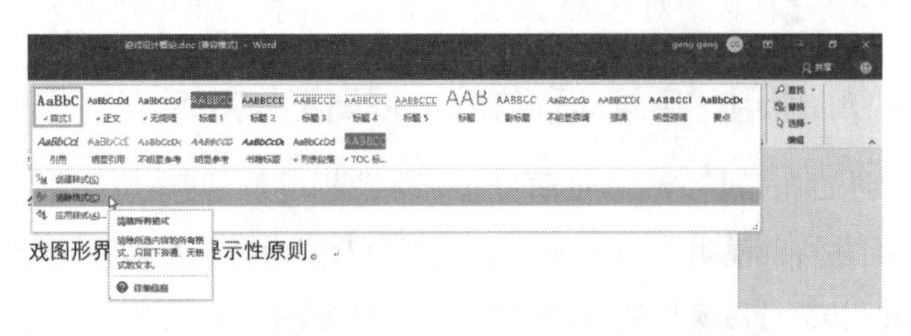

图 5-29

03 要删除样式，可以在“样式”面板中使用鼠标右击某种样式，从快捷菜单中选择“删除”，Word 将要求用户确认删除，如图 5-30 所示。

04 单击警告信息中的“是”按钮即可删除样式，如图 5-31 所示。

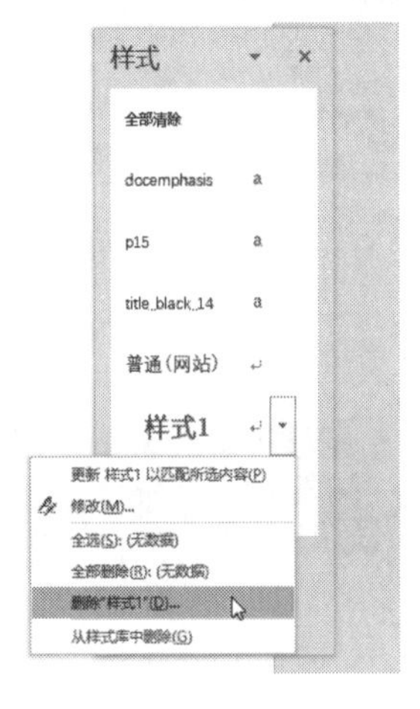

图 5-30

图 5-31

在删除样式之后，任何使用了该样式的文字都将转而使用其基准样式。例如，“Cc List”是一种设置了顶边左对齐的正文样式，删除它之后，文档中所有使用“Cc List”样式的文本段落都将重设为正文样式。

如果要删除的样式是无基准样式的样式时，则 Word 将提示该样式正在使用，不允许删除。要删除这种样式，必须先对所有应用该样式的文字应用另一种样式或清除其格式。

5.4.11 在模板间复制样式

在创建自定义样式之后，可以在其他类型的文档中也使用这些样式。利用 Word 在模板间复制样式的功能可以轻松地做到这一点。

“管理器”对话框是在模板或文档间复制样式的工具。要使用“管理器”，请按以下步骤操作：

01 单击“样式”面板底部的“管理样式”按钮，如图 5-32 所示。

02 在出现的“管理样式”对话框中，单击“导入 / 导出”按钮，如图 5-33 所示。

03 在出现的“管理器”对话框中选择“样式”选项卡，在左面文档的样式列表中，选择自定义样式或全部样式，单击“复制”按钮，将该样式添加到 Normal.dotm 模板中，如图 5-34 所示。

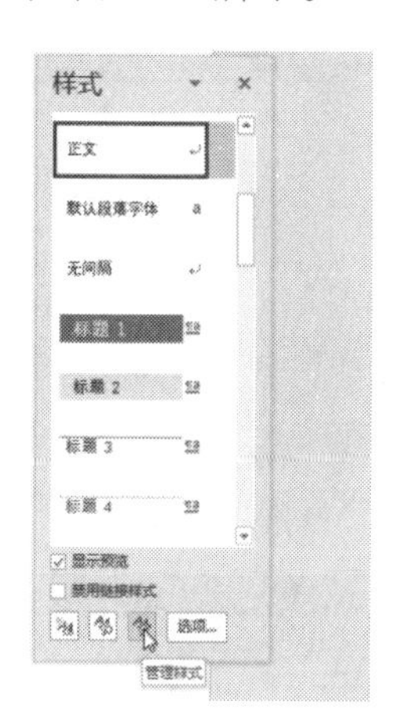

图 5-32

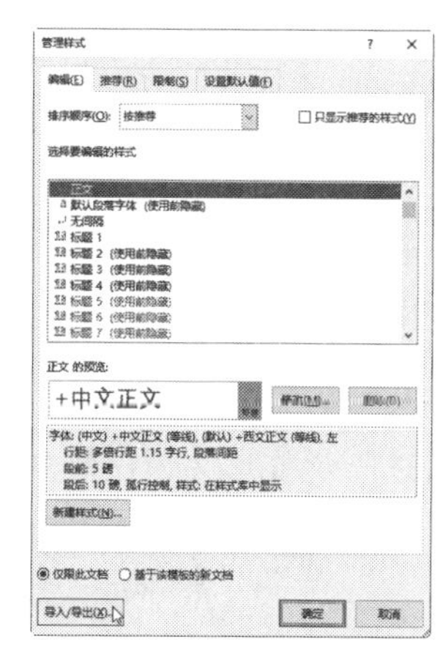

图 5-33

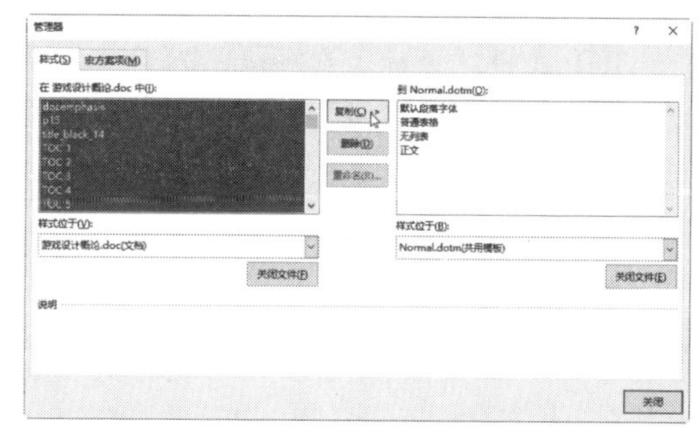

图 5-34

从图 5-34 中我们可以看出，“管理器”可显示两个不同位置的样式。通常，左边列表显示当前文档中的样式，而右边列表显示当前文档模板中的样式。用户可以在文档和模板之间双向复制样式：“复制”按钮上的箭头会随着所选列表的不同而相应变化。

04 如果有相同名称的样式（例如“默认段落字体”），则会出现提示，询问是否覆盖模板中的原有样式，单击“全是”即可，如图 5-35 所示。

05 在复制完成之后，现在可以看到 Normal.dotm 模板中已经包含了当前文档中的所有样式，如图 5-36 所示。

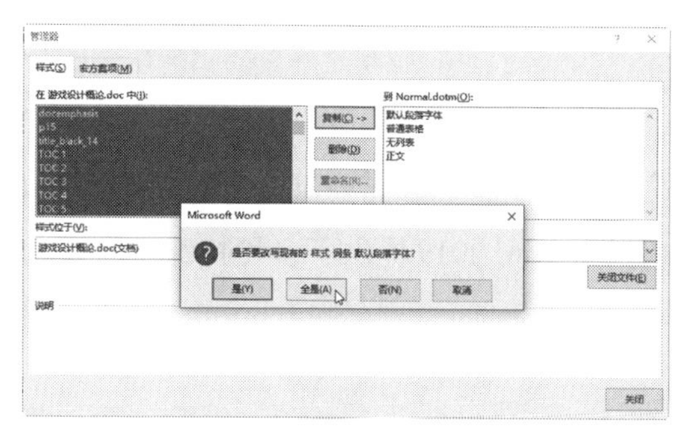

图 5-35

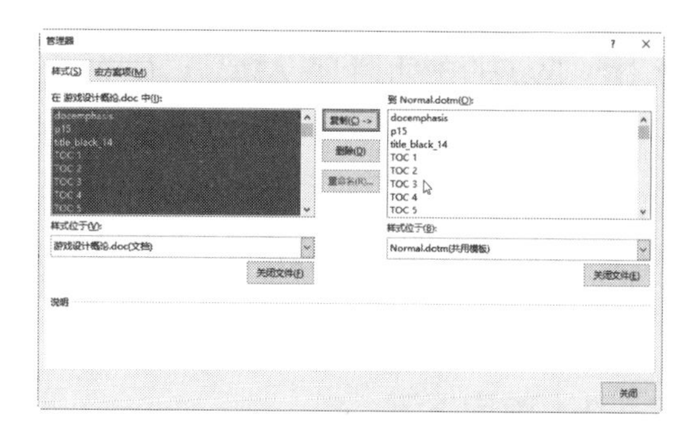

图 5-36

06 现在按 Ctrl+N 快捷键新建 Word 文档，由于它使用的是 Normal.dotm 模板，所以可以看到它包含了“游戏设计概论 .doc”文档中的所有样式。在“管理器”中也可以清晰

地看到这一点，如图 5-37 所示。

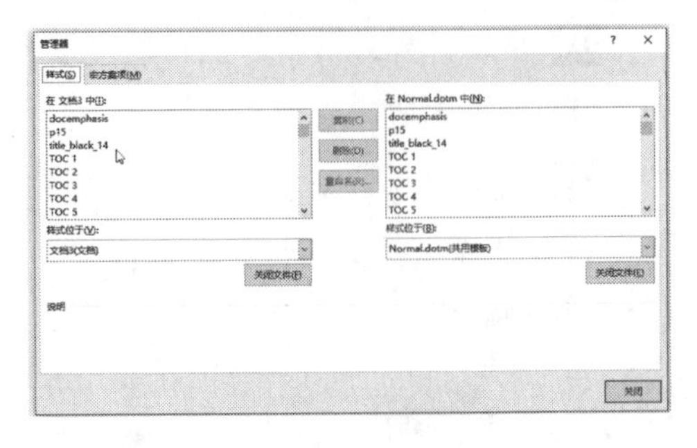

图 5-37

5.4.12 使用主题

主题是快速设计网页的工具。使用主题可以极大地提高工作效率。在选择一个主题之后，就可以输入网页标题，轻松创建自己的网页。

要在文档中使用主题，可在“主题”对话框中进行选择。其操作步骤如下。

01 选择“设计”选项卡，然后单击最左侧“主题”的向下三角形。

02 在出现的 Office 主题对话框中，选择一个主题。在文档编辑窗口中会直接显示其预览效果，如图 5-38 所示。

03 单击“颜色”和“字体”等选项可以进一步自定义选择的主题，如图 5-39 所示。

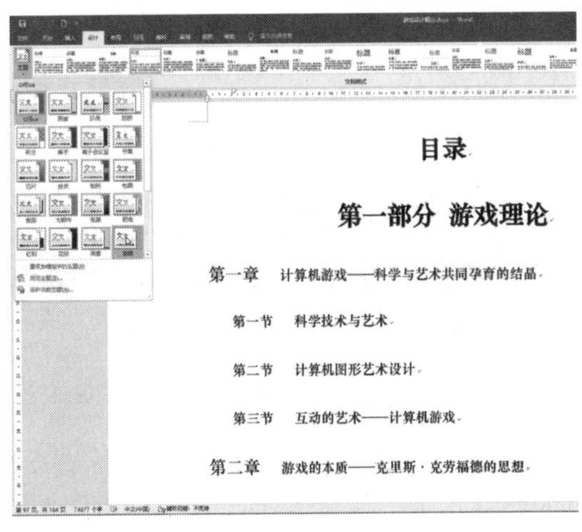

图 5-38

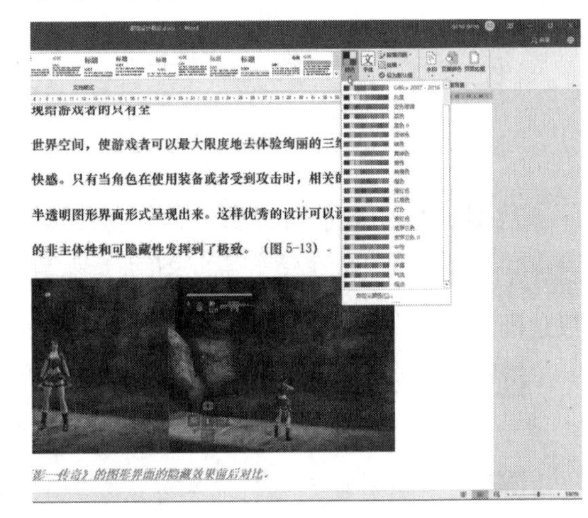

图 5-39

5.5 应用特殊排版方式

对于普通的文档，应用一些简单的排版方式就足够了。如果需要制作带有特殊效果的文档，可以应用一些特殊的排版方式使文档更加生动。Word 2019 提供了多种特殊排版方式，如首字下沉、带圈字符等。

5.5.1 首字下沉

首字下沉是报刊中非常流行的一种排版方式。设置首字下沉可以让文字更加醒目，在制作一些风格较活泼的文档时，可以迅速地吸引读者的目光，为文档增添一些趣味。

在文档中设置首字下沉时，其操作步骤如下。

01 打开文档，将文本插入点定位到要设计“首字下沉”效果的文本中，然后选择“插入”选项卡。

02 在“文本”选项组中单击“首字下沉”按钮。

03 在弹出的菜单中选择“首字下沉选项”命令，如图 5-40 所示。

04 打开“首字下沉”对话框，在“位置”选项组中选择“下沉”选项。在“字体”下拉列表中选择“方正粗宋简体”选项。在“下沉行数”和“距正文”数值框中保持默认设置，距正文为“0 厘米”。单击“确定”按钮关闭对话框，如图 5-41 所示。

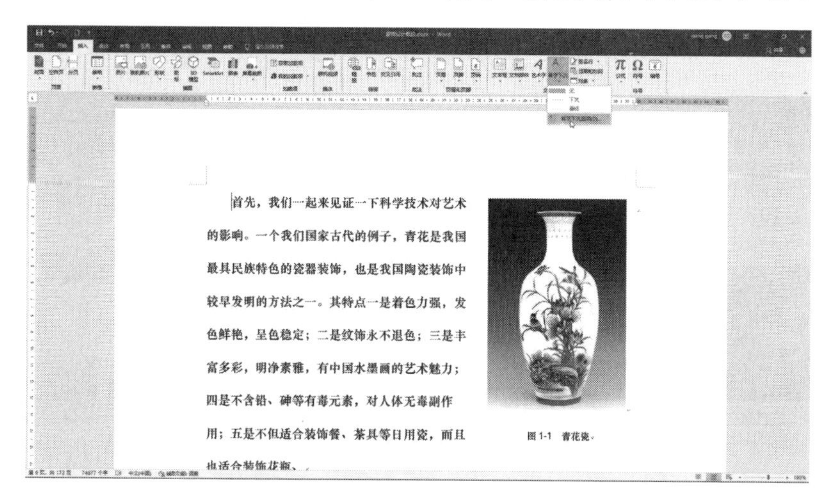

图 5-40

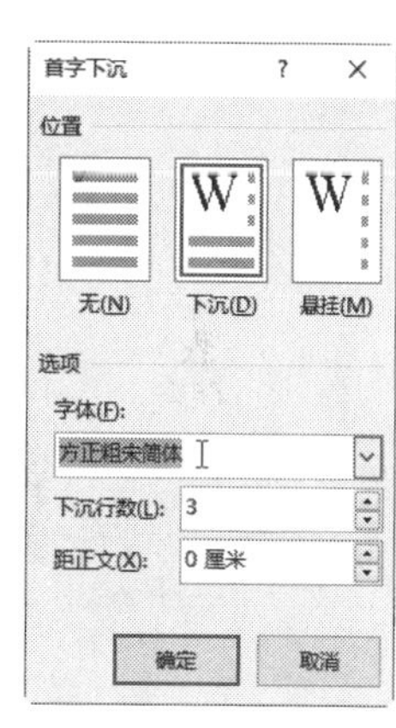

图 5-41

此时可以看到为文档设置首字下沉后的效果，如图 5-42 所示。

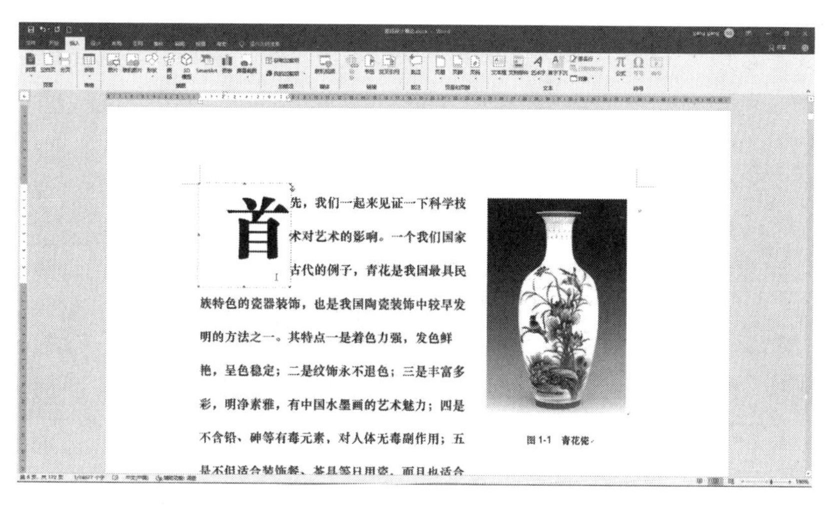

图 5-42

5.5.2　带圈字符

在编辑文字时，有时候需要输入一些特殊的文字，如圆圈围绕的数字，在 Word 2019

中可以使用带圈字符功能，轻松地制作出各种带圈字符。

在文档中为字符添加带圈效果时，其操作步骤如下。

01 打开文档，选择需要设置的文本。

02 选择“开始”选项卡，在“字体”选项组中单击“带圈字符”按钮，如图 5-43 所示。

03 打开“带圈字符”对话框，在“样式”选项组中选择“增大圈号”选项，在“圈号”列表框中选择符号圆圈，如图 5-44 所示。

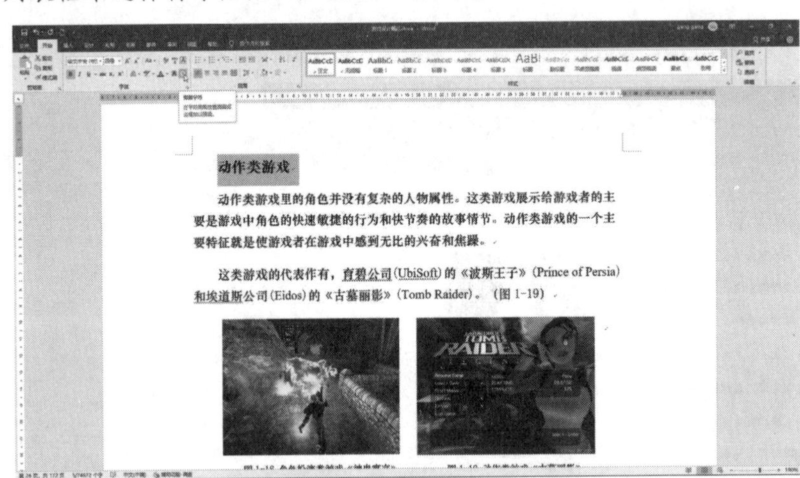

图 5-43

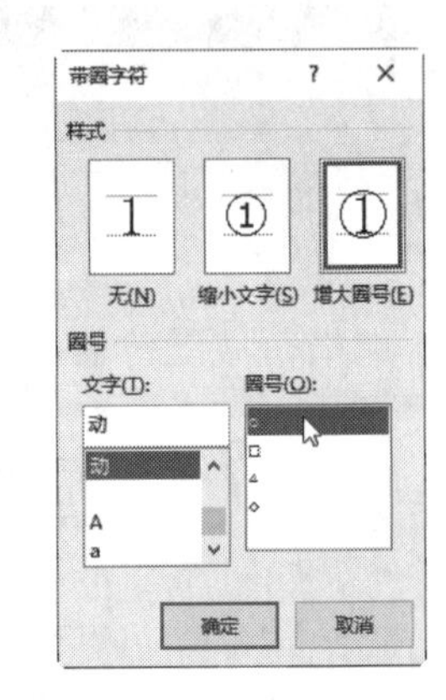

图 5-44

04 单击“确定”按钮完成设置，可以为多个文字设置带圈效果，如图 5-45 所示。

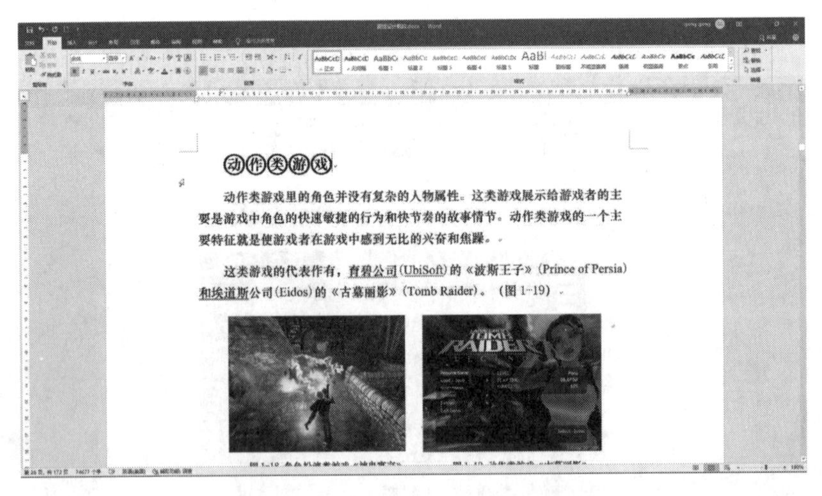

图 5-45

> **提示：**在 Word 2019 中，带圈字符的内容只能是一个汉字或两个外文字母，在文档窗口中如果选择超出上述限制的字符，打开“带圈字符”对话框，Word 2019 将自动以第一个汉字或前两个外文字母作为选择对象进行设置。

第 6 章　Word 2019 的表格处理

在编辑文档时，为了更形象地说明问题，常常需要在文档中制作各种各样的表格，如课程表、学生成绩表等。Word 2019 提供了强大的表格功能，可以快速创建与编辑表格。

> 本章学习内容：

- 在文档中插入表格
- 美化表格
- 编辑表格
- 表格和文字的相互转换

6.1　在文档中插入表格

在 Word 2019 中插入表格可以通过 4 种方法实现，分别是使用虚拟表格插入、使用对话框插入、手动绘制表格。这 4 种方法有各自的特点，用户可以根据需要选择适当的方法插入表格。

6.1.1　使用虚拟表格插入真实表格

使用虚拟表格可以快速完成表格的插入，但是使用虚拟表格最多只能够插入 10 列 8 行单元格的表格，需要插入更多行列的单元格时可以使用其他方法。

新建一个空白的 Word 文档，切换到“插入”选项卡，单击“表格”选项组中的“表格”按钮，在弹出菜单的虚拟表格中移动光标，经过需要插入的表格行列，确定后单击鼠标左键，如图 6-1 所示。

经过以上操作，Word 就会根据光标所经过的单元格插入相应的表格，如图 6-2 所示。

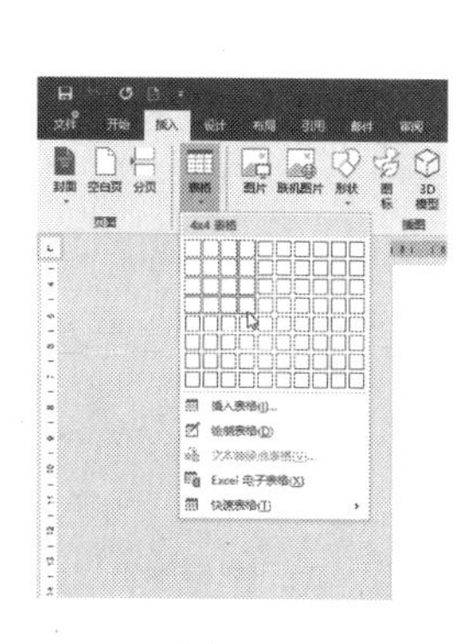

图 6-1

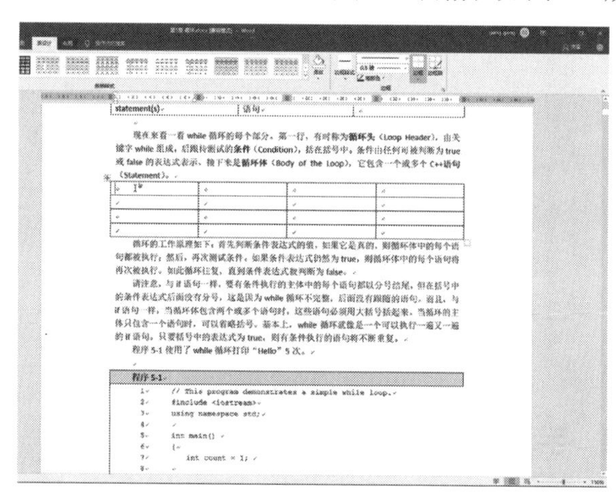

图 6-2

6.1.2 使用对话框插入表格

使用对话框插入表格时，可以插入拥有任何数量单元格的表格，并可以对表格的自动调整操作进行设置。其操作步骤如下。

01 新建一个空白的 Word 文档，切换到“插入”选项卡，单击“表格”选项组中的“表格”按钮，在展开的菜单中选择“插入表格”命令，如图 6-3 所示。

02 弹出“插入表格”对话框，在“列数”与“行数”数值框中输入相应的数值，选中“‘自动调整’操作”选项组中的“根据内容调整表格”单选按钮后，单击“确定”按钮，如图 6-4 所示。

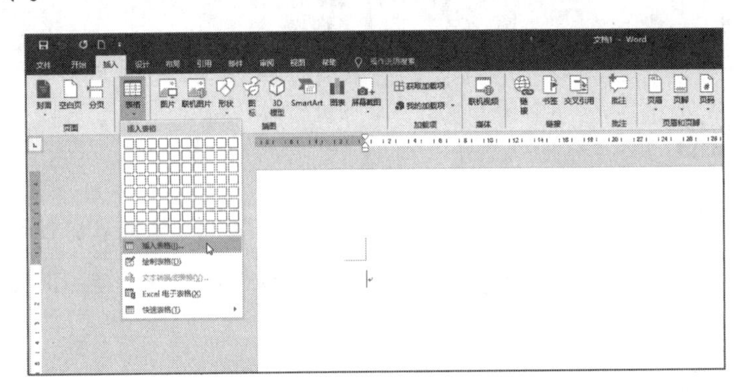

图 6-3

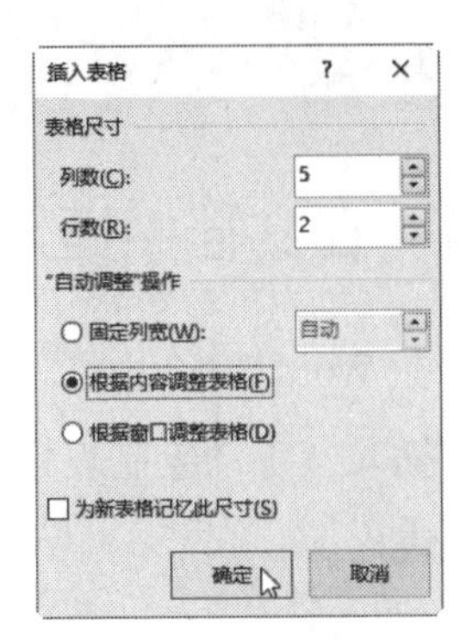

图 6-4

03 返回文档中即可看到插入的表格，由于表格中没有具体内容，所以表格处于最小状态，如图 6-5 所示。

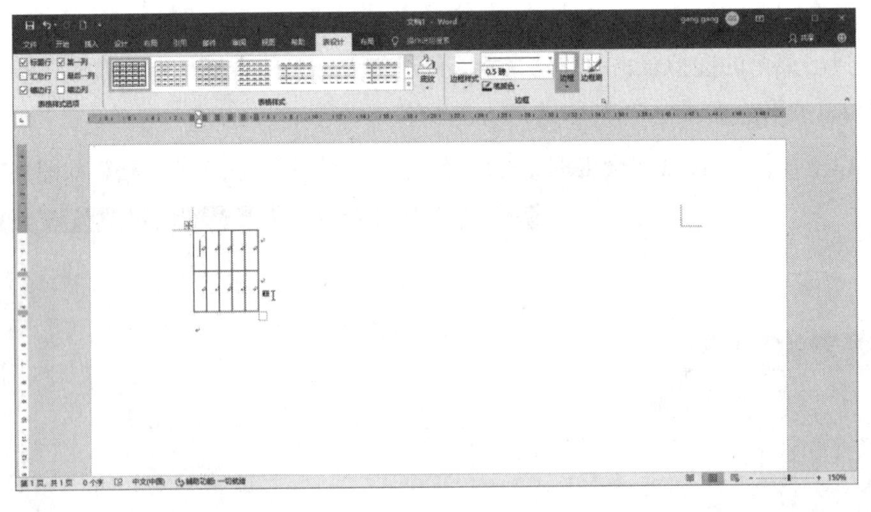

图 6-5

6.1.3 手动绘制表格

手动绘制表格可以灵活地对表格的单元格进行控制。若需要制作每行单元格数量不等的表格时，可手动绘制表格。其操作方式如下。

01 新建一个空白的 Word 文档，切换到“插入”选项卡，单击“表格”选项组中的“表格”按钮，在弹出的菜单中选择“绘制表格”命令，如图 6-6 所示。

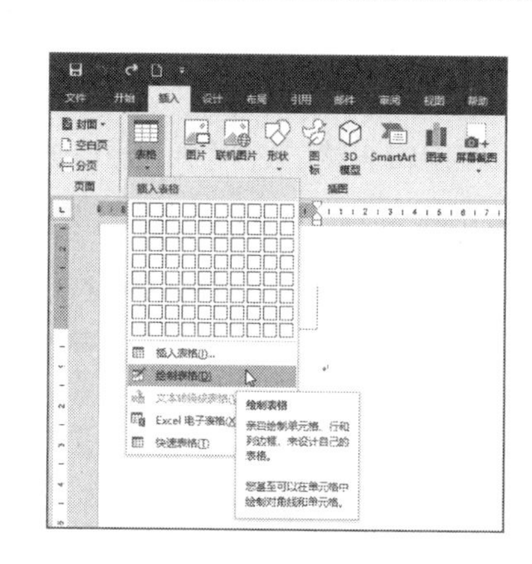

图 6-6

02 当光标变为铅笔形状时，在需要绘制表格的位置按住鼠标左键进行拖动，绘制出表格的边框，至合适大小后释放鼠标左键，如图 6-7 所示。

03 绘制表格的边框后，在框内横向拖动鼠标绘制表格的行线，如图 6-8 所示。按照同样的方法绘制表格的其他行。

图 6-7

图 6-8

04 在表格框的适当位置纵向拖动鼠标，绘制表格的列线，如果有不合适的线，则可以使用“橡皮擦”擦除，如图 6-9 所示。

05 如果有必要，还可以绘制斜线。经过以上步骤后，即可完成手动绘制表格的操作，如图 6-10 所示。

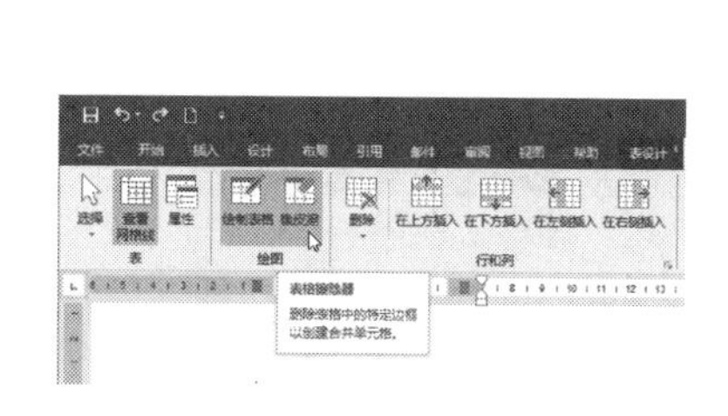

图 6-9

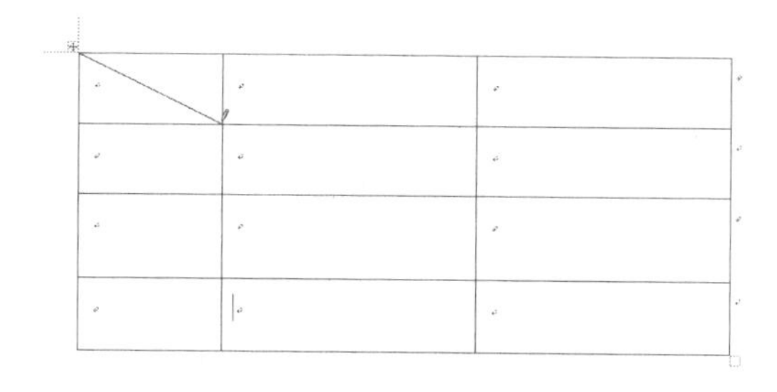

图 6-10

6.2　编辑表格

插入表格后需要为表格添加数值，由于不同的内容所对应的单元格大小会有所不同，因此在填充表格内容后还需要在后期对表格的单元格进行拆分、删除、合并等编辑操作。

6.2.1 合并单元格

在编辑表格的过程中，可以先手工绘制一个表格，以做到对表格的大致布局（例如，需要几行几列）心里有数。本节将以图 6-11 中的“个人简历”为例，对单个单元格、整行单元格以及整列单元格的插入和合并等方法进行介绍。

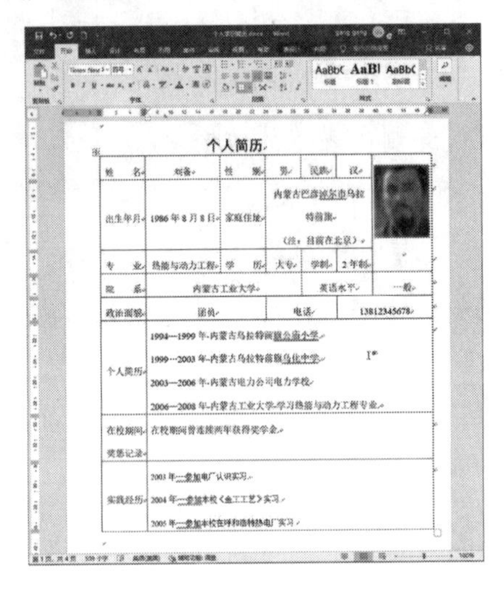

个人简历

姓　名	刘备	性　别	男	民族	汉	
出生年月	1986 年 8 月 8 日	家庭住址	内蒙古巴彦淖尔市乌拉特前旗（注：目前在北京）			
专　业	热能与动力工程	学　历	大专	学制	2 年制	
院　系	内蒙古工业大学			英语水平		一般
政治面貌	团员		电话		13812345678	
个人简历	1994—1999 年-内蒙古乌拉特前旗公庙小学 1999—2003 年-内蒙古乌拉特前旗乌化中学 2003—2006 年-内蒙古电力公司电力学校 2006—2008 年-内蒙古工业大学-学习热能与动力工程专业					
在校期间奖惩记录	在校期间曾连续两年获得奖学金					
实践经历	2003 年一参加电厂认识实习 2004 年一参加本校《金工工艺》实习 2005 年一参加本校在呼和浩特热电厂实习					

图 6-11

1. 插入单元格

插入单元格最为快捷的方法就是通过虚拟表格完成，但是如果要插入的表格大于 10×8，则需要通过对话框完成。其操作步骤如下。

01 新建一个空白文档，输入文字“个人简历”，按 Ctrl+E 快捷键使其居住。然后按回车键换行，按 Ctrl+L 键使光标左对齐，切换到“插入”选项卡，单击“表格”选项组中的“表格”按钮，在弹出菜单的虚拟表格中移动光标，经过需要插入的表格行列 7×8，确定后单击鼠标左键，如图 6-12 所示。

图 6-12

02 这个 7×8 是如何确定的呢？就是根据图 6-11 中的个人简历示例计算出来的。该示例最多有 8 行 7 列，其他行列变化都可以通过合并和拆分单元格获得。现在可以在表格的第一行输入一些基础文字，最后一列的图像不必着急插入，可以使用文字“头像图片”暂代，如图 6-13 所示。

03 在表格的第 1 列输入一些基本项目，如图 6-14 所示。至此，表格的基本布局已经完成，接下来需要按照简历的具体内容调整表格的行列。

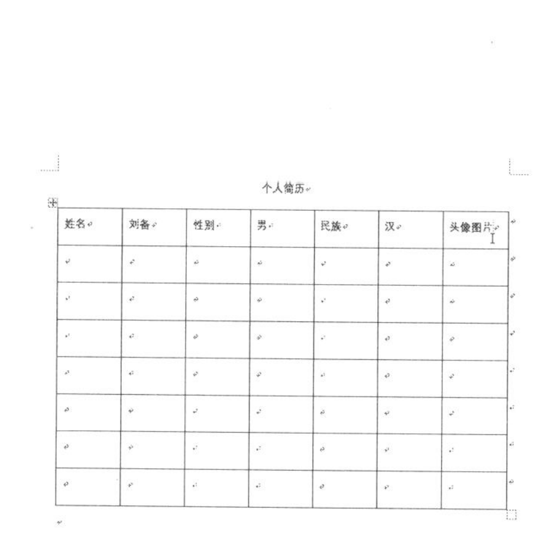

图 6-13

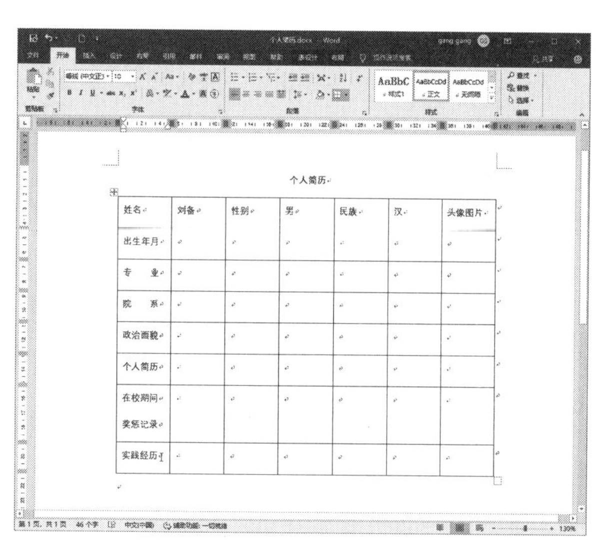

图 6-14

2. 合并单元格

选择需要按示例合并单元格，其操作方式如下。

01 使用鼠标拖动选择第 2 行第 4 列到第 6 列的 3 个单元格，鼠标右击，在出现的快捷菜单中选择“合并单元格”，如图 6-15 所示。这是横向合并单元格操作。

个人简历

姓名	刘备	性别	男	民族		
出生年月						
专　业						
院　系						
政治面貌						
个人简历						
在校期间 奖惩记录						
实践经历						

Times New　五号　插入　删除
剪切(T)
复制(C)
粘贴选项:
汉字重选(V)
插入(I)
删除单元格(D)...
合并单元格(M)
边框样式(B)
文字方向(X)...
表格属性(R)...
新建批注(M)

图 6-15

02 使用鼠标拖动选择第 7 列第 1 行到第 3 行的 3 个单元格，右击，在出现的快捷菜单中选择“合并单元格”，如图 6-16 所示。这是纵向合并单元格操作。

03 按同样的方式，选择第 4 行第 2 列到第 4 列的 3 个单元格，鼠标右击，在出现的快捷菜单中选择“合并单元格”，如图 6-17 所示。

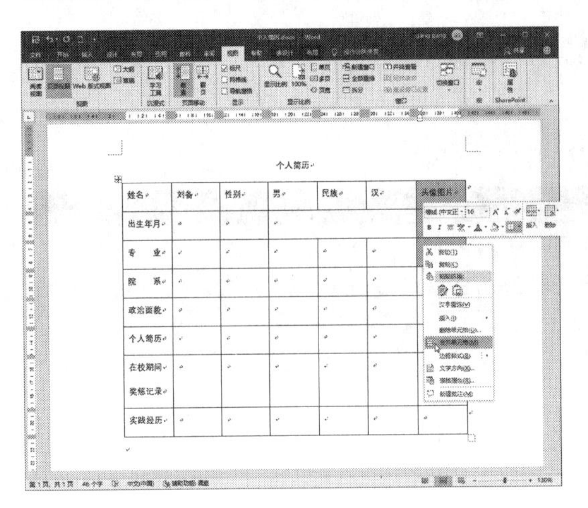

图 6-16

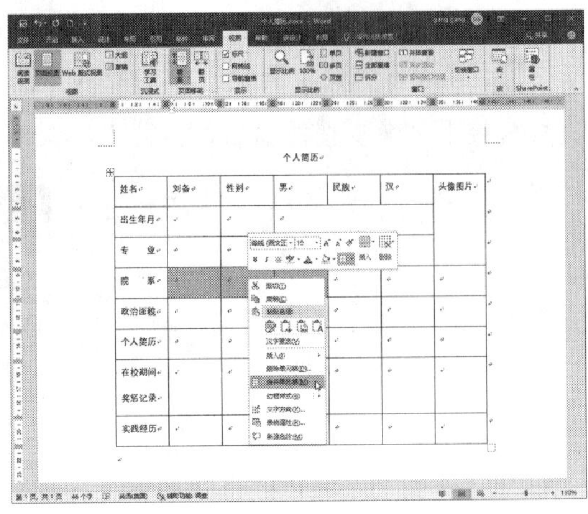

图 6-17

04 按照图 6-11 的表格布局，继续合并单元格的操作，直至完成全部表格布局，如图 6-18 所示。

05 现在可以在表格中输入其余文字内容，如图 6-19 所示。

有关插入图像的问题，后文会有专门的介绍，兹不赘述。

图 6-18

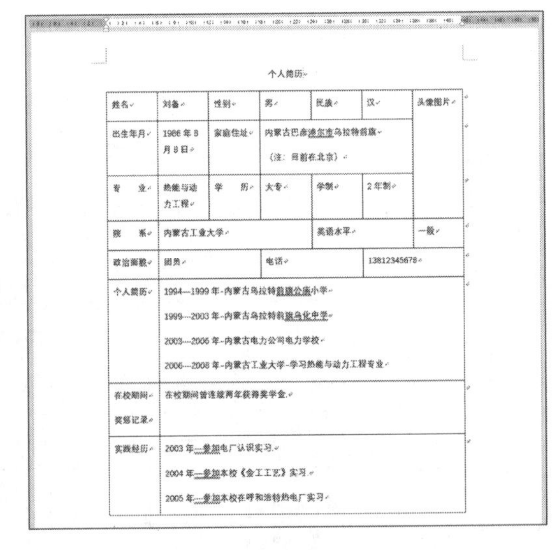

个人简历

姓名	刘备	性别	男	民族	汉	头像图片
出生年月	1986 年 8 月 8 日	家庭住址	内蒙古巴彦淖尔市乌拉特前旗 （注：目前在北京）			
专 业	热能与动力工程	学 历	大专	学制	2 年制	
院 系	内蒙古工业大学			英语水平		一般
政治面貌	团员		电话		13812345678	
个人简历	1994---1999 年-内蒙古乌拉特前旗公庙小学 1999---2003 年-内蒙古乌拉特前旗乌化中学 2003---2006 年-内蒙古电力公司电力学校 2006---2008 年-内蒙古工业大学-学习热能与动力工程专业					
在校期间 奖惩记录	在校期间曾连续两年获得奖学金。					
实践经历	2003 年---参加电厂认识实习。 2004 年---参加本校《金工工艺》实习 2005 年---参加本校在呼和浩特热电厂实习					

图 6-19

6.2.2 拆分单元格与表格

与合并单元格相反，拆分单元格是将一个单元格拆分为多个单元格，而拆分表格则是

将一个表格拆分为两个独立的表格，本节就来介绍拆分单元格与拆分表格的操作。

1. 拆分单元格

执行拆分单元格操作后，可以根据需要来设置拆分后单元格行与列的数量。其操作步骤如下。

01 打开文档，将光标定位在需要拆分的单元格内，切换到表格的“布局”选项卡，单击“合并”选项组中的“拆分单元格”按钮，如图 6-20 所示。

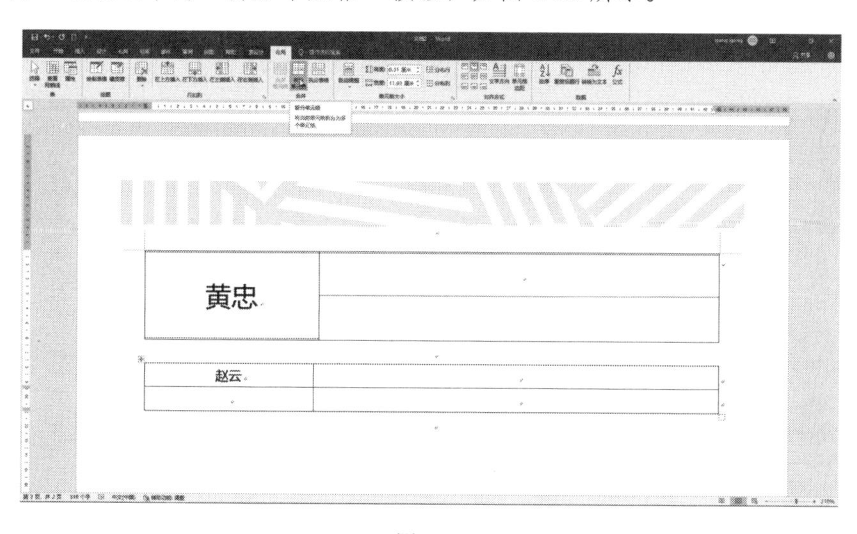

图 6-20

02 弹出“拆分单元格”对话框，在“列数”与“行数”数值框中分别输入相应的数值，然后单击“确定”按钮，如图 6-21 所示。

03 拆分后的效果如图 6-22 所示。

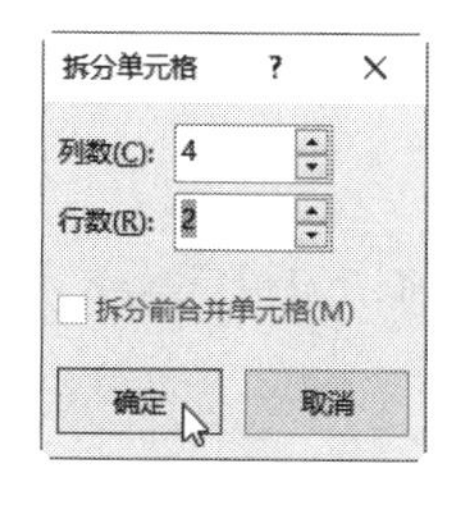

图 6-21

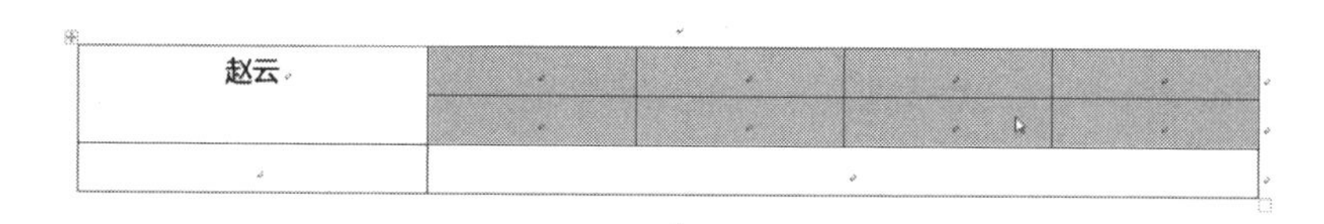

图 6-22

2. 拆分表格

在拆分表格时，一次只能将一个表格拆分为两个表格，具体操作步骤如下。

01 打开需要拆分的表格，将光标定位在拆分后表格的起始单元格中，切换到“表格工具”｜“布局”选项卡，单击“合并”选项组中的“拆分表格”按钮，如图 6-23 所示。

02 拆分后的效果如图 6-24 所示。

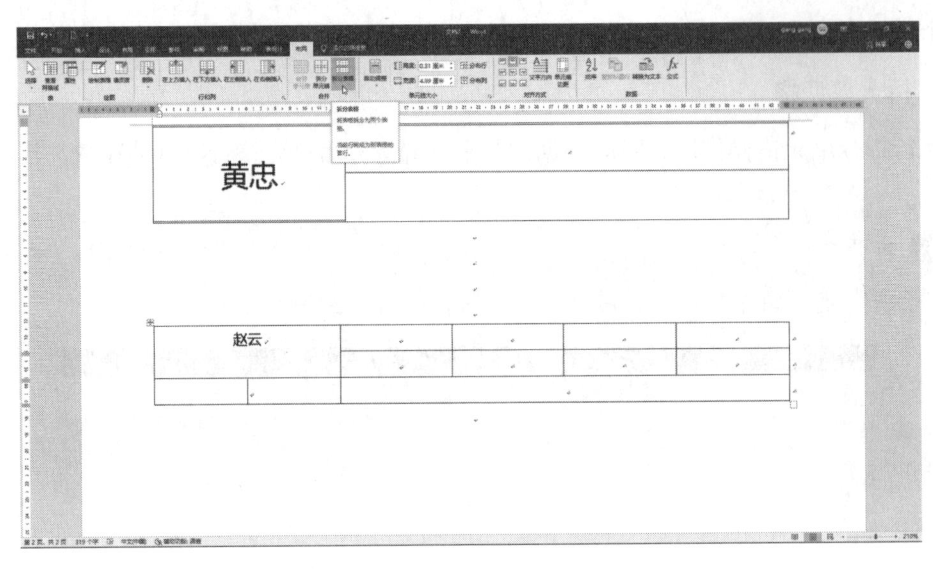

图 6-23

赵云				

图 6-24

6.2.3 在表格中定位

在 Word 表格中输入文字和在普通段落中输入文字没有什么区别，也可以使用大部分常用的编辑命令。但是，由于表格是文档中的特殊区域，所以 Word 还提供了其他一些在表格中定位、选择和粘贴信息的方法。

在表格中，一次只能在一个单元格中输入文字。因此，在插入文字前用户可能需要将插入点移动到正确的单元格中。在单元格之间移动插入点有 3 种方法：

- 在单元格中单击。Word 会将插入点移动到该单元格的开头或者鼠标单击的位置。
- 使用键盘上的箭头键。如果单元格为空，按箭头键可以将插入点向上、向下、向左或向右移动一个单元格。如果单元格中包含文字，按箭头键会在单元格内左右移动一个字符，或上下移动一行，插入点位于单元格边框时例外。例如，如果插入点位于单元格的右边框，按右箭头键时，插入点将右移动到下一单元格。
- 按 Tab 键向前移动一个单元格，按 Shift+Tab 组合键向后移动一个单元格。但是，如果插入点位于表格底端最右边的单元格时，按 Tab 键将添加新的一行。

6.2.4 选择表格元素和快速增删行或列

如果要在单元格中添加文字，可以采取直接输入、从剪贴板粘贴等方法。文字会在单元格的边框间换行，这就如同在文档的页边距之间换行一样。如果单元格中的文字需要换行，则 Word 会增加整行的行高以容纳文字。在单元格中不仅可以输入多行，还可以输入多个段落。按 Enter 键就可以开始新段落。

与在文档其他区域相同，可以通过单击并拖动鼠标来选定任何单元格中的文字。用户还可以通过拖动文字来在单元格之间移动文字。以下将介绍选定表格各个部分的方法。

1. 选择整张表格，包括所有文字

单击表格左上角的 ⊞ 标记，如图 6-25 所示。

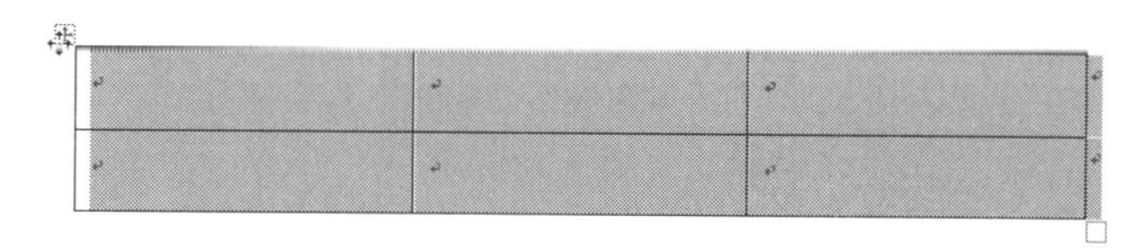

图 6-25

也可以将光标停放在表格的任何单元格中，然后单击“布局”选项卡，再单击“选择”下拉菜单中的“选择表格”，如图 6-26 所示。

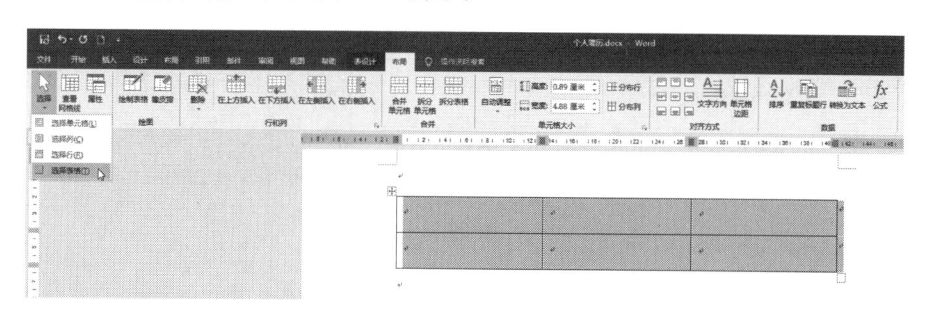

图 6-26

2. 选择单元格中所有文字

在单元格的左边缘处单击鼠标（即在单元格的左边框与文字之间），此时光标会变成右斜黑箭头，如图 6-27 所示。

← 看这个右斜的黑箭头 就是选择我们的		

图 6-27

3. 选择单元格（例如要应用单元格底纹）

在单元格中任何地方单击鼠标即可。

4. 选择一组相邻的单元格

单击并拖动鼠标即可。

5. 选中一行

在文档中该行左页边距处单击鼠标，如图 6-28 所示。

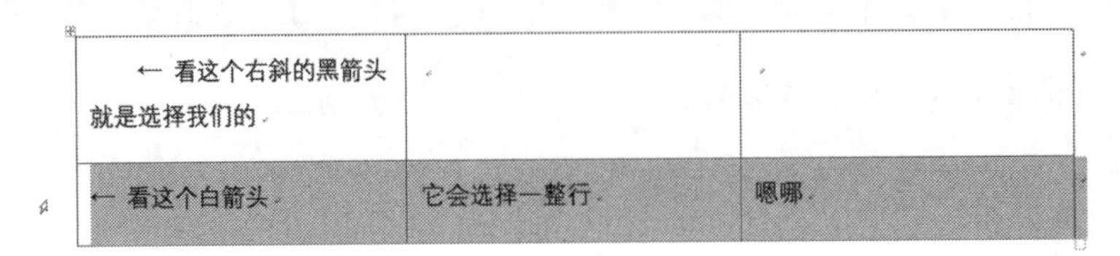

← 看这个右斜的黑箭头就是选择我们的		
← 看这个白箭头	它会选择一整行	嗯哪

图 6-28

6. 选择多行

在文档左页边距处单击并拖动鼠标

7. 选择一列

将鼠标指向列的顶端，出现向下黑箭头时单击即可，如图 6-29 所示。

← 看这个右斜的黑箭头就是选择我们的		↑这个向下的黑箭头，它会选择一整列
← 看这个白箭头	它会选择一整行	嗯哪

图 6-29

8. 选择多列

将鼠标指向表格的顶端边框，然后拖过要选定的各列即可。

9. 快速插入一行

将鼠标移动到表格第 1 列单元格分界处，会出现一个带圆圈的加号按钮，单击即可快速插入一行，如图 6-30 所示。

← 看这个右斜的黑箭头就是选择我们的		↑这个向下的黑箭头，它会选择一整列
← 看这个白箭头	它会选择一整行	嗯哪

图 6-30

10. 快速插入一列

将鼠标移动到表格第 1 行单元格分界处，会出现一个带圆圈的加号按钮，单击即可快速插入一列，如图 6-31 所示。

← 看这个右斜的黑箭头就是选择我们的			↑这个向下的黑箭头，它会选择一整列
← 看这个白箭头		它会选择一整行	嗯哪

图 6-31

6.2.5　设置表格内文字对齐方式

文字的对齐方式决定了文本在单元格中的位置，而文字的方向则是指单元格中文字的排列方式，通过文字对齐方式的设置可以让表格中的内容更加整齐。

单元格内文字的对齐方式包括靠上两端对齐、靠上居中对齐、靠上右对齐、中部两端对齐、水平居中、中部右对齐、靠下两端对齐、靠下居中对齐和靠下右对齐共 9 种方式。

要设置表格内文字的对齐方式，请按以下步骤操作。

01 打开文档，单击表格右上角的 ⊞ 图标，选中整个表格，此时可以单击“布局”选项卡，在“对齐方式”工具组中即包含了 9 种对齐方式的设置按钮，如图 6-32 所示。

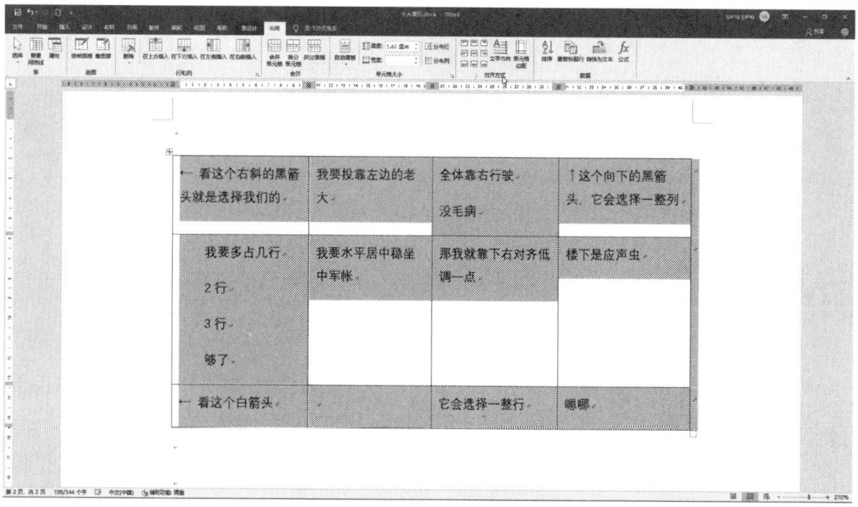

图 6-32

02 将光标停放在某个单元格中，即可设置其单独的对齐方式，如图 6-33 所示。

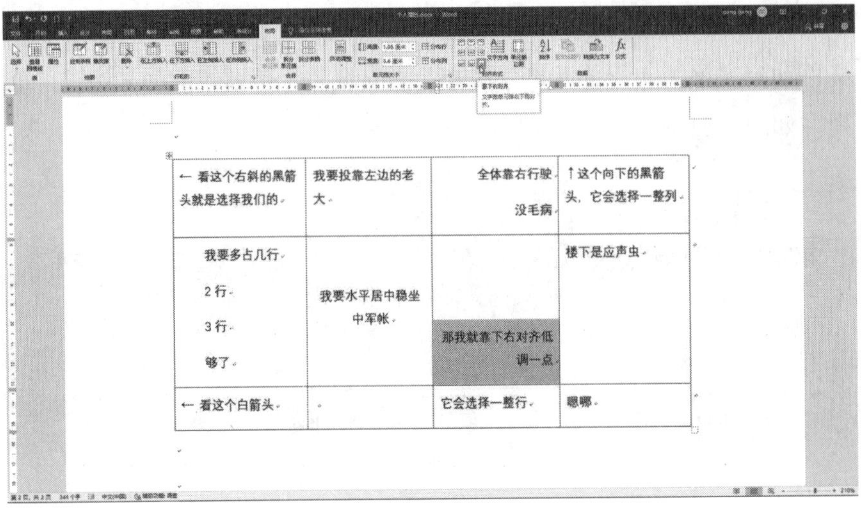

← 看这个右斜的黑箭头就是选择我们的
我要投靠左边的老大
全体靠右行驶
没毛病
↑这个向下的黑箭头，它会选择一整列
我要多占几行
2 行
3 行
够了
我要水平居中稳坐中军帐
那我就靠下右对齐低调一点
楼下是应声虫
← 看这个白箭头
它会选择一整行
嗯哪

图 6-33

03 也可以选中整个表格，然后单击某个对齐方式按钮，这样就可以将表格中所有的文本内容都设置为该对齐方式，如图 6-34 所示。

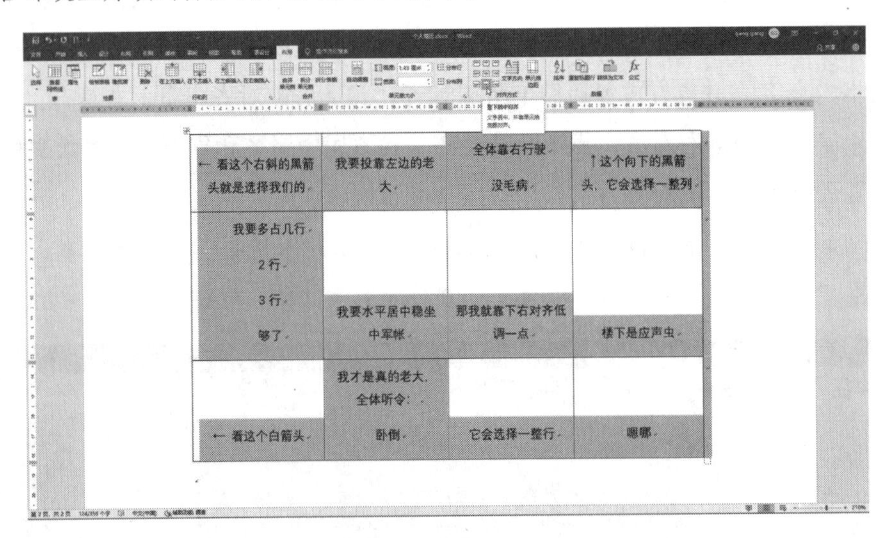

图 6-34

6.3 美化表格

美化表格时，可以针对表格的底纹和边框对表格进行设置。另外，使用 Word 预设了一些表格样式，美化表格时可以直接应用预设的表格样式。

6.3.1 为表格添加底纹

为表格设置底纹效果时，可以使用颜色或图案对表格进行填充，操作步骤如下。

01 打开文档，选中需要添加底纹的单元格区域。

02 选择目标单元格后，切换到“表设计”选项卡，单击“边框”选项组中的“底纹”按钮，在弹出的菜单中选择一种底纹颜色，例如“黄色”，如图 6-35 所示。

03 要设置单元格更复杂的底纹效果，则可以在选中单元格之后，单击“边框”按钮，从弹出菜单中选择“边框和底纹”命令，如图 6-36 所示。

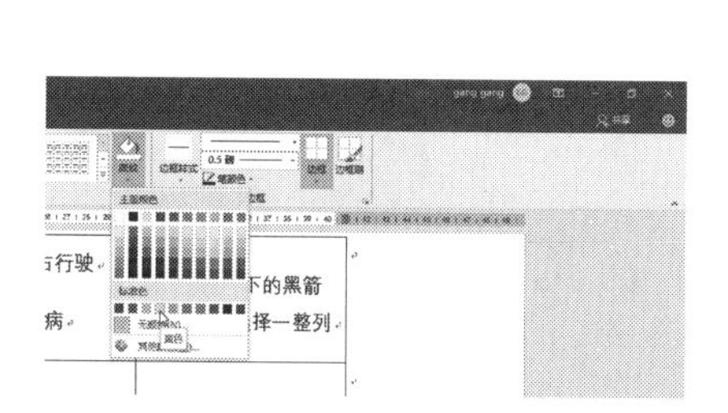

图 6-35

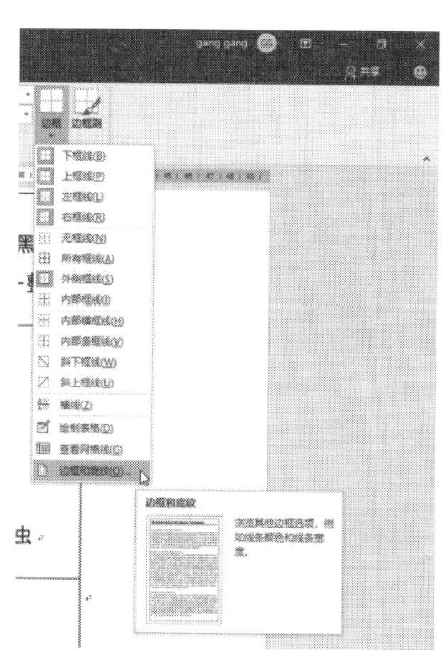

图 6-36

04 在出现的“边框和底纹”对话框中，切换到“底纹”选项卡，单击“图案”的“样式”下拉列表框右侧的下三角按钮，在展开的列表中选择“浅色棚架”选项，选择“颜色”为绿色，最后一定要单击“应用于”下拉菜单，选择“单元格”，如图 6-37 所示。

05 按同样的方法，可以为表格的其他单元格设置底纹，返回文档中即可看到设置后的效果，如图 6-38 所示。

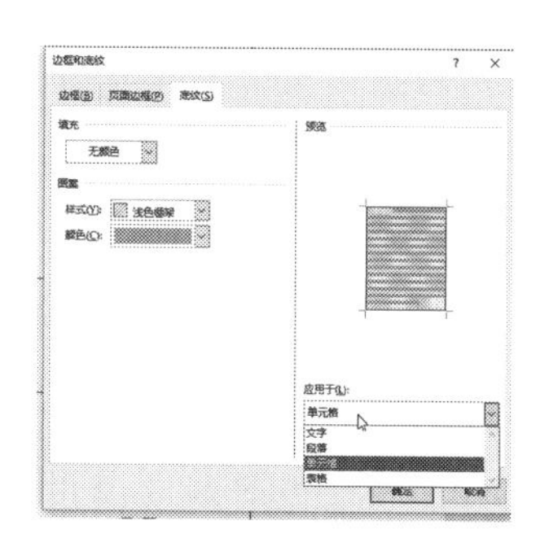

图 6-37

← 看这个右斜的黑箭头就是选择我们的	我要投靠左边的老大	全体靠右行驶 没毛病	↑这个向下的黑箭头，它会选择一整列
我要多占几行 2行 3行 够了	我要水平居中稳坐中军帐	那我就靠下右对齐低调一点	楼下是应声虫
加个底纹什么的，我最喜欢了	我在老大头上拉屎	人家要更复杂的底纹效果	↓楼下，↑说的是你
← 看这个白箭头	我才是真的老大，全体听令：卧倒	它会选择一整行	嗯嗯

图 6-38

6.3.2 设置表格边框

为表格设置边框时，可从边框的样式、颜色和粗细三方面来进行设置，为了进行区分，可将表格的外边框与内线设置为不同的效果，具体操作步骤如下。

01 继续上例的操作，直接单击“边框”选项组中的“边框”按钮，然后单击“边框和底纹”选项。

02 弹出“边框和底纹”对话框，在“边框”选项卡下单击“设置”选项组中的“方框”图标，然后在“样式”列表框中单击选择一种样式，单击“颜色”下拉列表框右侧的下三角按钮，在展开的颜色列表中单击绿色，单击“宽度”下拉列表框右侧的下三角按钮，在展开的下拉列表中单击“3.0 磅”选项，最后在“应用于”下拉菜单中选择“表格”，如图 6-39 所示。

03 设置完边框的样式后单击“确定”按钮，返回文档中就可以看到设置的外边框效果，如图 6-40 所示。

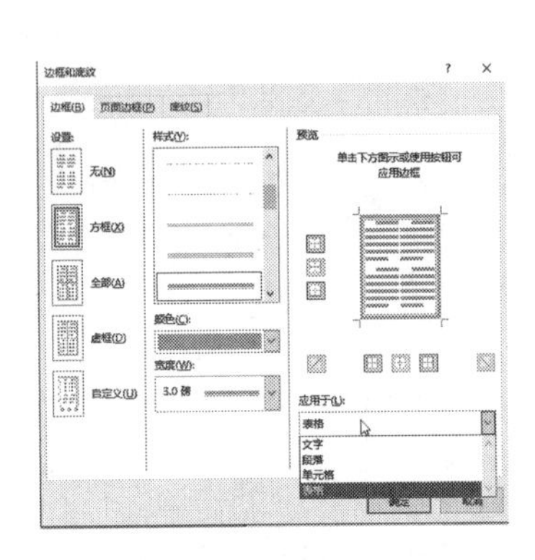

图 6-39

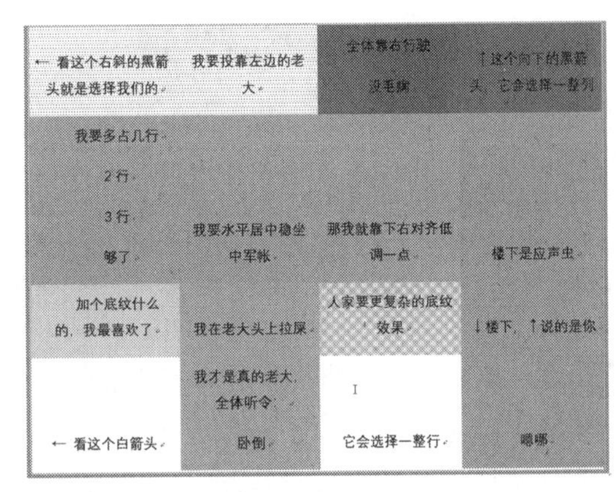

图 6-40

6.3.3 表格样式的应用

所谓“表格样式”是指表格边框、底纹以及单元格中文本效果的集合，使用表格样式时可以使用 Word 中预设的样式。

在 Word 2019 中内置了 90 余种表格样式，美化表格时可根据需要为表格选择适当的内置样式，以快速完成美化操作。

要应用表格样式，可以按以下步骤操作。

01 打开文档，将光标定位在任意单元格内，切换到“表设计”选项卡，单击“表格样式”选项组中的“其他”按钮，如图 6-41 所示。

02 在展开的表格样式库中单击选择样式图标，如图 6-42 所示。选择需要使用的表格样式后，返回文档即可看到应用后的效果。

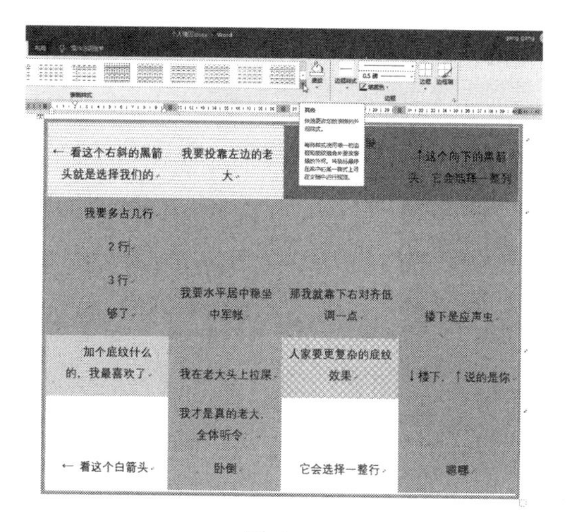

图 6-41

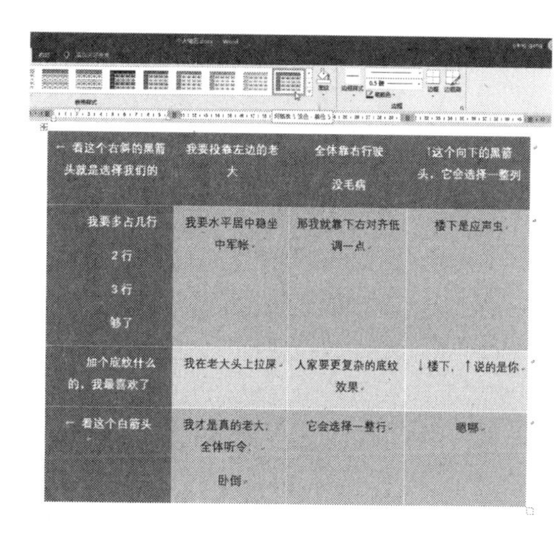

图 6-42

6.4 表格和文字的相互转换

Word 中的表格可以转换为普通文字，而文本也可以转换为表格。要实现这些转换并不困难。

6.4.1 将表格转换成文字

如果要将表格转换为普通文字，只需要告诉 Word 如何分隔单元格之间的文字，其操作步骤如下。

01 单击要转换的表格。

02 选择“布局”选项卡，然后单击“数据”工具组中的“转换为文本”按钮，如图 6-43 所示。

03 在出现的“表格转换成文本”对话框中，选择“文字分隔符”为“制表符”，然后单击“确定”按钮，如图 6-44 所示。

图 6-43

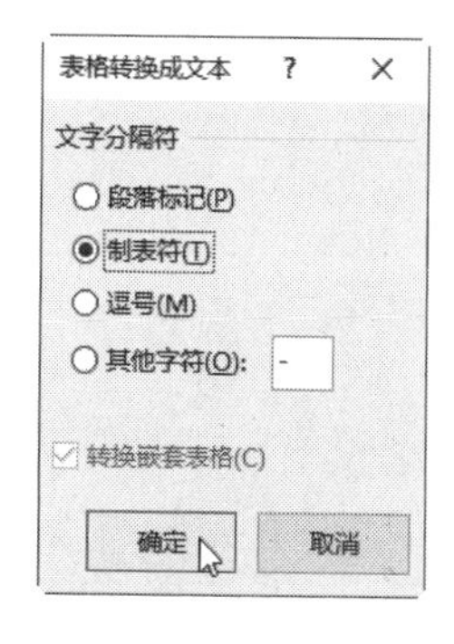

图 6-44

04 表格将被清除，其中的文字分段出现在文档中，如图 6-45 所示。

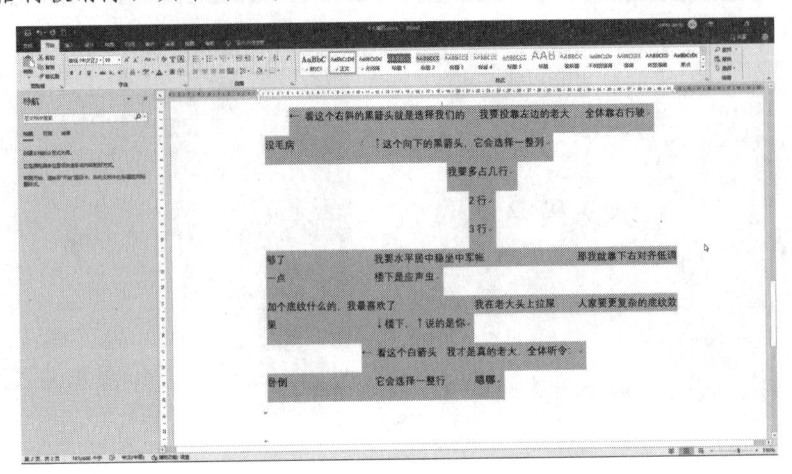

图 6-45

6.4.2　将文字转换成表格

将文字转换为表格时，Word 会基于选定的文字创建一张新表格。为此，必须确定如何将文字分割为表格中一行一行的单元格，还必须设置表格的列数。

要将文字转换成表格，请按以下步骤操作。

01 选中要转换的文字，在本示例中，我们将选择图 6-45 中刚刚由表格转换所获得的文字。

02 单击“插入”选项卡，然后单击“表格”，从弹出菜单中选择“文本转换成表格”命令，如图 6-46 所示。

03 在出现的“将文字转换成表格”对话框中，选择“文字分隔位置”为“制表符”，如图 6-47 所示。

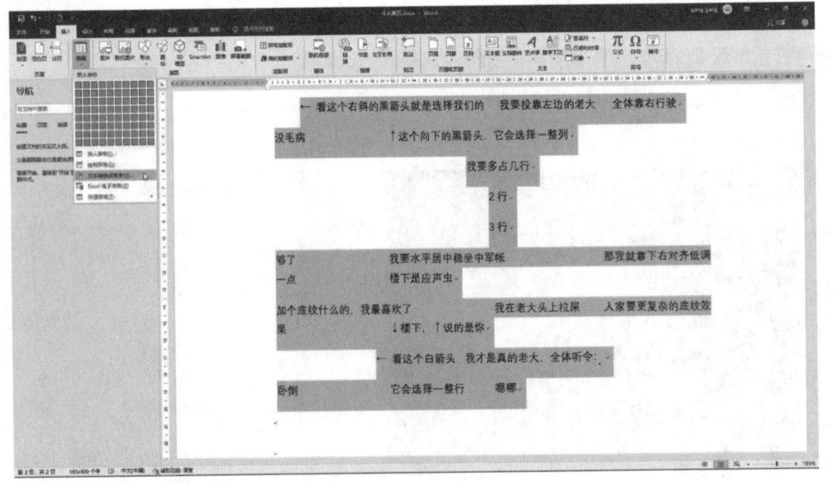

图 6-46

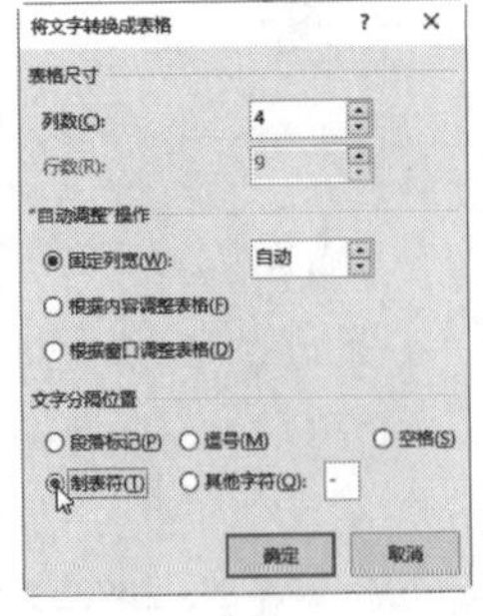

图 6-47

04 单击“确定”按钮。Word将立即转换表格，如图6-48所示。

现在的问题来了，为什么Word转换功能无法还原一开始的表格（见图6-43）呢？这其实跟表格中的内容有关。表格中如果出现了换行符，那么在转换时就会导致制表符被强制换行，以至于表格不能还原，如图6-49所示。

← 看这个右斜的黑箭头就是选择我们的	我要投靠左边的老大	全体靠右行驶	
没毛病	↑这个向下的黑箭头，它会选择一整列		
我要多占几行			
2行			
3行			
够了	我要水平居中稳坐中军帐	那我就靠下右对齐低调一点	楼下是应声虫
加个底纹什么的，我最喜欢了	我在老大头上拉屎	人家要更复杂的底纹效果	↓楼下，↑说的是你
看这个白箭头	我才是真的老大，全体听令：		
卧倒	它会选择一整行	嗯哪	

图6-48

← 看这个右斜的黑箭头就是选择我们的	我要投靠左边的老大	全体靠右行驶 没毛病	↑这个向下的黑箭头，它会选择一整列
我要多占几行 2行 3行 够了	我要水平居中稳坐中军帐	那我就靠下右对齐低调一点	楼下是应声虫
加个底纹什么的，我最喜欢了	我在老大头上拉屎	人家要更复杂的底纹效果	↓楼下，↑说的是你
← 看这个白箭头	我才是真的老大，全体听令： 卧倒	它会选择一整行	嗯哪

图6-49

要解决这个问题，可以按以下步骤操作。

01 将表格内容中的换行符修改为逗号或斜杠（/），除了段落末尾的换行符不必处理之外，该表格一共包含5个需要替换的文字中间的换行符，如图6-50所示。

← 看这个右斜的黑箭头就是选择我们的	我要投靠左边的老大	全体靠右行驶/没毛病	↑这个向下的黑箭头，它会选择一整列
我要多占几行/2行/3行/够了	我要水平居中稳坐中军帐	那我就靠下右对齐低调一点	楼下是应声虫
加个底纹什么的，我最喜欢了	我在老大头上拉屎	人家要更复杂的底纹效果	↓楼下，↑说的是你
← 看这个白箭头	我才是真的老大，全体听令：/卧倒	它会选择一整行	嗯哪

图6-50

02 现在选择“布局”选项卡，然后单击“数据”工具组中的“转换为文本”按钮。在出现的“表格转换成文本”对话框中，选择“文字分隔符”为“制表符”，然后单击“确定”按钮，如图6-51所示。

03 保存转换文本的选中状态，单击“插入”选项卡，然后单击“表格”，从弹出菜单中选择“文本转换成表格”命令，如图6-52所示。

04 在出现的“将文字转换成表格”对话框中，选择“文字分隔位置”为“制表符”，如图6-53所示。

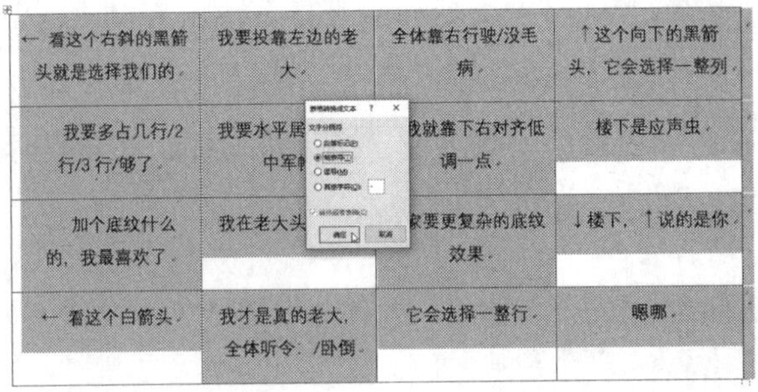

← 看这个右斜的黑箭头就是选择我们的
我要投靠左边的老大
全体靠右行驶/没毛病
↑这个向下的黑箭头，它会选择一整列
我要多占几行/2行/3行/够了
我要水平居中军帐
我就靠下右对齐低调一点
楼下是应声虫
加个底纹什么的，我最喜欢了
我在老大头
家要更复杂的底纹效果
↓楼下，↑说的是你
← 看这个白箭头
我才是真的老大，全体听令：/卧倒
它会选择一整行
嗯哪

图 6-51

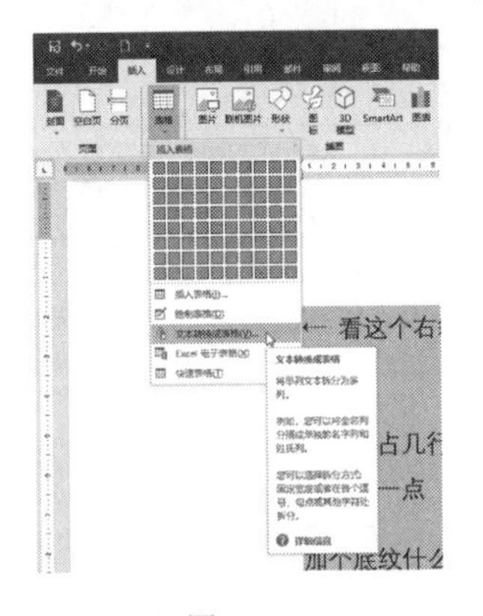

← 看这个右
占几行
一点
加个底纹什么

图 6-52

将文字转换成表格
表格尺寸
列数(C):
4
行数(R):
4
"自动调整"操作
固定列宽(W):
自动
根据内容调整表格(F)
根据窗口调整表格(D)
文字分隔位置
段落标记(P)
逗号(M)
空格(S)
制表符(T)
其他字符(O):
-
确定
取消

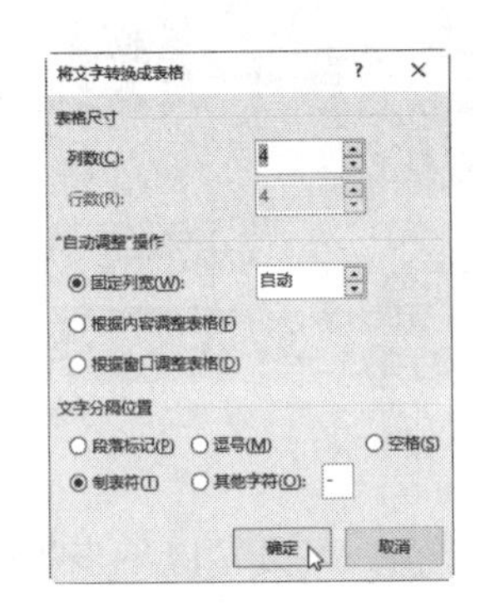

图 6-53

提示：其实在该图中就可以知道转换已经成功了，因为该对话框已经准确识别出了文字转换后的表格行列数是 4×4。而在图 6-47 中，它识别的表格的行列数是 4×9。

05 单击“确定”按钮，可以看到表格已经准确还原，如图 6-54 所示。

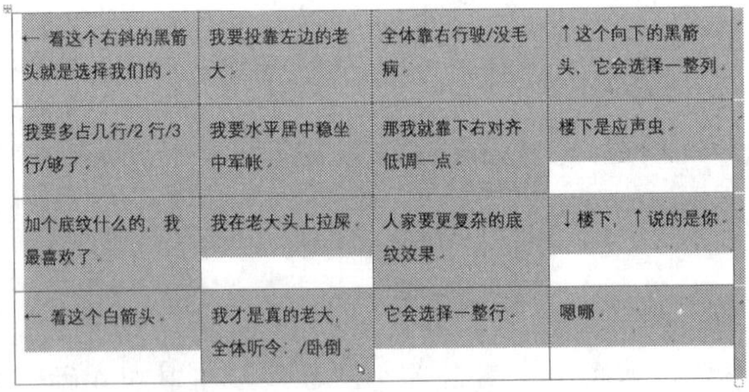

← 看这个右斜的黑箭头就是选择我们的
我要投靠左边的老大
全体靠右行驶/没毛病
↑这个向下的黑箭头，它会选择一整列
我要多占几行/2 行/3 行/够了
我要水平居中稳坐中军帐
那我就靠下右对齐低调一点
楼下是应声虫
加个底纹什么的，我最喜欢了
我在老大头上拉屎
人家要更复杂的底纹效果
↓楼下，↑说的是你
← 看这个白箭头
我才是真的老大，全体听令：/卧倒
它会选择一整行
嗯哪

图 6-54

有些初学者可能会觉得这样的转换操作纯属多此一举，没什么作用。其实不然。表格和文字的转换功能在很多情况下都是非常有用的。例如，用户需要将一个包含图像、表格、代码等的长文档以纯文本的形式复制并粘贴到另外一个文档中（这样的操作非常有意义，因为它可以排除源文档复杂的样式设置等，获得“纯净的”文本数据）。在复制之后，就可以通过这种转换方式还原表格。

第 7 章　图文混排

在编写文档时，如果一篇文章全部都是文字，没有任何修饰性的内容，那么这样的文档不仅缺乏吸引力，而且会使读者阅读起来很累，从而失去阅读的兴趣。如果能在文章中适当地插入一些图形和图片，不仅会使文章生动有趣，也有利于读者更好地理解文章内容。

≫ 本章学习内容：

- 为文档插入与截取图片
- 编辑与美化图片
- 插入形状与 SmartArt 图形
- 使用文本框

7.1　为文档插入与截取图片

在 Word 2019 中插入图片的途径主要有 3 种，插入计算机中的图片、插入联机图片以及截取图片。

7.1.1　插入计算机中的图片

为文档插入计算机中的图片时，可以一次插入一张图片，也可以插入多张图片。下面以一次插入一张图片为例，介绍在 Word 文档内插入计算机中图片的操作。

01 打开文档，将光标定位在需要插入图片的位置，切换到“插入”选项卡下，单击“插图”选项组中的“图片”按钮，如图 7-1 所示。

02 弹出“插入图片”对话框，进入目标文件的保存路径，单击需要插入的图片，然后单击“插入”按钮。

03 返回文档中即可看到插入的图片，如图 7-2 所示。

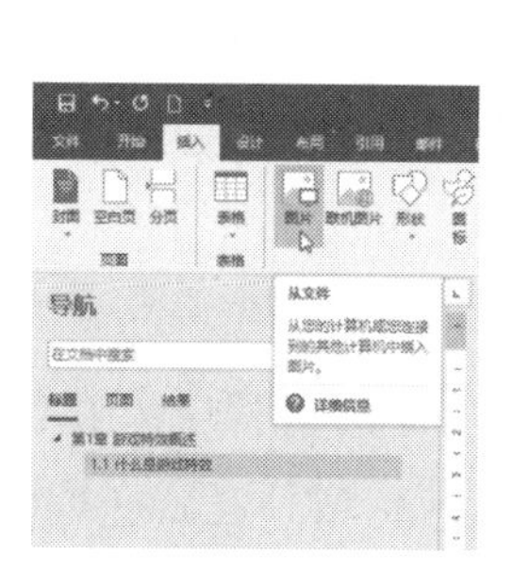

图 7-1

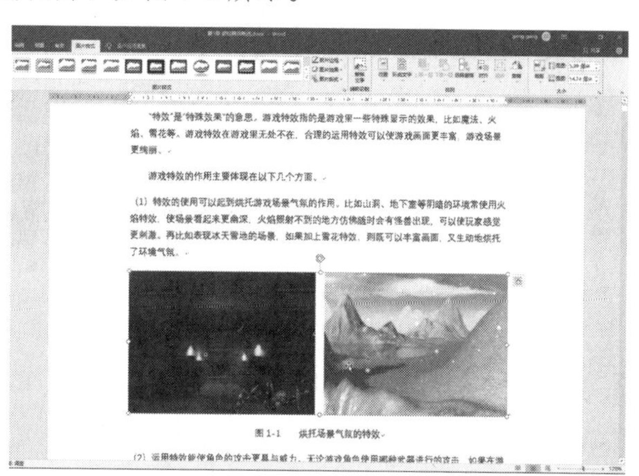

图 7-2

04 在选中图片之后，右上角会自然浮现一个“布局选项”按钮，单击该按钮之后，会出现“布局选项”菜单。可以看到该图片默认已经选择“嵌入型”设置如图 7-3 所示。

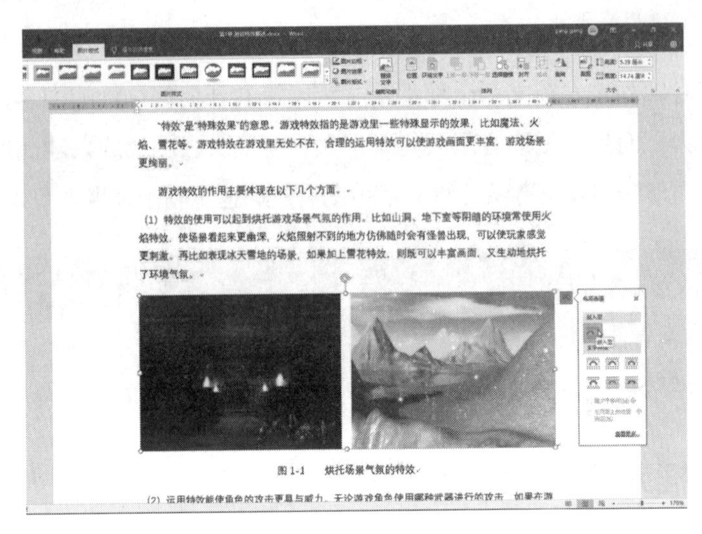

图 7-3

7.1.2 插入联机图片

要插入联机图片，请按以下步骤操作。

01 打开文档，定位图片插入的位置，然后切换到“插入”选项卡，单击“插图”选项组中的“联机图片”按钮，如图 7-4 所示。

02 此时系统将立即弹出“在线图片”窗口，在文本框中键入描述所需剪贴画的词或短语，例如“游戏特效”，然后按 Enter 键，如图 7-5 所示。

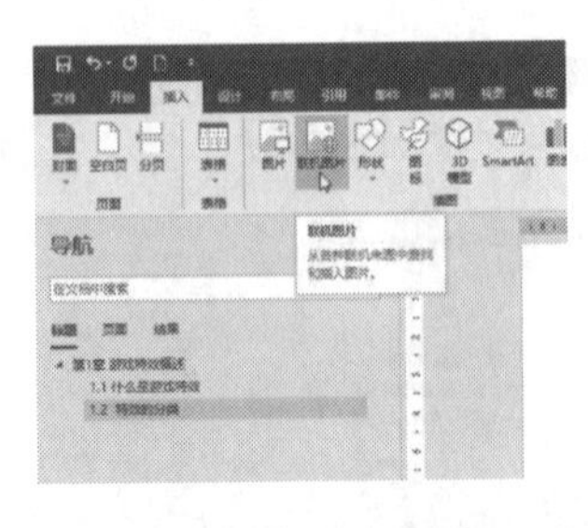

图 7-4

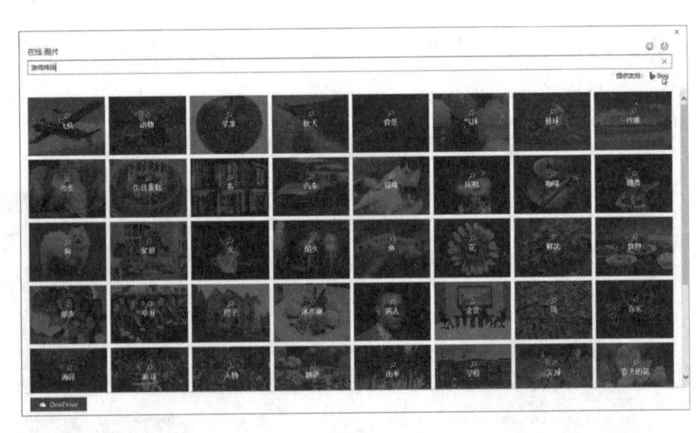

图 7-5

03 在结果列表中单击选择满意的图片，然后再单击“插入”按钮，如图 7-6 所示。

04 经过以上操作，文档中光标所在的位置就会插入联机图片，同样，它也默认设置为“嵌入型”布局，如图 7-7 所示。

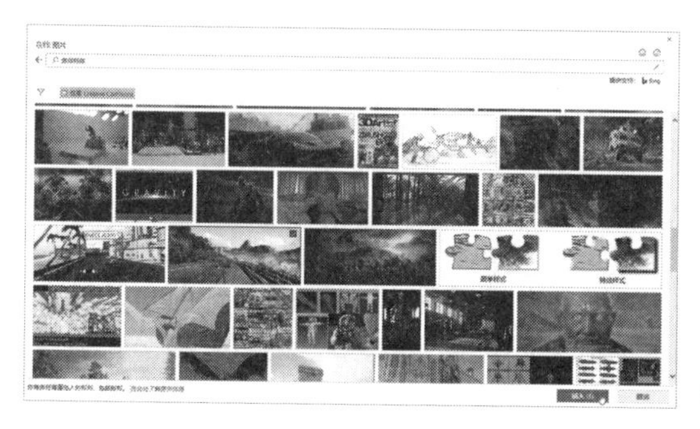

图 7-6

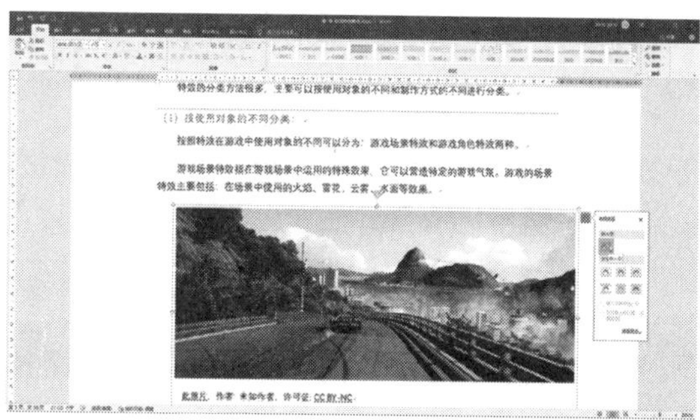

图 7-7

7.1.3 插入屏幕截图

在 Word 2019 中，需要为文档插入图片时，还可以直接截取计算机所打开的程序窗口，截取时可根据需要选择截取全屏图像或自定义截取的范围。

1. 截取全屏图像

在截取全屏图像时，执行截图操作后选择需要截取的屏幕，程序就会执行截图的操作，并且将截取的画面插入到文档中。

01 打开 Word 文档，将光标定位在需要放置截图的位置。切换到“插入”选项卡，单击“插图”选项组中的“屏幕截图”按钮，在弹出的菜单中可以看到当前系统所打开的程序窗口，单击需要截取画面的程序窗口，如图 7-8 所示。

02 返回文档后可以看到截取的画面，如图 7-9 所示。

图 7-8

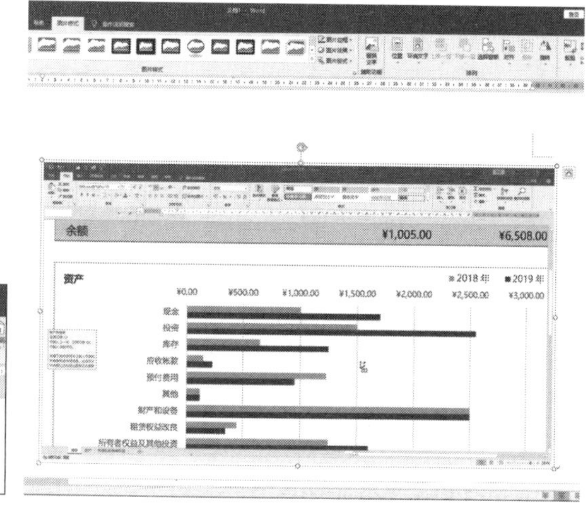

图 7-9

2. 自定义截图

自定义截图时，可以对截取的图片范围进行调整，截取图片后，程序同样会将截取的画面插入到文档中。其操作方式如下。

01 打开 Word 文档，将光标定位在需要放置截图的位置，切换到“插入”选项卡，单击“插图”选项组中的“屏幕截图”按钮，在展开的菜单中单击“屏幕剪辑”选项，如图 7-10 所示。

02 打开截图的程序窗口，此时程序画面将会处于一种灰白色状态，表示此时可以截取图片。按住左键拖动鼠标调整截图的范围，如图 7-11 所示，确定将要截取的范围后释放鼠标左键，被截图的范围将清晰显示。

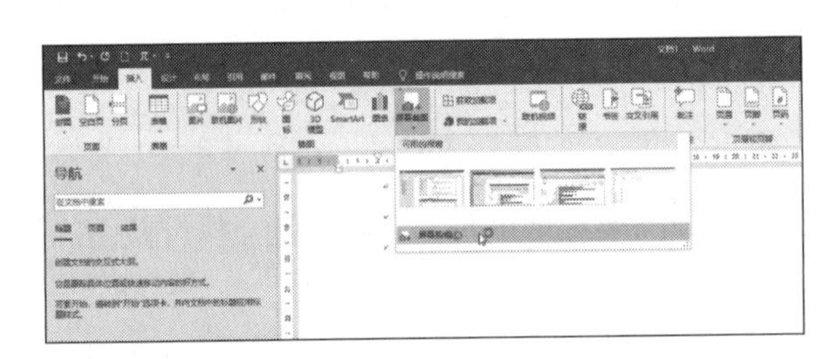

图 7-10

图 7-11

03 经过以上步骤，就完成了自定义截图范围的操作，返回文档中就可以看到截图的效果，如图 7-12 所示。

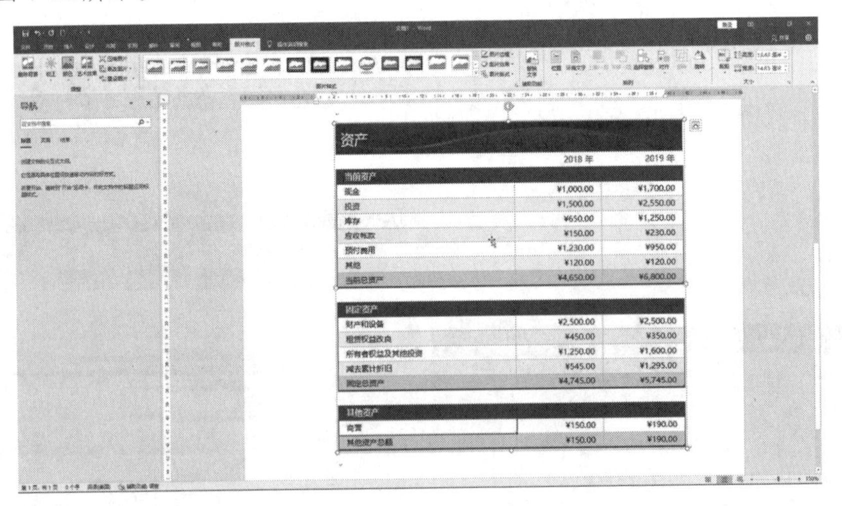

图 7-12

7.2 插入形状与 SmartArt 图形

在美化文档的过程中，除了可以选择插入图片外，还可以插入形状或 SmartArt 图形，

这两种类型的图形有各自的表现方式和特点，本节将介绍这两种图形的插入操作。

7.2.1　插入形状

在 Word 2019 程序中，形状包括线条、矩形、基本形状、箭头总汇、公式形状、流程图、星与旗帜和标注 8 种类型，每种类型下又包括若干个图形样式。为文档插入形状时可根据需要选择适当类型的图形。

01 打开 Word 文档，切换到“插入”选项卡，单击“插图”选项组中的“形状”按钮。

02 在展开的形状库中，单击“标注”区域中的“对话气泡：圆角矩形”图标，如图 7-13 所示。

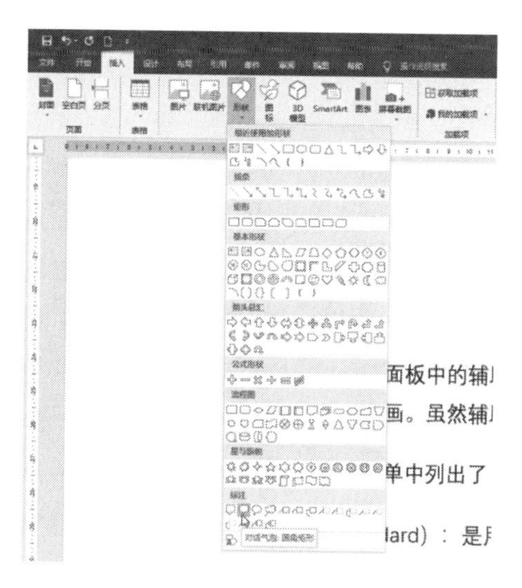

图 7-13

03 选择需要插入的形状样式后，当光标变为十字形状时，在需要插入形状的位置按住鼠标左键进行拖动，绘制出需要的形状。

将形状绘制到合适大小后释放鼠标左键，即可完成形状的插入。

04 还可根据需要在该气泡中输入文字。

7.2.2　插入 SmartArt 图形

SmartArt 图形是 Word 中预设的形状、文字以及样式的集合，包括列表、流程、循环、层次、结构、关系、矩阵、棱锥图和图片几种类型，每种类型下又包括若干个图形样式。为文档插入 SmartArt 图形时，需要根据文档内容选择适当的图形。

要在 Word 文档中插入 SmartArt 图形，请按以下步骤操作。

01 打开 Word 文档，将光标定位在需要插入 SmartArt 图形的位置，切换到“插入”

选项卡，单击“插图”选项组中的 SmartArt 按钮，如图 7-14 所示。

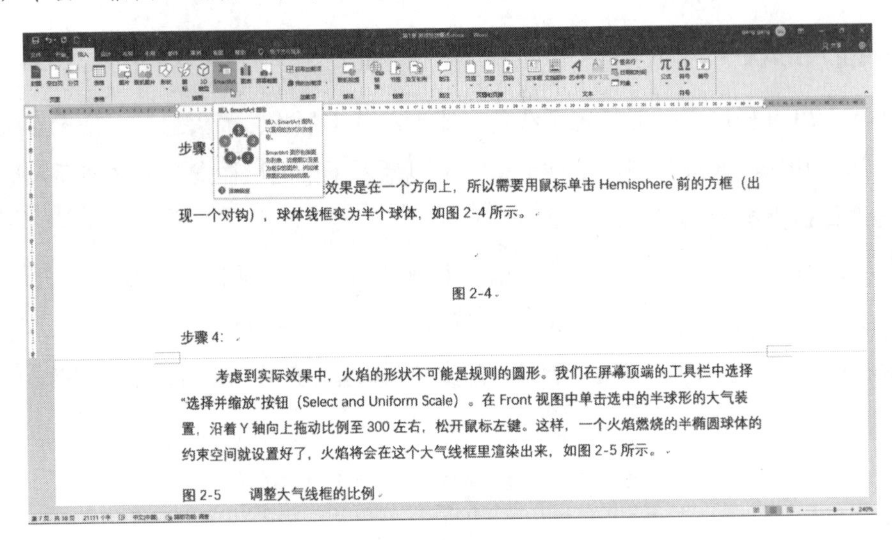

图 7-14

02 弹出“选择 SmartArt 图形”对话框，单击对话框左侧的“循环”选项标签，然后在对话框右侧单击“分离射线”选项，最后单击“确定”按钮，如图 7-15 所示。

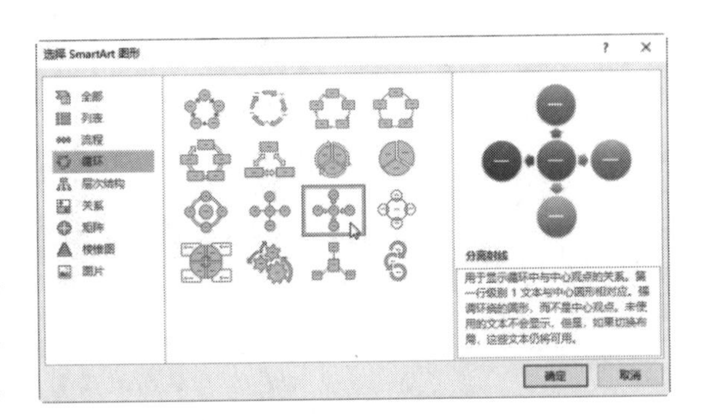

图 7-15

03 此时在编辑窗口中将显示插入 SmartArt 图形效果，并且图形自动显示“文本”窗格，如图 7-16 所示。用户在图形的文本位置输入相关内容即可。

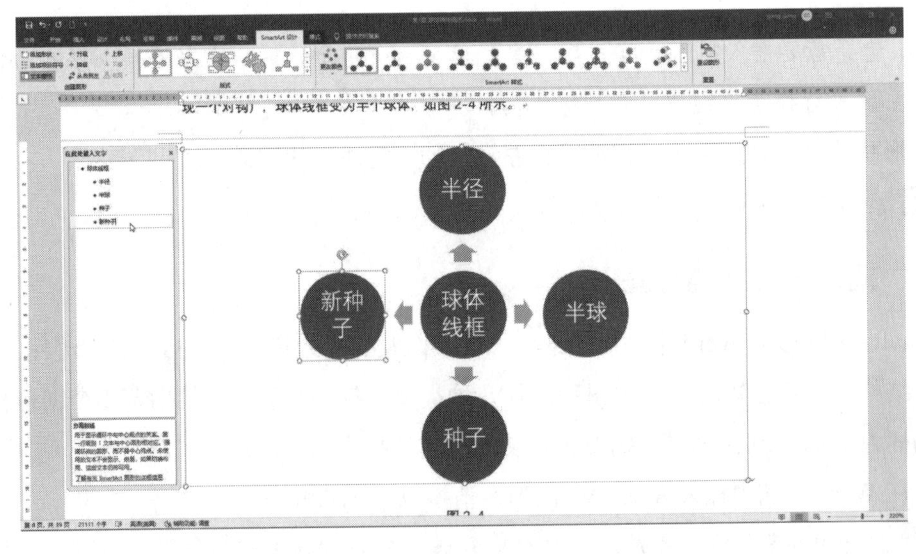

图 7-16

04 SmartArt 的图形可以很方便地进行编辑。例如，在左侧文本窗格中，按 Tab 键可以给选定的文本项目降级，如图 7-17 所示。

05 在“SmartArt 样式”工具组中，可以轻松选择修改 SmartArt 图形的颜色，如图 7-18 所示。

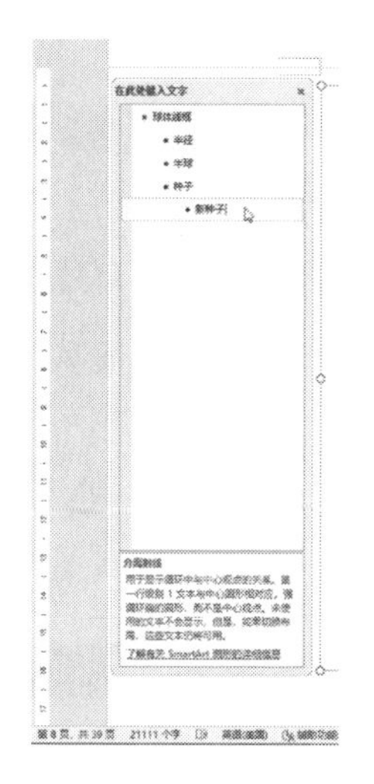

图 7-17

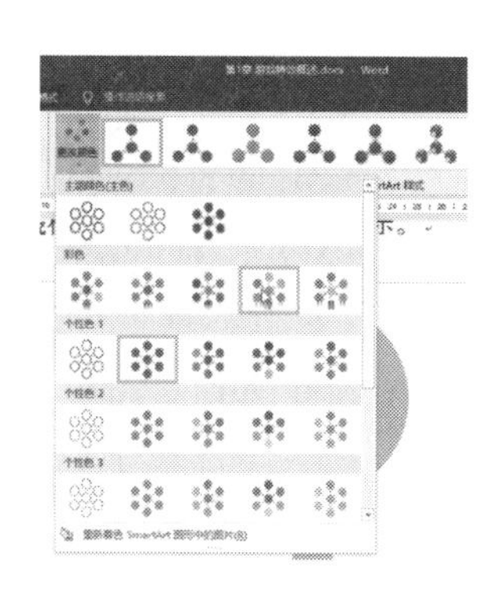

图 7-18

06 从样式列表中选择，可以设置不同的 SmartArt 样式效果，如图 7-19 所示。

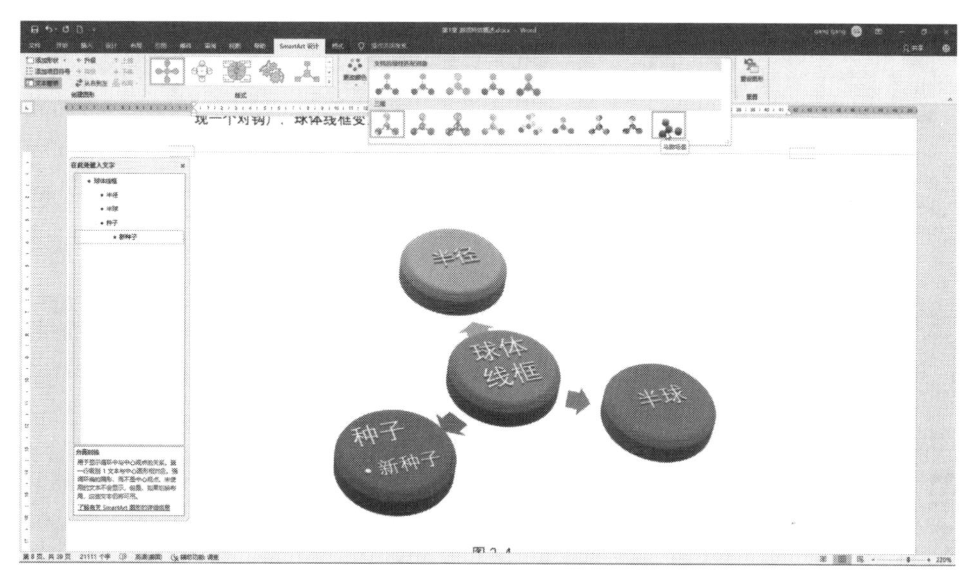

图 7-19

7.3 编辑与美化图片

将图片插入到文档中后，程序会根据图片的原始大小对图片的大小、位置、效果等进行显示，为了使图片充分融入文档中，还需要对其进行一系列的编辑与美化操作。

7.3.1 调整图片大小

如果图片的原有尺寸很大，那么将该图片插入到文档中后图片的显示大小也会很大，因此在插入图片后，需要根据文档的内容对图片大小重新调整，调整时可通过拖动鼠标或者在功能组中完成操作。

1. 使用鼠标调整图片大小

01 打开文档，选中要调整大小的图片，将光标指向图片右下角的控制手柄，当光标指针变为斜向的双箭头形状时按住左键向外拖动鼠标，图片就会相应放大；向内拖动，则图片会相应缩小，如图 7-20 所示。

02 拖动到合适大小后释放鼠标左键，就完成了调整图片大小的操作，在“图片格式”选项卡的“大小”工具组中可以看到图片大小的实时变化，如图 7-21 所示。

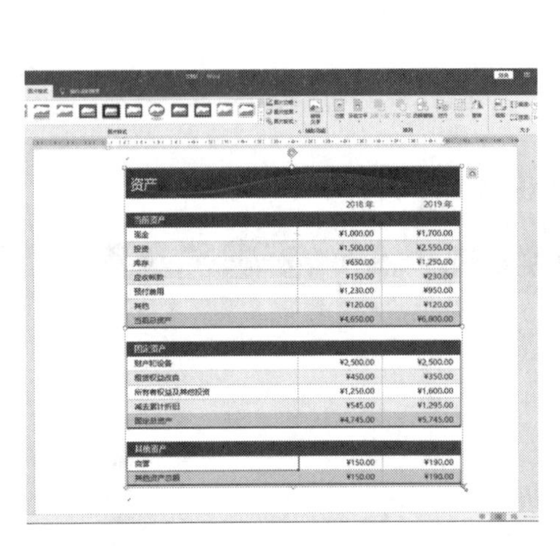

图 7-20

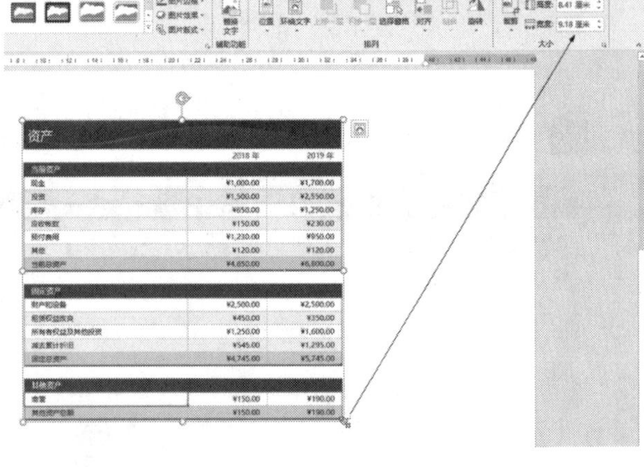

图 7-21

2. 使用选项组调整图片大小

通过选项组能精确调整图片大小，其操作方式如下。

01 打开文档，单击需要调整大小的图片。

02 选择“图片格式”选项卡，然后单击“大小”选项组右下角的“高级版式：大小”按钮，如图 7-22 所示。

03 在出现的“布局”对话框中，输入“缩放”栏中的“高度”值为 50（这里会默认为百分比值），注意选中“锁定纵横比”复选框，然后单击“确定”按钮，如图 7-23 所示。

04 单击“确定”按钮，图片被精确缩小。

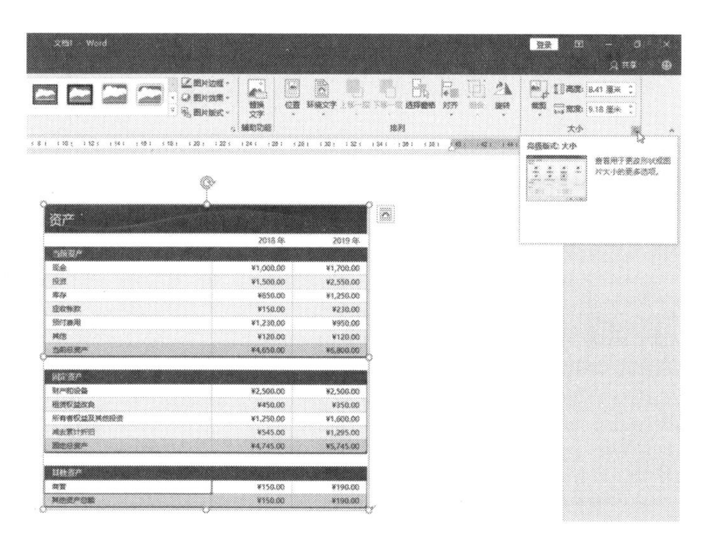

图 7-22

图 7-23

7.3.2　裁剪图片

如果插入到文档中的图片或宽高比例不合适，可在插入后对其进行裁剪操作。下面介绍将图片按照比例进行裁剪和将图片裁剪为不同形状的操作。

1. 将图片按照比例进行裁剪

这种裁剪可以去除图片中不需要的内容。其操作方式如下。

01 打开文档，选中需要裁剪的图片，切换到“图片格式”选项卡，单击“大小”选项组中“裁剪”按钮，如图 7-24 所示。

02 此时在图片四周会出现黑色的裁剪调整柄，单击即可拖动裁剪图片。被裁剪掉的部分将以灰色显示，如图 7-25 所示。

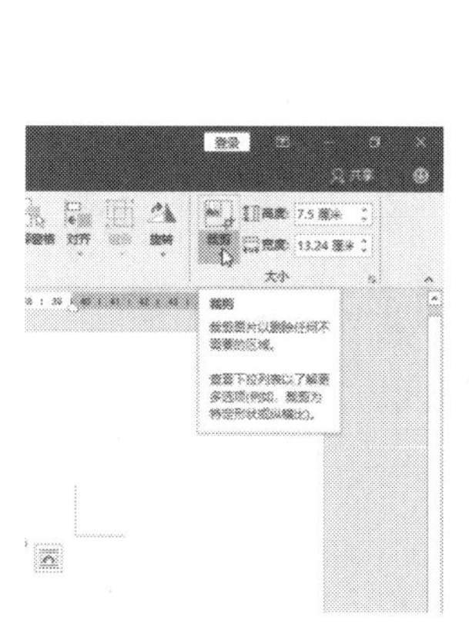

图 7-24

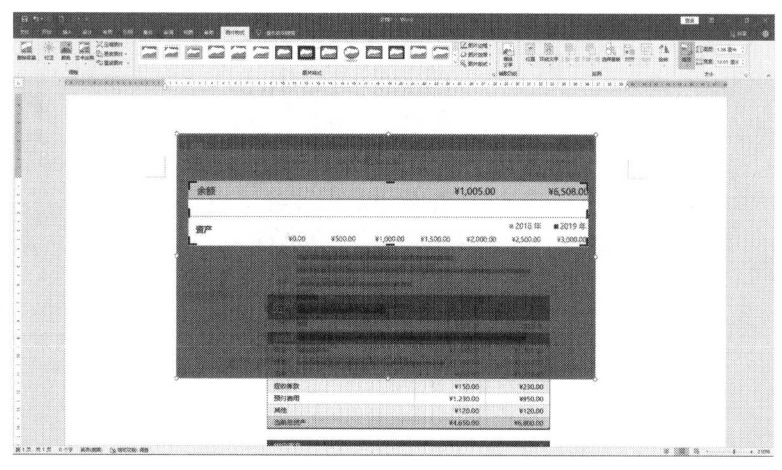

图 7-25

03 再次单击“裁剪”按钮或双击裁剪之后留下的图片区域，图片立刻显示裁剪后的效果，如图 7-26 所示。

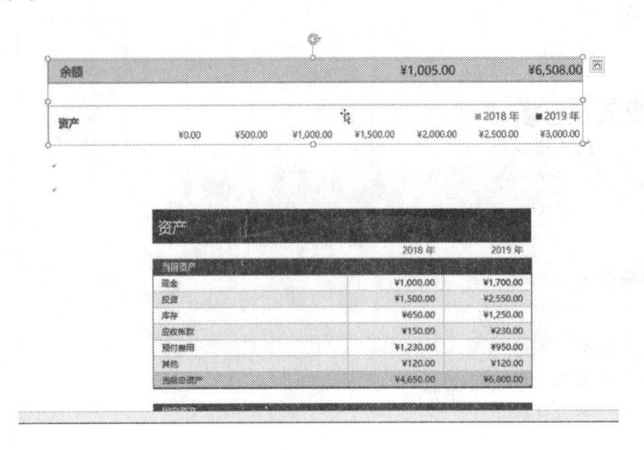

图 7-26

2. 将图片裁剪为不同形状

将图片裁剪为不同的形状时，所选择的形状必须为形状中的图形。用户可根据需要将图片裁剪为心形、圆柱形等各种形状。

01 继续上例中的操作，选中需要裁剪的图片。

02 切换“图片格式”选项卡，单击“大小”选项组中“裁剪”按钮的下三角按钮，在展开的菜单中指向“裁剪为形状”选项，然后在展开的形状库中单击“矩形”区域中的“矩形：圆角”图标，如图 7-27 所示。

03 经过以上操作后，即可将矩形图片的 4 个边角裁剪掉，变成圆角矩形效果，如图 7-28 所示。

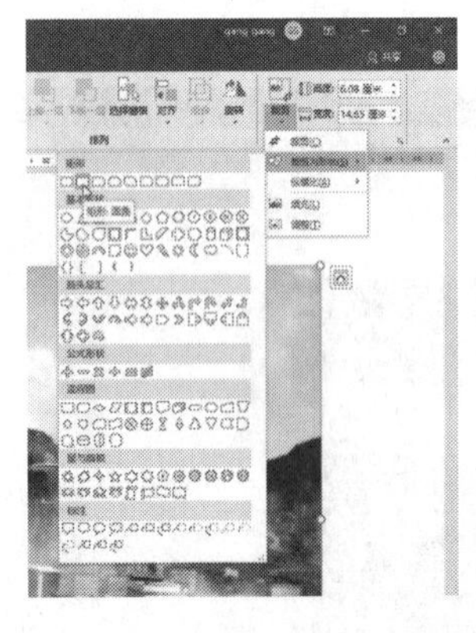

图 7-27

图 7-28

7.3.3 设置图片在文档中的排列方式

图片在文档中的排列方式决定了图片与文本的关系，在 Word 中有嵌入型、四周型环绕、

紧密型环绕、穿越型环绕、上下型环绕、衬于文字下方和浮于文字上方共 7 种方式。

01 打开文档,单击需要设置排列方式的图片。

02 选择“图片格式”选项卡下，单击“排列”选项组中的“环绕文字”按钮，在展开的下拉列表中单击“紧密型环绕”选项，完成设置图片排列方式的操作，如图 7-29 所示。

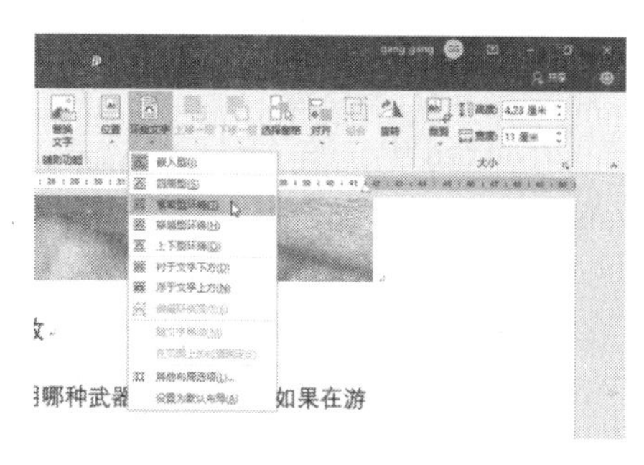

图 7-29

7.3.4 更正图片与调整图片色彩

Word 2019 中提供了一系列调整图片色彩的功能，包括锐化和柔化、亮度和对比度、颜色饱和度、色调等方式，如果对插入图片的色彩不满意，可以对其重新进行调整。

亮度和对比度功能可用于调整那些光线过亮或过暗的图片，如果单纯地将过暗的图片调亮，那么图片中的色彩就会发灰，此时再对对比度进行调整，就可以展现图片的靓丽色彩。

01 打开文档，单击需要调整亮度和对比度的图片，为了方便查看调整结果，可以按 Ctrl+C 复制图片，按 Ctrl+V 粘贴同一图片的副本。选择其中一幅图片，如图 7-30 所示。

02 切换到“图片格式”选项卡，单击“调整”选项组中的“校正”按钮，在弹出的效果库中，单击“亮度 / 对比度”区域中的“亮度：+20%，对比度：0%”选项，如图 7-31 所示。

图 7-30

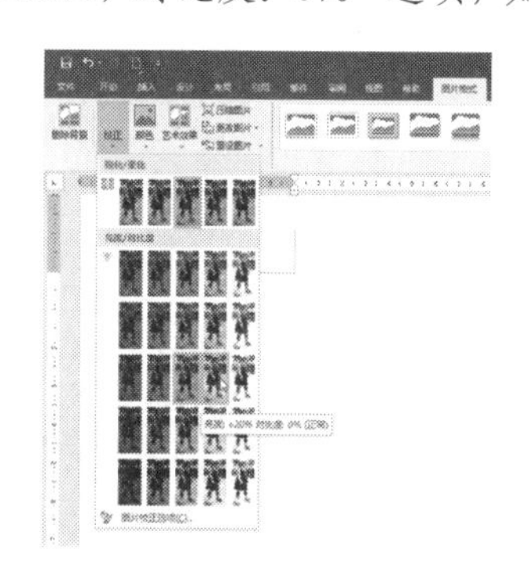

图 7-31

03 也可以单击“校正”按钮，在弹出菜单中选择“图片校正选项”，然后在出现的“设置图片格式”面板中进行更多的调节。这些调节都是“所见即所得”式的修改，所以用户很容易理解，如图 7-32 所示。

图 7-32

7.3.5 设置图片的艺术效果

在 Word 中，图片的艺术效果包括标记、铅笔灰度、铅笔素描、线条图、粉笔素描、画图笔划、画图刷、发光散射、虚化、浅色屏幕、水彩海绵、胶片颗粒等 22 种效果。

艺术效果可以使文档图片更为美观，应用时直接单击 Word 中预设的艺术效果即可。

01 打开文档，选中图片并切换到“图片格式”选项卡，单击“调整”选项组中的“艺术效果”按钮，如图 7-33 所示。

02 展开艺术效果库后，移动即可预览原图的艺术效果（例如，“铅笔灰度”），单击即可应用该效果，如图 7-34 所示。

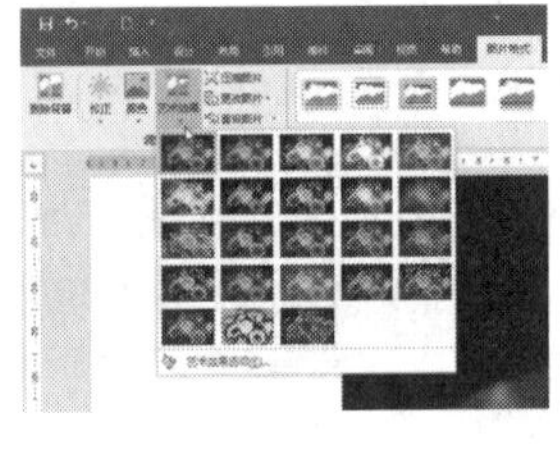

图 7-33

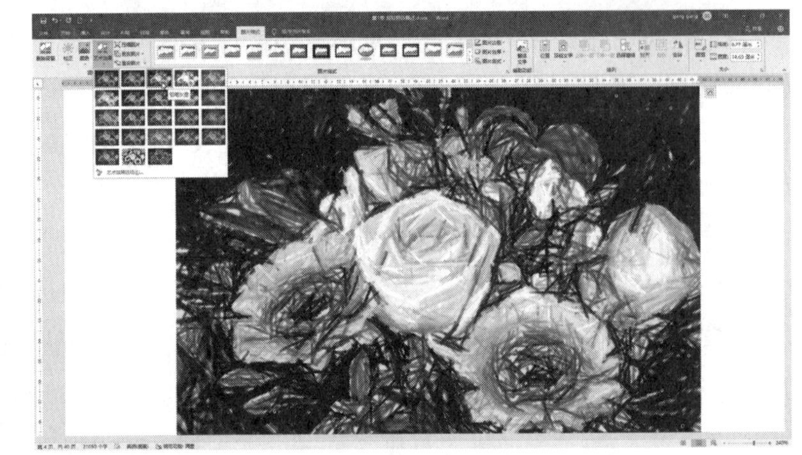

图 7-34

7.3.6 设置图片样式

样式是多种格式的总和，图片的样式包括为图片添加边框、效果的相关内容。为图片设置样式时，可以手动设置图片样式，也可以直接使用 Word 中预设的图片样式。

1. 为图片添加边框

设置图片边框时，可分别对边框颜色、宽度以及图片边线进行设置。

01 启动 Word 2019 并打开文档，选中图片，在“图片格式”选项卡下，单击“图片样式”选项组中的“图片边框”按钮，在展开的颜色列表中单击“标准色”区域中的“浅绿”图标，如图 7-35 所示。

02 再次单击“图片边框”按钮，在展开的菜单中指向“粗细”选项，在弹出的级联菜单中单击“2.25 磅”选项，如图 7-36 所示。

03 再次单击“图片边框”按钮，在展开的菜单中指向“虚线”选项，在弹出的级联菜单中单击“其他线条”，打开“设置图片格式”面板，选择一种“复合类型”的线型，如图 7-37 所示。

图 7-35

图 7-36

图 7-37

经过以上步骤，即可完成图片边框的设置操作。

2. 设置图片效果

图片效果包括阴影、映像、发光、柔化边缘、棱台和三维旋转等。

01 打开文档，插入或选择图片，切换到“图片格式”选项卡下，单击“图片样式”选项组中的“图片效果”按钮，如图 7-38 所示。

02 在展开的效果库中指向“阴影”选项，在级联菜单中单击“外部”区域中的“偏移：右下”图标，如图 7-39 所示。

图 7-38

图 7-39

03 再次单击“图片效果”按钮，在展开的效果库中指向“棱台”选项，在级联菜单中单击“十字形”选项，如图 7-40 所示，完成棱台效果的设置。

图 7-40

上述图片样式设置都是“所见即所得”式的，很容易理解，故不赘述。

7.4　使用文本框

文本框实际上是一种包含文字的图形对象。文本框在页面设计中是非常有用的。由于文本框的实质是图形，这意味着可以在文本框中填充颜色、纹理、图案或图片；可以修改其边框的粗细和线型；也可以使文档中的正文文字以不同的方式环绕在文本框四周。用户还可以将一个文本框与文档中任意其他位置的文本框链接起来，以创建报纸上的那种能从一页跳转到另一页上的分栏效果。

7.4.1　创建文本框

要在 Word 2019 中创建文本框，可以按以下步骤操作。

01 单击“插入”选项卡。

02 单击“文本”工具组上的“文本框”按钮。

03 单击“绘制横排文本框”或“绘制竖排文本框”命令，如图 7-41 所示。

04 此时鼠标指针将变为十字光标。拖动鼠标指针可以绘制文本框，当达到需要的尺寸和形状时松开鼠标按钮。文本框将处于选中状态，插入点在其中闪烁，如图 7-42 所示。

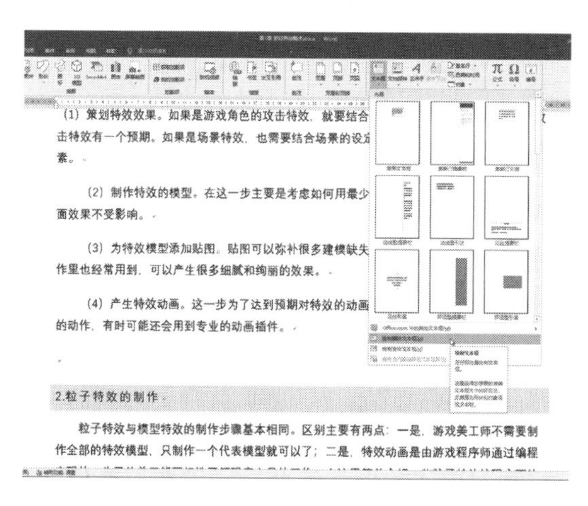

图 7-41

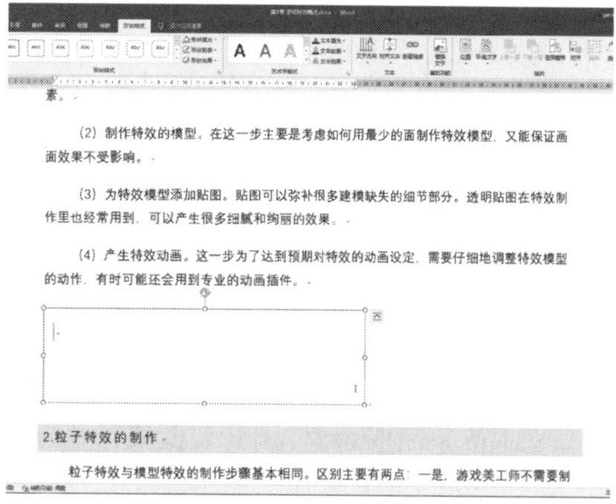

图 7-42

05 单击文本框右上角的“布局选项”按钮，然后选择“浮于文字上方”，即可使文本框在文档任意位置浮动显示，如图 7-43 所示。

06 鼠标移动到文本框上时，会出现对象移动标记，单击它拖动即可改变文本框在文档中的位置。另外还需要注意，文本框有一个锚形标记，它是指示文本框定位的标记，如图 7-44 所示。

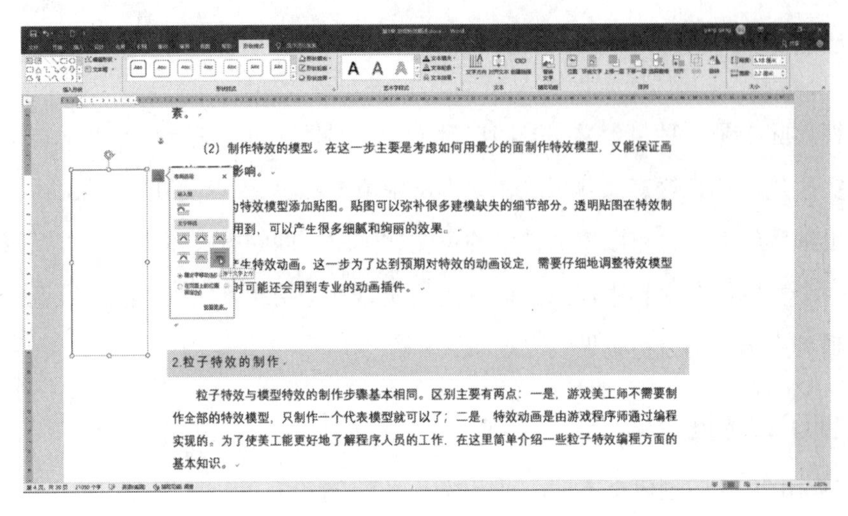

图 7-43

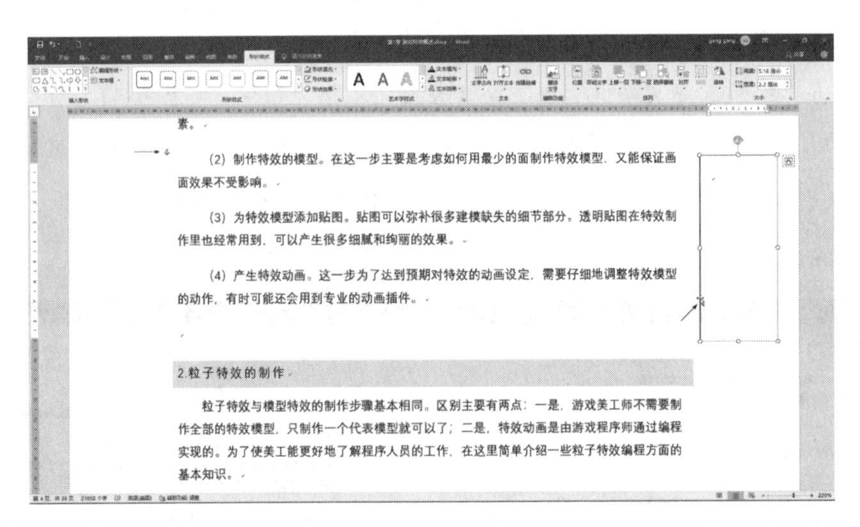

图 7-44

7.4.2 设置文本框的格式

文本框是图形对象，因此可以通过拖动其边框或尺寸控点来移动文本框或改变其大小。移动标注时，标注在文档中所指向的位置（起点）与文本框间的标注线会自动调整至新位置。

与其他图形对象一样，文本框的填充颜色或线条颜色、线条粗细或线型、文本框大小以及在文档中的位置等属性都可以改变，如图 7-45 所示。

由于这些设置都是“所见即所得”的，并且和图片的设计大同小异，故不赘述。

7.4.3 链接文本框

在创建报纸、时事通讯或杂志样式的版式时，相互链接的文本框可以帮助用户控制文字的出现位置和方式。用户可以使用相互链接的文本框包含同一篇文章的不同小节。此外，

相互链接的文本框还可以出现在文档的不同页面上。

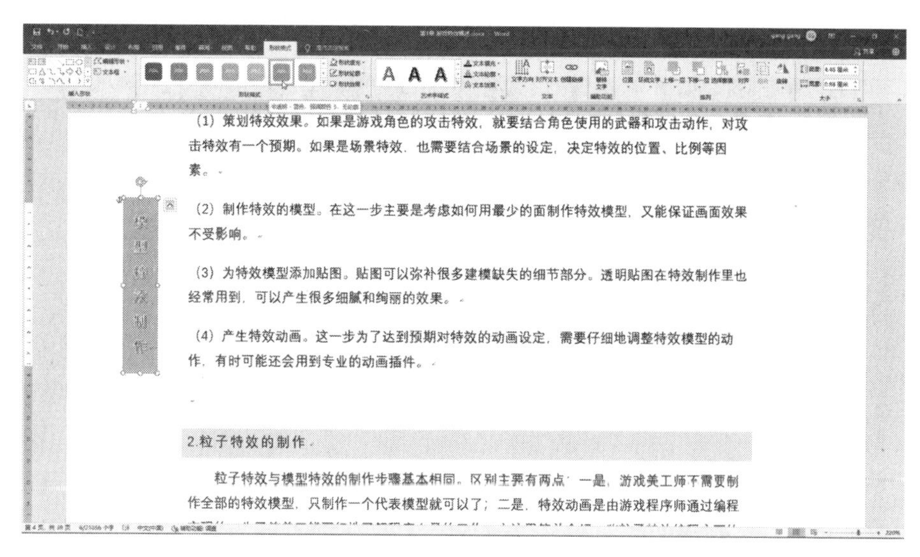

图 7-45

在链接文本框时，所有文本框将彼此相连成链状。在编辑和设置格式的过程中，Word 将会在插入或删除文字行时将文字从一个文本框排列至下一个文本框。用户可以创建到任意空白文本框的链接。

如果要链接两个文本框，请按以下步骤操作。

01 选择“插入”选项卡，单击“文本”工具组上的“文本框”按钮，从弹出菜单中选择“绘制横排文本框”命令在页面右侧绘制一个新的文本框，如图 7-46 所示。

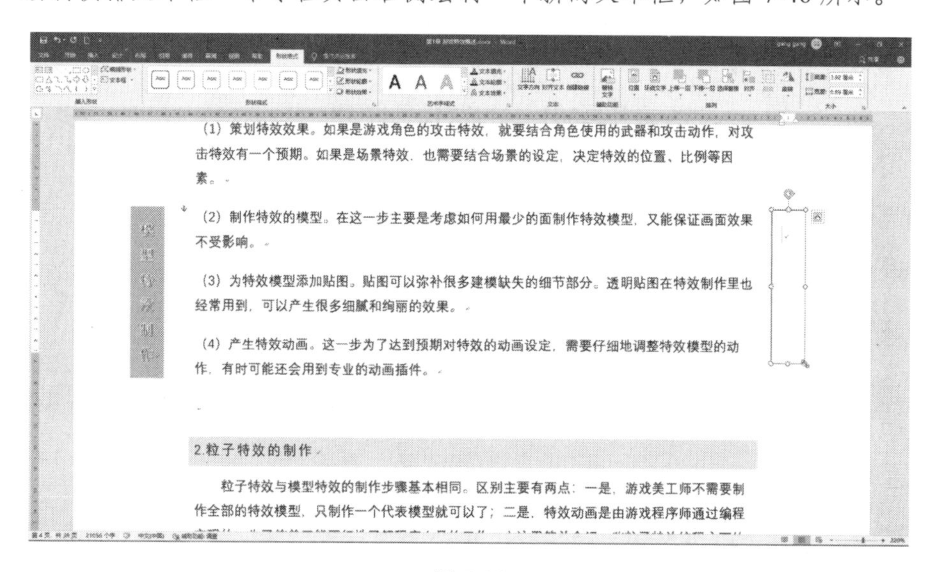

图 7-46

02 单击选中左侧的文本框，切换到“形状格式”选项卡，然后单击“文本”工具组

上的“创建链接”按钮。将鼠标移动到右侧的文本框上（此时光标会变成一个茶杯，从里面倒出来很多的字符），单击即可将两个文本框链接在一起，如图 7-47 所示。

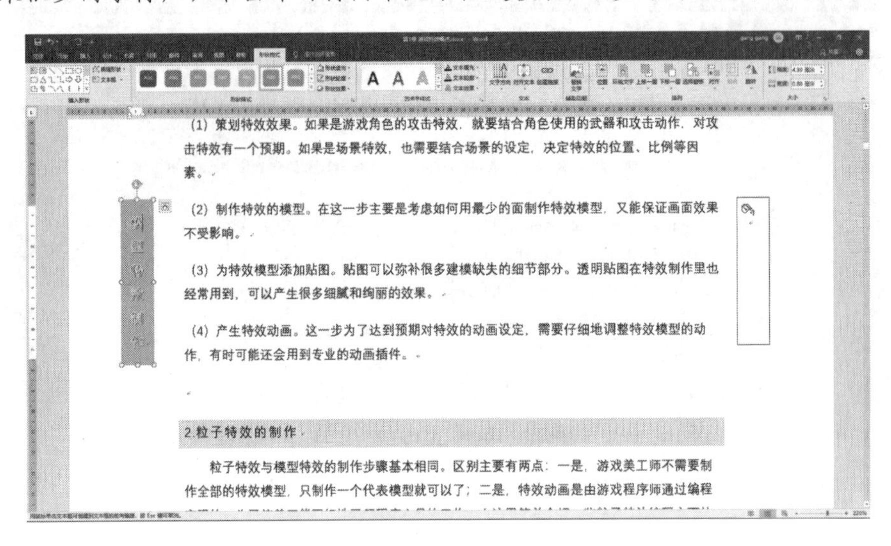

图 7-47

03 要验证这两个文本框的链接效果，可以调整左边文本框的高度，使其容纳不下文字内容，这样，多余的文字内容就自然“溢出”到了右边的文本框，这说明它们确实是链接在一起的，如图 7-48 所示。

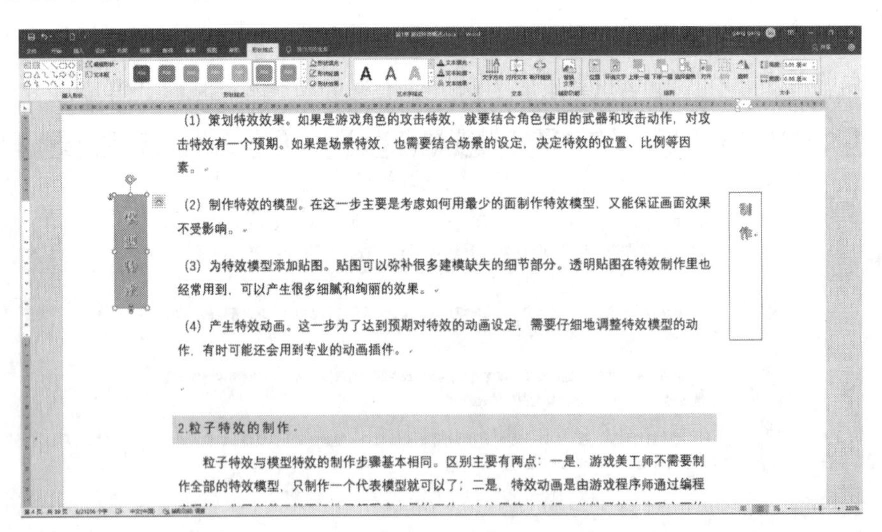

图 7-48

注意：只能创建至空白文本框的链接。

如果要删除两个文本框间的链接，请选择起始文本框，然后单击“形状格式”选项卡“文本”工具组上的“断开链接”按钮即可。

第 8 章　长文档的编排处理

如果读者需要使用 Word 来执行复杂任务（例如添加其他应用程序中的分析数据、创建超长文档并添加索引和目录、设计页面甚至排版图书），可仔细阅读本章介绍的更高级的 Word 应用技巧。

≫ 本章学习内容：

- 使用链接和嵌入对象
- 页面设计的基本原则
- 规划页面设计
- 页面设计全程指南
- 使用 Word 主控文档
- 在文档中添加自动化项目
- 创建目录
- 创建索引
- 创建交叉引用

8.1　链接和嵌入

用户可通过以下两种方式将数据插入 Word 文档。

1. “链接对象”

代表了源文件中数据的当前状态。链接对象保存源文件的位置并保持与源文件的连接。如果源文件发生了改变，那么文档中的数据也将随之更改。

2. “嵌入对象”

这是保存在 Word 文档中的来自其他应用程序中的数据。必须在 Word 中打开与对象相关联的程序才能编辑该对象。

添加链接对象和嵌入对象都很简单，但它们各有其优缺点。

8.1.1　链接对象

使用链接对象是确保 Word 文档中的数据保持最新的最简单的方式。如果要创建与对象的链接，必须选择源文件或源文件中的数据。链接对象根据源文件进行更新，用户可以编辑链接以指定数据更新的时间。还可以锁定或断开链接以防止对文档的进一步更改。

Word 能够维护与磁盘或网络上任何位置的文件的链接，它甚至能在源文件从一个位置移动到另一位置时保持链接记录。可以在文档中添加任意多个链接，还可以创建链接到同一源文件的多个对象。

用户可以通过编辑源文件来编辑链接的数据。如果双击链接对象，Word 将打开源文件及其对应的程序。如果对象链接到 Microsoft Excel 或 PowerPoint 文件，那么在编辑该对象时，Word 的菜单将由 Excel 或 PowerPoint 的菜单代替。对于其他程序，Word 将在单独的窗口打开程序和源文件。

8.1.2 嵌入对象

嵌入对象是保存在 Word 文档中的来自其他程序的数据。可以使用其他程序从头开始新建嵌入对象，或嵌入现有的文件。无论采用何种方式，对象的数据都将保存在文档中。如果将现有文件作为对象嵌入，那么就不会有与原始文件的链接。

在 Word 中可以编辑嵌入对象。在编辑对象时，Word 将启动原始程序并将对象的数据复制到原始程序的窗口中以供更改。

嵌入有以下两条主要优点：

（1）对象的数据保存在 Word 文档中，并且只有在编辑对象时才会更改。结果是，用户可以不提供源文件而与其他人共享文档。不过，其他人如果要编辑对象，还需要有创建该对象所用的程序。

提示： 如果知道文档的收件人没有编辑对象所需的程序，可以将对象的数据转换为其他格式。

（2）因为可以从头新建对象，而不必先创建文件，所以可以随时添加图形对象、Excel 工作表、PowerPoint 幻灯片或数据图表。

嵌入有以下两条主要缺点：

（1）每个嵌入对象都保存着实际的数据而不是指向源文件的指针，所以对象越大（或链接对象越多），文件就越大。含有若干嵌入对象的文档将非常大，尤其是在对象是 BMP 图形或照片时。

（2）如果需要更改一个或多个嵌入对象，必须在 Word 中分别编辑它们。

8.1.3 区分嵌入对象和链接对象

因为添加嵌入对象和链接对象的过程十分相似，并且可以双击任何类型的对象进行编辑，所以链接对象和嵌入对象比较难于区分。表 8-1 列出了它们的不同点。

表 8-1　对比 Word 文档中的链接对象和嵌入对象

链接对象	嵌入对象
双击对象进行编辑时总是打开单独的程序窗口	双击 Excel 或 PowerPoint 对象时，Word 菜单将被 Excel 或 PowerPoint 程序的菜单所取代
对象数据将复制到原始程序窗口以便进行编辑	可以在 Word 文档中就地对嵌入的对象数据进行编辑
快捷菜单中显示“链接”命令	快捷菜单中显示“对象”命令

8.2　插入链接对象

在 Word 中，以下两种方法都可以插入链接对象：一是使用“插入”选项卡中的“对象”命令；二是使用“开始”选项卡中的“选择性粘贴”命令。使用“选择性粘贴”命令将更加方便。

8.2.1　使用“选择性粘贴”命令插入链接对象

要使用“选择性粘贴”命令添加链接对象，必须在计算机上同时打开用户的文档和其他程序及其文件。使用此方法不但方便，而且还可以选择源文件中的部分数据而不是链接整个文件。要插入链接对象，请按以下步骤操作。

01 在源文件中选定对象的数据，并选择“复制”命令或按 Ctrl+C 快捷键复制。在本示例中，我们在 Excel 2019 中创建了一个抵押贷款计算器，并且复制了其中 A1:E8 单元格区域的数据，如图 8-1 所示。

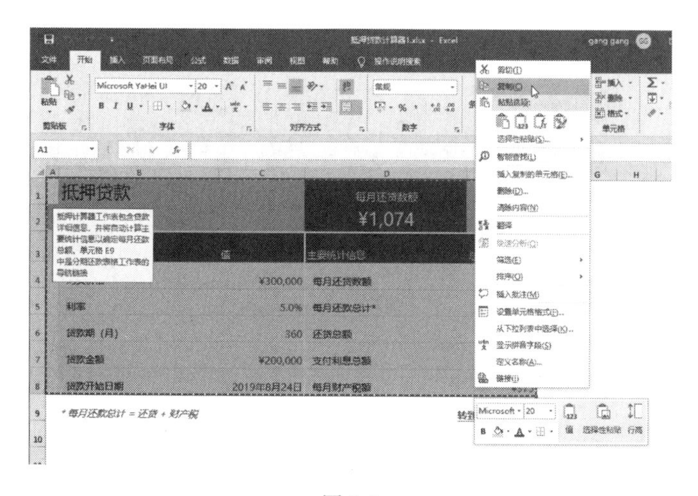

图 8-1

02 切换到 Word 2019 中，新建一个空白文档，输入适当说明，然后将光标停放在要插入 Excel 数据的位置。

03 选择“开始”选项卡中“剪贴板”工具组的“选择性粘贴”命令，如图 8-2 所示。

04 打开“选择性粘贴”对话框。从“形式”列表中选择对象的数据格式（这是对象在文档中具有的格式，在本示例中，自然就是“Microsoft Excel 工作表对象”）。“形式”列表下方的“说明”区域将解释文档中每种类型对象的行为。

05 单击“粘贴链接”单选钮将对象作为链接进行粘贴（如果选择了“粘贴”按钮，则对象将嵌入文档），如图 8-3 所示。

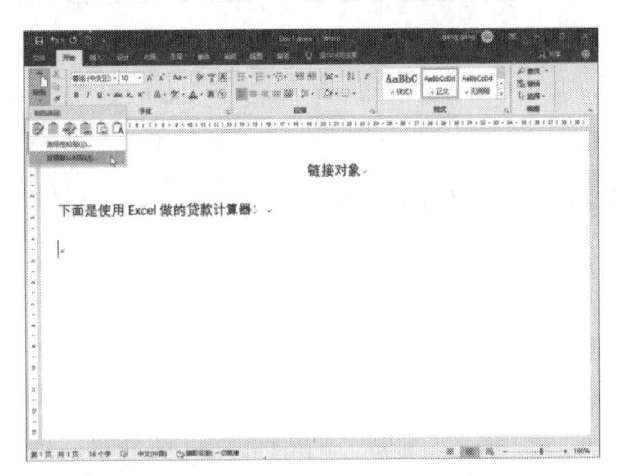

图 8-2

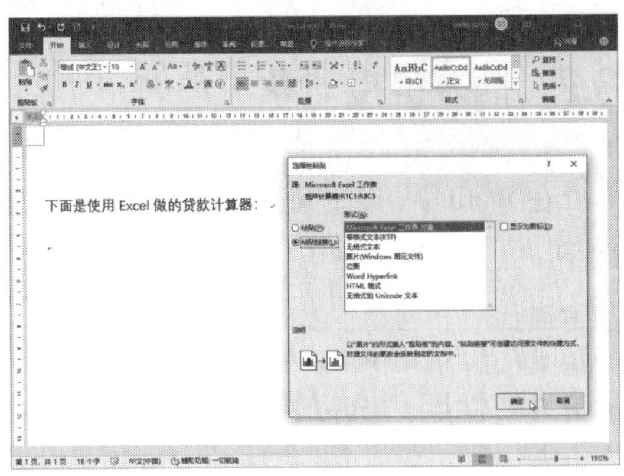

图 8-3

06 单击“确定”按钮。对象将粘贴到文档中，如图 8-4 所示。

链接对象

下面是使用 Excel 做的贷款计算器:

抵押贷款计算器		每月还贷数额 ¥1,074	
贷款详细信息	值	主要统计信息	总计
购买价格	¥300,000	每月还贷数额	¥1,074
利率	5.0%	每月还款总计*	¥520,679
贷款期（月）	360	还贷总额	¥385,679
贷款金额	¥200,000	支付利息总额	¥185,679
贷款开始日期	2019年8月24日	每月财产税额	¥375

图 8-4

8.2.2 使用“对象”命令插入链接对象

如果是使用“插入”选项卡中的“对象”命令插入链接对象，就必须链接到现有的文件，这样，插入的对象将包含文件的所有数据。

要插入链接对象，请按以下步骤操作。

01 启动 Word 并打开文档，将插入点置于文档中需要放置对象的位置（可以不打开被插入的文件）。

02 切换到“插入”选项卡，单击“文本”工具组中的“对象”命令，打开“对象”对话框，然后单击“由文件创建”选项卡，如图 8-5 所示。

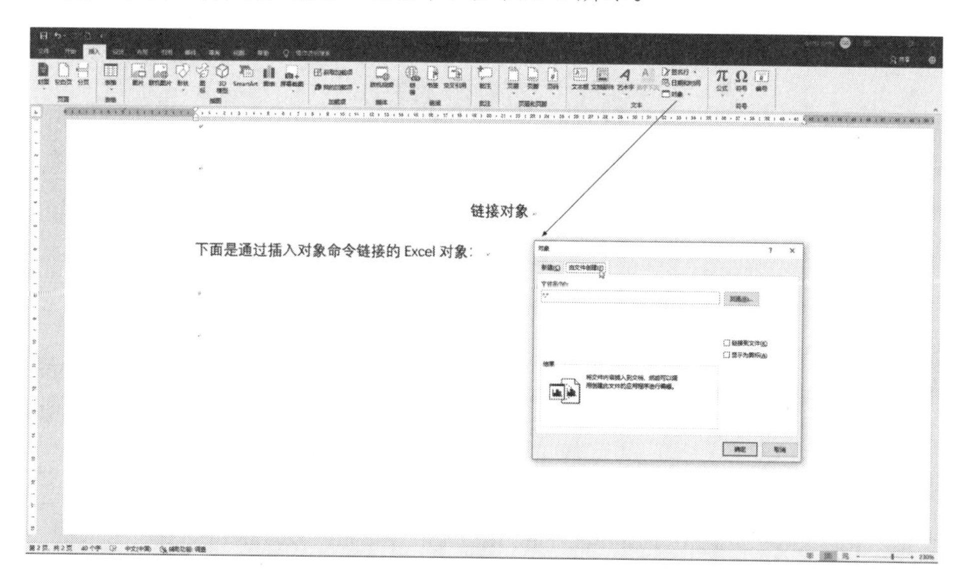

图 8-5

03 在“文件名”框中键入源文件的名称，或单击“浏览”按钮搜索硬盘，然后选定文件并单击“插入”按钮。

04 选中“链接到文件”复选框。请注意“结果”区的文字将发生变化以解释链接对象和插入对象的区别，如图 8-6 所示。

图 8-6

05 单击“确定”按钮。Word 会将链接对象插入文档。由于插入的对象包含文件的所有数据，所以，对比可以发现，插入对象包含的数据更多，如图 8-7 所示。

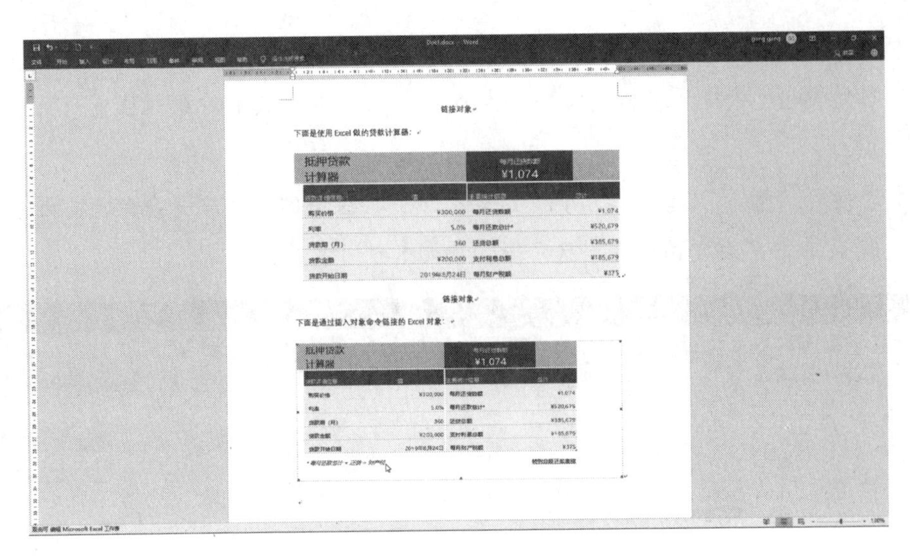

图 8-7

06 对链接的对象可以进行删除、复制和设置大小等操作，操作方法和处理图形对象一样。例如，我们可以给链接对象添加边框阴影，方法是右击链接的对象，然后从快捷菜单中选择“边框和底纹”，至于后面的操作则和处理图片等对象是一样的，如图 8-8 所示。

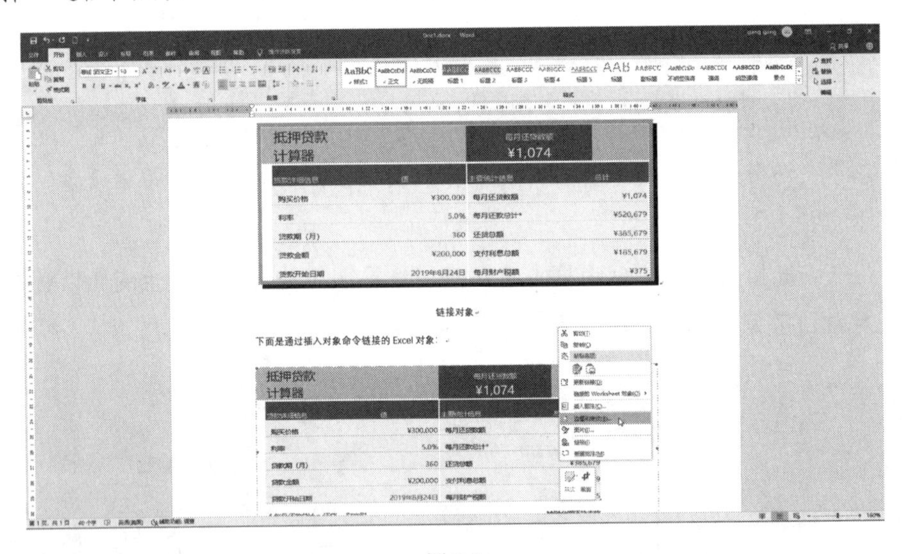

图 8-8

8.2.3 编辑链接对象中的数据

在将链接对象插入文档之后，可以编辑其数据、更改链接更新的方式或使用格式选项更改其外观。链接对象及其行为与插入的其他图形对象一样。不过，用户还可以打开链接对象编辑其数据或更改链接本身的属性。

如果要编辑链接对象中的数据，必须打开链接的源文件及其相关程序。要在 Word 中

完成此任务，可以按如下方式操作。

01 直接双击链接对象。

> **注意：** 该方法不适用于 PowerPoint 演示文稿、声音动画或视频剪辑。因为双击 PowerPoint 演示文稿将启动链接的演示文稿的幻灯片演示，而双击媒体剪辑将播放该剪辑。

02 在无法双击的情况下，可以右击对象以显示快捷菜单，然后选择“链接的 [对象名称] 对象”子菜单中的“编辑链接”或“打开链接”命令，如图 8-9 所示。

03 在执行了上述某项操作之后，Word 将打开源文件及其相关程序以编辑数据。在本示例中，将打开 Excel 程序，我们可以在其中修改一些数据，例如，将购买价格修改为￥5,000,000，如图 8-10 所示。

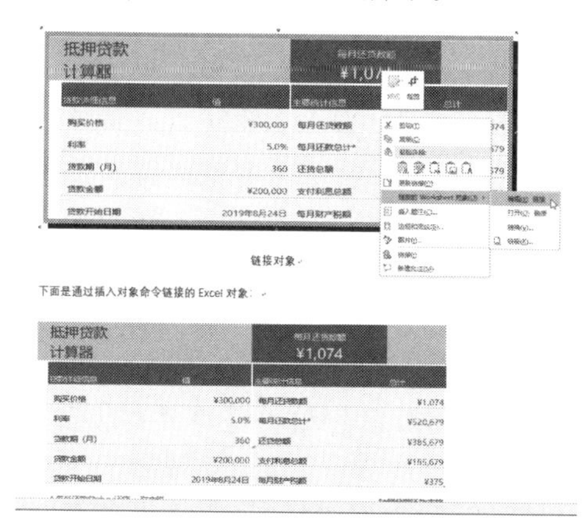

图 8-9

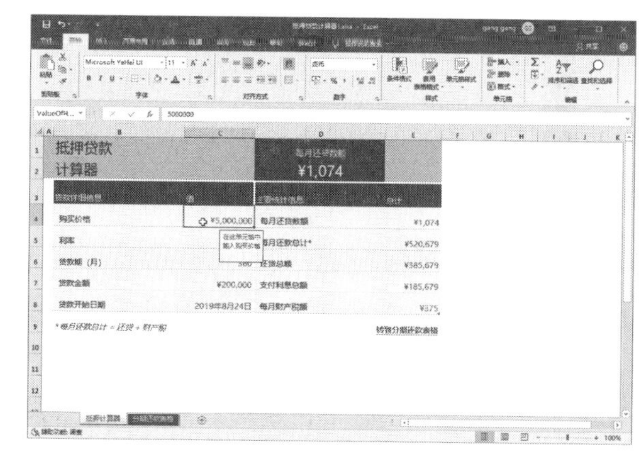

图 8-10

04 现在切换回到 Word 2019 中，可以发现数据已经更新。用户也可以右击链接的对象，然后从快捷菜单中选择“更新链接”来确认已更新，如图 8-11 所示。

图 8-11

8.3 嵌入对象

在与其他人共享文件时，如果不希望为链接对象提供对源文件的访问，可以使用嵌入对象。嵌入对象的数据将保存在 Word 文档中。

和链接对象一样，使用“插入”选项卡中的“对象”命令或“开始”选项卡中的“选择性粘贴”命令都可以插入嵌入对象。与链接对象不同的是，嵌入对象可以从头创建，还可以将嵌入对象转换为其他数据格式以方便其他人使用。

8.3.1 新建嵌入对象

如果要新建嵌入对象，可使用“插入”选项卡中的“对象”命令，其操作方式如下。

01 将插入点置于目标位置。

02 选择“插入”选项卡“文本”工具组中的“对象”命令以显示“对象”对话框。

03 在列表中选择对象类型。对话框下方的“结果”区提供了每种对象类型的简单描述。在本示例中，我们选择“Microsoft Excel Worksheet”，如图 8-12 所示。

04 如果希望在文档中用图标代表该对象，而不显示实际的数据，可选中“显示为图标”复选框。如果选择了该选项，文档的读者可以通过双击图标查看数据。

05 单击“确定”按钮插入对象。Word 将打开创建对象所需的相关程序并切换到该程序窗口。在多数情况下，新对象将出现在文档窗口之中并且能在其中添加数据。

06 由于在图 8-12 中我们选择了“Microsoft Excel Worksheet”，所以现在我们就可以在 Word 2019 的窗口中打开 Excel 2019 窗口，创建工作表。这里我们可以简单输入几个数据，如图 8-13 所示。

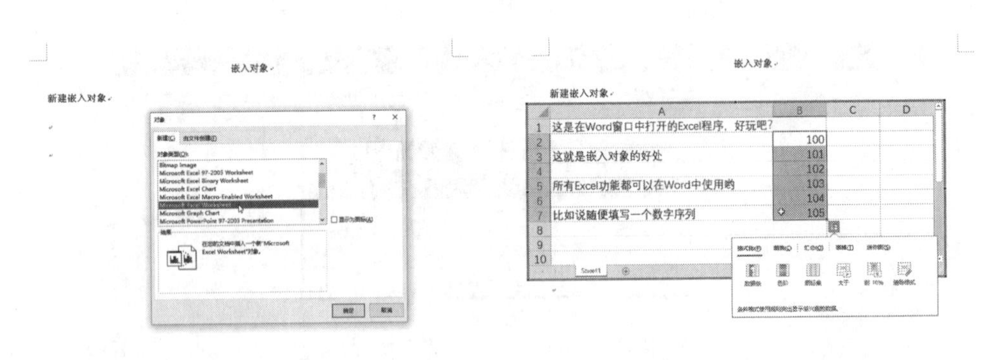

图 8-12　　　　图 8-13

07 在 Word 文档窗口任意位置双击鼠标即可关闭嵌入的程序。Word 会将对象置于文档中。右击嵌入对象，可以识别出该对象。例如，在本示例中，就是“Worksheet”对象。要设置对象的外观，可以选择“边框和底纹”，如图 8-14 所示。

08 在出现的“边框”对话框中，可以设置其边框阴影效果。在“应用于”下拉菜单中，默认选择的是“图片”，可见嵌入对象被视为图片进行处理，如图 8-15 所示。

> **提示：**如果创建的是 BMP 图像对象，则 Word 会将它作为图片对象插入文档，并且显示“图片格式”选项卡。

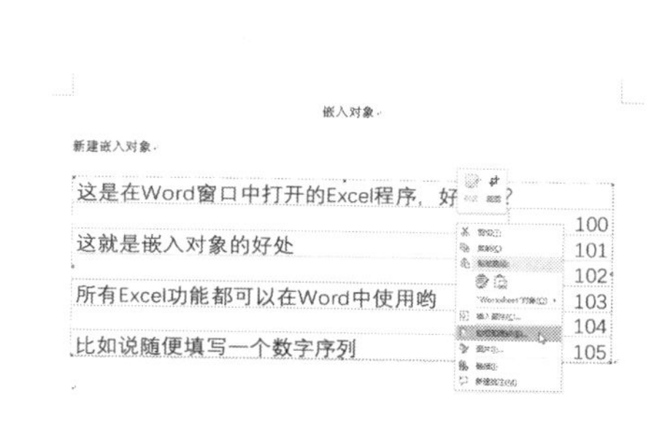

图 8-14

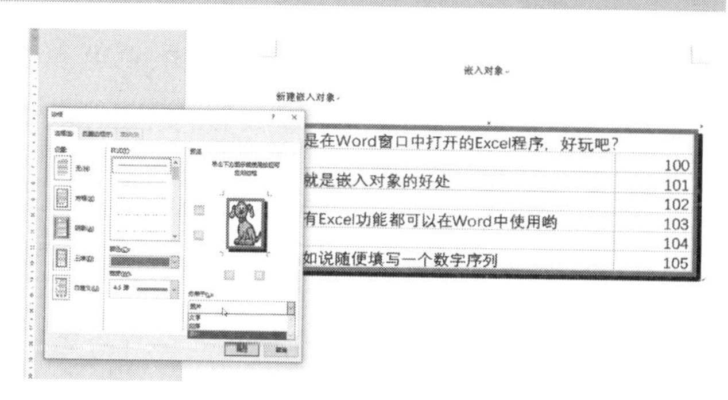

图 8-15

8.3.2　将现有数据作为嵌入对象插入文档

如果要将现有数据作为嵌入对象插入文档，则可以使用“开始”选项卡中的“选择性粘贴”命令。其操作步骤如下。

01 打开包含数据的文件（例如，一个 Excel 数据表）。

02 选定文件中的数据，然后复制该数据，如图 8-16 所示。

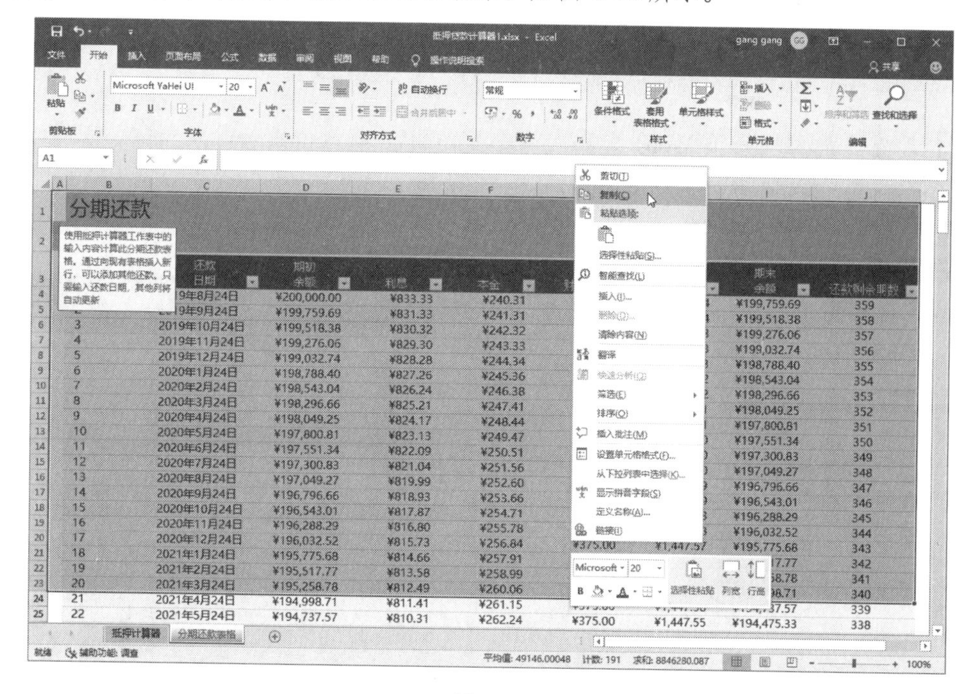

图 8-16

03 切换到 Word 文档并将插入点置于目标位置。

04 选择“开始”选项卡“剪贴板”工具组中的“选择性粘贴”命令，打开“选择性粘贴”对话框，如图 8-17 所示。

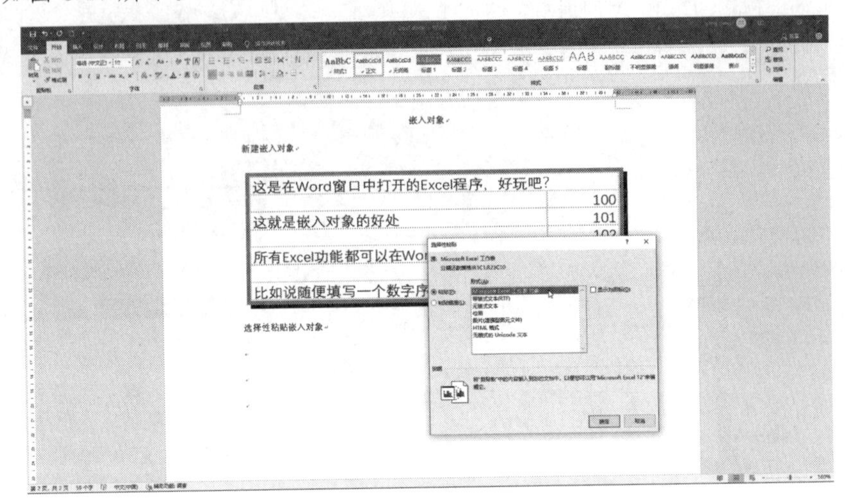

图 8-17

05 选择“形式”列表中的 [对象名称] 对象选项。在本示例中，就是“Microsoft Excel 工作表对象”。

06 确保选择了“形式”列表左侧的“粘贴”单选钮而不是“粘贴链接”单选钮。

07 单击“确定”按钮。对象将出现在文档中，如图 8-18 所示。

> **提示：** 如果要将嵌入对象显示为图标，而不显示对象的数据，可选中“显示为图标”复选框。

08 现在我们整理一下 Word 文件，将重复的链接对象和嵌入对象删除，只保留 1 个链接对象和 1 个嵌入对象，如图 8-19 所示。

这是在Word窗口中打开的Excel程序，好玩吧?	
	100
这就是嵌入对象的好处	101
	102
所有Excel功能都可以在Word中使用哟	103
	104
比如说随便填写一个数字序列	105

选择性粘贴嵌入对象

分期还款
表格

[illegible]	[illegible]	[illegible]	[illegible]	[illegible]	[illegible]	[illegible]	[illegible]	[illegible]
1	2019年8月24日	¥200,000.00	¥833.35	¥240.31	¥375.00	¥1,448.64	¥199,759.69	359
2	2019年9月24日	¥199,759.69	¥831.35	¥241.31	¥375.00	¥1,447.64	¥199,518.38	358
3	2019年10月24日	¥199,518.38	¥830.32	¥242.32	¥375.00	¥1,447.63	¥199,276.06	357
4	2019年11月24日	¥199,276.06	¥829.30	¥243.33	¥375.00	¥1,447.63	¥199,032.74	356
5	2019年12月24日	¥199,032.74	¥828.28	¥244.34	¥375.00	¥1,447.63	¥198,788.40	355
6	2020年1月24日	¥198,788.40	¥827.26	¥245.36	¥375.00	¥1,447.62	¥198,543.04	354
7	2020年2月24日	¥198,543.04	¥826.24	¥246.38	¥375.00	¥1,447.62	¥198,296.66	353
8	2020年3月24日	¥198,296.66	¥825.21	¥247.41	¥375.00	¥1,447.61	¥198,049.25	352
9	2020年4月24日	¥198,049.25	¥824.17	¥248.44	¥375.00	¥1,447.61	¥197,800.81	351
10	2020年5月24日	¥197,800.81	¥823.15	¥249.47	¥375.00	¥1,447.60	¥197,551.34	350
11	2020年6月24日	¥197,551.34	¥822.09	¥250.51	¥375.00	¥1,447.60	¥197,300.83	349
12	2020年7月24日	¥197,300.83	¥821.04	¥251.56	¥375.00	¥1,447.60	¥197,049.27	348
13	2020年8月24日	¥197,049.27	¥819.99	¥252.60	¥375.00	¥1,447.59	¥196,796.66	347
14	2020年9月24日	¥196,796.66	¥818.93	¥253.66	¥375.00	¥1,447.59	¥196,543.01	346
15	2020年10月24日	¥196,543.01	¥817.87	¥254.71	¥375.00	¥1,447.58	¥196,288.29	345
16	2020年11月24日	¥196,288.29	¥816.80	¥255.78	¥375.00	¥1,447.58	¥196,032.52	344
17	2020年12月24日	¥196,032.52	¥815.75	¥256.84	¥375.00	¥1,447.57	¥195,775.68	343
18	2021年1月24日	¥195,775.68	¥814.66	¥257.91	¥375.00	¥1,447.57	¥195,517.77	342
19	2021年2月24日	¥195,517.77	¥813.58	¥258.99	¥375.00	¥1,447.56	¥195,258.78	341
20	2021年3月24日	¥195,258.78	¥812.49	¥260.06	¥375.00	¥1,447.56	¥194,998.71	340

图 8-18

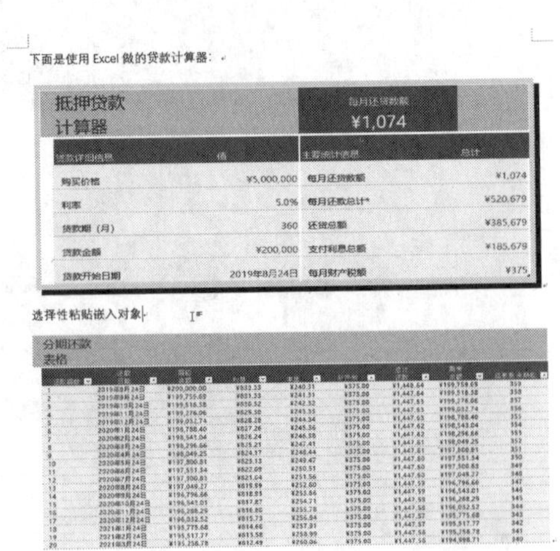

图 8-19

09 然后我们切换到Excel程序，修改其中的贷款数据，将贷款金额修改为￥1,250,000，这样，每月还贷数额就变成了￥6,710，如图8-20所示。

10 Excel“分期还款表格”中的数据也自然发生了变化，如图8-21所示。

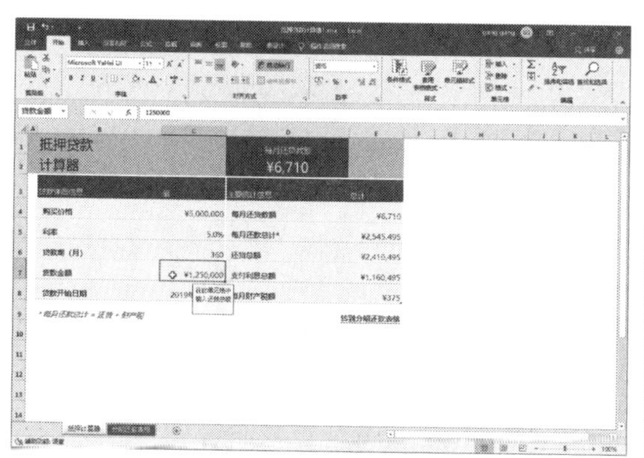

图 8-20

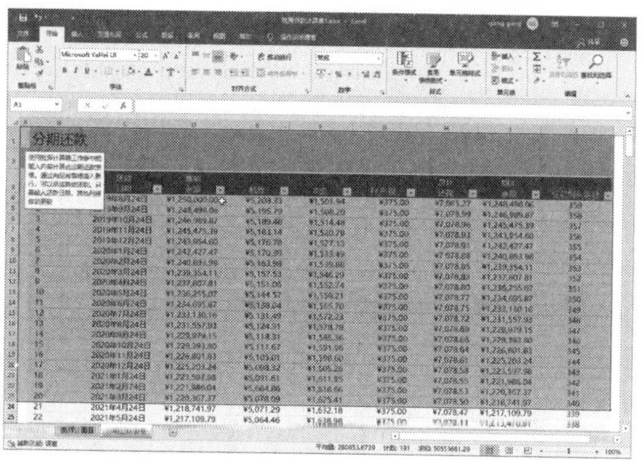

图 8-21

11 现在切换到Word文档中，可以发现，上面的链接对象也自然更新了，但是下面的嵌入对象没有更新，这就是链接对象和嵌入对象的最大差别，如图8-22所示。

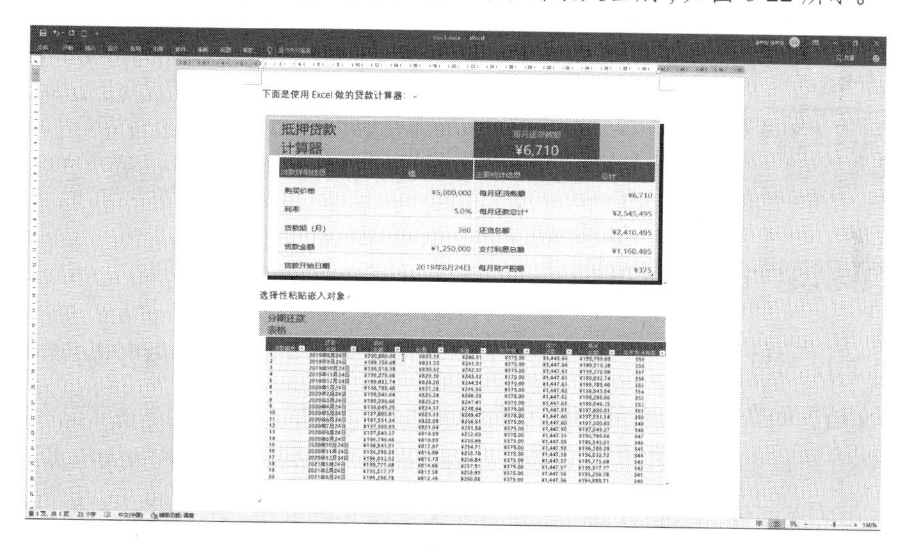

图 8-22

8.3.3 编辑嵌入对象

如果要编辑嵌入对象中的数据，必须打开创建该对象所用的原始程序。因为数据本身是Word文档的一部分，所以编辑文档的唯一途径是在Word中打开其相关程序。可用的操作方法如下。

01 双击嵌入对象。同样地，该方法对于PowerPoint演示文稿、声音、动画或视频剪辑都不能用。因为双击PowerPoint演示文稿将开始以全屏方式演示幻灯片文稿，而双击多媒体剪辑将播放该剪辑。

02 在这种情况下，可以右击嵌入对象打开快捷菜单，然后选择“[对象名称] 对象”子菜单中的“编辑”或“打开”命令，如图 8-23 所示。

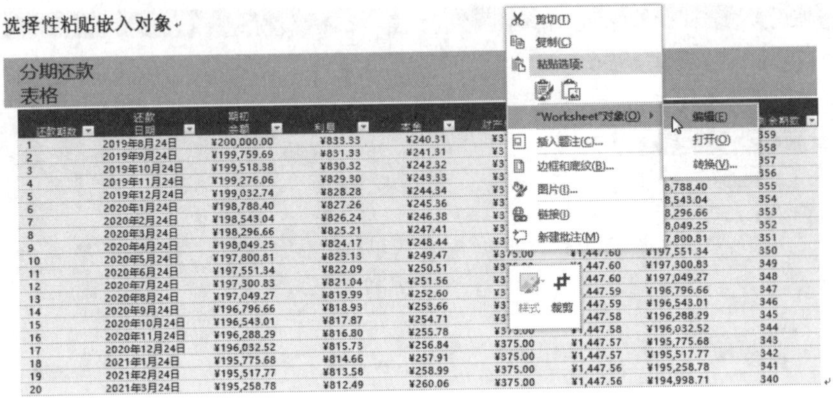

选择性粘贴嵌入对象

分期还款表格

还款期数	还款日期	期初余额	利息	本金	[illegible]	[illegible]	[illegible]	[illegible]
1	2019年8月24日	¥200,000.00	¥833.33	¥240.31	[illegible]	[illegible]	[illegible]	359
2	2019年9月24日	¥199,759.69	¥831.33	¥241.31	[illegible]	[illegible]	[illegible]	358
3	2019年10月24日	¥199,518.38	¥830.32	¥242.32	[illegible]	[illegible]	[illegible]	357
4	2019年11月24日	¥199,276.06	¥829.30	¥243.33	[illegible]	[illegible]	[illegible]	356
5	2019年12月24日	¥199,032.74	¥828.28	¥244.34	[illegible]	[illegible]	8,788.40	355
6	2020年1月24日	¥198,788.40	¥827.26	¥245.36	[illegible]	[illegible]	8,543.04	354
7	2020年2月24日	¥198,543.04	¥826.24	¥246.38	[illegible]	[illegible]	8,296.66	353
8	2020年3月24日	¥198,296.66	¥825.21	¥247.41	[illegible]	[illegible]	8,049.25	352
9	2020年4月24日	¥198,049.25	¥824.17	¥248.44	[illegible]	[illegible]	7,800.81	351
10	2020年5月24日	¥197,800.81	¥823.13	¥249.47	¥375.00	¥1,447.60	¥197,551.34	350
11	2020年6月24日	¥197,551.34	¥822.09	¥250.51	[illegible]	,447.60	¥197,300.83	349
12	2020年7月24日	¥197,300.83	¥821.04	¥251.56	[illegible]	,447.60	¥197,049.27	348
13	2020年8月24日	¥197,049.27	¥819.99	¥252.60	[illegible]	,447.59	¥196,796.66	347
14	2020年9月24日	¥196,796.66	¥818.93	¥253.66	[illegible]	,447.59	¥196,543.01	346
15	2020年10月24日	¥196,543.01	¥817.87	¥254.71	[illegible]	,447.58	¥196,288.29	345
16	2020年11月24日	¥196,288.29	¥816.80	¥255.78	[illegible]	1,447.58	¥196,032.52	344
17	2020年12月24日	¥196,032.52	¥815.73	¥256.84	¥375.00	¥1,447.57	¥195,775.68	343
18	2021年1月24日	¥195,775.68	¥814.66	¥257.91	¥375.00	¥1,447.57	¥195,517.77	342
19	2021年2月24日	¥195,517.77	¥813.58	¥258.99	¥375.00	¥1,447.56	¥195,258.78	341
20	2021年3月24日	¥195,258.78	¥812.49	¥260.06	¥375.00	¥1,447.56	¥194,998.71	340

剪切(T)
复制(C)
粘贴选项:
"Worksheet"对象(O)
编辑(E)
打开(O)
转换(V)...
插入题注(C)...
边框和底纹(B)...
图片(I)...
链接(I)
新建批注(M)
样式
裁剪

图 8-23

在完成上述操作之一后，Word 将在与对象关联的程序中打开对象文件，用户可以在该程序中更改对象。在完成更改之后，可在 Word 文档中单击鼠标或选择编辑对象所用程序中的“退出”命令返回文档。

> **提示：** 如果编辑对象之后编辑程序的某些痕迹仍保留在屏幕上（例如，部分窗口边框或空白），可在 Word 文档中向下滚动一两个屏幕，然后返回原位置，这些痕迹将会消失。

8.4 页面设计的基本原则

Word 2019 为用户提供了一些基本工具，使用这些工具可以编排出各式各样看起来相当不错的文档。如果经常使用 Word，用户就会发现，Word 提供了页面设计所需要的大多数功能，而且用户能很快地掌握。可以说，易用性是 Word 页面设计的一大特点。

Word 中的页面设计包括从处理一栏普通文字到安排页面上的文字、对象、标题以及其他组件的各种情况。但是，无论要创建什么类型的文档，在页面设计时通常都要使用一些基本元素。

8.4.1 页面设计的基本元素

Word 2019 提供了许多预先设计好的模板。这些模板包含了多种多样的版式和页面设计元素。在通过模板新建文档时，可以查看 Word“新建”对话框中各选项卡上的模板（包括用于创建报告、信函、日历、简历、通讯、手册、小册子以及其他文档的各种模板）。以下我们将向读者简要介绍常用的页面元素，以及在 Word 中使用这些元素的技巧。

1. 文章标题

文章标题的字体应有别于文档中的其他任何内容（如使用更大、更粗的字体）。Word 提供了一些标题样式，可以用于设置标题的格式。如果要编写书籍或者手册，文章标题通常就是文档的题目，并占据单独的一页。在小册子、请柬、海报以及其他短文档中，可以为题目设置不同的字体或者使用“艺术字”。在 Word 2019 新建文档模板中，就包含了各种形式的标题。

2. 作者信息

作者的名字通常位于文章题目之下。如果在“选项”对话框中填写了用户信息，则可以使用“自动图文集”功能插入作者的名字。

3. 内容提要

内容提要是题目下的摘要或者特别兴趣点，用于介绍文章的主要观点，或者突出能够吸引读者阅读整篇文章的兴趣点。

4. 重要引述

重要引述是从文章正文中摘录出的短语，显示在独立的区域中。重要引述用于在视觉上分隔页面中的元素。重要引述同时也是一种特别兴趣点，通过引用文章中有吸引力的语句或观点来引起读者的注意。在 Word 中，通常使用文本框生成重要引述。

5. 主标题和子标题

主标题和子标题用于标识文档的不同部分。可以使用 Word 中的“标题”样式设置它们的格式。

6. 正文

正文是文章、报告或者书籍中的主要文字。可以使用 Word 提供的一般文字工具编写正文，也可以利用文本框或者图文框创建文本对象。在 Word 中可以更加随意地控制文本对象在页面上的位置。

对于中文作者而言，正文一般需要采用缩进样式，在段落首行空 2 个字的位置。

7. 图形

用户可以将图形看作是除文本框之外的任何对象。因为 Word 中的图形可以是图标、链接或嵌入的对象（如 Microsoft Excel 工作簿或图表、表格、图形对象、SmartArt 或者“艺术字”对象）。

8. 题注

题注是对图形的说明，但是某些图形对象的含义非常清楚，不需要添加题注。题注一

般使用比较小的字体，直接放在所标注的图形下面。

使用“引用”选项卡中的“插入题注”命令可以很容易地插入题注，如图 8-24 所示。

图 8-24

9. 页眉和页脚

页眉用于在文档的每一页上显示文档题目、章节标题、页码或其他信息。页眉和页脚中可以包含图形，如图 8-25 所示。

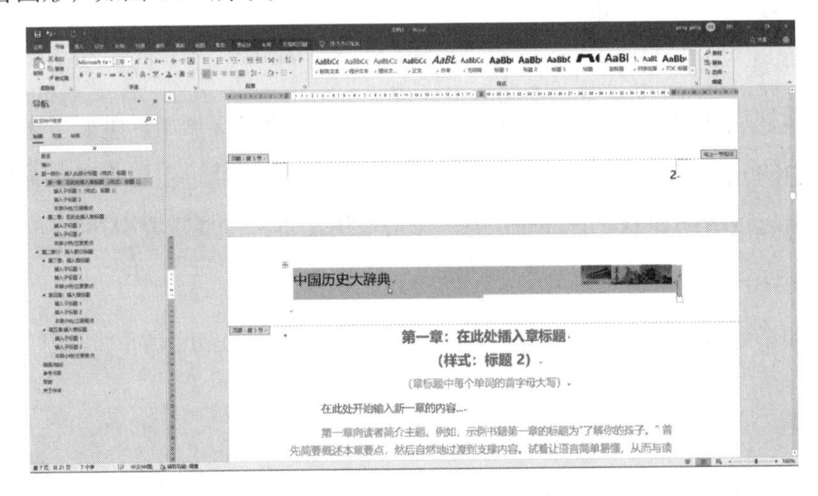

图 8-25

10. 注释

在书籍、手册、技术论文以及其他包含大量信息的文档中经常使用脚注和尾注。使用“引用”选项卡中的“脚注”工具组中的命令可轻松插入注释信息，如图 8-26 所示。

在许多环境中，使用方向的向量表示更方便。在这种情况下，向量是角色面对的方向上的单位向量（它的长度为 1）。这可以使用简单的三角函数从标量方向直接计算：

$$\vec{\omega}_v = \begin{bmatrix} \sin \omega_s \\ \cos \omega_s \end{bmatrix},$$

其中，ω_s 是作为标量的方向，$\vec{\omega}_v$ 是表示为向量的……里假设了一个右手坐标系，这与我们研究过的大多数游戏引擎是一样的。[1] 如果要使用左手系统，那么只需要反转 x 坐标的符号就可以了：

[1] 左手坐标系对于本章中的所有算法同样适用。有关左右手坐标系的差异以及如何在它们之间进行转换的详细信息，请参阅附录 Eberly, D. [2003]。

图 8-26

11. 标注

标注或标签是对文档中相关内容的说明，并具有指向要说明的内容的线条。使用“插入”选项卡中的“插图”工具组中的命令可以轻松创建标注。创建文本框并利用线条将它和所要说明的对象联系起来，也可以生成标注，如图 8-27 所示。

12. 接续提示

在通讯、杂志以及其他占据多个页面（这些页面并不一定是连续的）的文章版式中，接续提示元素可以使读者明白文章还没有结束，或者告诉读者转到何处可以继续阅读文章。有些时候，接续提示标记就是一个箭头，表明文章在下一页上继续。接续提示标记也可以是一段文字，告诉读者要转向的页面。

在 Word 中，可以将接续提示标记做成交叉引用，以便 Word 自动跟踪页码以及其他的位置信息，如图 8-28 所示。

的航点，每个航点都标有其战术特质（Quality）。如果航点也用于路径发现，那么它们还将具有路径发现数据，例如连接和附属的区域。

在实践中，掩体和狙击手的位置作为路径发现图的一部分并不是非常有用。图 6.2 说明了这种情况。虽然最常见的是组合两组航点，但它可以提供更有效的路径发现，以便拥有一个单独的路径发现图和战术位置集。当然，如果开发人员使用不同的方法来表示路径导航图，例如导航网格或基于图块的世界，则必须这样做。

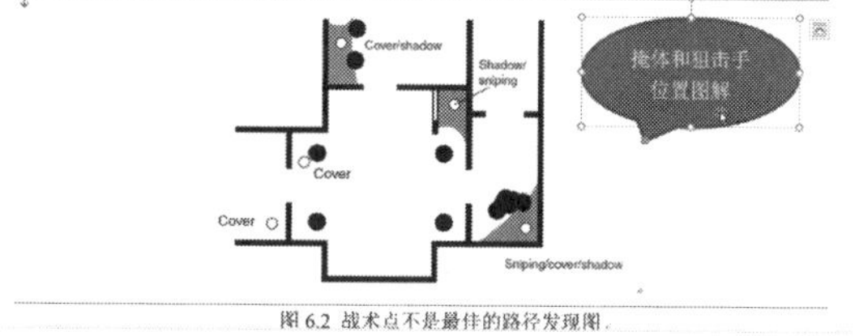

图 6.2 战术点不是最佳的路径发现图

图 8-27

于掩藏的航点可能有 4 个不同的方向。对于任何给定的掩藏点，仅掩藏其中一些方向。我们将这 4 个方向称为航点的状态。对于掩藏点，我们有 4 个状态，每个状态可能具有完全独立的掩藏特质值（如果我们不使用连续的战术值，则只有不同的 yes/no 值）。我们可以使用任意数量的不……的状态，指示角色是否需要躲避接受掩护，或者针对敌人的……矮墙可以为角色提供掩护，使得敌方的手枪或步枪攻击无……火箭筒，那么角色显然需要另寻掩藏点。

对于……点或射击点（我们同样可以使用 4 个方向作为射击弧），……他类型的背景敏感性，例如前面提到的撤退位置示例，……因为那是由敌人控制的地区。

第二种……正如我们在本节中所见。我们不是将这个值视为关于航点……个额外的步骤来检查它是否合适。该检查步骤可以包括对……示例中，我们可能会检查与敌人的视线。在撤退示例中，我……章后面 6.2.2 简单的影响地图），以查看该位置当前是否……

在狙击手示例中，我们可以简单地保留一个布尔标记列表，以记录敌人是否曾经朝向狙击手位置射击（如果敌人知道位置在那里则是近似的简单启发式算法）。这个后处理（Post-Processing）步骤与用于自动生成航点的战术属性的处理具有相似性。我们稍后会回来讨论这些技术。

现在可以为上述两种方法各设计一个示例。假设有一个角色，需要选择一个掩藏点，以便在交战过程中休整一下（重新装填弹药）。附近有两个可供选择的掩藏点，如图 6.5 所示。

图 8-28

13. 边栏

边栏使用“边框”将比较短小的相关文章与正文的其他部分隔离开来。Word 可以使用文本框、图文框、或者小表格创建边栏。边栏通常拥有自己的标题，并带有边框或底纹（填充图案或颜色），将边栏和文档的其他部分区分开，如图 8-29 所示。

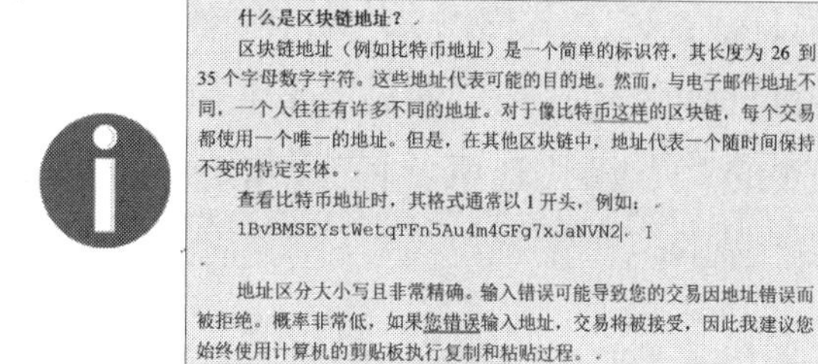

什么是区块链地址？

区块链地址（例如比特币地址）是一个简单的标识符，其长度为 26 到 35 个字母数字字符。这些地址代表可能的目的地。然而，与电子邮件地址不同，一个人往往有许多不同的地址。对于像比特币这样的区块链，每个交易都使用一个唯一的地址。但是，在其他区块链中，地址代表一个随时间保持不变的特定实体。

查看比特币地址时，其格式通常以 1 开头，例如：

1BvBMSEYstWetqTFn5Au4m4GFg7xJaNVN2

地址区分大小写且非常精确。输入错误可能导致您的交易因地址错误而被拒绝。概率非常低，如果您错误输入地址，交易将被接受，因此我建议您始终使用计算机的剪贴板执行复制和粘贴过程。

正如本章开头所提到的，本书的目标不是详细讨论这些加密货币，而是关注区块链的应用程序，因为作为 Oracle 开发人员，我们将需要开发和使用区块链程序，并且客户也有这种需要。例如，可以在这些应用程序中传输的数据流类型与用于加密货币的数据流完全不同。虽然加密货币只保存付款的元数据，但开发人员将在本书中了解到，这些应用程序可以在单次交易中保存数兆字节的二进制数据。这可以认为是完整的 XML 或 JSON 文档与在文档存储中保存的实际文档的引用的对比。

图 8-29

14. 页边距

每个页面都拥有自己的上、下页边距。在杂志、通讯、书籍以及其他双页版式中，还包括内外侧页边距，它们随着奇偶页（左、右页）的不同而变化。使用“布局”选项卡的“页面设置”工具组中的“页边距”选项可以指定页边距；选中“对称页边距”复选框可以将页面设置为双页版式并指定内侧和外侧页边距，如图 8-30 所示。

在页面中使用浮动图形时，图形可以位于页边距之外。但是，一定要保证图形不能过于靠近纸边，否则图形就会被截断。每台打印机都有最大可打印区域，位于此区域之外的内容将无法打印出来，如图 8-31 所示。

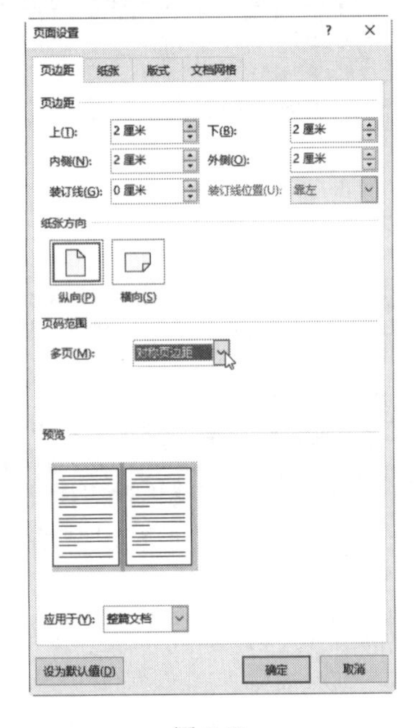

图 8-30

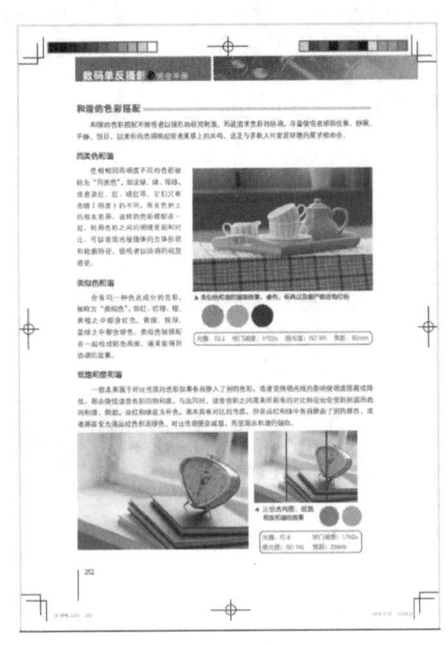

图 8-31

15. 装订区

装订区是双页版式内侧页边距中额外的空间，它留出了装订页面的空间。在“布局”选项卡的“页面设置”工具组中的“页边距”选项卡中可以指定装订区的宽度。

16. 栏间距

栏间距是页面上两栏之间的空间。Word 在“栏”对话框中将栏间距称为“间距”。栏间距可以为空白，也可以包含分隔两列的垂直线。如果使用“布局”选项卡的“页面设置”工具组中的“栏”命令创建分栏，则可以指定栏间距的宽度，并添加分隔线，如图 8-32 所示。

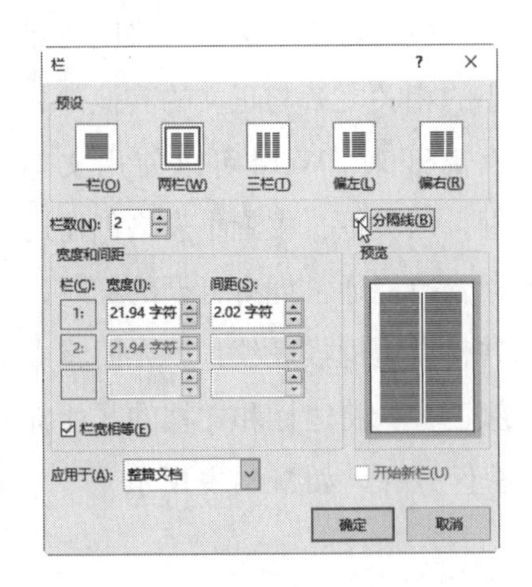

图 8-32

如果通过摆放页面中的文本框或者图文框创建分栏，就需要拖动文本框对象设置栏间距的宽度。

17. 目录和索引

比较长的文档（如书籍或者手册）通常都包含目录和索引。下文将向读者详细介绍创建目录、索引和交叉引用的操作方法。

8.4.2　基本设计原则

页面设计的基本原则是能够更清楚、更有效地显示文档的内容。页面设计包含一些基本原则。用户必须对文档的用途、读者对象、所要产生的效果以及副本打印方式（单色还是彩色）心中有数，这样才能设计出最有效地传递文档中信息的页面。

1. 了解文档的写作目的和用途

如果要确定文档的用途，请仔细思考文档所要达到的目的。每篇文档都是用来传递信息的，但是除了能够清楚地交流之外，文档还应该在读者心中产生共鸣，这种共鸣可能是对作者的尊敬；也可能是对文档所表达观点的接受和认同；或者对文档技术内容的理解；总之，了解文档的写作目的和用途对于 Word 文档设计不无裨益。

2. 了解面向的读者

文字样式以及版式本身随着读者对象的不同而不同。对于文字，用户需要考虑读者的阅读水平。如果文档中某些关键内容非常重要，就可能需要从视觉上加以强调。另外，业务性的公司报告和聚会请柬会大不相同。最后，还需要考虑读者是否对文档的内容非常感兴趣，是否需要吸引读者阅读文档。这些都将对页面设计方案产生很大的影响。

3. 选择适当的布局

确定了文档的用途以及读者对象，就可以考虑页面的总体设计方案了。整齐的分栏更适用于严肃的公文，而使用不同大小的文本框会使页面显得更活泼。

4. 使用网格安排页面

大多数专业页面设计都要使用网格。网格由垂直方向和水平方向的线条组成，可以用作在页面上摆放文字和图形的基准。网格是页面设计中的常用工具，专业排版程序允许选择网格的样式并在创建页面时作为背景。虽然 Word 无法做到这一点，但是它提供了网格，用户可以在设计页面时使用它们。

5. 追求文档的形式与内容的统一

在专业出版过程中，负责页面设计的美工人员和写作人员之间经常会发生矛盾。美工人员的工作是创建外观具有美感的文档，而写作人员的工作则是使用文字传递信息。这需要综合考虑文档的用途和面向的读者并进行取舍。例如，如果文字信息至关重要，如在鉴定报告、书籍或者使用手册中，就需要文字尽量易于阅读。这样也许就要牺牲一些设计元素，如不使用不等宽分栏或者不在页面中央放置图形。如果视觉效果更重要，如在小册子、促销宣传品以及海报中，就可能要牺牲文字的易读性以增加文档的吸引力。

总之，在设计文档时，应该将读者的视线自然而然地引导到页面中最重要的内容上。为了达到这一目的，可以使用不等宽分栏、首字下沉、通栏标题、图形或重要引述等各种手段。

8.5 规划页面设计

好的文档设计源于仔细的规划。在开始组合文档中的文字和图形之前，必须就文档的外观、内容以及如何表现这些内容做出决定。事实上，在做出这些决定的同时，也就制定了一些在创建文档时应当遵循的设计规则。如果对规则心中有数并遵循规则，就可以设计出思路清晰、外观和谐的页面，并且减少设计过程中的错误。所以，设计规则越具体越好。

8.5.1 决定版式

在页面设计过程中所要做的第一个决定就是使用何种版式。这个问题需要从以下 3 个方面来考虑：

- 使用纵向版式还是横向版式。
- 使用双页版式（即类似于书籍的版式）还是单页版式。
- 文档是否要打印在标准尺寸的纸张上（例如，三折的小册子、明信片和请柬可能需要使用不同规格的纸张）。

8.5.2 选择创建版式的方法

在 Word 中可以使用以下 3 种方法创建页面版式：

- 使用 Word 中的普通文字格式选项。
- 创建和网格布局一致的表格，并将文字和图形放置在单元格中。
- 只使用文本框、图文框以及其他对象。

在 Word 2019 中新建文档时，可以充分利用在线模板。“新建”对话框中包含了各种版式选项的文档。例如，单击“教育”关键字进行联机搜索，就可以找到一个“编写非虚构书籍”模板，如图 8-33 所示。

该模板非常有用，它提供了大量长文档编辑的信息和版式创建技巧，如图 8-34 所示。

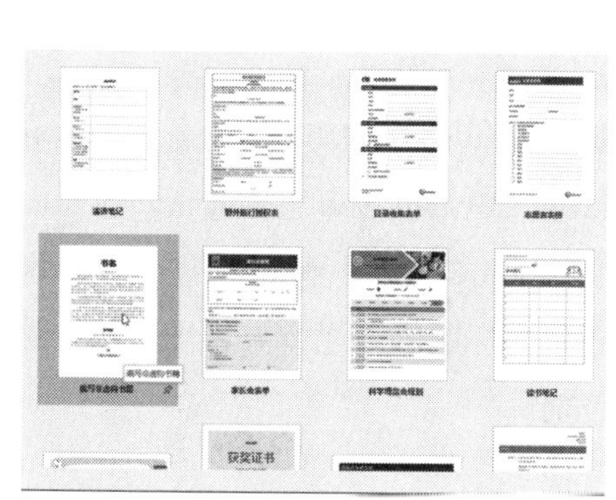

图 8-33

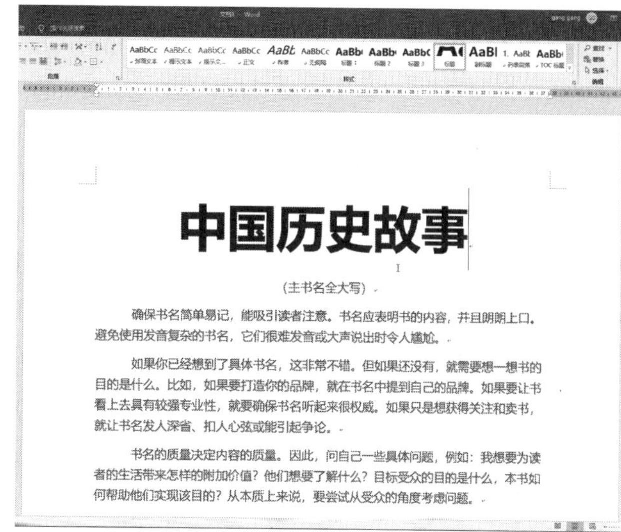

图 8-34

8.5.3　选择输入文字的方法

有 3 种方法都可以安排文档中文字的位置：普通文字、表格和文本框。每种方法都有自己的优点，但是，组织页面上的文字和图形时，这 3 种方法都应该考虑。

在编写文档时不应该只使用一种方法编排文字。例如，在许多设计中既包括普通文字也包括文本框。

下面介绍每种方法的优缺点：

1. 普通文字

只有普通文字可以环绕在图形对象四周。如果希望 Word 帮助生成交叉引用、目录或者索引，也需要使用普通文字和标题样式。但是，无法通过拖动普通文字将它们放在页面中的任何位置，用户必须使用分栏、页边距和缩进设置才能改变普通文字的位置。

2. 表格

使用表格可以替换整个页面的格式，并能增加普通文字的灵活性。例如，文字中的表格可以迅速地从单栏切换到两栏版式，并且可以切换回来，这种切换不需要使用任何分节符；此外，使用表格还可以改变文字的方向。

3. 文本框

使用文本框可以随意放置文字。另外，文本框中的文字方向也是可以改变的。但需要注意的是，在目录和索引中将无法包含文本框中的文字，也无法将文本框中的文字环绕在图形周围。

8.5.4 决定文字的格式

在设计页面时，除了决定文字的输入方式之外，还需要尽可能地预先决定文档中文字的格式。在决定文档中文字的格式时需要考虑以下问题：

1. 标题

文档都包含题目，但是文档中是否要包含其他标题呢？在向文档中添加文字之前，请系统规划一下所要使用的标题，并规划一下如何使用这些标题。请考虑一下文档的内容，并考虑哪些部分需要使用第一级、第二级、第三级标题（依次对应于 Word 提供的“标题 1”“标题 2”“标题 3”样式）。如果在文档中使用了包含标题的边栏或者表格，则需要考虑这些标题是使用常规的标题级别还是其他的标题级别。

2. 样式

样式决定文档中所要使用的字体、字体大小、字符样式以及段落格式等，并且保证每种格式都有相应的样式。使用样式管理器可以从其他文档中复制定义好的样式，也可以使用包含了所需样式的文档模板。

3. 对文档分节或者使用子文档

如果文档的大部分内容都是普通文字，是否要将它们划分为不同的节？如果需要这样做，就要考虑在何处插入分节符。如果要创建一个长文档，就应该使用主控文档并决定其中包括哪些子文档。

本章后面将向用户介绍有关主控文档的详细内容。

4. 页码

如果文档中包含许多从新页面开始的节，就需要考虑如何设置文档的页码。页码是从第一页开始连续设置，还是每节都重新编排页码。

在编辑长文档时，需要考虑是否包含目录、标题页或者索引？是否需要附录、词汇表、索引以及尾注等？如果需要，是否要对这些页面单独编排页码？

例如，在编排设计一本书的内容时，其前言和目录等正文之前的内容通常使用罗马数字单独编排页码。

5. 页眉和页脚

在设计页面时，用户需要考虑在文档中是使用相同的页眉和页脚，还是使用随着章节的变化而改变页眉。例如，用户可能希望在第一页不使用页眉。在双页版式下，可能希望左右页面使用不同的页眉和页脚。

6. 文档正文前后的附加内容

如果文档中包含目录、图表目录或者索引，就需要决定这些元素所要包含的信息，以及是否需要 Word 帮助生成这些元素。

8.5.5 决定如何使用图形

在开始创建图形前也需要做一些基本决定。包括：

1. 黑白图形、灰度以及颜色

使用何种图形很大程度上取决于文档的打印方式：是以黑白方式、灰度方式还是彩色方式打印文档。这将影响到所使用的填充色、线条颜色、文字颜色、照片类型、图标以及其他对象的格式。例如，Word 图标库中的某些图标是彩色的，在灰度或者黑白方式下不好看。

用户可以尝试打印一些彩色或者灰度图形以观察在纸上的打印效果，需要的话，请进行调整。调整图形的格式，可以使用“图片格式”选项卡，也可以使用图像编辑程序，或者使用原来用来生成该图片的程序。

2. 图形的类型

在设计页面之前，先考虑一下文档中是否需要使用照片、图标、图形对象、“艺术字”、SmartArt 格式以及是否使用链接或者嵌入对象等。这样可以规划对象的大小以及摆放位置，这样做不仅可以增强文档的外观，而且还可以留出足够的空间清楚地显示图形。

3. 摆放位置

图形以及其他对象可以放在文字前后，也可以放在文字之间，甚至可以使文字环绕在对象周围。图形的摆放方式将影响到摆放对象的灵活性，以及页面上文字的摆放方式。

4. 题注和编号

在设计页面时，需要考虑图形是否包含题注，并且题注中是否要包含数字。如果决定使用题注或编号，请预先规划一下对图形进行编号的方法，并且为题注文字创建一种样式。

8.6 页面设计全程指南

在本书前面的章节中，我们详细介绍了创建文字、文本框以及添加图形等的具体方法。在设计页面时，除了按照这些方法和步骤进行操作之外，还需要进行反复试验。在页面设计的过程中，用户可以对照以下步骤进行操作。

01 决定页面的方向、纸张大小、版式网格样式。

02 对于需要使用特殊格式的区域，请在纸上对每页的布局进行粗略规划，决定文字和图形摆放的位置。在排版时，可能需要参考草图。

03 新建一个文档。用户可以使用 Word 中预定义的模板，也可以自己定义一个包含样式的模板。

04 使用“布局”选项卡“页面设置”工具组中的命令设置适当的页面大小、页面方向以及页边距。

05 使用样式管理器从其他文档中复制所需的样式。如果要包含目录或者索引，必须对文档中的标题使用 Word 提供的标题样式。

06 在“视图”选项卡中选中“网格线”复选框显示内建的网格，用户可以使用文档页边距作为参考点，也可以改变网格点之间的距离，如图 8-35 所示。

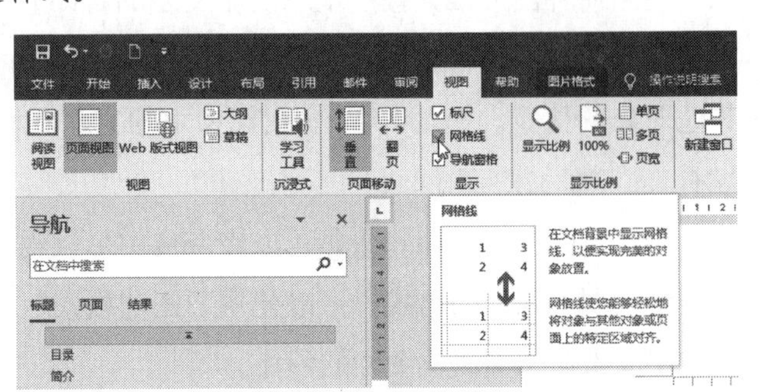

图 8-35

07 以步骤 1 中选择的版式网格为基础，在文档中添加文字，包括正文、标题、附注、页眉、页脚、链接或者嵌入对象等。

08 将图形添加到文档中，并根据步骤 1 选定的版式网格设置文字环绕等选项。

09 添加索引、目录以及其他引用选项。

10 使用打印预览仔细检查所有对象的对齐方式。

11 更新文档中的链接对象以及域。

12 打印文档。

以下我们将大致介绍 Word 页面设计中各个元素的基本操作，这些内容在本书前面的章节中已经有较为详细的介绍，本节只是按照页面设计的要求做整体归纳。

8.6.1 处理文字

文字包含文档所要传递的基本信息，因此在文档中首先要添加文字。添加文字的类型取决于正在创建的版式。在添加文字时请注意以下要点：

1. 在文档中插入或创建普通文字

（1）如果有必要，可以使用“布局”选项卡“页面设置”工具组中的“栏”命令创建多栏布局。

（2）使用拼写和语法检查器进行输入检查（该功能对英文写作很有帮助，对于中文

写作意义不大），并仔细检查文字以保证输入的正确性（如果以后要进行重大的删除或者添加文字，很可能会影响对象在页面中的位置）。

（3）在设计时还可以考虑插入分页符和分节符（例如子文档）。

（4）如果要使用不同长度、宽度以及不同位置的分栏，请使用文本框。

2. 在文档中添加文本框

（1）在设计时可以创建文本框并在文本框中添加文字。

（2）文本框在插入时将自动浮于文字之上，这样可以拖动文本框将其移动到适当的位置。

8.6.2 添加图形以及其他对象

在页面中插入图形以及其他对象的常用步骤如下。

01 每次在页面上放置一个对象。

02 如果要以图片的形式插入对象，并且对象要能独立于文档中的文字移动，请选中对象并单击鼠标右键，然后选择快捷菜单中的“设置图片格式”或者“设置对象格式”命令，屏幕上将出现设置格式面板。

03 将对象拖动到适当的位置，并设置适当的文字环绕选项以查看效果。

8.6.3 创建水印

放置图片的另一种方法是将图片转化为水印。水印放置在文字之后，但是以更淡的灰度显示，这样文字以及其他对象可以很容易地显示出来。此外，用户也可以将文字转化为水印。

要创建水印，请按以下步骤操作。

01 切换到“设计”选项卡，然后单击“页面背景”工具组中的“水印”按钮，打开“水印”弹出菜单，如图 8-36 所示。

02 在“机密”和“紧急”栏中，可以直接选择常见的一些文字水印，例如“严禁复制”，如图 8-37 所示。

03 要实现个性化的水印效果，可以单击“自定义水印”命令，在出现的“水印”对话框中，选择“图片水印”单选钮，然后单击“选择图片”按钮，选择一幅图片，最后单击“确定”，如图 8-38 所示。

04 回到文档中，可以看到页面已经添加了水印效果，如图 8-39 所示。

05 要设计个性化的文字水印，可以在“水印”对话框中选择“文字水印”单选钮，然后在“文字”框中输入文档版权方信息，例如“北京希望电子出版社”，如图 8-40 所示。

06 单击“确定”按钮，即可看到个性化水印的效果，如图 8-41 所示。

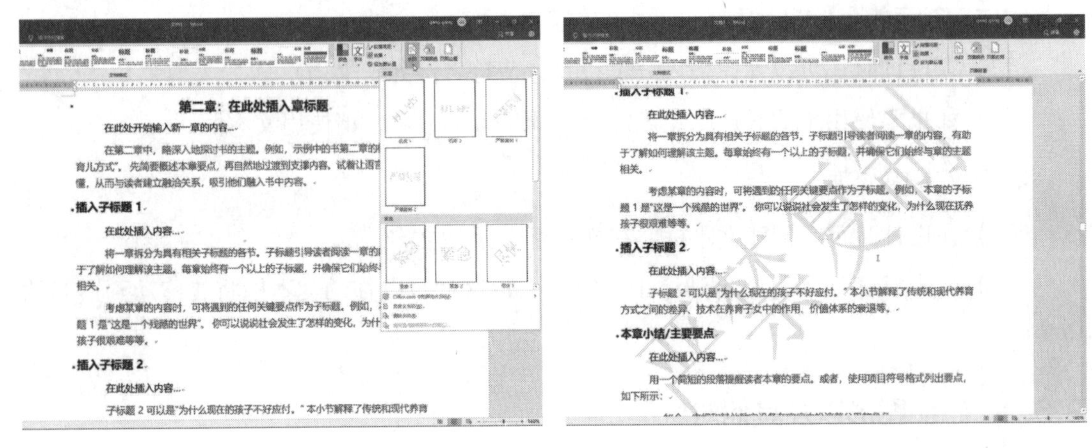

图 8-36　　图 8-37

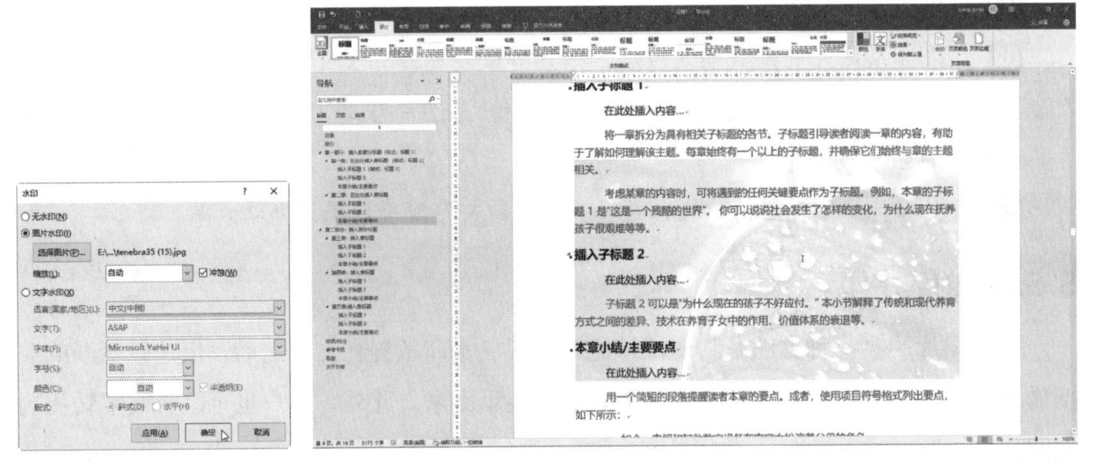

图 8-38　　图 8-39

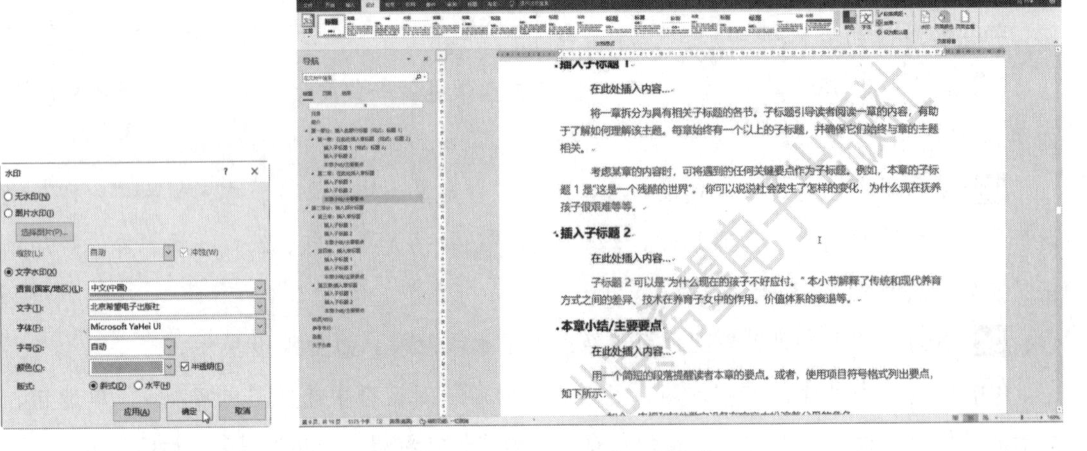

图 8-40　　图 8-41

结合上述水印制作方法，用户可以在 Word 中设计出更多有创意的应用效果。

8.6.4　检查页面设计

将文字和对象放在所需的位置之后，就可以将文档看作一个整体，并进行最后的修饰工作。请按以下各项内容进行检查：

- 检查页眉和页脚，需要的话，请确保页眉和页脚随着章节的变化而变化。
- 添加加强图形效果的元素，如绘制的图形、图标、接续提示或用于隔离分栏或独立文章的额外线条。
- 检查每页中文字和图形的对齐方式。
- 仔细检查文本框，保证没有文字被不合理地截断。
- 创建文档索引或者目录，保证设置了文档的题目，并使用了正确的格式。
- 确保所有链接文件都可以使用，并且更新了所有链接。
- 如果无法确定使用了填充色、文字颜色或者阴影的页面的打印效果，请试着打印这些页面。需要的话，请进行修改。
- 使用拼写检查功能进行最后的检查（拼写检查功能能够自动检查文本框中的文字，但是不能检查“艺术字”的拼写）。
- 如果要将文档发送到其他地方征求意见或者进行打印，并且在文档中使用了自定义的字体，请注意将链接文件和这些字体与文档一起发送出去。

8.7　使用 Word 主控文档

使用主控文档可以同时对一组文档进行查看、重新组织或者进行其他处理。例如，编写一本书时，用户可以为每一章创建一个文档，然后将它们组合成主控文档，以便统一设置格式和编排页码，同时对所有文档进行拼写检查，或者按照每篇文档在书中的顺序打印所有文档。如果有多个人同时编写很长的报告，使用主控文档可以让每个人独立进行自己的那部分工作，而在最后将所有文档作为主控文档的一部分来设置格式。

在 Word 中有多种方法可以将其他文档的内容插入同一篇文档：可以先复制文档的内容，然后粘贴到一篇文档中，或者将其他文档作为对象链接或嵌入到当前文档中。但是这些方法都存在着一些缺点，它们无法让用户独立地处理每个章节，同时又将所有章节作为一个文档进行排版。

使用主控文档，可以将其他文档的内容以子文档的形式显示出来。子文档仍将保留其独立文档的性质，但同时也成为主控文档的一部分。在主控文档中可以直接编辑子文档，也可以分别打开并编辑子文档。但无论使用哪种方法，对子文档所做的修改都会反映到主控文档中。

使用主控文档有以下多种优点：

- 主控文档允许不同的作者分别编辑不同的子文档，同时又可以将所有子文档作为一个文档进行格式设置或进行打印，从而使多人协作完成一个项目的管理工作更加简单化。
- 在大纲视图中可以重新组织子文档。
- 在主控文档中可以对子文档连续编排页码。
- 可以对主控文档和子文档设置统一的样式或其他格式。
- 使用一个命令就可以对主控文档和所有子文档进行拼写检查。
- 可以为整本书创建索引或目录，目录中将包含所有子文档和主控文档中的全部标题。
- 主控文档编辑完毕之后，只需打印主控文档就可以按照顺序打印所有的子文档。

8.7.1 创建主控文档

创建主控文档是非常容易的，只需要切换到大纲视图，然后添加子文档即可。主控文档可以是新建的空白文档，也可以是包含了其他内容的已有文档。如果要新建空白的主控文档，请按以下步骤操作。

01 启动 Word 2019，按 Ctrl+N 快捷键新建一个空白文档。按 Ctrl+S 键将该文档另存为到本地磁盘的 History365 文件夹，文件名为“中国历史故事”（默认保存类型为 *.docx，故不必输入），如图 8-42 所示。

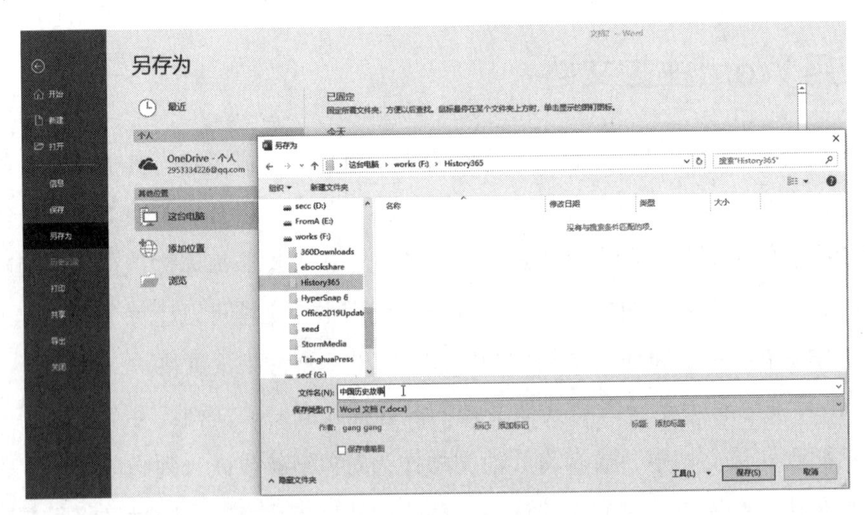

图 8-42

02 单击“视图”选项卡中的“大纲”命令切换到大纲视图。Word 将显示“大纲显示”选项卡，该选项卡中包含了许多用于主控文档的按钮，单击“显示文档”按钮可见，如图 8-43 所示。

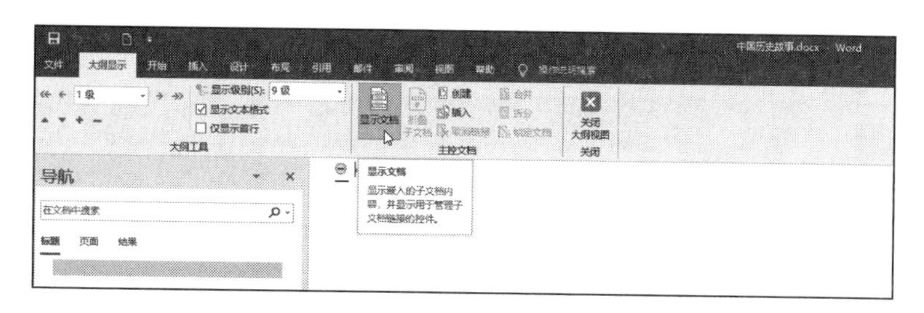

图 8-43

03 在文档中输入标题“中国历史故事”（这是一级标题）和以下简介文字（这是正文文本）。

> **提示：** 本书讲述中国历史上的经典名人故事，包括《史记》故事、《汉书》故事、《三国志》故事、《晋书》故事、南朝（宋齐梁陈）故事、北朝（魏齐周）故事、《隋书》故事、新旧唐书故事、《宋史》故事、《辽史》故事、《金史》故事、《元史》故事、《明史》故事和《清史》故事等。

大纲等级和正文的设置方式如图 8-44 所示。

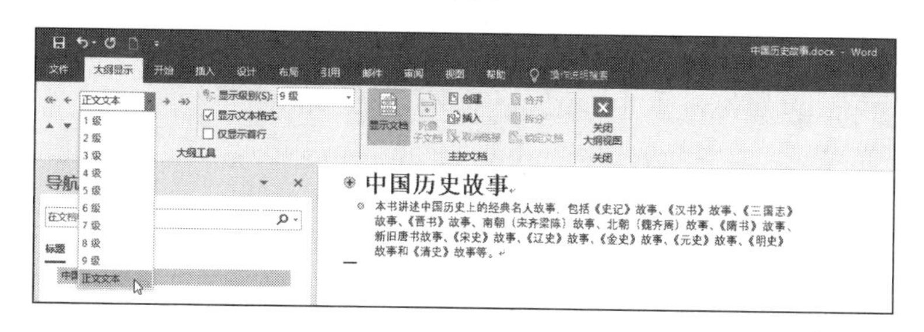

图 8-44

接下来我们将插入子文档，请保持该文档为打开状态。

8.7.2　创建新的子文档

一定要保证在创建或插入子文档时，插入点和文档顶部、插入点和插入点上方的子文档之间至少要有一个空行。额外的空行将极大地方便以后重新安排子文档的工作。

然后将插入点移动到要插入子文档的位置。由于子文档插在分节符之后，所以一定要将插入点放在空白行的开头。

子文档将被直接插入到主控文档中插入点之下。在主控文档中可以新建子文档，然后在其中输入文字，也可以插入已有文件作为子文档。但是，子文档必须以具有 Word 的“1 级”标题样式的标题开头。

要创建新的子文档，请按以下步骤操作。

01 按回车键添加 2 个空行，然后将插入点移动到要插入子文档的位置（即第 2 个空行）。

02 将该行设为“1 级”标题样式，如图 8-45 所示。

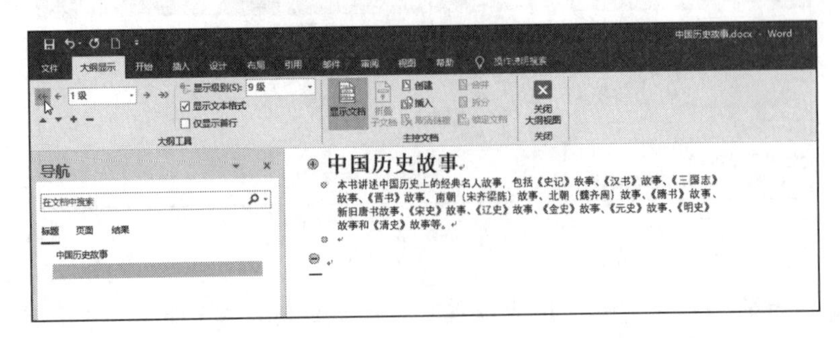

图 8-45

03 单击“大纲显示”选项卡“主控文档”工具组中的“创建”按钮。Word 将立即创建一个子文档，如图 8-46 所示。

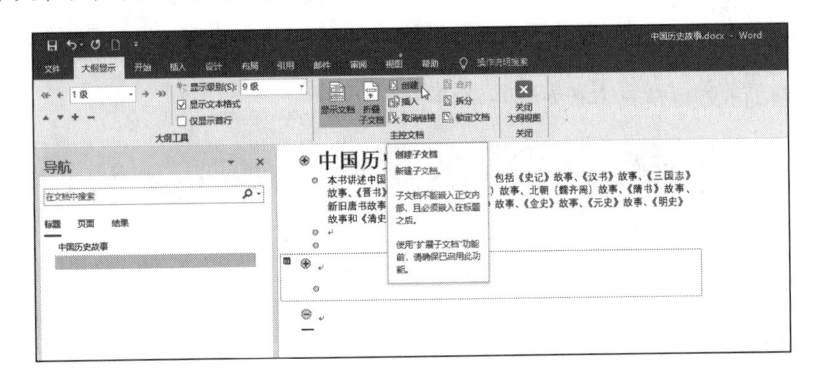

图 8-46

04 创建子文档之后，可以在新文档中输入标题和文字，如图 8-47 所示。

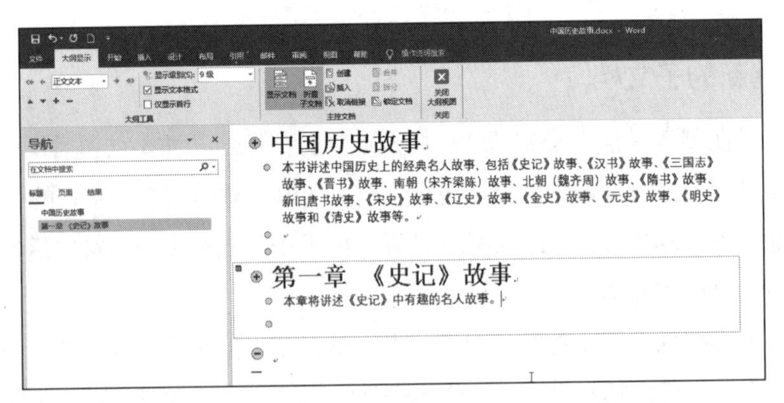

图 8-47

05 在子文档中插入了文字或对象之后，请按 Ctrl+S 键保存子文档。Word 自动将子文档保存为同一个文件夹下的单独文件，并将子文档开头具有“1 级”标题样式的标题作为新文件的名字，如图 8-48 所示。

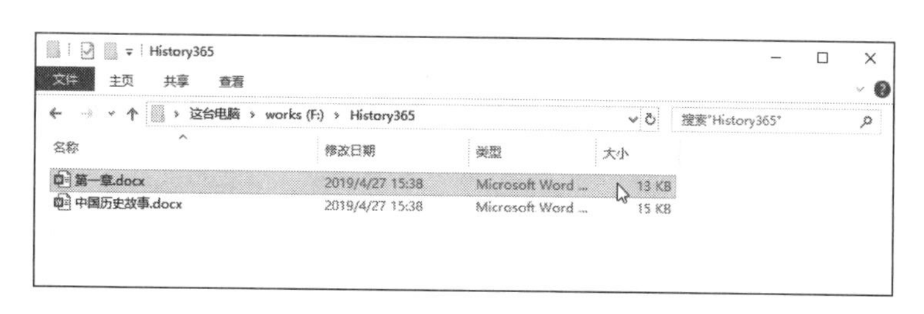

图 8-48

06 按同样的方法，插入多个新的子文档。在保存文件之后，到 Windows“资源管理器”中查看，会发现 Word 一共保存了 8 个文件（1 个主控文档 +7 个新建的子文档），如图 8-49 所示。

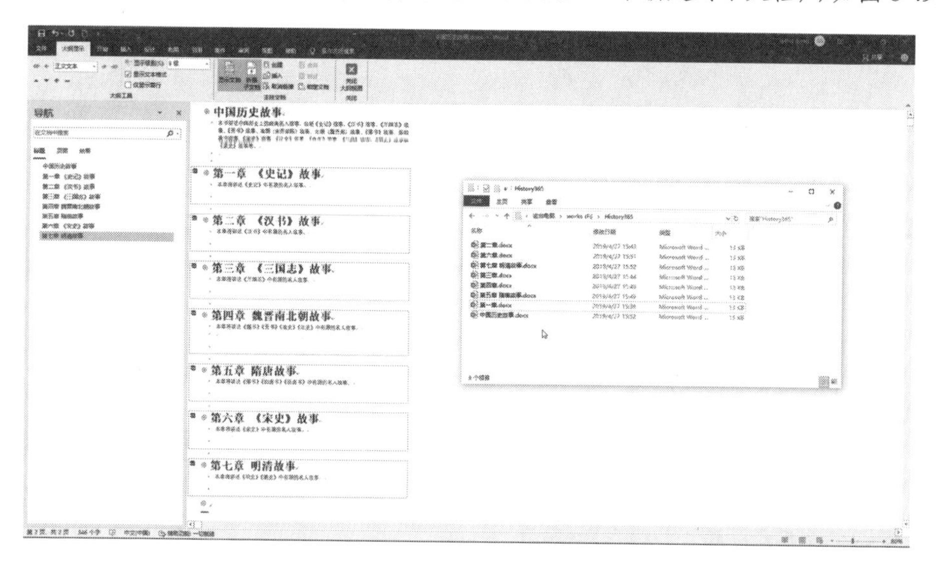

图 8-49

接下来我们需要编辑这些子文档的内容，请继续以下操作。

8.7.3　编辑主控文档的内容

使用主控文档的一大优点就是可以统一地将主控文档中的样式应用于所有子文档。这意味着用户可以快速创建风格统一的子文档内容。

请继续按以下步骤操作。

01 单击“大纲显示”选项卡上的“关闭大纲视图”按钮，回到页面视图。

02 以“中国历史故事”为书名，换行输入“启明星 著”作为作者占位符。按回车键调整这两行的位置，使其居于页面中央，然后单击“插入”选项卡“页面”工具组中的“分页”按钮，强制分页，如图 8-50 所示。

03 添加内容简介、致谢、关于作者、关于审稿者和前言部分。需要说明的是，这 5 部分的内容都需要各自分页，本示例为精简操作步骤，把它们放在了一起。事实上，它们的内容也应该继续展开，这里只是提供了一个简单的类似占位符性质的文本，如图 8-51 所示。

图 8-50

提示：这 5 部分的标题均为 2 级，可以从左侧的“导航”窗格中清楚地看到标题的级别。

04 定位到文本末尾，添加参考文献部分。参考文献也是 2 级标题，并且单独占页，如图 8-52 所示。

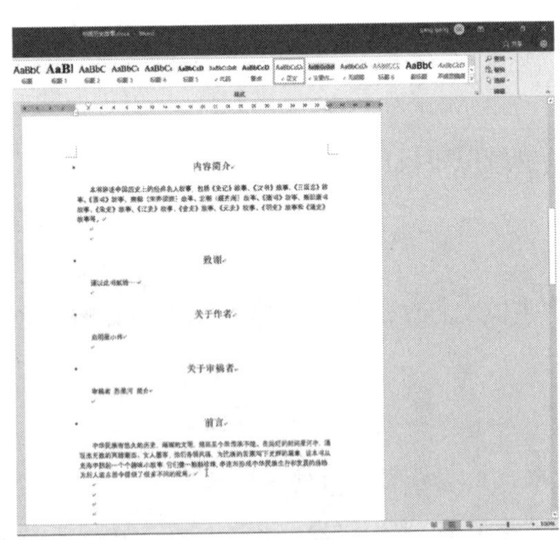

图 8-51

图 8-52

说明：这些参考文献仅作为占位符示例，为虚拟书目，非实际文献。

注意：参考文献仍然是主控文档的一部分，而不属于第七章 明清故事。

至此，主控文档的编辑暂时结束。虽然还欠缺目录，但是由于目前内容较少，所以可等待编辑完子文档之后再添加。

8.7.4　处理分节符

Word 插入每个子文档时，将在子文档前后添加分节符。关闭“主控文档”视图时，这些分节符就会显示出来。如果没有看到分节符，则可以单击“开始”选项卡“段落”工具组中的“显示 / 隐藏编辑标记”按钮，如图 8-53 所示。

如果需要，可以改变甚至删除分节符。当然，分节符是比较重要的版式定界工具，轻易不要删除。

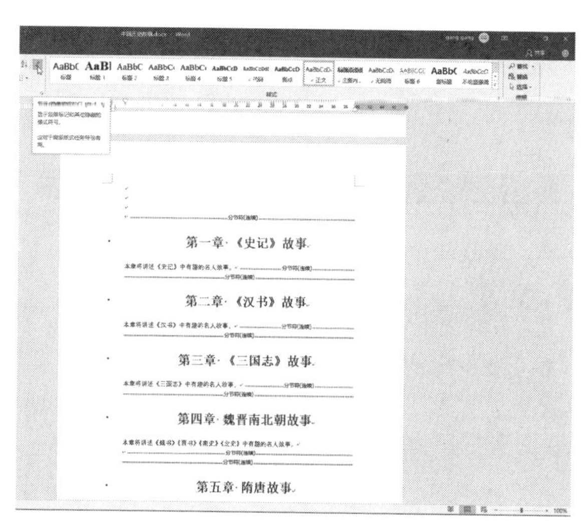

图 8-53

8.7.5　编辑子文档

接下来我们需要编辑示例子文档。请继续按以下步骤操作。

01 在“第一章 《史记》故事”后面按回车键添加段落，然后编写该章的各个小节的内容。

> **注意：**该章的内容应该始终在该章的分节符之内。

02 章名已经设置为 1 级标题，其他小节按内容之间的逻辑顺序依次为 2 级、3 级和 4 级标题。如果全篇内容比较复杂，可能还会有更多的标题层级。一般来说，有 4 级标题基本上就可以处理大部分写作了。实际内容一般可应用正文样式，如图 8-54 所示。

03 在文档编辑窗口中识别这些标题的层级可能有些困难（具体取决于用户的文档的样式设计），但是如果查看左侧的“导航”窗格就清晰得多。当然，对于比较复杂的标题，还有一种清晰标识的方法，那就是添加序号，如图 8-55 所示。

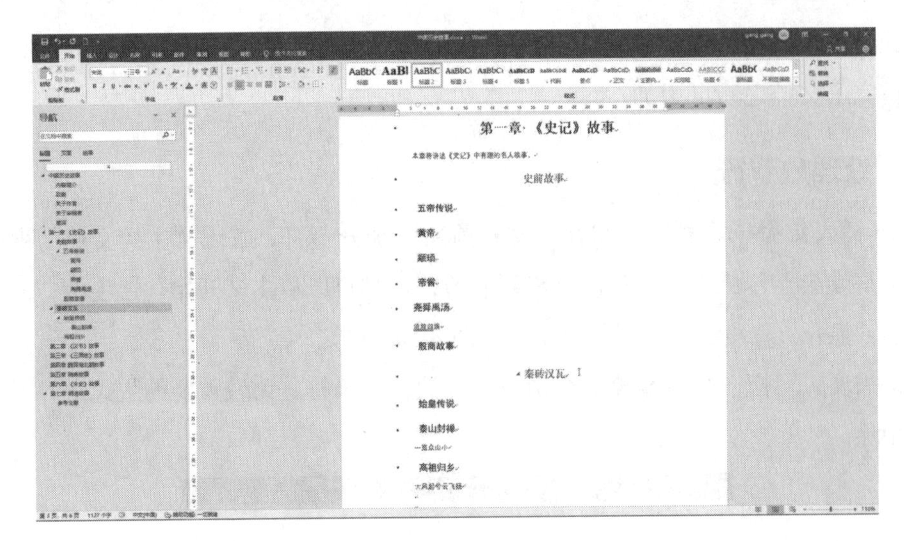

图 8-54

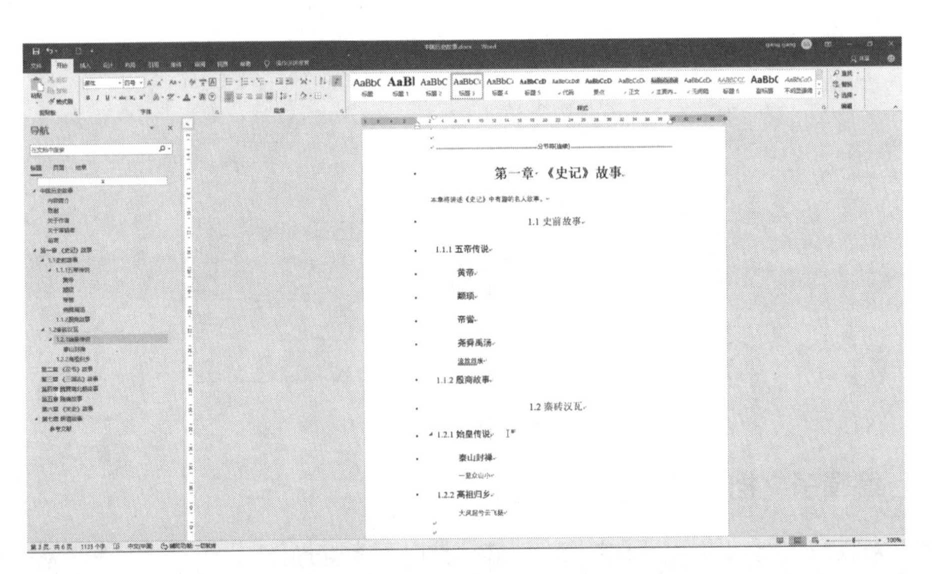

图 8-55

说明：经过这样的处理之后，这个大纲看起来编写体例就非常清晰了。不过，这种使用数字序号的大纲编写方式多见于计算机图书（例如，本书就是这样处理的），文史类图书比较少见。读者也可以先编写这样一个大纲，在最后成稿之后再把它们删除掉。

04 按照同样的方式，可以编写其他各章的大纲。再重复一遍，这些大纲内容需要在它们各章的分节符内，如图 8-56 所示。

到目前为止，这些子文档的大纲已经完成，它们可以在各自的文档中打开编辑，也可以直接在主控文档中编辑。不过，在此之前，我们还可以执行一些在主控文档中比较方便的操作。例如，添加页眉和页脚、添加页码、创建目录、索引和交叉引用等。

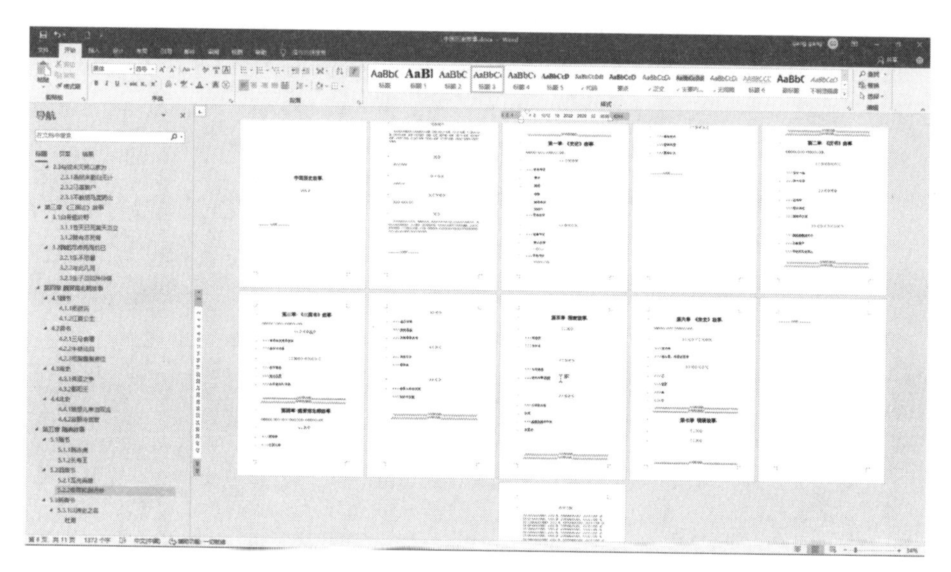

图 8-56

8.8　在文档中添加自动化项目

在 Word 排版中，有些页面元素是无须人工干预的，它们与编号性质相关，并可能经常需要更新。例如，页码表示某个页面在文档中的顺序号。另外，目录也是文档的自动化元素，充分利用这些元素的自动化功能，可以极大减轻用户的工作量，提高工作效率。

8.8.1　添加页眉和页脚

页眉位于页面的顶部，页脚位于页面的底部，用户可以在页眉或页脚中放置对文档十分有用的信息。例如，可以在页眉中放入文档的标题，如果文档细分为篇章，则可以放置篇名或章名；还可以在页脚中放置文档的页码和总页数，这样便于用户时刻了解自己在文档中的当前位置以及文档的总页数。

要添加页眉和页脚时，具体操作步骤如下。

01 按 Ctrl+Home 键快速到达文档的第一页，切换到“插入”选项卡的“页眉和页脚”工具组，单击“页眉”按钮，打开一个弹出菜单，如图 8-57 所示。

02 在弹出的菜单中可以选择 Word 预置的页眉，也可以单击“编辑页眉”按钮，然后进入页眉的编辑状态。插入一幅图片，然后添加主控文档的标题艺术字，如图 8-58 所示。

03 按 Esc 键即可退出页眉或页脚的编辑状态，页眉在各页的显示效果是一样的，如图 8-59 所示。

当需要再次编辑页眉或页脚时，只需双击页面顶部或底部的页眉或页脚区域即可。

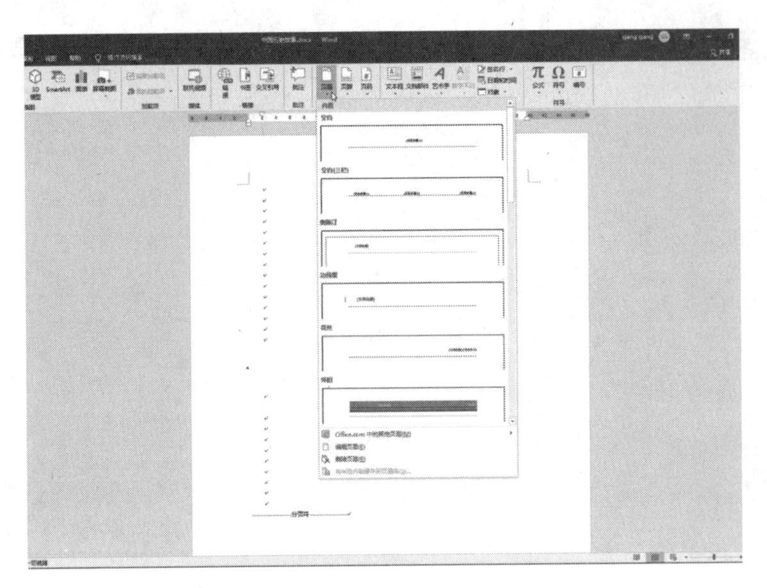

图 8-57

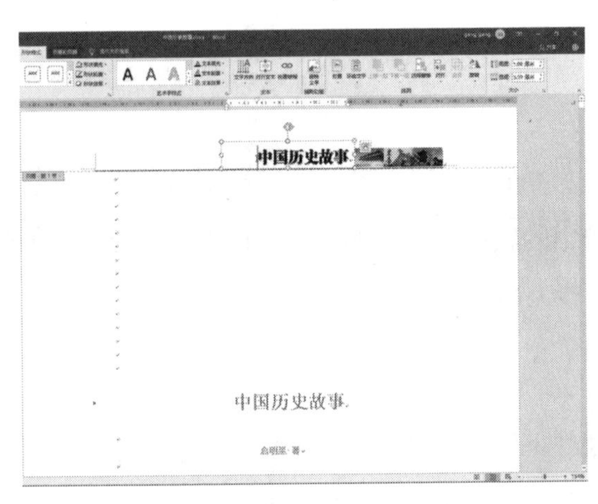

图 8-58

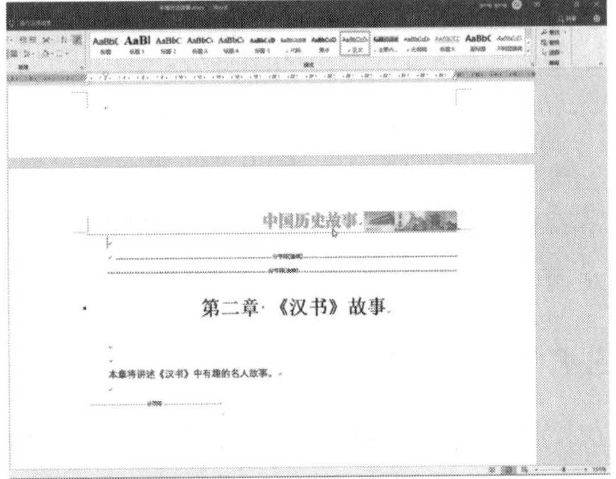

图 8-59

8.8.2 添加页码

在文档中插入页码，其实质仍然是编辑页眉或页脚中的内容。一般情况下，页码可添加在页脚中，其操作步骤如下。

01 切换到“插入”选项卡的“页眉和页脚”工具组，单击“页码”按钮，如图 8-60 所示。

02 在弹出的菜单中选择要插入的页码位置，包括页眉顶端（页眉）、页眉底端（页脚）和页边距 3 种。本示例中我们选择了“页面底端”，然后在打开的列表中选择一种页码的格式，如图 8-61 所示。

03 插入的效果如图 8-62 所示。

04 定位到第 1 章的第 1 页，选中页码，单击“页眉和页脚”工具组中的“页码”按钮，

从快捷菜单中选择“设置页码格式”，如图8-63所示。

图 8-60

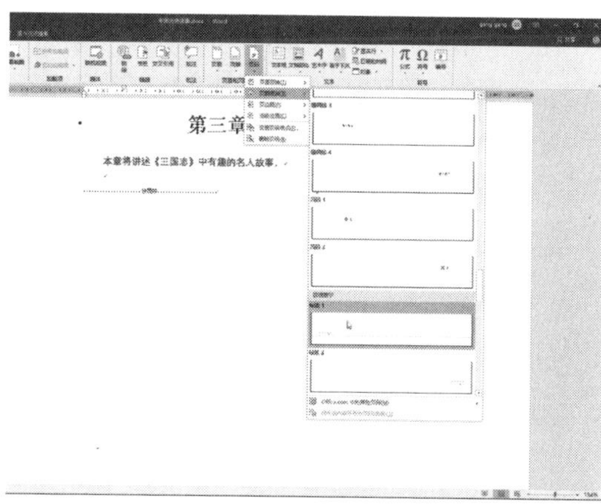

图 8-61

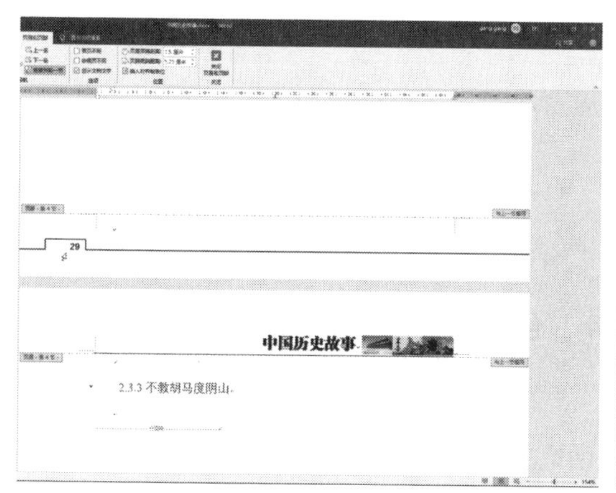

图 8-62

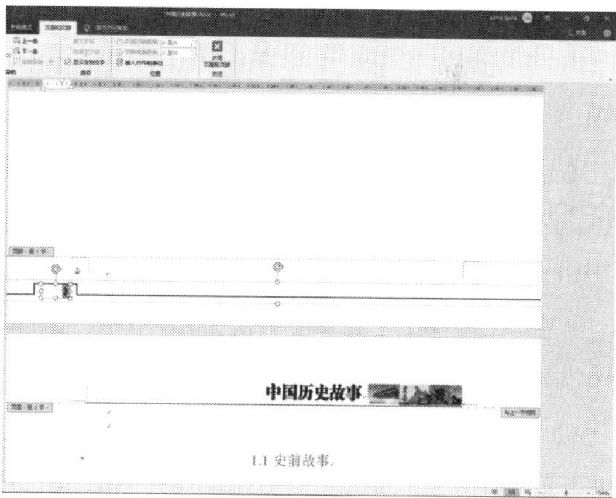

图 8-63

05 在出现的“页码格式”对话框中，选择“页码编号”为“起始页码”，如图8-64所示。

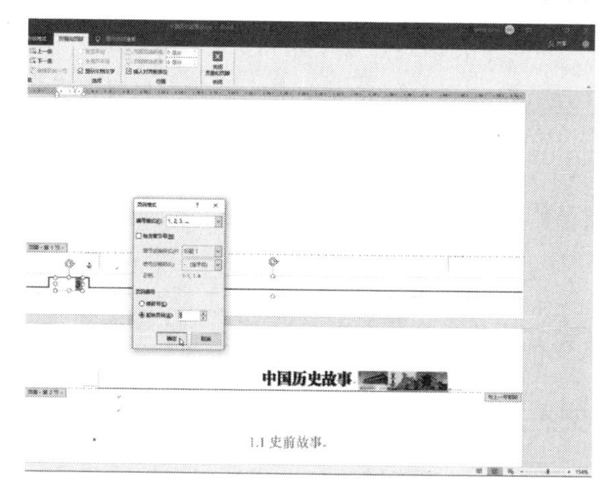

图 8-64

06 这样之后的页码将重新调整。在本示例中，第一章之后的页码会重新开始，这也是制作全书目录必要的前提，如图 8-65 所示。

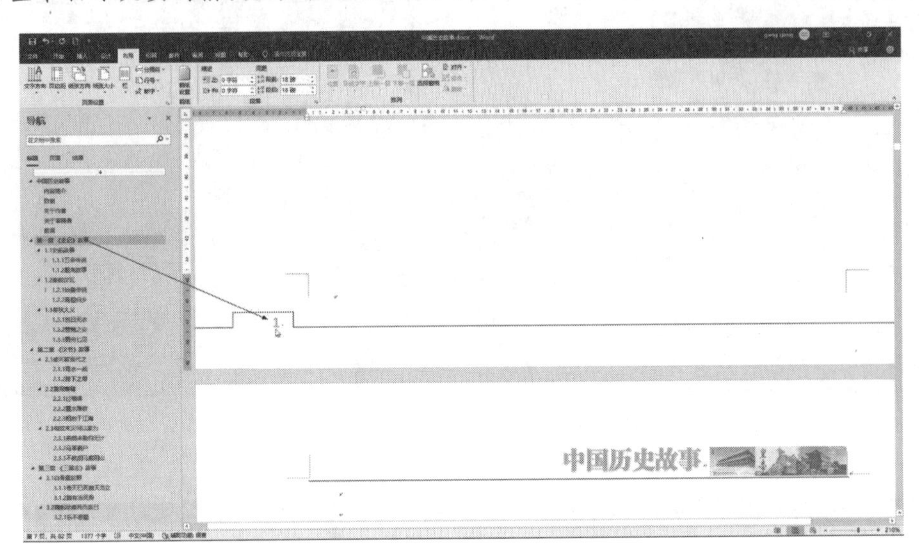

图 8-65

8.9 创建目录

在 Word 中可以为文档添加目录或其他引用。包括：

1. 目录（TOC）

列出了文档中各章节的标题、子标题以及所需的其他内容。

2. 图表目录（TOF）

列出了文档中的所有图表。

3. 引文目录（TOA）

列出了法律文献中引用的案例、研究论文中的参考书目及其作者，以及其他引文。

4. 索引

按照字母顺序列出了用户标记出的条目及其出现的页码。

5. 交叉引用

可以引导读者跳转到文档的其他部分以阅读关于某个主题的详细内容。

8.9.1 通过标题样式生成目录

利用 Word 提供的“标题”样式能够迅速生成任何文档的目录。Word 会收集所有使用

了"标题"样式的标题并在目录中按照一定的顺序安排这些标题。"标题"样式级别决定了目录的缩进量。例如，"标题 2"样式会相对于"标题 1"样式向右缩进。另外，在建立目录时，也可以让 Word 包含使用其他样式的文字。

创建目录时，Word 将在插入点所在的位置新建一节并将目录置于其中。目录实际上是一个大的数据域，但是用户可以选定、编辑每个目录项，或重新设置其格式，也可以移动整个目录。

要利用"标题"样式自动生成目录，请按以下步骤操作。

01 使用 Word 提供的"标题"样式设置文档中所有标题的格式。在本示例中，该操作已经完成。

02 校对文档并利用 Word 提供的校对工具检查拼写、语法以及文字的可读性，以保证文字完全符合用户的要求。

03 将插入点移动到要插入目录的位置。在本示例中，我们可以在"前言"之后，"第一章"之前的空白页上插入目录。

04 选择"引用"选项卡中的"目录"按钮，在弹出菜单中选择"自定义目录"命令，如图 8-66 所示。

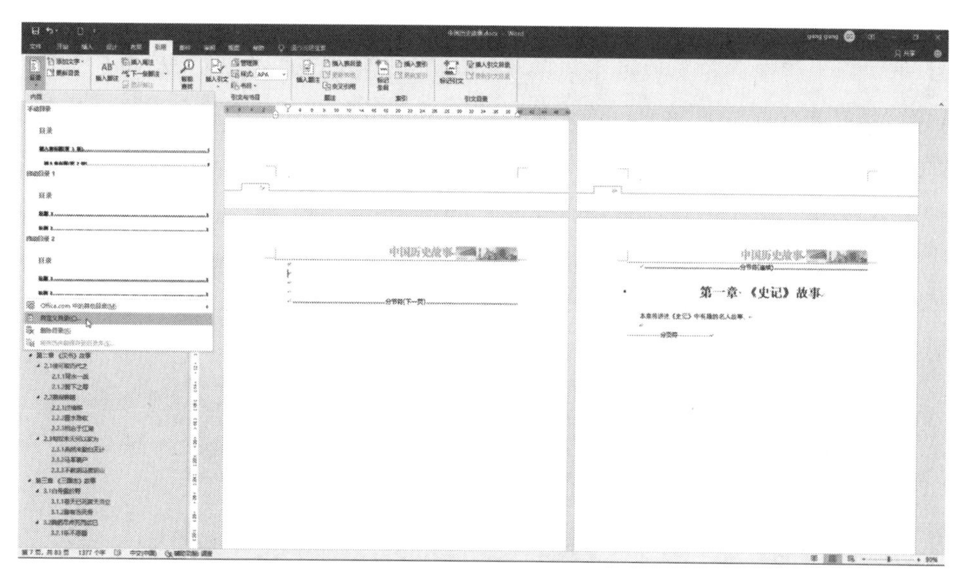

图 8-66

05 在出现的"目录"对话框中，选择"格式"为"正式"，"显示级别"为 3（表示标题显示到级别 3 为止），如图 8-67 所示。

06 单击"确定"按钮，可以看到 Word 就会将目录添加到文档中。而且再次确认，从"第一章"开始，页码是重新排序的，如图 8-68 所示。

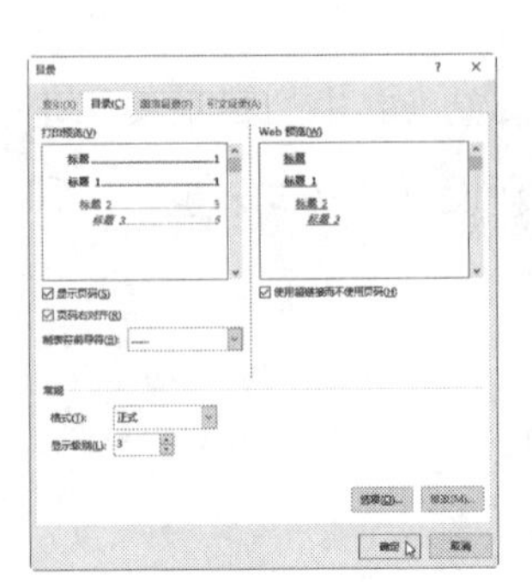

图 8-67

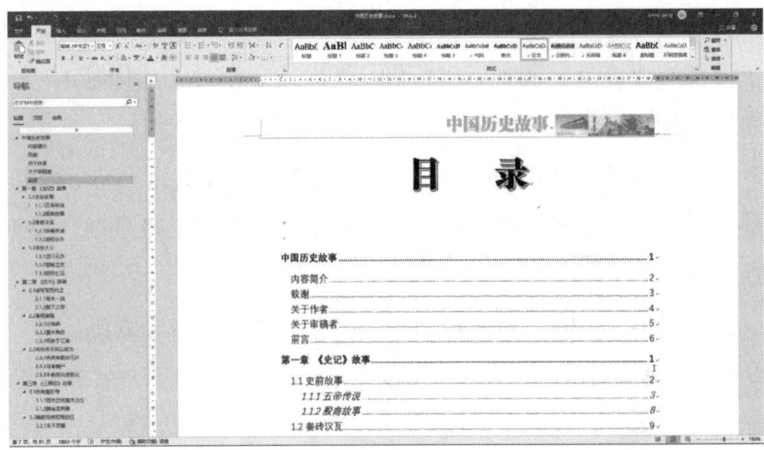

图 8-68

提示：使用 Word 2019 提供的常规输入和格式设置工具可以为目录插入标题。例如，在图 8-69 中可见，我们插入了一个艺术字形式的目录标题。

8.9.2 重新设置目录的格式

要重新设置目录的格式，按以下步骤操作。

01 单击选中要修改格式的目录。例如，在图 8-68 中可见，3 级标题的目录样式被设计为斜体，而在中文版式设计中，斜体较少被使用，所以我们需要将它们修改为正体。最简单的方式就是选中需要修改的目录标题，然后单击“开始”选项卡“字体”工具组中的“倾斜”按钮或直接按 Ctrl+I 快捷键，如图 8-69 所示。

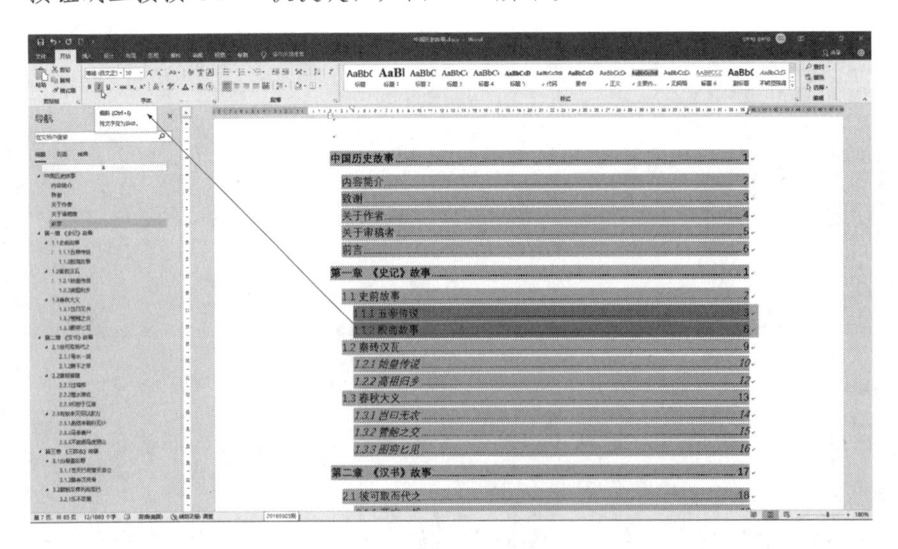

图 8-69

02 上述方法虽然简单，但是效率较低。例如，在图 8-69 中可见，虽然选中的两行 3

级目录标题都已经改为正体了，但是其他 3 级目录标题仍然是斜体样式的。要以更高效的方式重新设置目录的格式，则可以单击“开始”选项卡“样式”工具组右下角的“样式”按钮。打开“样式”面板，可以看到选中的两行 3 级目录标题已应用的样式为 TOC3，右击该样式，在弹出菜单中选择“修改”，如图 8-70 所示。

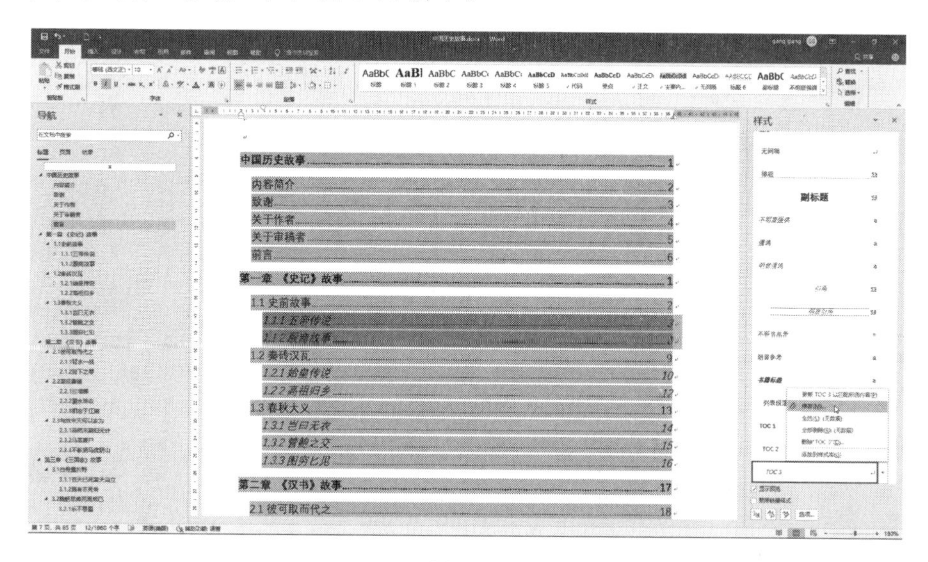

图 8-70

03 在出现的“修改样式”对话框中，单击取消斜体样式，如图 8-71 所示。

04 单击“确定”按钮关闭对话框。回到文档编辑窗口即可发现，所有 3 级标题目录都已经变成了正体，这就是使用样式的高效率之所在，如图 8-72 所示。

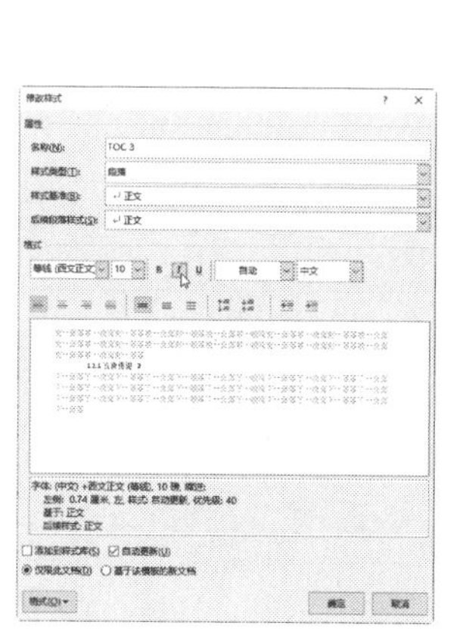

图 8-71

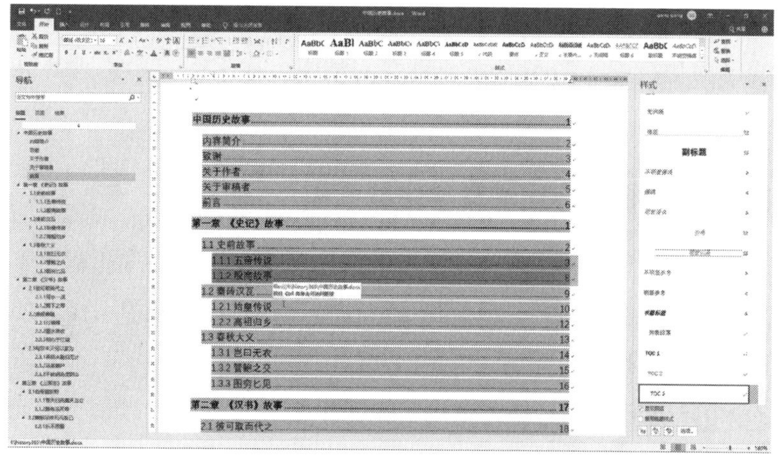

图 8-72

8.9.3 更新目录

编写文档时，最好将生成目录的工作放在最后进行，以反映最新的标题、目录项域以及要包含在目录中的其他元素。如果在生成目录后对文档进行了修改，也可以随时更新目录。其操作方法如下。

01 在目录中单击鼠标右键，并选择快捷菜单中的“更新域”命令，如图 8-73 所示。

02 Word 将提示用户选择是更新整个目录还是只更新页码，直接单击“确定”按钮可只更新页码；如果选择“更新整个目录”选项并单击“确定”按钮，则 Word 将更新整个目录，如图 8-74 所示。

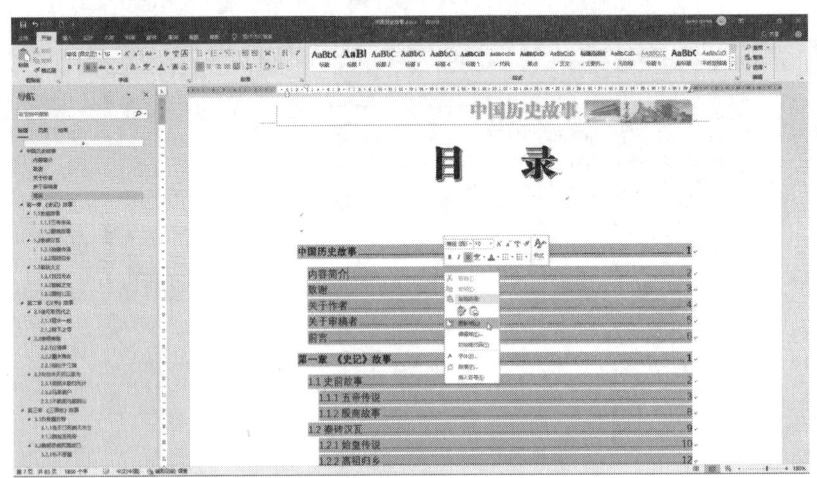

图 8-73

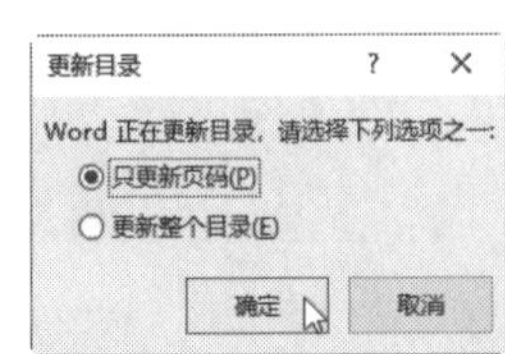

图 8-74

8.10 创建索引

通过收集使用专门的索引域标记的目录项，或文档中出现的包含在单独创建的列表中的单词和短语，Word 能够自动在文档中生成索引。和其他类型的目录类似，索引也是一个大域。

8.10.1 根据标记的文字生成索引

如果要根据标记的文字生成索引，必须标记要包含在索引中的每个单词或短语。如果用户正在编写长文档，最好在最后校对文档时进行这项工作。如果要插入索引标记，请按以下步骤操作。

01 选择要标记的文字，例如“黄帝”。

02 按 Shift+Alt+X 组合键打开“标记索引项”对话框，如图 8-75 所示。

> **提示：**通过鼠标操作访问“标记索引项”的方法是：切换到“引用”选项卡，单击“索引”工具组中的“标记条目”命令。

03 单击“标记”按钮将只标记这一个索引项，而单击“标记全部”按钮将标记整篇

文档中出现的所有索引项，如图 8-76 所示。在标记了一个索引项之后，对话框仍显示在屏幕上，这样就可以选择并标记文档中其他文字。

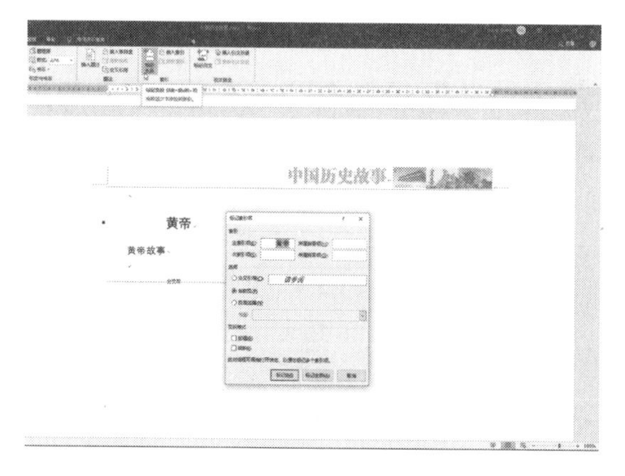

图 8-75

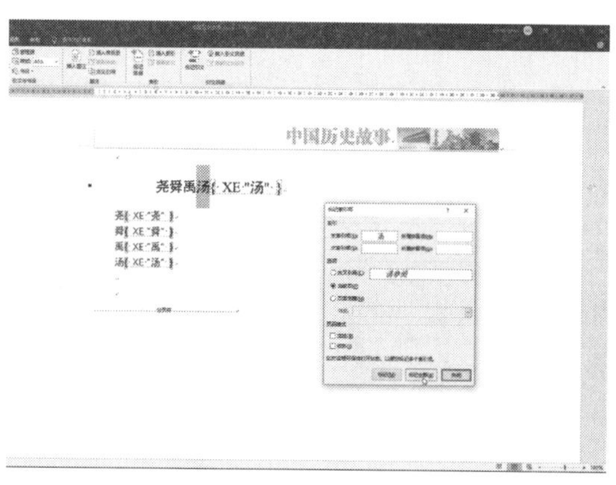

图 8-76

04 在对话框外单击鼠标，并选定另一个索引项，然后单击“标记索引项”对话框以重新激活该对话框。重复这一步骤直到标记了全部索引选项为止。

05 标记完所有索引项之后，单击对话框中的“关闭”按钮关闭对话框。

> **注意：**使用“标记全部”按钮标记索引项时一定要小心。除非所选文字有一个合适的名字或者是技术术语，否则 Word 很可能会标记并不真正属于索引的条目。

8.10.2　创建索引

标记了所有要出现在索引中的索引项之后，创建索引就变得非常简单了。其具体的操作过程和在文档中创建目录或其他目录非常相似。

01 将插入点移动到要插入索引的位置，通常是文档结尾，出现在“参考文献”之后。单击“引用”选项卡“索引”工具组中的“插入索引”按钮，如图 8-77 所示。

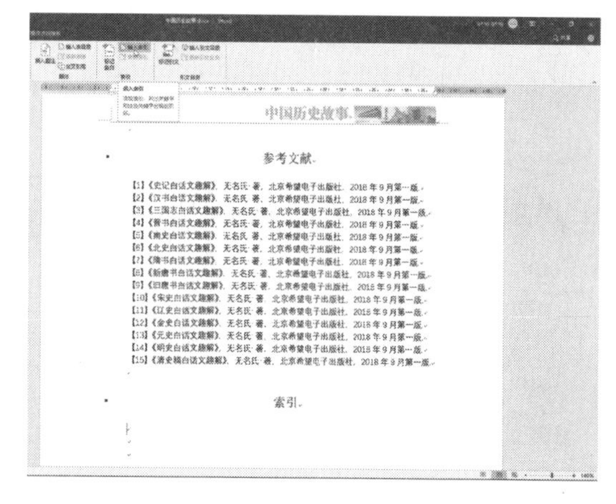

图 8-77

02 在出现的“索引”对话框中，选择“格式”模板为“正式”，并且选中“页码右对齐”复选框。其他选项可暂时按默认设置，如图 8-78 所示。

03 单击“确定”按钮。Word 会将索引作为一个大域添加到文档中，如图 8-79 所示。

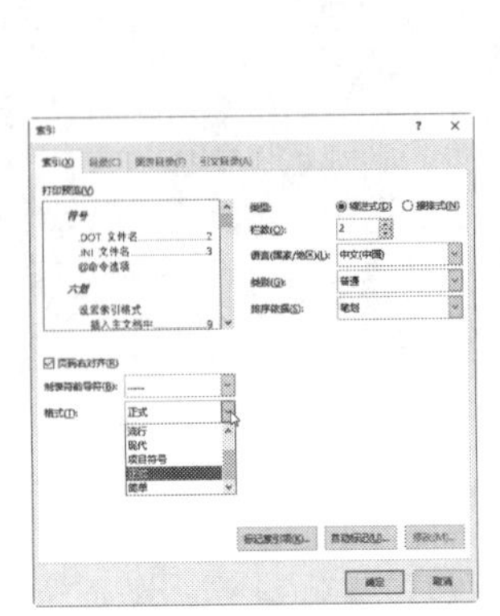

图 8-78

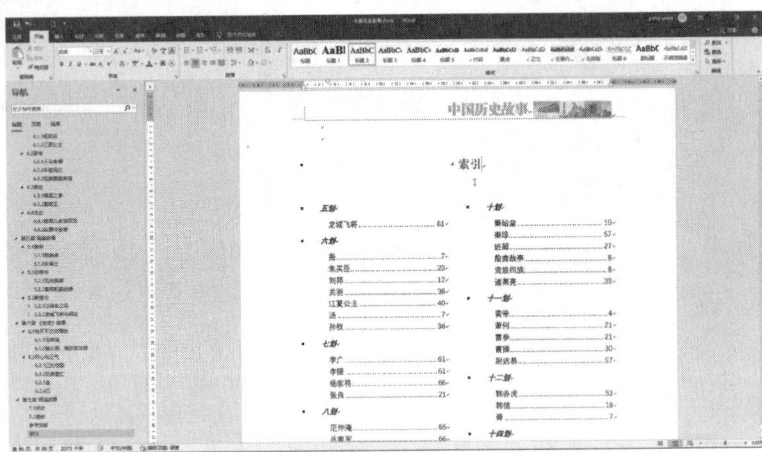

图 8-79

04 从图 8-79 可以看出索引栏数（默认为两栏）、以笔画数排序的结果。

如果标记了许多索引项，索引可能会占据几页。如果索引中大多数是比较短的条目，就可以将索引设置为三栏，而不是两栏，以节省一些纸张。

在“语言（国家 / 地区）”中默认选择的是当前本机系统的区域。对于中文地区，可以使用“笔划”作为排序依据，也可以选择“拼音”作为排序依据。但是对于英文索引项而言，任何时候都是以字母顺序（A~Z）进行排序的。事实上，中文也更适合以拼音为序，如图 8-80 所示。

05 经过上述调整之后，在文档中添加的索引（中文以拼音为排序依据）如图 8-81 所示。

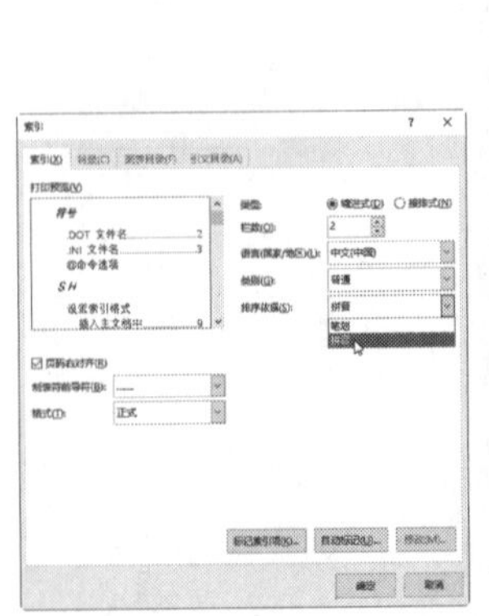

图 8-80

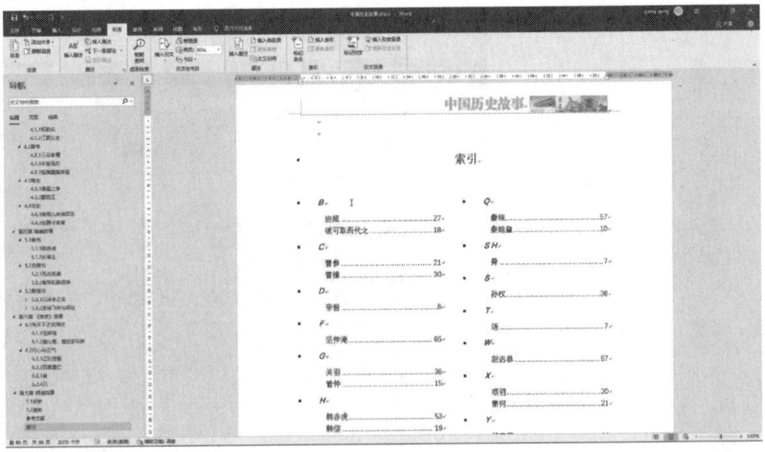

图 8-81

8.10.3　重新设置索引的格式

在文档中生成了索引之后，可以选定索引中的文字并手工重新设置其格式，也可以修改索引样式改变某一级索引文字的格式。这和目录标题样式的修改是一样的。其操作方法如下。

01 选择要修改样式的索引，单击“开始”选项卡“样式”工具组右下角的“样式”按钮，打开“样式”面板，如图 8-82 所示。

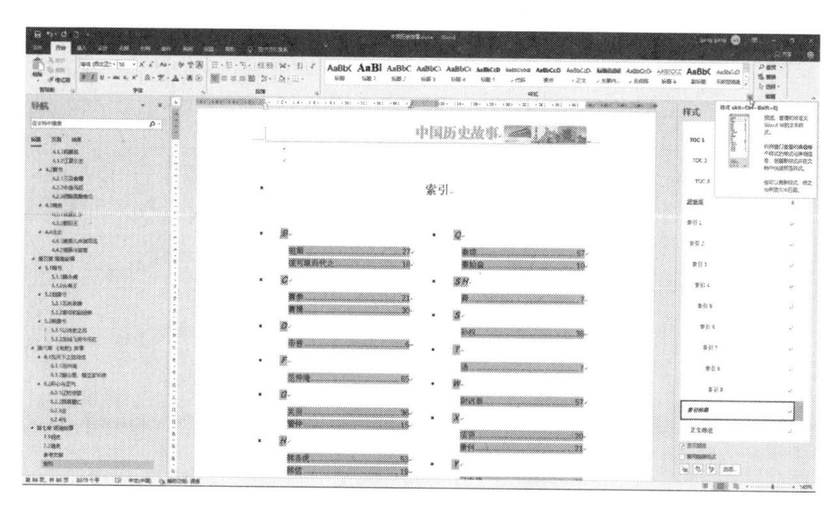

图 8-82

02 在本示例中可以看到，索引标题字母是斜体的，它应用的样式是“索引标题”，右击该样式，在弹出的快捷菜单中选择“修改”，然后在打开的“修改样式”对话框中，取消其斜体效果，并且选择字体为 Courier New，如图 8-83 所示。

03 单击“确定”按钮，现在可以看到索引标题字母已经不再是斜体了，而且字体也变成了 Courier New，如图 8-84 所示。

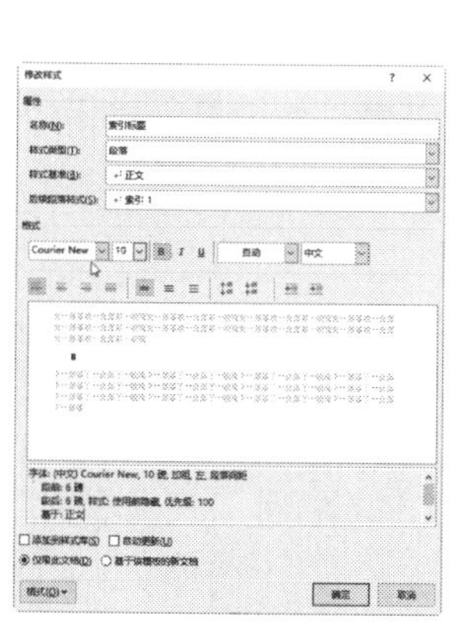

图 8-83

中国历史故事

索引

B
班超 27
[illegible] 18

C
曹参 21
曹操 30

D
[illegible] 6

F
范仲淹 65

G
关羽 36
管仲 15

H
[illegible] 53
韩信 19

Q
[illegible] 57
秦始皇 10

SH
[illegible] 7

S
孙权 36

T
汤 7

W
[illegible] 57

X
项羽 20
萧何 21

Y

图 8-84

8.10.4 更新索引

如果标记了其他索引项，或者修改了文档中的文字使索引项的位置发生了变化，就需要更新索引。更新索引的方法是：在索引中单击鼠标，然后按 F9 键；或者在索引中右击并选择快捷菜单中的“更新域”命令，如图 8-85 所示。

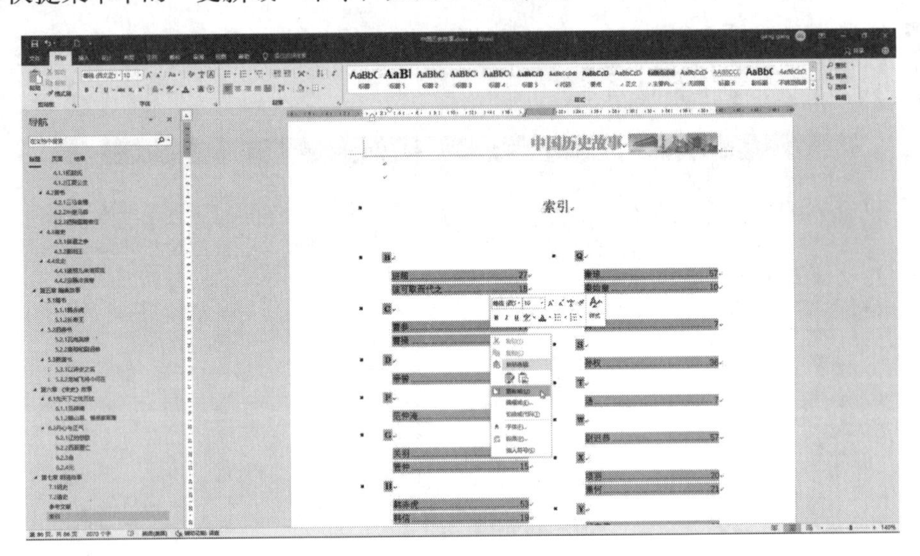

图 8-85

8.11 创建交叉引用

交叉引用是引导读者跳转到文档中其他位置的文字。交叉引用通常采用斜体字（英文版式），或者包含在引号中，它们指向文档中的某个特定位置，如某章或某页。

当然，只需在文档中输入适当的文字就可以手工创建交叉引用，但是使用 Word 2019 插入交叉引用时，Word 2019 能够自动生成引用文字、页码、章节或其他引用位置。另外，以后如果修改了文档，Word 2019 将自动修改引用位置。交叉引用可以按超级链接的形式插入文档，这样读者只要单击交叉引用就可以跳转到文档中相应的位置。

Word 只能创建指向同一文档或主控文档中的其他位置的交叉引用。如果要创建指向其他文档的交叉引用，请使用超级链接。

如果要插入交叉引用，请按以下步骤进行操作。

01 将插入点移动到要插入交叉引用的位置，然后输入交叉引用开头的文字，如“请参阅”或“详情请见”。

02 选择“引用”选项卡的“题注”工具组中的“交叉引用”按钮，打开“交叉引用”对话框。

03 使用“引用类型”列表选择交叉引用要包含的条目类型。例如，如果选择了“标题”，

就可以在下面的“引用哪一个标题”列表中看到文档标题的列表。

04 从列表中选择文档的标题、书签或其他元素。这些元素表明交叉引用要指向的引用信息。

05 在“引用内容”下拉列表中选择要显示的引用信息。例如，可以引用标题文字、页码或列表中的编号。

06 选中“插入为超链接”对话框可以将交叉引用作为超级链接插入文档。这样，读者在联机阅读文档时，只需单击交叉引用就可以立即跳转到引用位置。

07 单击“插入”按钮插入交叉引用，如图 8-86 所示。

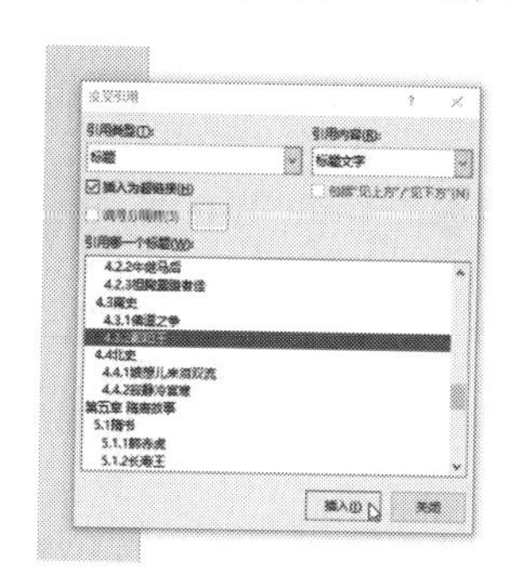

图 8-86

08 Word 将插入所选的引用文字，同时“交叉引用”对话框仍然停留在屏幕上，这样就可以插入其他引用。单击“关闭”按钮可关闭对话框。

> **提示：** 在插入交叉引用时，Word 实际上是插入了一个域。

第 9 章 Word 页面设置和打印输出

Word 2019 中提供了非常强大的打印功能，可以很轻松地按要求将文档打印出来，在打印文档前可以进行先预览文档、设置打印范围等操作，还可以进行后台打印以节省时间。

≫ 本章学习内容：

- Word 页面布局设置
- 页面版块划分
- 打印输出

9.1 Word 页面布局设置

本节将页面布局分为 3 个部分进行讲解，即纸张的整体设置、文档版心的设置、文档内每页字数的控制。这些项目的设置对于 Word 文档外观和打印结果都有直接的影响。

9.1.1 纸张设置

纸张的大小决定了文档每页内容的多少，而且是以合理利用文档空间进行排版为前提的。因此，在进行其他页面设置之前，应该首先将纸张大小确定下来。否则在设置好其他部分后再调整纸张大小，会使已经排好的版面变得错乱。

我们平时用得最多的纸张大小是 A4 幅面的。这类纸张的大小是 297 毫米 ×210 毫米。除了 A4 纸外，还有很多其他不同型号的纸张，如 A3、A5、B4、B5 等。纸张也有方向之分，有横向和纵向两种，至于使用哪种方向则根据实际需求而定。

要设置纸张的大小和方向时，其具体操作步骤如下。

01 切换到“布局”选项卡，单击“页面设置”选项组右下角的“页面设置”按钮，打开如图 9-1 所示的“页面设置”对话框。

02 在“纸张”选项卡中可以选择纸张大小，或直接修改“宽度”和“高度”的数值。如果修改后的纸张尺寸不是 Word 内置的标准尺寸，那么将在上方显示“自定义大小”字样，表示当前的纸张大小是自定义类型，如图 9-2 所示。

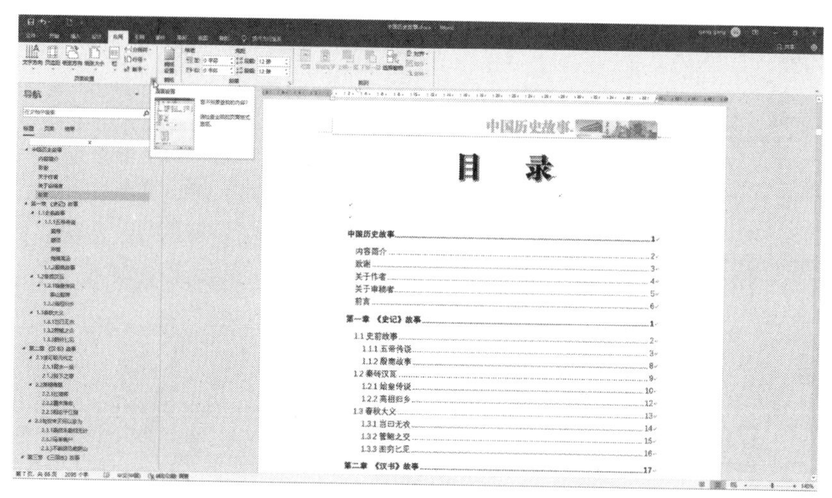

图 9-1

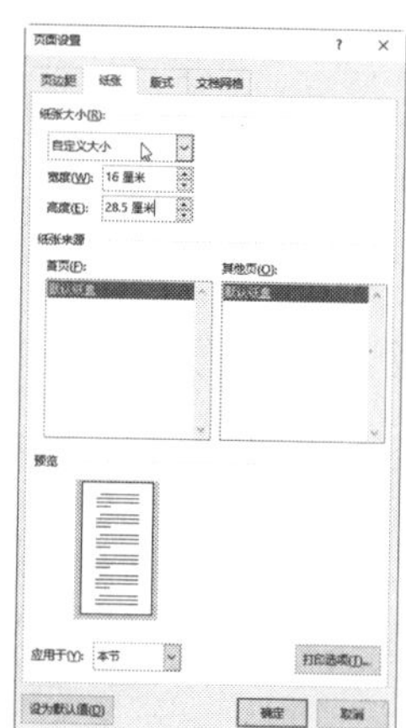

图 9-2

9.1.2　版心设置

版心是指位于页面中央、编排有正文文字的部分，其上方有页眉和天头，下方有页脚和地脚，左右两侧还有留白。版心大小由纸张大小决定。

提示：“天头”是指每个页面顶部的空白区域；“地脚”是指每个页面底部的空白区域。

在指定纸张大小的情况下，页边距的大小直接影响到版心的大小。页边距是指页面中正文文字两侧与页面边界之间的距离。增加页边距的用量，则会减小版心的尺寸；反之，则会增大版心的尺寸。

要设置页边距的大小时，具体操作步骤如下。

01 打开“页面设置”对话框，切换到“页边距”选项卡。

02 在该选项卡的“页边距”选项组中自定义页边距的大小，只需指定“上”“下”“左”和“右”4 个数值即可，如图 9-3 所示。

页眉和页脚区域的大小是包含在页边距范围内的。要指定页眉和页脚的大小，可按以下步骤操作。

01 打开“页面设置”对话框，切换至“版式”选项卡。

02 修改“页眉”和“页脚”文本框中的数值，即可指定页眉和页脚区域的大小，如图 9-4 所示。

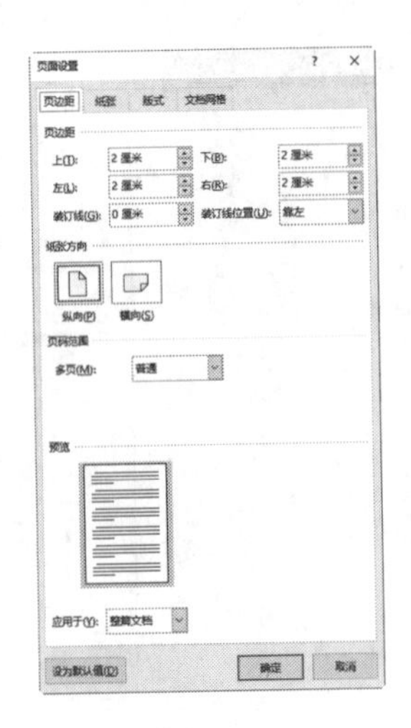

图 9-3

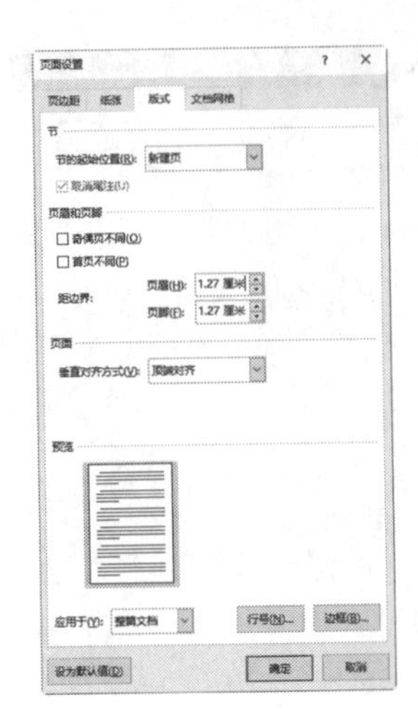

图 9-4

9.1.3 指定每页字符数

在 Word 中，可以灵活地控制文档内每一页所包含的文字量，其操作方法如下。

01 打开“页面设置”对话框，切换到“文档网格”选项卡。

02 选中“指定行和字符网格”单选按钮，然后可以指定文档每个页面所包含的行数以及每行所包含的字符数，如图 9-5 所示。

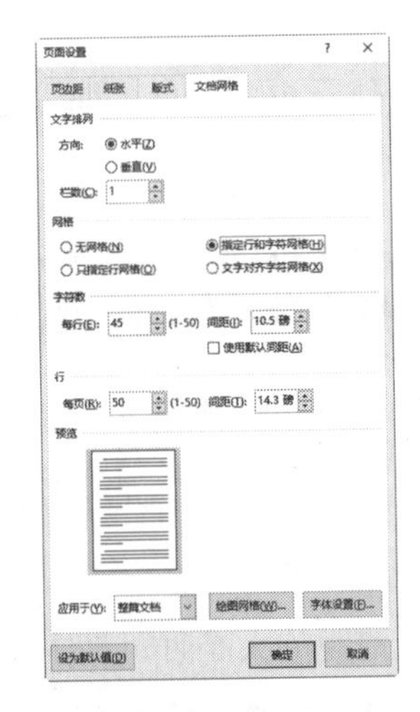

图 9-5

9.2 页面版块划分

在 Word 中排版时，如果能对页面版块进行划分，则可以制作出具有多种版式的文档，使页面视觉效果更加丰富。通过对文档进行分页、分节和分栏处理，可以获得多种不同的版式。

9.2.1 插入分页符

在 Word 中，每当输入的内容布满一个页面时，Word 将自动添加一个新的页面，然后接着上一页继续输入内容。如果希望在某个位置之后强制转到下一页，则可以手工强制分

页，其操作有以下 3 种方法。

01 单击要进行分页的位置，然后切换到“插入”选项卡，单击“页面”工具组中的“分页”按钮，如图 9-6 所示。

02 切换到“布局”选项卡，单击“页面设置”工具组中的“分隔符”按钮，从弹出菜单中选择“分页符”命令，如图 9-7 所示。

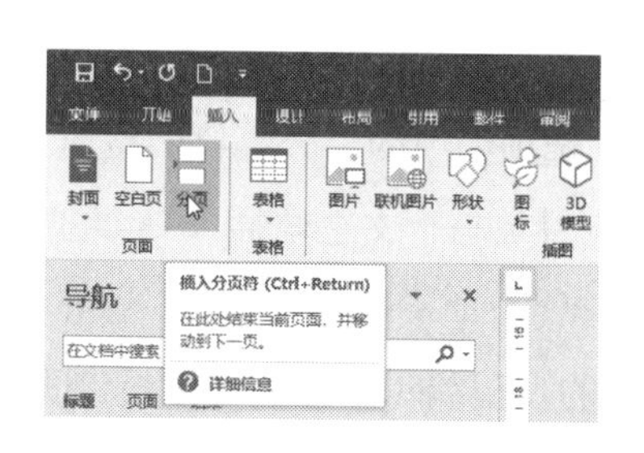

图 9-6

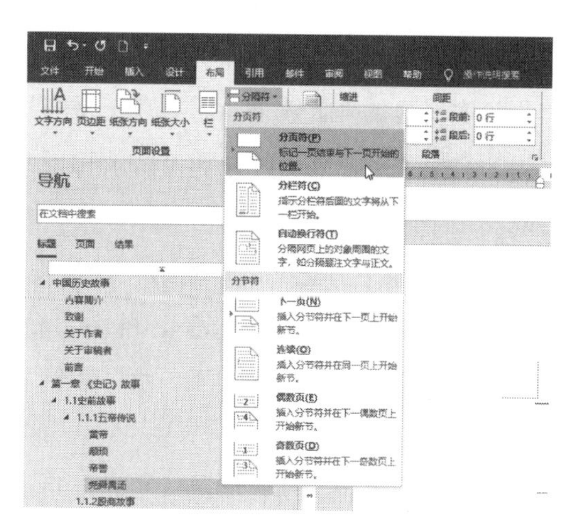

图 9-7

03 直接按 Ctrl+P 快捷键。

9.2.2　插入分节符

分节符的主要功能是将分节符两侧的内容变成完全独立的两部分，每部分都可以拥有自己的页面格式，彼此互不干扰。Word 包括 4 种分节符，其含义如下。

- “下一页”：在插入点位置添加一个分节符，并在下一页开始新的一节。
- “连续”：在插入点位置添加一个分节符，并在分节符之后开始新的一节。
- “偶数页”：在插入点位置添加一个分节符，并在下一个偶数页开始新的一节。
- “奇数页”：在插入点位置添加一个分节符，并在下一个奇数页开始新的一节。

用户可以通过以下实例来认识分节符的功能。

1. 让每章从奇数页开始

通常一本书都分为若干章，科技书一般要求每章的第一页从奇数开始。对于这种排版要求来说，使用分节符是非常便于处理的。例如，在本书第 8 章的示例中，一共包含 8 章内容，现在希望每章的第一页都从奇数开始，那么就需要在每两章之间分别插入一个“奇数页”分节符。

（1）将插入点定位到第 2 章的起始处，切换到“布局”选项卡下，单击“页面设置”

选项组中的“分隔符”按钮。

(2) 在弹出菜单中选择“奇数页”命令，如图 9-8 所示，这样第 2 章将根据第 1 章最后一页的页码来自动调整到奇数页开始。

2. 在同一文档中使用不同的页码格式

在默认情况下，当在文档中插入页码时，将使用同一种页码格式为文档添加页码。但是在一些大型文档的排版中（如书籍），通常会要求目录部分的页码格式与正文部分有所区别。为了实现这类排版效果，需要在正文与目录之间插入一个分节符，然后切断目录与正文之间的链接关系，最后再分别为目录和正文添加不同格式的页码。

可以使用下面的方法将正文与目录分开，并为它们设置不同的页码格式。

(1) 单击目录下方正文段落的第一行开头，将插入点定位到正文第一段落的起始处。

(2) 切换到“布局”选项卡下，单击“页面设置”选项组中的“分隔符”按钮。

(3) 在弹出的菜单中选择“下一页”命令，这样将在目录与正文之间插入一个分节符，并自动将正文划分到下一页中。

将插入点定位到正文所在的第一页，然后进入该页的页眉编辑状态，可以看到页面左侧显示当前页是第 2 节，而上一页属于第 1 节。默认情况下，这两节所设置的页码格式都是相同的。

为了使它们各自独立，则需要单击“页眉和页脚”选项卡“导航”工具组中的“链接到前一节”按钮，切断两节之间的链接，如图 9-9 所示。

现在，就可以分别在目录和正文部分添加各自的页码了，它们彼此之间互不影响。

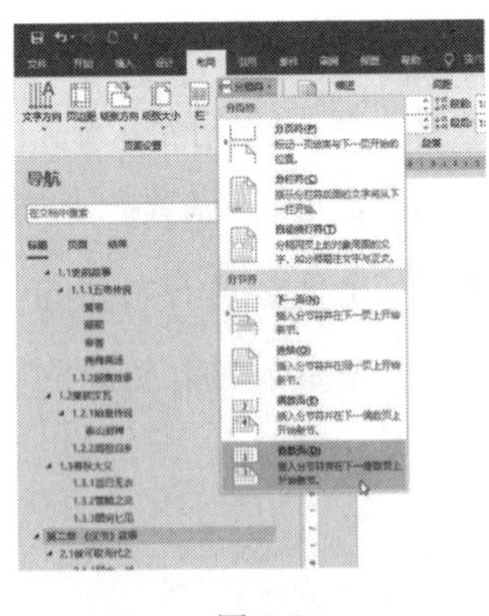

图 9-8

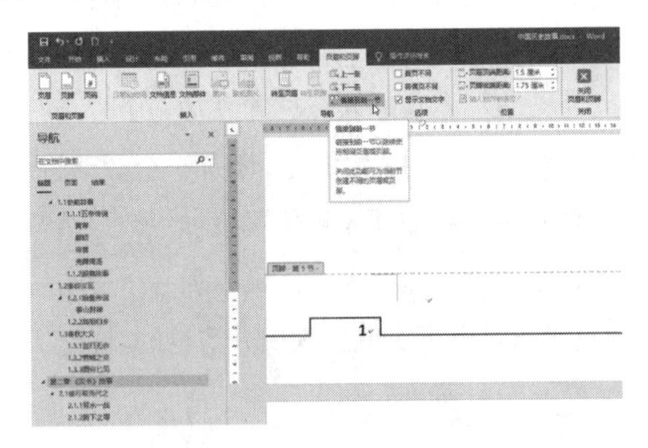

图 9-9

9.3 打印输出

当设置好页面中的各个元素后，就可以将文档打印输出了。为了避免浪费纸张，通常在打印前需要预览待打印的文档，或将它转换输出为 PDF 文档。

9.3.1　打印 Word 文档

Word 2019 一改以往 Word 版本中的“打印预览”窗口与“打印”对话框分开的局面，而是将这两部分合二为一。

要打印或预览 Word 文档时，具体操作步骤如下。

01 单击“文件”选项卡，在出现的界面中选择“打印”命令，即可展开“打印”窗口。

02 该窗口分为两部分，左侧用于设置打印选项，右侧为待打印文档的页面预览视图，可以通过单击视图右下方的按钮来改变视图的显示比例，还可以单击预览视图左下角的按钮，切换预览视图中当前显示的页面内容。

03 设置打印机、打印份数、要打印的页面、打印方向、纸张大小、页边距、缩放打印等参数。

> **提示：** 在设置页码范围时，需要注意一点。例如，要打印文档中的第 3 页，第 6 ~ 8 页以及第 10 页，那么需要在“页数”文本框中输入“3,6-8,10”，数字之间以逗号分隔。完成所有的设置后单击“打印”按钮，即可开始打印。

9.3.2　设置双面打印

在打印文档时，为了节约纸张，可以选择设置双面打印功能。Word 2019 支持双面打印，并且可以选择长边翻转或短边翻转。其操作要点如下。

01 单击“文件”选项卡，在出现的界面中选择“打印”命令，展开“打印”窗口，然后单击“单面打印”右侧的向下三角形按钮，选择“双面打印，从长边翻转页面”方式，如图 9-10 所示。

图 9-10

所谓“长边”，顾名思义，就是纸张大小设置中较长的那一边。以 A4 纸为例，默认大小为 297×210，那么它的长边就是 297。如图 9-10 所示，黄色矩形所在的边就是长边，黑色箭头指示了其翻页方向。

由于大多数文档都是纵向打印的，所以在设置“双面打印”时，都可以选择“从长边翻转页面”，但是也有例外，因为有时候用户可能需要打印横向排版的文档（典型的横向排版文档如童趣连环画、Excel 表格等）。例如，如果在 Word 中复制或编辑了一个横向表格，则为了更好的打印效果，可以选择“布局”选项卡中“纸张方向”为“横向”，如图 9-11 所示。

02 单击“文件”选项卡，在出现的界面中选择“打印”命令，展开“打印”窗口，

然后单击“单面打印”右侧的向下三角形按钮，选择“双面打印，从短边翻转页面”方式，如图 9-12 所示。

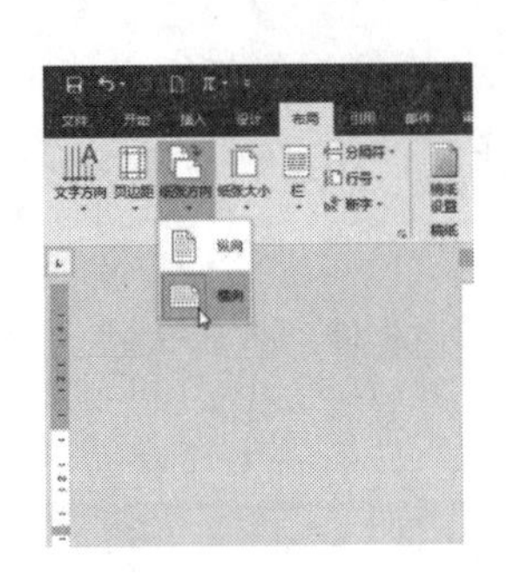

图 9-11

图 9-12

理解了“长边”，那么“短边”也就很好理解了。仍以 A4 纸为例，默认大小为 297×210，那么它的短边就是 210。如图 9-13 所示，黄色矩形所在的边就是短边（和图 9-11 的位置是一样的，但是由于现在的页面是横向布局，所以它变成了短边），黑色箭头同样指示了其翻页方向。

提示：如果用户对此设置仍有不明白的地方，则还有一种更简单的验证方法，就是创建一个仅包含 2 页内容的 Word 文档，然后实际使用“双面打印，从长边翻转页面”或“双面打印，从短边翻转页面”试一试，就很容易明白页面设置的意义了。这样做的最大代价就是浪费了一页纸张。

9.3.2 导出 PDF 文档

要将 Word 文档导出为 PDF 格式的文档时，具体操作步骤如下。

01 单击“文件”选项卡，在出现的界面中选择“导出”命令，然后选择“创建 PDF/XPS 文档”命令，再单击右侧的“创建 PDF/XPS”按钮，如图 9-13 所示。

02 在打开的“发布为 PDF 或 XPS”对话框中，选择保存位置并输入一个文件名，也可以按默认的 Word 2019 文件名，只不过扩展名变成了 *.pdf。

03 要设置 PDF 文件选项，可以单击“选项”按钮。在出现的对话框中，可以选中“使用密码加密文档”复选框，给导出的 PDF 文件加密，如图 9-14 所示。

04 单击“确定”按钮，会出现“加密 PDF 文档”对话框，要求输入加密的密码，如图 9-15 所示。

05 单击“确定”按钮，再单击“发布”按钮，Word 即可生成 PDF 文件并自动打开（因

为在图 9-11 中选中了“发布后打开文件”复选框），但由于该文件已经加密，所以会要求先输入密码，如图 9-16 所示。

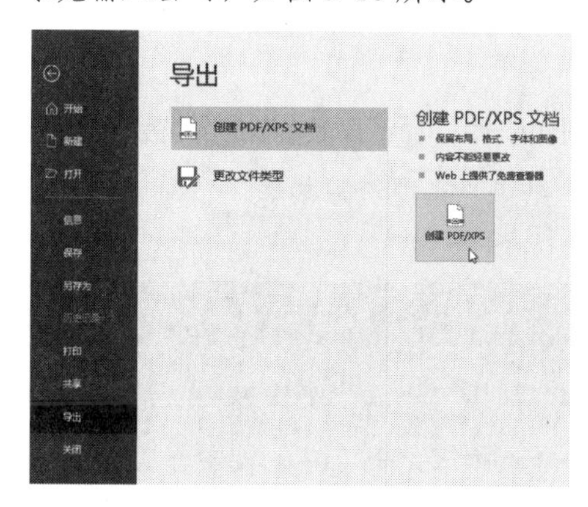

图 9-13

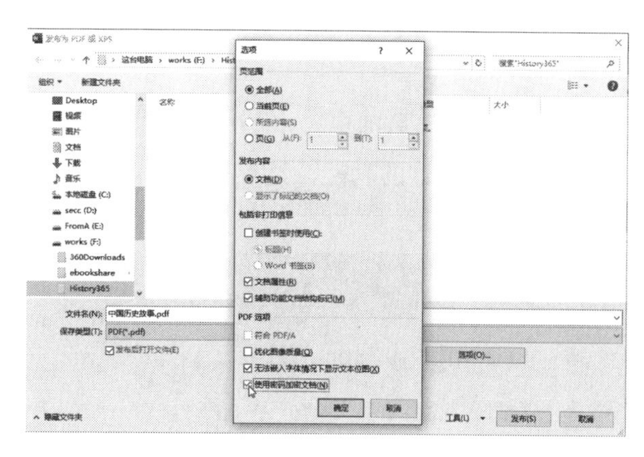

图 9-14

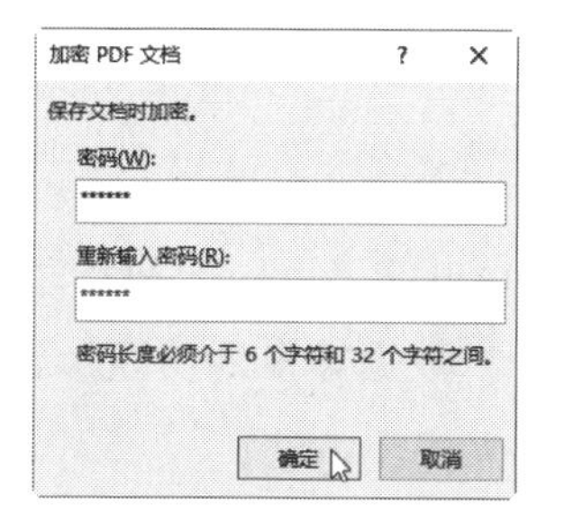

图 9-15

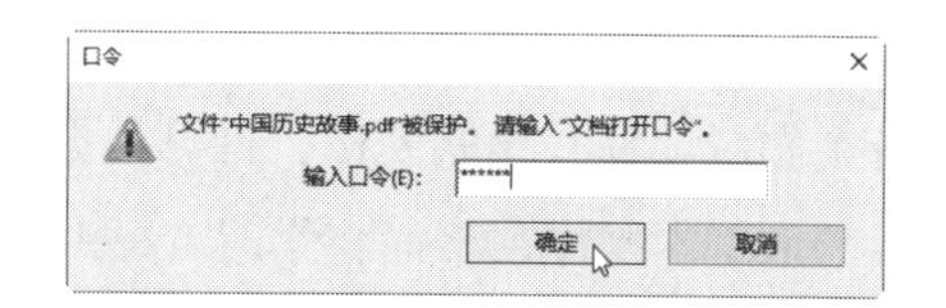

图 9-16

06 输入正确密码之后，PDF 在系统关联的查看程序中打开，单击目录中的项目可以跳转到具体的页面，如图 9-17 所示。

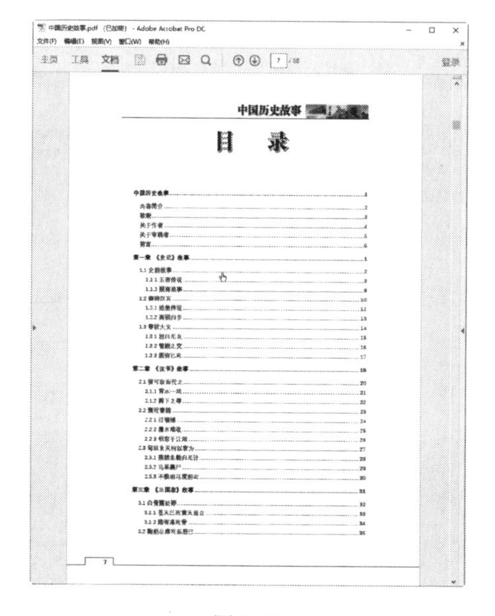

图 9-17

第 10 章　Excel 2019 基础知识

Excel 2019 是目前市场上功能强大的电子表格制作软件，它不仅具有强大的数据组成、计算、分析和统计的功能，还能通过图表等显示处理结果，实现资源共享。

≫ 本章学习内容：

- 启动和退出 Excel 2019
- 熟悉 Excel 2019 操作界面
- 认识工作簿、工作表和单元格
- 切换 Excel 2019 的视图方式

10.1　启动和退出 Excel 2019

Excel 2019 是 Microsoft 公司 Office 办公软件中的核心组件之一，它应用于社会生活和工作的各个领域，拥有绘制表格、计算数据、管理和分析数据等多种功能。启动和退出是应用软件的最基本操作，下面将学习 Excel 2019 的启动和退出方法。

10.1.1　启动 Excel 2019

启动 Excel 2019 时，可单击“开始”按钮，在弹出的“开始”菜单中选择“Excel”。进入 Excel 2019 操作界面，按 Ctrl+N 快捷键新建一个空白工作簿，如图 10-1 所示。

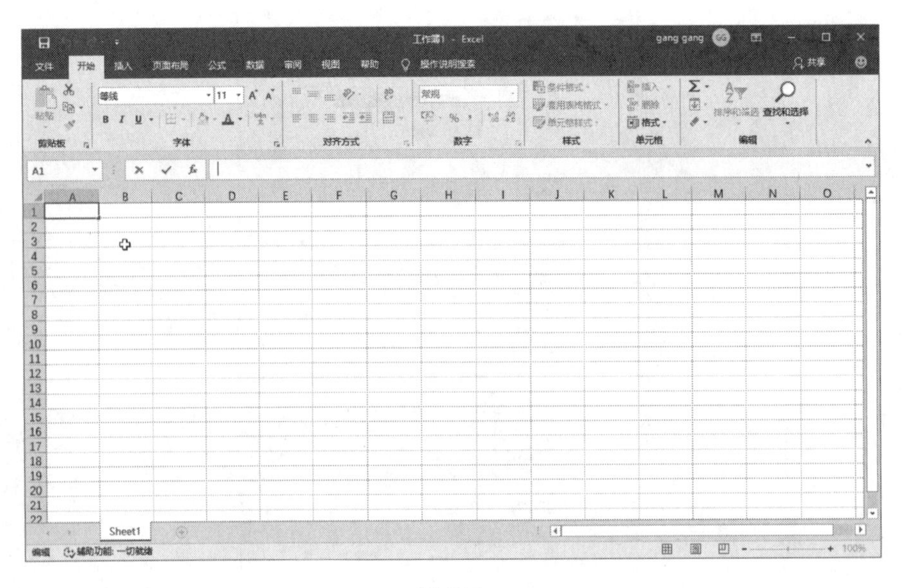

图 10-1

10.1.2　退出 Excel 2019

退出 Excel 2019 的方法有 4 种，分别如下。

方法 1：单击窗口右上角的“关闭”按钮，可退出 Excel 2019。

方法 2：单击“文件”按钮，在出现的界面中单击“关闭”命令。注意，该命令只是关闭当前打开的工作簿，但是并不关闭 Excel 程序。

方法 3：将鼠标移动到标题栏处右击，在弹出的快捷菜单中选择“关闭”命令，如图 10-2 所示。

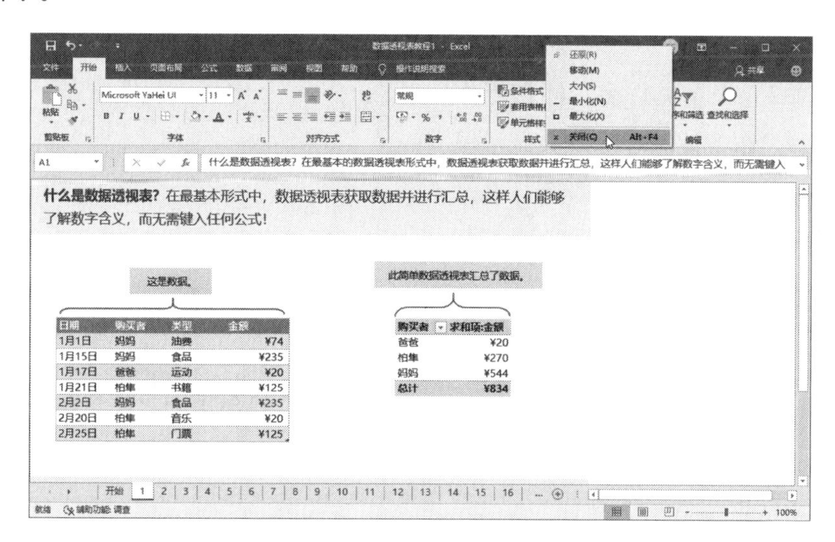

图 10-2

方法 4：直接按 Alt+F4 快捷键，退出 Excel 2019。

10.2　熟悉 Excel 2019 操作界面

Excel 2019 的操作界面包括标题栏、工具选项卡、名称框、编辑栏、工作表区和状态栏，以下将逐一介绍。

10.2.1　标题栏

Excel 2019 的标题栏包括快速访问工具栏、文件名、程序名和控制按钮，如图 10-3 所示。

图 10-3

1. 快速访问工具栏

快速访问工具栏中包含编辑表格时一些常用的工具按钮，默认状态下只有“保存”“撤

销”和“恢复”3 个按钮。

如果需要添加其他选项到快速访问工具栏中，可单击其旁边的三角形按钮，弹出“自定义快速访问工具栏”菜单，再单击需要的命令，被选择的命令前面会出现一个“✓”图标，表示该命令已被添加到快速访问工具栏中，如图 10-4 所示。

图 10-4

2. 文件名和程序名

“工作簿 2”表示文件名，即该工作簿的名称，如工作簿被保存后，会显示保存时所命名的文件名称；Excel 为程序名，也是软件名称，表示该窗口是 Microsoft Office Excel 2019 的操作窗口，如图 10-5 所示。

图 10-5

3. “功能区显示选项”按钮

该按钮可以显示和隐藏选项卡。这和 Word 界面的应用方式是一样的，如图 10-6 所示。

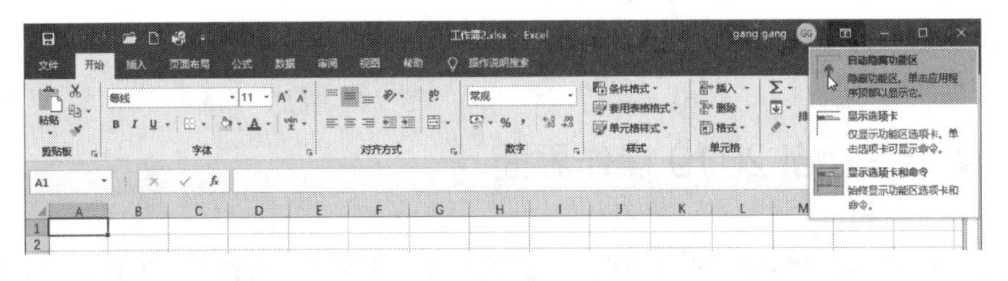

图 10-6

4. 控制按钮

控制按钮可以对窗口进行一些控制操作。“最小化”按钮用于使窗口最小化到任务栏中；“最大化”按钮用于使窗口最大化到充满整个屏幕；“关闭”按钮用于关闭 Excel 窗口，退出该程序。

10.2.2 工具选项卡

工具选项卡包含着 Excel 2019 的所有操作命令。选择需要的选项卡即可显示该选项卡对应的按钮，同时被选择的选项卡以浅色为底显示。

10.2.3　名称框和编辑栏

名称框中显示当前单元格的地址和名称，编辑栏中显示和编辑当前活动单元格中的数据或公式。单击“输入”按钮可以确定输入的内容；单击“取消”按钮可以取消输入的内容；单击“插入函数”按钮可以插入函数，如图 10-7 所示。

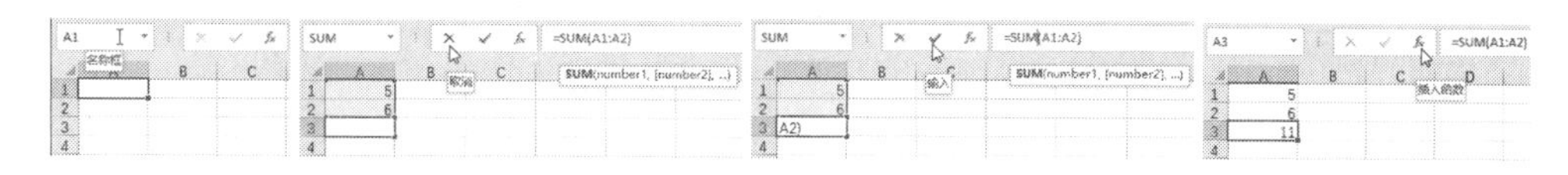

图 10-7

10.2.4　工作表区

工作表区在 Excel 2019 操作界面中面积最大，它由许多单元格组成，可以输入不同的数据类型，是最直观显示所有输入内容的区域，如图 10-8 所示。

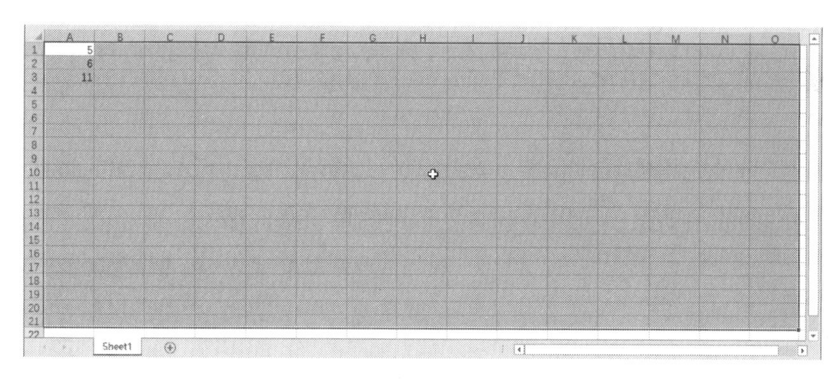

图 10-8

10.2.5　状态栏

状态栏中包括常用视图按钮和页面大小控制滑块，如图 10-9 所示。

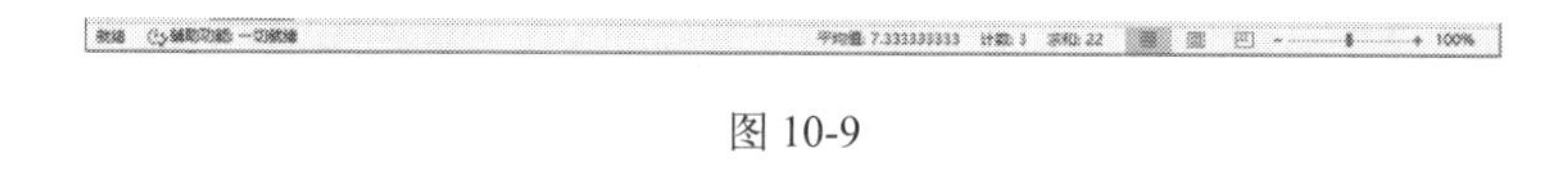

图 10-9

10.3　认识工作簿、工作表和单元格

使用 Excel 时常会提及工作簿、工作表和单元格这 3 个元素，下面就一起来认识它们。

10.3.1　认识工作簿

工作簿就是 Excel 文件。新建的工作簿在默认状态下名称为“工作簿 1”，在标题栏文件名处显示，此后新建的新工作簿默认将以“工作簿 2”“工作簿 3”……命名。

10.3.2 认识工作表

工作簿（Workbook）是由多张工作表组成的。默认状态下，新建的工作簿中只有一张工作表，以工作表标签的形式显示在工作表底部，命名为“Sheet1”。

工作表（Worksheet）中包括的工作表标签、列标和行号的含义如下。

1. 工作表标签

用于显示工作表的名称。单击各标签可在各工作表中进行切换，使用其左侧的方向控制按钮可滚动切换工作表；单击“新工作表”按钮可插入新的工作表，如图 10-10 所示。

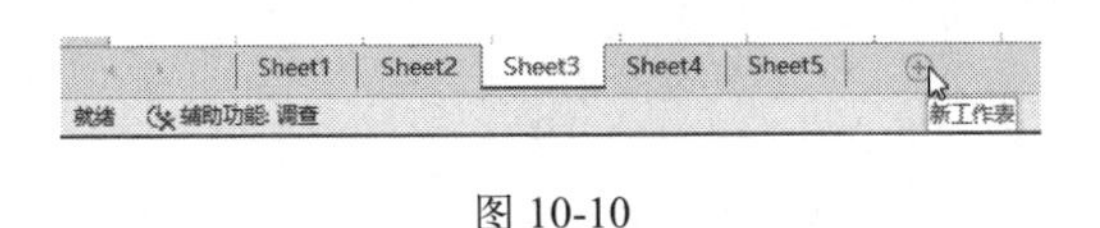

图 10-10

2. 列标

显示某列单元格的具体位置，如图 10-11 所示，拖动列标右端的边线可增减该列宽度。

3. 行号

用于表示某行单元格的具体位置，如图 10-12 所示。拖动行号下端的边线可增减该行的高度；拖动右侧的滚动条，可以显示未显示到的单元格区域。

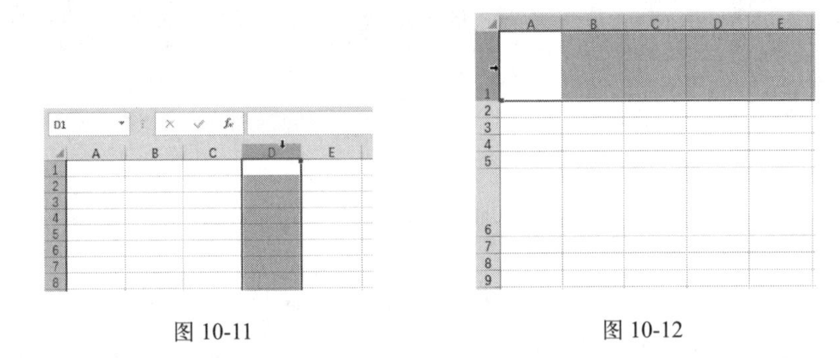

图 10-11　　图 10-12

10.3.3 认识单元格

单元格是 Excel 工作表中编辑数据的最小单位，它是用列标和行号来进行标记的，例如工作表中最左上角单元格名称为 A1，即表示该单元格位于 A 列 1 行。工作表由若干单元格组成，一张工作表最多可由 65536×256 个单元格组成。

10.3.4 三者之间的关系

启动 Excel 2019 后，系统将自动新建一个名为“工作簿 1”的工作簿。该工作簿中包括“Sheet1”一张工作表，每张工作表由若干个单元格组成。综上所述，可知工作簿中可以包括多个工作表，而工作表中又可以包含许多单元格。

10.4　切换 Excel 2019 的视图方式

切换视图方式也就是切换电子表格在电脑屏幕上的显示方式。在 Excel 2019 中有普通、页面布局、分页预览、全屏显示和拆分视图等多种方式。

1. 普通视图

启动 Excel 2019 后的视图就是普通视图，是 Excel 默认的视图方式。在该方式下可以进行数据的输入、筛选、制作图表和设置格式等操作，如图 10-13 所示。

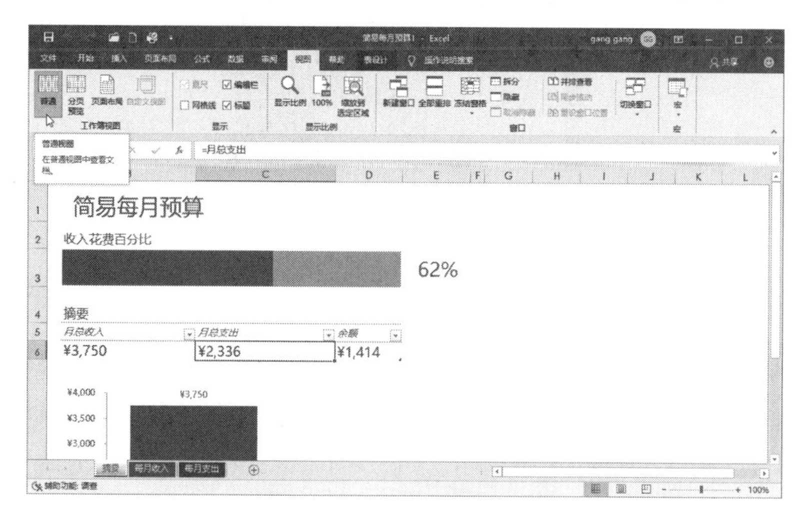

图 10-13

2. 页面布局视图

选择“视图”选项卡，单击“页面布局”按钮，可以切换到页面布局视图。在该方式下，可以看到该工作表中所有电子表格的效果，还可以进行数据的编辑，如图 10-14 所示。

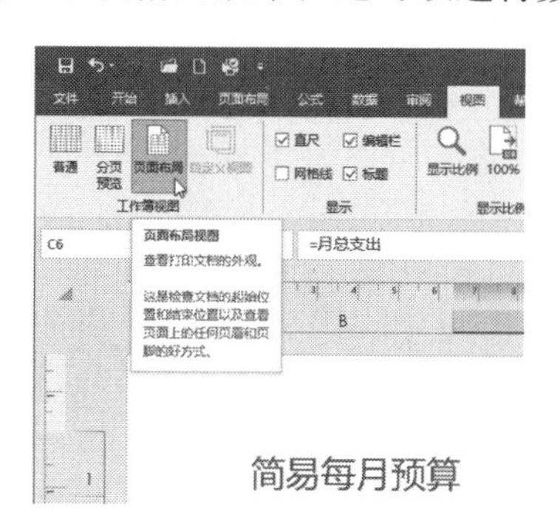

图 10-14

3. 分页预览视图

选择“视图”选项卡，再单击“分页预览”按钮，可以切换到分页预览视图。在该方式下，表格效果以打印预览方式显示，也可以对单元格中的数据进行编辑，如图 10-15 所示。

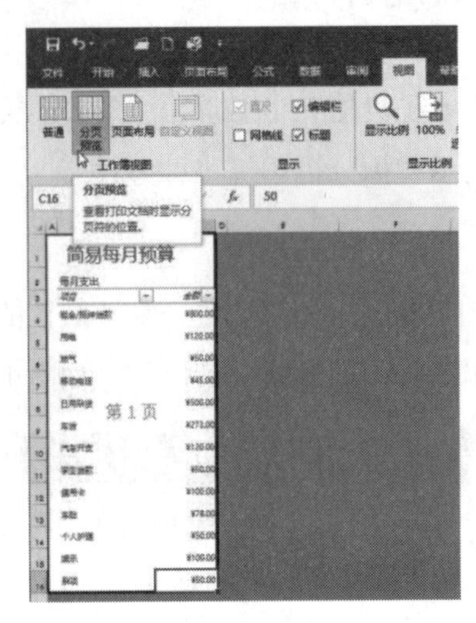

图 10-15

4. 拆分视图

选择“视图”选项卡，单击“拆分”按钮，可以将编辑区分为上下左右 4 个部分。查看大型电子表格需要上下文同时阅读时，使用该方法十分方便，要退出该视图方式，只需再次单击“拆分”按钮，如图 10-16 所示。

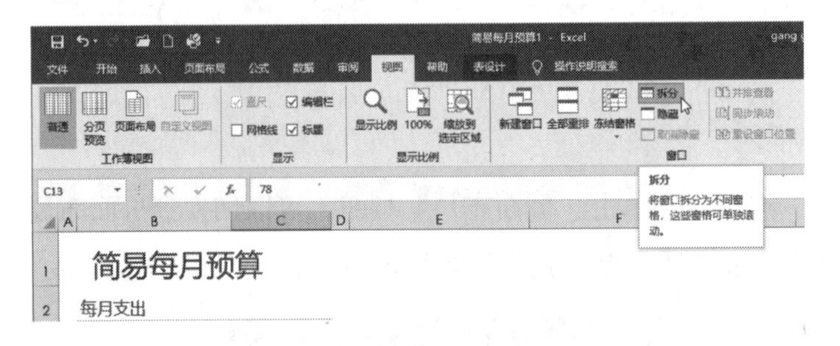

图 10-16

第 11 章　输入和编辑数据

制作完表格后，如果发现其中的某些内容不符合要求，可对其进行编辑。对工作表中的数据进行编辑是制作电子表格中很重要的操作，包括修改、复制、移动、插入、删除、撤销、恢复、查找及替换等操作。

≫ 本章学习内容：

- 选择单元格
- 在单元格中输入内容
- 快速填充数据
- 复制和移动数据
- 插入和删除单元格
- 撤销和恢复操作
- 查找和替换数据

11.1　选择单元格

Excel 中最主要的操作还是在单元格中进行的，要对单元格进行操作必须先学会怎样选择单元格。

在编辑电子表格时，有时要选择单个、相邻、不相邻、整行、整列和工作表中所有的单元格等操作，下面逐一介绍其方法。

11.1.1　选择单个单元格

将鼠标指针移动到需要选择的单元格上，此时指针变为✥形状，然后单击该单元格，便选择了工作表中某个具体的单元格，如图 11-1 所示。

图 11-1

11.1.2　选择相邻的单元格

首先需要选择相邻单元格范围内左上角的第一个单元格，然后按住鼠标左键不放并拖至需要选择范围内右下角的最后一个单元格，再释放鼠标左键，即可选择拖动过程中框选的所有单元格，如图 11-2 所示。

清单 | x

	A	已完成	说明	已完成	说明
4		X	完成所有登记表格		衣服和鞋子
5		X	如果需要，安排健康体检和视力检查	X	校服和运动服
6			验证所有必需的免疫接种		背包
7			从医师处获得所需药物的剂量说明等注意事项		饭盒
8			查看学校着装要求	X	学校教材
9			获得学校用品清单		文件夹
10			与老师见面沟通		钢笔、铅笔、蜡笔、马克笔
11			确定教师的首选交流方式（电话、电子邮件、书面说明）		蜡笔、马克笔
12			带着孩子参观学校		铅笔刀
13			帮助孩子记住你的家庭电话、工作电话和住宅地址		大橡皮擦
14			安排交通，指定一个安全的会面地点，并练习常规的交通方式		活页夹
15			如果走路，陪孩子练习几次往返学校的路线		活页纸
16			如果拼车，把孩子介绍给所有的拼车司机		安全剪刀
17			如果乘公共汽车，确定时间和公共汽车站		尺子
18			安排儿童护理/校外护理		
19			为早餐、学校零食、盒装午餐和校外零食制定菜单		
20			确定家庭作业的地点和时间表		
21			至少在开学前两周建立按时睡觉的习惯		
22			准备包含所有学校事件和活动的日历		

图 11-2

11.1.3　选择不相邻的单元格

按住 Ctrl 键不放，单击不相邻的单元格，可以选择不相邻的单元格，被选择的单元格的行号和列标呈灰色显示，如图 11-3 所示。

E8 | 学校教材

	A	已完成	说明	已完成	说明
4		X	完成所有登记表格		衣服和鞋子
5		X	如果需要，安排健康体检和视力检查	X	校服和运动服
6			验证所有必需的免疫接种		背包
7			从医师处获得所需药物的剂量说明等注意事项		饭盒
8			查看学校着装要求	X	学校教材
9			获得学校用品清单		文件夹
10			与老师见面沟通		钢笔、铅笔、蜡笔、马克笔
11			确定教师的首选交流方式（电话、电子邮件、书面说明）		蜡笔、马克笔
12			带着孩子参观学校		铅笔刀
13			帮助孩子记住你的家庭电话、工作电话和住宅地址		大橡皮擦
14			安排交通，指定一个安全的会面地点，并练习常规的交通方式		活页夹
15			如果走路，陪孩子练习几次往返学校的路线		活页纸
16			如果拼车，把孩子介绍给所有的拼车司机		安全剪刀
17			如果乘公共汽车，确定时间和公共汽车站		尺子
18			安排儿童护理/校外护理		
19			为早餐、学校零食、盒装午餐和校外零食制定菜单		
20			确定家庭作业的地点和时间表		
21			至少在开学前两周建立按时睡觉的习惯		
22			准备包含所有学校事件和活动的日历		

图 11-3

11.1.4　选择整行单元格

将鼠标指针移动到需要选择行单元格的行号上，当鼠标指针变为黑色向右箭头形状时单击鼠标，即可选择该行的所有单元格，如图 11-4 所示。

	A	B	C	D	E	F	G
4		X	完成所有登记表格		衣服和鞋子		
5		X	如果需要，安排健康体检和视力检查	X	校服和运动服		
6			验证所有必需的免疫接种		背包		
7			从医师处获得所需药物的剂量说明等注意事项		饭盒		
8			查看学校着装要求	X	学校教材		
9			获得学校用品清单		文件夹		
10			与老师见面沟通		钢笔、铅笔、蜡笔、马克笔		
11			确定教师的首选交流方式（电话、电子邮件、书面说明）		蜡笔、马克笔		
12			带着孩子参观学校		铅笔刀		
13			帮助孩子记住你的家庭电话、工作电话和住宅地址		大橡皮擦		
14			安排交通，指定一个安全的会面地点，并练习常规的交通方式		活页夹		
15			如果走路，陪孩子练习几次往返学校的路线		活页纸		
16			如果拼车，把孩子介绍给所有的拼车司机		安全剪刀		

图 11-4

11.1.5　选择整列单元格

将鼠标指针移动到需要选择的列单元格的列标上，当鼠标指针变成黑色向下箭头形状时单击鼠标，即可选择该列的所有单元格，如图 11-5 所示。

	A	已完成	说明	已完成	说明	F
4		X	完成所有登记表格		衣服和鞋子	
5		X	如果需要，安排健康体检和视力检查	X	校服和运动服	
6			验证所有必需的免疫接种		背包	
7			从医师处获得所需药物的剂量说明等注意事项		饭盒	
8			查看学校着装要求	X	学校教材	
9			获得学校用品清单		文件夹	
10			与老师见面沟通		钢笔、铅笔、蜡笔、马克笔	
11			确定教师的首选交流方式（电话、电子邮件、书面说明）		蜡笔、马克笔	
12			带着孩子参观学校		铅笔刀	
13			帮助孩子记住你的家庭电话、工作电话和住宅地址		大橡皮擦	
14			安排交通，指定一个安全的会面地点，并练习常规的交通方式		活页夹	
15			如果走路，陪孩子练习几次往返学校的路线		活页纸	
16			如果拼车，把孩子介绍给所有的拼车司机		安全剪刀	
17			如果乘公共汽车，确定时间和公共汽车站		尺子	
18			安排儿童护理/校外护理			
19			为早餐、学校零食、盒装午餐和校外零食制定菜单			
20			确定家庭作业的地点和时间表			
21			至少在开学前两周建立按时睡觉的习惯			
22			准备包含所有学校事件和活动的日历			

图 11-5

11.1.6　选择工作表中所有的单元格

单击工作表左上角行标与列标交叉处的图标◢，可选择该工作表中的所有单元格，或在当前工作表中按组合键 Ctrl+A，也可以选择该工作表中所有的单元格，如图 11-6 所示。

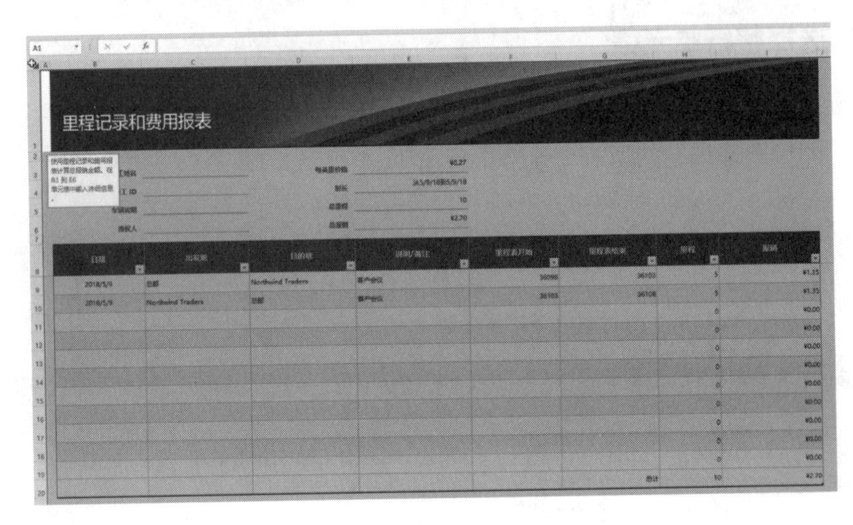

图 11-6

11.2 在单元格中输入内容

在 Excel 中单元格是用来存放数据的，当然数据不只是指阿拉伯数字，它包括字母、汉字、数字、符号和日期时间等内容，这里统称为数据。

11.2.1 输入数据

在单元格中输入数值数据后，数据将自动向左对齐，输入数据再单击其他单元格后，输入的数据才向右对齐。在表格中输入数据的方法通常有两种，即在单元格中输入和在编辑栏中输入，无论是通过单元格还是编辑栏输入数值数据，输入时两者都同步显示输入的内容。

若输入的数据长度超过了单元格的宽度，将显示到后面的单元格中，如果后面的单元格中也有数据，则超出的部分将不能显示出来，但它实际上仍然存在于该单元格中。

1. 在单元格中输入数据

在单元格中输入数据的方法比较简单，只需选择单元格后直接输入数据，然后按 Enter 键确认即可。

在单元格中输入数据时，其操作步骤如下。

01 打开 Excel 2019，单击 A1 单元格，输入“生产数量”，然后按 Enter 键，因为输入的是文字，所以 Excel 会自动让它左对齐，如图 11-7 所示。

02 单击 A2 单元格，输入“100”，然后按 Enter 键完成 A2 单元格中数据的输入，因为输入的是数字，所以 Excel 会自动让它右对齐，如图 11-8 所示。

03 要让输入的数字同样左对齐，需要让 Excel 识别它为文本而不是数字，方法是在数字前面添加一个英文单引号，如图 11-9 所示。

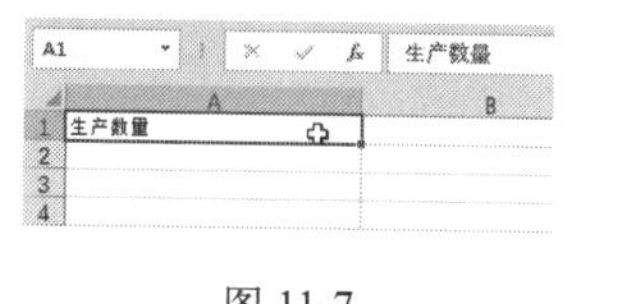

图 11-7

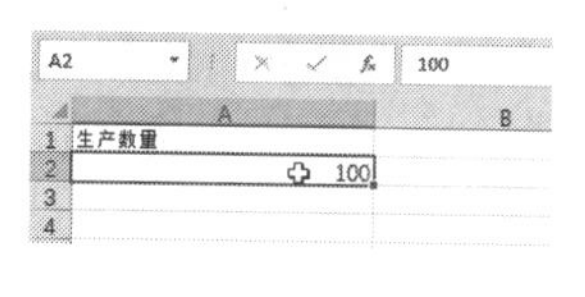

图 11-8

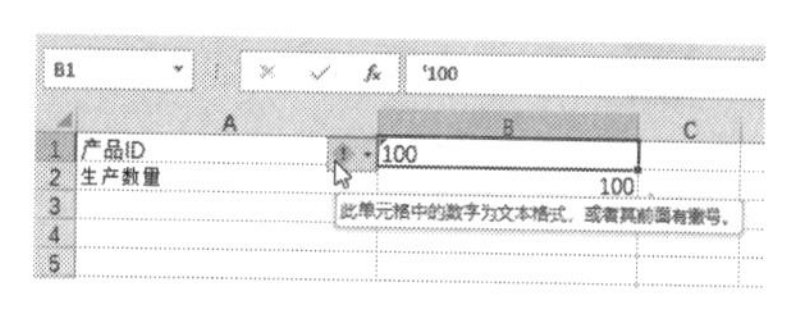

图 11-9

2. 在编辑栏中输入数据

选择单元格后，将光标定位到编辑栏处，再输入文本，然后按 Enter 键完成键入。

在编辑栏中输入数据时，其操作步骤如下。

01 打开 Excel 2019，单击 A3 单元格，用鼠标单击以将光标定位到编辑栏处，输入“单价”，然后按 Enter 键完成键入，如图 11-10 所示。

02 使用编辑栏输入时，可以方便地单击引用其他单元格，如图 11-11 所示。

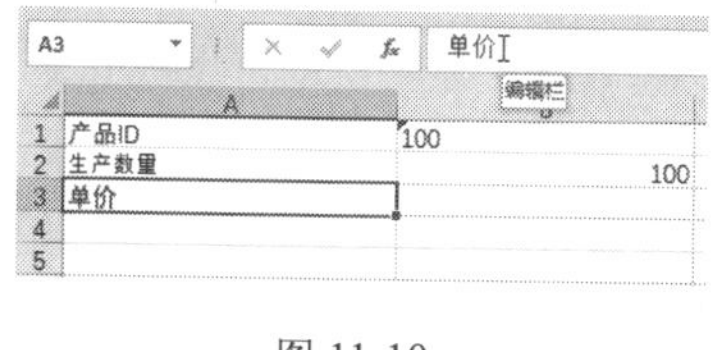

图 11-10

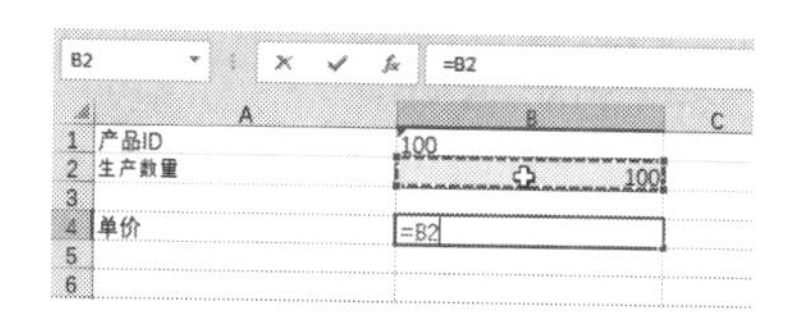

图 11-11

11.2.2 输入符号

在 Excel 表格中经常会涉及一些符号的输入，符号包括常用符号和特殊符号两种，下面分别介绍其输入方法。

若要输入键盘上没有的符号，其操作步骤如下。

01 新建或打开工作簿，选择 E10 单元格后切换到“插入”选项卡，单击“符号”工具组中的“符号”按钮。

02 打开“符号”对话框，选择“Webdings”字体，然后选择一种特殊字符，单击“插入”按钮，如图 11-12 所示。E10 单元格中出现了汽车符号，如图 11-12 所示。

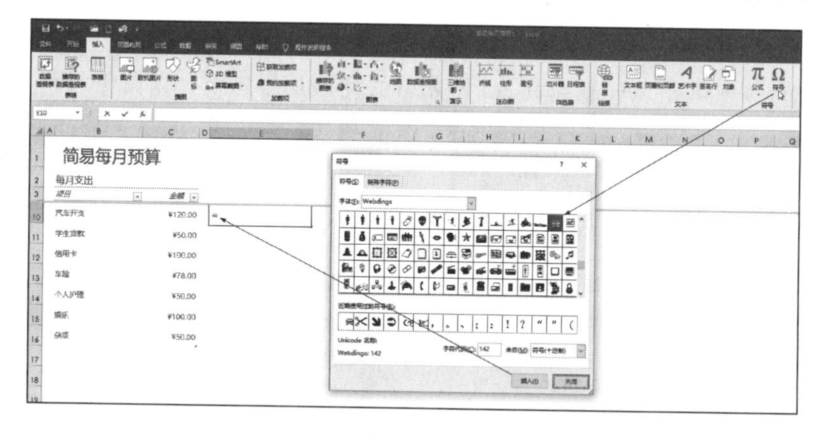

图 11-12

03 通过“开始”选项卡的“字体”工具组或选定符号之后出现的浮动工具栏，可以轻松设置符号的格式，例如字号、颜色或加粗样式等，如图 11-13 所示。

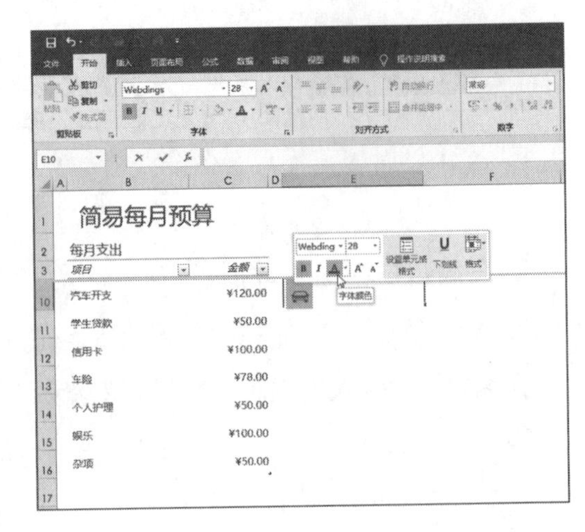

图 11-13

11.3 快速填充数据

在编辑电子表格时，难免需要输入一些相同或有规律的数据，如学生学号等。如果逐个输入既费时又费力，还容易出错，此时使用 Excel 提供的快速填充数据功能可以轻松输入数据，提高工作效率。

11.3.1 通过控制柄填充数据

当鼠标指针变成十字形状时，此时被称为控制柄。通过拖动控制柄可实现数据的快速填充。

1. 填充相同的数据

要使用控制柄在连续单元格中填充相同的数据，其操作步骤如下。

01 启动 Excel，新建一个空白工作簿，选择 A1 单元格，输入“Excel”，按回车键确认，然后将鼠标指针移动到 A1 单元格的右下角，此时鼠标指针变为十字形状，这个黑色的十字形状也称为“控制柄”，如图 11-14 所示。

02 按住鼠标左键不放并拖动到 A5 单元格后释放鼠标左键，如图 11-15 所示。

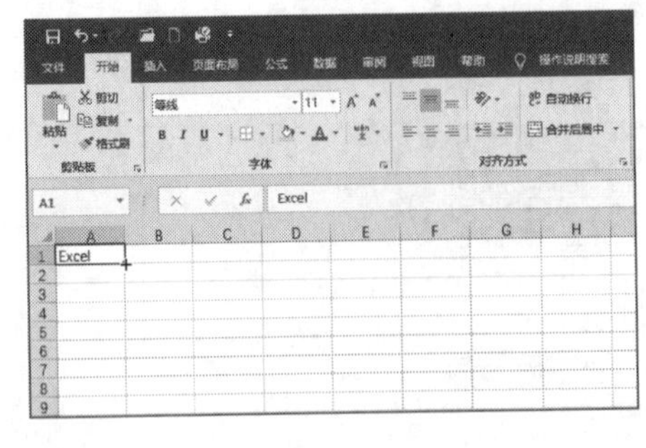

图 11-14

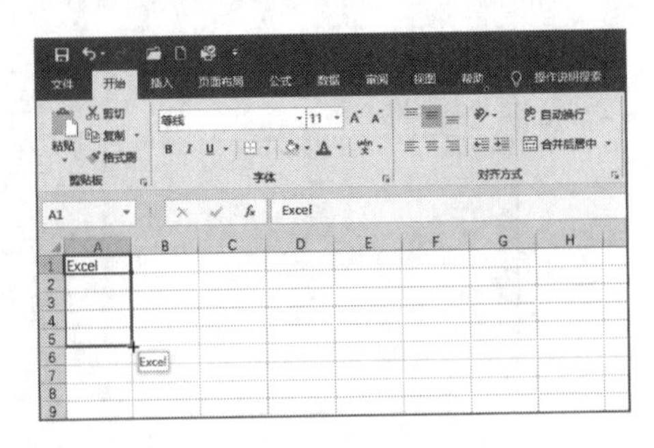

图 11-15

03 此时可见 A2:A5 单元格中已填充了相同的内容，并且在旁边会自动出现一个“快速分析”图标，如图 11-16 所示。

04 单击“快速分析”图标，在弹出的快捷菜单中可以对填充的数据执行一些操作，如图 11-17 所示。

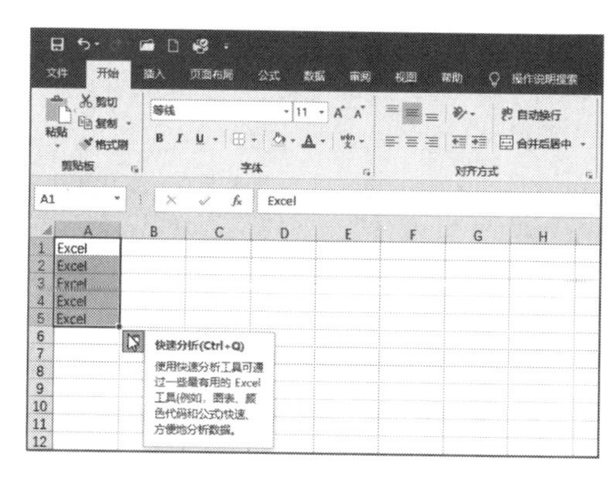

图 11-16

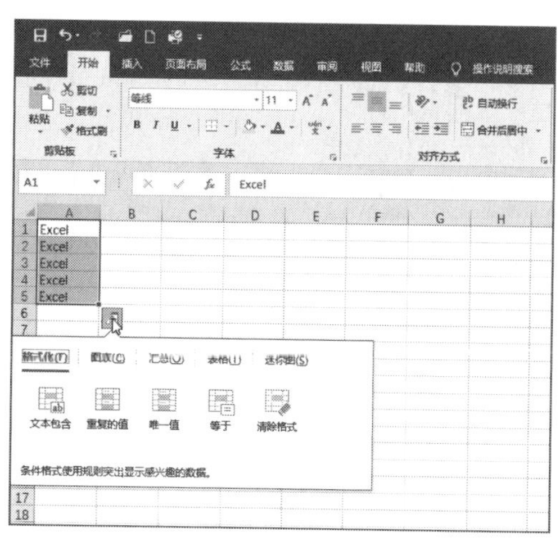

图 11-17

2. 填充有规律的数据

填充有规律的数据时也可以使用控制柄来实现，其操作步骤如下。

01 启动 Excel，新建一个空白工作簿，选择 A1 单元格，输入“Excel2019”，按回车键确认，然后将鼠标指针移动到 A1 单元格的右下角，此时鼠标指针变为十字形状。按住鼠标左键拖动控制柄到 A10 单元格处释放按键，则 Excel 会自动填充一个序列，如图 11-18 所示。

图 11-18

02 出现这种变化的原因是 Excel 自动将“Excel2019”解析为数字，并填充为序列。在这种情况下，如果要填充相同的项目，则可以按住鼠标右键并拖动控制柄到 A10 单元格处释放鼠标按键，此时会弹出一个快捷菜单，选择“复制单元格”即可填充相同的项目，如图 11-19 所示。

03 此时 A2:A10 单元格中的项目就和 A1 单元格是完全相同的，效果如图 11-20 所示。

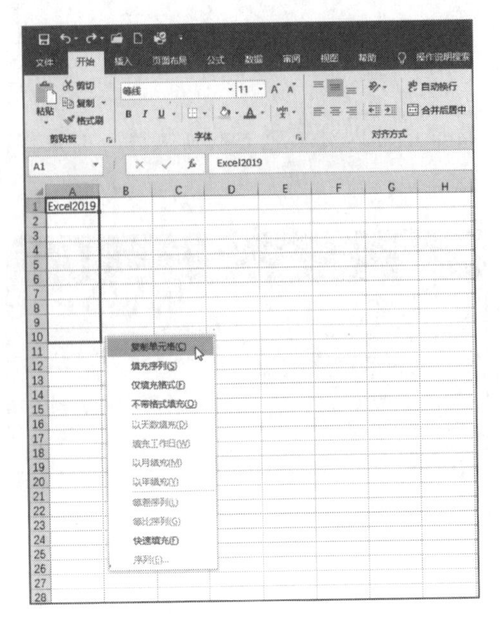

图 11-19

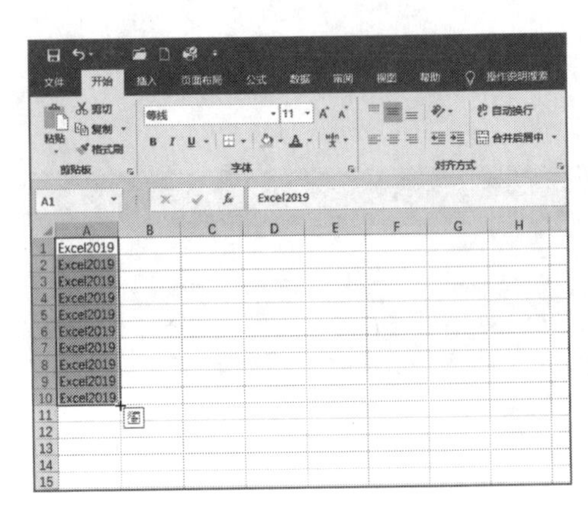

图 11-20

11.3.2 使用快捷键填充

若单元格不相邻而填充内容又相同时，可以使用快捷键填充数据，其操作步骤如下。

01 打开工作簿，拖动选择需要填充的单元格区域 A1:K23，然后输入“100”，如图 11-21 所示。

02 按组合键 Ctrl+Enter，则被选择的灰色单元格区域中都被填充了数据“100”，如图 11-22 所示。

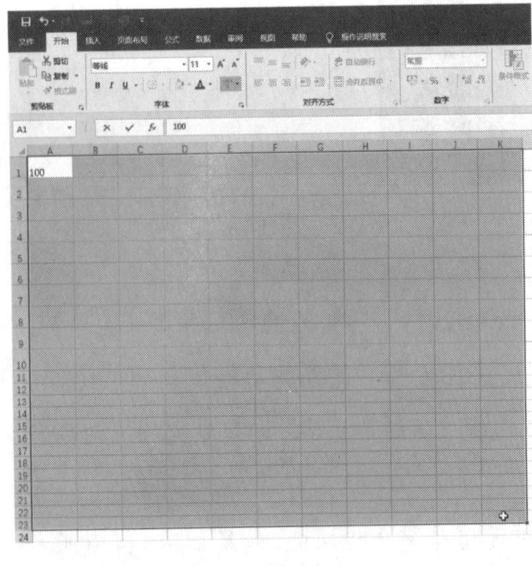

图 11-21

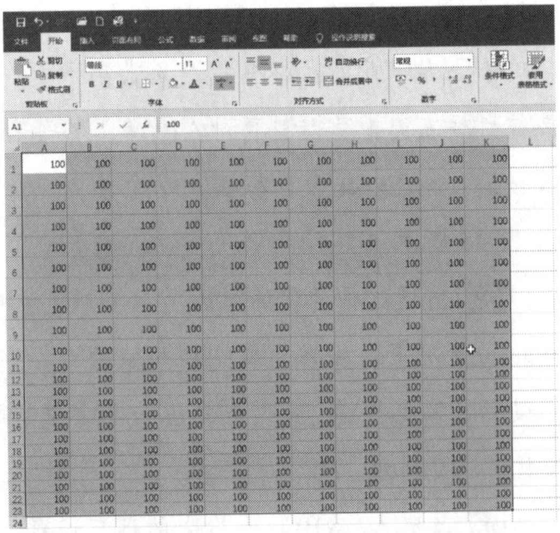

图 11-22

11.3.3　通过“序列”对话框填充数据

通过打开“序列”对话框可快速填充等差、等比、日期等特殊的数据，其操作步骤如下。

01 打开工作簿，并在 A1 单元格中输入起始数字“1”。

02 选择 A1:A9 单元格，在“开始”选项卡的编辑栏中单击“填充”按钮，在弹出的菜单中选择“序列”命令，如图 11-23 所示。

03 打开“序列”对话框，在“序列产生在”选项组中选择“列”单选按钮，在“类型”选项组中选择“等差序列”单选按钮，在“步长值”文本框中输入“1”，单击“确定”按钮，如图 11-24 所示。

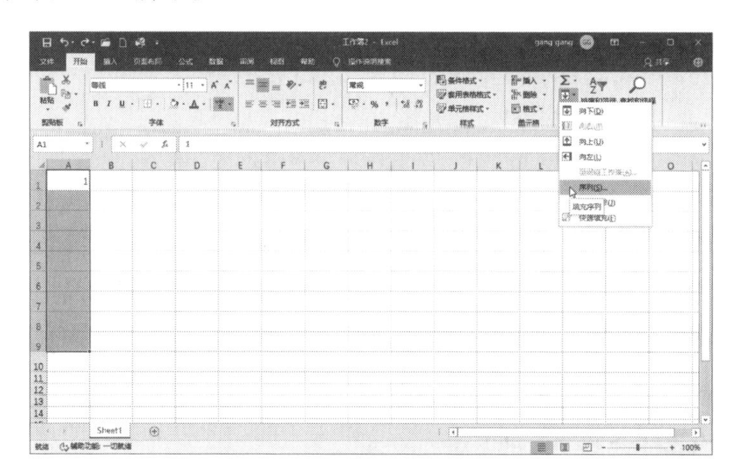

图 11-23

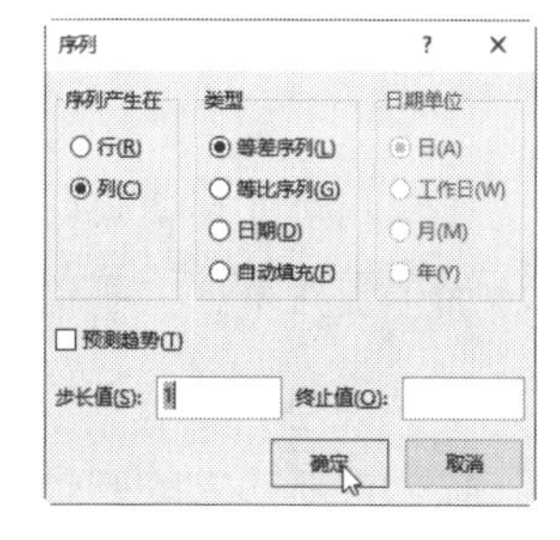

图 11-24

04 此时在 A1:A9 单元格中已被填充 1-9 的等差序列。按同样的方式，可以在 B2 单元格中输入数字 4，然后选中 B2:B9 单元格区域，打开“序列”对话框，在“序列产生在”选项组中选择“列”单选按钮，在“类型”选项组中选择“等差序列”单选按钮，在“步长值”文本框中输入“2”，如图 11-25 所示。

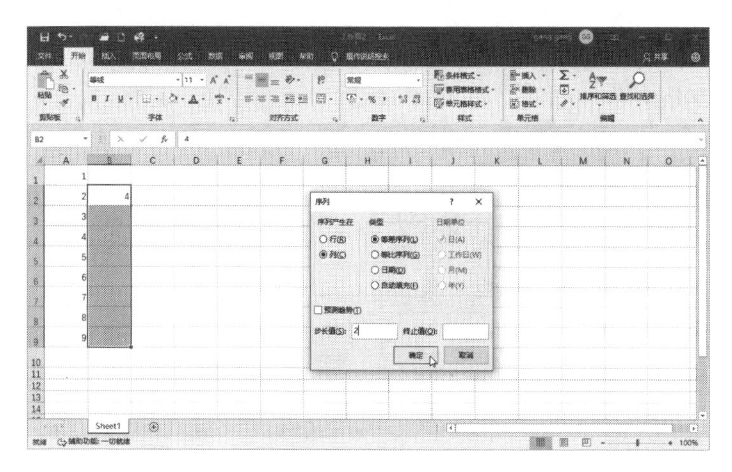

图 11-25

05 按同样的方式，可以轻松制作一个九九乘法表的结果数字表，如图 11-26 所示。

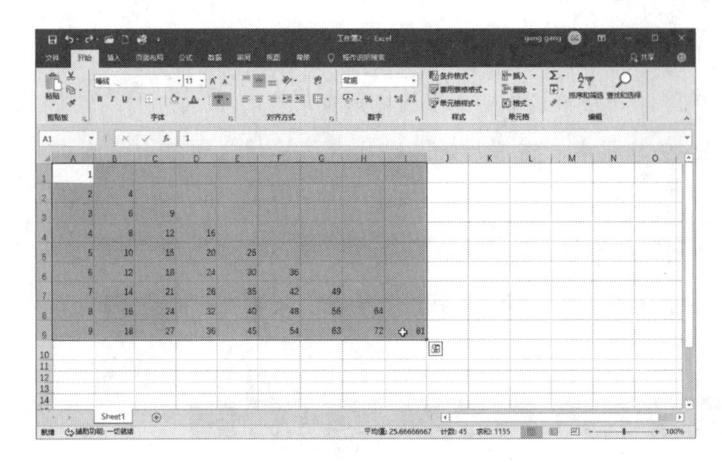

图 11-26

11.4 复制和移动数据

在输入单元格数据时，可能会发生两种情况：一是相同数据太多，重复输入容易出错又增加了工作量；二是输错了数据的位置，又不想重新输入，这两种常见的情况其实都很容易解决。遇到第一种情况就使用复制数据的方法，遇到第二种情况就使用移动数据的方法，减少重新输入的麻烦。下面具体介绍这两种方法。

11.4.1 复制数据

如果复制单元格中的数据，其操作步骤如下。

01 打开工作簿，通过鼠标拖动的方式选中单元格，然后右击并在弹出的快捷菜单中选择“复制”命令，复制该单元格中的数据，如图 11-27 所示。

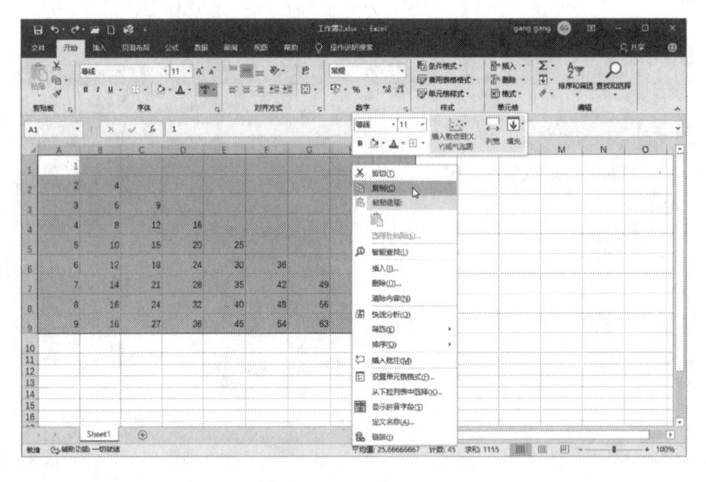

图 11-27

02 单击底部的“新工作表”按钮，新建一个 Sheet2 工作表，然后在 D3 单元格上右击，在弹出的快捷菜单中选择“粘贴”命令，粘贴数据。

03 可以看到，对于复制的单元格数据来说，Excel 提供了 6 种粘贴方式。将鼠标移动到第一种方式上，也就是常见的“粘贴”，即产生源数据的完全一样的副本，如图 11-28 所示。

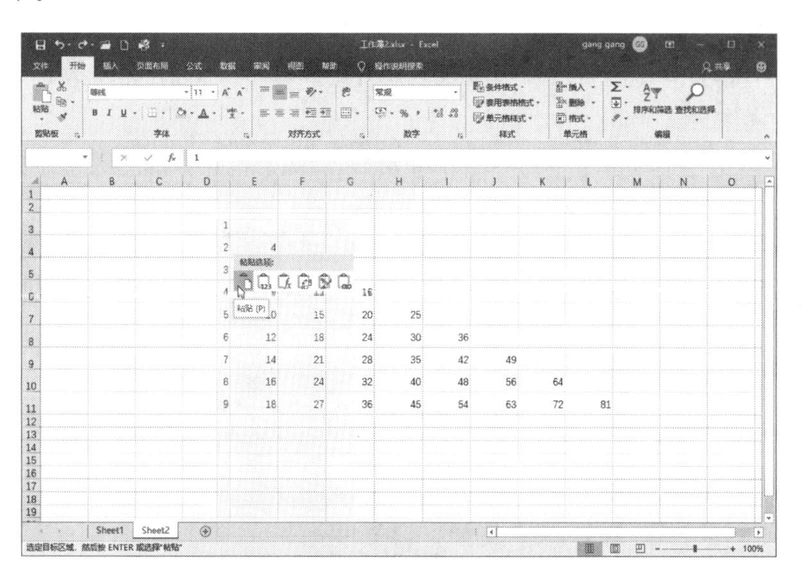

图 11-28

04 第 2 个按钮是粘贴值，第 3 个按钮是粘贴公式，第 5 个按钮是粘贴格式，第 6 个按钮是粘贴链接。在本示例中，比较有趣的是第 4 种粘贴方式，它名为“转置”，可以按行列转置的方式粘贴源数据，如图 11-29 所示。

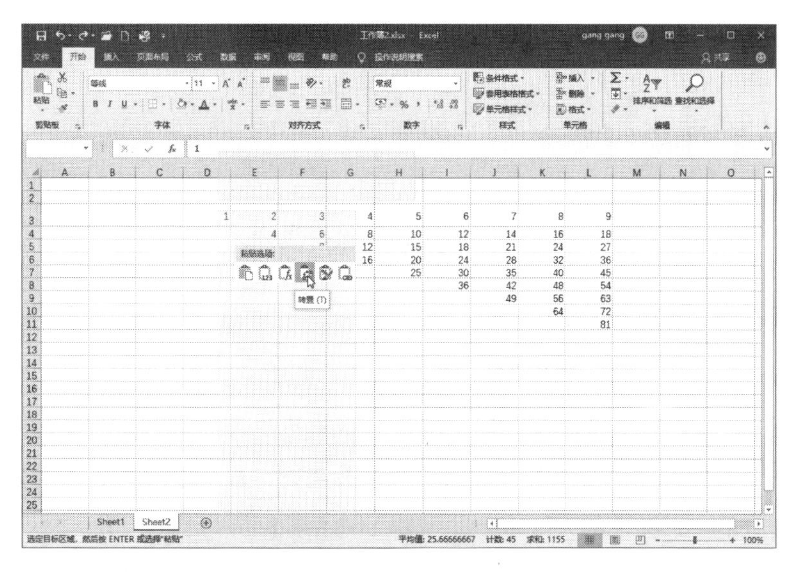

图 11-29

11.4.2 移动数据

移动单元格中数据的方法有两种：一是选择“剪切”命令剪切数据后粘贴到目标单元格；二是选择要移动的单元格，将其拖动到目标位置。

1. 选择“剪切”命令

（1）选择要移动的单元格，单击鼠标右键，在弹出的快捷菜单中选择“剪切”命令。

（2）将鼠标指针移动到目标单元格后单击鼠标右键，在弹出的快捷菜单中选择“粘贴”命令完成移动操作。

2. 直接拖动单元格

选择需要移动的单元格让它成为活动单元格，将鼠标指针移动到所选单元格的边框上，此时指针又变成四向箭头形状，拖动鼠标至目标单元格后释放鼠标按键完成移动操作，如图 11-30 所示。

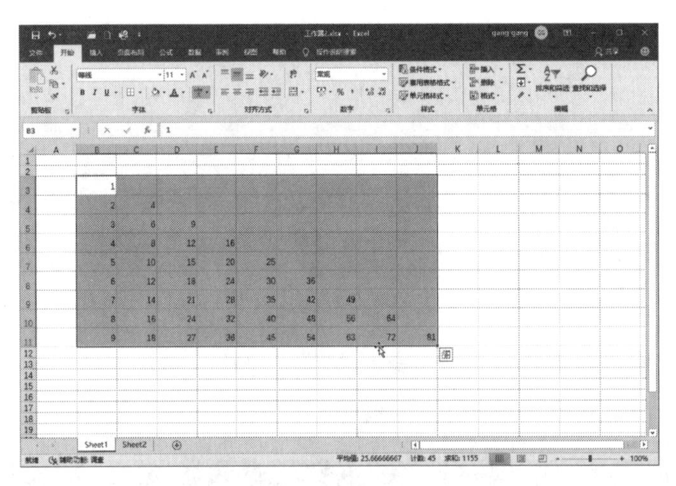

图 11-30

11.5 插入和删除行或列

在编辑工作表的过程中，经常需要插入和删除行或列。

11.5.1 插入单元格行或列

要插入单元格行或列时，其操作步骤如下。

01 打开工作簿，选择要插入的列。例如，如果要在 A 列之前插入一列，则可以使用鼠标移动到 A 列的列标上，当指针变成向下黑色箭头时，单击即可选定 A 列，然后右击，在弹出的快捷菜单中选择“插入”命令，如图 11-31 所示。

02 可以看到，新插入的列变成了 A 列，而原有的 A 列变成了 B 列，如图 11-32 所示。

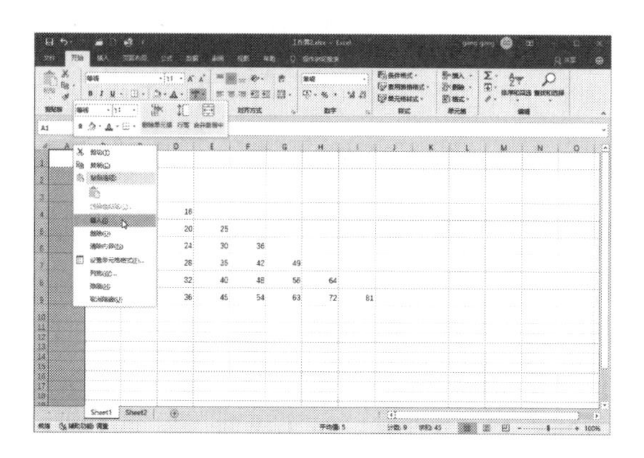

图 11-31

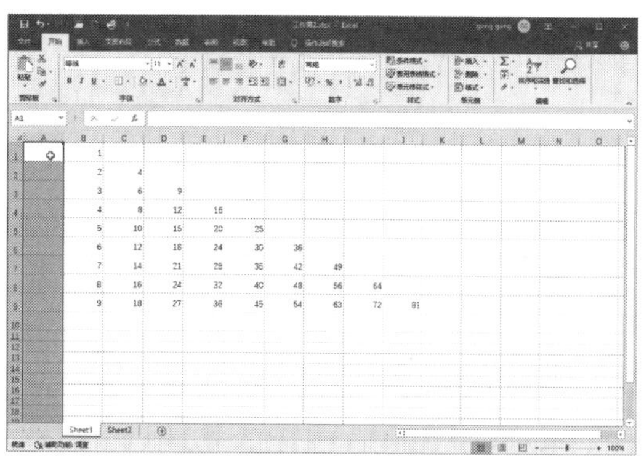

图 11-32

03 在本示例中，我们继续在第 1 行之前插入一行，则可以右击第 1 行的行号，在弹出的快捷菜单中选择“插入”命令，如图 11-33 所示。

04 可以看到，新插入的行变成了第 1 列，而原有的第 1 行变成了第 2 行，如图 11-34 所示。

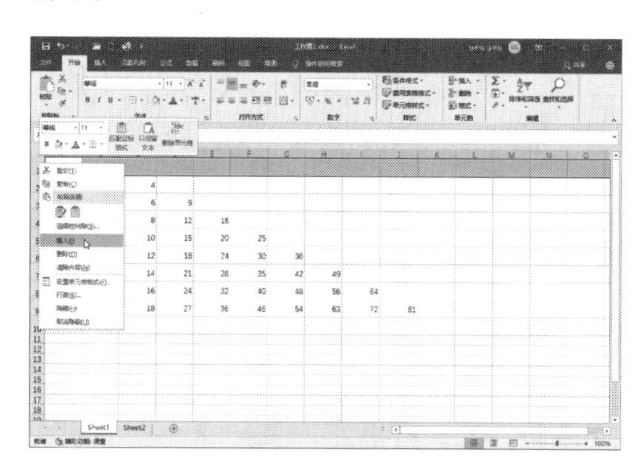

图 11-33

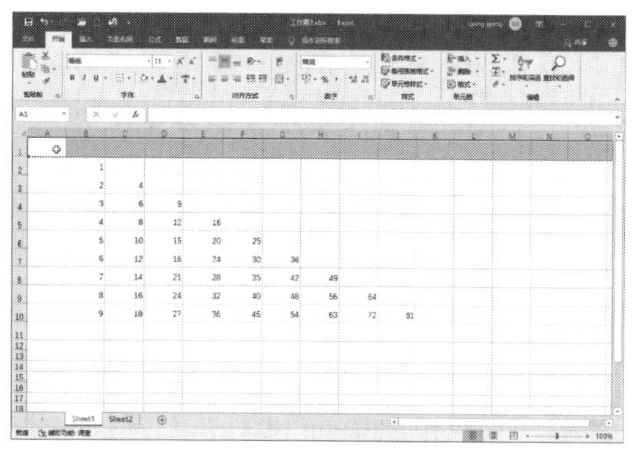

图 11-34

11.5.2　删除单元格行或列

删除单元格的操作在工作表的编辑中是一项常用的操作。删除单元格行或列的方法和插入单元格行或列的方法类似，都可以右击行号或列标，然后从快捷菜单中选择“删除”命令，如图 11-35 所示。

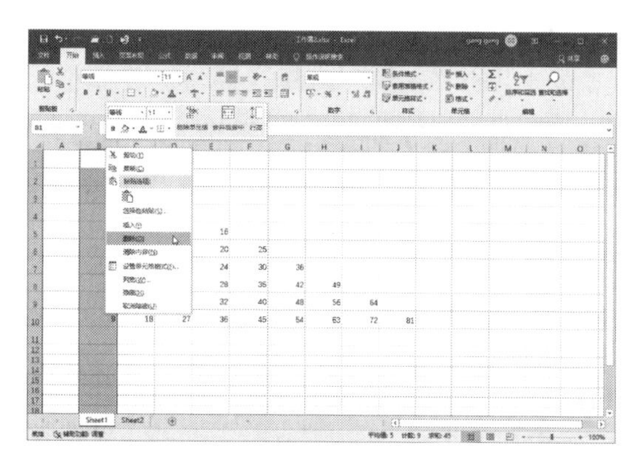

图 11-35

11.6 撤销和恢复操作

在对工作表进行操作时，可能出现复制的数据选择错误或在移动数据时不小心释放了鼠标或按键等情况，从而导致表格编辑的错误，而使用撤销和恢复操作，便能轻松地纠正过来。

11.6.1 撤销操作

撤销操作就是让表格还原到执行错误操作前的状态。方法是：单击快速访问工具栏中的“撤销”按钮或者单击其旁边的下拉按钮，在弹出的快捷菜单中选择返回到某一步操作的状态，或者直接按 Ctrl+Z 快捷键。

11.6.2 恢复操作

撤销操作是恢复操作的基础，只有执行了撤销操作后，“恢复”按钮才会变成可用状态。恢复操作就是让表格恢复到执行“撤销”操作前的状态。恢复操作的方法与撤销操作的方法类似。具体方法是：单击快速访问工具栏中的“恢复”按钮或单击其旁边的下拉按钮，在弹出的快捷菜单中选择恢复到某一具体操作的状态。或者直接按 Ctrl+Y 快捷键。

11.7 查找和替换数据

若表格中内容太多，有时需要查找具体某一项数据或替换里面的数据将很费事。使用 Excel 的查找和替换功能可让用户查找和替换数据变得轻松、省事。

11.7.1 查找数据

查找数据时，其操作步骤如下。

01 启动 Excel 2019，新建或打开工作簿，切换到“开始”选项卡，然后单击“编辑”工具组中的“查找和选择”按钮，在弹出的菜单中选择“查找”命令。

> **提示：** 也可以直接按 Ctrl+F 快捷键。

02 在打开的“查找和替换”对话框中，在“查找”选项卡的“查找内容”文本框中输入要查找的内容，这里输入“职员”，单击“查找下一个”或“查找全部”按钮开始查找。

03 查找到的单元格会变成活动单元格。

04 查找完毕后，“查找与替换”对话框下方会出现一个简单的报告表，汇报查找结果，在报告表中“单元格”一栏显示符合条件的单元格名称。

05 单击“关闭”按钮，关闭“查找和替换”对话框，并结束查找任务。

11.7.2 替换数据

替换操作可快速将符合某些条件的内容替换成指定的内容，节省了逐个修改的时间，并减少了出错率。

替换数据时，其操作步骤如下。

01 启动 Excel 2019，新建或打开工作簿，切换到“开始”选项卡，然后单击“编辑”工具组中的“查找和选择”按钮，在弹出的菜单中选择“替换”命令，在“替换”选项卡的“查找内容”文本框中输入“职员”，在“替换为”文本框中输入“员工”，单击“替换”按钮开始替换，如图 11-36 所示。

02 单击“全部替换”按钮，系统将替换表格中所有符合替换条件的内容。替换完成后，系统将自动弹出“Microsoft Excel”对话框，汇报替换的总数量，如图 11-37 所示。

图 11-36

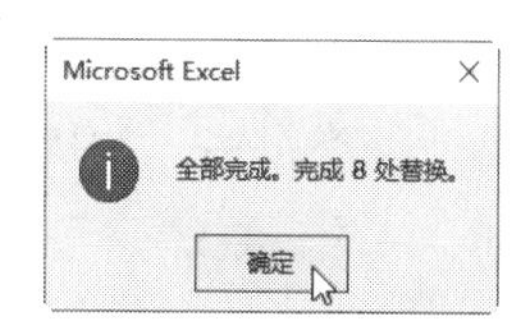

图 11-37

03 单击“确定”按钮，关闭该对话框。

04 在“查找和替换”对话框中单击“关闭”按钮，关闭该对话框，即结束替换任务。

提示： 替换操作的快捷键是 Ctrl+H。

第 12 章　格式化工作表

在制作完表格后，仅对其内容进行编辑是不够的。为了使工作表中的数据更加清晰明了、美观实用，通常需要对工作表进行格式方面的设置和调整。

≫ 本章学习内容：

- 设置单元格的格式
- 合并和拆分单元格
- 编辑行高和列宽
- 使用样式
- 设置工作表的背景图案

12.1　设置单元格的格式

在输入单元格中的数据后，根据不同的需要可以设置单元格的格式，从而更好地区分单元格中的内容，其设置包括数字类型、对齐方式、字体、添加边框、填充单元格等操作。

12.1.1　设置数字类型

不同的领域会有不同的需要，也对单元格中数字的类型有不同的要求，Excel 中的数字类型种类很多，如货币、数值、会计专用和日期等，下面讲解 3 个常用数字类型的设置方法。

1. 数值类型

在制作表格时，可以设置数字的小数位数、千位分隔符和数字显示方式等。设置数值类型时，其操作步骤如下。

01 启动 Excel 2019，以“支出趋势预算”模板新建工作簿，选择 B5:N10 单元格区域，如图 12-1 所示。

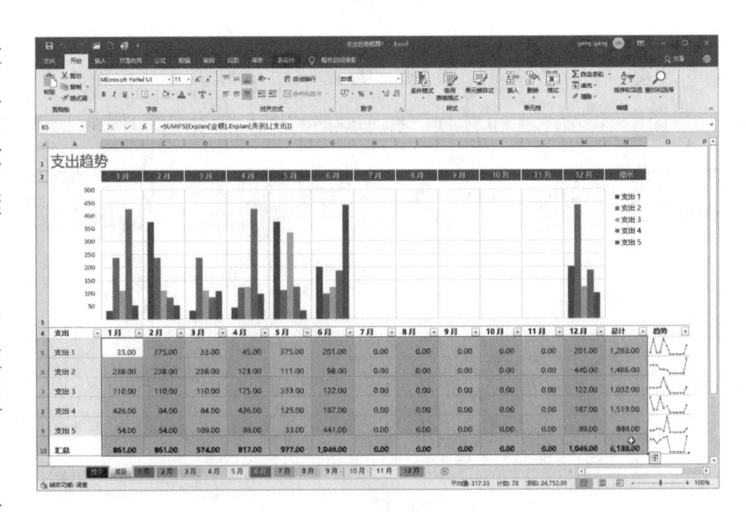

图 12-1

02 单击“开始”选项卡

中“数字”选项组右下角的“数字格式”按钮，打开“设置单元格格式”对话框，如图 12-2 所示。

03 在“数字”选项卡的列表框中选择“数值”选项，在“小数位数”数值框中输入“2”，选中“使用千位分隔符”复选框，在“负数”列表框中选择“-1,234.10”，如图 12-3 所示。

图 12-2

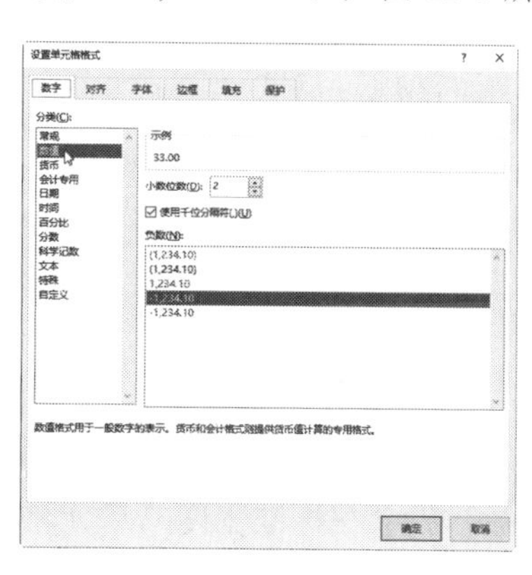

图 12-3

2. 货币类型

设置货币类型数字时，其操作步骤如下。

01 打开“支出趋势预算”工作簿，选择 B5:N10 单元格区域，并打开“设置单元格格式”对话框，在“数字”选项卡的列表框中选择“货币”选项。

02 在“小数位数”数值框中输入“2”，在“货币符号（国家 / 地区）”下拉列表中选择“￥”，在“负数”列表框中输入“￥-1,234.10”，如图 12-4 所示。

03 单击“确定”按钮，完成设置，效果如图 12-5 所示。可以看到，和数值格式相比，货币格式前面只是增加了一个￥符号。

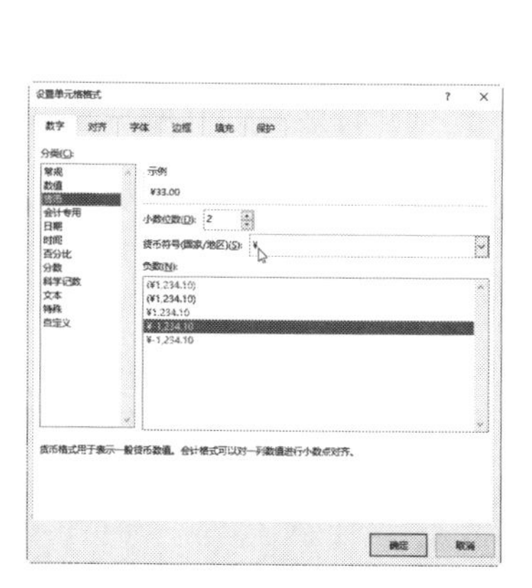

图 12-4

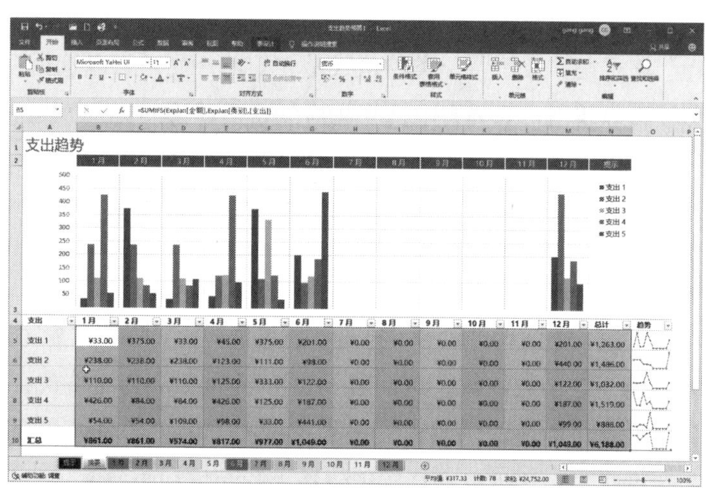

图 12-5

12.1.2 Excel 支持的数字分类详解

Excel 2019 支持的数字分类包括“常规”“数值”“货币”“会计专用”“日期”“时间”“百分比”“分数”“科学记数”“文本”“特殊”和“自定义”等（见图 12-4）。现在来详细介绍一下这些分类。

1.“常规”格式

“常规”格式是“单元格格式”对话框中的第一个分类，除非用户特意更改了单元格的格式，否则 Excel 将按照“常规”格式显示所有输入的文本或数字。除了下面所说的 3 种情况之外，“常规”格式都可以如实显示输入内容。例如，如果输入 123.45，单元格将显示 123.45。下面就是 3 种例外情况：

（1）“常规”格式会省略单元格显示不下的过长的数字。例如，数字 12345678901234（一个整数）就会在标准宽度的单元格中显示为 1.23457E+13。长的小数值将四舍五入，或按照科学记数法显示。因此，如果在标准宽度的单元格中输入 123456.7812345，“常规”格式会将数字显示为 123456.8。但是在运算中使用的还是实际输入并保留的数字，与显示格式无关。

（2）“常规”格式不会显示尾随零。例如，数字 123.0 将显示为 123。

（3）所输入的小数如果小数点左边没有数字，那么系统会补上零。例如，.123 将显示为 0.123。

2.“数值”格式

“数值”分类包含各种选项，可以按照整数、固定位数的小数和带标点格式来显示数字。

3.“货币”格式

除了千位分隔符的选择之外（在默认情况下该符号伴随着所有的货币符号），4 种“货币”格式与“数值”分类的格式是相似的。用户可以选择在数字前添加何种货币符号，只需从世界货币符号列表中选择相应的货币符号即可。

所有“货币”格式都在正数值的右边产生一个空格（相当于一个右括号的宽度），以确保在相似格式的整数或负数列中的小数点能对齐。

4.“会计”格式

“会计”格式可以与“货币”格式相对应，即显示数字时可以添加或不添加货币符号，并且能指定小数位数。这两者的最大不同在于会计格式在单元格的左端显示任意货币符号，在右边的数字仍照常显示。这样，相同列的货币符号和数字都将垂直对齐。带有相似货币符号和非货币符号格式的数字将在一列中对齐。

“会计”格式与“货币”格式的另一个区别是其负数总是用黑色显示，而不用红色（这

在“货币”格式中是常用的）。另外，“会计”格式将零值记作划线，划线的长短由是否选择了小数位数而定。如果选择了两位小数位，那么划线将位于小数点之下。

5.“日期”格式

“日期”格式可以将日期和时间系列数值显示为日期值。例如，输入 666 并设置为“日期”格式之后，Excel 将显示为“1901/10/27”，它表示从 1900 年 1 月 1 日以来第 666 天的日期。

6.“时间”格式

“时间”格式可以将日期和时间系列数值显示为时间值。例如，输入 666 并设置为“时间”格式之后，Excel 将显示为“1901/10/27 0:00:00”。

7.“百分比”格式

“百分比”分类格式将数字显示为百分比形式。带格式的数字的小数点将向右移动两位，并且在数字的末尾显示一个百分号。例如，如果选择了百分比格式，且小数位数设置为 0，那么 0.1234 将显示为 12%。如果选择了两位小数，那么 0.1234 将显示为 12.34%。

8.“分数”格式

“分数”分类格式显示了分数的实际数值，而不是作为小数值来显示的。这些格式在输入股票价格或测量值时非常有用。前 3 个分数格式分别显示的是分子和分母同时为一位数、两位数和三位数时的情况。

例如，分母为一位数格式就将 123.456 显示为 123 1/2，它自动将数字的显示值四舍五入为一位数分数的近似值。如果在分母为两位数格式的单元格中输入此数字，Excel 就会使用分母为两位数格式所允许的更高的精度来显示此数字，显示值将是 123 26/57。原始值总是不会更改的。

9.“科学记数”格式

“科学记数”格式使用指数形式显示数字。例如，两位的科学记数法格式将把数字 98765432198 显示为 9.88E+10。

数字 9.88E+10 就是 9.88 乘以 10 的 10 次幂。标志 E 代表单词“指数”，在此处的意思是 10 的 n 次幂。表达式 10 代表 10 的 10 次幂，或 10,000,000,000。将这个数乘以 9.88 就得到 98800000000，这是 98765432198 的近似值。增加小数位数可以增加显示的精度，但是要付出代价——显示的数字可能会比单元格要宽。

用户还可以使用科学记数法格式来显示非常小的数字。例如，将数字 0.000000009 显示为 9.00E-09，也就是 9 乘以 10 的负 9 次幂。表达式 10 的负 9 次幂代表着 1 除以 10 的 9 次幂，或 0.000000001。这个数乘以 9 就得到原始值 0.000000009。

10.“文本”格式

对单元格应用“文本”格式就是把单元格中的数值都看作文本类型。例如，数值在单元格中一般都是右对齐的，但如果对单元格应用了“文本”格式，那么单元格中的数值将如同文本一样成为左对齐了。

在任何情况下，设置为“文本”格式的数字常量在 Excel 中仍然是作为数字进行处理的，因为 Excel 具有识别数字的功能。但是，如果对包含公式的单元格应用了“文本”格式，那么公式将被认为是文本，并将在单元格中作为文本进行显示。

任何其他公式如果引用了设置为文本格式的公式，则要么返回文本值本身（就如同单元格直接引用文本格式而没有进行任何附加计算一样），要么返回 #VALUE! 错误值。

将工作表模型中的公式设置为文本有这样的好处：用户没有实际删除它，但却可以看到“删除”公式的结果。我们可以将公式设置为文本格式，这样它就可以显示在工作表上，然后查找另一个引用了它并产生错误值的公式。在应用了文本格式后，必须单击编辑栏且按下回车键以“重新计算”工作表，这样公式将改变为已显示文本值。如果要将公式恢复为原始状况，请对单元格应用所需的数字格式，再次单击编辑栏，并按下回车键。

11.“特殊”格式

“特殊”格式是根据用户需求而添加的功能。这些通常不用于计算的数字包括邮政编码、中文小写数字和中文大写数字。每个特殊格式都让用户快速键入数字，而无需键入带记号的字符。

在设置为这些格式的单元格中输入数字时，数字仍将保持数字状态，不会随意更改为文本，不过若是在单元格中输入了括号或破折号就是另一回事了。另外，出现在邮政编码开头处的零也将保留。一般来说，如果输入了 043210，Excel 会将开头的零省略，只显示 43210。但如果是邮政编码格式，那么 Excel 将显示 043210。

12.1.3 设置对齐方式

设置单元格中数据的对齐方式，可以提高阅读工作簿的速度，而且不会扰乱读者的思维，并使表格更加美观。

设置对齐方式时，其操作步骤如下。

01 启动 Excel 2019，新建或打开工作簿，选择 C4:C20 单元格区域，如图 12-6 所示。

02 单击“开始”选项卡中“数字”选项组右下角的“数字格式”按钮，在打开的“设置单元格格式”对话框中选择“对齐”选项卡。

03 在“水平对齐”下拉列表中选择“居中”选项，如图 12-7 所示。

04 单击“确定”按钮完成设置，效果如图 12-8 所示。

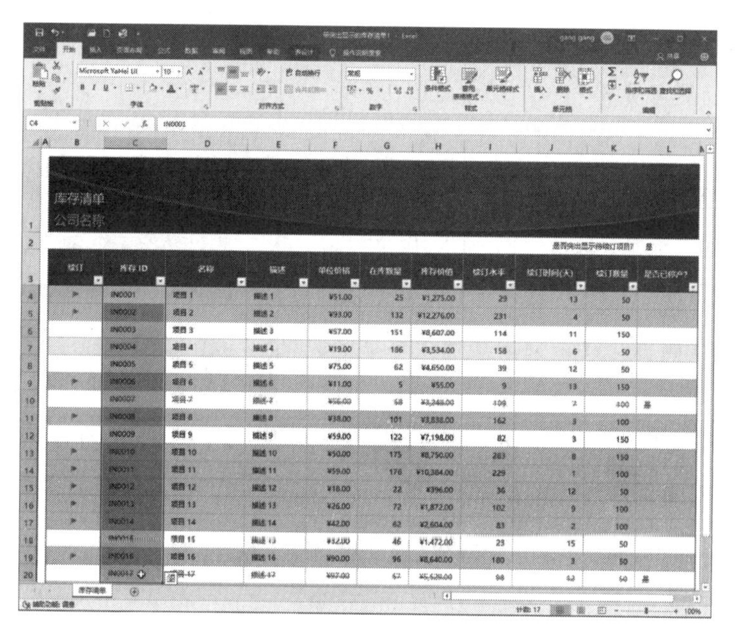

图 12-6

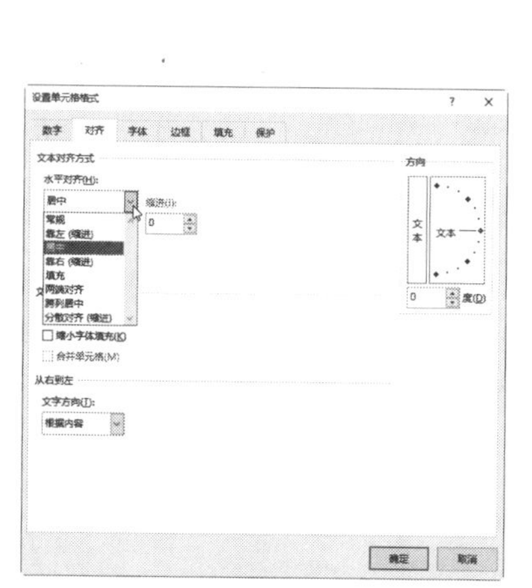

图 12-7

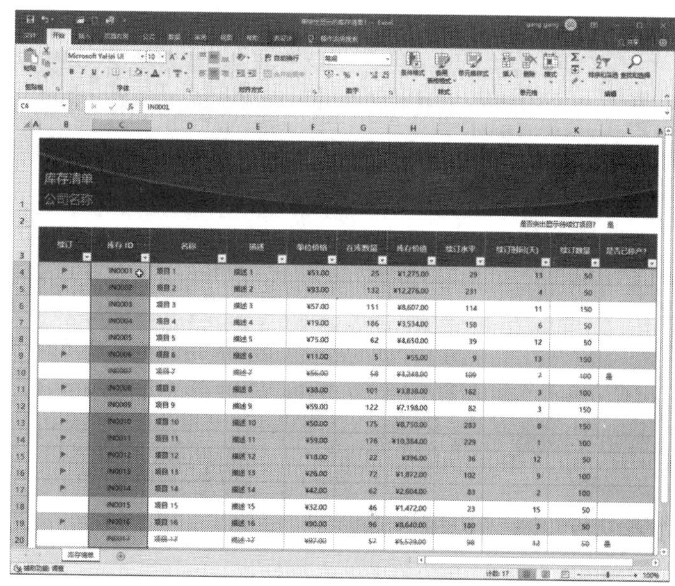

图 12-8

12.1.4　设置字体格式

表格制作完成后，可能会觉得制作的表格不够美观，在内容表现上也不直观。这是因为 Excel 2019 默认输入内容的字体为宋体、字号为 11 磅。要使表格变得既美观又直观，可以通过设置字体格式来实现。

设置字体格式时，其操作步骤如下。

01 打开工作簿，选择 B3 单元格，如图 12-9 所示。

02 打开“设置单元格格式”对话框，在“字体”选项卡的“字体”下拉列表中选择“汉仪粗宋简”，在“字形”列表框中选择“常规”，在“字号”列表框中选择“18”，如图 12-10 所示。

03 打开“颜色”下拉列表并选择“其他颜色”选项，弹出“颜色”对话框，选择“标准”和“自定义”选项卡也可选择颜色。

04 单击“确定”按钮，关闭“设置单元格格式”对话框，效果如图 12-11 所示。

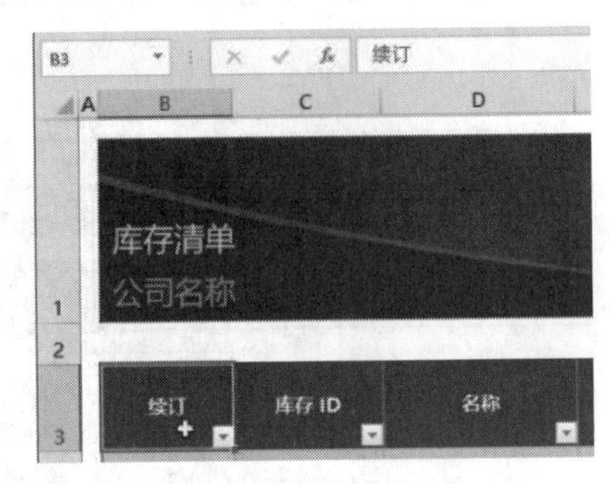

图 12-9

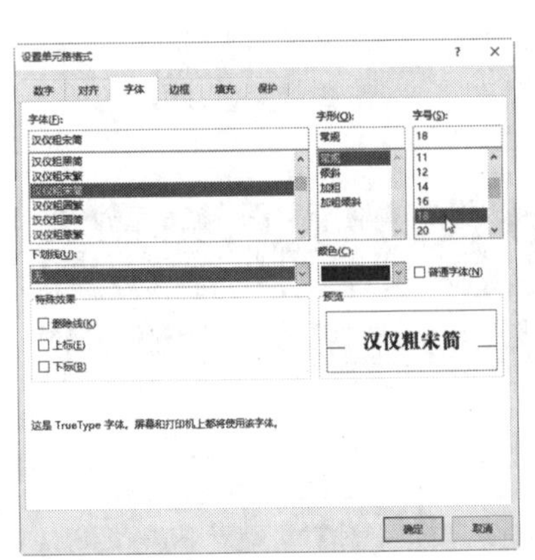

图 12-10

图 12-11

12.1.5 添加边框

在 Excel 默认情况下，表格的边线是不能被打印输出的，若需要打印出来表格的边框线可根据需要自行设置。

要添加边框时，其操作步骤如下。

01 打开工作簿，选择 C5:K17 单元格，如图 12-12 所示。

02 打开“设置单元格格式”对话框，选择“边框”选项卡，在“样式”列表框中选择双线，在“颜色”下拉列表中选择“紫色”，单击“边框”选项组中的上下左右各项，如图 12-13 所示。

03 单击“确定”按钮，完成的设置效果如图 12-14 所示。

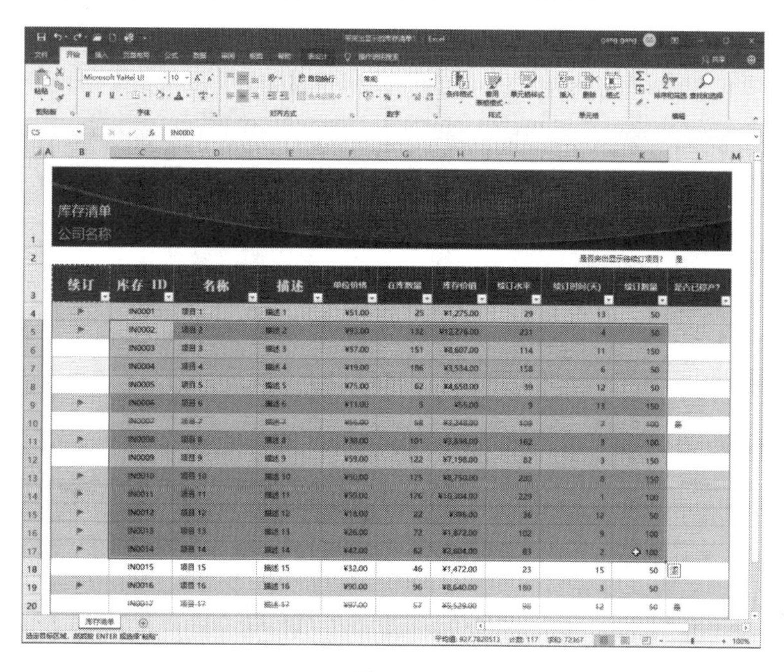

图 12-12

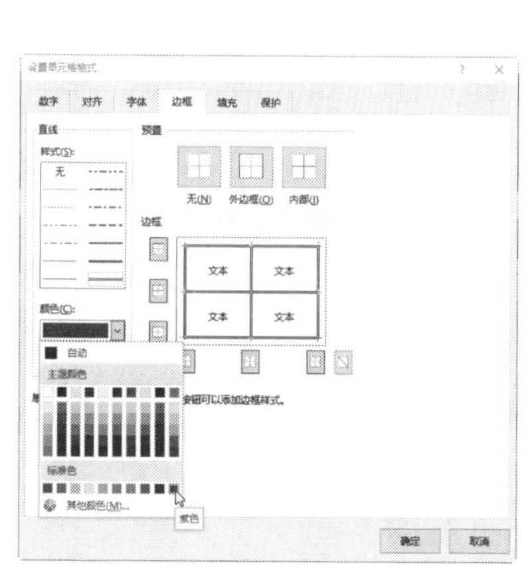

图 12-13

图 12-14

12.1.6　填充单元格

在制作表格时对重要的单元格进行填充，既可以给自己提个醒，又可以在查看表格时一目了然，填充单元格主要是为单元格添加颜色、填充效果和添加底纹等。

填充单元格时，其操作步骤如下。

01 打开工作簿，选择 C5:C8 单元格，如图 12-15 所示。

02 打开“设置单元格格式”对话框，选择“填充”选项卡，选择“图案颜色”为蓝色，“图案样式”为 50% 灰色，如图 12-16 所示。

03 单击“确定”按钮，关闭“设置单元格格式”对话框，完成设置后的效果如图 12-17 所示。

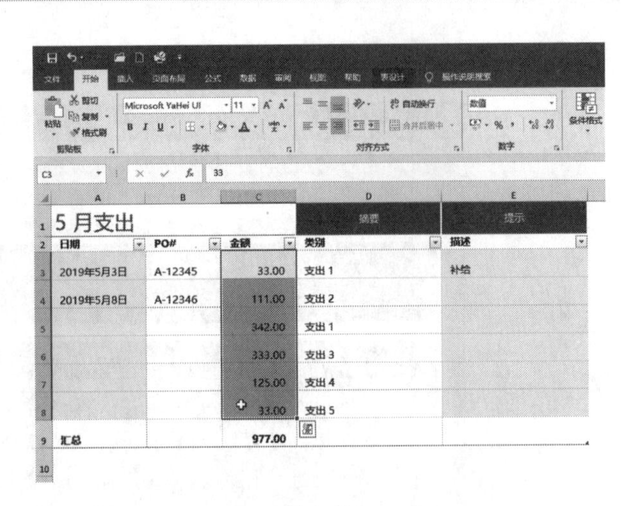

图 12-15

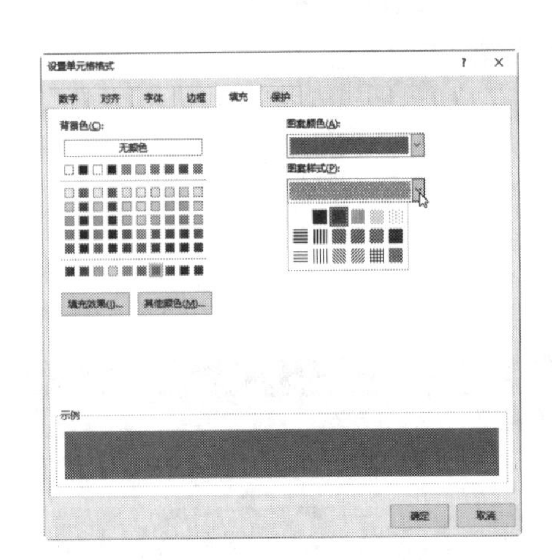

图 12-16

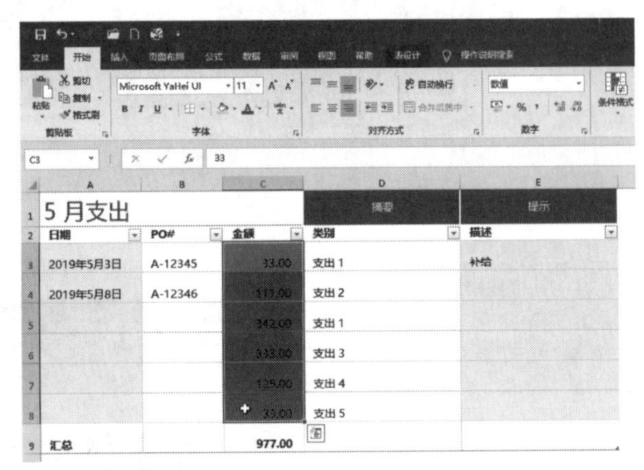

图 12-17

12.2 合并和拆分单元格

在编辑工作表时，一个单元格中输入的内容过多，在显示时可能会占用几个单元格的位置，如表名的内容，这时就需要将几个单元格合并成一个适合单元格内容大小的单元格，如果不需要合并单元格时，还可以将其拆分。

要将表格标题所占的单元格合并为一个单元格，其操作步骤如下。

01 打开“支出趋势预算 1”工作簿，选择 A1:C1 单元格区域。

02 在“开始”选项卡下，单击“对齐方式”选项组中“合并后居中”按钮右侧的下拉按钮，在弹出的菜单中选择“合并后居中”命令，如图 12-18 所示。

03 合并单元格后，效果如图 12-19 所示。

提示：拆分单元格的方法是单击“开始”选项卡下“对齐方式”选项组中“合并后居中”按钮右侧的下拉按钮，在弹出的菜单中选择“取消单元格合并”命令即可。

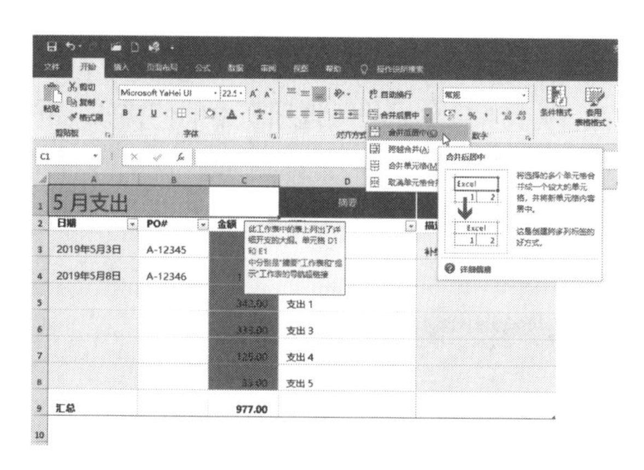

图 12-18

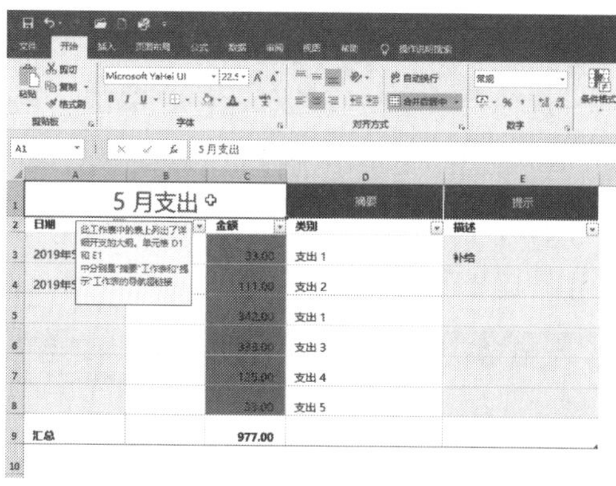

图 12-19

12.3　编辑行高和列宽

在编辑工作表时，当表格的行高和列宽影响到数据的显示时，可根据单元格内容随心所欲地改变行高和列宽，使单元格中的内容显示得更加清楚、完整。

12.3.1　改变行高

改变行高的方法有两种：第一种是拖动行号手动调整行高；第二种是根据对话框设置行高的具体数值。

1. 手动调整

（1）启动 Excel 2019，根据“电影列表”模板新建一个工作簿，将鼠标指针移动到“电影列表”工作表第 1 行的行号下方，待鼠标指针变成 ✢ 形状时上下拖动，即可改变该单元格的行高，如图 12-20 所示。

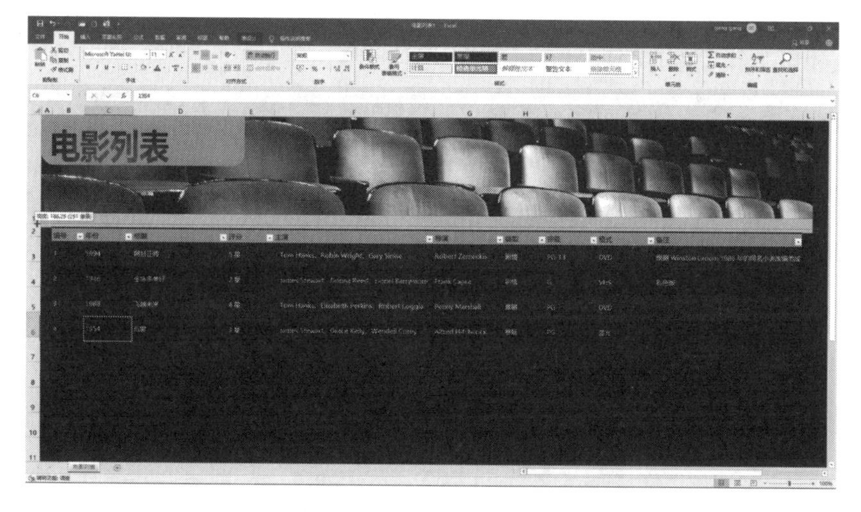

图 12-20

2. 设置具体数值

选择要改变行高的单元格，单击“开始”选项卡下“单元格”选项组中的“格式”按钮，在弹出的菜单中选择“单元格大小”｜“行高”命令，如图 12-21 所示。

打开“行高”对话框，如图 12-22 所示。在其中的“行高”文本框中输入具体的行高值，单击“确定”按钮即可。

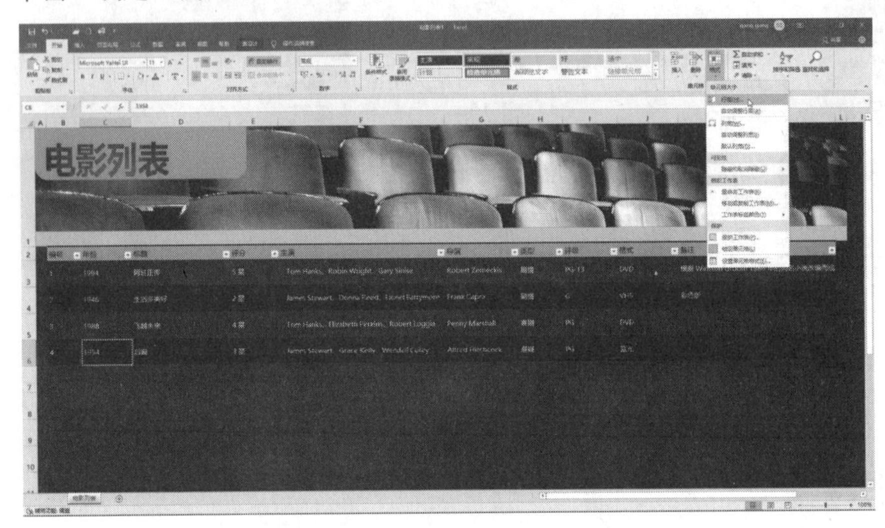

图 12-21

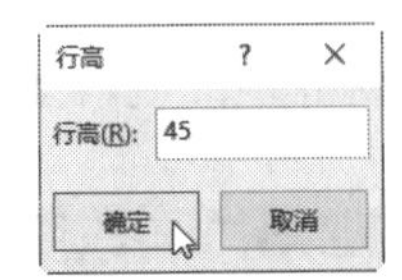

图 12-22

12.3.2　改变列宽

改变列宽同样也有两种方法，第一种是拖动列标手动调整列宽；第二种是根据对话框设置列宽的具体数值。

1. 手动调整

打开“电影列表 1”工作簿，将鼠标指针移动到列标两端，待鼠标指针变成+形状时左右拖动，即可改变该单元格的列宽，如图 12-23 所示。

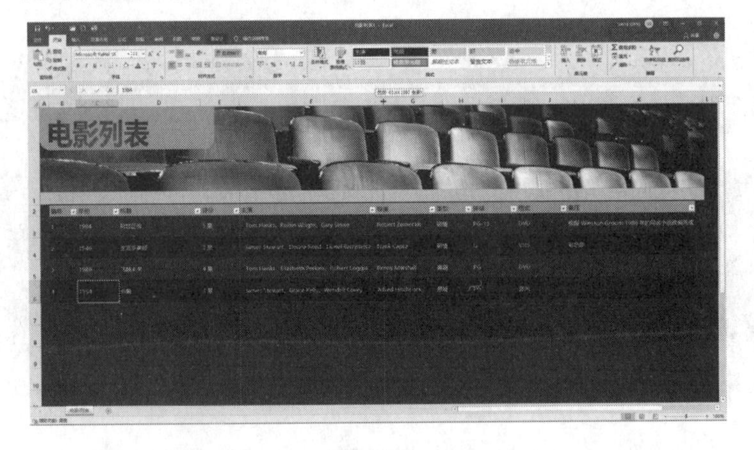

图 12-23

2. 设置具体数值

选择要改变列宽的单元格，单击“开始”选项卡下“单元格”选项组中的“格式”按钮，在弹出的菜单中选择“单元格大小” | “列宽”命令，打开“列宽”对话框，在“列宽”文本框中输入具体的列宽值，单击“确定”按钮即可。

12.4　使用样式

Excel 2019 提供了多种单元格样式，使用单元格样式可以使每一个单元格都具有不同的特点，还可以根据条件为单元格中的数据设置单元格样式。

12.4.1　创建样式

创建单元格样式时，其操作步骤如下。

01 单击“开始”选项卡下“样式”选项组中的“其他”按钮，如图 12-24 所示。

图 12-24

02 在弹出的菜单中选择“新建单元格样式”命令，如图 12-25 所示。

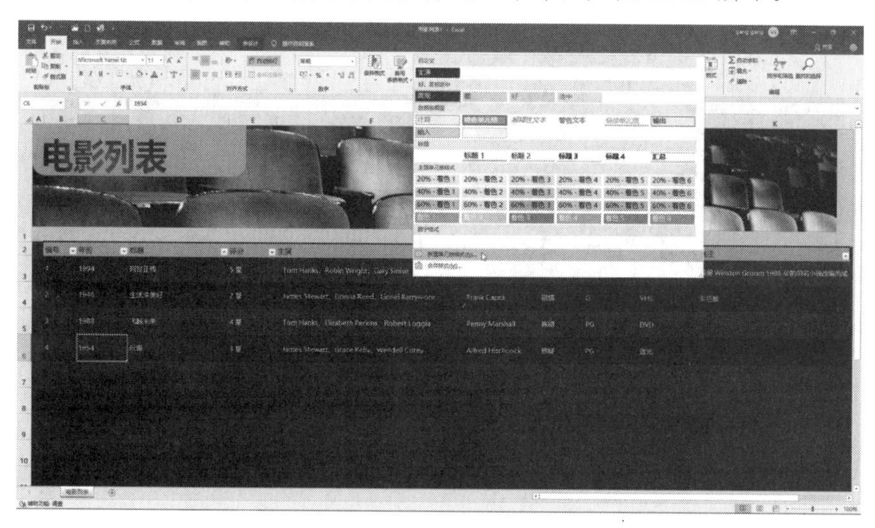

图 12-25

03 打开“样式”对话框，在“样式名”文本框中输入“电影名称样式”，如图 12-26 所示。

04 单击“格式”按钮，打开“设置单元格格式”对话框，选择“字体”选项卡，在“字体”列表框中选择“方正启体简体”，在“字形”列表框中选择“常规”，在“字号”列表框中选择“14”，在“颜色”下拉列表中选择浅蓝色，如图 12-27 所示。

05 选择“边框”选项卡，在“样式”列表框中选择右边第 3 种虚线，在“预置”选项中选择“外边框”，如图 12-28 所示。

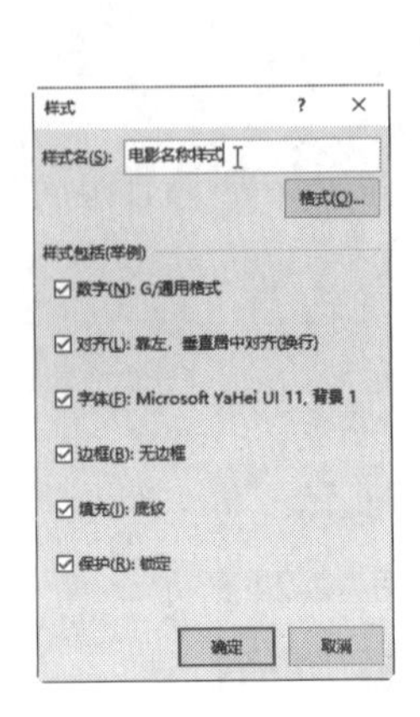

图 12-26

图 12-27

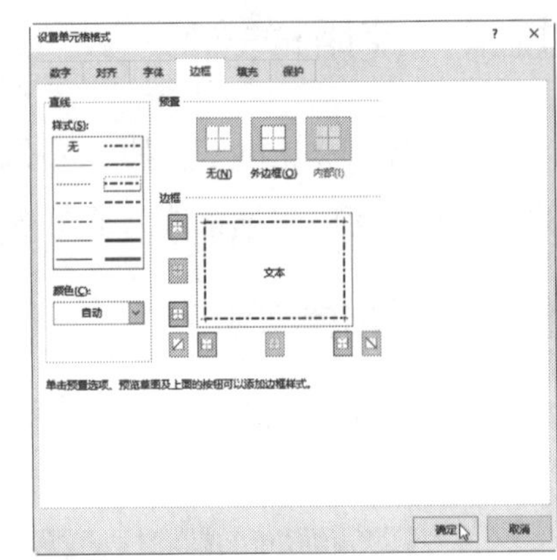

图 12-28

06 单击“确定”按钮，关闭“样式”对话框。

07 选择要应用样式的单元格，例如 D3:D6 单元格区域，然后单击“开始”选项卡下“样式”选项组中的“其他”按钮，在弹出菜单的“自定义”选项组中单击刚才自定义的样式即可应用样式，如图 12-29 所示。

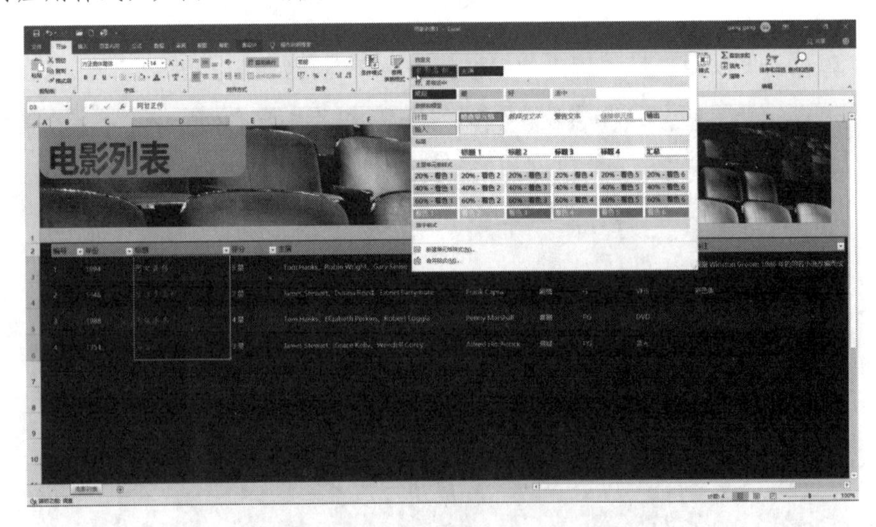

图 12-29

12.4.2 设置条件格式

在编辑表格时，可以设置条件格式，条件格式是规定单元格中的数据在满足自定义条

件时，将单元格显示成相应条件的单元格样式。例如，可以在股票行情表格设置一个条件格式，如果交易价格上涨则显示为红色，交易价格下跌则显示为绿色。

设置条件格式的单元格中必须是数字，不能有其他文字，否则是不能被成功设置的。

设置条件格式时，其操作步骤如下。

01 启动 Excel 2019，按 Ctrl+N 快捷键新建一个工作簿，然后输入如图 12-30 所示的数据。

	A	B	C	D	E
1			今日股票行情		
2	代码	名称	涨幅	现价	昨日收盘价
3	601985	中国核电	1.37%	5.93	5.85
4	000920	南方汇通	2.90%	8.51	8.27
5	600036	招商银行	-2.49%	34.45	35.33
6					

图 12-30

> **提示：** 在 C3:C5 单元格区域，输入的是公式。目前尚未涉及这一部分的内容介绍，初学者可以直接输入百分比数字，本书第 14 章将详细介绍和公式有关的内容。

02 选中 D3 单元格（也就是“中国核电”的现价），单击“开始”选项卡下“样式”选项组中的“条件格式”按钮，在弹出的菜单中选择“突出显示单元格规则”|“大于”命令，如图 12-31 所示。

03 在出现的“大于”对话框，单击第一个文本框右侧的扩展按钮，如图 12-32 所示。

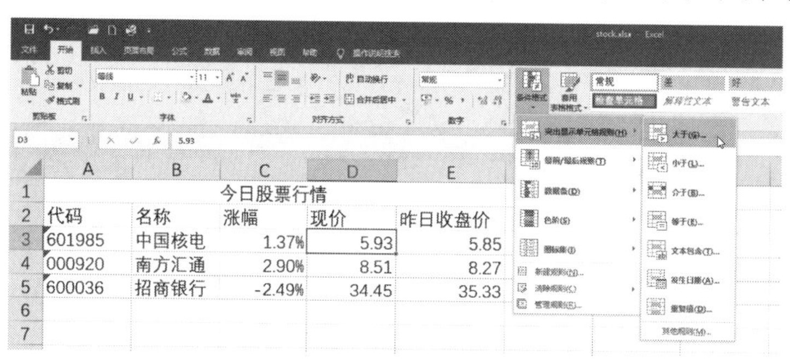

图 12-31

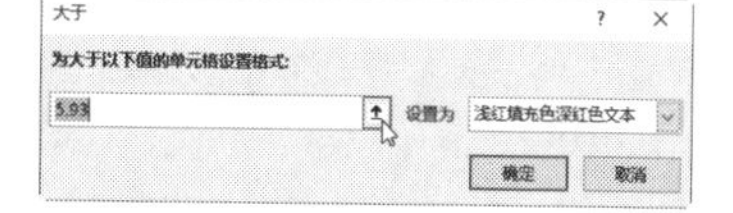

图 12-32

04 在 E3 单元格上单击，“大于”框中将自动输入 =$E$3，如图 12-33 所示。

05 单击“大于”右侧的收缩按钮，返回到正常形态的“大于”对话框，然后从“设置为”下拉菜单中选择“红色文本”。这个规则的意思就是，如果“现价”大于“昨日收盘价”，说明股价是上涨的，所以显示为红色，如图 12-34 所示。

图 12-33

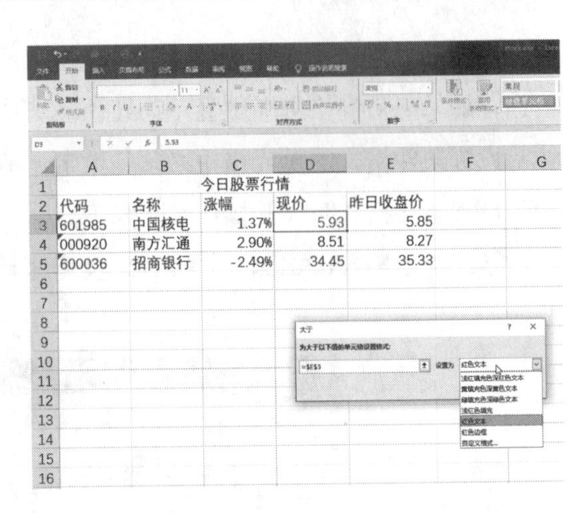

图 12-34

06 单击“确定”按钮关闭“大于”对话框。

07 继续选择 D3 单元格，单击“开始”选项卡下“样式”选项组中的“条件格式”按钮，在弹出的菜单中选择“突出显示单元格规则”|“小于”命令，如图 12-35 所示。

图 12-35

08 在出现的“小于”对话框中，按同样的方式选中单元格 E3，使其左侧框中自动输入 =$E$3，而在“设置为”下拉菜单中，由于现价小于昨日收盘价表示股价下跌，应该显示为绿色文本，但是预置格式里面并没有合适的选项，所以需要单击“自定义格式”，如图 12-36 所示。

09 在出现的“设置单元格格式”对话框中，选择“颜色”为绿色，如图 12-37 所示。

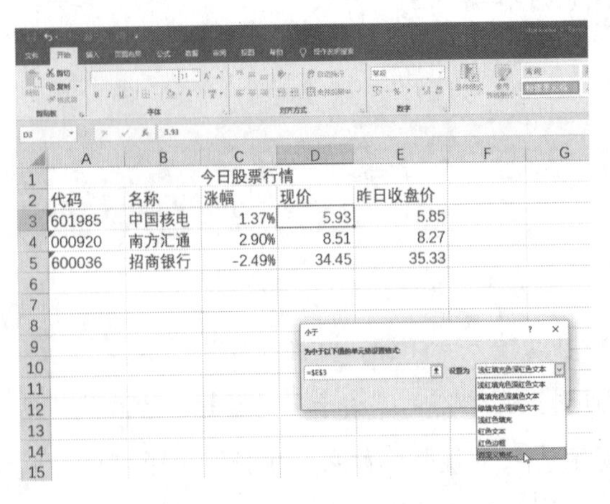

图 12-36

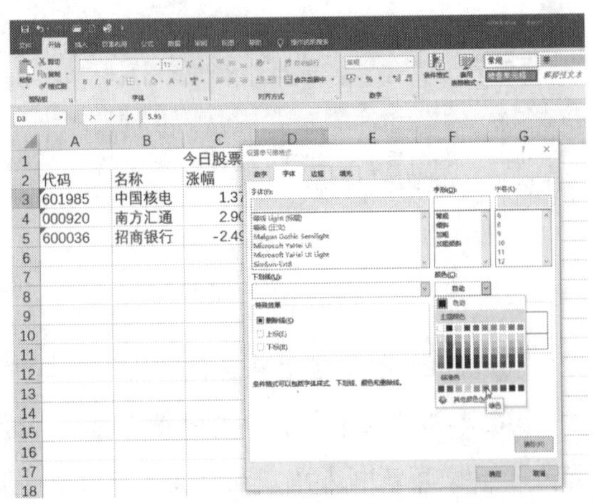

图 12-37

10 逐级单击“确定”关闭对话框。

11 继续选择 D3 单元格，单击“开始”选项卡下“样式”选项组中的“条件格式”按钮，在弹出的菜单中选择“突出显示单元格规则”｜“等于”命令，如图 12-38 所示。

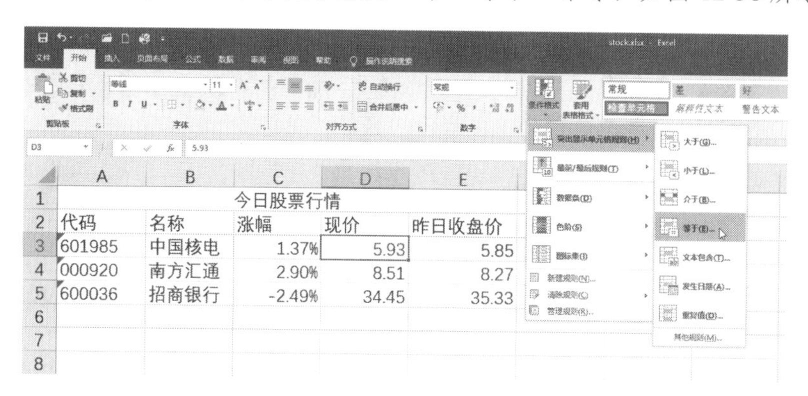

图 12-38

12 在出现的“等于”对话框中，按同样的方式选中单元格 E3，使其左侧框中自动输入 =$E$3，而在“设置为”下拉菜单中，如果现价等于昨日收盘价则应该显示为白色文本，但是预置格式里面并没有合适的选项，所以需要单击“自定义格式”，如图 12-39 所示。

13 在出现的“设置单元格格式”对话框中，选择“颜色”为白色，如图 12-40 所示。

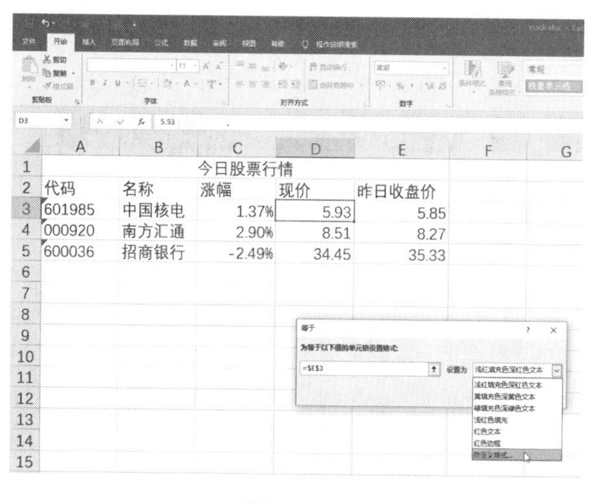

图 12-39

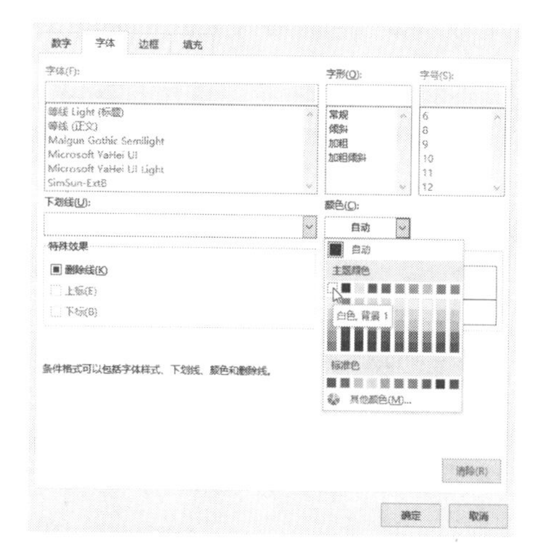

图 12-40

14 逐级单击“确定”关闭对话框。

15 现在我们来测试一下条件格式的正确性。将“中国核电”的昨日收盘价修改为 6.15，则现价 5.93 显然为下跌，所以显示为绿色。将昨日收盘价修改为 5.58，则今日现价 5.93 显然为上涨，所以显示为红色。将昨日收盘价修改为 5.93，与今日现价相同，则现价显示为白色，由于与白色背景重叠，所以看起来没有数字，如图 12-41 所示。

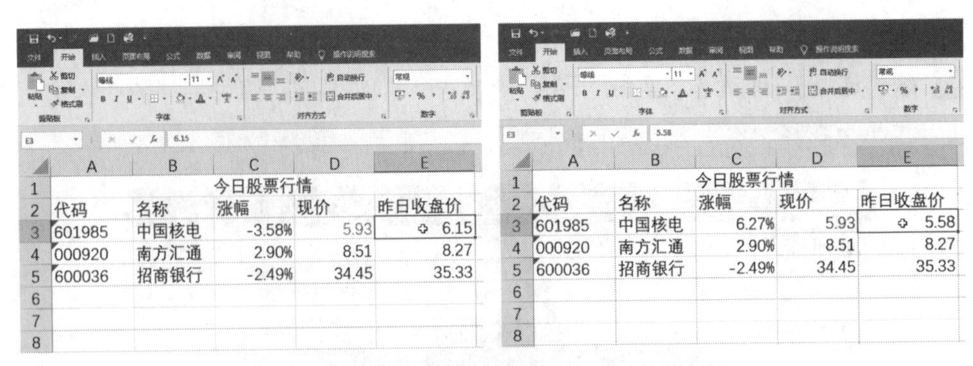

图 12-41

16 上述测试证明条件格式设置是成功的。反过来测试也一样。例如，输入现价为 6.42，则它显示为红色；输入现价为 5.69，那么它会显示为绿色；输入现价为 5.93，则同样显示为白色，如图 12-42 所示。

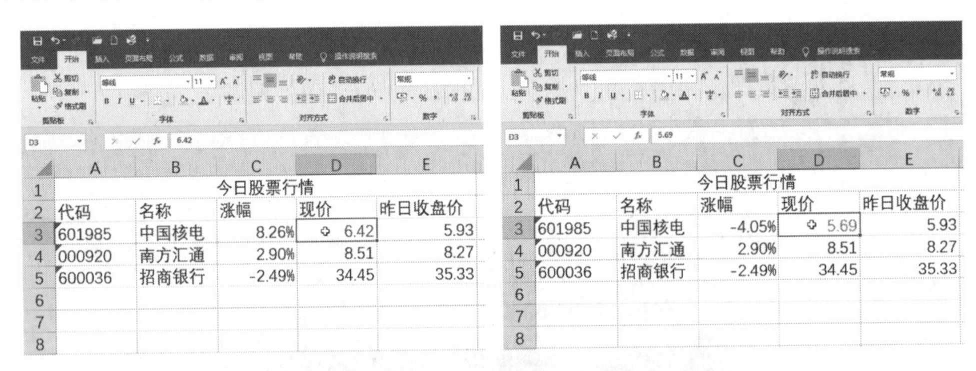

图 12-42

17 条件格式设置完毕之后，还可以按同样的方式继续设置其他单元格的格式，当然，还有更简单的方式，就是选中 D3 单元格，按 Ctrl+C 键复制，然后右击 D4 单元格，在出现的快捷菜单中，选择“粘贴选项”中的“格式”，这样就可以把条件格式复制过去。可以看到，D4 单元格由于现价是上涨的，所以它预览已经显示为红色，如图 12-43 所示。

18 当然，这种粘贴其实是有问题的。例如，如果给“招商银行”的现价粘贴格式，则会发现它也变成了红色，如图 12-44 所示。而事实上，它的现价是下跌的，所以应该显示为绿色。那么这里的错误怎么解决呢？本书第 14 章将会详细讨论这个问题。

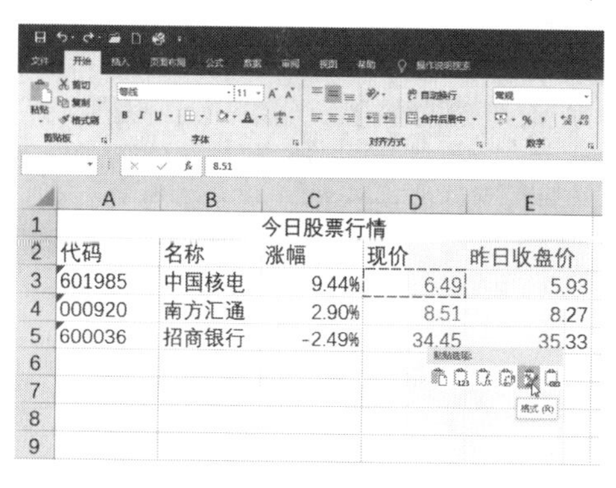

图 12-43

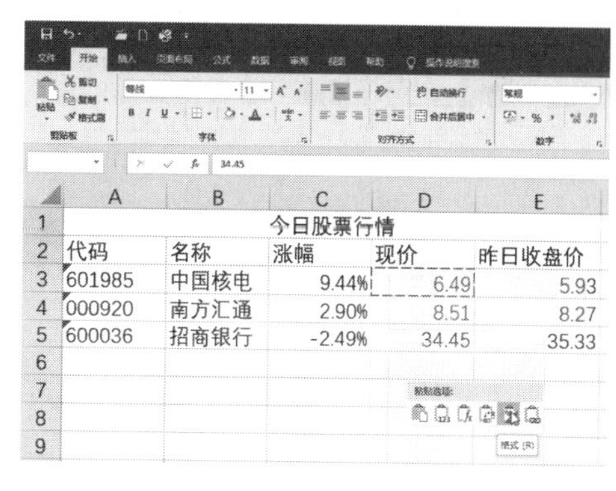

图 12-44

12.4.3　套用表格格式

套用表格格式可以快速地为表格设置格式。套用表格格式时，其操作步骤如下。

01 打开需要套用表格格式的电子表格，选择单元格区域。在本示例中，可以选中上述股票行情 A2:E5 单元格区域。

02 单击“开始”选项卡下“样式”选项组中的“套用表格格式”按钮，在弹出的菜单中选择表格样式，如图 12-45 所示。

图 12-45

03 在出现的“套用表格式”对话框中，确认表数据的来源就是 A2:E5 单元格区域，如图 12-46 所示。

04 单击“确定”按钮，该单元格区域即套用了选中的表格格式，如图 12-47 所示。

图 12-46

图 12-47

05 如果需要撤销应用的表格格式时，可选择所需要撤销格式的单元格区域，然后单击“表设计”选项卡下“表格样式”选项组中的“清除”按钮，如图 12-48 所示。

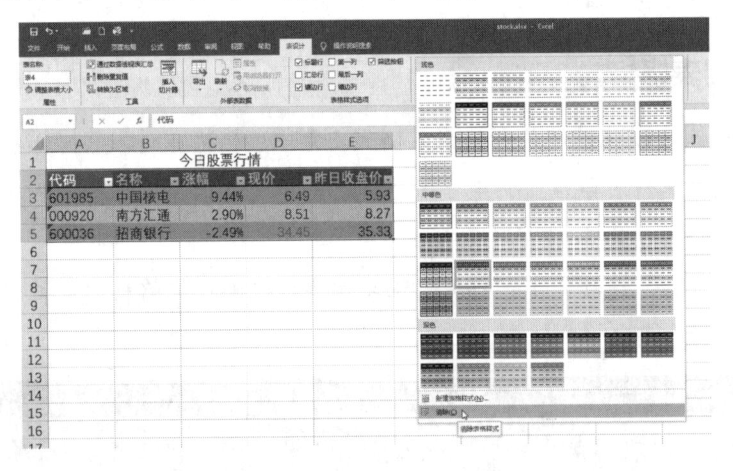

图 12-48

12.5 设置工作表的背景图案

在 Excel 中，还可以为工作表设置背景图案，以使表格更加美观。

为工作表添加背景图案时，其操作步骤如下。

01 打开工作簿，选择“页面布局”选项卡，单击“页面设置”选项组中的“背景”按钮，打开“插入图片”对话框，在“必应图像搜索”框中输入“股市”关键字进行搜索，如图 12-49 所示。

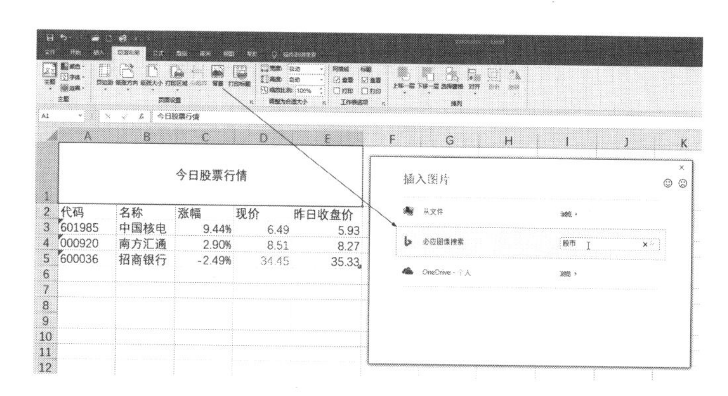

图 12-49

02 选择合适的搜索结果图片，单击“插入”按钮，如图 12-50 所示。

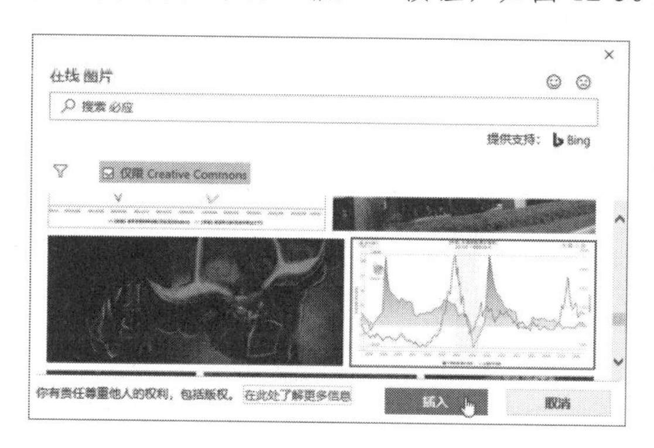

图 12-50

03 为工作表添加的图像背景效果如图 12-51 所示。

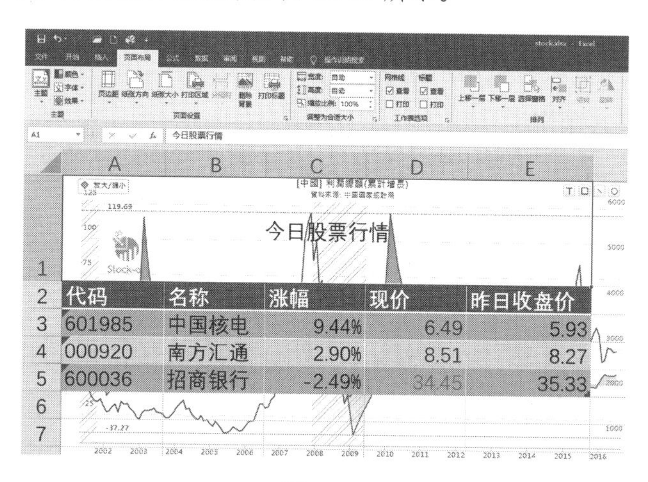

图 12-51

提示： 如果在线搜索的背景图像不合适，也可以在图 12-49 中选择“从文件”，然后选择本地制作的合适背景图像。

第 13 章　操作工作表和工作簿

在利用 Excel 进行数据处理的过程中，经常需要对工作簿和工作表进行适当的处理，例如插入和删除工作表、设置重要工作表的保护等。下面对编辑工作表的方法进行介绍。

≫ 本章学习内容：

- 管理工作簿
- 选择工作表
- 重命名工作表
- 插入工作表
- 移动和复制工作表
- 删除工作表
- 保护工作表
- 隐藏或显示工作表
- 冻结窗格

13.1　管理工作簿

本节学习工作簿的基本操作，主要包括新建、保存、打开、保护和关闭工作簿等。

13.1.1　新建工作簿

启动 Excel 时，将自动创建一个名为“Book1”的工作簿，有时需要新建一个工作簿。Excel 2019 提供了大量的模板供用户选择。

新建工作簿时，其操作步骤如下。

01 启动 Excel 2019，单击“文件”选项卡，然后在“新建”界面中选择模板。

02 在“新建”面板中，单击“空白工作簿”图标（这其实也是一种比较特殊的模板），即可新建一个空白工作簿。在“搜索联机模板”框中输入关键字，可以联机搜索，获得更多的模板。

提示：要直接新建空白工作簿，可以按 Ctrl+N 快捷键。

13.1.2　保存工作簿

用户可将自己重要的工作簿保存在电脑中，以便随时打开对其进行编辑。

保存工作簿时，其操作步骤如下。

01 单击快速访问工具栏中的“保存”按钮，打开“保存此文件”面板。单击“更多

保存选项”。

02 在打开的“另存为”面板中，单击“浏览”按钮，弹出“另存为”对话框，选择保存路径。

03 在“文件名”文本框中输入保存文件的名称。

04 单击“保存”按钮，保存完成。

13.1.3 打开工作簿

对于保存后的工作簿，在需要进行查看或再编辑等操作时，就要先打开工作簿。

打开工作簿时，其操作步骤如下。

01 单击“文件”选项卡，在弹出的“文件”界面中选择“打开”命令。

02 在“打开”面板中，可以看到最近打开的 Excel 工作簿列表。如果要打开的工作簿不在列表中，则可以选择“浏览”选项，打开“打开”对话框，在该对话框中的“查找范围”下拉列表中选择文件所在的位置。

提示： 按 Ctrl+O 快捷键，可以实现快速打开功能。

13.1.4 保护工作簿

如果保存有重要信息的工作簿不想被其他人随便查看和修改时，可以使用保护工作簿的方法，限制其他人的查看和修改。

要保护工作簿，其操作步骤如下。

01 打开工作簿，在“审阅”选项卡中，单击“更改”选项组中的“保护工作簿”按钮，如图 13-1 所示。

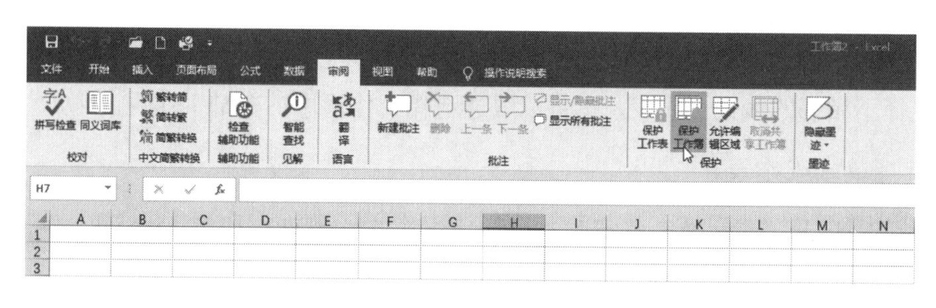

图 13-1

02 在打开的“保护结构和窗口”对话框中，默认已选中“结构”复选框，在“密码（可选）”文本框中输入密码，单击“确定”按钮，如图 13-2 所示。

03 在打开的“确认密码”对话框中重复输入相同的密码，单击“确定”按钮即可，如图 13-3 所示。

04 工作簿被保护之后，现在左下角的“新工作表”已经变成灰色，不能使用了，如图 13-4 所示。

05 要取消对工作簿的保护，可以再次单击“保护工作簿”按钮，此时会弹出“撤销工作簿保护”对话框，要求输入保护密码，如图 13-5 所示。

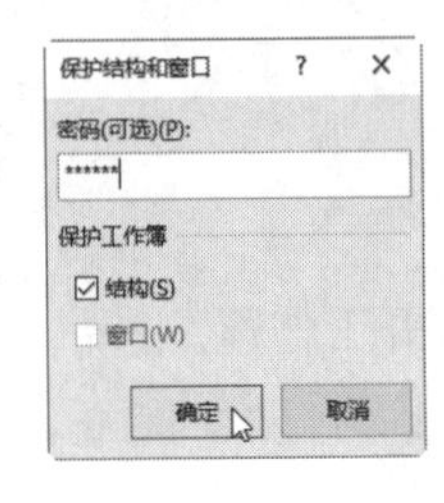

图 13-2

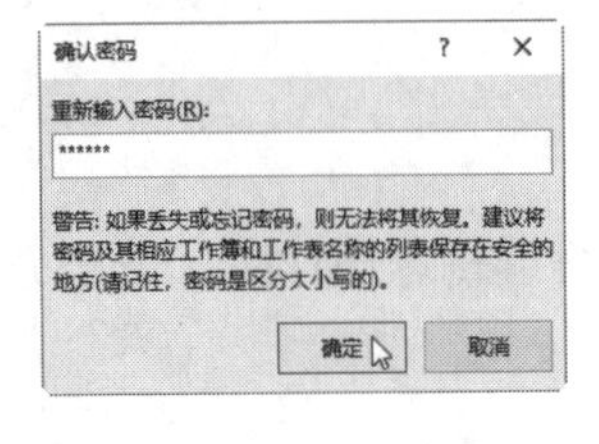

图 13-3

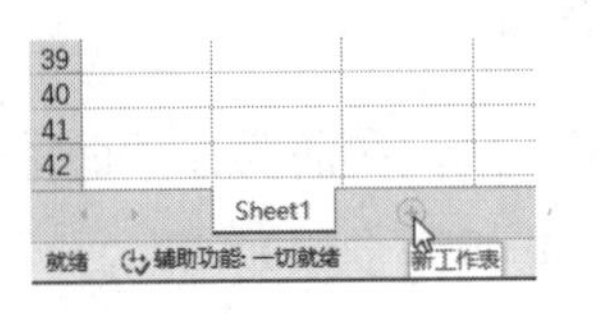

图 13-4

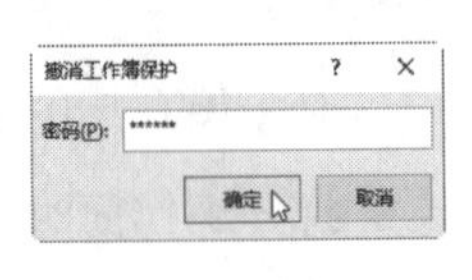

图 13-5

13.1.5 关闭工作簿

对工作簿进行编辑并保存后，需将其关闭以减少内存占用空间，单击“工具”选项卡右侧的“关闭”按钮即可关闭当前工作簿。也可以直接按 Alt+F4 键退出 Excel 2019 程序。

要关闭工作簿而不退出 Excel 程序，则可以按 Ctrl+W 键。

13.2 管理工作表

工作表是 Excel 2019 工作簿的基本组成。管理工作表是用户必须掌握的操作。

13.2.1 选择工作表

在对某张工作表进行编辑前必须先选择该工作表。在选择工作表时，可以选择单张工作表，若需要同时对多张工作表进行操作，可以选择相邻的多张工作表使其成为“工作组”，还可以选择不相邻的多张工作表，也可以快速选择工作簿中的全部工作表。

1. 选择单张工作表

在要选择的工作表标签上单击即可选择该工作表，例如，在图 13-6 中，单击“销售成本”工作表标签，即可切换显示第 2 个工作表，选择的工作表为当前工作表，可以对其进行操作。

2. 选择相邻的多张工作表

单击想要选择范围内的第一张工作表的标签，例如“收入（销售额）”，然后按住 Shift 键单击最后一张工作表标签，例如“支出”，即可选择“收入（销售额）”和“支出”之间的所有工作表，如图 13-7 所示。

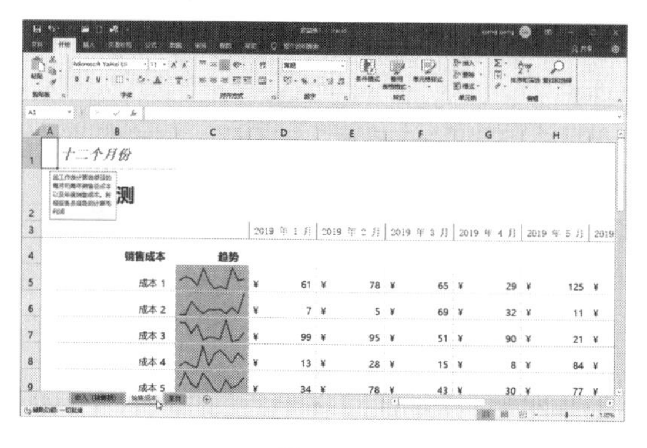

图 13-6

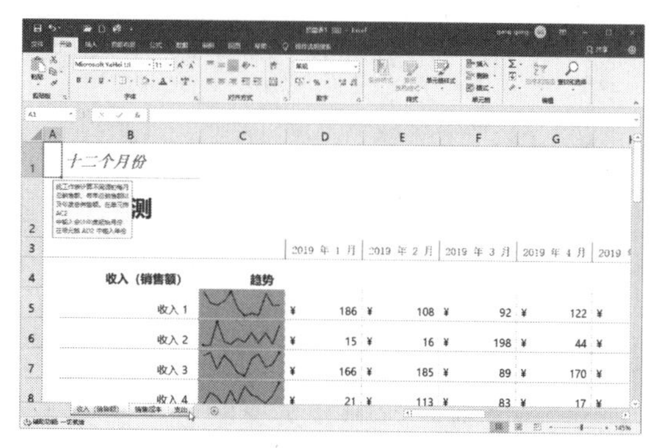

图 13-7

3. 选择不相邻的多张工作表

单击想要选择的第一张工作表的标签，再按住 Ctrl 键单击要选择的工作表标签。例如，选择“收入（销售额）”，按住 Ctrl 键单击“支出”，即可选择“收入（销售额）”和“支出”这两张工作表，如图 13-8 所示。

4. 选择工作簿中的全部工作表

在任意工作表标签上单击鼠标右键，在弹出的快捷菜单中选择“选定全部工作表”命令，可以快速选择工作簿中的全部工作表，如图 13-9 所示。

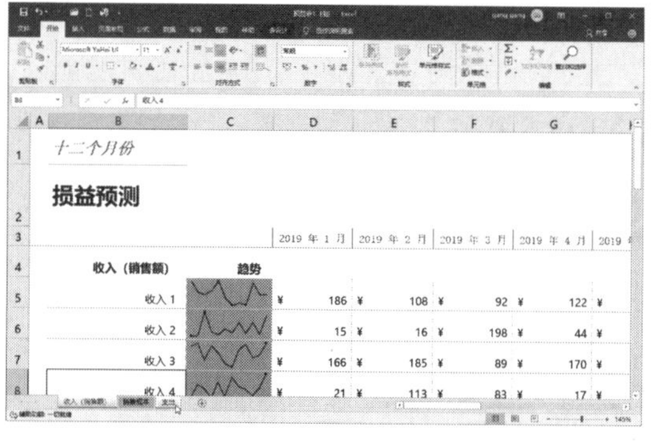

图 13-8

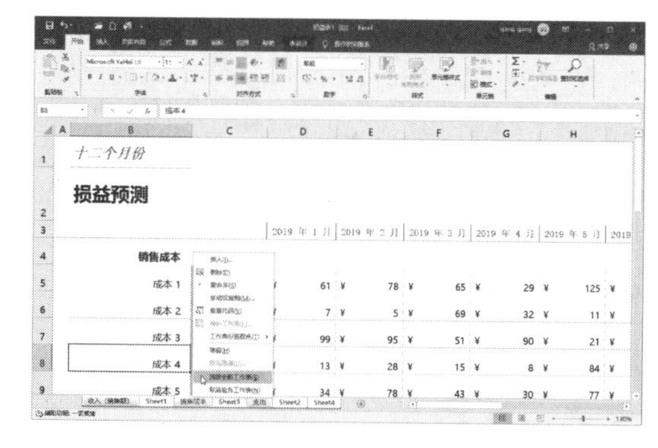

图 13-9

13.2.2 重命名工作表

Excel 中工作表的默认名称为“Sheet1”“Sheet2”“Sheet3”等，这在实际工作中既不直观也不方便记忆，这时，用户可以修改这些工作表的名称。

下面介绍重命名工作表的操作方法。

01 双击需要重命名的工作表标签，该工作表标签呈高亮显示，如图 13-10 所示。

02 在高亮显示的工作表标签上直接输入所需要的名称，例如，本示例输入“华南地区”，然后按 Enter 键即可，如图 13-11 所示。

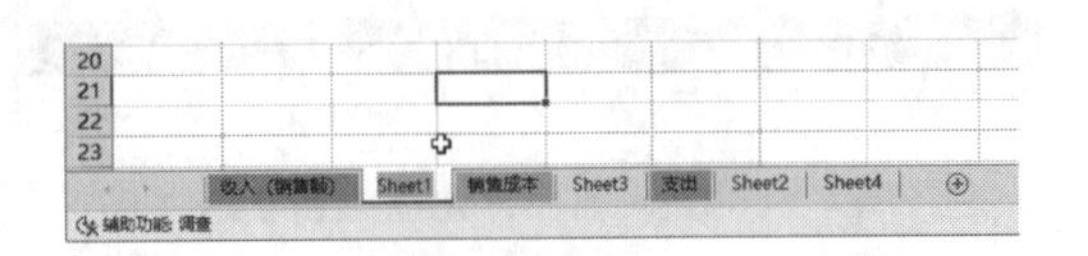

图 13-10

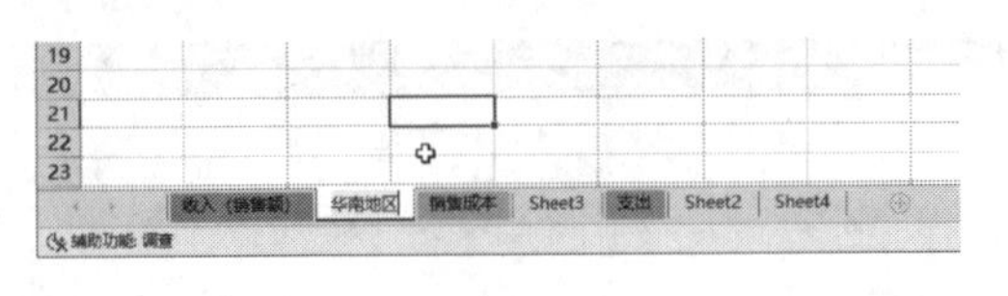

图 13-11

03 采用同样的方法，将其他默认的工作表标签的名称分别重命名为“华北地区”“华东地区”和“东北地区”，效果如图 13-12 所示。

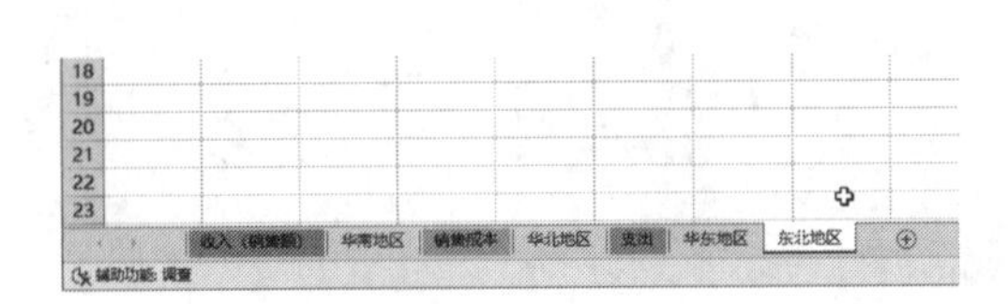

图 13-12

13.2.3 插入工作表

在 Excel 默认情况下，一个工作簿中只有 1 张工作表，当需要更多工作表时可以插入新工作表。

插入工作表的具体操作步骤如下。

01 在工作表标签上右击，然后在弹出的快捷菜单中选择“插入”命令，如图 13-13 所示。

02 打开“插入”对话框，在“常用”选项卡中选择“工作表”图标，然后单击“确定”按钮，如图 13-14 所示。

此时可在工作表标签栏中插入一张新的工作表标签。

图 13-13

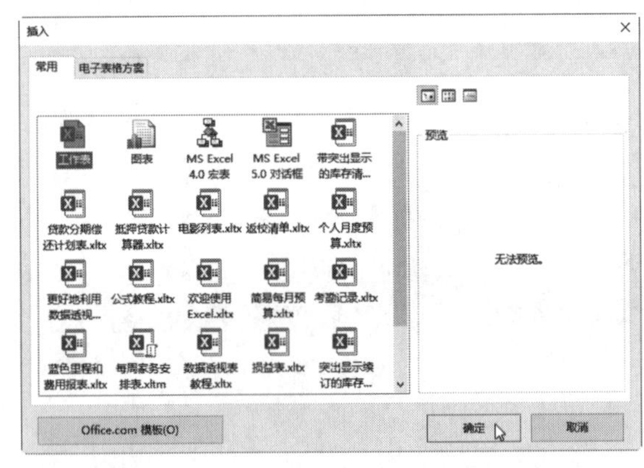

图 13-14

03 快速插入新工作表的方式是单击工作表标签右侧的“新工作表”按钮，如图 13-15 所示。区别在于，上一种方法可以插入其他模板的工作表。

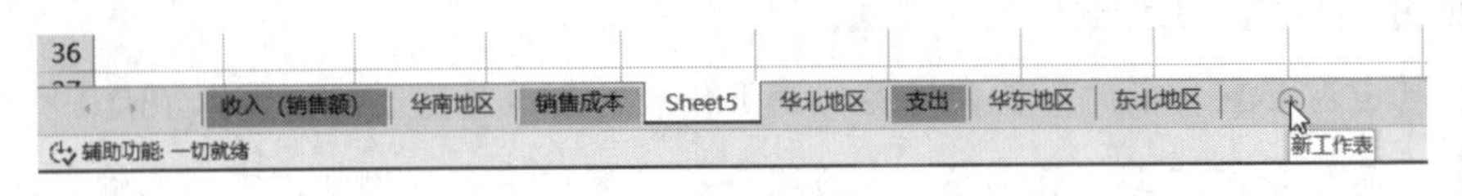

图 13-15

13.2.4　移动和复制工作表

有时需要将一个工作表移动或复制到另一位置，方法有两种：一种是拖动法，即直接拖动工作表标签到需要的位置；另一种是选择命令法，通过命令设置工作表到需要的位置。

1. 在同一工作簿中移动工作表

工作表标签中各工作表的位置并不是固定不变的，可以改变它们的位置。

在同一工作簿中移动工作表的操作步骤如下。

选择需要移动的工作表，然后在该工作表标签上按住鼠标左键进行拖动，此时有一个页面图标随鼠标光标移动，表示工作表将定位的位置，如图 13-16 所示。

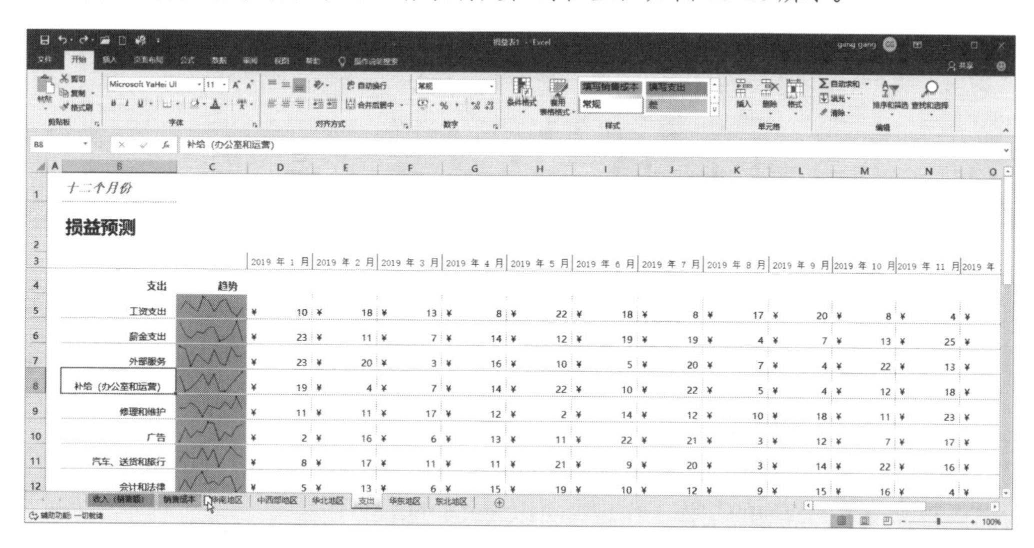

图 13-16

当页面图标到达所需的位置时释放鼠标左键，即可移动该工作表。

2. 在不同工作簿中复制工作表

当需要制作一张与某张工作表相同的工作表时，可使用工作表的复制功能。

复制工作表的操作步骤如下。

01 选择要复制的工作表，在该工作表标签上右击，然后在弹出的快捷菜单中选择“移动或复制”命令，如图 13-17 所示。

02 打开“移动或复制工作表”对话框，在“将选定工作表移至工作簿”下拉列表中选择要移动到的工作簿，注意选中“建立副本”复选框，单击“确定”按钮，如图 13-18 所示。

03 新工作表将出现在指定位置，并且以“原工作表名称 +(n)”的形式命名。双击即可修改其名称，如图 13-19 所示。

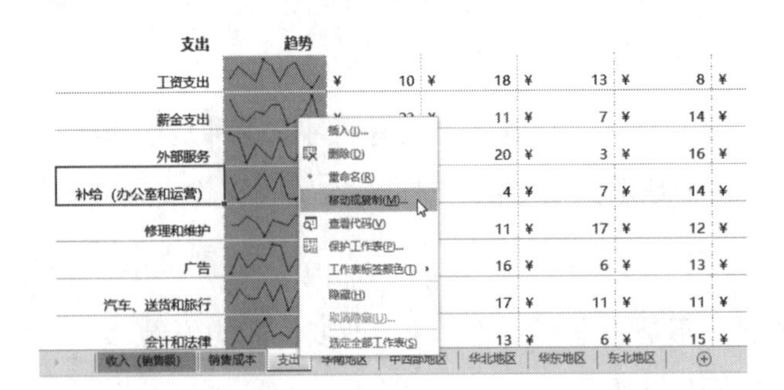

图 13-17

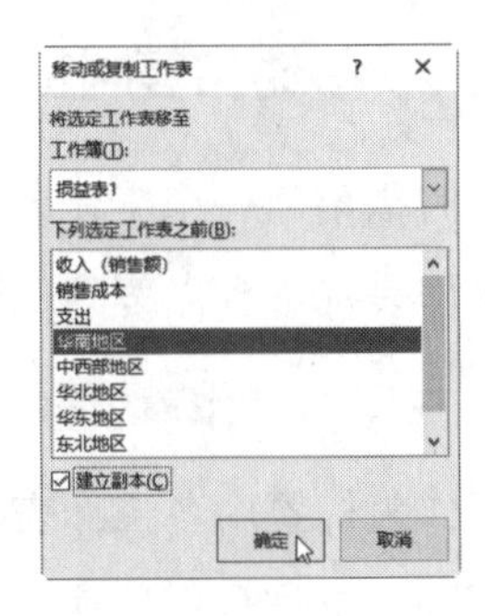

图 13-18

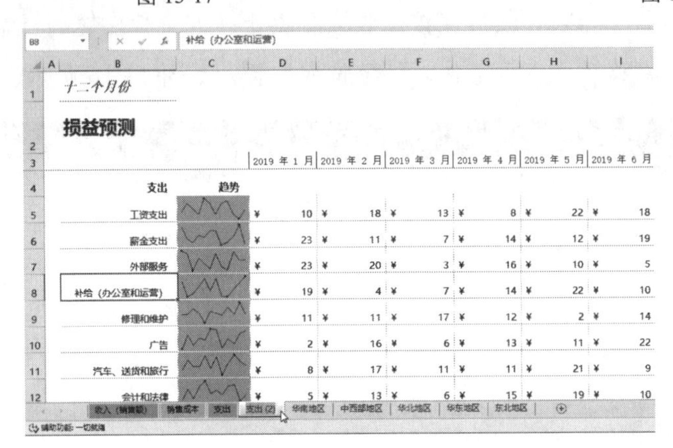

图 13-19

13.2.5 删除工作表

若不再需要工作簿中的某张工作表，可以将其删除。

删除工作表的操作方法是：选择需要删除的工作表，在该工作表标签上单击鼠标右键，在弹出的快捷菜单中选择“删除”命令。

提示： 选择需要删除的工作表的标签，在“开始”选项卡的“单元格”选项组中单击“删除”按钮，在弹出的菜单中选择“删除工作表”命令，也可删除该工作表，如图 13-20 所示。

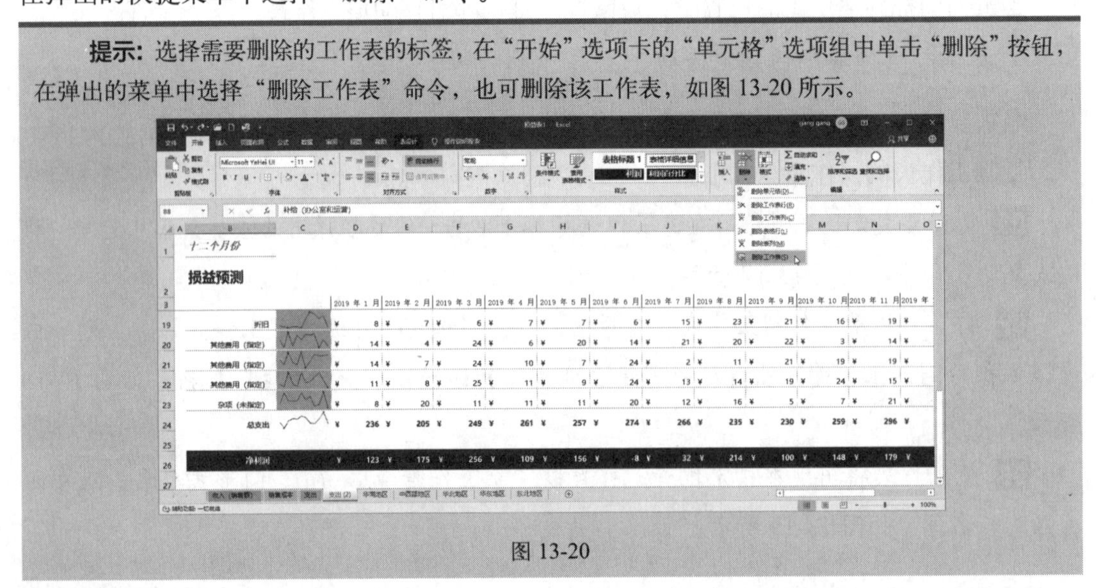

图 13-20

13.2.6　保护工作表

若工作表中的数据只允许别人查看，而不能让别人修改，此时就需要保护工作表。保护后的工作表只有在输入相应的密码后才能对表格中的数据进行编辑和修改。

保护工作表的操作步骤如下。

01 选择需要保护的工作表，在该工作表标签上右击，在弹出的快捷菜单中选择“保护工作表”命令，如图 13-21 所示。

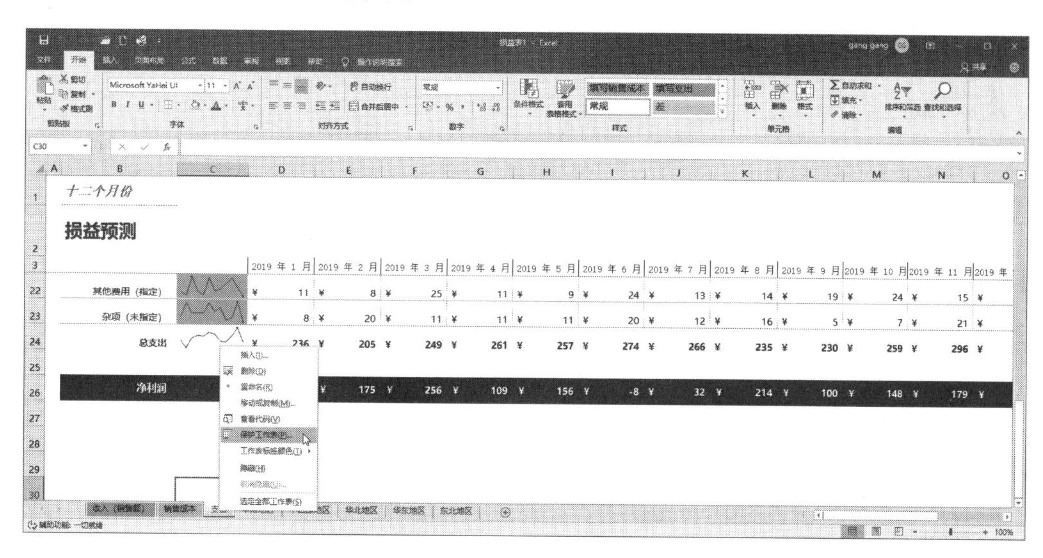

图 13-21

02 打开“保护工作表”对话框，在“取消工作表保护时使用的密码”文本框中输入密码，这里输入“123456”，在“允许此工作表的所有用户进行”下拉列表中选中“选定锁定单元格”和“选定未锁定的单元格”复选框，单击“确定”按钮，如图 13-22 所示。

提示： 在“保护工作表”对话框的“允许此工作表的所有用户进行”列表框中可以设置允许他人对工作表进行的编辑操作。如果取消选中所有复选框，他人将不能对工作表进行任何操作；若选中部分复选框，则可以对选择的工作表进行相应的操作。

03 打开“确认密码”对话框，在“重新输入密码”文本框中再次输入密码，单击“确定”按钮，如图 13-23 所示。

此时若在保护的工作表中进行操作，将打开一个提示对话框提示不能进行更改，需要撤销工作表保护后才能进行更改操作。

若要修改工作表中的数据，需要撤销对工作表的保护，方法如下。

(1) 在已经设置保护的工作表标签上右击，在弹出的快捷菜单中选择“撤销工作表保护”命令。

（2）在打开的“撤销工作表保护”对话框中输入设置的密码，单击“确定”按钮即可，如图 13-24 所示。

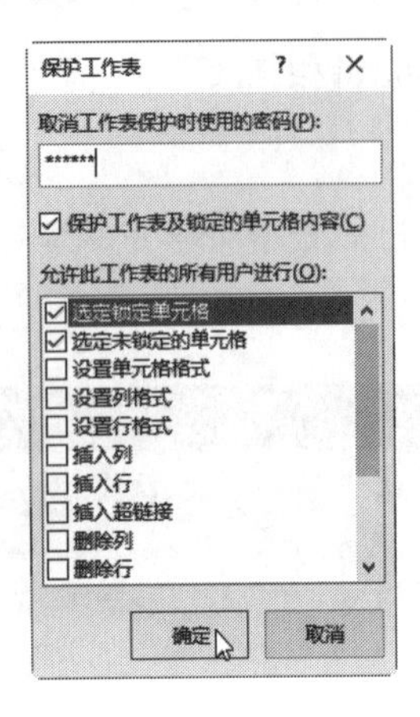

图 13-22

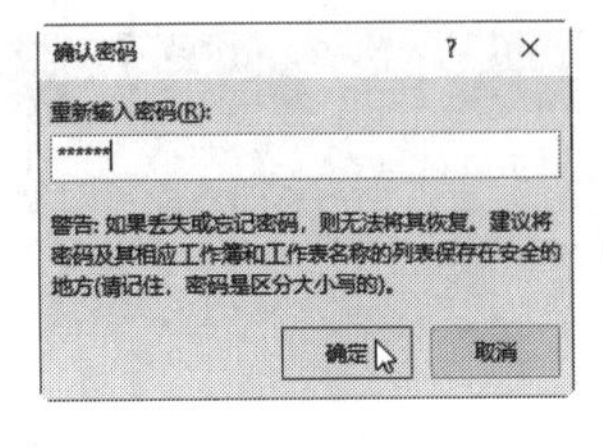

图 13-23

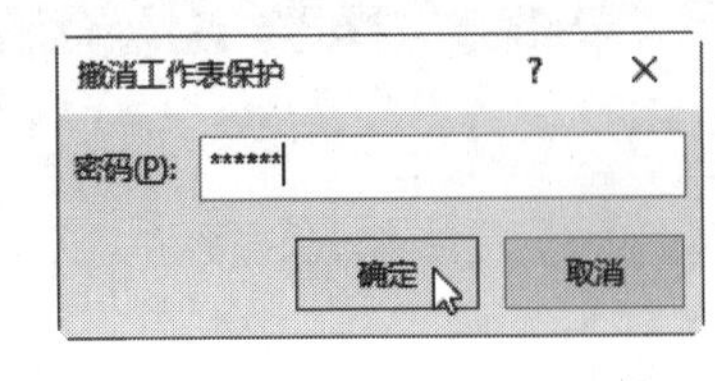

图 13-24

13.2.7 隐藏或显示工作表

设置保护工作表后，他人只是不能对其进行部分操作，但仍可以查看，隐藏工作表则可以避免其他人员查看，当需要查看时再将其显示出来。

隐藏或显示工作表的操作步骤如下。

01 打开工作簿，选择需要隐藏的工作表，在该工作表标签上右击，然后在弹出的快捷菜单中选择“隐藏”命令，如图 13-25 所示。

此时该工作表就被隐藏起来了。

02 当需要查看隐藏的工作表时，需要将其显示出来，操作步骤为：在该工作簿中任意工作表标签上右击，在弹出的快捷菜单中选择“取消隐藏”命令，在打开的“取消隐藏”对话框中选择需要显示的工作表，然后单击“确定”按钮即可，如图 13-26 所示。

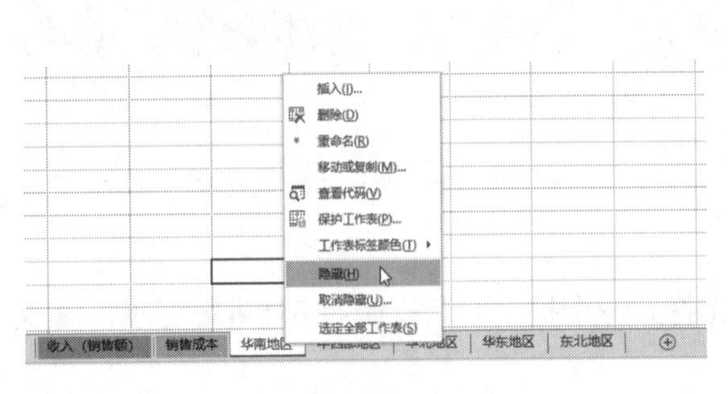

图 13-25

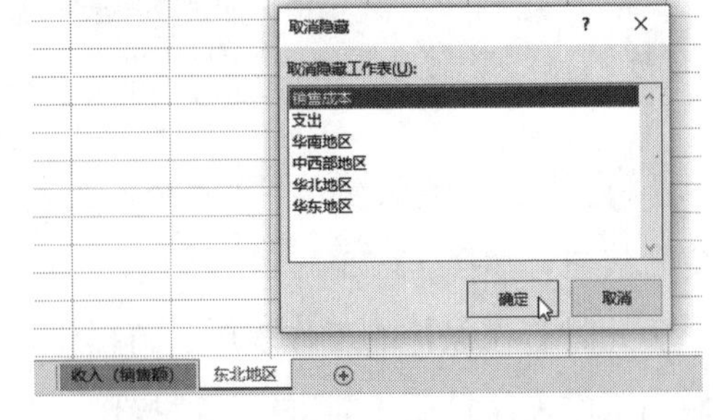

图 13-26

13.2.8 冻结窗格

当工作表中的数据超过多屏时，冻结窗格命令非常有用。如图 13-27 所示，该工作表

的最上方是一个表头（灰色区域），下面白色区域的数据则超过了一屏。

十二个月份　　公司名称

会计年度：1月 2019

支出	2019 年 1 月	2019 年 2 月	2019 年 3 月	2019 年 4 月	2019 年 5 月	2019 年 6 月	2019 年 7 月	2019 年 8 月	2019 年 9 月	2019 年 10 月	2019 年 11 月	2019 年 12 月
工资支出	¥ 10	¥ 18	¥ 13	¥ 8	¥ 22	¥ 18	¥ 8	¥ 17	¥ 20	¥ 8	¥ 4	¥ 12
薪金支出	¥ 23	¥ 11	¥ 7	¥ 14	¥ 12	¥ 19	¥ 19	¥ 4	¥ 7	¥ 13	¥ 25	¥ 5
外部服务	¥ 23	¥ 20	¥ 3	¥ 16	¥ 10	¥ 5	¥ 20	¥ 7	¥ 4	¥ 22	¥ 13	¥ 14
补给（办公室和运营）	¥ 19	¥ 4	¥ 7	¥ 14	¥ 22	¥ 10	¥ 22	¥ 5	¥ 4	¥ 12	¥ 18	¥ 24
修理和维护	¥ 11	¥ 11	¥ 17	¥ 12	¥ 2	¥ 14	¥ 12	¥ 10	¥ 18	¥ 11	¥ 23	¥ 11
广告	¥ 2	¥ 16	¥ 6	¥ 13	¥ 11	¥ 22	¥ 21	¥ 3	¥ 12	¥ 7	¥ 17	¥ 20
汽车、送货和旅行	¥ 8	¥ 17	¥ 11	¥ 11	¥ 21	¥ 9	¥ 20	¥ 3	¥ 14	¥ 22	¥ 16	¥ 12
会计和法律	¥ 5	¥ 13	¥ 6	¥ 15	¥ 19	¥ 10	¥ 12	¥ 9	¥ 15	¥ 16	¥ 4	¥ 9
租金	¥ 8	¥ 4	¥ 23	¥ 25	¥ 10	¥ 24	¥ 22	¥ 5	¥ 12	¥ 24	¥ 24	¥ 12
电话	¥ 25	¥ 2	¥ 12	¥ 25	¥ 10	¥ 24	¥ 3	¥ 20	¥ 3	¥ 9	¥ 20	¥ 18
水电费	¥ 16	¥ 19	¥ 9	¥ 16	¥ 13	¥ 2	¥ 4	¥ 24	¥ 16	¥ 22	¥ 7	¥ 18
保险	¥ 12	¥ 9	¥ 16	¥ 19	¥ 25	¥ 17	¥ 20	¥ 14	¥ 5	¥ 14	¥ 5	¥ 2

图 13-27

当用户想要滚动查看下面的更多数据时，却发现顶部灰色区域的表头也被滚动掉了，这样不方便对照查看，如图 13-28 所示。

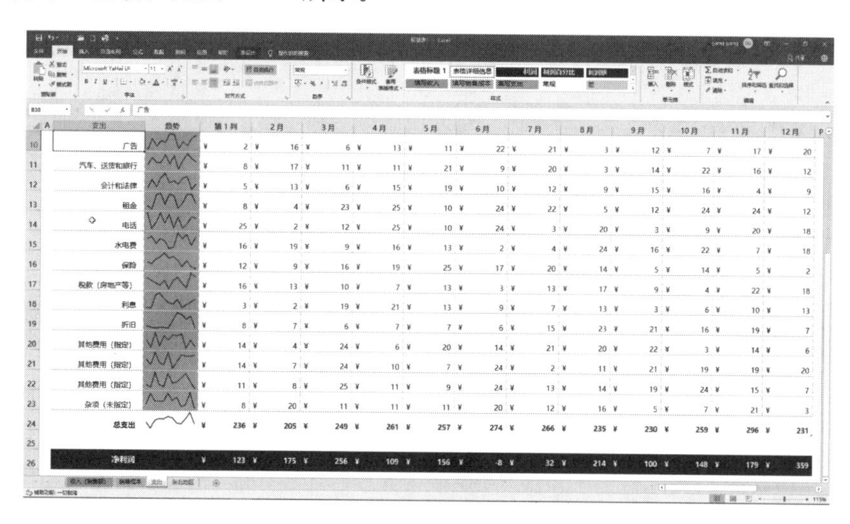

支出	第 1 列	2月	3月	4月	5月	6月	7月	8月	9月	10月	11月	12月
广告	¥ 2	¥ 16	¥ 6	¥ 13	¥ 11	¥ 22	¥ 21	¥ 3	¥ 12	¥ 7	¥ 17	¥ 20
汽车、送货和旅行	¥ 8	¥ 17	¥ 11	¥ 11	¥ 21	¥ 9	¥ 20	¥ 3	¥ 14	¥ 22	¥ 16	¥ 12
会计和法律	¥ 5	¥ 13	¥ 6	¥ 15	¥ 19	¥ 10	¥ 12	¥ 9	¥ 15	¥ 16	¥ 4	¥ 9
租金	¥ 8	¥ 4	¥ 23	¥ 25	¥ 10	¥ 24	¥ 22	¥ 5	¥ 12	¥ 24	¥ 24	¥ 12
电话	¥ 25	¥ 2	¥ 12	¥ 25	¥ 10	¥ 24	¥ 3	¥ 20	¥ 3	¥ 9	¥ 20	¥ 18
水电费	¥ 16	¥ 19	¥ 9	¥ 16	¥ 13	¥ 2	¥ 4	¥ 24	¥ 16	¥ 22	¥ 7	¥ 18
保险	¥ 12	¥ 9	¥ 16	¥ 19	¥ 25	¥ 17	¥ 20	¥ 14	¥ 5	¥ 14	¥ 5	¥ 2
税款（房地产等）	¥ 16	¥ 13	¥ 10	¥ 7	¥ 13	¥ 3	¥ 13	¥ 17	¥ 9	¥ 4	¥ 22	¥ 18
利息	¥ 3	¥ 2	¥ 19	¥ 21	¥ 13	¥ 9	¥ 7	¥ 13	¥ 3	¥ 6	¥ 10	¥ 13
折旧	¥ 8	¥ 7	¥ 6	¥ 7	¥ 7	¥ 6	¥ 15	¥ 23	¥ 21	¥ 16	¥ 19	¥ 7
其他费用（指定）	¥ 14	¥ 4	¥ 24	¥ 6	¥ 20	¥ 14	¥ 21	¥ 20	¥ 22	¥ 3	¥ 14	¥ 6
其他费用（指定）	¥ 14	¥ 7	¥ 24	¥ 10	¥ 7	¥ 24	¥ 2	¥ 11	¥ 21	¥ 19	¥ 19	¥ 20
其他费用（指定）	¥ 11	¥ 8	¥ 25	¥ 11	¥ 9	¥ 24	¥ 13	¥ 14	¥ 19	¥ 24	¥ 15	¥ 7
杂项（未指定）	¥ 8	¥ 20	¥ 11	¥ 11	¥ 11	¥ 20	¥ 12	¥ 16	¥ 5	¥ 7	¥ 21	¥ 3
总支出	¥ 236	¥ 205	¥ 249	¥ 261	¥ 257	¥ 274	¥ 266	¥ 235	¥ 230	¥ 259	¥ 296	¥ 231
净利润	¥ 123	¥ 175	¥ 256	¥ 109	¥ 156	¥ -8	¥ 32	¥ 214	¥ 100	¥ 148	¥ 179	¥ 359

图 13-28

为了解决这个问题，可以把灰色的表头区域冻结起来，禁止它滚动。其操作方法如下。

01 使用鼠标拖动选择灰色的表头区域（即 A1:O3 单元格区域），单击“视图”选项卡“窗口”工具组中的“冻结窗格”按钮，在弹出的菜单中选择“冻结窗格”命令，如图 13-29 所示。

02 在冻结窗格之后，表头区域不再滚动。这样，当滚动其他行的数据时，仍然能清

晰地对照查看表头，如图 13-30 所示。

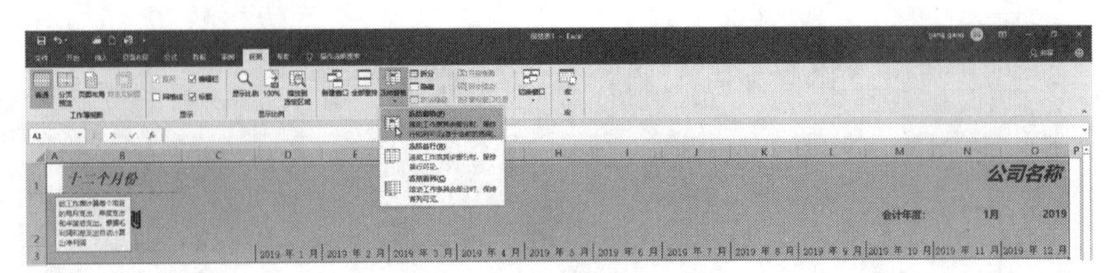

图 13-29

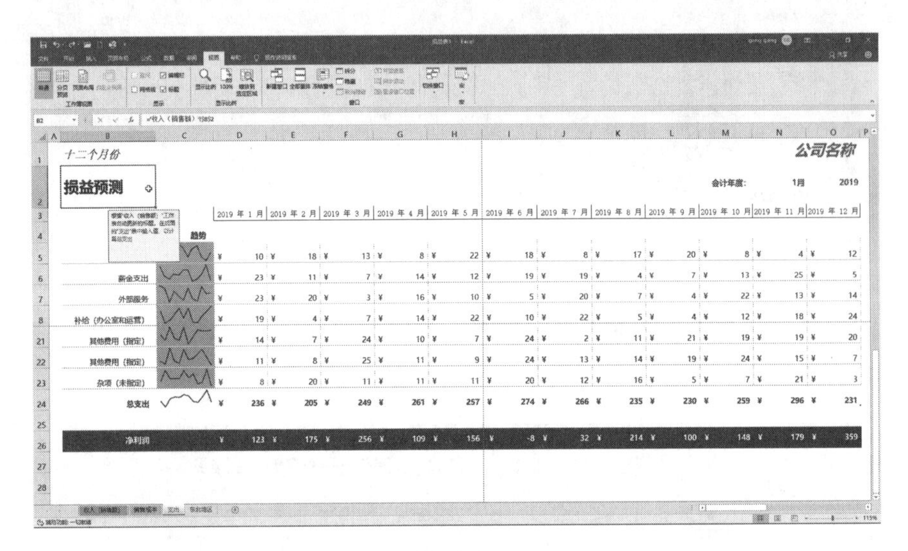

图 13-30

提示: 在查看包含大量数据的表格时，“冻结窗格”“冻结首行”和“冻结首列”功能都特别实用。要取消冻结，只需要再次单击原位置的命令（这时它变成了“取消冻结窗格”命令）即可。

第 14 章　使用公式和函数

分析和处理 Excel 工作表中的数据离不开公式和函数，公式是函数的基础，函数则是 Excel 定义的内置公式。本章将详细介绍使用公式与函数进行数据计算的方法。

≫ 本章学习内容：

- Excel 2019 公式的使用
- Excel 2019 函数的使用
- Excel 2019 的单元格引用
- Excel 函数详解
- 自定义函数

14.1　Excel 2019 公式的使用

14.1.1　公式的概念

Excel 的一个强大功能是可以在单元格内输入公式，系统自动在单元格内显示计算结果。公式中除了使用一些数学运算符外，还可使用系统提供的强大的数据处理函数。

Excel 中的公式是对表格中的数据进行计算的一个运算式，参加运算的数据可以是常量，也可以是代表单元格中数据的单元格地址，还可以是系统提供的一个函数。每个公式都能根据参加运算的数据计算出一个结果。

1. 常量

常量是一个固定的值，从字面上就能知道该值是什么或它的大小是多少。公式中的常量有数值型常量、文本型常量和逻辑常量。

- 数据型常量：可以是整数、小数、分数、百分数，不能带千分位和货币符号。例如：100、2.8、1/2、15% 等都是合法的数据型常量，2A、1,000、$123 等都是非法的数值型常量。
- 文本型常量：文本型常量是英文双引号引起来的若干字符，但其中不能包含英文双引号。例如“平均值”“总金额”等都是合法的文本型常量。
- 逻辑常量：只有 TRUE 和 FALSE 这两个值，分别表示真和假。

提示： 很多初学者在输入 Excel 公式时会出错，有大量错误都是因为输入了中文逗号、双引号或冒号引起的。本章公式中的逗号、双引号和冒号等字符全部都是英文形式的。

2. 运算符

Excel 中公式的概念与数学公式的概念基本上是一致的。通常情况下，一个公式是由各种运算符、常量、函数以及单元格引用组成的合法运算式，而运算符则指定了对数据进行的某种运算处理。

运算符根据参与运算数据的个数分为单目运算符和双目运算符。单目运算符只有一个数据参与运算，而双目运算符有两个数据参与运算。

运算符根据参与运算的性质分为算术运算符、比较运算符和文字连接符 3 类。

（1）算术运算符

算术运算符用来对数值进行算术运算，结果还是数值。Excel 中的算术运算符及其含义如表 14-1 所示。

表 14–1　算术运算符及其含义

算术运算符	类型	含义	示例
–	单目	负	–A1
+	双目	加	9+9
–	双目	减	9–1
*	双目	乘	9*9
/	双目	除	9/9
%	单目	百分比	9%
^	双目	乘方	9^2

算术运算的优先级由高到低为：-（求负）、%、^、*、/、+ 和 -，如果优先级相同（如 * 和 /），则按从左到右的顺序计算。例如，运算式“1+2%-3^4/5*6”的计算顺序是：%、^、/、*、+、-，计算结果是 -9618%，如图 14-1 所示。

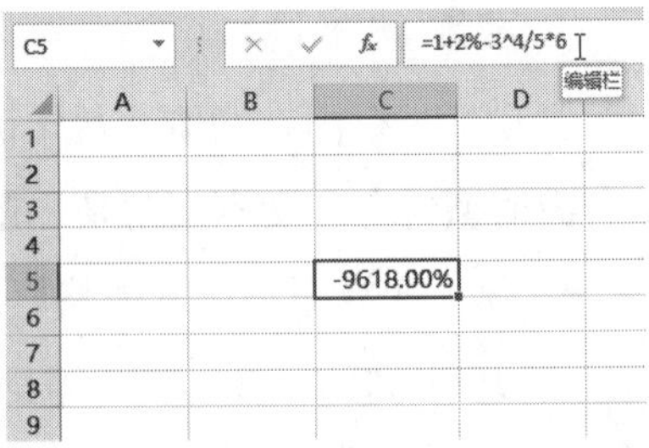

图 14-1

（2）比较运算符

比较运算符用来比较两个文本、数值、日期、时间的大小，结果是一个逻辑值。比较运算的优先级比算术运算的低。比较运算符及其含义如表 14-2 所示。

表 14–2　比较运算符及其含义

比较运算符	含义	比较运算符	含义
=	等于	>=	大于等于
>	大于	<=	小于等于
<	小于	<>	不等于

各种类型数据的比较规则如下。

- 数值型数据的比较规则是：按照数值的大小进行比较。
- 日期型数据的比较规则是：昨天 < 今天 < 明天。
- 时间型数据的比较规则是：过去 < 现在 < 将来。
- 文本型数据的比较规则是：按照字典顺序比较。
- 字典顺序的比较规则如下。
  - ◆ 从左向右进行比较，第 1 个不同字符的大小就是两个文本型数据的大小。
  - ◆ 如果前面的字符都相同，则没有剩余字符的文本小。
  - ◆ 英文字符 < 中文字符。
  - ◆ 英文字符按在 ASCII 表中的顺序进行比较，位置靠前的小，从 ASCII 表中不难看出：空格 < 大写字母 < 小写字母。
  - ◆ 在中文字符中，中文符号（如★）< 汉字。
  - ◆ 汉字的大小按字母顺序，即汉字的拼音顺序，如果拼音相同则比较声调，如果声调相同则比较笔画。如果一个汉字有多个读音，或者一个读音有多个声调，则系统选取最常用的拼音和声调。

例如：以下比较的结果都为 TURE。

- “12” < “3”
- “AB” < “AC”
- “A” < “AB”
- “AB” < “ab”
- “AB” < “中”

3）文字连接符

文字连接符只有一个“&”，是双目运算符，用来连接文本或数据，结果是文本类型。文字连接的优先级比算术运算符的低，但比比较运算符的高。以下是文字连接的示例。

- “计算机” & “应用”，其结果是“计算机应用”。
- 12&34，其结果是“1234”。

14.1.2 使用公式

在 Excel 2019 中，可直接输入公式，直接输入公式的过程与单元格内容编辑的过程大致相同，不同之处如下。

- 公式必须以英文等于号“=”开始，然后再输入公式。
- 输入完公式后，单元格中显示的是公式的计算结果。

- 常量、单元格引用、函数名、运算符等必须是英文符号。
- 公式中只允许使用小括号“()”，且必须是英文的小括号；括号必须成对出现，并且配对正确。
- 如果输入的公式中有错误，系统会弹出“Microsoft Excel”提示框提醒用户。
- 输入公式后，通常在单元格中显示的信息有以下几种情况。
- 如果公式正确，系统自动在单元格内显示计算结果。
- 如果公式运算出现错误，在单元格中显示错误信息代码。

1. 输入公式

在 Excel 2019 中输入公式的方法与输入文本的方法类似，具体步骤为：选择要输入公式的单元格，在编辑栏中直接输入“=”符号，然后输入公式内容，按 Enter 键即可将公式运算的结果显示在所选单元格中。

01 启动 Excel 2019，打开在本书第 12 章编辑的 Stock.xlsx 工作簿文件，选定 C3 单元格，然后在编辑栏中输入公式“=(D3-E3)/E3*100%”，如图 14-2 所示。

> **提示：** 该公式的意义很简单，就是使用现价减去昨日收盘价（正值为上涨，负值为下跌），除以昨日收盘价即为涨幅或跌幅。

02 按 Enter 键，即可在 C3 单元格中显示公式计算结果，如图 14-3 所示。

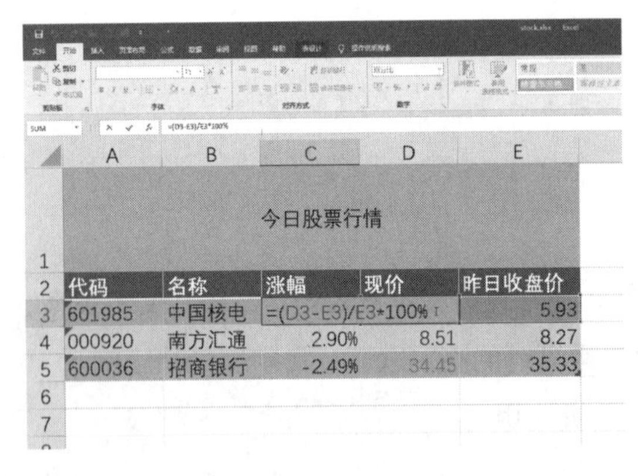

图 14-2

图 14-3

2. 复制公式

通过复制公式，可以快速地在其他单元格中输入公式。复制公式的方法与复制数据的方法相似，但在 Excel 中，复制公式往往与公式的相对引用结合使用，以提高输入公式的效率。

01 打开上述 Stock.xlsx 工作簿。

02 使用鼠标单击 C3 单元格，然后拖动其填充柄向下至 C4、C5 单元格，即可复制 C3 单元格中的公式，或者使用鼠标右键拖动其填充柄向下至 C4、C5 单元格，然后在出现的快捷菜单中选择“复制单元格”命令，如图 14-4 所示。

	A	B	C	D	E
1	今日股票行情				
2	代码	名称	涨幅	现价	昨日收盘价
3	601985	中国核电	9.44%	6.49	5.93
4	000920	南方汇通	2.90%	8.51	8.27
5	600036	招商银行	-2.49%	34.45	35.33

图 14-4

3. 修改公式

当调整单元格或输入错误的公式后，可以对相应的公式进行调整与修改，具体方法为：首先选择需要修改公式的单元格，然后在编辑栏中使用修改文本的方法对公式进行修改，最后按Enter键即可。

4. 显示公式

在默认设置下，单元格中只显示公式计算的结果，而公式本身则只显示在编辑栏中，为了方便检查公式的正确性，可以设置在单元格中显示公式。

01 打开 Stock.xlsx 工作簿。

02 切换到“公式”选项卡下，在“公式审核”选项组中可以完成 Excel 中公式的常用设置操作，如图 14-5 所示。在“公式审核”选项组中单击“显示公式”按钮，即可设置在单元格中显示公式。

	A	B	C	D	E
1	今日股票行情				
2	代码	名称	涨幅	现价	昨日收盘价
3	601985	中国核电	=(D3-E3)/E3*100%	6.49	5.93
4	000920	南方汇通	=(D4-E4)/E4*100%	8.51	8.27
5	600036	招商银行	=(D5-E5)/E5*100%	34.45	35.33

图 14-5

5. 删除公式

在 Excel 2019 中，使用公式计算出结果后，可以设置删除该单元格中的公式，并保留结果。

01 打开 Stock.xlsx 工作簿，右击 C3 单元格，在弹出的快捷菜单中选择“复制”命令。

02 在“开始”选项卡的“剪贴板”选项组中单击“粘贴”按钮下方的下三角按钮，在弹出的菜单中选择“选择性粘贴”命令，如图 14-6 所示。

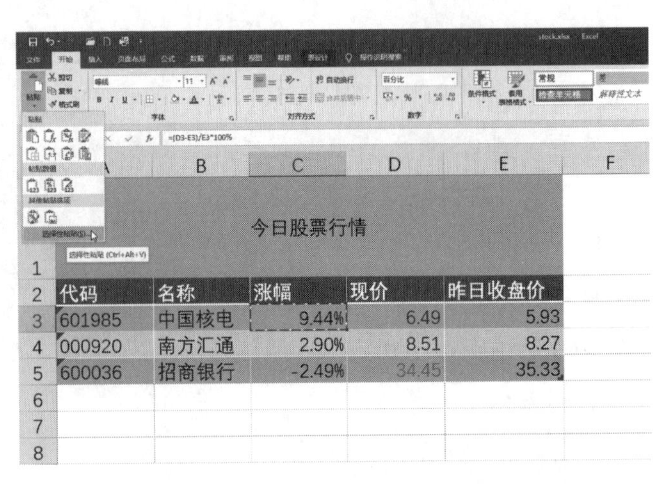

图 14-6

03 在“粘贴”选项组中选中“数值”单选按钮，然后单击“确定”按钮，如图 14-7 所示。

04 回到工作表，即可发现 C3 单元格中的公式已经删除，但保留了其结果，如图 14-8 所示。

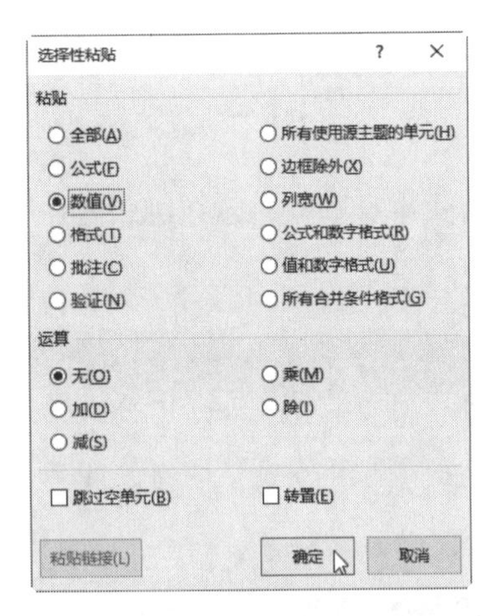

图 14-7

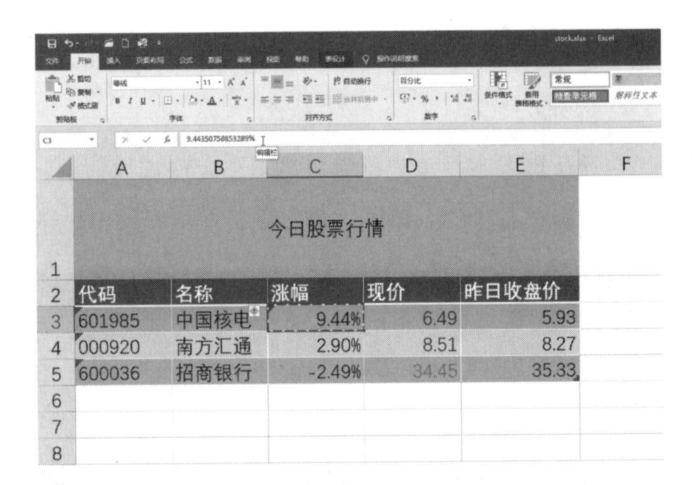

图 14-8

14.2 Excel 2019 函数的使用

在 Excel 中，函数是系统预先设置的用于执行数学运算、文本处理或者逻辑计算的一系列计算公式或计算过程，用户无需了解这些计算公式或计算过程是如何实现的，只要掌握函数的功能和使用方法即可。

14.2.1 函数的概念

通过使用 Excel 2019 中预先定义的函数，可大大简化 Excel 中的数据计算处理。

1. 函数的格式

在 Excel 中，每个函数由一个函数名和相应的参数组成，参数位于函数名的右侧并用

括号括起来。函数的格式如下。

```
函数名（参数 1，参数 2，…）
```

其中，函数名指定该函数完成的操作，而参数（若有多个参数则多个参数之间以逗号分隔）指定该函数处理的数据。

例如，函数 SUM(1,3,5,7），函数名 SUM 指定求和，参数“1，3，5，7”指定参与累加求和的数据。

2. 函数的参数

函数名是系统规定的，而函数的参数则往往需要用户自己指定。参数可以是常量、单元格地址、单元格区域地址、公式或其他函数，给定的参数必须符合函数的要求，如 SUM 函数的参数必须是数值型数据。

3. 函数的返回值

与公式一样，Excel 中的每一个函数都会对参数进行处理计算，得到唯一的结果，该结果称为函数的返回值。例如，求和函数 SUM(1,3,5,7) 产生唯一的结果 16。

函数的返回值有多种类型，可以是数值，也可以是文本和逻辑等其他类型。

14.2.2　使用函数

Excel 2019 中提供了两种输入函数的方法，一是像公式一样在存放返回值的单元格中直接输入；二是利用系统提供的“粘贴函数”方法实现输入。

1. 直接输入

在利用函数进行数据处理时，对于一些比较熟悉的函数可以采用直接输入的方法，具体操作步骤如下。

01 单击存放函数返回值的单元格，使其成为活动单元格。

02 依次输入等号、函数名、左括号、具体参数、右括号。

03 按 Enter 键确认函数的输入，此时单元格中会显示该函数的计算结果。

2. 利用“粘贴函数”方法

由于Excel中提供了大量的函数，并且许多函数不经常使用，用户很难记住它们的参数，因此系统提供了“粘贴函数”方法，只要按照给出的提示逐步选择需要的函数及其相应的参数即可，具体操作步骤如下。

01 打开 Stock.xlsx 工作簿。

02 选择 F3 单元格，然后打开“公式”选项卡，在“函数库”选项组中单击“三角和数学函数”按钮，在弹出的菜单中选择“ROUNDUP”命令，如图 14-9 所示。

03 打开“函数参数”对话框，在 ROUNDUP 的 Number1 文本框中单击，选择 E3 单元格，再输入计算涨停的公式，即乘以 1.1，在 Num_digits 框中输入舍入位数为 2，单击“确定”按钮，如图 14-10 所示。

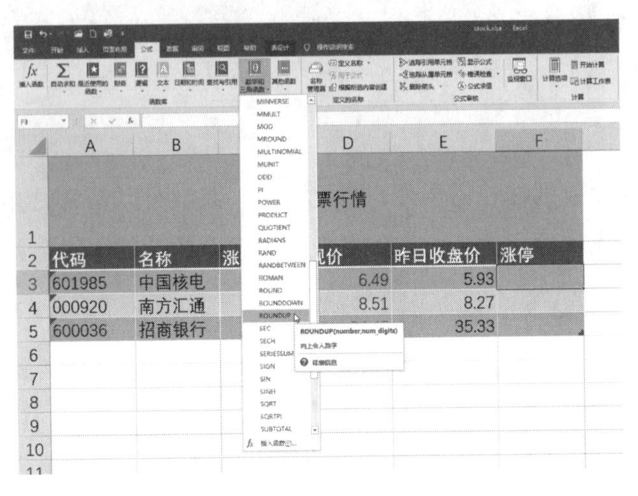

图 14-9

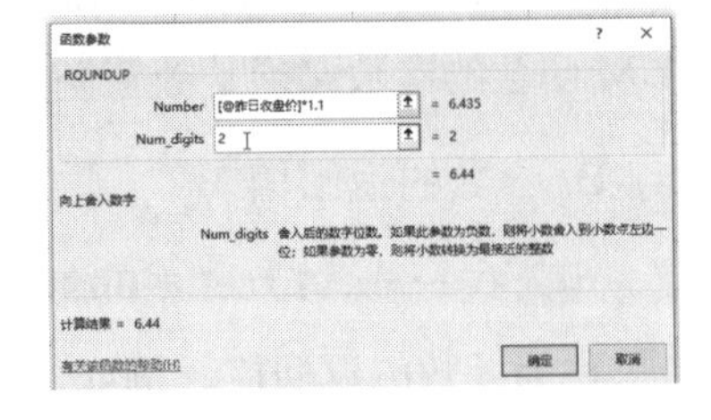

图 14-10

14.3 Excel 2019 的单元格引用

利用公式或函数进行数据处理时，经常需要通过单元格地址调用单元格中的数据，即单元格的引用。通过单元格的引用可以非常方便地使用工作表中不同部分的数据，大大扩展了 Excel 处理数据的能力。在 Excel 中，根据单元格的不同引用方式，可分为相对引用、绝对引用、混合引用和区域引用 4 种类型。

14.3.1 相对引用

在相对引用方式中，所引用的单元格地址是按“列标 + 行号”格式表示的。例如，A1、B5 等。

在相对引用中，如果将公式（或函数）复制或填充到其他单元格中，系统会根据目标单元格与原始单元格的位移，自动调整原始公式中单元格地址的行号与列标。

例如，在如图 14-11 所示的工作表中，C3 单元格中的公式是“=(D3-E3)/E3*100%”。

如果将 C3 单元格的公式复制或填充到 C4 单元格，则 C4 单元格的公式自动调整为“=(D4-E4)/E4*100%”，即公式中相对地址的行坐标加 1，如图 14-12 所示。

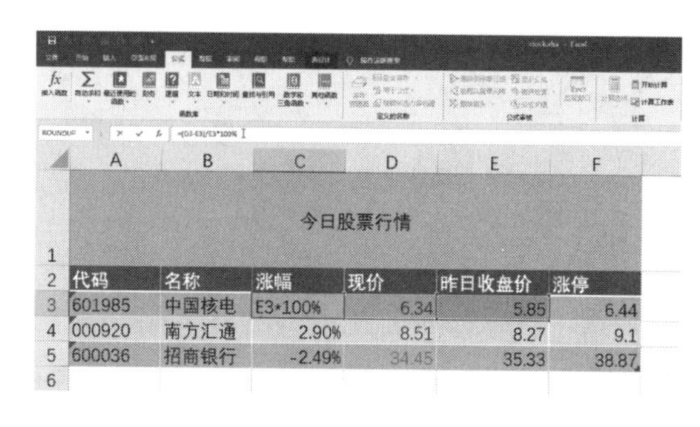

	A	B	C	D	E	F
1	今日股票行情					
2	代码	名称	涨幅	现价	昨日收盘价	涨停
3	601985	中国核电	E3*100%	6.34	5.85	6.44
4	000920	南方汇通	2.90%	8.51	8.27	9.1
5	600036	招商银行	-2.49%	34.45	35.33	38.87

图 14-11

	A	B	C	D	E	F
1	今日股票行情					
2	代码	名称	涨幅	现价	昨日收盘价	涨停
3	601985	中国核电	8.38%	6.34	5.85	6.44
4	000920	南方汇通	E4*100%	8.51	8.27	9.1
5	600036	招商银行	-2.49%	34.45	35.33	38.87

图 14-12

14.3.2 绝对引用

在绝对引用方式中，所引用的单元格地址是按“$ 列标 +$ 行号”格式表示的。例如，$A$1、$B$5 等。

与相对引用相反，若将采用相对引用的公式（或函数）复制或填充到其他单元格中，其中的单元格引用地址不会随着移动的位置自动产生相应的变化，是“完全”复制。

在本书 12.4.2 节“设置条件格式”中，遗留了一个问题，即如果给“招商银行”的现价粘贴格式，则会发现它也变成了红色，如图 14-13 所示。而事实上，它的现价是下跌的，所以应该显示为绿色。那么这里的错误怎么解决呢？其实这就涉及绝对引用和相对引用的区别问题。

	A	B	C	D	E
1	今日股票行情				
2	代码	名称	涨幅	现价	昨日收盘价
3	601985	中国核电	9.44%	6.49	5.93
4	000920	南方汇通	2.90%	8.51	8.27
5	600036	招商银行	-2.49%	34.45	35.33

图 14-13

要解决该问题，可以按以下步骤操作。

01 选中 D3:D5 单元格区域（也就是现价单元格区域），单击“开始”选项卡下“样式”选项组中的“条件格式”按钮，在弹出的菜单中选择“清除规则”|“清除所选单元格的规则”。如图 14-14 所示。

02 选中 D3 单元格（也就是“中国核电”的现价单元格），单击“开始”选项卡下“样式”选项组中的“条件格式”按钮，在弹出的菜单中选择“突出显示单元格规则”|“大于”命令，如图 14-15 所示。

03 在出现的“大于”对话框中，单击第一个文本框右侧的扩展按钮，在 E3 单元格上单击，“大于”框中将自动输入 =$E$3，如图 14-16 所示。这就是第 12 章中遗留问题的根源，因为它采用的是绝对引用的格式。

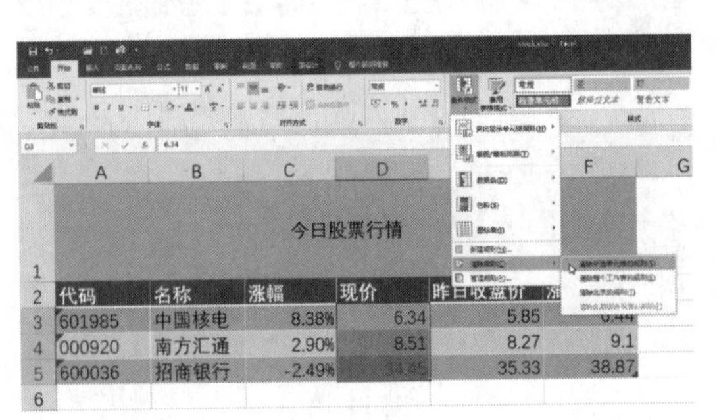

图 14-14

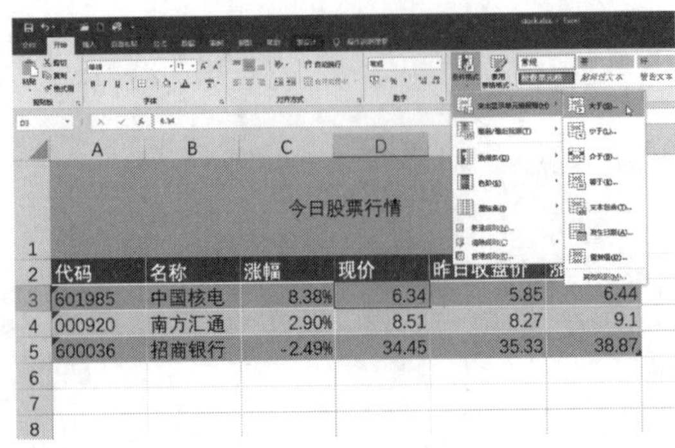

图 14-15

04 单击“大于”右侧的收缩按钮，返回到正常形态的“大于”对话框，然后从“设置为”下拉菜单中选择“红色文本”。这个规则的意思就是，如果“现价”大于“昨日收盘价”，说明股价是上涨的，所以显示为红色。注意这里最重要的修改就是，将绝对引用“=$E$3”修改为“=E3”，如图 14-17 所示。

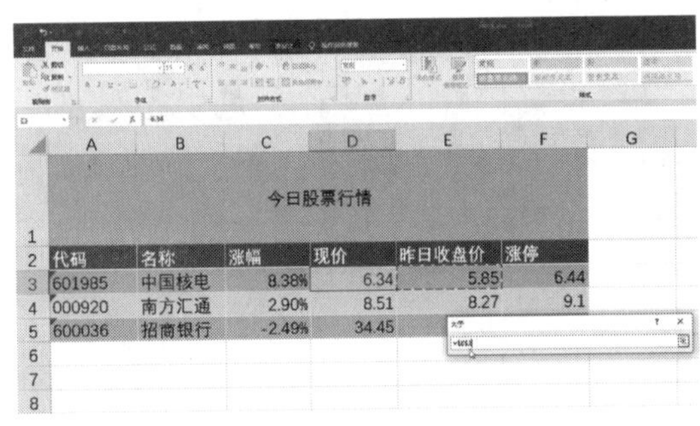

图 14-16

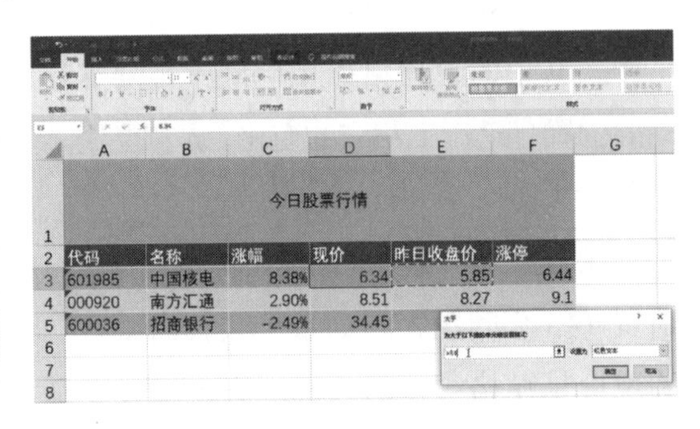

图 14-17

05 单击“确定”按钮关闭“大于”对话框。

06 继续选择 D3 单元格，单击“开始”选项卡下“样式”选项组中的“条件格式”按钮，在弹出的菜单中选择“突出显示单元格规则”|“小于”命令，在出现的“小于”对话框中，按同样的方式选中单元格 E3，使其左侧框中自动输入 =$E$3，而在“设置为”下拉菜单中，由于现价小于昨日收盘价表示股价下跌，应该显示为绿色文本，但是预置格式里面并没有合适的选项，所以需要单击“自定义格式”。在出现的“设置单元格格式”对话框中，选择“颜色”为绿色。同样地，这里最重要的修改是将绝对引用“=$E$3”修改为“=E3”，如图 14-18 所示。

07 逐级单击“确定”关闭对话框。

08 继续选择 D3 单元格，单击“开始”选项卡下“样式”选项组中的“条件格式”按钮，在弹出的菜单中选择“突出显示单元格规则”|“等于”命令，在出现的“等于”对话框中，按同样的方式选中单元格 E3，使其左侧框中自动输入 =$E$3，而在“设置为”下拉菜单中，

如果现价等于昨日收盘价则应该显示为白色文本，但是预置格式里面并没有合适的选项，所以需要单击“自定义格式”。在出现的“设置单元格格式”对话框中，选择“颜色”为白色。同样地，这里最重要的修改是将绝对引用“=$E$3”修改为“=E3”，如图 14-19 所示。

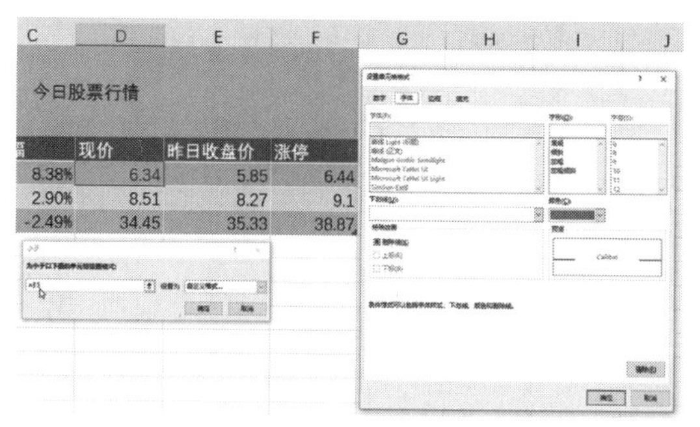

图 14-18

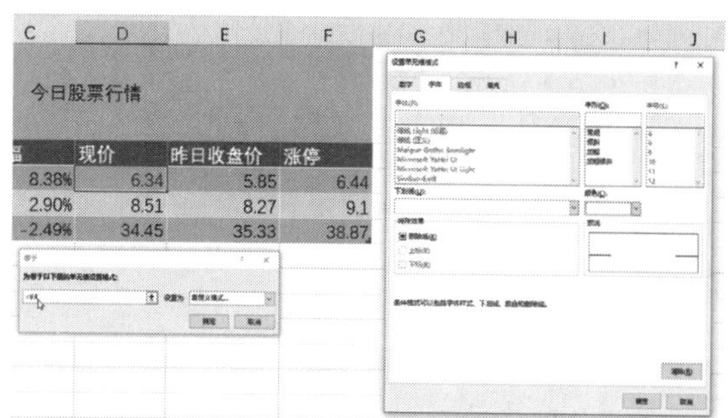

图 14-19

09 逐级单击“确定”关闭对话框。

10 现在我们来测试一下条件格式的正确性。选中 D3 单元格，按 Ctrl+C 键复制，然后将其格式粘贴到 D4 单元格，由于 D4 现价上涨，所以显示为红色。按同样的方法将其格式粘贴到 D5，由于 D5 的现价为下跌，所以显示为绿色，如图 14-20 所示。这意味着第 12 章的问题已经顺利解决。

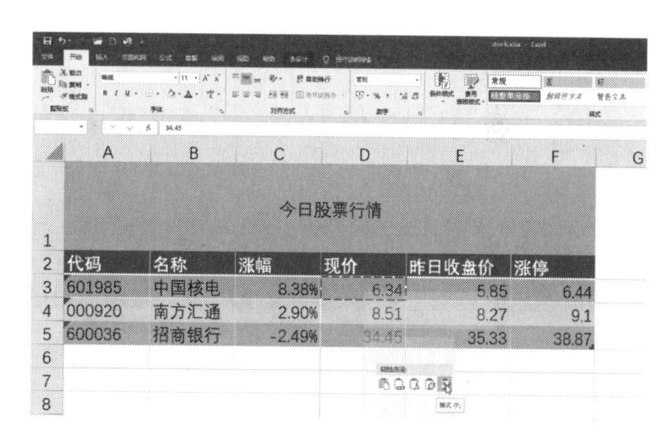

图 14-20

14.3.3　混合引用

在混合引用方式中，所引用的单元格地址是按“$ 列标 + 行号”或“列标 +$ 行号”的格式表示的。例如，$A1、B$5 等。

与相对引用和绝对引用相比，若将采用混合引用的公式（或函数）复制或填充到其他单元格中，前面带有“$”号的列号或行号的部分不会随着移动的位置自动产生相应的变化，不带有“$”号的列号或行号的部分会随着移动的位置而自动产生相应的变化。

在第 14.3.2 节的示例中，D3 单元格中的条件格式事实上也可以复制到“涨停”列，如图 14-21 所示。

但是，这种复制是否正确呢？否！为了验证它的错误，可以在 G5 单元格中输入一个比“涨停”列 F5 更大的值，则会发现，涨停值竟然显示为绿色，如图 14-22 所示。

这说明，图 14-21 中的“正确”显示不过是一种巧合罢了，是因为 G 列中没有值的缘故。要解决该问题，可以采用“混合引用”格式。其操作方法如下。

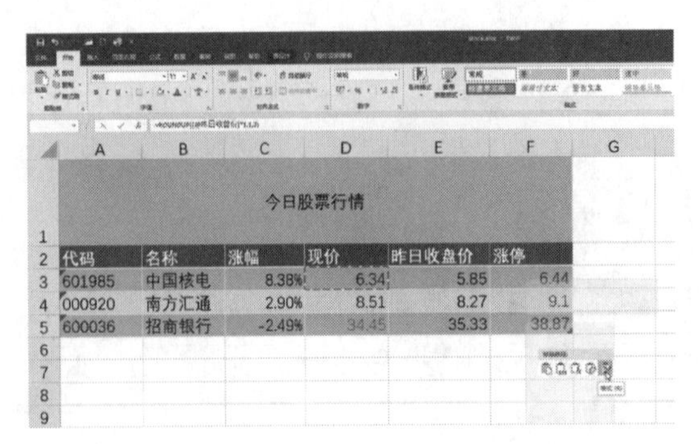

图 14-21

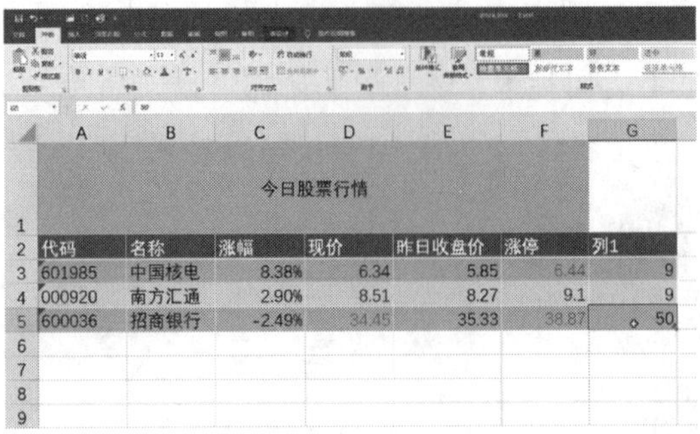

图 14-22

01 选中 D3:F5 单元格区域（也就是现价单元格区域），单击“开始”选项卡下“样式”选项组中的“条件格式”按钮，在弹出的菜单中选择“清除规则”|“清除所选单元格的规则”，如图 14-23 所示。

02 选中 D3 单元格（也就是“中国核电”的现价单元格），单击“开始”选项卡下“样式”选项组中的“条件格式”按钮，在弹出的菜单中选择“突出显示单元格规则”|“大于”命令，如图 14-24 所示。

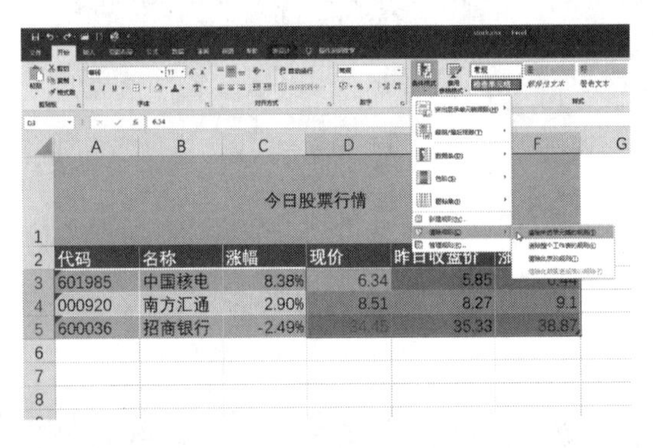

图 14-23

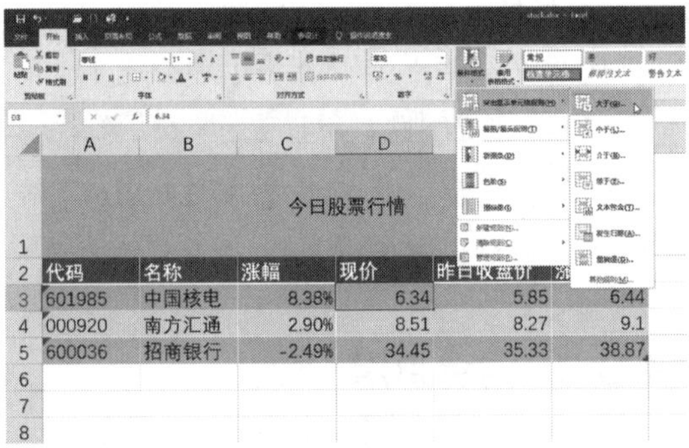

图 14-24

03 在出现的“大于”对话框中，单击第一个文本框右侧的扩展按钮，在 E3 单元格上单击，“大于”框中将自动输入 =$E$3，如图 14-25 所示。这就是上面提出的问题的根源，因为它采用的是绝对引用的格式。这里需要将它修改为混合引用格式。

04 单击“大于”右侧的收缩按钮，返回到正常形态的“大于”对话框，然后从“设置为”下拉菜单中选择“红色文本”。这个规则的意思就是，如果“现价”大于“昨日收盘价”，说明股价是上涨的，所以显示为红色。注意这里最重要的修改就是，将绝对引用“=$E$3”修改为“=$E3”，如图 14-26 所示。

05 单击“确定”按钮关闭“大于”对话框。

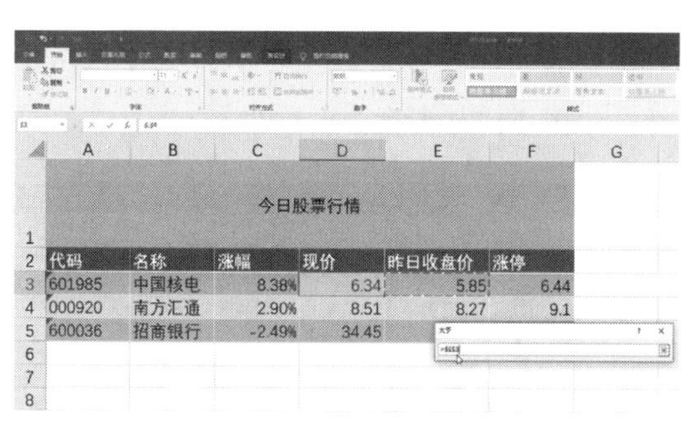

图 14-25

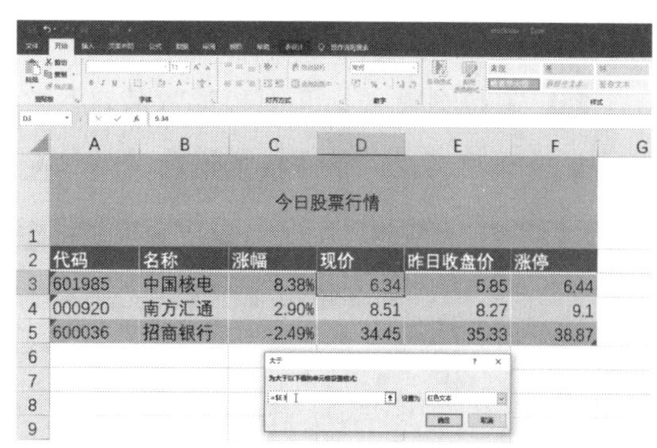

图 14-26

06 继续选择 D3 单元格，单击“开始”选项卡下“样式”选项组中的“条件格式”按钮，在弹出的菜单中选择“突出显示单元格规则”|“小于”命令，在出现的“小于”对话框中，按同样的方式选中单元格 E3，使其左侧框中自动输入 =$E$3，而在“设置为”下拉菜单中，由于现价小于昨日收盘价表示股价下跌，应该显示为绿色文本，但是预置格式里面并没有合适的选项，所以需要单击“自定义格式”。在出现的“设置单元格格式”对话框中，选择“颜色”为绿色。同样地，这里最重要的修改是将绝对引用“=$E$3”修改为“=$E3”，如图 14-27 所示。

07 逐级单击“确定”关闭对话框。

08 继续选择 D3 单元格，单击“开始”选项卡下“样式”选项组中的“条件格式”按钮，在弹出的菜单中选择“突出显示单元格规则”|“等于”命令，在出现的“等于”对话框中，按同样的方式选中单元格 E3，使其左侧框中自动输入 =$E$3，而在“设置为”下拉菜单中，如果现价等于昨日收盘价则应该显示为白色文本，但是预置格式里面并没有合适的选项，所以需要单击“自定义格式”。在出现的“设置单元格格式”对话框中，选择“颜色”为白色。同样地，这里最重要的修改是将绝对引用“=$E$3”修改为“=$E3”，如图 14-28 所示。

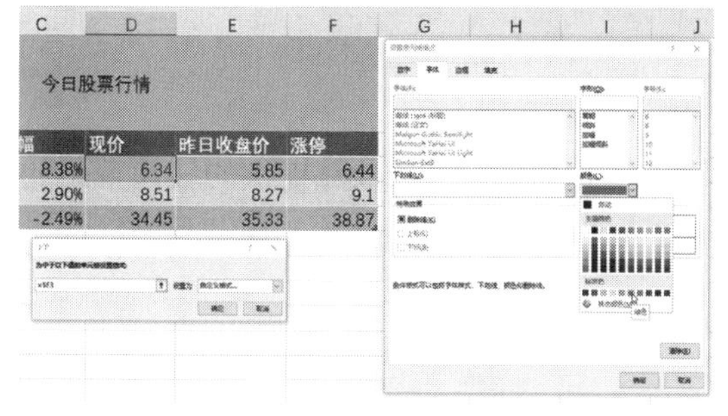

图 14-27

图 14-28

09 逐级单击“确定”关闭对话框。

10 现在我们来测试一下条件格式的正确性。选中 D3 单元格，按 Ctrl+C 键复制，然后将其格式粘贴到 D4、D5 和 F3:F5 单元格，如图 14-29 所示。

11 在 G 列输入比 F 列大的数值，现在也不会影响到涨停值的显示，因为本示例采用的是混合引用格式，条件格式比较的始终是 E 列，如图 14-30 所示。

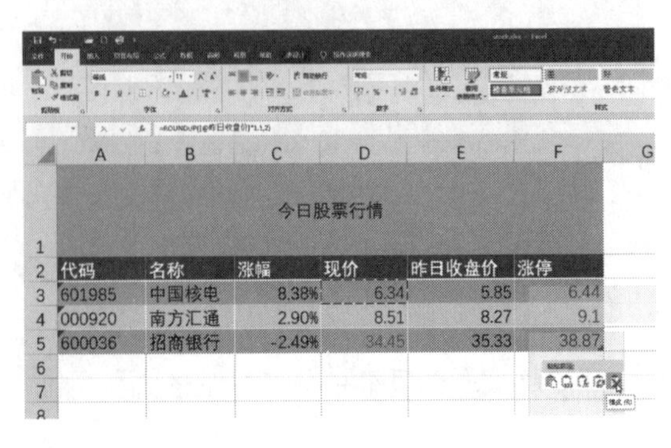

图 14-29

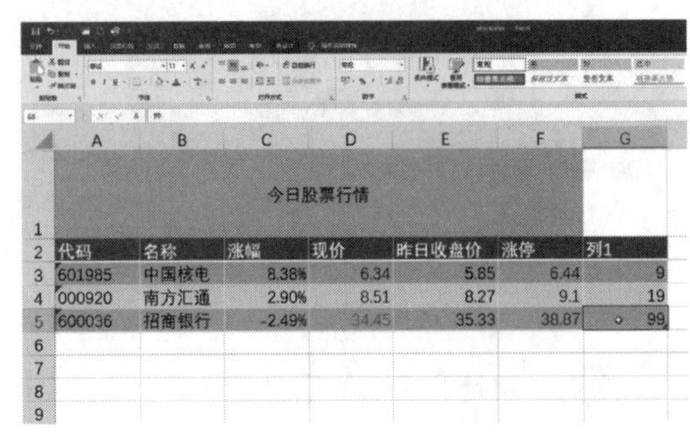

图 14-30

14.3.4 区域引用

单元格区域地址也叫单元格区域引用。区域引用常用的格式是通过如下的区域运算符将所要引用的单元格区域表示出来。

- 冒号“：”运算符。冒号“：”运算符按“左上角单元格引用：右下角单元格引用”的形式表示一个矩形的单元格区域。

例如“A1:C3”表示以 A1 为左上角、C3 为右下角的矩形区域内的全部单元格。

- 逗号“，”运算符。逗号“，”运算符用于将指定的多个引用合并为一个引用。

例如“A1:B2,C1:C2”表示 A1:B2 和 C1:C2 这两个单元格区域。

- 空格“”运算符。空格“”运算符表示对两个引用的单元格区域的重叠部分的引用。

例如“A1:C3 B2:D4”表示 B2:C3。

14.4 Excel 函数详解

在 Excel 2019 中提供了近 200 个内部函数，本节将介绍一些 Excel 提供的较为常用的函数，这里的解释当然不可能面面俱到，因此对于那些没有讲到的函数，请参阅“粘贴函数”对话框显示的描述信息以及联机帮助系统。

14.4.1 数学和三角函数

Microsoft Excel 2019 提供了多个数学和三角函数，可以方便快速地执行特殊的计算，如图 14-31 所示。

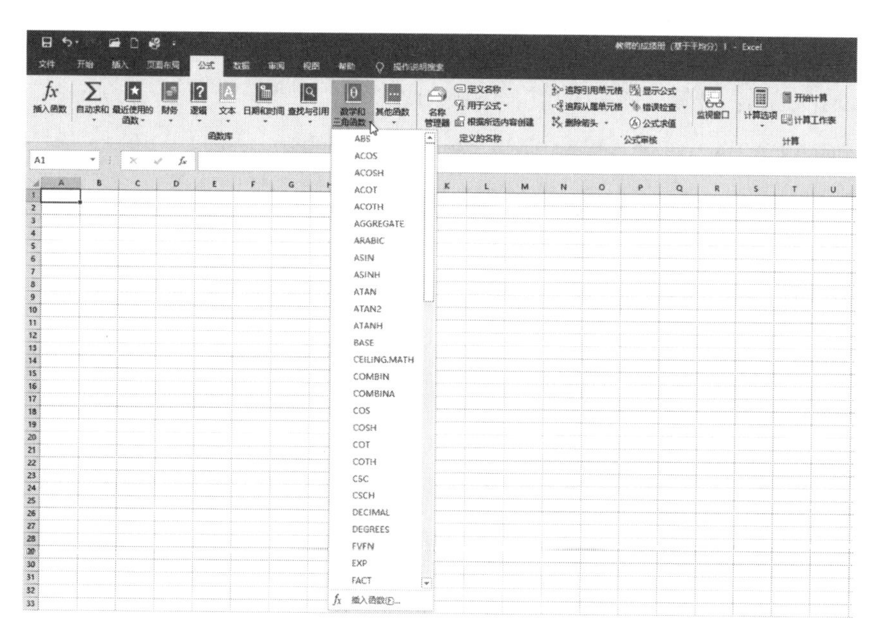

图 14-31

1. 数学函数

1）SUM 函数

SUM 函数对一系列数字进行求和运算，形式为“=SUM(numbers)”。Numbers 参数最多可达 30 个条目，可以是数字、公式、单元格区域或包括数字的单元格引用。SUM 函数忽略引用文本值、逻辑值或空单元格的参数。

SUM 函数是一个常用函数，因此 Excel 在“常用”工具栏提供了相应的按钮，如图 14-32 所示。

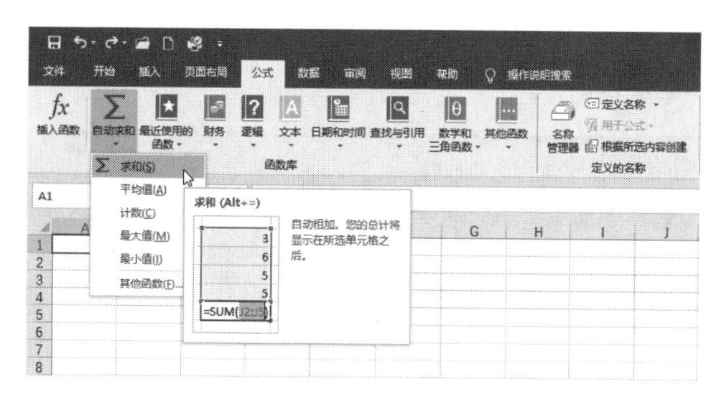

图 14-32

如果选择某个单元格并单击“求和”按钮（按钮标志为∑），Excel 会创建公式“=SUM()”并自动加入求和的单元格。

SUM 函数的参数可以是一个数值常量，也可以是一个单元格地址，还可以是一个单元格区域引用。下面是使用 SUM 函数的例子。

- SUM(1,2,3)：计算 1+2+3 的值，结果为 6。
- SUM(A1,A2,A2)：求 A1、A2、A3 单元格中数的和。
- SUM(A1:F4)：求 A1:F4 单元格区域中数的和。
- SUM(A1:C3 B1:D3)：求 B1:C3 单元格区域中数的和。

2）ROUND、ROUNDDOWN 和 ROUDUP 函数

ROUND 函数根据指定的小数位参数调整数字，函数形式为“=ROUND(number,num_digits)”。number 参数可以为数字、对包含数字的单元格的引用或者结果为数字的公式。num_digits 参数既可以是正数，也可以是负数，它指明缩减的位数。如果参数为负数，缩减的位数从小数点左边开始；如果参数为 0，则结果为最相近的整数。Excel 缩减的方法是“四舍五入”。表 14-3 列出了 ROUND 函数的一些示例。

表 14-3　ROUND 函数应用示例

条目	返回结果
=ROUND(123.4567,–2)	100
=ROUND(123.4567,–1)	120
=ROUND(123.4567,0)	123
=ROUND(123.4567,1)	123.5
=ROUND(123.4567,2)	123.46
=ROUND(123.4567,3)	123.457

ROUNDDOWN 和 ROUNDUP 函数的格式和 ROUND 函数相同，正如名称所示，其功能分别为下舍入和上舍入。

提示：缩减和设置格式的区别

请不要将 ROUND 函数和固定格式例如 0 和 0.00 混淆，选择“格式”菜单的“单元格”命令，单击“数字”标签可设置固定格式。如果使用“数字”标签调整单元格的内容，则只是更改了单元格中数字的显示，而并没有更改其值。执行计算时，Excel 会使用原来的值，而不是显示的值。

3）EVEN 和 ODD 函数

可使用 EVEN 和 ODD 函数执行调整操作。EVEN 函数将数字调整为大于或等于该数的最小偶数，ODD 函数则将数字调整为大于或等于该数的最小奇数。负数则相应地调整为小于或等于该数的最大偶数或奇数。这两个函数的形式分别为“=EVEN(number)”和“=ODD(number)”。请看下表 14-4 中的示例：

表 14-4　EVEN 和 ODD 函数应用示例

条目	返回结果
=EVEN(23.4)	24
=EVEN(2)	2
=EVEN(3)	4
=EVEN(-3)	-4
=ODD(23.4)	25
=ODD(3)	3
=ODD(4)	5
=ODD(-4)	-5

4）使用 FLOOR 和 CEILING 函数取整

可用 FLOOR 和 CEILING 函数执行取整操作。FLOOR 函数将参数 number 沿绝对值减小的方向去尾舍入，使其等于最接近的 multiple 的倍数。CEILING 函数则将参数 number 沿绝对值增大的方向，舍入为最接近的整数或基数 multiple 的最小倍数。函数形式分别为“=FLOOR(number,multiple)”和“=CEILING(number,multiple)”。其中的 number 和 multiple 值必须为数值且符号相同。如果一个为正数，另一个为负数，Excel 会返回错误值 #NUM!。表 14-5 列出了使用这两个函数进行取整操作的一些示例。

表 14-5　FLOOR 和 CEILING 函数应用示例

条目	返回结果
=FLOOR(23.4,0.5)	23
=FLOOR(5,3)	3
=FLOOR(5,-1)	#NUM!
=FLOOR(5,1.5)	4.5
=CEILING(23.4,5)	25
=CEILING(5,3)	6
=CEILING(-5,1)	#NUM!
=CEILING(5,1.5)	6

5）INT 函数和 TRUNC 函数

INT 函数将参数舍入为小于或等于该参数的最大整数，函数形式为“=INT(number)”。

number 参数为予以舍入的数字，例如，公式“=INT(100.01)”和“=INT(100.99999999)”均返回值 100，尽管后者几乎等于 101。

如果 number 为负数，INT 函数的处理方法也是一样的。例如，公式“=INT(-100.99999999)”返回值 -101。

TRUNC 函数的作用是，无论正负一律将参数中小数点右边的位数截掉。可选参数 num_digits 截掉指定小数位后的所有位数。函数形式为“=TRUNC(number,num_digits)”。如果未指定 num_digits，将自动设置为 0。例如，函数“=TRUNC(13.978)”返回值 13。

ROUND、INT 和 TRUNC 函数均删除不需要的小数位，但它们的处理方法不同。ROUND 函数向上或向下舍入到指定的小数位；INT 函数向下舍入为最接近的整数；TRUNC 函数则无舍入地删除小数位。INT 函数和 TRUNC 函数的最大区别是对负数的处理方法不同。如果使用 -100.99999999 作为 INT 函数的参数，返回结果为 -101，而使用 TRUNC 函数的结果则为 -100。

6）RAND 函数和 RANDBETWEEN 函数

RAND 函数产生 0 到 1 之间的随机数，函数形式为“=RAND()”。

RAND 函数是少数的几个不需要参数的 Excel 函数之一。当然，用户仍必须在函数名后输入括号。

每次重新计算工作表，RAND 函数的返回值都会不同。如果使用自动重新计算功能，RAND 函数的值会在每次创建工作表条目时发生改变。

RANDBETWEEN 函数可提供比 RAND 函数更多的控制，在 RANDBETWEEN 函数中可指定数字范围，用于产生随机的整数值。函数形式为“=RANDBETWEEN(bottom,top)”。bottom 参数为最小整数，top 参数为最大整数。这两个参数是内含的，也就是说，函数可以返回这两个值。例如，公式“=RANDBETWEEN(123,456)”可返回 123 到 456（包括 456）的任意整数。

7）PRODUCT 函数

PRODUCT 函数对所有参数引用的数字进行求积运算，函数形式为“=PRODUCT(number1,number2,...)”。参数最多可达 30 个，Excel 将忽略函数中的文本、逻辑值或空单元格参数。

8）MOD 函数

MOD 函数返回除法操作的余数（模），函数形式为“=MOD(number,divisor)”。函数结果为 number 除以 divisor 的余数。例如，函数“=MOD(9,4)”返回 1，即 9 被 4 除的余数。

如果 number 小于 divisor，函数结果就等于 number。例如，函数“=MOD(5,11)”返回值 5。如果 number 正好被 divisor 整除，则函数返回 0。如果 divisor 为 0，函数将返回错误值 #DIV/0!。

9）SQRT 函数

SQRT 函数返回参数的正数平方根，函数形式为“=SQRT(number)”。number 参数必须为正数，例如函数“=SQRT(4)”返回值 2。如果 number 小于 0，则函数返回错误值 #NUM!。

10）COMBIN 函数

COMBIN 函数计算来自于项目集合的可能的组合数，函数形式为“=COMBIN(number, number_chosen)”。number 参数为集合中的所有项目数，number_chosen 参数为每个组合中的项目数。例如，要使用 17 位球员组建 12 个人的球队，可用公式“=COMBIN(17,12)”计算可能的组合数，结果为 6188。也就是说可创建 6188 个不同的球队。

11）ISNUMBER 函数

ISNUMBER 函数确定参数值是否为数字，函数形式为“=ISNUMBER(value)”。假如用户希望确定单元格 A5 是否为数字，可使用公式“=ISNUMBER(A5)”。如果单元格 A5 包含数字或结果为数字的公式，则公式返回值 TRUE，否则返回值 FALSE。

2. 对数函数

Excel 提供了 5 个对数函数，分别为 LOG10、LOG、LN、EXP 和 POWER。本节将只讨论 LOG、LN 和 EXP 函数。

1）LOG 函数

LOG 函数使用指定的底数返回某个正数的对数。函数形式为“=LOG(number,base)”。例如，公式“=LOG(5,2)”返回值 2.321928095，即以 2 为底的 5 的对数。如果未包括 base 参数，Excel 默认为 10。

2）LN 函数

LN 函数返回参数的自然对数（即以 e 为底）。函数形式为“=LN(number)”。例如，公式“=LN(2)”返回值 0.693147181。

3）EXP 函数

EXP 函数计算常数 e（大约为 2.71828183）的 n 次幂，n 为参数指定的值。函数形式为“=EXP(number)”。例如，公式“=EXP(2)”返回值 7.389056099（2.718281828×2.718281828）。

EXP 函数为 LN 函数的反函数。例如，如果单元格 A1 为公式“=LN(8)”，则公式“=EXP(A1)”返回值 8。

3. 三角函数

Excel 包括以下三角函数。

1）PI 函数

PI 函数返回常数 π，精确到小数点后 14 位：3.14159265358979。函数形式为“=PI()”。PI 函数无参数，但函数名后必须跟空括号。

通常 PI 函数嵌套在公式或函数中使用。例如，要计算圆面积，就需要以 π 乘以半径的平方。公式“=PI()*(5^2)”计算半径为 5 的圆面积，精确到小数点后两位的结果为 78.54。

2）RADIANS 函数和 DEGREES 函数

三角函数以弧度而不是度数表示角度。弧度以常数 π 为基准表示角度，180 度角的弧度定义为 π。Excel 提供了两个函数，RADIANS 和 DEGREES 函数，使用户可以轻松地处理三角函数。

可使用 DEGREES 函数将弧度转换为度数，函数形式为“=DEGREES(angle)”。angle 是以弧度形式表示的角度值。也可以使用 RADIANS 函数将度数转换为弧度，函数形式为“=RADIANS(angle)”。angle 是以度数形式表示的角度值。例如，公式“=DEGREES(3.1415927)”返回值 180，而公式“=RADIANS(180)”返回值 3.1415927。

3）SIN 函数

SIN 函数返回角的正弦值，函数形式为“=SIN(number)”。number 是以弧度形式表示的角度值。例如，公式“=SIN(1.5)”返回值 0.997494987。

4）COS 函数

COS 函数计算角的余弦值，函数形式为“=COS(number)”。number 是以弧度形式表示的角度值。例如，公式“=COS(1.5)”返回值 0.070737202。

5）TAN 函数

TAN 函数计算角的正切值，函数形式为“=TAN(number)”。number 是以弧度形式表示的角度值。例如，公式“=TAN(1.5)”返回弧度为 1.5 的角的正切值 14.10141995。

14.4.2　工程函数

Excel 2019 的“其他函数”中包括“工程”分类，这也是许多工程师和科学家最为感兴趣的函数。这些函数主要分三类：①处理复杂数字的函数；②在小数、十六进制数、十进制数和二进制数系统以及度量系统之间进行转换的函数；③各种形式的贝塞尔函数。读者可单击“其他函数”|“工程”命令查看。

14.4.3 文本函数

文本函数的功能是将数值串转换为数字、数字转换为文本串以及允许用户操纵这些文本串。

1. TEXT 函数

TEXT 函数将数字以指定格式转换为文本串，函数形式为“=TEXT(value,format_text)”。value 参数可以是任意数字、公式或单元格引用。format_text 参数指定结果的显示方式。可任意使用 Excel 中除星号（*）外的格式字符（$、#、0 等）指定格式，但不能使用“常规”格式。

例如，公式“=TEXT(98/4,“0.00”)”返回文本串 24.50。

2. DOLLAR 函数

与 TEXT 函数类似，DOLLAR 函数将数字转换为文本串。但 DOLLAR 函数使用指定的小数位数将结果文本串转换为货币形式。函数形式为“=DOLLAR(number,decimals)”。例如，公式“=DOLLAR(45.899,2)”返回文本串 $45.90, 公式“=DOLLAR(45.899,0)”返回文本串 $46。请注意，Excel 会在需要时四舍五入。如果在 DOLLAR 函数中省略 decimals 参数，Excel 将使用两位小数位。如果 decimals 参数小于 0，Excel 会从小数点左边四舍五入。

3. LEN 函数

LEN 函数返回参数中的字符个数，函数形式为“=LEN(text)”。text 参数可以为文字数字，括在双引号里的文本串或者对单元格的引用。例如，公式“=LEN(“test”)”返回值 4。如果单元格 A1 包括 test，则公式“=LEN(A1)”也返回值 4。

LEN 函数返回显示的值或文本的长度，而不是单元格中内容的长度。例如，假设单元格 A10 包括公式“=A1+A2+A3+A4+A5+A6+A7+A8”，其值为 25。则公式“=LEN(A10)”返回值 2，即 25 的长度。LEN 函数忽略后边的 0。

LEN 函数中参数引用的单元格也可以包括其他的串函数。例如，如果单元格 A1 包括函数“=REPT(“-*”,75)”，则公式“=LEN(A1)”返回值 150。

4. ASCII 函数：CHAR 函数和 CODE 函数

所有计算机均使用数值代码表示字符。最流行的数值代码系统为 ASCII，或“美国信息交换标准码”。ASCII 使用从 0 到 127 的数字（某些系统从 0 到 255）表示数字、字母和符号。

CHAR 和 CODE 函数用于处理 ASCII 码。CHAR 函数返回与 ASCII 码对应的字符；CODE 函数返回其参数第一个字符的 ASCII 码。函数形式为“=CHAR(number)”和“=CODE(text)”。例如，公式“=CHAR(83)”返回字符 S（请注意，用户可以在输入参

数的头部加上 0）。公式“=CODE(“S”)”返回 ASCII 码 83。类似的，如果单元格 A1 包括文本“S”，则公式“=CODE(A1)”也返回 ASCII 码 83。

由于数字也属于字符，CODE 函数的参数可以为数字。例如，公式“=CODE(8)”结果为 56，即字符 8 的 ASCII 码。

如果输入文字字符作为文本参数，请确保字符括在双引号中。否则，Excel 将返回错误值 #NAME?。

4. 清除函数：TRIM 函数和 CLEAN 函数

字符串头部和尾部的空字符经常使得对工作表或数据库条目的排序不能正确进行。如果使用串函数操纵工作表中的文本，多余的空格会影响用户的工作。TRIM 函数可删除文本串头部、尾部和多余的空字符，仅在字与字之间保留一个空格。函数形式为“=TRIM(text)”。

例如，如果工作表中的单元格 A1 包括文本串“Fuzzy   Wuzzy   Was   A   Bear”，则公式“=TRIM(A1)”的返回结果为“Fuzzy Wuzzy Was A Bear”。

CLEAN 函数类似于 TRIM 函数，区别是该函数只能处理不可打印字符，例如制表符和程序中的特殊代码。如果要从其他程序和包含不可打印字符的条目导入数据，CLEAN 函数是一项非常实用的功能（这些字符在工作表中可能显示为加粗的垂直栏或小的框）。可使用 CLEAN 函数从数据中删除这些字符。函数形式为“=CLEAN(text)”。

5. EXACT 函数

EXACT 函数为条件函数，可确定两个文本串是否正好匹配，包括大小写字母比较，但忽略格式上的区别。函数形式为“=EXACT(text1,text2)”。如果 text1 和 text2 完全相同（包括大小写字母比较），函数返回值 TRUE，否则返回值 FLASE。text1 和 text2 参数必须为括在双引号中的文本串或者是对包含文本的单元格的引用。例如，如果工作表中的单元格 A5 和 A6 均包括文本“Totals”，则公式“=EXACT(A5,A6)”返回值 TRUE。

6. 大小写函数：UPPER 函数、LOWER 函数和 PROPER 函数

Excel 提供 3 个函数处理文本串中字符的大小写：UPPER、LOWER 和 PROPER 函数。UPPER 函数将文本串中的所有字符转换为大写字母，LOWER 函数将文本串中的所有字符转换为小写字母，PROPER 函数则将每个词的首字母以及文本串中所有前边没有字符的字母大写，而其他字母则小写。函数形式分别为“=UPPER(text)”、“=LOWER(text)”和“=PROPER(text)”。

假设用户在工作表中输入一列姓名并希望所有姓名以大写字母显示。如果单元格 A1 包括文本“john Johnson”，可使用公式“=UPPER(A1)”返回值 JOHN JOHNSON。类似

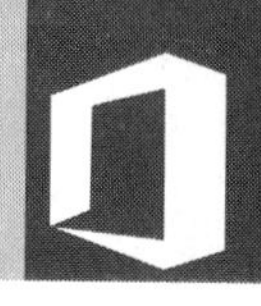

的，公式“=LOWER(A1)”返回值 john johnson, 而公式“=PROPER(A1)”则返回值 John Johnson。

但如果文本中包含标点，会产生意想不到的结果。例如，如果单元格 A1 包括“two-thirds majority wasn’t possible”, 则公式“=PROPER(A1)”返回值“Two-Thirds Majority Wasn’T Possible”。

使用文本函数处理现有数据时，用户通常希望修改应用函数的文本。当然，不能在正在处理的文本中输入函数，否则会覆盖文本。应该在同一行中的未用单元格里创建临时文本函数，然后再复制结果。

7. ISTEXT 函数和 ISNONTEXT 函数

ISTEXT 和 ISNONTEXT 函数确定条目是否为文本。函数形式分别为“=ISTEXT(value)”和“=ISNONTEXT(value)”。要确定单元格 C5 中的条目是否为文本，可使用公式“=ISTEXT(C5)”。如果单元格 C5 中的条目是文本或结果为文本的公式，则 Excel 返回值 TRUE。也可以使用公式“=ISNONTEXT(C5)”，Excel 将返回值 FALSE。

8. 子串函数

下列函数定位并返回文本串的某个部分，或者将多个文本串进行组合：FIND、SEARCH、RIGHT、LEFT、MID、SUBSTITUTE、REPT、RAPLACE 和 CONCATENATE 函数。

1）FIND 和 SEARCH 函数

可使用 FIND 和 SEARCH 函数确定文本串中某个字串的位置。这两个函数均返回 Excel 最先找到的文本的字符位置（Excel 将空格和标点当作字符）。

FIND 函数和 SEARCH 函数的处理方法相同，区别是 FIND 函数对大小写敏感，而 SEARCH 函数允许通配符。函数形式分别为“=FIND(find_text,within_text,start_num)”和“=SEARCH(find_text,within_text,start_num)”。

find_text 参数指定要查找的文本，within_text 参数则指定在其中进行查找的文本串。参数均允许使用括在双引号中的文本串或单元格引用。可选的 start_num 参数指定 within_text 参数中的某个位置，查找将从此字符位置开始。当 within_text 参数中包括多个 find_text 文本串时，start_num 是一项非常有用的参数。如果省略该参数，Excel 会返回最先找到的文本串位置。

如果 find_text 中未包括 within_text、start_num 参数小于等于 0 或者 start_num 大于 within_text 中的字符个数或大于 within_text 中最后一个 find_text 的位置时，均会返回错误值 #VALUE!。

例如，要在文本串“A Night At The Opera”中查找 p, 可使用公式“=FIND(“p”，“A Night At The Opera”)”，返回值为 17，因为字符 p 在文本串中的位置为 17。

如果不能确定查找的字符序列，可使用SEARCH函数并在find_text参数中包括通配符。问号（?）代表单个字符，要查找任意字符序列，请使用星号（*）。

假设在工作表中输入了姓名Smith和Smyth，可用公式“=SEARCH(“Sm?th”,A1)”确定单元格A1中是否包含姓名Smith或Smyth。如果单元格A1包括文本John Smith或John Smyth，SEARCH函数返回值6，即Sm?th文本串在文本中的位置。如果不能确定字符个数，请使用*通配符。比如，要查找Allan或Alan在单元格A1文本中的位置（如果有的话），可使用公式“=SEARCH(“A*an”,A1)”。

2）RIGHT函数和LEFT函数

RIGHT函数根据所指定的字符数返回文本串中最后一个或多个字符，LEFT函数则返回文本串中第一个或前几个字符。函数形式分别为“=RIGHT(text,num_chars)”和“=LEFT(text,num_chars)”。

num_chars参数指定从text参数中抽取的字符个数，函数将text参数中的空格当作字符。如果参数的头部和末尾包含空字符，用户可能需要在RIGHT函数或LEFT函数中使用TRIM函数获得期望的结果。

num_chars参数必须大于或等于0。如果省略此参数，Excel假设为1。如果num_chars大于text参数中的字符个数，RIGHT和LEFT函数将返回整个text参数。

例如，假设用户在工作表的单元格A1中输入“This is a test”，则公式“=RIGHT(A1,4)”返回单词test。

LEFT函数用来取文本数据左面的若干个字符。它有两个参数，第1个参数是文本常量或单元格地址，第2个参数是整数，表示要取字符的个数。在Excel中，系统把一个汉字当作一个字符处理。下面是使用LEFT函数的例子。

- LEFT(“Excel 2019”,3)：取“Excel 2019”左边的3个字符，结果为“Exc”。
- LEFT(“计算机”，2)：取“计算机”左边的2个字符，结果为“计算”。

RIGHT函数用来取文本数据右面的若干个字符。参数与LEFT函数的相同。下面是使用RIGTH函数的例子。

- RIGHT(“Excel 2019”,3)：取“Excel 2019”右边的3个字符，结果为“019”。
- RIGHT(“计算机”，2)：取“计算机”右边的2个字符，结果为“算机”。

3）MID函数

可使用MID函数从文本串中抽取一组字符。函数形式为“=MID(text,start_num,num_chars)”。text参数为从中抽取子串的源文本串，start_num为从text文本串中抽取子串的开始位置（相对于文本串的头部位置），num_chars参数指定要抽取的字符个数。例如，如果单元格A1包含文本“This Is A Long Text Entry”，可用公式“=MID(A1,11,10)”从单

元格 A1 中抽取字符串“Long Text”。

4）REPLACE 函数和 SUBSTITUTE 函数

可用 REPLACE 和 SUBSTITUTE 函数替换文本。REPLACE 函数用另一个字符串代替某个字符串，其函数形式为“=REPLACE(old_text,start_num,num_chars,new_text)”。old_text 参数为要替换掉的文本串。start_num 和 num_chars 参数指定替代哪些字符（相对于文本串的头部位置）。new_text 参数为插入的文本。

假如单元格 A3 包含“Millie Potter,Psychic”，选择单元格 A6，输入公式“=REPLACE(A3,1,6,“Mildred”)”可在单元格 A6 中进行替换并显示，新的文本为“Mildred Potter,Psycbic”。单元格 A3 的内容未发生变化，新的文本仅显示在单元格 A6 中，即用户输入函数的位置。

在 SUBSTITUTE 函数中，无需指定要替换字符串的起始和末尾位置，只要简单地指定替换的文本就可以了。函数形式为“=SUBSTITUTE(text,old_text,new_text,instance_num)”。假设单元格 A4 包含文本“candy”，用户希望在单元格 D6 中替换为“dandy”，可使用公式“=SUBSTITUTE(A4,“c”,“d”)”。在单元格 D6 中输入此公式后，单元格 A4 的文本保持不变。新的文本显示在单元格 D6 中，也就是输入公式的位置。

instance_num 为可选参数，它表示仅替换指定重复次数的 old_text。例如，如果单元格 A1 包含文本“through the hoop”，要将 hoop 替换为 loop，可使用公式“=SUBSTITUTE(A1,“h”,“l”,4)”。公式中的参数 4 表明用 l 替换单元格 A1 文本中的第 4 个 h。如果未包括参数 instance_num，Excel 会用 new_text 替换所有的 old_text。

5）REPT 函数

REPT 函数允许以重复指定次数的字符串填充单元格。函数形式为“=REPT(text,number_times)”。text 参数为括在双引号中的重复字符串。number_times 参数指定字符串的重复次数，可以为任意正数，但函数的结果不能超过 255 个字符。如果 number_times 参数为 0，则输入 REPT 函数的单元格结果为空。如果 number_times 参数不是整数，函数会自动忽略其小数部分。

如果要创建一行星号，长度为 150 个字符，可使用公式“=REPT(“*”,150)”，函数结果为 150 个星号组成的文本串。text 参数可以是多个字符，例如，公式“=REPT(“-*”,75)”产生一行连续的星号和连字符，长 150 个字符。number_times 参数指定 text 重复的次数，而不是要创建文本串的长度。如果 text 文本串包括两个字符，那么结果文本串的长度为 number_times 参数的两倍。

6）CONCATENATE 函数

CONCATENATE 函数的作用相当于“&”，即将多个文本串联结为一个串。函数形式为“=CONCATENATE(text1,text2,…)”。可使用至多 30 个 text 参数作为联结的子串。

例如，如果单元格 B4 包含文本“strained”，公式“=CONCATENATE(“The Koala Tea of Mercy,Australia,is not”,B4,“.”)”返回“The Koala Tea of Mercy,Australia,is not strained.”。

14.4.4 逻辑函数

Microsoft Excel 2019 提供了丰富的逻辑函数，大多数逻辑函数使用条件测试判断指定的条件是真还是假，如图 14-33 所示。

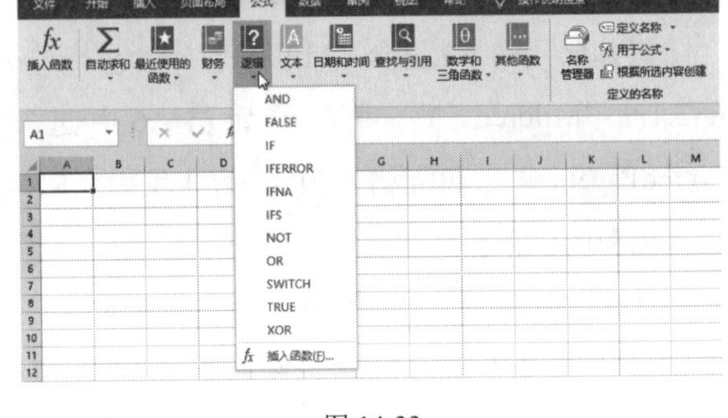

图 14-33

1. 条件测试

条件测试就是比较两个数字、函数、公式、标签或逻辑值的公式。例如，下列公式均执行一个条件测试：

- =A1>A2
- =5-3<5*2
- =AVERAGE(B1:B6)=SUM(6,7,8)
- =C2=“Female”
- =COUNT(A1:A10)=COUNT(B1:B10)
- =LEN(A1)=10

所有条件测试均必须包括至少一个逻辑运算符，逻辑运算符定义条件测试中元素的关系。例如，条件测试 A1>A2 中的大于号（>）逻辑运算符比较单元格 A1 和 A2 的值。下表 14-6 列出了 Excel 中的 6 个逻辑运算符。

条件测试的结果为逻辑值 TRUE（1）或 FALSE（0）。例如，条件测试“=Z1=10”当 Z1 的值等于 10 时返回 TRUE，否则返回 FALSE。Excel 中的 6 个逻辑运算符如表 14-6 所示。

表 14-6　Excel 中的 6 个逻辑运算符

运算符	定义
=	等于
>	大于
<	小于
>=	大于或等于
<=	小于或等于
<>	不等于

1）IF 函数

IF 条件函数的形式为“=IF(logical_test,value_if_true,value_if_false)”。例如，公式“=IF(A6<22,5,10)”当单元格 A6 的值小于 22 时返回 5，否则返回值 10。

可以在 IF 函数中嵌套其他函数。例如，公式“=IF(SUM(A1:A10)>0,SUM(A1:A10),0)”当单元格区域 A1 到 A10 的和大于 0 时返回此和，否则返回 0。

可以在 IF 函数中使用文本参数。例如，可以在单元格 G4 输入公式“=IF(F4>75, " 及格 ", " 不及格 ")”，这样可以检查单元格 F4 包含的平均分是否超过了 75。如果是，函数将返回“及格”；如果平均分小于或等于 75，函数返回“不及格”。

可在 IF 函数中使用文本参数，当结果为假时返回空值，而不是返回 0。

例如，公式“=IF(SUM(A1:A10)>0,SUM(A1:A10),"")”在条件测试结果为假时返回空串（“”）。

IF 函数的 logical_test 参数也可以包括文本。

例如，公式“=IF(A4="Test",100,200)”当单元格 A1 包括文本串“Test”时返回值 100，否则返回值 200。两个文本串必须正好匹配，但可以忽略大小写区别。

2）AND 函数、OR 函数和 NOT 函数

AND、OR 和 NOT 函数可帮助用户创建复杂的条件测试，它们通常和简单的逻辑运算符，如 =，>,<,>=,<= 和 <> 一起使用。AND 和 OR 函数可有至多 30 个参数，函数形式分别为“=AND(logical1,logical2,...,logical30)”和“=OR(logical1,logical2,...,logical30)”。NOT 函数仅有一个参数，形式为“=NOT(logical)”。这 3 个函数的参数可以是条件测试、数组或对包括逻辑值的单元格的引用。

例如，如果希望 Excel 返回文本 Pass，条件是学生的平均分超过 75，而且少于 5 次无故旷课，则可以使用公式“=IF(AND(G4<5,F4>75), "Pass","Fail")”。

虽然 OR 函数和 AND 函数的参数相同，但其结果却截然不同。

例如，公式“=IF(OR(G4<5,F4>75), "Pass","Fail")”当学生的平均分超过 75 或者少于 5 次旷课时返回文本“Pass”。因此区别是，当任意一个条件测试为真，OR 函数即返回逻辑值 TRUE；而 AND 函数返回逻辑值 TRUE 的条件是所有的条件测试为真。

NOT 函数对条件取反，因此通常和其他函数共同使用。如果参数为假，函数返回逻辑值 TRUE，相反，如果参数为真，则函数返回逻辑值 FALSE。例如，公式“=IF(NOT(A1=2),"Go","NoGo")”当单元格 A1 的值不等于 2 时返回文本“Go”。

3）嵌套的 IF 函数

有时候，无法仅使用逻辑运算符和 AND、OR 以及 NOT 函数解决问题。在这些情况下，用户可以嵌套 IF 函数创建多层测试。

例如，公式“=IF(A1=100, "Always",IF(AND(A1>=80,A1<100), "Usually", IF(AND(A1>=60,A1<80), "Sometimes","Who cares?")))”分别使用了 3 个 IF 函数。如果单元格 A1 的值为整数，公式可以这样理解：如果单元格 A1 的值为 100，返回文本串“Always”；否则，如果其值在 80 和 100 之间（也就是从 80 到 99），返回文本串“Usually”；否则，如果值在 60 和 80 之间（也就是从 60 到 79），返回文本串“Sometimes”，最后，如果所有条件均未满足，则返回文本串“Who cares?”。

只要不超过单个单元格条目的字符数限制，用户最多可以嵌套 7 个 IF 函数。

4）条件函数的其他用途

可以将本节介绍的所有条件函数作为独立的公式使用。尽管在 IF 函数中会经常使用诸如 AND、OR、NOT、ISERROR、ISNA 和 ISREF 此类的函数，用户也可以用例如“=AND(A1>A2,A2<A3)”之类的公式执行简单的条件测试。如果单元格 A1 的值大于单元格 A2 的值而且单元格 A2 的值小于单元格 A3 的值，公式返回逻辑值 TRUE。也可以使用这种类型的公式为一组数据库单元格指定 TRUE 或 FALSE，然后使用 TRUE 或 FALSE 条件作为选择标准来打印特殊的报告。

2. TRUE 函数和 FALSE 函数

也可以使用 TRUE 和 FALSE 函数表示逻辑条件 TRUE 和 FALSE。这两个函数均没有参数，函数形式分别为“=TRUE()”和“=FALSE()”。

例如，假设单元格 B5 包含一个条件测试公式。公式“=IF(B5=FALSE(),“Warning!”,“OK”)”当单元格 B5 中的条件测试公式结果为 FALSE 时，返回“Warning!”。如果条件测试公式结果为 TRUE，则返回“OK”。

3. ISBLANK 函数

可以使用 ISBLANK 函数确定引用单元格是否为空。函数形式为“=ISBLANK(value)”。value 参数为对单元格或单元格区域的引用。如果 value 参数指向的单元格或单元格区域为空，函数返回逻辑值 TRUE；否则返回 FALSE。

14.4.5 查找与引用函数

Excel 提供了若干个查看存储在列表或表格中的信息的函数，也可以对引用进行操作，如图 14-34 所示。

1. ADDRESS 函数

使用 ADDRESS 函数可以轻松地以数字创建引用，其函数形式为：

“=ADDRESS(row_num,coloumn_num,abs_num,a1,sheet_text)”

row_num 和 column_num 参数指定地址的行和列值。abs_num 参数指明结果地址是否使用绝对引用：绝对引用为 1；混合引用为 2（行为绝对引用，列为相对引用）或 3（行为相对引用，列为绝对引用）；相对引用为 4。a1 参数也是逻辑值。如果 a1 为 TRUE，结果地址为 A1 格式，如果 a1 为 FALSE，则结果地址为 R1C1 格式。sheet_text 参数可为地址的开始部分指定工作表名称。如果 sheet_text 参数包括多个字，Excel 会在引用的工作表文本两端加上单引号。例如，公式“=ADDRESS(1,1,1,TRUE,’ Data Sheet’)”返回一个引用’Data Sheet’!$A$1。

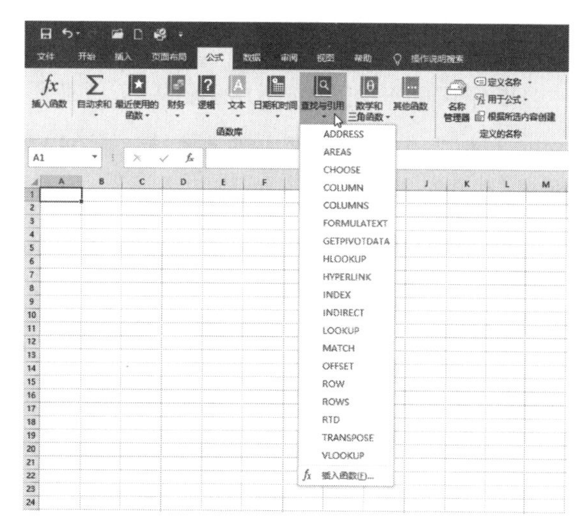

图 14-34

2. CHOOSE 函数

可使用 CHOOSE 函数从存放在函数参数中的数值列表选取一个项目。其函数形式为：“=CHOOSE(index_num,value1,value2,...,value29)”

index_num 参数是要查看的项目在列表中的位置，value1、value2 等为列表中的元素。index_num 的值必须大于 0 而且不能超过列表中元素的个数。如果 index_num 的值小于 1 或者大于列表中元素的个数，Excel 将返回错误值 #VALUE!。

CHOOSE 函数返回在列表中的位置为 index_num 的元素。例如，函数“=CHOOSE(2,6,1,8,9,3)”返回值 1，因为 1 是列表中的第二个项目（index_num 参数本身不算作列表元素）。

CHOOSE 函数的参数可以是单元格引用。如果 index_num 参数为单元格引用，Excel 会根据该单元格中的值从列表选择元素。假如单元格 A11 包含公式“=CHOOSE(A10,0.15,0.22,0.21,0.21,0.26)”，如果单元格 A10 的值为 5，函数返回值 0.26；如果单元格 A10 的值为 1，则函数返回值 0.15。

类似地，如果单元格 C1 的值为 0.15，单元格 C2 的值为 0.22，单元格 C3、C4 和 C5 的值均为 0.21，公式“=CHOOSE(A10,C1,C2,C3,C4,C5)”当单元格 A10 的值为 1 时返回值 0.15，如果单元格 A10 的值为 3、4 或 5，则函数返回值 0.21。

不能在函数中将单元格区域指定为列表的单个元素。用户可能尝试创建函数“=CHOOSE(A10,C1:C5)”，因为看起来更加简短，但函数将返回错误值 #VALUE!。

列表中的元素可以是文本串，例如，函数“=CHOOSE(3, "First","Second","Third")”选择列表中的第 3 个元素，返回文本串“Third”。

3. MATCH 函数

和 CHOOSE 函数密切相关的一个函数是 MATCH 函数，它们的区别为，前者根据 index_num 参数返回列表中的元素值，而 MATCH 函数则是返回与查找值最匹配的元素在列表中的位置。函数形式为：

“=MATCH(lookup_value,lookup_array,match_type)”

lookup_value 参数为要查找的值或文本串，lookup_array 参数为在其中进行查找的范围。

在图 14-35 所示的工作表中，如果在单元格 E1 输入公式“=MATCH(10,A1:D1,0)”，结果为 1，因为 lookup_array 的第一个单元格包含 lookup_value 值。

=MATCH(10,A1:D1,0)

	A	B	C	D	E	F	G
1	10	9	8	7	1		
2							

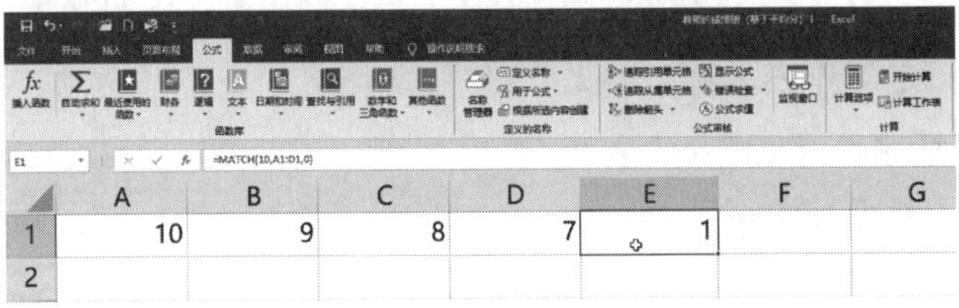

图 14-35

match_type 参数指定查找的规则，必须为 1、0 或 -1。如果此参数为 1 或者省略，MATCH 函数会查找小于或等于 lookup_value 的最大数值。lookup_array 必须按升序排列。例如，图 14-36 所示的工作表中，公式“=MATCH(19,A1:D1,1)”返回值 4，因为单元格区域中 4 个元素的值均为不超过 lookup_value 值 19 的最大数值。如果查找范围中的数值均大于 lookup_value，函数将返回错误值 #N/A。

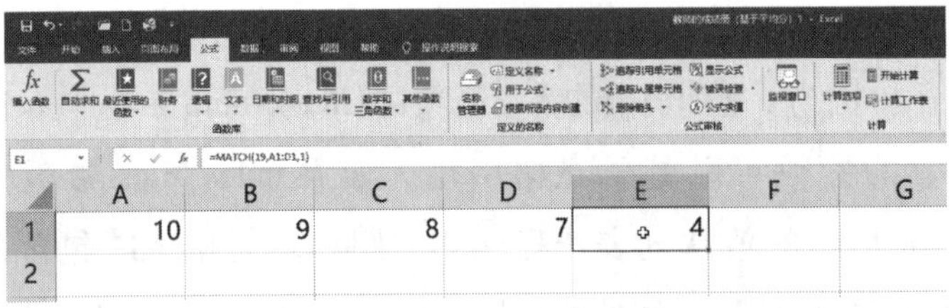

=MATCH(19,A1:D1,1)

	A	B	C	D	E	F	G
1	10	9	8	7	4		
2							

图 14-36

图 14-37 显示了 lookup_array 参数未按升序排列时的情况。公式“=MATCH(20,A1:D1,1)”返回了不正确的值 1。

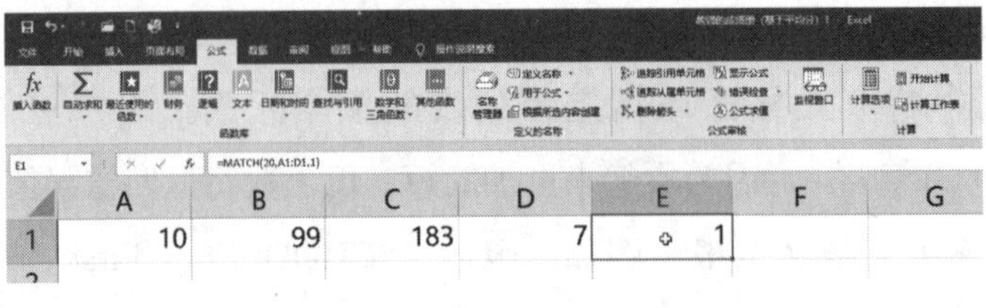

=MATCH(20,A1:D1,1)

	A	B	C	D	E	F	G
1	10	99	183	7	1		

图 14-37

如果 match_type 为 0，MATCH 函数查找等于 lookup_value 的第一个数值。lookup_array 可以按任何顺序排列。如果未找到匹配的数值，函数返回 #N/A。

如果 match_type 为 -1，MATCH 函数查找大于或等于 lookup_value 的最小数值。lookup_array 必须按降序排列。如果所有元素均小于 lookup_value，函数返回错误值 #N/A。

lookup_value 参数和列表中的元素也可以为文本串。在 lookup_value 参数中可使用通配符 * 和？。

4. VLOOKUP 函数和 HLOOKUP 函数

VLOOKUP 函数和 HLOOKUP 函数可用于查找用户创建的表格中存储的信息，其功能基本相同。通常当用户查找表格中的信息时，会使用行索引和列索引确定单元格位置。Excel 对此方法做了一点更改：通过在第一列或第一行中查找小于或等于指定的 lookup_value 参数的最大数值确定首索引，并用 row_index_num 或 col_index_num 参数作为其他索引。此方法允许用户根据表格中的信息查找数值，而无需知道数值的确切位置。

函数的形式分别为：

- “=VLOOKUP(lookup_value,table_array,col_index_num,range_lookup)”
- “=HLOOKUP(lookup_value,table_array,row_index_num,range_lookup)”

lookup_value 参数为在表格中查找的第一个索引的数值，table_array 参数为定义数据表的数组或单元格区域名，row_index_num 或 col_index_num 参数指定表中的行和列，函数从此位置选择结果（第二个索引）。因为使用 lookup_value 参数确定首索引，我们将第一行或第一列的数据称为比较值。range_lookup 参数为逻辑值，指定是精确匹配还是近似匹配。如果为 FALSE，则使用精确匹配。

VLOOKUP 函数和 HLOOKUP 函数的区别是所使用的数据表类型不同：

VLOOKUP 函数处理垂直表格（数据表按列排列），HLOOKUP 函数处理水平表格（数据表按行排列）。

数据表为水平还是垂直排列依赖于比较值的位置。如果比较值位于表格中最左边的列，则数据表为垂直排列，如果比较值位于表格的第一行，则数据表为水平排列。比较值可以是数字或文本，但均需按升序排列。此外，表格中的比较值不能使用多次。

index_num 参数（也称为偏移）提供第二个数据表索引并指定函数进行查找的行或列。表中的第一列或第一行的索引号为 1，因此，如果索引号为 1，则函数的返回结果属于比较值。index_num 参数必须大于或等于 1 而且不能大于数据表中的行数或列数。也就是说，如果垂直数据表包括 3 列，那么索引号不能大于 3。如果未找到匹配值，函数将返回错误值。

1）VLOOKUP 函数

可使用 VLOOKUP 函数在图 14-38 的表格中查找信息，公式“=VLOOKUP(141,

A1:C7,3)”返回值 78。

让我们来看一下 Excel 是如何得出结果的。首先定位包含比较值的列，此例中为列 A。接下来查找小于或等于 lookup_value 的最大数值。由于第 2 个比较值 45 小于 lookup_value 参数 141，而第 3 个比较值 919 大于 lookup_value 参数的值，因此 Excel 使用包含 45 的行（即第 2 行）作为行索引。列索引是 col_index_num 参数。此例中，col_index_num 参数为 3，因此列 C 包括需要的数据，最后函数返回单元格 C2 的值 78。

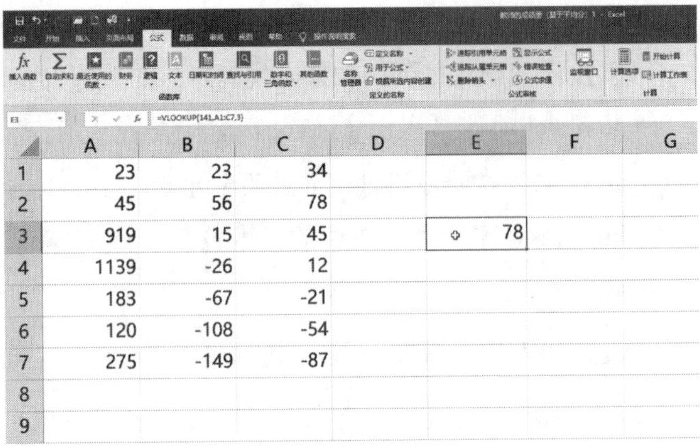

	A	B	C	D	E	F	G
1	23	23	34				
2	45	56	78				
3	919	15	45		78		
4	1139	-26	12				
5	183	-67	-21				
6	120	-108	-54				
7	275	-149	-87				
8							
9							

图 14-38

查找函数的 lookup_value 参数可以是数值、单元格引用或括在双引号中的文本，lookup_array 参数可以是单元格引用或单元格区域名。

请记住，这些查找函数查找小于或等于查找值的最大比较值（除非将 range_lookup 参数指定为 FALSE），而不是将比较值和查找值精确匹配。如果数据表首行或首列的比较值均大于查找值，函数返回错误值 #N/A。但如果所有的比较值均小于查找值，则函数返回表中最后（即最大）的比较值。

2）HLOOKUP 函数

HLOOKUP 函数和 VLOOKUP 函数相同，区别是 HLOOKUP 函数处理水平数据表。

3）LOOKUP 函数

LOOKUP 函数包括两种形式，均类似于 VLOOKUP 和 HLOOKUP 函数，使用规则也是相同的。

和 LOOKUP 函数相比，HLOOKUP 和 VLOOKUP 函数更容易控制和预测结果，因此建议用户尽量使用这两个函数。

5. INDEX 函数

和 CHOOSE 和 LOOKUP 函数一样，INDEX 函数也执行查找功能，它包括两种形式：数组形式和引用形式。前者返回数值或单元格中的值，后者返回一个地址或者对工作表中单元格或单元格区域的引用（不是数值）。我们首先讨论数组形式。

1）数组形式

INDEX 函数的第一种形式（或数组形式）只处理数组参数，同时返回结果的数值，而不是对单元格的引用。函数形式为“=INDEX(array,row_num,column_num)”。函数结果

为 array 参数中由 row_num 和 column_num 参数指定的位置的数值。

例如，公式“=INDEX({10,20,30;40,50,60},1,2)”返回值 20，即数组中第一行、第二列单元格的值。

2）引用形式

INDEX 函数的第二种形式（或引用形式）返回单元格地址。如果要对单元格而不是单元格中的数值进行操作（例如更改单元格宽度），这是一项非常实用的功能。但函数可能会造成混乱，因为如果 INDEX 函数嵌套在另一个函数中，此函数就可以使用 INDEX 函数所返回地址的单元格的值。而且，INDEX 函数的引用形式不将结果显示为地址，而是显示地址中的值。请记住，尽管不显示为地址形式，但实际上函数结果仍然为地址。

INDEX 函数有两个优点：可以将工作表中多个不连续的区域作为查找区域参数，我们称为索引区域参数；函数可返回单元格区域（多个单元格）。

函数的引用形式为“=INDEX(reference,row_num,column_num,area_num)”。reference 参数可以是一个或多个单元格区域，称为区域。每个区域必须为矩形，可以包括数字、文本或公式。如果区域不相邻，reference 参数必须括在括号中。

row_num 和 column_num 参数必须为正数（或对包含数字的单元格的引用），用于指定 reference 参数中的单元格。如果 row_num 大于表中的行数或者 column_num 大于表中的列数，函数返回错误值 #REF!。

如果 reference 参数的每个区域仅包括一行，则 row_num 参数可选。类似地，如果 reference 参数的每个区域仅包括一列，则 column_num 参数可选。如果 row_num 或 column_num 参数为 0，INDEX 函数将分别返回整行或整列的引用。

仅当 reference 参数包括多个区域时，才需要 area_num 参数。该参数指定 reference 参数中应用 row_num 和 column_num 参数的区域。reference 参数中指定的第一个区域为区域 1，依此类推。如果省略 area_num 参数，Excel 假设为 1。该参数必须为正整数，如果小于 1，函数返回错误值 #REF!。

6. OFFSET 函数

OFFSET 函数返回对指定高度和宽度单元格区域的引用，此单元格区域和其他引用相距指定的距离。函数形式为“=OFFSET(reference,rows,cols,height,width)”。reference 参数指定计算偏移量的起始位置。rows 和 cols 参数指定 reference 参数所表示的区域和函数要返回区域的垂直和水平距离。如果 rows 和 cols 参数大于 0，则向 reference 参数所表示区域的下方和右边偏移，如果 rows 和 cols 参数小于 0，则向 reference 参数所表示区域的上方和左边偏移。height 和 width 参数可选，用于指定函数返回区域的行高和列宽。如果省略，函数将返回和 reference 参数指定的区域维数相同的区域引用，height 和 width 参数必须为正数。

7. INDIRECT 函数

使用 INDIRECT 函数可根据单元格引用查找其内容。函数形式为“=INDIRECT(ref_text,a1)”。ref_text 参数为 A1 引用、R1C1 引用或单元格名称，a1 参数为逻辑值，指明使用的引用类型。如果 a1 为 FALSE,Excel 将 ref_text 解释为 R1C1 格式；如果 a1 为 TRUE 或省略 ,Excel 将 ref_text 解释为 A1 格式。如果 ref_text 参数指定的单元格内容无效，函数返回错误值 #REF!。

例如，如果工作表中的单元格 C4 包含文本“D6”，单元格 D6 的值为 9，则公式“=INDIRECT(C4)”将返回值 9，如图 14-39 所示。

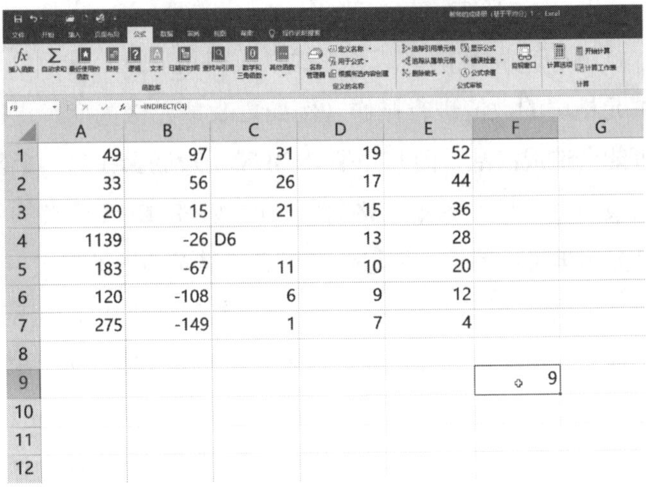

F9 =INDIRECT(C4)

	A	B	C	D	E	F	G
1	49	97	31	19	52		
2	33	56	26	17	44		
3	20	15	21	15	36		
4	1139	-26	D6	13	28		
5	183	-67	11	10	20		
6	120	-108	6	9	12		
7	275	-149	1	7	4		
8							
9						9	
10							
11							
12							

图 14-39

8. ROW 函数和 COLUMN 函数

虽然 ROW 和 COLUMN 函数的名称和 ROWS、COLUMNS 数组函数的名称非常近似，但功能却截然不同。函数形式分别为“=ROW(reference)”和“=COLUMN(reference)”。函数结果为函数参数所指定单元格或单元格区域的行号或列号。例如，公式“=ROW(H5)”和“=COLUMN(C5)”分别返回值 5 和 3。

如果省略 reference 参数，返回结果为包含函数单元格的行号或列号。

如果 reference 参数为单元格区域或单元格区域名，同时函数作为数组输入，则返回结果为一个数组，数组中包括单元格区域中每一行的行号或每一列的列号。例如，选择单元格区域 B1:B10，键入公式“=ROW(A1:A10)”并按 Ctrl+Shift+Enter 在单元格区域 B1:B10 的所有单元格中输入此公式，单元格区域将包含数组值 {1;2;3;4;5;6;7;8;9;10}，即参数中每个单元格的行号。

9. ROWS 函数和 COLUMNS 函数

ROWS 函数返回引用或数组中的行数。函数形式为“=ROWS(array)”。

array 参数为数组常数、对单元格区域的引用或单元格区域名。

例如，公式“=ROWS({100,200,300;1000,2000,3000})”返回值 2，因为数组包括两“行”。

公式“=ROWS(A1:A10)”返回值 10，因为单元格区域 A1:A10 包括 10 行。

COLUMNS 函数和 ROWS 函数相同，区别在于返回 array 参数的列数。例如，公式“=COLUMNS(A1:C10)”返回值 3，因为单元格区域 A1:C10 包括 3 列。

10. AREAS 函数

区域指单个单元格或矩形单元格区域。可使用 AREAS 函数确定单元格区域中的区域数目。函数形式为“=AREAS(reference)”。

reference 参数可以是单元格引用以及一个或多个对单元格区域的引用（如果是多个对单元格区域的引用，必须括在一组括号中使得 Excel 不将分隔单元格区域的逗号解释为参数分隔符）。函数结果为参数指定的区域数。

例如，假如为单元格区域 A1:C5,D6,E7:G10 指定名称 Test, 则函数“=AREAS(Test)”返回值 3，即组中的区域个数。

11. TRANSPOSE 函数

TRANSPOSE 函数改变数组的水平或垂直方向。函数形式为“=TRANSPOSE(array)”。

如果 array 参数是垂直的，结果数组为水平方向。如果 array 参数是水平的，则结果数组为垂直方向，水平数组的第一行成为返回的垂直数组的第一列。反过来也是如此。函数必须在某个单元格区域中以数组公式的形式输入，该区域的行数和列数分别与 array 参数的列数和行数相同。

进行单元格区域转置操作的快捷方法为，选中要进行转置操作的单元格区域，按 Ctrl+C 复制单元格区域，然后选择“开始”选项卡“剪贴板”工具组中的“粘贴”按钮，然后选择“选择性粘贴”命令，在出现的对话框中选择“转置”复选框并单击“确定”按钮，如图 14-40 所示。

或者也可以右击粘贴目标单元格，然后在弹出菜单的“粘贴选项”中选择“转置”，这样可以直接预览转置的结果，如图 14-41 所示。

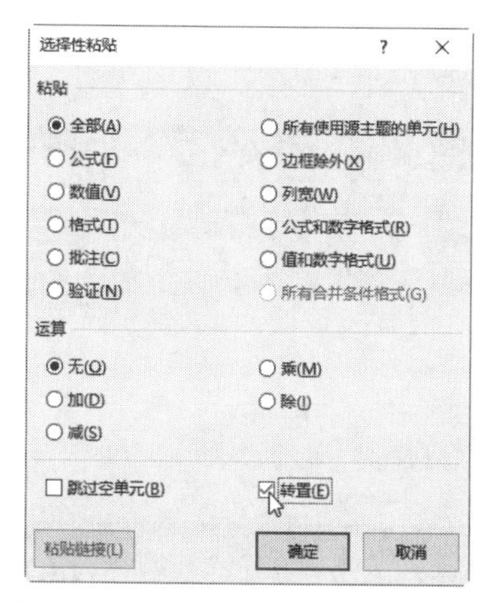

图 14-40

图 14-41

14.4.6 日期和时间函数

Excel 中的日期和时间函数让用户可以进行快速而且正确的工作表计算。例如，如果用户想用工作表来计算公司里的月薪表，那么可能要用 HOUR 函数来计算每天的工作小时数，用 WEEKDAY 函数计算一个员工应付给的基本部分工资（对星期一到星期五）或者加班时间的工资（对星期六和星期天），如图 14-42 所示。

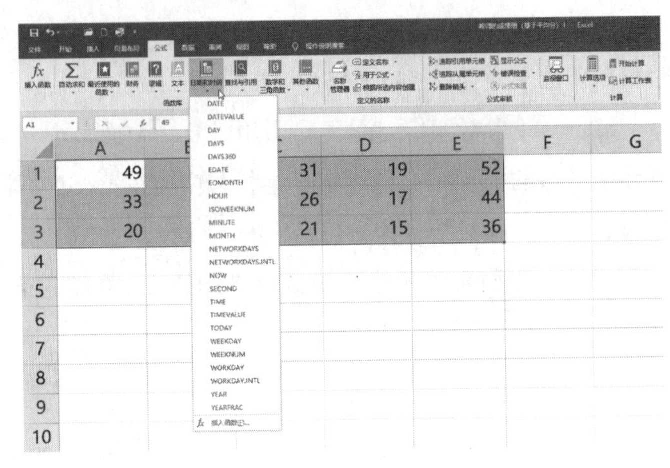

图 14-42

1. TODAY 函数

TODAY 函数总是返回当前日期的序列数。TODAY 函数的语法是

= TODAY()

虽然这函数不带参数，但是要记住包含空的小括号。

如果想在工作表中始终反映当前日期，那么就用这个函数。

2. NOW 函数

使用 NOW 函数可以在单元格里输入当前日期和时间。这个函数的语法是

= NOW()

像 TODAY 函数一样，NOW 函数不带参数。函数的返回值是一个当前日期和时间值，如图 14-43 所示。

Excel 并不是随时更新 NOW 的值。如果一个单元格里包含的 NOW 函数不是当前时间，那么可以通过重新计算工作表来更新单元格的值。方法是切换到“公式”选项卡，然后单击“计算”工具组中的“计算工作表”按钮或“开始计算”按钮，如图 14-44 所示。

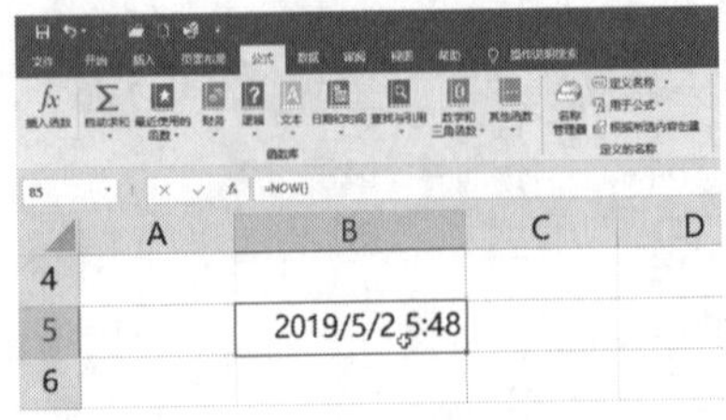

图 14-43

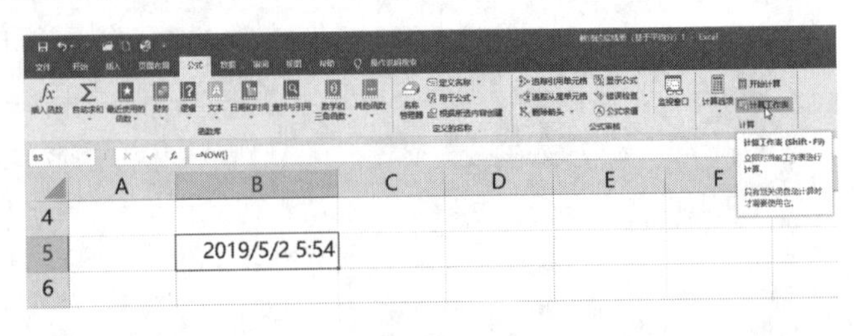

图 14-44

提示：“开始计算”的快捷键是 F9 键，或者按 Ctrl+= 快捷键。“计算工作表”的快捷键是 Shift+F9 键。

另外，无论何时打开工作表，Excel 也会对 NOW 函数进行更新。NOW 函数是动态函数的一个例子；动态函数指它的计算值是动态改变的。如果打开一个包含有一个或多个 NOW 函数的工作表，然后马上关闭，即使没做任何改变，Excel 也会弹出信息要求保存改变的结果，因为 NOW 函数的当前值已经不同于上次使用工作表时的值（动态函数的另外一个函数是 RAND 函数）。

3. WEEKDAY 函数

WEEKDAY 函数返回某日期是星期几，函数的语法是

= WEEKDAY(serial_number，return_type)

serial_number 参数可以是一个日期序列数，应使用 DATE 函数输入日期，或者将日期作为其他公式或函数的结果输入。例如，使用函数 DATE(2019,5,2) 输入 2019 年 5 月 2 日。如果日期以文本形式输入，则必须确保它带了引号，例如 "2019-5-2"。

WEEKDAY 函数返回某特定日期是星期几。可选的 return_type 参数决定了结果的表示形式。如果 return_type 是 1 或忽略，那么这个函数返回 1 到 7，1 代表星期天， 7 代表星期六。如果 return_type 参数是 2，那么函数返回 1 到 7，1 代表星期一， 7 代表星期天。如果 return_type 是 3，那么函数返回 0 到 6，0 代表星期一，6 代表星期天，如图 14-45 所示。

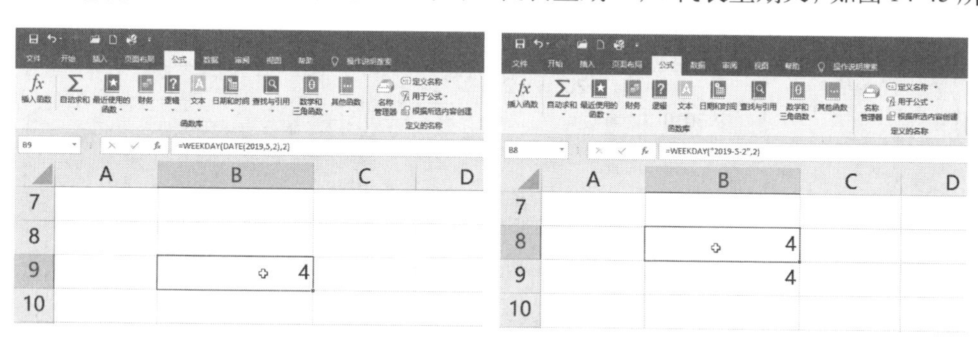

图 14-45

> **提示：**在图 14-45 中，由于 return_type 是 2，因此，返回值为 4 则表示该 serial_number 参数（2019 年 5 月 2 日）为星期四。

4. YEAR，MONTH 和 DAY 函数

YEAR、MONTH 和 DAY 函数分别返回一个日期 / 时间序列数的年、月、日部分。这些函数的语法是

= YEAR(serial_number)

和

= MONTH(serial_number)

和

= DAY(serial_number)

serial_number 参数可以是一个日期序列数、一个对包含日期函数或一个日期序列数的单元格的引用或者是带引号的日期文本串。

这些函数的结果是特定 serial_number 参数中相应部分的值。例如，如果在 A7 单元格里包含日期

2019-5-2

那么公式

= YEAR(A7)

返回值 2019，而公式

= MONTH(A7)

返回值 5，而公式

= DAY(A7)

返回值 2。

如图 14-46 所示。

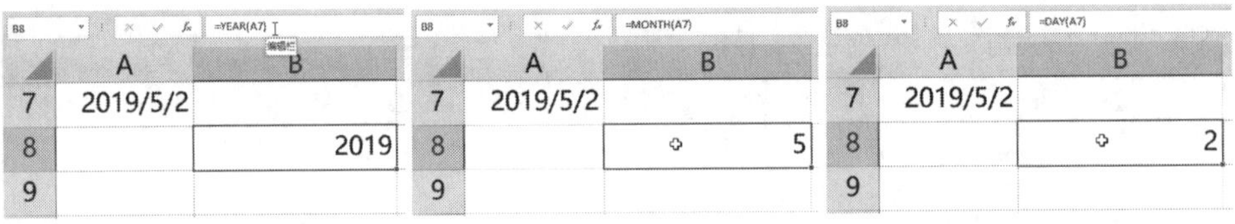

图 14-46

serial_number 参数如果使用数字，则 1900 年 1 月 1 日的序列号是 1，以此为基数进行计算并返回值。例如，=YEAR(367) 将返回 1901（因为 1900 年是闰年，有 366 天），= MONTH(367) 返回 1，= DAY(367) 返回 1，如图 14-47 所示。

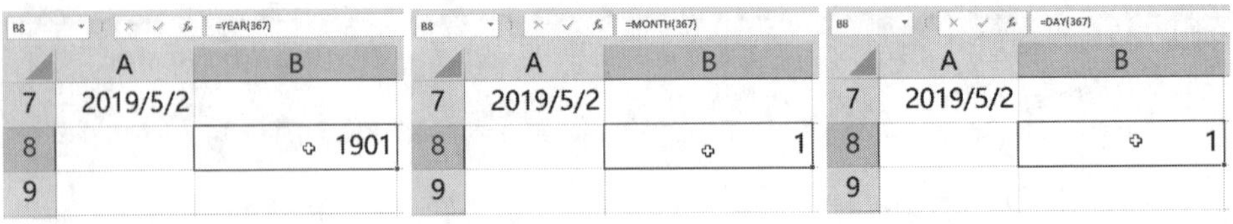

图 14-47

5. HOUR，MINUTE 和 SECOND 函数

正如 YEAR、MONTH 和 DAY 函数从一个日期 / 时间序列数中提取出年、月和日部分，HOUR、MINUTE 和 SECOND 函数从一个日期 / 时间序列数中提取出时、分和秒部分。这些函数的语法是

= HOUR(serial_number)

和

= MINUTE(serial_number)

和

= SECOND(serial_number)

这些函数的结果是特定 serial_number 参数中相应的部分。例如，如果在 B1 单元格中包含时间

12:15:35 PM

那么，公式

= HOUR(B1)

返回值 12，而公式

= MINUTE(B1)

返回值 15，公式

= SECOND(B1)

返回值 35。

这 3 个函数也可以结合使用函数。例如，假如在 A7 单元格中包含函数 "=NOW()"，如图 14-48 所示。

在 B8 单元格中，输入公式 "=HOUR(A7)"，那么返回值为当前系统的小时数，例如 6，如图 14-49 所示。

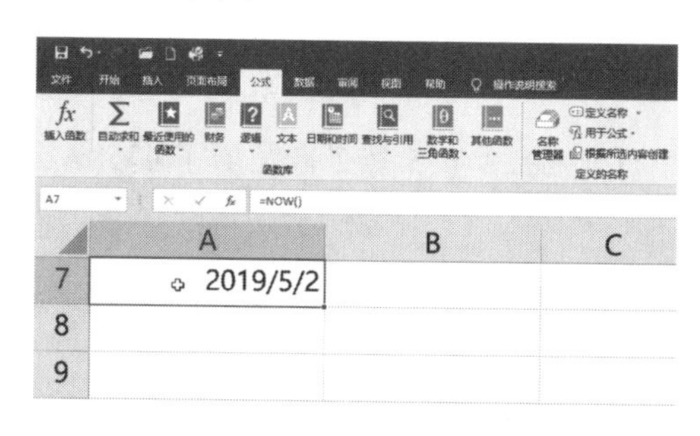

图 14-48

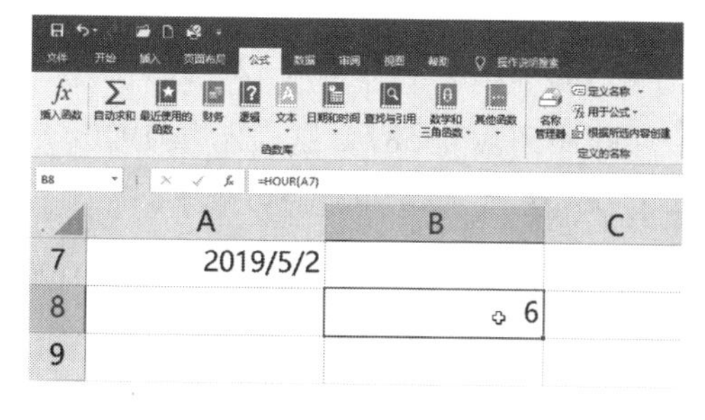

图 14-49

那么如何确认这个 6 是否正确呢？很简单，可以选择 A7 单元格，将其单元格格式由“日期”修改为“时间”，这样就可以看到 NOW() 函数的时间显示值了，如图 14-50 所示。

现在使用 "=MINUTE(A7)" 函数就可以轻松地看到动态刷新的当前时间的分数值了，如图 14-51 所示。

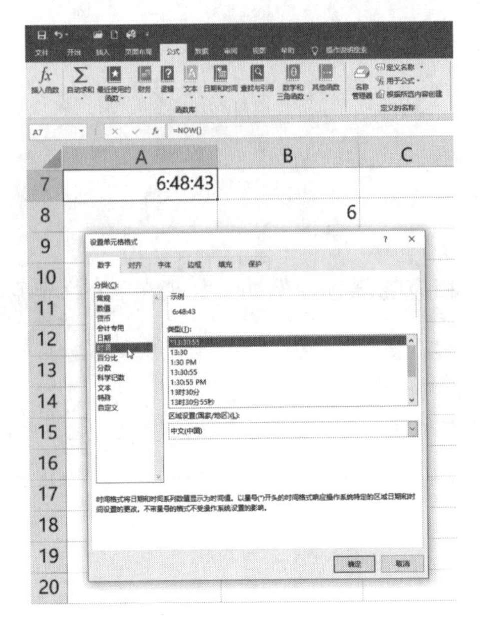

图 14-50

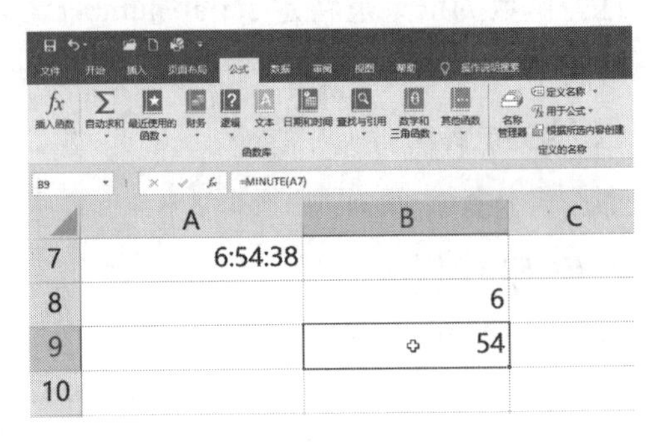

图 14-51

6. DATEVALUE 和 TIMEVALUE 函数

Excel 中的 DATEVALUE 函数可将一个日期转化为一个序列数。除了必须输入文本串参数之外，它类似于 DATE 函数。DATEVALUE 函数的语法是

= DATEVALUE(date_text)

date_text 参数代表以任何 Excel 中内置格式表示的 1900 年 1 月 1 日之后的任何日期。（文本串必须带引号。）例如，公式

=DATEVALUE(“2019/5/2”)

返回序列数 43587。这表示从 1900 年 1 月 1 日到 2019 年 5 月 2 日经历了 43587 天，如图 14-52 所示。

这个函数和前面的 YEAR，MONTH 和 DAY 函数刚好可以互相转换和验证。例如，输入 "=YEAR(43587)" 即可返回年份值 2019，如图 14-53 所示。

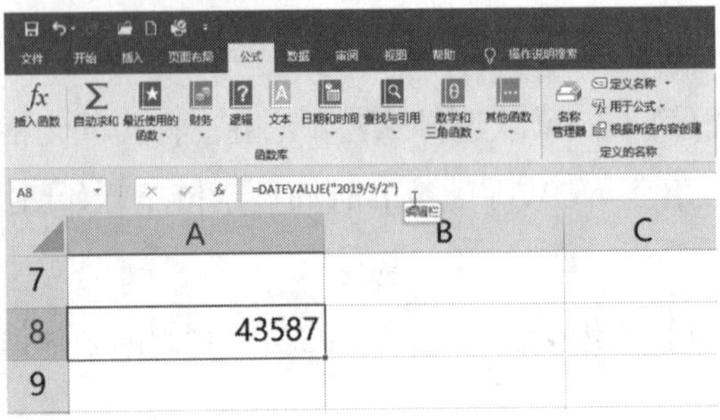

图 14-52

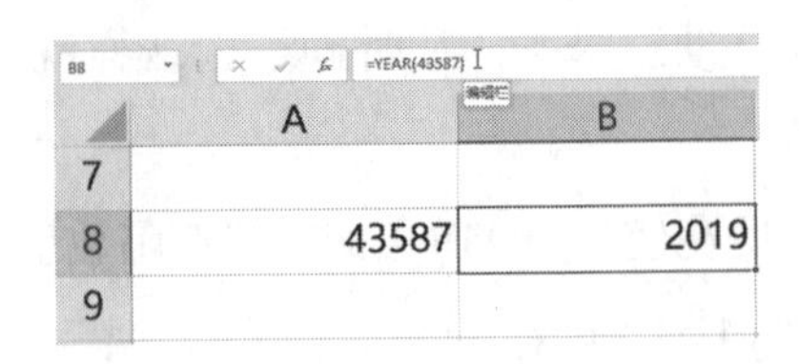

图 14-53

如果 date_text 参数中没有年，那么 Excel 会从计算机内部时钟中得到当前年份并且使用这个年份。

TIMEVALUE 函数把一个时间转化为一个十进制小数值。除了必须输入一个文本串参数外，它类似于 TIME 函数。TIMEVALUE 的语法是

= TIMEVALUE("time_text")

time_text 参数表示以 Excel 中任何内置时间格式表示的任何时间（文本串必须带引号）。例如，如果键入

= TIMEVALUE("4:30 PM")

那么，函数将返回十进制小数 0.6875，如图 14-54 所示。

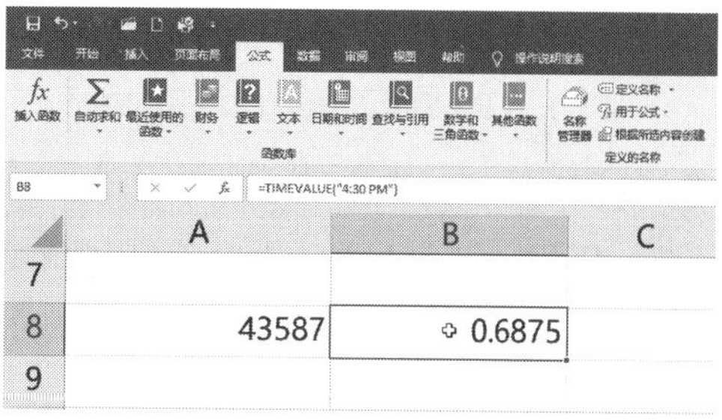

图 14-54

7. 专业日期函数

有一批专业日期函数，用于进行一些为安全部门的到期日期、薪水表和工作进度等目的进行的计算。

1）EDATE 和 EOMONTH 函数

用 EDATE 函数可以计算指定日期之前或之后指定月份数的日期。函数的语法是

= EDATE(start_date,months)

start_date 参数是代表开始日期的一个日期，months 参数为在 start_date 之前或之后的月份数。如果 months 是正的，那么 EDATE 函数返回未来日期；如果 months 是负的，那么函数返回过去日期。

例如，如果要找出 2019 年 6 月 12 日过了正好 23 个月以后对应的日期，那么键入公式

= EDATE("2019/6/12",23)

返回值为 44328，如图 14-55 所示。

EOMONTH 函数返回某给定日期之前或之后指定月份中的最后一天。EOMONTH 函数跟 EDATE 函数很类似，不同的是它总是返回某个月的最后一天。EOMONTH 函数的语法是

= EOMONTH(start_date,months)

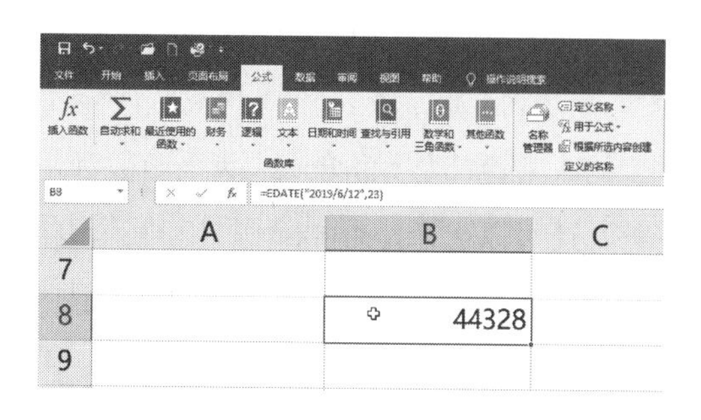

图 14-55

例如，要计算 2019 年 6 月 12 日过了 23 个月以后那个月的最后一天，可键入公式

= EOMONTH("2019/6/12",23)

得出返回结果 44347，如图 14-56 所示。

图 14-56

2）YEARFRAC 函数

YEARFARC 函数返回两个给定日期之间的天数占全年天数的百分比。例如，可使用 YEARFRAC 确定某一特定条件下全年效益或债务的比例。该函数的语法是

= YEARFARC（start_date,end_date,basis）

start_date 和 end_date 指定要转化成全年天数百分比的一段时间间隔。basis 是日计数基准类型。basis 参数的值是 0（或忽略）意味着 30/360，或者说每个月 30 天，每年 360 天，它是由美国全国证券交易商协会（NASD）建立起来的。basis 为 1 意味着实际天数 / 实际天数，或者说那个月的实际天数 / 那一年的实际天数。同样，basis 为 2 意味着实际天数 /360。basis 为 3 意味着实际天数 /365。basis 为 4 意味着采用这个日计数基准的欧洲方法，它也是一个月 30 天 / 一年 360 天。

例如，如果要计算在 2019/1/1 到 2019/7/1 之间的时间在一年时间中占据的部分，那么可以在单元格 A7 中输入日期 2019/1/1，在单元格 A8 中输入日期 2019/7/1，然后在单元格 B8 中键入公式

=YEARFARC(A7,A8)

得到返回值 0.5（刚好半年），这里省略了 basis 参数，所以它采用的是默认情况：每月 30 天和每年 360 天，如图 14-57 所示。

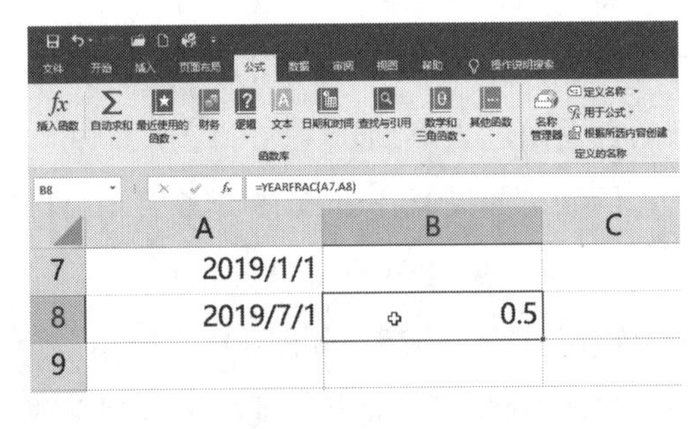

图 14-57

3）WORKDAY 和 NETWORKDAYS 函数

WORKDAY 和 NETWORKDAYS 函数对任何一个要计算薪资表和利润或者决定工作进度的人来说都是无价的。这两个函数都是根据扣除周末时间之外的工作日来求返回值的。另外，还可以选择是否扣除假日和某个专门指定的日期。

WORKDAY 函数返回某日期之前或之后相隔指定工作日的某一日期的日期值。函数的语法是

= WORKDAY(start_date,days,holidays)

start_date 参数是开始日期，days 指开始日期之前或之后除去周末和假日之外的工作日天数。days 为正值将产生未来日期；为负值产生过去日期。例如，如果要计算当前日期

的 100 工作日之后的日期，那么可以用公式

= WORKDAY(NOW(),100)

来计算。可选的 holidays 参数可以是数组，也可以是包含日期的单元格区域。方法是在数组或者单元格区域中输入需要从工作日历中排除的日期值。如果 holidays 部分空白，那么这个函数就从开始日期起把所有工作日都计算在内。

同样，NETWORKDAYS 函数计算出给定两个日期之间的完整的工作日数值。函数的语法是

= NETWORKDAYS（start_date,end_date,holidays）

end_date 参数代表终止日期。这里，用户又一次可以选择把 holidays 扣除在外。例如，如果要求出从 2019 年 1 月 15 日到 2019 年 6 月 30 日之间的工作日天数（包括 holidays），那么可以在单元格 A7 中输入日期 2019/1/15，在单元格 A8 中输入日期 2019/6/30，然后在单元格 B8 中输入公式

= NETWORKDAYS(A7,A8)

得到结果 119，如图 14-58 所示。

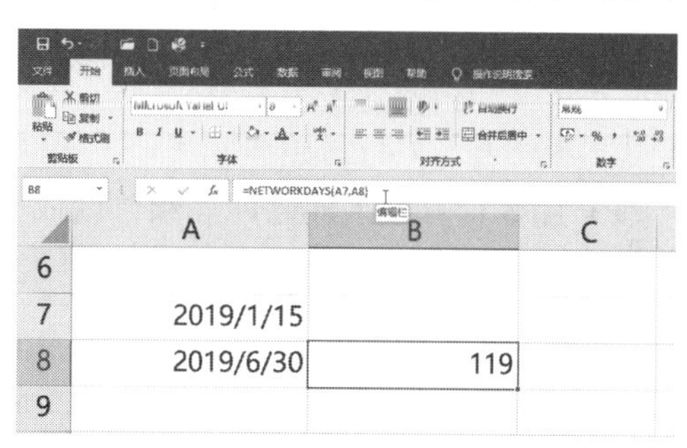

图 14-58

14.4.7　财务函数

大部分财务函数接受相同的参数。为了使本节叙述流畅，我们将在表 14-7 中定义公用参数并解释其在各个函数描述使用方式上的差别。另一个公用参数列表 14-8 则用于本节的折旧计算，表 14-9 用于有价证券分析函数。Excel2019 的财务函数分类如图 14-59 所示。

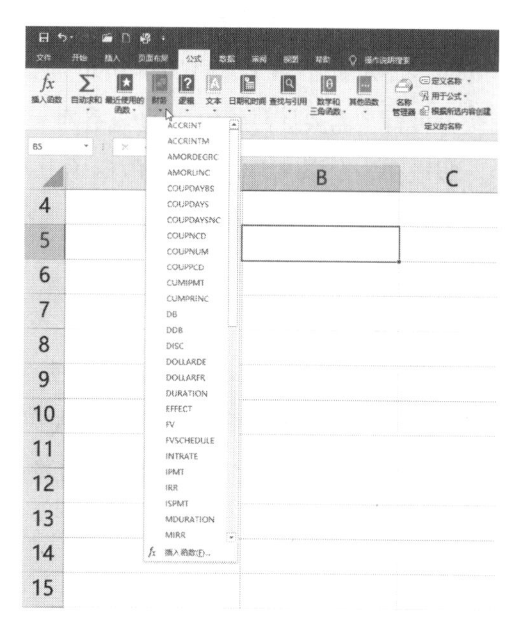

图 14-59

1. PV 函数

现值（Present Value，PV）是衡量一笔长期投资吸引力的最常用方法之一。现值基本上就是今天的投资值。这取决于从投资时间向当前时间贴现计算收入（收到的还款）。如果收入的当前值大于投资的费用，那么这笔投资就是好的。

表 14-7　财务函数公用参数

参数	说明
future value	投资期限结束时的值（忽略为 0）
inflow1,inflow2,...,inflow *n*	定期支付，而每次数额不同
number of periods	投资期限
payment	定期支付，每次数额相同
type	支付时间（忽略为 0），0= 周期结束，1= 周期开始
period	周期
present value	当天投资额
rate	贴现率或利率

PV 函数计算一系列定期等额付款或一次性付款的现值（通常把一系列固定付款称为普通年金）。该函数形式如下：

=PV（rate,number of periods,payment,future value,type）

有关这些参数的定义见表 14-7。如果要计算一系列付款的现值，使用参数 payment，如果要计算一次付清付款的现值，使用参数 future value。对于一笔既有一系列付款又有一次付清付款的投资，可同时使用两个参数。

假设有一项在未来五年中每年返还￥1000 的投资机会。要获得这笔年金，需投资￥4000。你是否愿意今天付出￥4000 而在未来五年中每年收入￥1000 呢？为判断这笔投资是否可行，需要计算将收到的一系列￥1000 付款的现值。

假设在一个以 4.5% 计的货币市场上投资，投资的贴现率就是 4.5%（因为贴现率是一笔投资具有吸引力之前必须跨越的一种障碍，所以贴现率常被称为障碍率）。为计算这笔投资的现值，请使用公式：

=PV(4.5%,5,1000)

此公式使用了 payment 参数，没有使用 future value 和 type 参数，表示到期付款（默认）。此公式的返回值为￥-4389.98，意味着现在需要付出￥4389.98 以便在未来五年收益￥5000。由于投资是￥4000，所以这是一笔可以接受的投资，如图 14-60 所示。

现在假设是在五年结束的时候收益￥5000，而不是在未来的五年中每年收益￥1000，那么这笔投资还有吸引力吗？使用公式：

=PV(4.5%,5,,5000)

必须使用一个逗号作为未用参数 Payment 的占位符，以使 Excel 知道 5000 是 future value 参数。type 参数又没有用到。此公式的返回值为￥-4012.26，这是指在障碍率为 4.5%

的情况下，现在需要付出￥4012.26以便在未来五年收益￥5000。尽管这一建议吸引力不大，但是因为投资只有 4000 多，所以还是可以接受的，如图 14-61 所示。

图 14-60

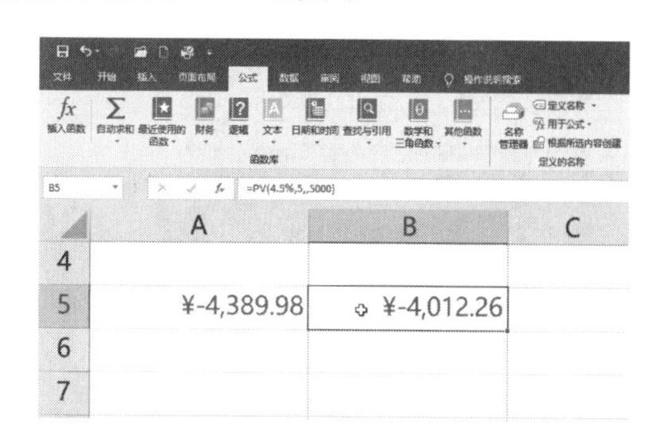

图 14-61

2. NPV 函数

净现值（Net Present Value，NPV）是另一种决定投资收益率的常用函数。一般来讲，一笔净现值大于零的投资认为是有收益的。该函数形式如下：

=NPV(rate,inflow 1,inflow 2,…,inflow 29)

有关这些参数的定义，请参阅表 14-7。最多允许 29 个 inflow 参数值（以数组参数的形式可在函数中使用任意多个参数值）。

NPV 和 PV 在两个重要方面不同，PV 假定使用固定的 inflow 值，而 NPV 允许可变的付款。另外一个主要区别是：PV 允许在期初或期末支出和回收，而 NPV 假定支出和回收是均匀分布的，并且在期末发生。如果预先交付投资费用，费用不能作为函数的 inflow 参数，而应该从函数的结果中减掉。另一方面，如果费用必须在第一周期末支付，则应作为第一个 inflow 参数，但为负值。下面举例澄清这一区别。

假设考虑一笔投资，希望在第一年结束时投入￥10000，然后分别在接下来的第二、第三和第四年末获得￥3000、￥4000 和￥5600。障碍率为 12%，为计算这笔投资，使用如下公式：

=NPV(12%,-10000,3000,4000,5600)

在 Excel 中选择 NPV 函数并在“函数参数”中输入上述参数，则可以看到计算结果为 -130.97，所以，不能期望这笔投资产生净利润，如图 14-62 所示。

注意： 负值是指在投资中花费的钱。

用户可能会对此公式计算的结果略有疑问，因为第一年投资 10000，3 年后总共获得 12600，看起来不应该是赔本的投资。这其实和障碍率（即利率）设置得比较高有关。如果将利率（Rate）设置为 6%，则 NPV 返回的值为 1030.23，如图 14-63 所示。

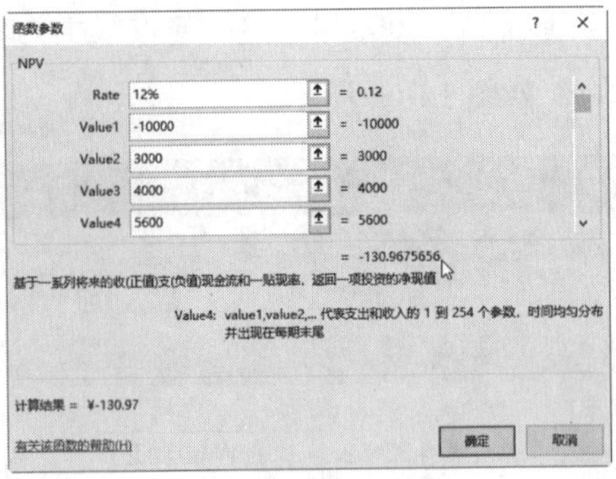

图 14-62

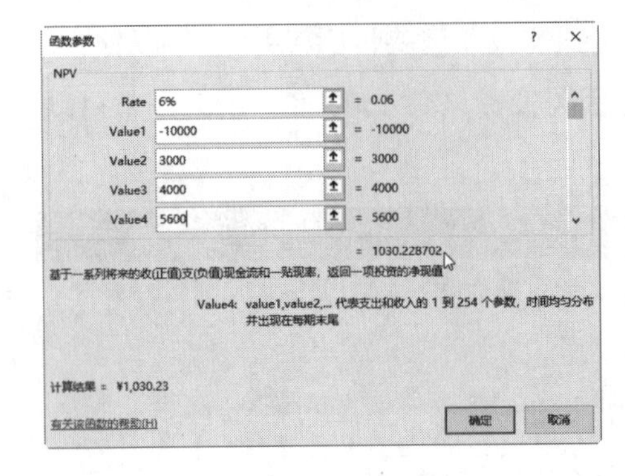

图 14-63

3. FV 函数

未来值（Future Value，FV）主要是现值的对应值，未来值函数计算一笔投资在将来某一天的价值，这笔投资是一次性付清或一系列等额支付。该函数形式如下：

=FV(rate,number of periods,payment,present value,type)

有关这些参数的定义，请参阅表 14-7。使用 payment 参数计算一系列付款的未来值，而使用 present value 参数计算一次性付清的未来值。

假设考虑开设一个个人养老金账户，计划每年初在这个账户存放￥2000，并且期望整个过程中平均每年的收益率为 11%。假设现在 30 岁，到 65 岁时的累计金额可以用公式：

=FV(11%,35,-2000,,1)

计算得到：在 35 年末养老金的结算为￥758328.81，如图 14-64 所示。

现在假设三年前开了一个养老金账户，并且在该账户上已经累积了￥7500，使用公式：

=FV(11%,35,-2000,-7500,1)

可知：养老金在 35 年末的时候已经上升为￥1047640.19，如图 14-65 所示。

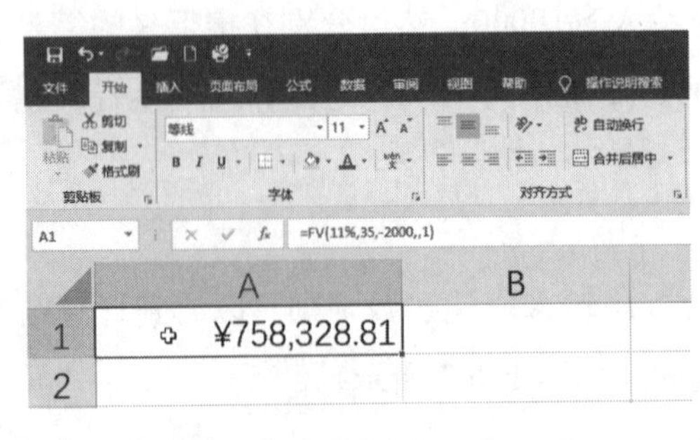

图 14-64

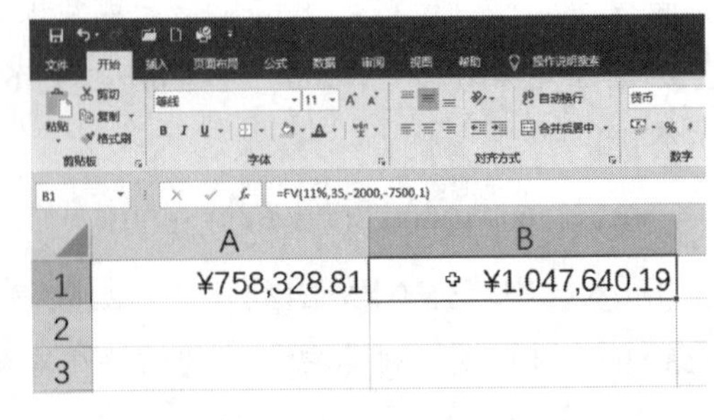

图 14-65

在上面两个例子中，type 参数为 1，这是因为在期初支付。在跨越很多年的财务计算中，这个参数特别重要。如果在上面的公式中忽略了 type 参数或者设置为 0，Excel 假定在每年末向账户中增加金额，如图 14-66 所示。

这样，函数的返回值为￥972490.49，与￥1047640.19 差别很大！如图 14-67 所示。

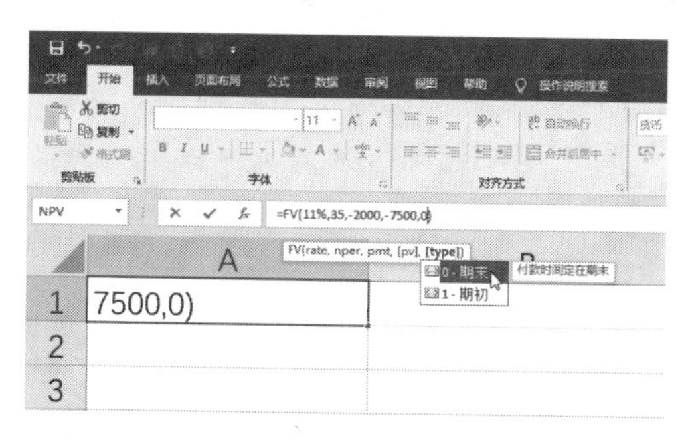

图 14-66

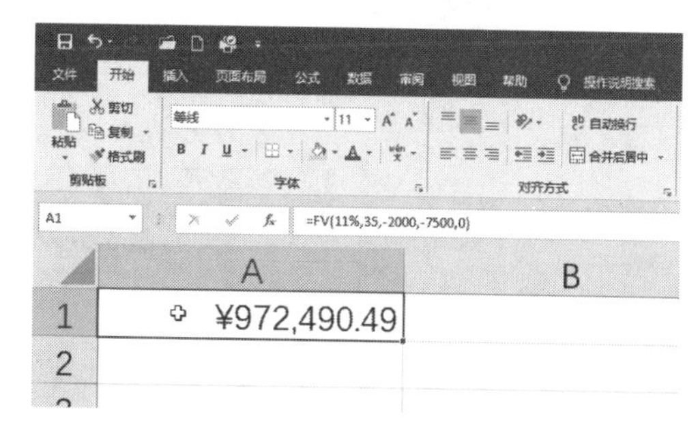

图 14-67

4. PMT 函数

PMT 函数计算在指定时期内分期偿清一笔贷款所需的定期付款额。该函数形式为：

=PMT(rate,number of periods,present value,furture value,type)

假设要取得一笔 25 年，￥100000 的抵押贷款。如果利率为 8%，每月需支付多少？首先将 8% 除以 12，获得月利率（约为 0.67%），然后将 25 乘以 12，将周期转换为月。最后将月利率、周期数、贷款额代入公式：

=PMT(0.67%,300,100000)

可计算每月的分期付款额为￥-774.47（因为是支出，所以结果为负），如图 14-68 所示。

有关这些参数的定义，请参阅表 14-7。

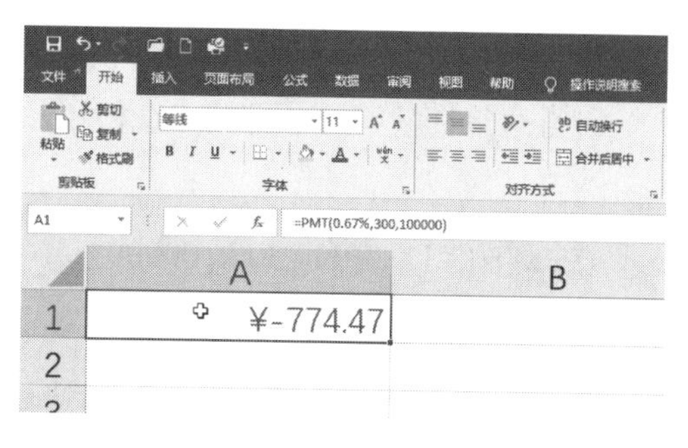

图 14-68

5. IPMT 函数

IPMT 函数计算基于固定利率及等额分期付款方式，返回投资或贷款在某一给定期次内的利息偿还额。该函数形式为：

=IPMT(rate,period,number of periods,present value,future value,type)

有关这些参数的定义，请参阅表 14-7。

如前例，假设借了￥100000、25 年、利率为 8% 的贷款，公式

=IPMT((8/12)%,1,300,100000)

可得第一个月支付的利息部分为￥-666.67，如图 14-69 所示。

公式

=IPMT((8/12)%,300,300,100000)

可得这笔贷款最后支付的利息部分为￥-5.11，如图 14-70 所示。

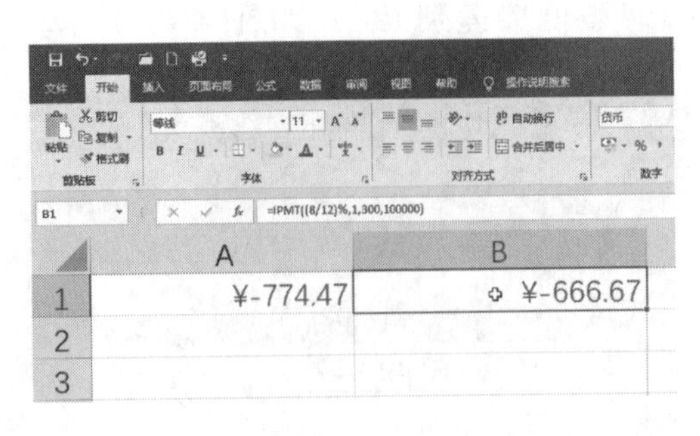

图 14-69

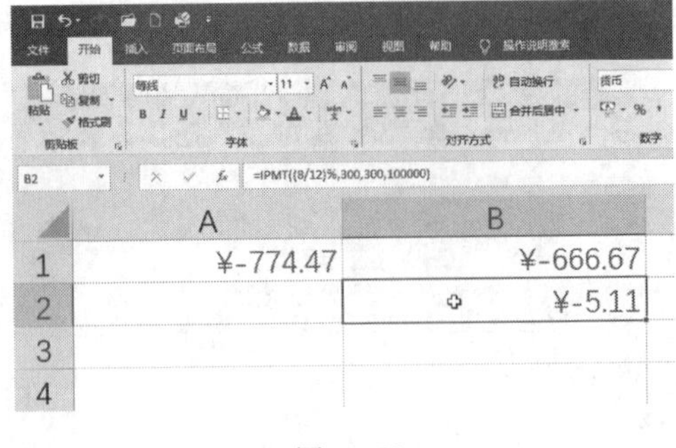

图 14-70

6. PPMT 函数

PPMT 函数与 IPMT 函数类似，计算基于固定利率及等额分期付款方式，返回投资或贷款在某一给定期次内的本金偿还额。

如果计算了同一时期的 IPMT 和 PPMT 值，二者相加可得总支付额。PPMT 函数形式如下：

=PPMT(rate,period,number of periods,present value,future value,type)

有关这些参数的定义，请参阅表 14-7。再次假设借了￥100000、25 年、利率为 8%，公式

=PPMT((8/12)%,1,300,100000)

可得这笔贷款第一个月的本金偿还额为￥-105.15，如图 14-71 所示。

公式

=PPMT((8/12)%,300,300,100000)

可得这笔贷款最后的本金偿还额为￥-766.70，如图 14-72 所示。

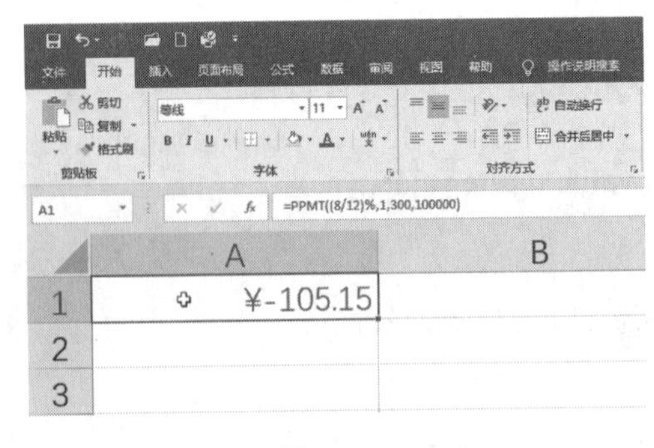

图 14-71

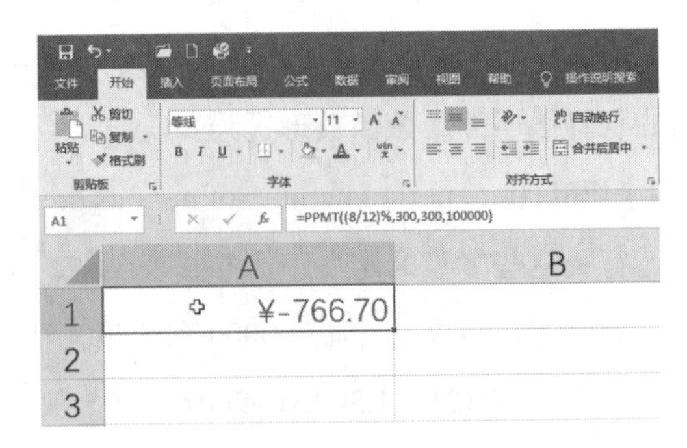

图 14-72

7. NPER 函数

NPER 函数计算在给定定期支付的前提下，分期付清一笔贷款所需的期数。该函数形式为：

=NPER(rate,payment,present value,future value, type)

假设能够每月支付￥1000 付款，可以计算偿还一笔利率为 8% 的￥100000 贷款所需的时间。公式

=NPER((8/12)%,-1000,100000)

可得这笔抵押支付需持续 165.34 个月，如图 14-73 所示。

如果参数 payment 太小而不能在指定利率下偿还贷款，则函数返回错误值。每月的支付额必须至少为本金额的期利息；否则贷款永远也无法偿清。例如公式

=NPER((8/12)%,-600,100000)

返回错误值 #NUM!，如图 14-74 所示。

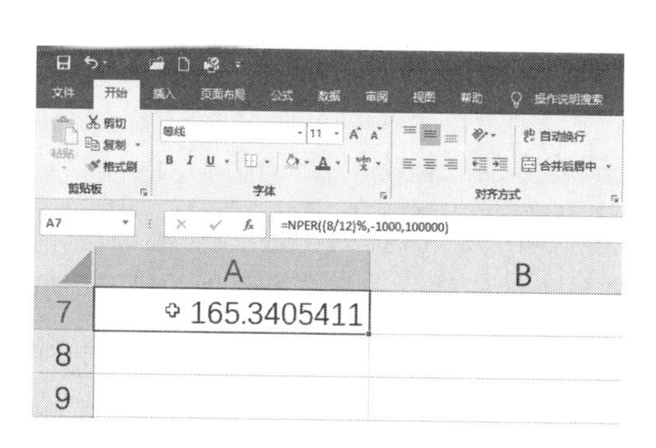

图 14-73

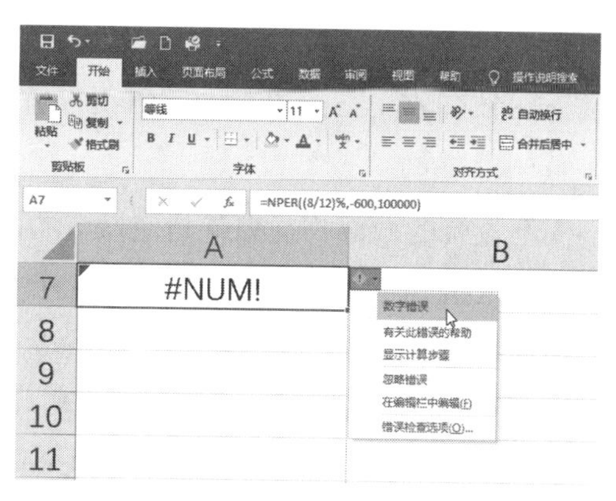

图 14-74

此时，为偿清贷款，月支付额必须至少为 666.67（或为￥100000*(8/12)%）。

8. 收益率计算函数

RATE、IRR 和 MIRR 函数计算投资的连续支付收益率。

1）RATE 函数

RATE 函数可以决定一笔产生一系列定期等额支付或一次性支付投资的收益率。该函数形式为：

=RATE(number of periods,payment,present value,future value,type,guess)

有关这些参数的定义，请参阅表 14-7。使用 payment 参数计算一系列定期等额支付的收益率，使用参数 future value 来计算一次性支付的收益率。参数 guess 指定 Excel 计算比率的开始位置。如果忽略该参数，Excel 从 guess 等于 0.1(10%) 开始计算。

假设一笔投资可以获得五个￥1000 的年金，需投资￥3000。为决定这笔投资的实际年收益率，使用公式

=RATE(5,1000,-3000)

结果为 20%，即这笔投资的收益率，如图 14-75 所示。

返回的精确值是 0.198577098，但是因为结果是一个百分数，Excel 将单元格式设为百分数。

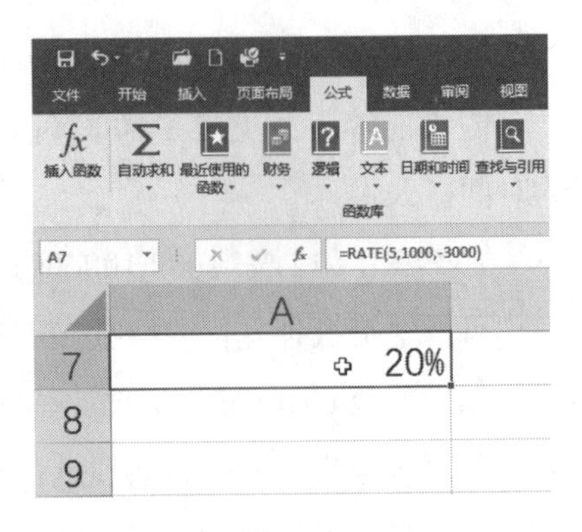

图 14-75

RATE 函数使用一个迭代过程来计算收益率。函数开始使用参数 guess 为比率计算投资的净现值。如果这第一个净现值大于零，函数选择一个更高的比率来重复净现值计算过程。如果第一个净现值小于零，函数选择一个更低的率来重复净现值计算过程。RATE 重复这个过程直到达到一个正确收益率或已经迭代 20 次。

如果 RATE 函数返回错误值 #NUM!，Excel 可能是在 20 次迭代中不能计算出收益率。尝试给一个不同的 guess 率，再重新执行函数。10% 到 100% 的收益率都可以正常工作。

2）IRR 函数

一笔投资的内部收益率就是使投资的净现值为零的收益率。换句话说，内部收益率（Internal Rate of Return，IRR）是使投资的收入净现值等于投资成本的比率。

内部收益率同净现值一样，均用于两个投资机会的比较。一笔有吸引力的投资，其净现值按适当的障碍率折扣以后是大于零的。反过来看，产生零净现值的折扣率必须大于障碍率。因此，一笔有吸引力的投资，其产生零净现值的折扣率，也就是内部收益率，必须大于障碍率。

IRR 函数与 RATE 函数密切相关。RATE 和 IRR 的区别与 PV 和 NPV 之间的区别相类似。与 NPV 函数一样，IRR 函数计算投资费用和不等支付。该函数形式为：

=IRR(values, guess)

参数 values 必须是数组或对包含数字的单元格区域的引用。values 参数只能使用一个，而且必须至少包含一个正值和一个负值。IRR 函数忽略文本、逻辑值和空单元格。IRR 函数假设交易在期末进行，并且返回与周期长度相等的利率。

与 RATE 函数相同，参数 guess 指定 Excel 计算的开始位置，此参数是可选的。如果 IRR 函数返回错误值 #NUM!，在函数中加入 guess 参数以使 Excel 获得正确结果。假设要购买一套￥120000 的公寓，并且希望在未来五年中的净房租为￥25000、￥27000、￥35000、￥38000 和￥40000。可以建立一个简单的包含投资和收入信息的工作表。在工作表的 A1:A6 单元格中输入这 6 个值（初始的投资额￥120000 必须为负值）。则公式：

=IRR(A1:A6)

返回 11% 的内部收益率，如图 14-76 所示。

如果障碍率是 10%，那么这所公寓的购买就是一笔好的投资。

3）MIRR 函数

MIRR 函数与 IRR 函数类似，计算一笔投资的修正内部收益率（Modified Internal Rate of Return，MIRR）。差别是 MIRR 函数考虑了借来贷入资金，并假定再次投入产生的现金。MIRR 假定交易在期末进行，并返回周期长的等额利息。MIRR 函数形式为：

=MIRR(values, finance rate, reinvestment rate)

参数 values 必须是数组或对包含数字的单元格区域的引用，代表一系列规则周期的支付和收入。values 参数必须至少包含一个正值和一个负值。参数 finance rate 是投资贷款的利率。reinvestment rate 是重投资现金的利率。

继续 IRR 函数中的例子，使用公式：

=MIRR(A1:A6,10%,8%)

计算得到 10% 的修正内部收益率，这里假定资金消耗率为 10%，重投资率为 8%，如图 14-77 所示。

图 14-76

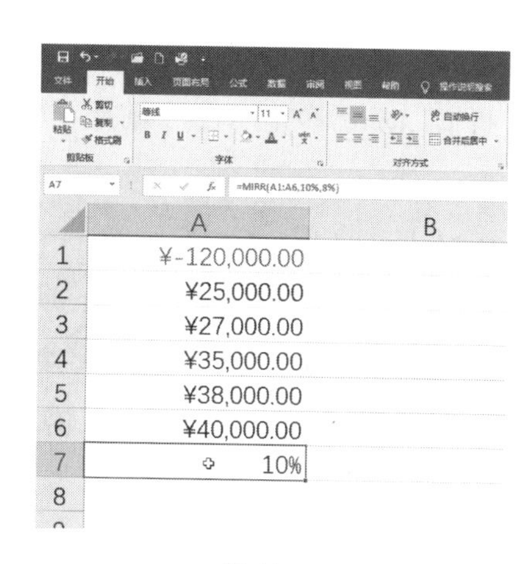

图 14-77

9. 折旧计算函数

下列四个函数用于确定一笔资产在一定时期内的折旧：SLN、DDB、DB 和 SYD 函数。表 14-8 列出在这些函数中公用的四个参数：

表 14-8　折旧计算函数的公用参数

参数	说明
cost	资产初始成本
life	资产折旧时间长度
period	用于计算的各个时间周期
salvage	完全折旧后资产残留值

1）SLN 函数

SLN 函数计算一笔资产在单个周期的直线折旧。直线折旧方法（Straight Line，SLN）假定折扣在资产使用期内均匀分布。低于估计残值的资产成本或基值将从资产使用期中扣除。该函数形式如下：

=SLN(cost,salvage,life)

假定要计算新值为￥8000、使用寿命为 10 年、残值为￥500 的机器折旧值，公式

=SLN(8000,500,10)

得出每年的直线折旧为￥750，如图 14-78 所示。

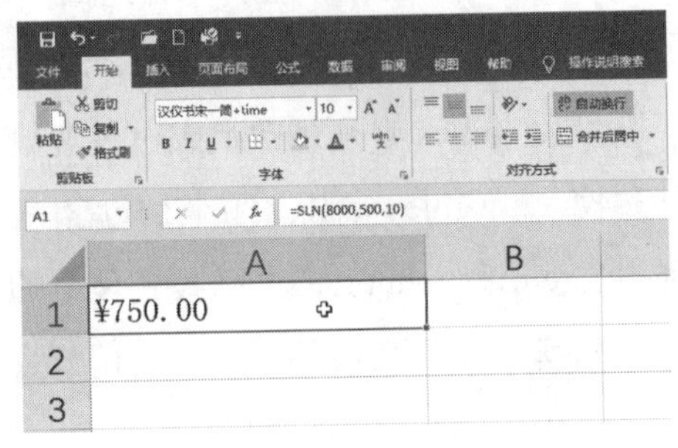

图 14-78

2）DDB 和 DB 函数

DDB 函数使用双倍递减余额法（Double Declining Balance，DDB）计算资产折旧率，该函数将以加速率形式返回折旧，即其值在早期比较大，而时间越迟越小。使用该方法，折旧以资产净值（小于前面年份折旧值的资产值）的百分比计算。该函数形式如下：

=DDB(cost,salvage,life,period,factor)

前四个参数的定义，请参阅表 14-8。所有 DDB 参数必须为正数，而且 life 和 period 必须使用相同单位，也就是说，如果 life 按月表示，period 也必须按月表示。参数 factor 为可选参数，其默认值为 2，表示普通双倍递减余额法。使用 3 作为参数 factor 值表示使用三倍递减余额法。

假定要计算新值为￥5000、使用寿命为 5 年（60 个月）、残值为￥100 的机器折旧值，公式

=DDB(5000,100,60,1)

将得出第一个月的双斜率平衡折旧值为￥166.67。公式

=DDB(5000,100,5,1)

将得出第一年的双斜率平衡折旧值为￥2000.00。公式

=DDB(5000,100,5,5)

将得出最后一年的双倍递减余额折旧值为￥259.20，如图 14-79 所示。

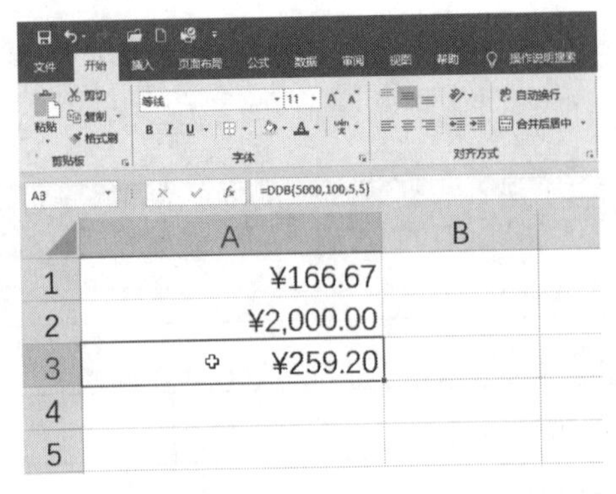

图 14-79

除了使用固定递减余额法和可以计算资产使用期内指定周期的折旧值外，DB 函数与

DDB 函数类似。该函数形式如下：

=DDB(cost,salvage,life,period,month)

前四个参数的定义，请参阅表 14-8。life 和 period 必须使用相同单位。参数 month 为第一年的月数。如果忽略该参数，Excel 假定 month 为 12，即全年。例如要计算价值￥1000000 的项目，其残值为￥100000、使用期为 6 年、第一年有 7 个月的首期实际折旧，请使用下面公式：

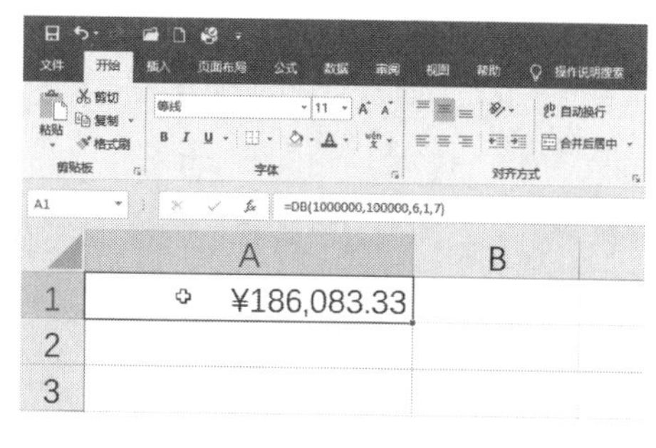

图 14-80

=DB(1000000,100000,6,1,7)

返回值为￥186083.33，如图 14-80 所示。

3）VDB 函数

VDB 函数使用双倍递减余额法或其他指定的加速折旧因数方法，返回指定期间内或某一时间段内的资产折旧额。函数 VDB 代表可变余额递减法（Variable Declining Balance，VDB）。该函数形式如下：

=VDB(cost,salvage,life,start,end,factor,no switch)

前三个参数的定义，请参阅表 14-8。参数 start 为计算折旧额后的周期，参数 end 为计算折旧额的最后周期。这些参数使得可以判断资产使用期内任何时间长度的折旧额。参数 life、start 和 end 必须使用相同的单位（日、月、年等）。参数 factor 为余额递减率。参数 no switch 指定在直线折旧大于递减折旧时是否切换为直线折旧。

最后两个参数可选。如果忽略 factor，Excel 假定其为 2 并使用双倍递减余额法。如果忽略 no switch 或设为 0(FALSE)，Excel 在直线折旧大于递减折旧时切换为直线折旧。要防止 Excel 进行切换，请将其指定为 1(TRUE)。

假定在当年第一季度末购买了￥15000 的资产，并且该资产在 5 年后将有￥2000 的残值。要判断下一年（7 个季度中的第 4 个）的资产折旧，请使用公式：

=VDB(15000,2000,20,3,7)

本期的折旧额为￥3760.55，如图 14-81 所示。

此处使用的单位为季度。注意参数 start 为 3 而不是 4，因为跳过了前三期而从第四期开始。该公式中没有 factor 参数，因此 Excel 使用双倍递减余额法计算折旧。如果要判断 factor 为 1.5 的同期折旧，请使用下面公式：

=VDB(15000,2000,20,3,7,1.5)

在此比率下的同期折旧为￥3180.52，如图 14-82 所示。

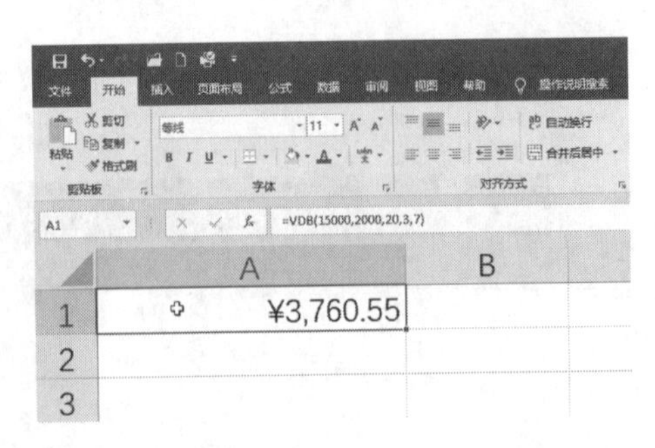

图 14-81

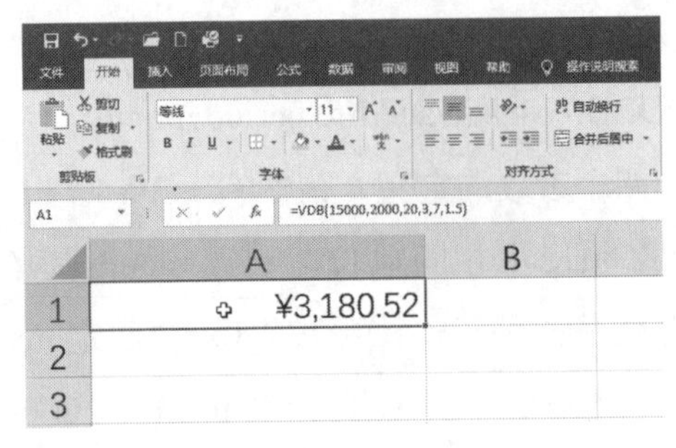

图 14-82

4）SYD 函数

SYD 函数计算某项资产按年限总和折旧法计算的某期的折旧值。使用年限总和法（Sum of the Years Digit，SYD），折旧可按照低于项目残值的成本计算。与双倍递减余额法相似，年限总和法为加速折旧法。SYD 函数形式如下：

=SYD(cost,salvage,life,period)

有关这些参数的定义，请参阅表 14-8。life 和 period 必须使用相同单位。

假定要计算成本为￥15000、使用期为 3 年、残值为￥1250 的机器的折旧，公式

=SYD(15000,1250,3,1)

可得出第一年的年限总和折旧为￥6875，如图 14-83 所示。

公式

=SYD(15000,1250,3,3)

可得出第三年的年限总和折旧为￥2291.67，如图 14-84 所示。

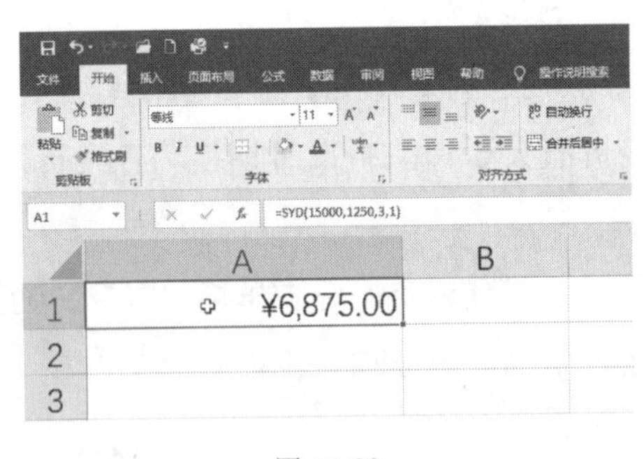

图 14-83

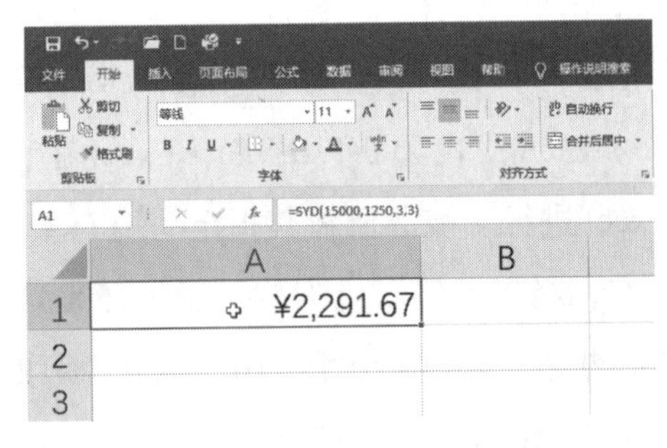

图 14-84

10. 有价证券分析函数

Excel 提供了一组为完成指定任务设计的函数，这些任务与各种类型有价证券的计算和分析相关。

很多这些函数共享相似的参数。我们将在表 14-9 中说明大部分公用参数，以免在后面的函数讨论中重复访问相同信息。

表 14-9　有价证券分析函数的公用参数

参数	说明
Basis	有价证券日期计数基准。如果忽略，则默认为 0，表示 US(NASD)30/360 基准。其他规则值: 1= 实际 / 实际 2= 实际 /360 3= 实际 /365 4= 欧洲 30/360
Frequency	每年息票支付次数： 1= 每年 2= 半年 3= 季度
Investment	有价证券投资额
Issue	有价证券发行日期
Maturity	有价证券到期日期
Par	有价证券面值；忽略为 $1000
Price	有价证券价格
Rate	有价证券在发行日期时的利率
Redemption	有价证券偿还值
Settlement	有价证券结算日期（必须偿还的日期）
Yield	有价证券每年收益率

Excel 使用系列日期值计算函数。可以三种方式在函数中输入日期：输入系列数、带引号的日期或对包含日期的单元格的引用。例如，2019 年 6 月 30 日可输入为系列日期值 43646 或“2019/6/30”。如果在某个单元格中输入 2019/6/30，然后在函数中引用该单元格而不是输入日期本身，Excel 使用系列日期值。

提示：要获得某日期的系列值，可按 Ctrl+Shift+~ 键，或者使用前面介绍过的 DATAVALUE 函数。如果有价证券分析函数结果为 #NUM! 错误值，请检查日期形式是否正确。

到期日期值必须大于结算日期值，结算日期值必须大于发行日期值。同样，收益率和利率参数必须大于等于零，redemption 参数必须大于零。如果任何这些条件不满足，在包含公式的单元格中将显示 #NUM! 错误值。

1）DOLLARDE 和 DOLLARFR 函数

这对函数之一可将有价证券常见的分数价格转换为小数，而另一个将小数转换为分数。这些函数形式如下：

=DOLLARDE(fractional dollar,fraction)

和

=DOLLARFR(decimal dollar,fraction)

参数 fractional dollar 为要转换为整数、小数点和小数的值。Decimal dollar 为要转换为分数的值，参数 fraction 为整数，指明四舍五入单位的分母。对于 DOLLARDE 函数，fraction 为要转换成的实际分母。对于 DOLLARFR 函数，fraction 为函数在转换为小数值时使用的单位，可有效地将小数近似到最近的 1/2、1/4、1/8、1/16、1/30 或由其指定的任何值。

例如，公式

=DOLLARDE(1.03,32)

将转换为 1+3/32，等于 1.09375，如图 14-85 所示。

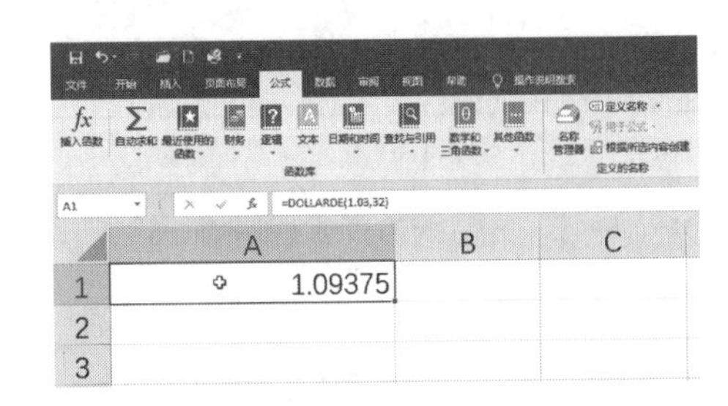

图 14-85

公式

=DOLLARFR(1.09375,32)

结果为 1.03。

2）ACCRINT 和 ACCRINTM 函数

ACCRINT 函数返回定期付息有价证券的应计利息。该函数形式如下：

ACCRINT(issue,first interest,settlement,rate,par,frequency,basis)

有关这些参数的定义，请参阅表 14-9。

例如，假定某国库券交易发行日期为 2019 年 3 月 1 日、成交日为 2019 年 4 月 1 日、起息日为 2019 年 9 月 1 日、息票利率为 7%、按半年期付息、面值为￥1000、日计息基准为 30/360。增值计息公式为

=ACCRINT("2019/3/1","2019/9/1","2019/4/1",0.07,1000,2,0)

返回值为 5.833333，表示从 2019 年 3 月 1 日到 2019 年 4 月 1 日的增值为￥5.83，如图 14-86 所示。

图 14-86

类似地，ACCRINTM 函数返回到期一次性付息有价证券的应付利息。该函数形式如下：

=ACCRINTM(issue,settlement,rate,par,basis)

使用前例数据，到期日为 2024 年 7 月 31 日，增值计息公式为

=ACCRINTM("2019/3/1","2024/7/31",0.07,1000,0)

返回值为 379.1666667，表示在￥1000 债券在 2024 年 7 月 31 日应付息￥379.17，如图 14-87 所示。

图 14-87

3）INTRATE 和 RECIEVED 函数

INTRATE 函数计算一次性付息有价证券的利率或折扣率。该函数形式如下：

=INTRATE(settlement,maturity,investment,redemption,basis)

有关这些参数的定义，请参阅表 14-9。例如，假定债券成交日为 2019 年 3 月 31 日、到期日为 2019 年 9 月 30 日。￥1000000 投资额在日计数基准为 30/360 情况下的偿还值为￥1032324。债券折扣率公式为

=INTRATE("2019/3/31","2019/9/30",1000000,1032324,0)

返回值为 0.064648 或 6.46%，如图 14-88 所示。

与之相似，RECIEVED 函数计算一次性付息的有价证券到期收回的金额。该函数形式如下：

=RECIEVED(settlement,maturity,investment,discount,basis)

使用前例数据、折扣率为 5.5%，公式为

=RECEIVED("2019/3/31","2019/9/30",1000000,0.055,0)

返回值为 1028277.635。如图 14-89 所示。

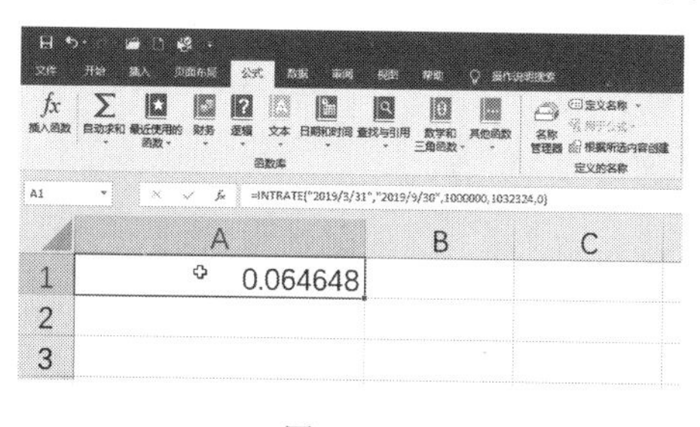

图 14-88

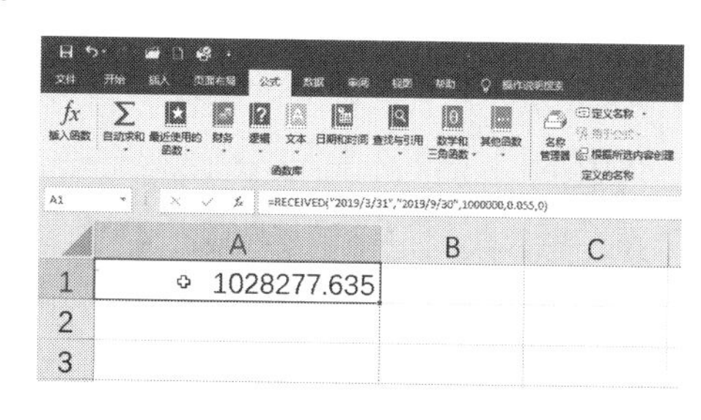

图 14-89

4）PRICE、PRICEDISC 和 PRICEMAT 函数

PRICE 函数计算定期付息的面值￥100 的有价证券的价格。该函数形式如下：

=PRICE(settlement,maturity,rate,yield,redemption,frequency,basis)

有关这些参数的定义，请参阅表 14-9。例如，假定债券成交日为 2019 年 3 月 31 日、到期日为 2019 年 7 月 31 日。利率为 5.57%、按半年付息。有价证券每年收益率为 6.50 %，其偿还额为￥100，按标准的 30/360 日计数基准计算。债券价格公式为：

=PRICE("2019/3/31","2019/7/31",0.0575,0.065,100,2,0)

返回值为 99.73497825，如图 14-90 所示。

与之类似，PRICEDISC 函数返回折价发行而不是定期付息的面值￥100 的有价证券价格。该函数形式如下：

=PRICEDISC(settlement,maturity,discount,redemption,basis)

使用前例数据，折扣率为 7.5%，公式为

=PRICEDISC("2019/3/31","2019/7/31",0.075,100,0)

返回值为 97.5，如图 14-91 所示。

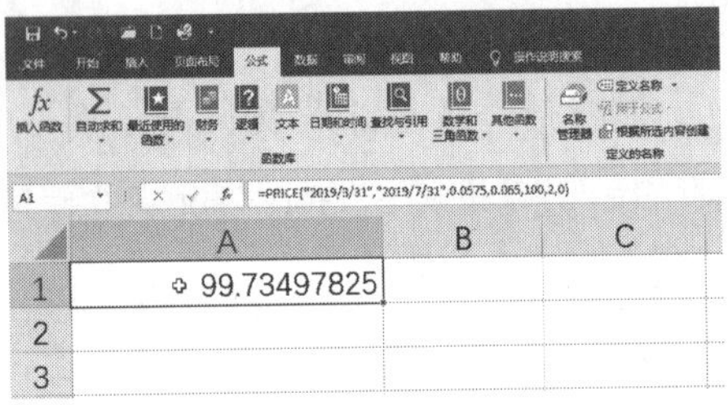

图 14-90

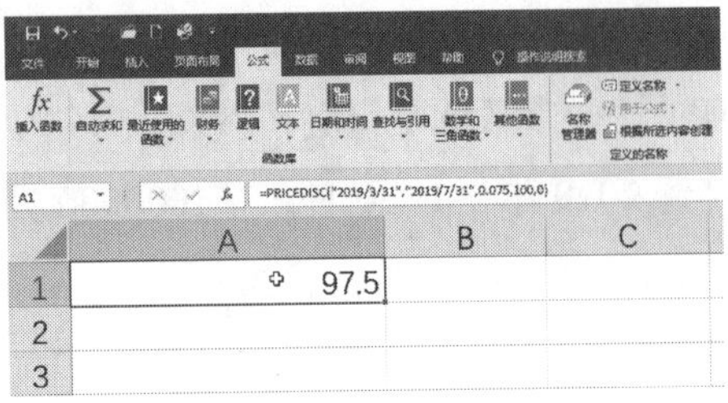

图 14-91

最后，PRICEMAT 函数返回到期付息的面值￥100 的有价证券价格。该函数形式如下：

=PRICEMAT(settlement,maturity,issue,rate,yield,basis)

使用前例数据，成交日为 2019 年 3 月 31 日，到期日为 2019 年 7 月 31 日。公式为

=PRICEMAT("2019/3/31", "2019/7/31", 0.0575,0.065,0)

返回值为 102.1666667，如图 14-92 所示。

5）DISC 函数

DISC 函数计算有价证券的贴现率，形式如下：

=DISC(settlement,maturity,price,redemption,basis)

有关这些参数的定义请参阅表 14-9。

例如，假定债券成交日为 2019 年 7 月 15 日、到期日为 2019 年 12 月 31 日、价格为￥96.875、偿还值为￥100、按标准的 30/360 日计数基准计算。债券贴现率公式为

=DISC("2019/6/15","2019/12/31", 96.875,100,0)

返回值为 0.057397959 或 5.74%，如图 14-93 所示。

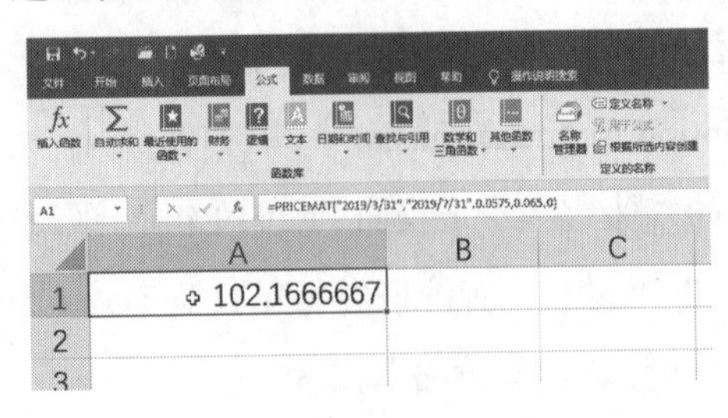

图 14-92

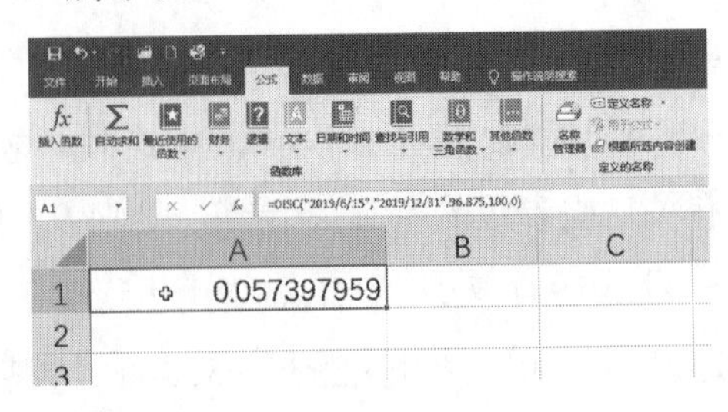

图 14-93

6）YIELD、YIELDDISC 和 YIELDMAT 函数

YIELD 函数计算定期付息有价证券的年收益率。该函数形式如下：

=YIELD(settlement,maturity,rate,price,redemption,frequency,basis)

有关这些参数的定义，请参阅表 14-9。例如，假定债券成交日为 2019 年 2 月 15 日、到期日为 2019 年 12 月 1 日、息票利率为 5.75%、按半年付息、价格为￥99.2345、偿还值为￥100、按标准的 30/360 日计数基准计算。债券年收益率公式为：

=YIELD("2019/2/15","2019/12/1",0.0575,99.2345,100,2,0)

返回值为 0.067405993 或 6.74%，如图 14-94 所示。

与此相反，YIELDDISC 函数计算折价有价证券的年收益率。该函数形式如下：

=YIELDDISC(settlement,maturity,price,redemption,basis)

使用前例数据只更改价格为￥96.00，债券收益率公式为：

=YIELDDISC("2019/2/15","2019/12/1",96,100,0)

返回值为 0.052447552 或 5.245%，如图 14-95 所示。

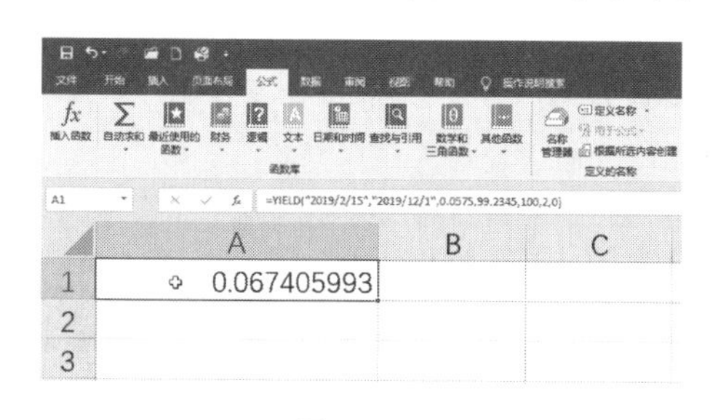

图 14-94

图 14-95

YIELDMAT 函数计算到期付息有价证券的年收益率。该函数形式如下：

=YIELDMAT(settlement,maturity,issue,rate,price,basis)

使用 YIELD 示例中的参数并添加发行日期 2019 年 1 月 1 日，将价格更改为￥99.2345，到期收益率公式为

=YIELDMAT("2019/2/15","2019/12/1","2019/1/1",0.0575,99.2345,0)

返回值为 0.0671778 或 6.718%，如图 14-96 所示。

7）TBILLEQ、TBILLPRICE 和 TBILLYIELD 函数

TBILLEQ 函数计算国库券等效收益率。该函数形式如下：

=TBILLEQ(settlement,maturity,discount)

有关这些参数的定义，请参阅表 14-9。例如，假定某国库券交易成交日为 2019 年 2 月 1 日、到期日为 2019 年 7 月 1 日、贴现率为 8.65%。计算国库券等效债券收益率公式为

=TBILLEQ("2019/2/1","2019/7/1",0.0865)

返回值为 0.090980477 或 9.1%，如图 14-97 所示。

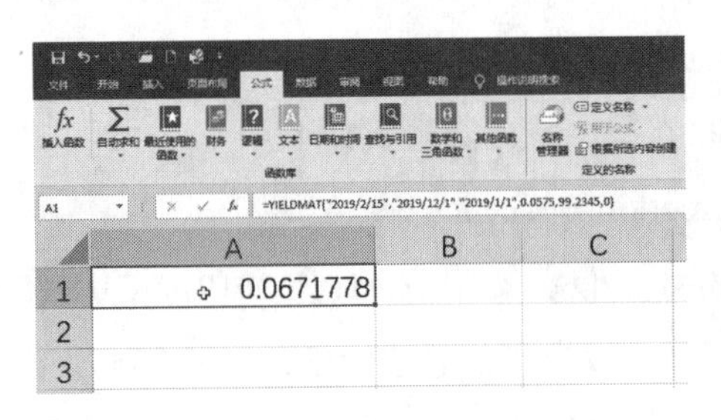

图 14-96

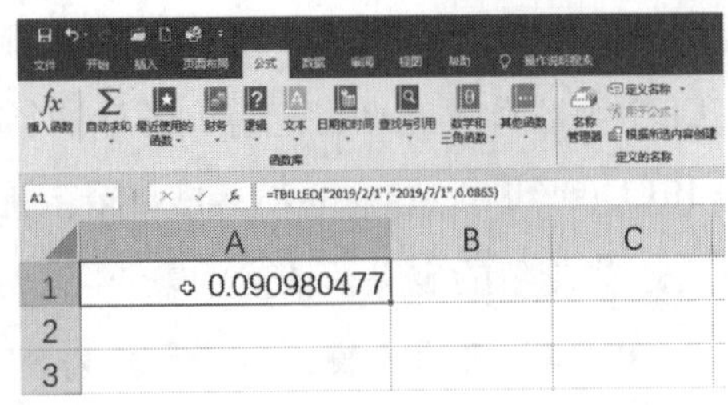

图 14-97

TBILLPRICE 函数计算面值￥100 国库券的价格。该函数形式如下：

=TBILLPRICE(settlement,maturity,discount)

使用前例参数，计算面值￥100 国库券价格的公式为

=TBILLPRICE("2019/2/1","2019/7/1",0.0865)

返回值为 96.39583333，如图 14-98 所示。

最后，TBILLYIELD 函数计算国库券的收益率。该函数形式如下：

=TBILLYIELD(settlement,maturity,discount)

使用前例结果，价格为￥96.40，收益率公式为

=TBILLYIELD("2019/2/1","2019/7/1",96.40)

返回值为 0.089626556，如图 14-99 所示。

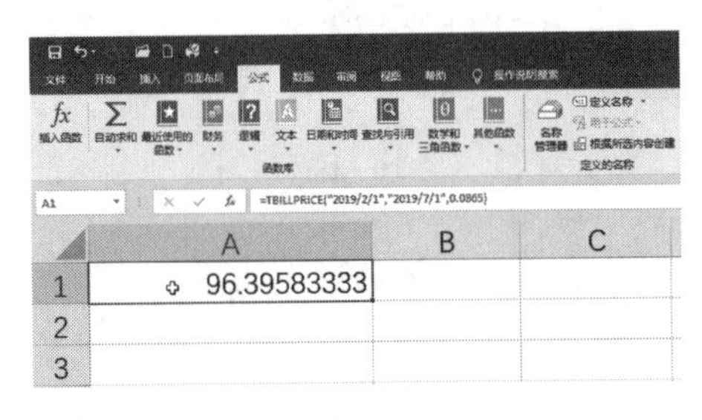

图 14-98

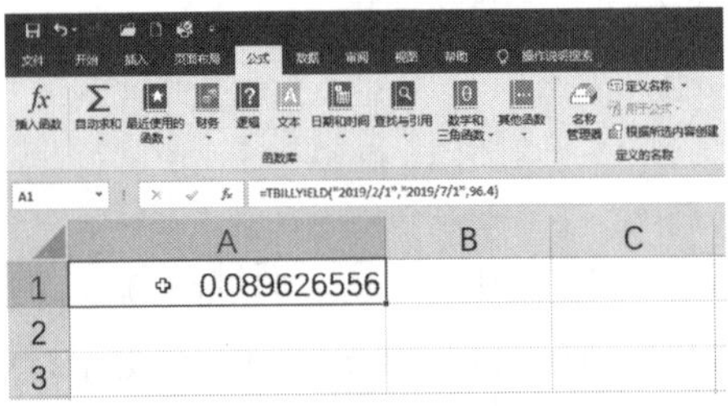

图 14-99

8）COUPDAYBS、COUPDAYS、COUPDAYSNC、COUPNCD、COUPNUM 和 COUPPCD 函数

下面一组函数执行与债券息票相关的计算。对于本节的所有公式，将使用同一成交日为 2019 年 3 月 1 日、到期日为 2019 年 12 月 1 日的债券示例。息票按半年付息，使用实际 / 实际基准（即参数 basis 为 1）。

COUPDAYBS 函数计算当前付息期内截止到成交日的天数。该函数形式如下：

=COUPDAYBS(settlement,maturity,frequency,basis)

有关这些参数的定义，请参阅表 14-9。

使用上面范例数据，公式为

=COUPDAYBS("2019/3/1","2019/12/1",2,1)

返回值为 90，如图 14-100 所示。

COUPDAYS 函数计算成交日所在付息期的天数。该函数形式如下：

=COUPDAYS(settlement,maturity,frequency,basis)

使用上面范例数据，公式为

=COUPDAYS("2019/3/1","2019/12/1",2,1)

返回值为 182，如图 14-101 所示。

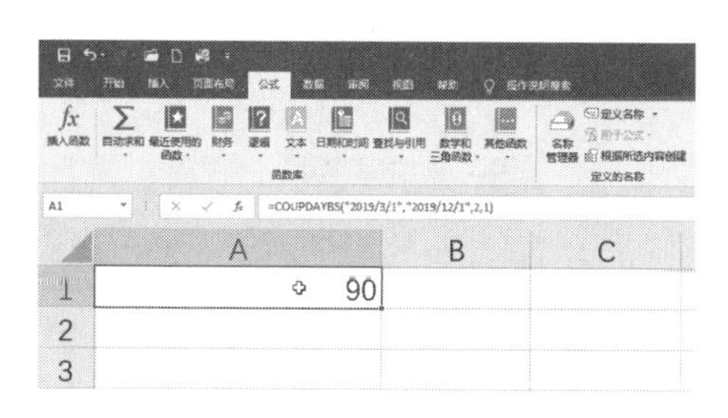

图 14-100

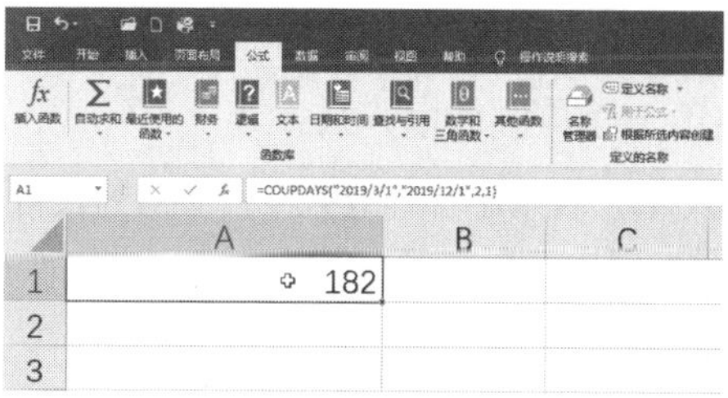

图 14-101

COUPDAYSNC 函数计算从成交日到下一付息日的天数。该函数形式如下：

=COUPDAYSNC(settlement,maturity,frequency,basis)

使用上面范例数据，公式为

=COUPDAYSNC("2019/3/1","2019/12/1",2,1)

返回值为 92，如图 14-102 所示。

COUPNCD 函数计算成交日过后的下一付息日的日期。该函数形式如下：

=COUPNCD(settlement,maturity,frequency,basis)

使用上面范例数据，公式为

=COUPNCD("2019/3/1","2019/12/1",2,1)

返回值为 43617，如图 14-103 所示。

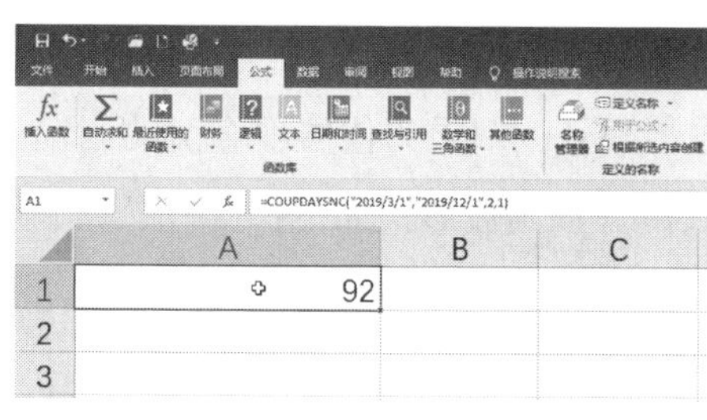

图 14-102

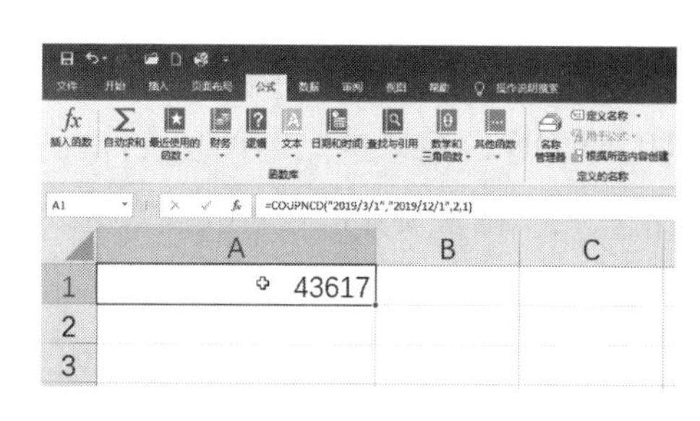

图 14-103

对于这个序列数，如何才能让它直观地显示为日期呢？很简单，可以在“设置单元格格式”对话框中，选择其格式分类为“日期”，这样就可以清晰地看到它对应的日期为

2019 年 6 月 1 日，如图 14-104 所示。

> **提示：** 如果要执行计算，则可以使用前文介绍过的 YEAR、MONTH 和 DAY 函数等。

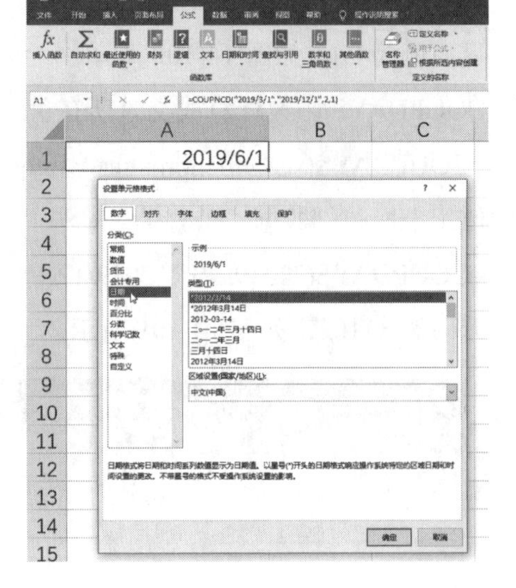

图 14-104

COUPNUM 函数计算成交日与到期日之间的应付次数并将结果四舍五入到最近的息票数。该函数形式如下：

=COUPNUM(settlement,maturity,frequency,basis)

使用上面范例数据，公式为

=COUPNUM("2019/3/1", "2019/12/1", 2,1)

返回值为 2，如图 14-105 所示。

COUPPCD 函数计算成交日之前的上一付息日日期。该函数形式如下：

=COUPPCD(settlement,maturity,frequency,basis)

使用上面范例数据，公式为

=COUPPCD("2019/3/1","2019/12/1",2,1)

返回值为 43435 或 2018 年 12 月 1 日，如图 14-106 所示。

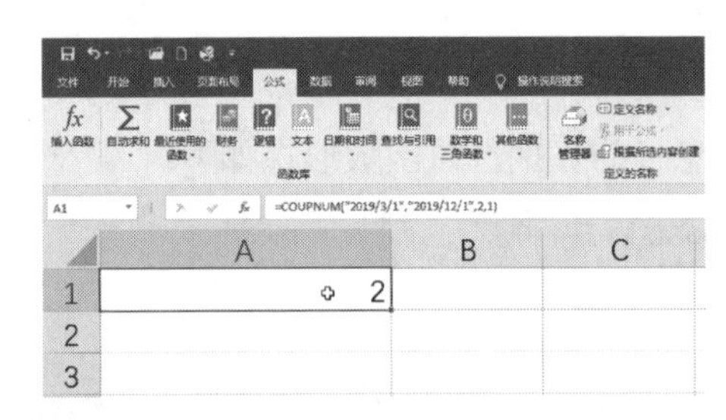

图 14-105

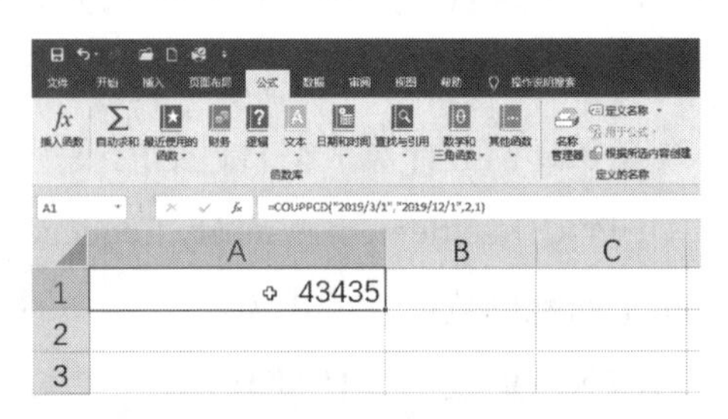

图 14-106

9）DURATION 和 MDURATION 函数

DURATION 函数计算定期付息有价证券的年期限。期限为债券现金流的当前值的负荷平均值，用于衡量债券价格对收益率更改的反应。该函数形式如下：

=DURATION(settlement,maturity,coupon,yield,frequency,basis)

有关这些参数的定义，请参阅表 14-9。

例如，假定债券成交日为 2019 年 1 月 1 日、到期日为 2024 年 12 月 31 日、按半年付息的息票利率为 8.5%、收益率为 9.5%、按标准的 30/360 日计数基准计算。结果公式为：

=DURATION("2019/1/1","2024/12/31",0.085,0.095,2,0)

返回期限为 4.787079991，如图 14-107 所示。

MDURATION 函数计算定期付息有价证券的修正期限，调整每年息票数的市场收益率。该函数形式如下：

=MDURATION(settlement,maturity,coupon,yield,frequency,basis)

使用来自 DURATION 公式的值，修正期限公式为：

=MDURATION("2019/1/1","2024/12/31",0.085,0.095,2,0)

返回值为 4.570005，如图 14-108 所示。

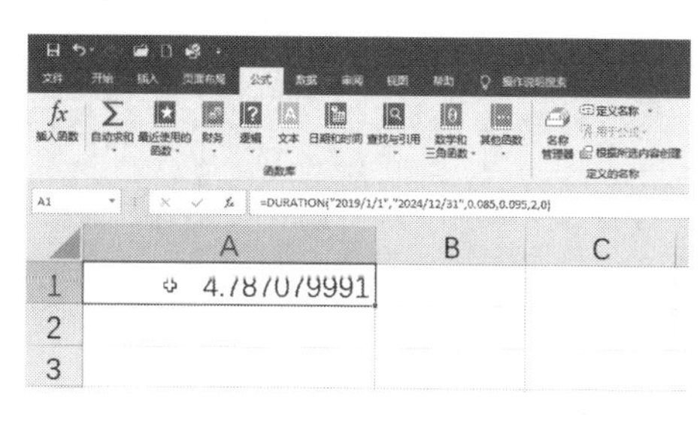

图 14-107

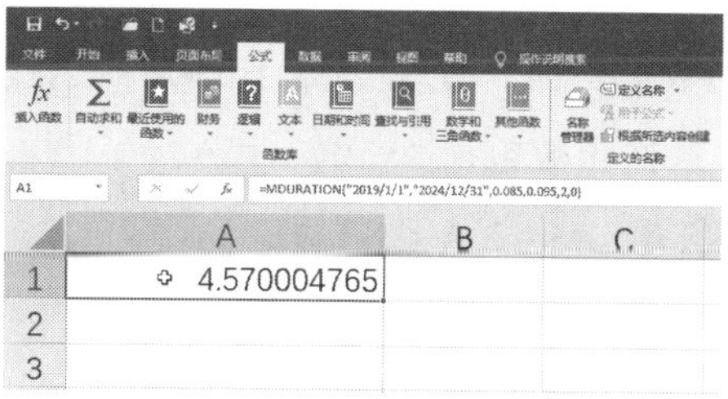

图 14-108

10）ODDFPRICE、ODDFYIELD、ODDLPRICE 和 ODDLYIELD 函数

本组函数用于提高计算首期和末期异常的有价证券价格和收益率的公式精度。这些函数除了使用表 14-9 中的参数外还使用两个参数。首息票参数为有价证券按日期作为系列日期值中的第一息票，末息票参数为有价证券按日期作为系列日期值中的最后息票。

- ODDFPRICE 函数返回首期付息日不固定的面值￥100 的有价证券（长期或短期）的价格。

该函数形式如下：

=ODDFPRICE(settlment,maturity,issue,first coupon,rate,yield,redemption,frequency,basis)

- ODDFYIELD 函数计算首期付息日不固定的有价证券（长期或短期）的收益率。

该函数形式如下：

=ODDFYIELD(settlment,maturity,issue,first coupon,rate,price,redemption,frequency,basis)

- ODDLPRICE 函数计算末期付息日不固定的面值￥100 的有价证券（长期或短期）的价格。

该函数形式如下：

=ODDLPRICE(settlment,maturity,issue,last coupon,rate,yield,redemption,frequency,basis)

- ODDLYIELD 函数计算末期付息日不固定的有价证券（长期或短期）的收益率。

该函数形式如下：

=ODDLYIELD(settlment,maturity,issue,last coupon,rate,price,redemption,frequency,basis)

14.4.8 统计函数

Microsoft Excel 2019 提供了一个内置统计函数分类，它位于“其他函数”分类中，如图 14-109 所示。在本节中，我们将仅讨论最常用的统计函数。Excel 同时还提供了高级统计函数 LINEST、LOGEST、TREND 和 GROWTH，使用这些函数可对数组进行操作。

1. “A”函数

Excel 包含了一个“A”函数集。此函数集在计算包含文本或逻辑值的数据集时，提供了更多的灵活性。这些函数包括 AVERAGEA、COUNTA、MAXA、STDEVA、STDEVPA、VARA 和 VARPA。

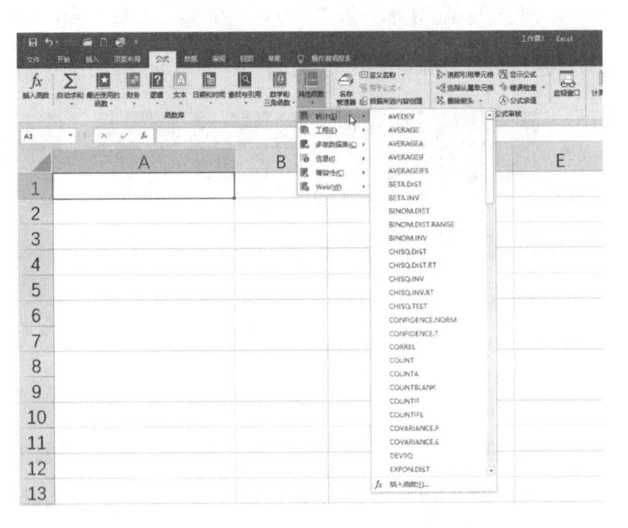

图 14-109

通常，这些函数的“非 A”版本将忽略包含文本值的单元格。例如，若在一个含有 10 个单元格的区域中包含 1 个文本值，则 AVERAGE 将忽略这一单元格，只用 9 为除数获取平均值；而 AVERAGEA 会将文本值考虑为整个区域的一部分，用 10 作为除数。

例如，在图 14-110 所示的工作簿中，如果单元格 A1 中包含字符“数字序列”，而不是数值，则 AVERAGE 函数将返回 29.5，这表明该单元格被简单跳过，也许正如用户所需要的那样。然而，使用 AVERAGEA 函数，结果将是 26.22222222，就像 A1 单元格包含一个零值而不是文本值。当需要在计算中包含所有被引用单元格时，尤其是当所用公式在满足某种条件的情况下返回如“数字序列”的文本值时，这将是有所帮助的。

	A	B
1	数字序列	
2	12	
3	17	
4	22	
5	27	
6	32	
7	37	
8	42	
9	47	
10	29.5	26.22222222
11		
12		

图 14-110

2. AVERAGE 函数

AVERAGE 函数计算一个区域内数字的算术均值或平均值。先对一系列数值求和，再将结果除以值的数目。

函数具有如下形式：

=AVERAGE(number1,number2,…)

AVERAGE 忽略空白、逻辑和文本单元格，可用于代替长公式。例如，若计算图 14-112 中单元格 A2 到 A9 的平均值，可用公式：

=(A2+A3+A4+A5+A6+A7+A8+A9)/8

得到结果为 29.5。与 SUM 函数中使用单元格区域相比，这一方法具有与“+”运算符同样的缺点：每次改变所求区域时，必须编辑单元格引用和除数。很明显，输入

=AVERAGE(A2:A9)

将效率更高。

3. MEDIAN、MODE、MAX、MIN、COUNT 和 COUNTA 函数

这些函数具有相同的参数：基本只需一个单元格区域或由逗号分隔的数字列表。这些函数具有如下形式：

=MEDIAN(number1,number2,…)

=MODE(number1,number2,…)

=MAX(number1,number2,…)

=MIN(number1,number2,…)

=COUNT(number1,number2,…)

=COUNTA(number1,number2,…)

1）MEDIAN 函数

MEDIAN 函数计算一个数字集合的中值。中值是在集合中间位置的数字，即值比中值高和比中值低的数字的数目相等。如果指定的数字为偶数，则返回值为集合中间两数的平均值。例如，公式

=MEDIAN(1,3,4,6,8,9,13,35)

返回 7，如图 14-111 所示。

2）MODE 函数

MODE 函数确定在一个数字集合中哪个值出现最频繁。例如，公式

=MODE(1,3,3,6,7)

返回 3。如图 14-112 所示。

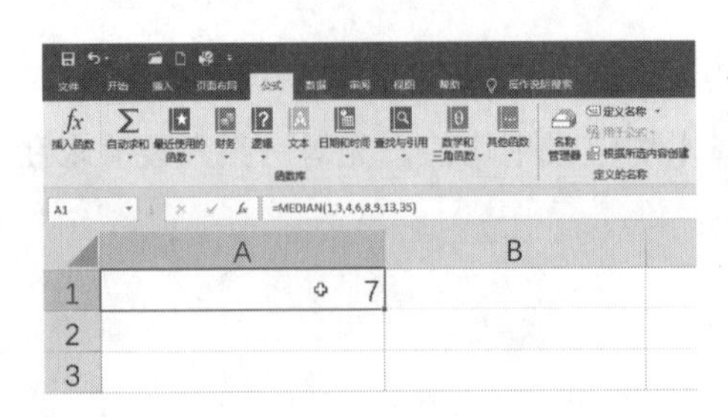

图 14-111

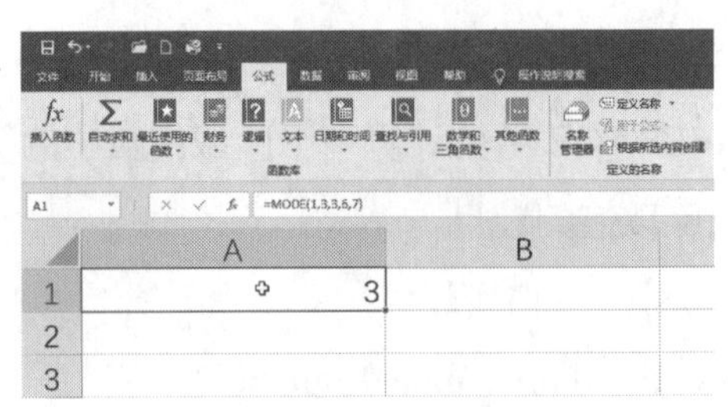

图 14-112

如果没有出现多于一次的数字，则 MODE 返回 #N/A 错误值。

3）MAX 函数

MAX 函数返回一个区域内最大值。例如，在图 14-113 所示的工作表中，用公式

=MAX(B5:M9)

确定的最高支出额为 666。

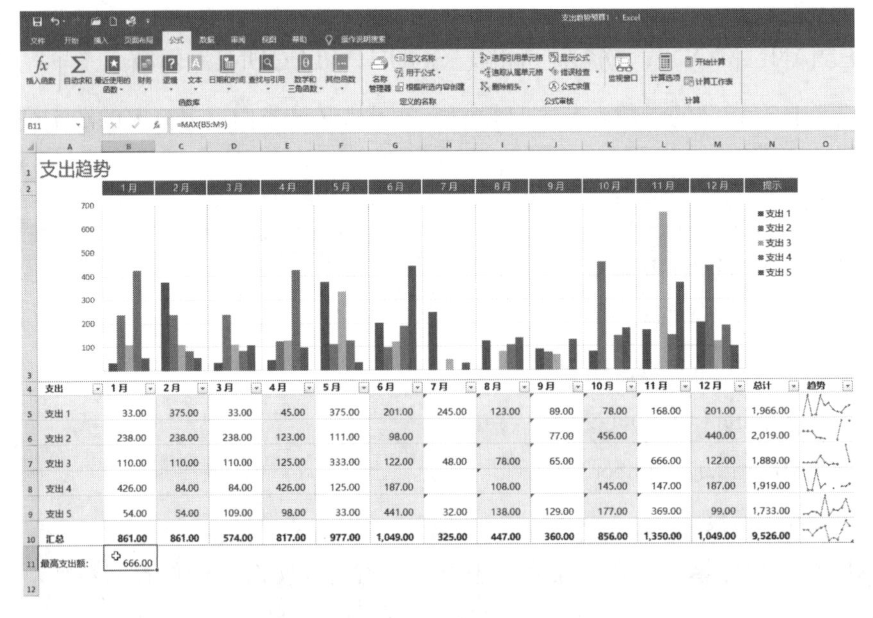

支出	1月	2月	3月	4月	5月	6月	7月	8月	9月	10月	11月	12月	总计	趋势
支出 1	33.00	375.00	33.00	45.00	375.00	201.00	245.00	123.00	89.00	78.00	168.00	201.00	1,966.00	
支出 2	238.00	238.00	238.00	123.00	111.00	98.00			77.00	456.00		440.00	2,019.00	
支出 3	110.00	110.00	110.00	125.00	333.00	122.00	48.00	78.00	65.00		666.00	122.00	1,889.00	
支出 4	426.00	84.00	84.00	426.00	125.00	187.00		108.00		145.00	147.00	187.00	1,919.00	
支出 5	54.00	54.00	109.00	98.00	33.00	441.00	32.00	138.00	129.00	177.00	369.00	99.00	1,733.00	
汇总	861.00	861.00	574.00	817.00	977.00	1,049.00	325.00	447.00	360.00	856.00	1,350.00	1,049.00	9,526.00	
最高支出额:	666.00													

图 14-113

4）MIN 函数

MIN 函数返回一个区域内最小值。例如，在图 14-114 所示的工作表中，通过用公式

=MIN(B5:M9)

确定最低支出额为 32。

5）COUNT 函数

COUNT 函数返回在给定区域内包含数字的单元格数目，包括赋值为数字的日期和公式。例如，在图 14-115 所示的工作表中，公式

=COUNT(B5:M9)

返回值为 54，即在 B5:M9 区域内包含数字的单元格数。

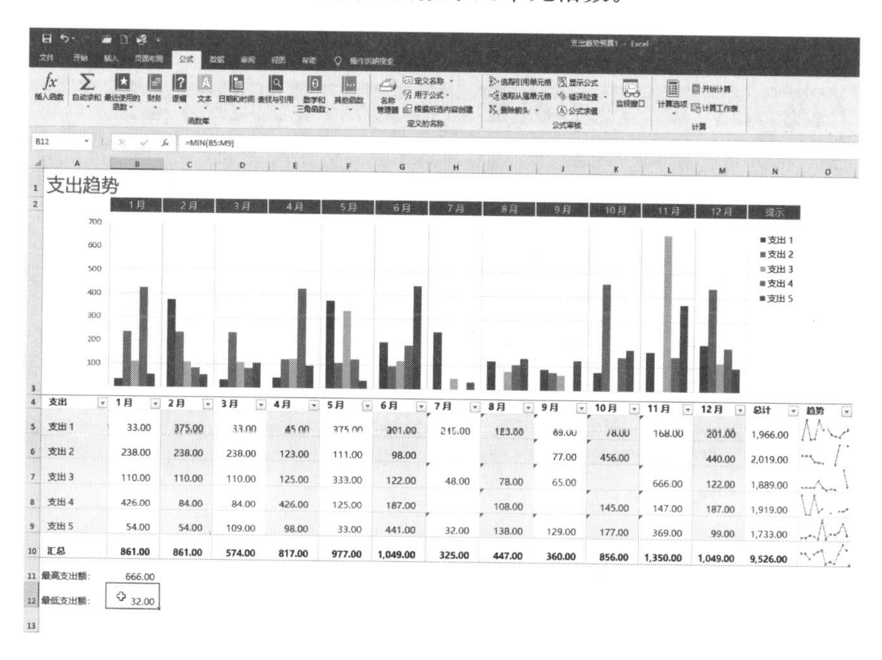

图 14-114

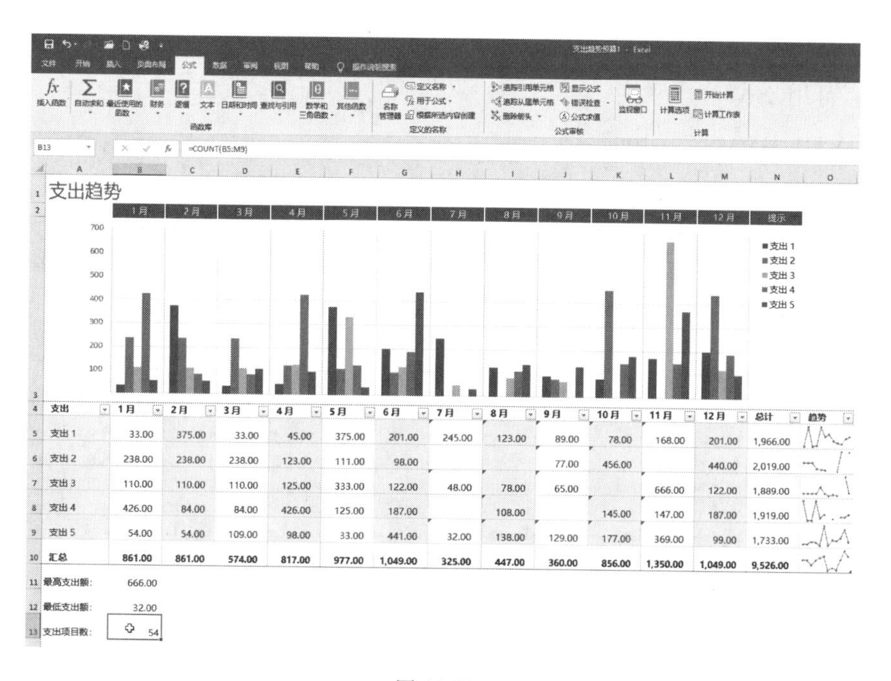

图 14-115

COUNT 函数只对区域内的数字计数，忽略空单元格和含有文本、逻辑或错误值的单元格。若要对所有非空单元格（无论包含任何内容）计数，则可以使用 COUNTA 函数。

在图 14-116 所示工作表中，公式

=COUNTA(B5:M9)-COUNT(B5:M9)

返回值为 6，因为 COUNTA 函数会统计包含“无消费”文本的单元格。

=COUNTA(B5:M9)-COUNT(B5:M9)

支出	1月	2月	3月	4月	5月	6月	7月	8月	9月	10月	11月	12月	总计	趋势
支出 1	33.00	375.00	33.00	45.00	375.00	201.00	245.00	123.00	89.00	78.00	168.00	201.00	1,966.00	
支出 2	238.00	238.00	238.00	123.00	111.00	98.00	无消费	无消费	77.00	456.00	无消费	440.00	2,019.00	
支出 3	110.00	110.00	110.00	125.00	333.00	122.00	48.00	78.00	65.00	无消费	666.00	122.00	1,889.00	
支出 4	426.00	84.00	84.00	426.00	125.00	187.00	无消费	108.00	无消费	145.00	147.00	187.00	1,919.00	
支出 5	54.00	54.00	109.00	98.00	33.00	441.00	32.00	138.00	129.00	177.00	369.00	99.00	1,733.00	
汇总	861.00	861.00	574.00	817.00	977.00	1,049.00	325.00	447.00	360.00	856.00	1,350.00	1,049.00	9,526.00	

最高支出额:	666.00
最低支出额:	32.00
支出项目数:	54
无消费项数:	6

图 14-116

4. COUNTIF 函数

COUNTIF 对与指定准则相匹配的单元格计数，形式为

=COUNTIF(range,criteria)

例如，可用公式

=COUNTIF(B5:M9,”<100”)

获得低于 100 元的支出项数，返回值为 18，如图 14-117 所示。

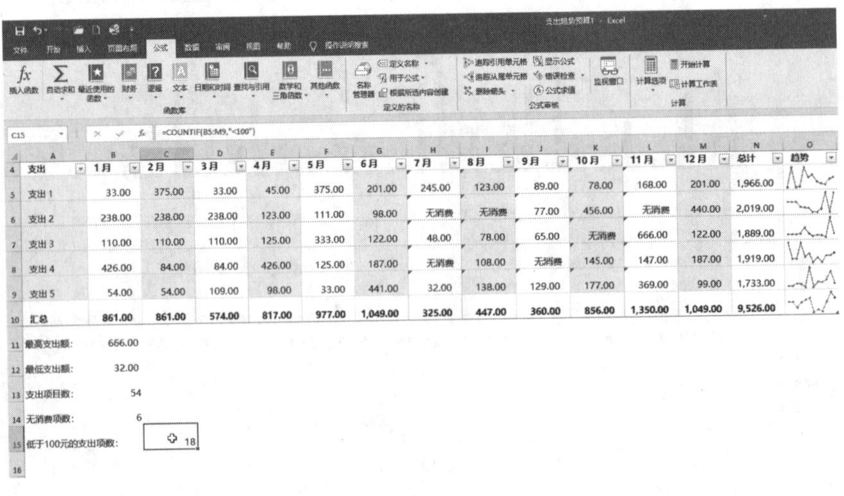
=COUNTIF(B5:M9,"<100")

支出	1月	2月	3月	4月	5月	6月	7月	8月	9月	10月	11月	12月	总计	趋势
支出 1	33.00	375.00	33.00	45.00	375.00	201.00	245.00	123.00	89.00	78.00	168.00	201.00	1,966.00	
支出 2	238.00	238.00	238.00	123.00	111.00	98.00	无消费	无消费	77.00	456.00	无消费	440.00	2,019.00	
支出 3	110.00	110.00	110.00	125.00	333.00	122.00	48.00	78.00	65.00	无消费	666.00	122.00	1,889.00	
支出 4	426.00	84.00	84.00	426.00	125.00	187.00	无消费	108.00	无消费	145.00	147.00	187.00	1,919.00	
支出 5	54.00	54.00	109.00	98.00	33.00	441.00	32.00	138.00	129.00	177.00	369.00	99.00	1,733.00	
汇总	861.00	861.00	574.00	817.00	977.00	1,049.00	325.00	447.00	360.00	856.00	1,350.00	1,049.00	9,526.00	

最高支出额:	666.00
最低支出额:	32.00
支出项目数:	54
无消费项数:	6
低于100元的支出项数:	18

图 14-117

提示： 可在 criteria 中使用关系运算符进行复杂条件的测试。

5. 样本和总体统计函数

方差和标准偏差是一组数或总体的散布度量。标准偏差是方差的平方根。通常情况下，一个正态分布总体的大约 68% 落在均值的一倍标准偏差内，大约 95% 落在两倍标准偏差内。标准偏差大，表明总体与均值散布广；标准偏差小，表明总体在均值附近聚集紧密。

四个统计函数——VAR、VARP、STDEV 和 STDEVP，计算一个区域单元格中数字的方差和标准偏差。在计算一组值的方差和标准偏差之前，必须确定这些值是代表了整个总体，还是这个总体的代表性样本。VAR 和 STDEV 函数假定值只是整个总体的一个样本；VARP 和 STDEVP 函数则假定值是代表了整个总体。

1）计算样本统计值：VAR.S 和 STDEV.S

VAR.S 和 STDEV 函数形式为

=VAR.S(number1,number2,…)

和

=STDEV.S(number1,number2,…)

在图 14-120 中，显示了某个队员 5 项支出的月份清单，假设 1 月支出（单元格 B5:B9）只是代表了整个总体的一部分。

可以在单元格 B11 中用 VAR.S 函数计算这组支出样本的方差：

=VAR.S(B5:B9)

结果如图 14-118 所示。

B11　=VAR.S(B5:B9)

支出	1月	2月	3月	4月	5月	6月	7月	8月	9月	10月	11月	12月	总计	趋势
支出 1	33.00	375.00	33.00	45.00	375.00	201.00	24.00	97.00	345.00	85.00	189.00	201.00	2,003.00	
支出 2	238.00	238.00	238.00	123.00	111.00	98.00	580.00	117.00	91.00	233.00	123.00	440.00	2,630.00	
支出 3	110.00	110.00	110.00	125.00	333.00	122.00	76.00	128.00	189.00	128.00	36.00	122.00	1,589.00	
支出 4	426.00	84.00	84.00	426.00	125.00	187.00	123.00	93.00	44.00	453.00	228.00	187.00	2,460.00	
支出 5	54.00	54.00	109.00	98.00	33.00	441.00	88.00	99.00	66.00	94.00	69.00	99.00	1,304.00	
汇总	861.00	861.00	574.00	817.00	977.00	1,049.00	891.00	534.00	735.00	993.00	645.00	1,049.00	9,986.00	
样本方差	26490.2													

图 14-118

在单元格 B12 中可以用 STDEV 函数计算标准偏差：

=STDEV.S(B5:B9)

如图 14-119 所示。

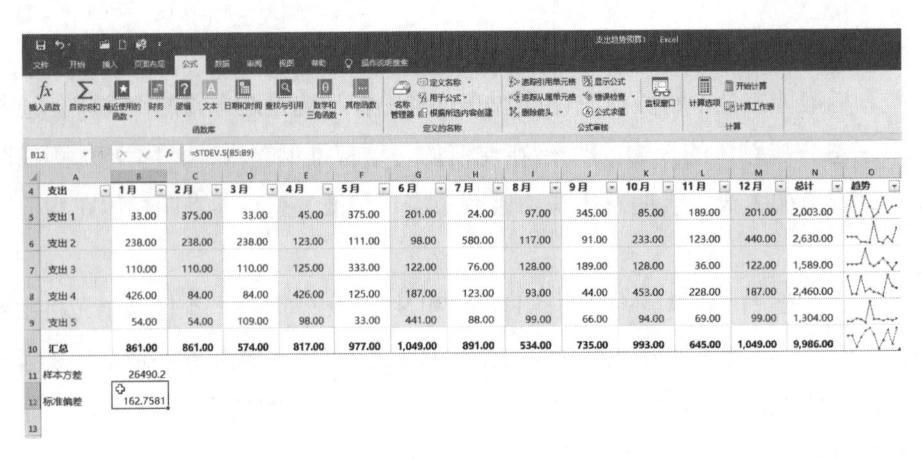

B12 =STDEV.S(B5:B9)

支出	1月	2月	3月	4月	5月	6月	7月	8月	9月	10月	11月	12月	总计	趋势
支出 1	33.00	375.00	33.00	45.00	375.00	201.00	24.00	97.00	345.00	85.00	189.00	201.00	2,003.00	
支出 2	238.00	238.00	238.00	123.00	111.00	98.00	580.00	117.00	91.00	233.00	123.00	440.00	2,630.00	
支出 3	110.00	110.00	110.00	125.00	333.00	122.00	76.00	128.00	189.00	128.00	36.00	122.00	1,589.00	
支出 4	426.00	84.00	84.00	426.00	125.00	187.00	123.00	93.00	44.00	453.00	228.00	187.00	2,460.00	
支出 5	54.00	54.00	109.00	98.00	33.00	441.00	88.00	99.00	66.00	94.00	69.00	99.00	1,304.00	
汇总	861.00	861.00	574.00	817.00	977.00	1,049.00	891.00	534.00	735.00	993.00	645.00	1,049.00	9,986.00	
样本方差	26490.2													
标准偏差	162.7581													

图 14-119

2）计算样本总体统计值：VAR.P 和 STDEV.P

若所要分析的数字代表了整个总体，而不是一个样本，则可用 VAR.P 和 STDEV.P 函数计算方差和标准偏差。若要计算整个总体的方差，请用公式

=VAR.P(number1,number2,…)

若要获得标准偏差，请用公式

=STDEV.P(number1,number2,…)

仍以图 14-121 中的工作表为例，单元格 B5:M9 代表了整个总体，则用公式

=VAR.P(B5:M9)

和

=STDEV.P(B5:M9)

计算方差和标准偏差。

VAR.P 函数返回 16440.746，STDEV.P 函数返回 128.22147，如图 14-120 所示。

B14 =STDEV.P(B5:M9)

支出	1月	2月	3月	4月	5月	6月	7月	8月	9月	10月	11月	12月	总计	趋势
支出 1	33.00	375.00	33.00	45.00	375.00	201.00	24.00	97.00	345.00	85.00	189.00	201.00	2,003.00	
支出 2	238.00	238.00	238.00	123.00	111.00	98.00	580.00	117.00	91.00	233.00	123.00	440.00	2,630.00	
支出 3	110.00	110.00	110.00	125.00	333.00	122.00	76.00	128.00	189.00	128.00	36.00	122.00	1,589.00	
支出 4	426.00	84.00	84.00	426.00	125.00	187.00	123.00	93.00	44.00	453.00	228.00	187.00	2,460.00	
支出 5	54.00	54.00	109.00	98.00	33.00	441.00	88.00	99.00	66.00	94.00	69.00	99.00	1,304.00	
汇总	861.00	861.00	574.00	817.00	977.00	1,049.00	891.00	534.00	735.00	993.00	645.00	1,049.00	9,986.00	
样本方差	26490.2													
标准偏差	162.7581													
样本总体方差	16440.746													
样本总体偏差	128.22147													

图 14-120

6. 线性回归和指数回归

Excel 包含几个用于执行线性回归的数组函数——LINEST、TREND、FORECAST、SLOPE 和 STEYX，以及用于执行指数回归的数组函数——LOGEST 和 GROWTH。这些函数以数组公式键入，并生成数组结果。每个函数均可使用一个或几个独立变量。

这里所用的术语“回归”可能引起歧义，因为回归通常与后向运动相联系，而在统计学中，回归常用来预测未来。若要更好地理解这一概念，建议用户除去原有的字典中的定义，建立一个新的概念：回归是一项统计技术，用于得到对一个数据集能进行最佳描述的方程。

通常在商业上预测未来是通过用历史上的销售与销售百分率进行预测。简单的销售百分比技术确定随销售变化的资产与债务，以及各项的比例，并且分配百分数。尽管利用销售百分比进行预测，对于慢的或短期增长通常是足够的，但是当增长加速时，这种方法会丢失准确性。

回归分析使用更加精密复杂的方程来分析更大的数据集，并转化为一条直线或曲线上的坐标。过去，由于涉及大的计算量，回归分析未被广泛使用。随着电子制表软件，如 Excel，开始提供内置回归函数，回归分析的使用才日益广泛。

线性回归求得一条单数据集最佳拟合直线的斜率。基于年销售数字，线性回归通过提供销售数据最佳拟合直线的斜率和 y- 截距（即直线与 y 轴的交叉点），可以求得下一年的预计销售额。通过及时跟踪直线，在假定线性增长的情况下，可预测未来的销售额。

指数回归是在认为数据集不是随时间线性变化时，求得一条数据集最佳拟合指数曲线。例如，用指数曲线表示一系列人口增长的测量数据，几乎总是比用直线表示好。

多回归是对多于一个的数据集进行分析，通常可以求得更加现实的预测。既可以执行线性多回归分析，也可以执行指数多回归分析。例如，假设要预测房价，考虑诸多因素，如平方米数、卫生间数目、车库大小以及使用年限，利用多回归公式，分析现有房屋的信息数据库，可估计一个价格。

1）计算线性回归

下式是具有一个自变量的数据集的直线代数表示形式：

$y = mx + b$

其中 x 是自变量，y 是因变量，m 代表直线的斜率，b 表示 y 轴的截距。

当一条直线表示的是在多回归分析中，若干自变量对一个预期结果的贡献时，回归直线的形式为

$$y = m_1 \times 1 + m_2 \times 2 + \cdots + m_n \times n + b$$

其中 y 是因变量，x_1 至 x_n 是 n 个自变量，m_1 至 m_n 是自变量的系数，b 是常数。

2）LINEST 函数

LINEST 函数在已知一组 *y* 值和自变量的情况下，使用更加广义的方程返回 m_1 至 m_n 以及 *b* 的值。函数形式为：

LINEST(known_y’s,known_x’s,const,stats)

参数 known_y’s 是已知的一组 y 值。这个参数可以是单列、单行或矩形单元格区域。如果 known_y’s 是单列，则参数 known_x’s 的每一列被看作一个自变量。同样，如果 known_y’s 是单行，则参数 known_x’s 的每一行被看作一个自变量。如果 known_y’s 是矩形区域，则只能使用一个自变量；这种情况下，known_x’s 应与 known_y’s 具有相同的大小与形状。

如果省略 known_x’s，Excel 将使用数列 1、2、3、4 等等。

参数 const 和 stats 是可选的。如果有，则必须是逻辑常值——TRUE 或 FALSE。（可以用 1 代替 TURE，用 0 代替 FALSE。）const 和 stats 的缺省设置分别是 TRUE 和 FALSE。如果设定 const 为 FALSE，Excel 将强制 b（直线方程的最后一项）为 0。如果设定 stats 为 TRUE，则 LINEST 返回的数组将包括以下确认统计值：

se_1 至 se_n	每一系数的标准误差值
se_b	常数 *b* 的标准误差值
r_2	determination 系数
se_y	*y* 的标准误差值
F	F 统计值
d_f	自由度
ss_{reg}	回归平方和
ss_{resid}	平方和残差

在用 LINEST 创建公式之前，必须选中一个足够大的区域用于放置函数返回的结果。

如果省略 stats 参数（或明确设置其为 FALSE），则结果数组为每一个自变量包含一个单元格，为 b 也包含一个单元格。如果包括确认统计值，结果数组的形式为：

m_n	m_{n-1}	…	m_2	m_1	b
se_n	se_{n-1}	…	se_2	se_1	se_b
r_2	se_y				
F	df				
ss_{reg}	ss_{resid}				

在选中包含结果数组的区域后，键入函数，然后按 Ctrl+Enter 将函数键入结果数组的每一个单元格中。

注意，带或不带确认统计值，自变量的系数值与标准误差值将按输入数据的相反顺序返回。例如，如果有按列组织的四个自变量，LINEST 函数求取最左列作为 x_1，但是在输出数组的第四列返回 m_1。

图 14-121 显示了一个含有一个自变量的 LINEST 的示例。工作表中 B 列的条目表示一个小公司的月产品需求。A 列中的数字表示月份。假设想要计算最佳描述需求与月份关系的回归线的斜率和 y 轴的截距，换言之，要描述数据的趋势，可选中区域 A7:B7，输入公式

=LINEST(A2:A5,B2:B5,,FALSE)

然后按 Ctrl+Shift+Enter 键。单元格 A7 中的结果数字为 0.098288239，是回归线的斜率；单元格 B7 中的数字为 0.362230812，是回归线的 y 轴的截距，如图 14-121 所示。

现在再来介绍一个简单的线性回归预测示例。工作表中 B 列的条目表示一个公司的月销售额。A 列中的数字表示月份。假设想要通过简单线性回归预测该公司 7 月份的销售额，可选中 B9 单元格，然后输入以下公式：

=SUM(LINEST(B2:B7, A2:A7)*{7,1})

返回 7 月销售额预测为￥40391.47，如图 14-122 所示。

{=LINEST(A2:A5,B2:B5,,FALSE)}

	A	B
1	月份 y	需求 x
2	1	12
3	2	14
4	3	22
5	4	39
6		
7	0.098288239	0.362230812

图 14-121

=SUM(LINEST(B2:B7, A2:A7)*{7,1})

	A	B
1	月份	销售额
2	1	¥9,912.00
3	2	¥14,993.00
4	3	¥22,339.00
5	4	¥30,199.00
6	5	¥24,699.00
7	6	¥36,939.00
8		
9	7月销售额预测:	¥40,391.47

图 14-122

3）TREND 函数

LINEST 函数返回已知数据的最佳拟合直线的数学描述。TREND 可以得到沿该直线上的点。可以利用 TREND 返回的数字绘制趋势线——一条帮助理解实际数据的直线。还可以利用 TREND，对未来数据进行外推或智能猜测，未来数据是以已知数据所显示的趋势为基础的（请小心。尽管可以使用 TREND 绘制最佳拟合已知数据的直线，但是不能说明该直线是对未来的一个好的预测。LINEST 返回的确认统计可帮助做这一评价）。

TREND 函数接受四个参数：

=TREND(known_y’s,known_x’s,new_x’s,const)

前两个参数分别表示已知的因变量和自变量的值。像 LINEST 一样，参数 known_y’s 可以是单列、单行或矩形区域。参数 known_x’s 也遵循 LINEST 所描述的参数模式。

第三和第四个参数是可选的。如果省略 new_x’s，TREND 函数将认为 new_x’s 与 known_x’s 相同。如果包括 const，则该参数值必须是 TRUE 或 FALSE（或者是 1 或 0）。如果 const 为 TRUE，则 TREND 强制 *b* 为 0。

若要计算最佳拟合已知数据的趋势线数据点，请省略函数中的第三和第四个参数。结果数组将与 known_x’s 区域同样大小。

仍然以图 14-122 中的数据为例，选中 B9 单元格，然后输入以下公式：

=TREND(B2:B7,A2:A7,7)

可以看到趋势预测值和 LINEST 函数的结果相同，都是￥40391.47，如图 14-123 所示。

4）FORECAST 函数

FORECAST 函数与 TREND 相近，但它只返回沿线的一个点，而不是返回确定直线的数组。此函数形式为：

=FORECAST(x,known_y’s,known_x’s)

参数 x 是用外推的数据点。例如，若要取代 TREND 而使用 FORECAST 函数在图 14-123 的 B9 单元格中外推值，应键入公式

=FORECAST(7,B2:B7,A2:A7)

可以看到它的预测值和 TREND 函数以及 LINEST 函数的结果相同，都是￥40391.47，如图 14-124 所示。

=TREND(B2:B7,A2:A7,7)

	A	B
1	月份	销售额
2	1	¥9,912.00
3	2	¥14,993.00
4	3	¥22,339.00
5	4	¥30,199.00
6	5	¥24,699.00
7	6	¥36,939.00
8		
9	7月销售额预测：	¥40,391.47

图 14-123

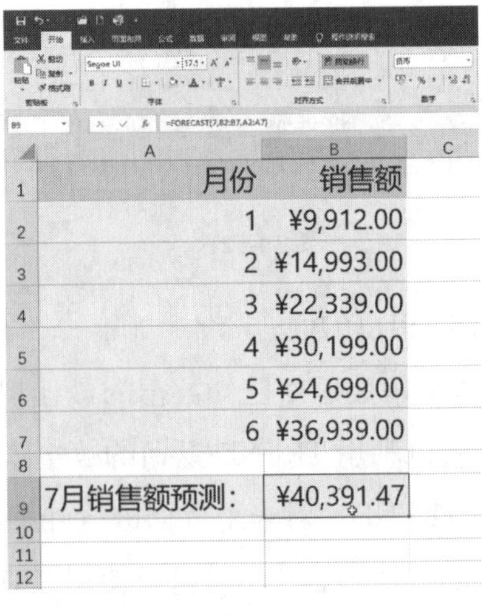

=FORECAST(7,B2:B7,A2:A7)

	A	B
1	月份	销售额
2	1	¥9,912.00
3	2	¥14,993.00
4	3	¥22,339.00
5	4	¥30,199.00
6	5	¥24,699.00
7	6	¥36,939.00
8		
9	7月销售额预测：	¥40,391.47

图 14-124

其中参数 x 指的是回归线上的第 7 个数据。若要计算未来的任意点，例如，预测 8 月份的销售额，则可以使用以下公式：

=FORECAST(8,B2:B7,A2:A7)

返回的结果为￥45308.98。这个结果和 TREND 函数的 8 月趋势公式

=TREND(B2:B7,A2:A7,8)

也是完全一样的，如图 14-125 所示。

图 14-125

5）LOGEST 函数

LOGEST 函数与 LINEST 函数类似，但它分析的数据是非线性的。LOGEST 每一个自变量返回系数值，并为常量 *b* 返回一个值。函数形式为：

=LOGEST(known_y’s,known_x’s,const,stats)

LOGEST 接受与 LINEST 函数相同的四个参数，并返回同样形式的结果数组。如果将可选参数 stats 置为 TRUE，函数同样返回确认统计值。

LINEST 和 LOGEST 函数只返回用于计算直线和曲线的 y 轴坐标。它们之间的不同在于 LINEST 预测一条直线，而 LOGEST 预测一条指数曲线。必须仔细为分析匹配合适的函数。LINEST 函数可能更适于销售预测，而 LOGEST 函数可能更适于像统计分析或总体趋势之类的应用。

6）GROWTH 函数

鉴于 LOGEST 函数返回的是指数回归曲线的数学描述，该曲线是对已知数据集的最佳拟合指数曲线，GROWTH 函数可得到沿该曲线的点。GROWTH 函数与它的线性对应形式 TREND 极为相似，函数形式为：

=GROWTH(known_y’s,known_x’s,new_x’s,const)

14.5 自定义函数

自定义函数也称为用户自定义函数，它是 Microsoft Excel 中最杰出的功能之一。要创建自定义函数，用户必须编写特殊的 Microsoft Visual Basic 过程（称为函数过程），此过程会从工作表中获取信息，并执行计算，然后将结果返回到工作表中。事实上，信息处理和计算任务（用户可以进行简化、通用化或流水线化）的类型是完全没有限制的。

在创建了自定义函数后，用户就可以像使用任何其他内置函数一样来使用自定义函数。例如，用户可以创建一个自定义函数来计算在某一日期时的贷款利息，或者也可以创建一个自定义函数来计算一组数字的加权平均。通常，自定义函数可以将工作表上较大区域内数据的计算过程“浓缩”到一个单元格中进行。

14.5.1 创建自定义函数

创建自定义函数的过程由两个步骤组成。首先，创建一个新的模块或打开一个已有的模块，用于放置构成自定义函数的 Visual Basic 代码。然后，键入所需的 Visual Basic 语句，以计算出要返回给工作表的计算结果。

在 Excel 中，用户都是在模块中来创建并存储宏和自定义函数的。这样，由于宏和自定义函数是独立于特定工作表的，因此用户就可以对许多工作表来使用这些宏和自定义函数。事实上，用户可以收集一个模块中的多个宏和自定义函数，并作为一个库使用。

作为演示，我们将创建一个简单的自定义函数。假设，只有当订单中产品的数量超过 100 个单位时，公司才会提供 10% 的折扣。如图 14-126 所示，在工作表中显示了一个订单，其中列出了各个商品、数量、价格、折扣（如果有的话）和最后付款。

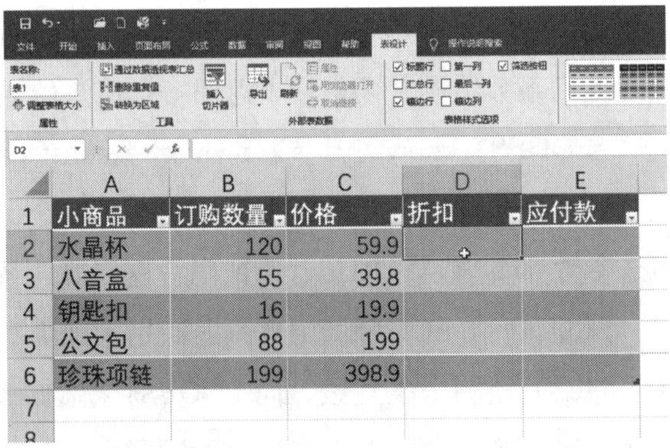

图 14-126

为了创建自定义函数（在本例中，用于计算每一项折扣），请按如下步骤进行操作：

01 切换到“视图”选项卡，单击“宏”按钮，然后从弹出菜单中选择“查看宏”命令，如图 14-127 所示。

02 在出现的“宏”对话框中，输入“宏名”为 dc，单击“创建”按钮，如图 14-128 所示。

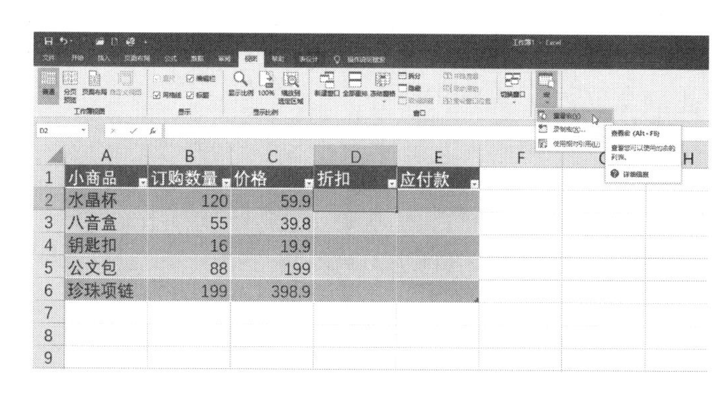

图 14-127

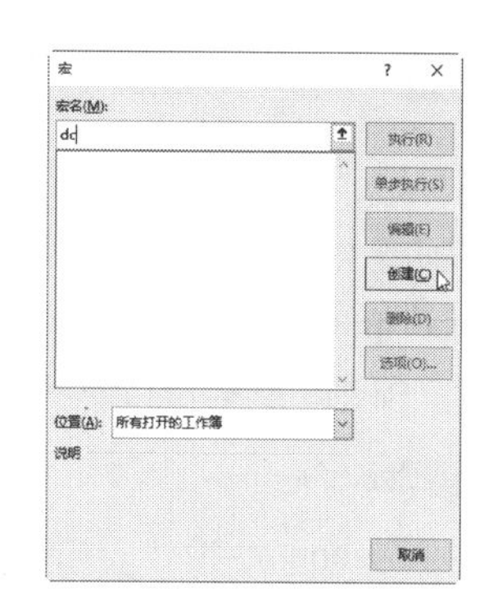

图 14-128

03 这时，Excel 将启动 Microsoft Visual Basic for Applications 环境。Excel 将打开一个空模块，如图 14-129 所示。

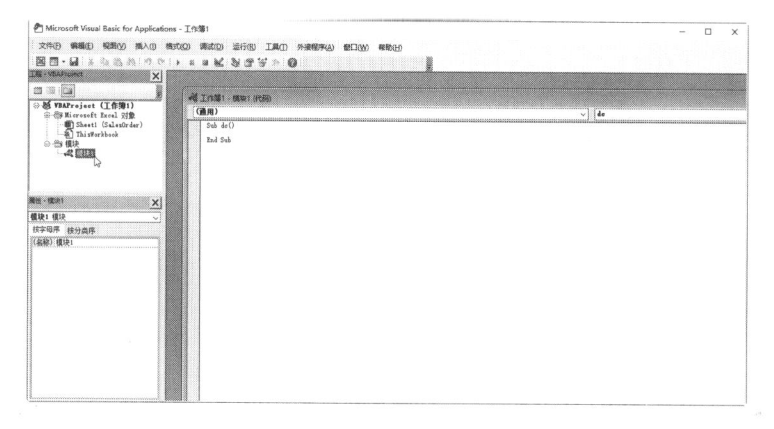

图 14-129

04 如果要为模块命名，请首先在“工程资源管理器”窗口中单击“模块 1”条目。然后在“属性”窗口中，双击“名称”字段相应的条目以将其选中，然后输入“SalesFncs”作为自定义函数的函数名，然后按 Enter 键。现在，模块的名称就更改为“SalesFncs”，如图 14-130 所示。

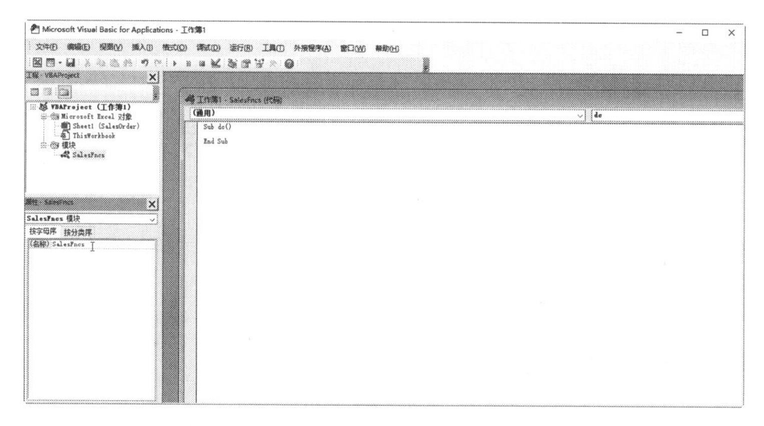

图 14-130

05 切换回已重新命名的模块中，输入构成自定义函数的 Visual Basic 语句。对于本例而言，输入如下代码，使用 Tab 键即可产生缩进行：

```
Function Discount(quantity, price)
 If quantity >= 100 Then
  Discount = quantity * price * 0.1
 Else
  Discount = 0
 End If
 Discount = Application.Round(Discount, 2)
End Function
```

如图 14-131 所示。

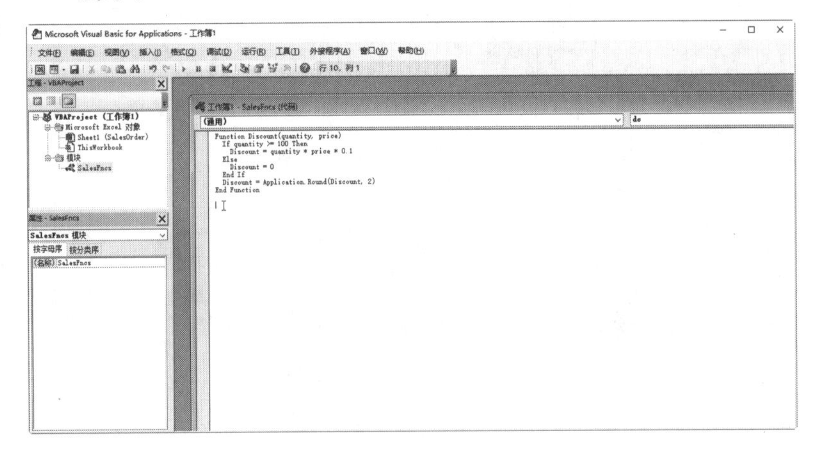

图 14-131

在模块中输入了此函数后，我们同时也就定义了该函数的名称（本例中即为 Discount），并且任何打开的工作表都可以使用此函数。用户可能也会注意到，在输入 Visual Basic 代码的过程中，Excel 会以不同的颜色来显示不同的术语，这样，用户就能更容易地区分代码或函数中不同部分的作用。

每当用户在一行代码的末尾按下 Enter 键后，Excel 就会检查该行代码的语法是否正确。如果用户发生输入错误或错误地使用了某一 Visual Basic 关键字，则 Excel 就可能会显示一条消息框，以通知用户错误的原因。目前，我们并不需要理解这些消息的含义；我们在此也并不指出会出现的问题，还是请读者将自己输入的代码与我们的示例代码进行比较，务必键入正确的代码。

14.5.2 使用自定义函数

现在，我们将准备使用新的 Discount 函数。回到 Excel2019 窗口，选中单元格 D2，

并输入

=Discount(B2, C2)

如图 14-132 所示。

现在，用户还可以为单元格区域 C2:E6 指定一种货币格式，如图 14-133 所示。

	A	B	C	D	E
1	小商品	订购数量	价格	折扣	应付款
2	水晶杯	120	59.9	718.8	
3	八音盒	55	39.8	0	
4	钥匙扣	16	19.9	0	
5	公文包	88	199	0	
6	珍珠项链	199	398.9	7938.11	

图 14-132

注意： 用户不必标识出包含该函数过程的模块。函数的第一个参数是 B2，它用于标识包含着数量的单元格，对应于函数的 quantity 参数。第二个参数是 C2，它用于标识包含着价格的单元格，对应于函数的 price 参数。当用户按 Enter 键后，Excel 就会对所提供的参数计算和返回正确的折扣值：718.8。因为本示例的表格已经套用了格式，所以 D 列的其他单元格也自然应用了该公式并计算出了结果。

	A	B	C	D	E
1	小商品	订购数量	价格	折扣	应付款
2	水晶杯	120	¥59.90	¥718.80	
3	八音盒	55	¥39.80	¥0.00	
4	钥匙扣	16	¥19.90	¥0.00	
5	公文包	88	¥199.00	¥0.00	
6	珍珠项链	199	¥398.90	¥7,938.11	

图 14-133

由于 B3:B5 单元格区域中的订购数量不超过 100，所以折扣值为 0。但是，如果用户更改了单元格中的值，则 Excel 会立即更新折扣的计算结果，如图 14-134 所示。

	A	B	C	D	E
1	小商品	订购数量	价格	折扣	应付款
2	水晶杯	120	¥59.90	¥718.80	
3	八音盒	55	¥39.80	¥0.00	
4	钥匙扣	16	¥19.90	¥0.00	
5	公文包	888	¥199.00	¥17,671.20	
6	珍珠项链	199	¥398.90	¥7,938.11	

图 14-134

14.5.3 自定义函数的工作原理

现在，我们来考虑一下 Excel 是如何解释此函数过程的。当用户按下 Enter 键将该公式输入到工作表中之后，Excel 就会在当前工作簿中查找名称 Discount，最后 Excel 会发现它是模块 SalesFncs 中的一个过程。而包含在括号中的参数名称（quantity 和 price）则是计算因子的占位符，函数将根据这些参数值来计算折扣的数量。

代码块中的 If 语句

```
If quantity >= 100 Then
  Discount = quantity * price * 0.1
Else
  Discount = 0
End If
```

用于检查参数 quantity，并确定销售项目的数量是否大于或等于 100。如果是大于或等于 100，则 Excel 将执行语句

```
Discount = quantity * price * 0.1
```

此语句的作用是：将 quantity 值乘以 price 值，然后再将该结果乘以 0.1（此数值等于 10% 的折扣）。最后的结果则存储在变量 Discount 中。如果某些 Visual Basic 语句的作用是用来将值存储到变量中，那么我们称这样一些 Visual Basic 语句为赋值语句，因为它们会计算等号右边表达式的值，然后将结果值赋予等号左边的变量名。请注意，变量 Discount 与函数过程本身具有相同的名称，因此存储在该变量中的值就会返回给工作表上单元格中的公式。

在 Visual Basic 模块中，值是存储在变量中的，它与工作表上的位置没有关系。在这个意义上，模块中的变量与工作表中的名称常数很相似；当 Excel 遇到赋值语句（例如：Discount = quantity * price * 0.1）时，Excel 并不会将表达式 quantity * price * 0.1 存储在变量中，但是，如果是在工作表中，则会存储表达式。Excel 只会计算表达式的值，然后将计算结果存储在变量中。如果在函数过程中的其他位置上也使用了变量名，则 Excel 将使用最后一次存储在该变量中的值。

如果 quantity 的值小于 100，则没有折扣，因而 Excel 将执行语句

```
Discount = 0
```

此语句用于将变量 Discount 设置为 0。

我们称“If…Else…End If”序列为控制结构。If 是 Visual Basic 中的一个关键字，它类似于 IF 工作表函数。控制结构（例如：“If…Else…End If”）使得宏和自定义函数可以测试工作表或 Excel 环境中的特定条件，并相应地更改过程的行为。

控制结构是不能被录制的。我们之所以要学习编写和编辑 Visual Basic 过程的一个主要原因就是为了能够在宏和自定义函数中使用控制结构。

最后，语句

Discount = Application.Round(Discount, 2)

用于将折扣值四舍五入为保留两位小数位。注意，Visual Basic 中并没有 Round 函数，但是 Excel 中却有 Round 函数。因此，要在语句中使用 Round 函数，就必须告诉 Visual Basic“应该到 Excel 的 Application 对象中查找 Round 方法（函数）”，为此，我们在 Round 之前添加了 Application。每次当用户需要在 Visual Basic 模块中使用 Excel 函数时，都必须使用此语法。

14.5.4　自定义函数的规则

我们所举的示例已经揭示了自定义函数的许多特性。

首先，自定义函数必须以 Function 语句开始，以 End Function 语句结束。用户并不需要明确指定某一宏是自定义函数也并不需要明确定义其名称。在 Visual Basic 中，当用户在模块内的 Function 语句中键入了自定义函数的名称后，即定义了自定义函数的名称。除了函数名称外，Function 语句还总是会指定至少一个参数，并用括号括起。用户可以指定至多 29 个参数，参数之间用逗号进行分隔。从技术角度上来说，用户可以创建这样的自定义函数：它并不使用工作表中的数据，而只是返回结果值；例如，可以创建一个函数，它不使用任何参数，而只将当前时间和日期作为特殊格式的文本串返回。

第二，自定义函数中包含一条或多条 Visual Basic 语句，它根据所传递的参数来判断执行方式并进行计算。如果要将计算结果返回给使用了自定义函数的工作表公式，则必须将计算结果赋值给一个与自定义函数本身同名的变量。

第三，只能使用位于当前已打开工作簿中的自定义函数。如果某个已打开工作表中的公式使用了一个自定义函数，但用户却关闭了包含此自定义函数的工作簿，则该函数的返回结果将为 #REF! 错误值。如果需要重新生成正确值，那么请重新打开包含该自定义函数的工作簿。

14.5.5　设计灵活的自定义函数

现在，让我们再来创建一个自定义函数，这样，可以更进一步地了解如何在 Visual Basic 模块中编辑过程。

某些内置的 Excel 工作表函数允许用户忽略一些参数。例如，即使用户在使用 PV 函数时忽略 type 和 future value 参数，Excel 也能计算出结果。但是，如果用户忽略自定义函数中的参数，则 Excel 会显示错误消息；除非用户指定该参数为可选（通过使用 Optional

关键字），并且在函数过程中设计一些语句来检测是否提供了该参数。

例如，假设用户现在要创建一个简单的自定义函数，其函数名为：Triangle，它使用勾股定理来计算直角三角形任意一边的长，其原理是：已知直角三角形的两边，求第三边。

描述勾股定理的等式为：

其中，a 和 b 为两个直角边（较短边），c 为斜边（较长边）。

只要已知其中任意两边，就可以按如下三种方式来重写等式，从而使得未知变量总位于等号的左边：

下面的自定义函数就通过使用三个等式来返回未知边的长度：

```
Function Triangle(Optional short1, Optional short2, Optional longside)
If Not (IsMissing(short1)) And Not (IsMissing(short2)) Then
 Triangle = Sqr(short1 ^ 2 + short2 ^ 2)
Else
 If Not (IsMissing(short1)) And Not (IsMissing(longside)) Then
  Triangle = Sqr(longside ^ 2 – short1 ^ 2)
 Else
  If Not (IsMissing(short2)) And Not (IsMissing(longside)) Then
   Triangle = Sqr(longside ^ 2 – short2 ^ 2)
  Else
   Triangle = Null
  End If
 End If
End If
End Function
```

第一条语句为自定义函数和可选参数short1、short2和longside命名（注意，在此函数中，我们不能使用 long 作为参数名称，这是因为 long 是 Visual Basic 中的保留字）。接下来的代码块中则包含了一系列的 If 语句，它们通过使用 Visual Basic 中的 IsMissing 函数来检测是否为函数提供了每种可能的参数对，然后进行计算并返回第三边的长度。

例如，语句：

```
If Not (IsMissing(short1)) And Not (IsMissing(short2)) Then
 Triangle = Sqr(short1 ^ 2 + short2 ^ 2)
```

用于检测是否提供了参数 short1 和 short2；如果未提供相应参数，则 IsMissing 语句将返回值 True。如果同时提供了 short1 和 short2 两个参数，则 Excel 会计算两个直角边（短

边）平方和的平方根，然后将斜边的长度返回给工作表。

如果提供的参数不足两个，则函数中的每个 If 语句都不会返回值 True，因而语句：

Triangle = Null

会被执行。此语句返回 Visual Basic 值 Null，它在工作表中则会显示为错误值 #N/A。

现在，让我们看一看在工作表中使用此自定义函数时的情形。公式

= Triangle(, 4, 5)

将返回值 3，它表示未知直角边的长度。同样，公式

= Triangle(3, , 5)

将返回值 4，它表示另一未知直角边的长度。同样，公式

= Triangle(3, 4,)

将返回值 5，它表示斜边的长度。如果两个直角边的长度 3 和 4，分别存储在单元格 A4 和 B4 中，那么当用户在单元格 C4 中输入公式

= Triangle(A4, B4,)

后，Excel 将在单元格 C4 中显示结果 5。

如果为此自定义函数同时提供了三个参数，那么第一个 If 语句将返回结果 True，这样，自定义函数就会像未提供斜边一样进行计算。但是，如果用户为所有这三个参数输入的都是单元格引用，那么，结果又将如何呢？例如，假设我们在工作表的单元格 D4 中输入了如下公式：

= Triangle(A4, B4, C4)

现在，我们要在被引用的单元格中（而不是直接在函数中）输入三角形中两条边的长度。如果单元格 A4 和 C4 中分别包含了一条直角边和斜边的长度，但单元格 B4 中则为空，那么计算结果将如何呢？用户也许希望能计算出另一条直角边的长度。但是，结果并非如此。因为对空单元格 B4 的引用会返回值 0，而不是 #N/A，这样，既然前两个参数都具有数值，那么此函数就会计算直角三角形中斜边的长度，其计算方式是：一条直角边为 A4 中的值，另一条直角边为 0，这样就会像通常情况一样返回两条直角边平方和的平方根。其值等于用户所给出的那条直角边的长度，而不是另一条未知的直角边的长度。

处理此潜在问题的一种方法就是：对 If 语句进行更改，使其既检测 0 值，也检测 #N/A 错误值。因为直角三角形中任意一边的长度都不能为 0，所以如果有参数值为 0，则说明并未提供该参数。

上述情况还说明了在设计自定义函数时应该注意的一些重要问题：用户在设计自定义函数时，应考虑多种可能情况，以确保自定义函数在未知情况下也能正常运行。

第 15 章　分析和管理数据

Excel 与其他的数据管理软件一样，拥有强大的排序、检索和汇总等数据管理功能，不仅能够通过记录来增加、删除和移动数据，而且能够对数据清单进行排序、汇总等操作。

≫ 本章学习内容：

- 数据清单
- 对数据进行排序
- 筛选数据
- 对数据进行分类汇总

15.1　数据清单

数据清单是指包含一组相关数据的一系列工作表数据行。Excel 2019 在对数据清单进行管理时，一般将其看作是一个数据库。数据清单中的行相当于数据库中的记录，行标题相当于记录名。数据清单中的列相当于数据库的字段，列标题相当于数据库中的字段名。

Excel 2019 提供了一系列功能，可以很方便地管理和分析数据清单中的数据。在运用这些功能时，可遵循下述准则在数据清单中输入数据。

15.1.1　数据清单的大小和位置

在规定数据清单大小及定义数据清单位置时，应遵循如下准则。

（1）应避免在一个工作表中建立多个数据清单，因为数据清单的某些处理功能（如筛选等），一次只能在同一工作表的一个数据清单中使用。

（2）在工作表的数据清单与其他数据间至少留出一个空白列和一个空白行。在执行排序、筛选或插入自动汇总等操作时，留出空白列和空白行有利于 Excel 2019 检测和选定数据清单。

（3）避免在数据清单中放置空白行和列。

（4）避免将关键数据放在数据清单的左右两侧，因为这些数据在筛选数据清单时可能会被隐藏。

15.1.2　列标志

在工作表上创建数据清单时，使用列标志应注意的事项如下。

（1）在数据清单的第一行中创建列标志。Excel 2019 使用这些标志创建报告，并查

找和组织数据。

（2）列标志使用的字体、对齐方式、格式、图案、边框或大小写样式，应当与数据清单中其他数据的格式相区别。

（3）如果要将列标志和其他数据分开，应使用单元格边框（而不是空格或短划线），在列标志行下插入一行直线。

15.1.3　行和列内容

在工作表中创建数据清单时，输入行和列内容应该注意如下事项。

（1）在设计数据清单时，应使同一列中的各行有近似的数据项。

（2）在单元格的开始处不要插入多余的空格，因为多余的空格影响排序和查找。

（3）不要使用空白行将列标志和第一行数据分开。

15.2　对数据进行排序

在 Excel 中对数据进行排序的方法很多也很方便，用户可以对一列或一行进行排序，也可以设置多个条件来排序，还可以自己输入序列进行自定义排序。

15.2.1　简单的升序与降序

在 Excel 工作表中，如果只按某个字段进行排序，那么这种排序方式就是单列排序，可以使用选项组中的“升序”和“降序”按钮来实现。下面以降序排序“贷款分析工作表”为例介绍使用选项组按钮进行排序的方法。

01 打开“贷款分析工作表 1”工作簿，单击利率字段列中的任意单元格，如图 15-1 所示。

02 切换至“数据”选项卡下，在“排序和筛选”选项组中单击“降序”按钮，如图 15-2 所示。

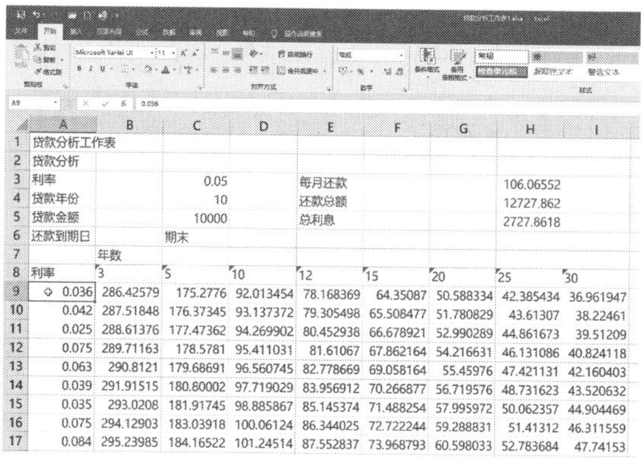

图 15-1

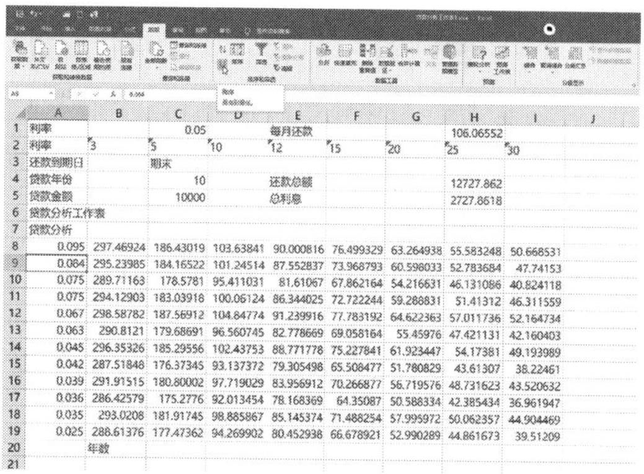

图 15-2

在上图中可以看到，此时数据按照“利率”字段数据进行了降序排列。

15.2.2 根据条件进行排序

如果希望按照多个条件进行排序，以便获得更加精确的排序结果，可以使用多列排序，也就是按照多个条件进行排序。下面将按日期升序、金额降序对表格中的数据进行排列，具体操作步骤如下。

01 启动 Excel 2019，按 Ctrl+N 快捷键新建一个空白工作簿，然后输入如图 15-3 所示的数据。

02 在“数据”选项卡下单击“排序和筛选”选项组中的“排序”按钮，如图 15-4 所示。

	A	B	C	D
1	日期	购买者	类型	金额
2	2019/2/20	安文	油费	74
3	2019/2/25	安文	食品	235
4	2019/2/2	达雷尔	运动	20
5	2019/1/21	柏隼	书籍	125
6	2019/2/2	科洛	食品	235
7	2019/2/20	赫拉	音乐	20
8	2019/2/25	赫拉	门票	125
9				

图 15-3

	A	B	C	D	E
1	日期	购买者	类型	金额	
2	2019/2/20	安文	油费	74	
3	2019/2/25	安文	食品	235	
4	2019/2/2	达雷尔	运动	20	
5	2019/1/21	柏隼	书籍	125	
6	2019/2/2	科洛	食品	235	
7	2019/2/20	赫拉	音乐	20	
8	2019/2/25	赫拉	门票	125	
9					

图 15-4

03 弹出“排序”对话框，单击“主要关键字”下拉列表框右侧的下三角按钮，在展开的下拉列表中单击“日期”选项，“排序依据”按默认的“单元格值”，“次序”按默认的“升序”，如图 15-5 所示。

04 单击“添加条件”按钮，如图 15-6 所示，添加次要关键字项。

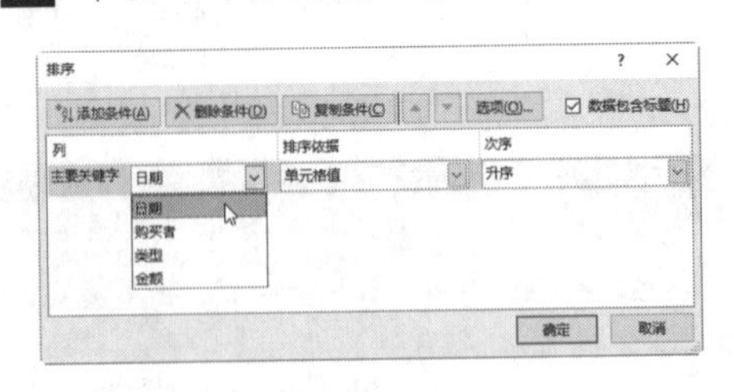

图 15-5

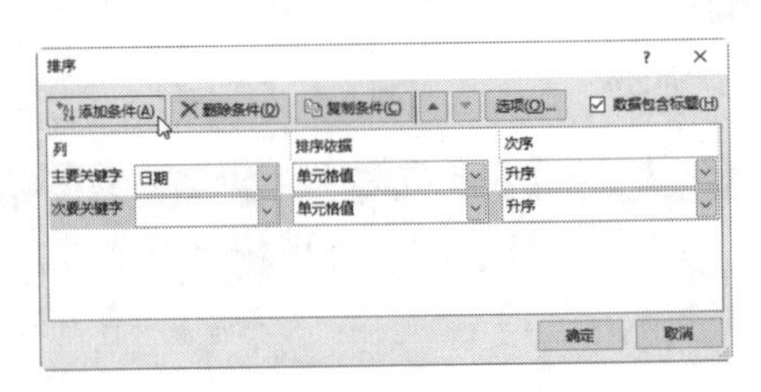

图 15-6

05 单击“次要关键字”下拉列表框右侧的下三角按钮，在弹出的下拉列表中选择“金额”选项，“排序依据”默认为“单元格值”，在“次序”下拉列表中选择“降序”选项，如图 15-7 所示。

06 单击“确定”按钮，此时工作表中的数据按“日期”字段进行了升序排列，在日

期相同的情况下再按“金额”字段进行降序排列，得到如图 15-8 所示的排序结果。

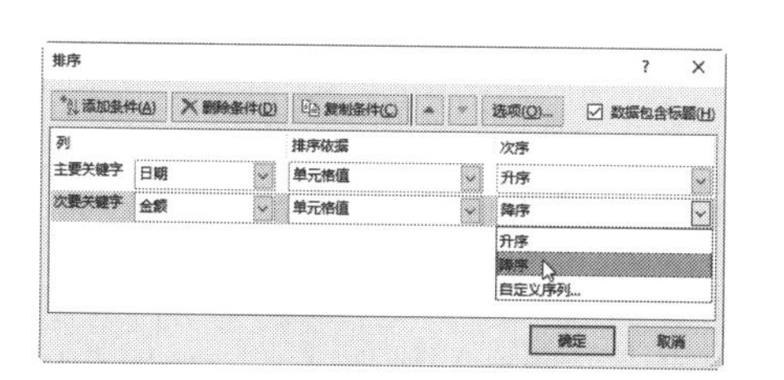

图 15-7

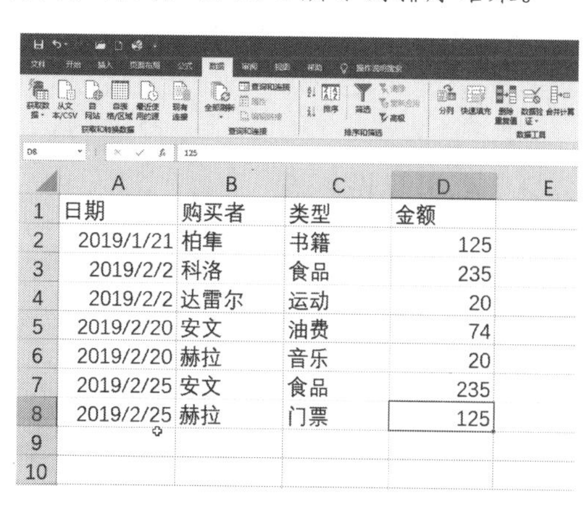

图 15-8

15.3　筛选数据

筛选数据是指在数据表中根据指定条件获取其中的部分数据。Excel 中提供了多种筛选数据的方法。

15.3.1　自动筛选数据

自动筛选是所有筛选方式中最便捷的一种，用户只需要进行简单的操作即可筛选出所需要的数据。

01 打开上一节所使用的工作簿示例，在“数据”选项卡下单击“排序和筛选”选项组中的“筛选”按钮，如图 15-9 所示。

02 此时各字段名称右侧添加了下三角按钮，单击“购买者”右侧的下三角按钮，在展开的菜单中选中“安文”复选框，取消其他复选框的选择，如图 15-10 所示。

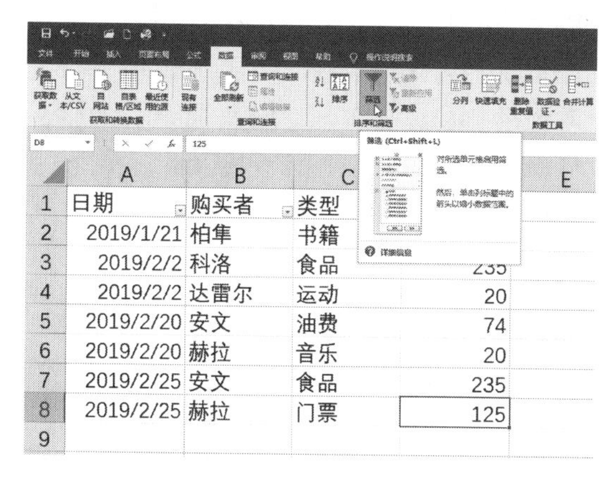

图 15-9

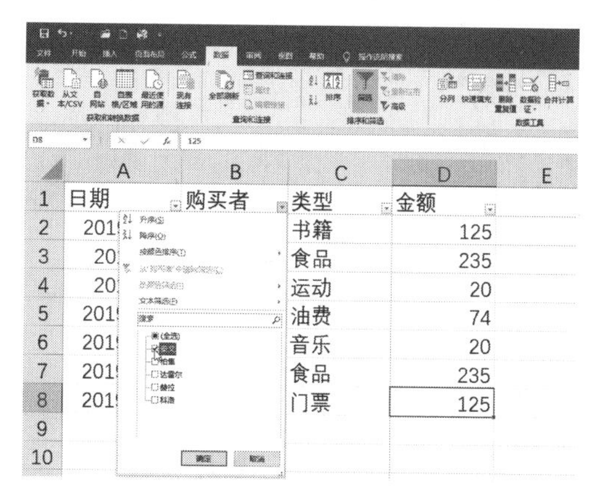

图 15-10

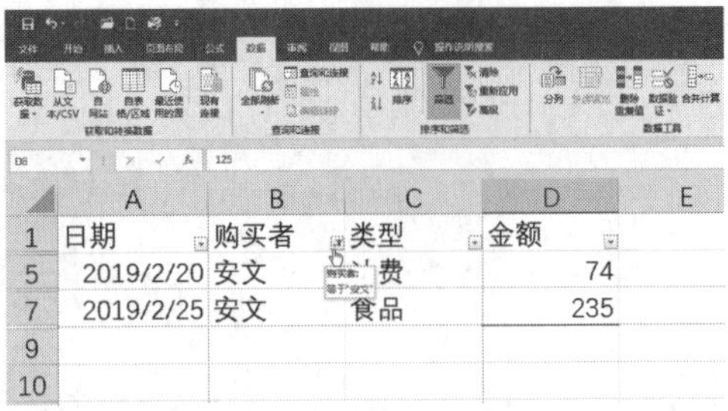

03 单击“确定”按钮，此时工作表中只显示“购买者”为“安文”的记录，如图 15-11 所示。

	A	B	C	D
1	日期	购买者	类型	金额
5	2019/2/20	安文	油费	74
7	2019/2/25	安文	食品	235
9				
10				

图 15-11

15.3.2 高级筛选

高级筛选一般用于比较复杂的数据筛选，如多字段多条件筛选。在使用高级筛选功能对数据进行筛选前，需要先创建筛选条件区域，该条件区域的字段必须为现有工作表中已有的字段。

在Excel中，用户可以在工作表中输入新的筛选条件，并将其与表格的基本数据分隔开，即输入的筛选条件与基本数据间至少保持一个空行或一个空列的距离。建立多行条件区域时，行与行之间的条件是“或”的关系，而同一行的多个条件之间则是“与”的关系。本例需要筛选出安文购买金额大于100的记录。

01 打开上一节所使用的工作簿示例，在数据区域下方创建如图 15-12 所示的条件区域。

02 在“数据”选项卡下单击“排序和筛选”选项组中的“高级”按钮，弹出“高级筛选”对话框，在“方式”选项组中选中“将筛选结果复制到其他位置”单选按钮，然后单击“列表区域”数据框右侧的按钮，如图 15-13 所示。

	A	B	C	D	E	F	G
1	日期	购买者	类型	金额			
2	2019/1/21	柏隼	书籍	125			
3	2019/2/2	科洛	食品	235			
4	2019/2/2	达雷尔	运动	20			
5	2019/2/20	安文	油费	79			
6	2019/2/20	赫拉	音乐	290			
7	2019/2/25	安文	食品	239			
8	2019/3/2	赫拉	门票	125			
9	2019/3/7	安文	油费	139			
10	2019/3/12	赫拉	音乐	195			
11	2019/3/17	安文	食品	105			
12	2019/3/22	赫拉	门票	125			
13	2019/2/20	安文	油费	74			
14	2019/1/21	赫拉	音乐	120			
15	2019/12/22	安文	食品	239		购买者	金额
16	2019/5/25	赫拉	门票	129		安文	>100
17							

图 15-12

	A	B	C	D	E	F	G
1	日期	购买者	类型	金额			
2	2019/1/21	柏隼	书籍	125			
3	2019/2/2	科洛	食品	235			
4	2019/2/2	达雷尔	运动	20			
5	2019/2/20	安文	油费	79			
6	2019/2/20	赫拉	音乐	290			
7	2019/2/25	安文	食品	239			
8	2019/3/2	赫拉	门票	125			
9	2019/3/7	安文	油费	139			
10	2019/3/12	赫拉	音乐	195			
11	2019/3/17	安文	食品	105			
12	2019/3/22	赫拉	门票	125			
13	2019/2/20	安文	油费	74			
14	2019/1/21	赫拉	音乐	120			
15	2019/12/22	安文	食品	239		购买者	金额
16	2019/5/25	赫拉	门票	129		安文	>100
17							

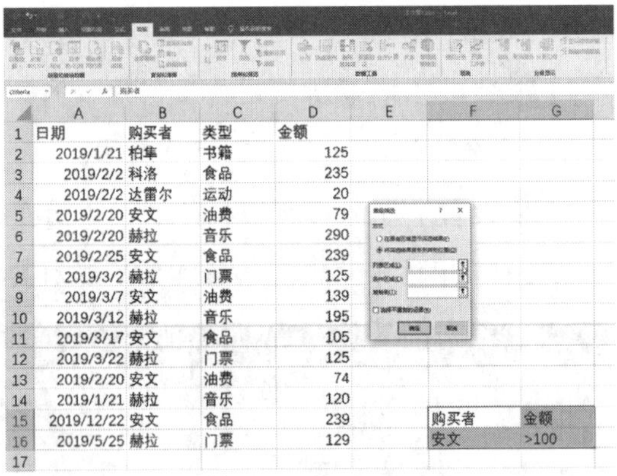

图 15-13

03 返回工作表中，选中列表区域 A1:D16，再单击右侧按钮返回到“高级筛选”对话框，如图 15-14 所示。

04 采用相同的方法，设置“条件区域”，如图 15-15 所示。

05 按同样的方法，选择“复制到”区域，如图 15-16 所示。

06 各选项设置完成之后，单击“确定”按钮，即可在指定的单元格区域位置筛选出

符合条件的数据记录，如图 15-17 所示。

	A	B	C	D	E	F	G
1	日期	购买者	类型	金额			
2	2019/1/21	柏隼	书籍	125			
3	2019/2/2	科洛	食品	235			
4	2019/2/2	达雷尔	运动	20			
5	2019/2/20	安文	油费	79			
6	2019/2/20	赫拉	音乐	290			
7	2019/2/25	安文	食品	239			
8	2019/3/2	赫拉	门票	125			
9	2019/3/7	安文	油费	139			
10	2019/3/12	赫拉	音乐	195			
11	2019/3/17	安文	食品	105			
12	2019/3/22	赫拉	门票	125			
13	2019/2/20	安文	油费	74			
14	2019/1/21	赫拉	音乐	120			
15	2019/12/22	安文	食品	239		购买者	金额
16	2019/5/25	赫拉	门票	129		安文	>100
17							

图 15-14

	A	B	C	D	E	F	G
1	日期	购买者	类型	金额			
2	2019/1/21	柏隼	书籍	125			
3	2019/2/2	科洛	食品	235			
4	2019/2/2	达雷尔	运动	20			
5	2019/2/20	安文	油费	79			
6	2019/2/20	赫拉	音乐	290			
7	2019/2/25	安文	食品	239			
8	2019/3/2	赫拉	门票	125			
9	2019/3/7	安文	油费	139			
10	2019/3/12	赫拉	音乐	195			
11	2019/3/17	安文	食品	105			
12	2019/3/22	赫拉	门票	125			
13	2019/2/20	安文	油费	74			
14	2019/1/21	赫拉	音乐	120			
15	2019/12/22	安文	食品	239		购买者	金额
16	2019/5/25	赫拉	门票	129		安文	>100
17							

图 15-15

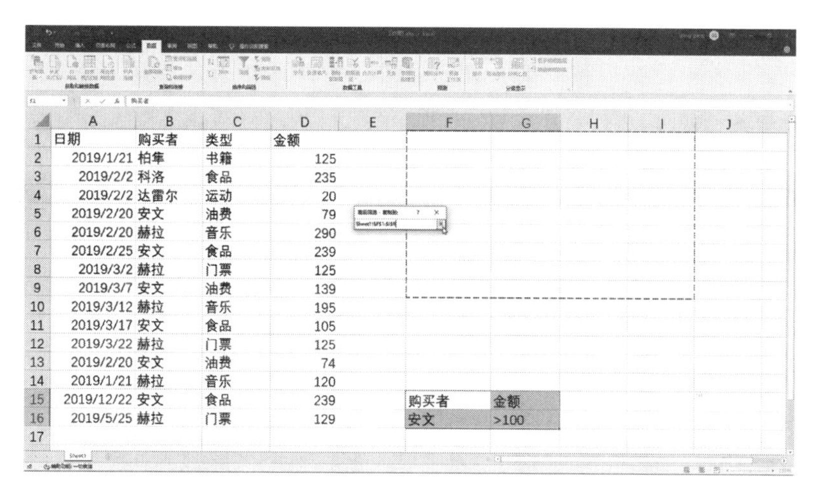

	A	B	C	D	E	F	G	H	I	J
1	日期	购买者	类型	金额						
2	2019/1/21	柏隼	书籍	125						
3	2019/2/2	科洛	食品	235						
4	2019/2/2	达雷尔	运动	20						
5	2019/2/20	安文	油费	79						
6	2019/2/20	赫拉	音乐	290						
7	2019/2/25	安文	食品	239						
8	2019/3/2	赫拉	门票	125						
9	2019/3/7	安文	油费	139						
10	2019/3/12	赫拉	音乐	195						
11	2019/3/17	安文	食品	105						
12	2019/3/22	赫拉	门票	125						
13	2019/2/20	安文	油费	74						
14	2019/1/21	赫拉	音乐	120						
15	2019/12/22	安文	食品	239		购买者	金额			
16	2019/5/25	赫拉	门票	129		安文	>100			
17										

图 15-16

	A	B	C	D	E	F	G	H	I	J
1	日期	购买者	类型	金额		日期	购买者	类型	金额	
2	2019/1/21	柏隼	书籍	125		2019/2/25	安文	食品	239	
3	2019/2/2	科洛	食品	235		2019/3/7	安文	油费	139	
4	2019/2/2	达雷尔	运动	20		2019/3/17	安文	食品	105	
5	2019/2/20	安文	油费	79		2019/12/22	安文	食品	239	
6	2019/2/20	赫拉	音乐	290						
7	2019/2/25	安文	食品	239						
8	2019/3/2	赫拉	门票	125						
9	2019/3/7	安文	油费	139						
10	2019/3/12	赫拉	音乐	195						
11	2019/3/17	安文	食品	105						
12	2019/3/22	赫拉	门票	125						
13	2019/2/20	安文	油费	74						
14	2019/1/21	赫拉	音乐	120						
15	2019/12/22	安文	食品	239		购买者	金额			
16	2019/5/25	赫拉	门票	129		安文	>100			
17										

图 15-17

15.4 对数据进行分类汇总

分类汇总是指根据指定类别将数据以指定方式进行统计，这样可以快速将大型表格中的数据进行汇总和分析，以获得需要的统计数据。

15.4.1 对数据进行求和汇总

对数据进行求和汇总是 Excel 中最简单方便的汇总方式，只需要为数据创建分类汇总即可。但在创建分类汇总之前，首先要对需要汇总的数据项进行排序。在本例中将使用分类汇总功能计算各个购买者的总消费金额。

01 打开上一节所使用的工作簿示例，单击“购买者”字段列的任意单元格，在“排序和筛选”选项组中单击“降序”按钮，如图 15-18 所示。

02 此时工作表中的数据按“购买者”字段进行降序排列。注意，由于“购买者”字段中的内容并非数字而是姓名字符，所以它是以姓氏的拼音为序的，如图 15-19 所示。

日期	购买者	类型	金额
2019/1/21	柏隼	书籍	125
2019/2/2	科洛	食品	235
2019/2/2	达雷尔	运动	20
2019/2/20	安文	油费	79
2019/2/20	赫拉	音乐	290
2019/2/25	安文	食品	239
2019/3/2	赫拉	门票	125
2019/3/7	安文	油费	139
2019/3/12	赫拉	音乐	195
2019/3/17	安文	食品	105
2019/3/22	赫拉	门票	125
2019/2/20	安文	油费	74
2019/1/21	赫拉	音乐	120
2019/12/22	安文	食品	239
2019/5/25	赫拉	门票	129

图 15-18

日期	购买者	类型	金额
2019/2/2	科洛	食品	235
2019/2/20	赫拉	音乐	290
2019/3/2	赫拉	门票	125
2019/3/12	赫拉	音乐	195
2019/3/22	赫拉	门票	125
2019/1/21	赫拉	音乐	120
2019/5/25	赫拉	门票	129
2019/2/2	达雷尔	运动	20
2019/1/21	柏隼	书籍	125
2019/2/20	安文	油费	79
2019/2/25	安文	食品	239
2019/3/7	安文	油费	139
2019/3/17	安文	食品	105
2019/2/20	安文	油费	74
2019/12/22	安文	食品	239

图 15-19

03 在“分级显示”选项组中单击“分类汇总”按钮，弹出“分类汇总”对话框，设置“分类字段”为“购买者”，“汇总方式”为“求和”，在“选定汇总项”列表框中选中“金额”复选框，如图 15-20 所示。

04 单击“确定”按钮。此时工作表中的数据按“购买者”字段对“金额”数据进行了汇总，得到如图 15-21 所示的汇总结果。

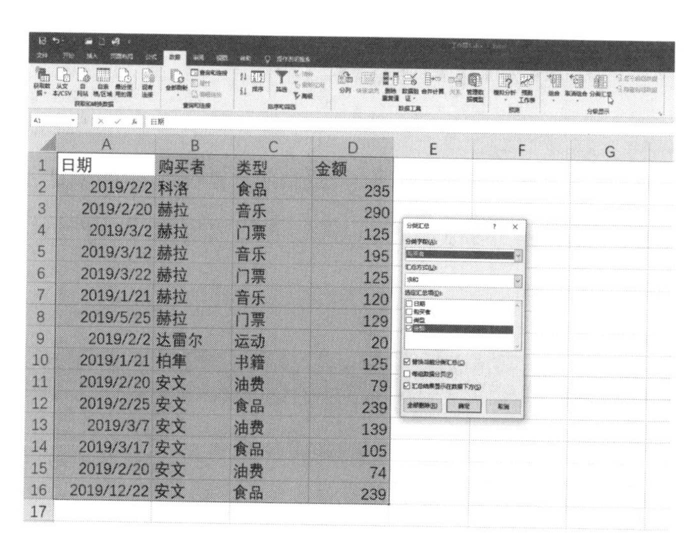

图 15-20

图 15-21

15.4.2　分级显示数据

创建分类汇总数据后，可以通过单击工作表左侧分级显示列表中的级别按钮、折叠按钮或展开按钮来快速显示与隐藏相应级别的数据。下面介绍如何显示分类汇总数据中的 2 级数据、隐藏具体的明细数据。

在分类汇总后的数据工作表中单击左侧分组显示列表中的 2 级按钮，如图 15-22 所示。

此时工作表中的明细数据被隐藏，只显示各个购买者的消费金额总和。

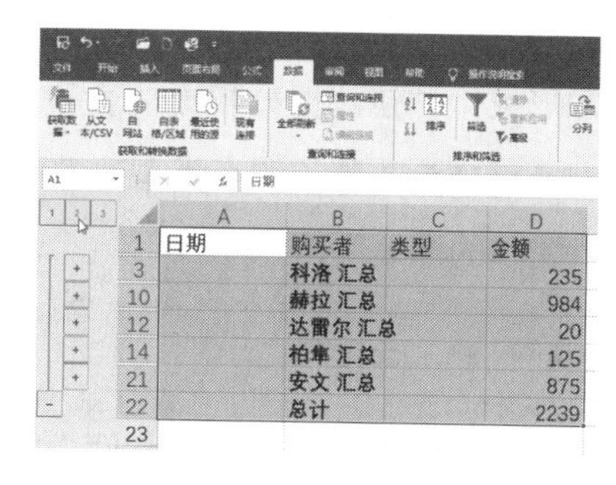

图 15-22

15.4.3　删除分类汇总

如果希望将分类汇总后的数据还原到分类汇总前的原始状态，可以删除分类汇总，具体操作步骤如下。

01 单击分类汇总数据区域中的任意单元格，然后在“数据”选项卡的“分级显示”选项组中单击“分类汇总”按钮。

02 弹出“分类汇总”对话框，直接单击“全部删除”按钮，如图 15-23 所示，即可完成分类汇总数据的删除。

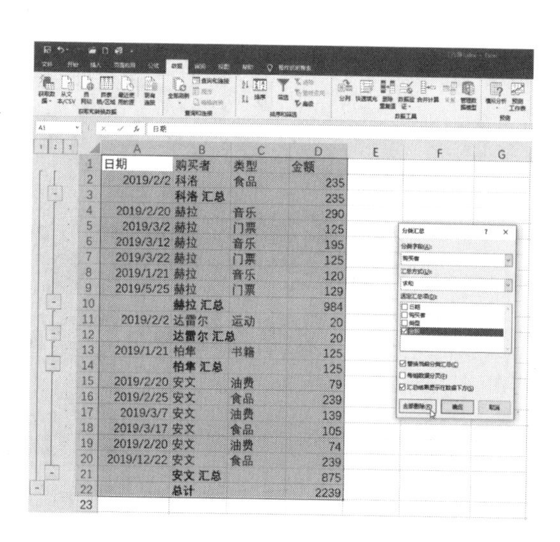

图 15-23

第 16 章　Excel 图表操作

使用 Excel 对工作表中的数据进行计算、统计等操作后，得到的计算和统计结果还不能更好地显示出数据的发展趋势。为了解决这一问题，Excel 将处理的数据建成各种统计图表，这样就能够更加直观地表现处理的数据。

≫ 本章学习内容：

- 认识图表
- 创建与更改图表
- 为图表添加标签
- 美化图表

16.1　认识图表

Excel 图表是根据工作表中的一些数据绘制出来的形象化图示，它能使数据表现得更加形象化，使数据分析更为直观。在 Excel 2019 中提供了 17 种图表类型，每一种图表类型又可分为几种子图表类型，并且有很多二维和三维图表类型可供选择。下面简单介绍几种常用的图表类型。

16.1.1　柱形图

柱形图用于显示一段时间内的数据变化或各项之间的比较情况，它主要包括簇状柱形图、堆积柱形图、百分比堆积柱形图、三维簇状柱形图、三维百分比堆积柱形图以及三维柱形图等 7 种子类型图表，如图 16-1 所示为三维柱形图。

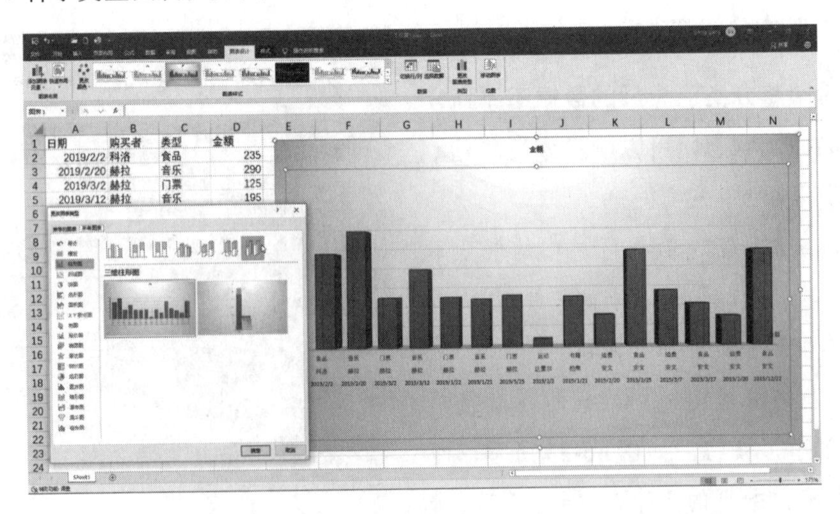

图 16-1

16.1.2 条形图

条形图可以看作是旋转 90° 的柱形图，是用来描绘各个项目之间数据差别情况的一种图表，它强调的是在特定的时间点上进行分类轴和数值的比较。条形图主要包括簇状条形图、堆积条形图、百分比堆积条形图、三维簇状条形图和三维堆积条形图第 6 种子图表类型，如图 16-2 所示为三维簇状条形图。

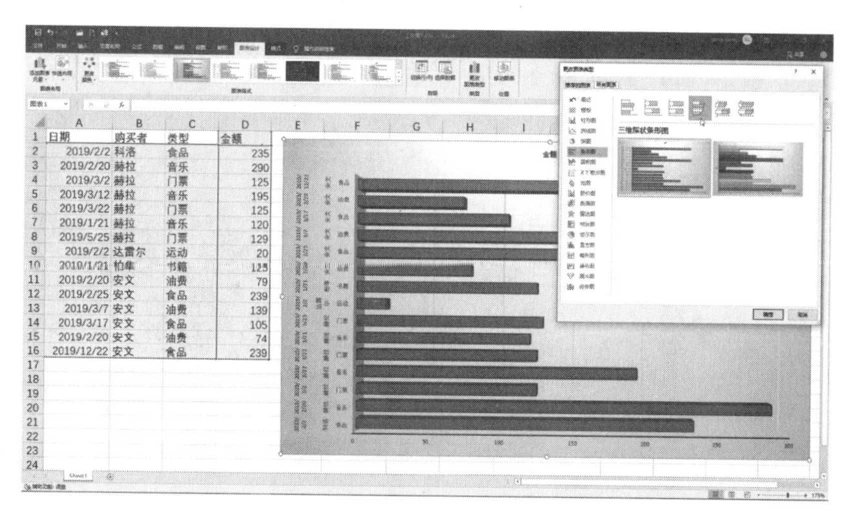

图 16-2

16.1.3 折线图

折线图是将同一数据系列的数据点在图中用直线连接起来，以等间隔显示数据的变化趋势。折线图主要包括折线图、堆积折线图、百分比堆积折线图、带数据标记的折线图、带数据标记的堆积折线图、带数据标记的百分比堆积折线图和三维折线图 7 种子图表类型，如图 16-3 所示为三维折线图。

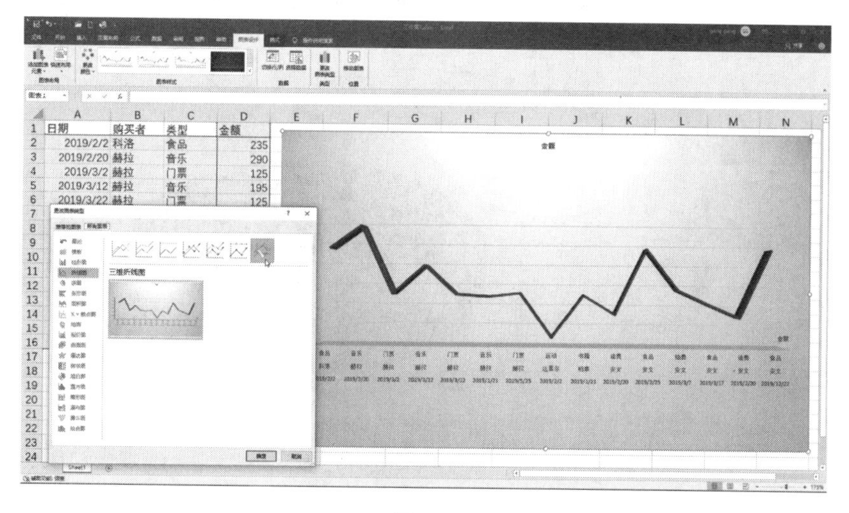

图 16-3

16.1.4 XY 散点图

XY 散点图通常用于显示两个变量之间的关系，利用散点图可以绘制函数曲线。XY 散点图主要包括仅带数据标记的散点图、带平滑线和数据标记的散点图、带平滑线的散点图、带直线和数据标记的散点图、带直线的线散点图、气泡图和三维气泡图 7 种子图形类型，如图 16-4 所示气泡图。

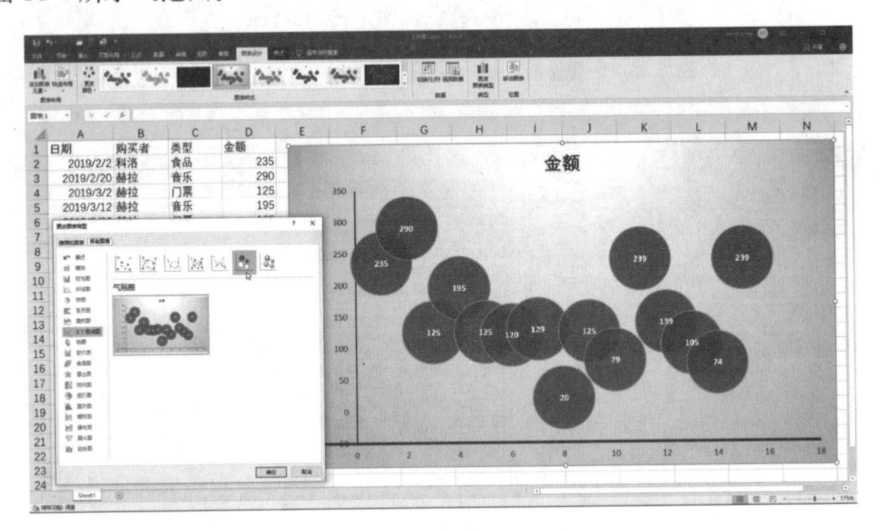

图 16-4

16.1.5 饼图

饼图能够反映出统计数据中各项所占的百分比或是某个单项占总体的比例，使用该类图表便于查看整体与个体之间的关系。饼图主要包括饼图、三维饼图、复合条饼图、子母饼图以及复合条饼图 5 种子图表类型，如图 16-5 所示。

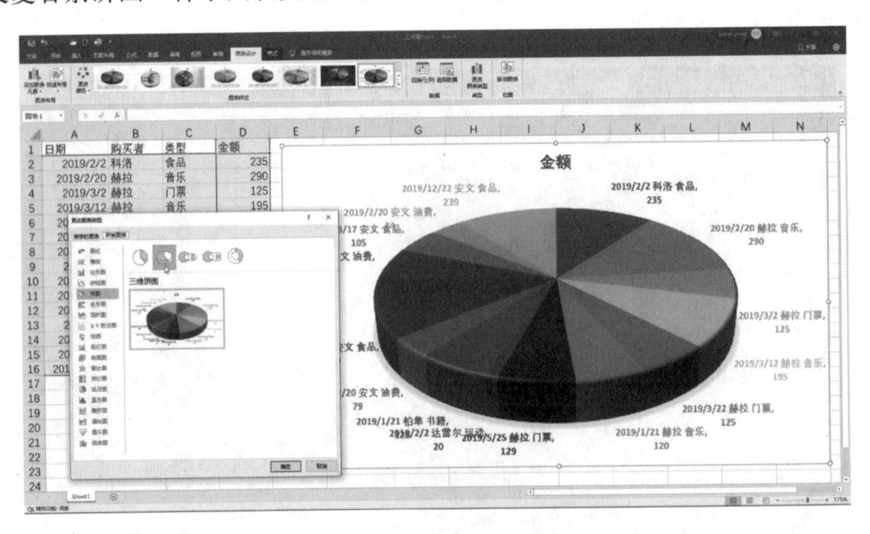

图 16-5

16.1.6　面积图

面积图用于显示某个时间阶段总数与数据系列的关系。面积图主要包括面积图、堆积面积图、百分比堆积面积图、三维面积图、三维堆积面积图以及三维百分比堆积面积图 6 种子图表类型，如图 16-6 所示为三维堆积面积图。

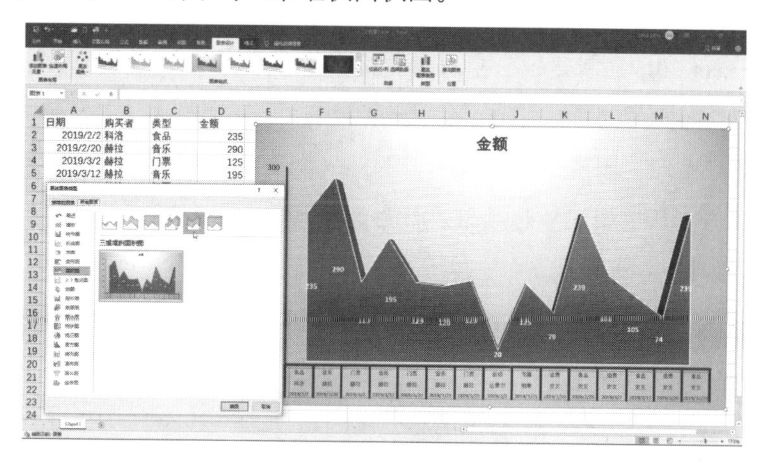

图 16-6

16.1.7　雷达图

雷达图用于显示数据中心点以及数据类别之间的变化趋势，也可以将覆盖的数据系列用不同的颜色显示出来。雷达图主要包括雷达图、带数据标记的雷达图和填充雷达图 3 种子图表类型，如图 16-7 所示为带数据标记的雷达图。

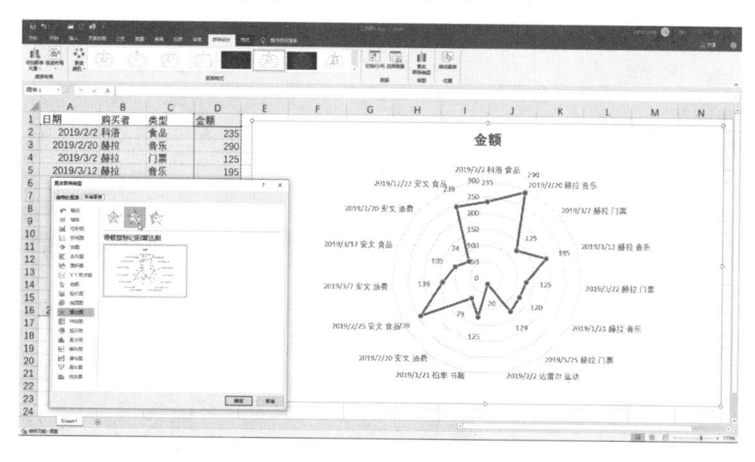

图 16-7

16.2　创建与更改图表

在 Excel 中创建专业外观的图表非常简单，只需要选择图表类型、图表布局和图表样式，就可以创建简单的具有专业效果的图表。本节将介绍创建图表，更改图表的类型、图表源数据及图表布局等知识。

16.2.1 创建图表

在 Excel 2019 中创建图表既快速又简便，只需要选择数据区域，然后在选项组中单击需要的图表类型即可。

01 启动 Excel 2019，新建一个空白工作簿，输入如图 16-8 所示的数据，然后选中需要创建图表的单元格区域。

02 切换至“插入”选项卡下，单击“图表”选项组中的“推荐的图表”按钮，在弹出的对话框中单击“所有图表”选项卡，然后选择预览任意图表的效果，例如“三维簇状柱形图”图表，如图 16-9 所示。

图 16-8

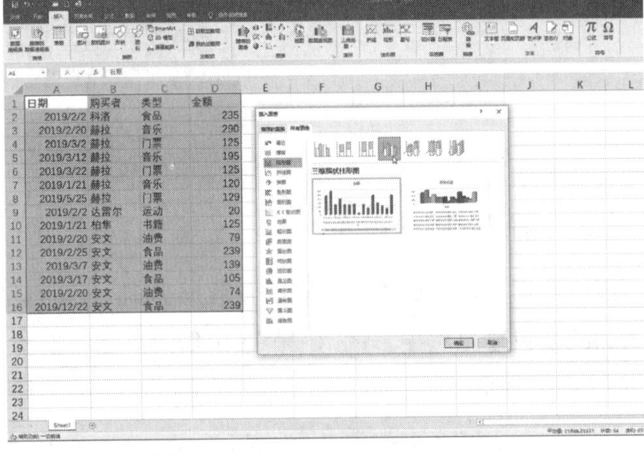

图 16-9

03 单击“确定”按钮，此时就会在工作表中根据选定的数据创建与之对应的图表类型，如图 16-10 所示。

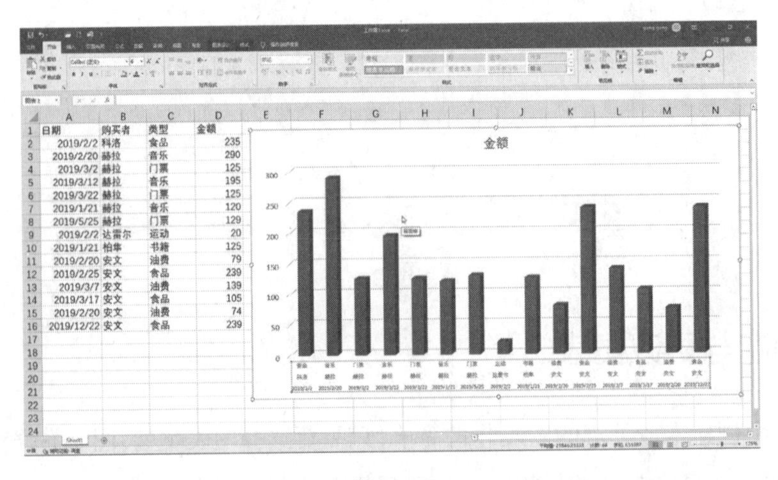

图 16-10

16.2.2 更改图表类型

如果在创建图表后觉得图表类型并不合适，可以更改图表类型，具体操作步骤如下。

01 在打开的工作表中，选中需要更改图表类型的图表，在“图表设计”选项卡下的“类型”选项组中单击“更改图表类型”按钮，如图 16-11 所示。

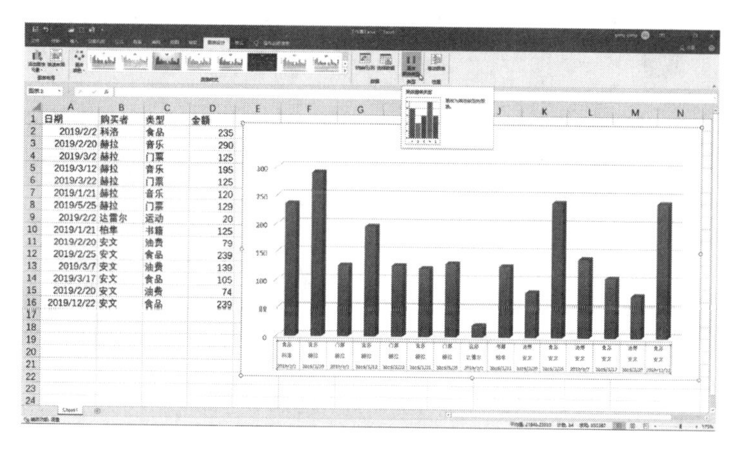

图 16-11

02 在弹出的“更改图表类型”对话框，重新选择需要的图表类型，如单击“树状图”图标，如图 16-12 所示，然后单击“确定”按钮。

03 此时选中的图表更改为树状图效果，得到如图 16-13 所示的图表效果。

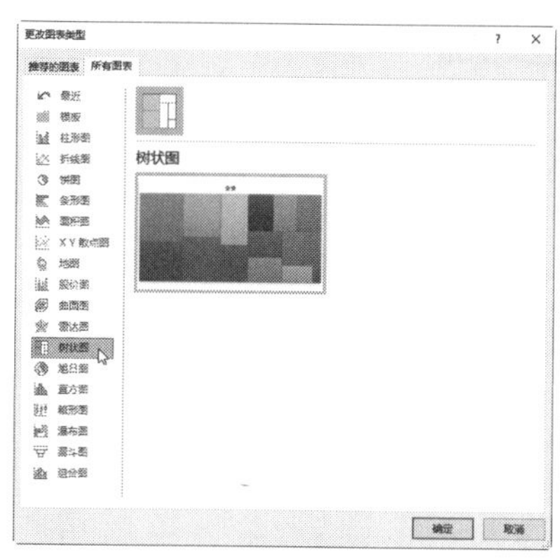

图 16-12

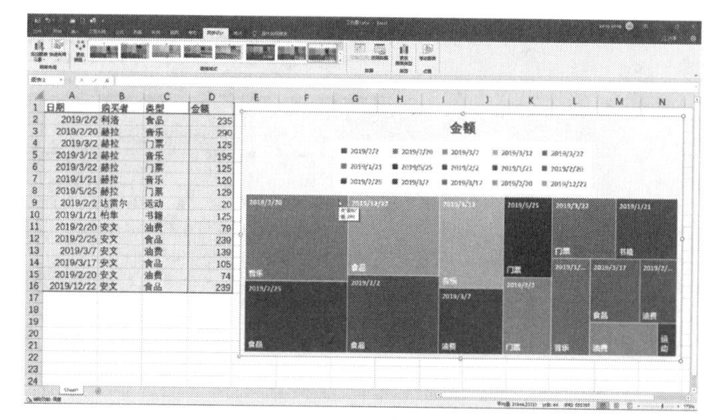

图 16-13

16.2.3 重新选择数据源

在图表创建完成后，还可以根据需要向图表中添加新的数据或者交换图表中的行与列数据。

1. 切换表格的行与列

创建图表后，如果发现图表中图例与分类轴的位置颠倒，可以对其进行调整，只需要

在“数据”选项组中单击“切换行 / 列”按钮即可。

01 在打开的工作表中选中需要切换行与列的图表。

02 在“图表设计”选项卡下，单击“数据”选项组中的“切换行 / 列”按钮，如图 16-14 所示。

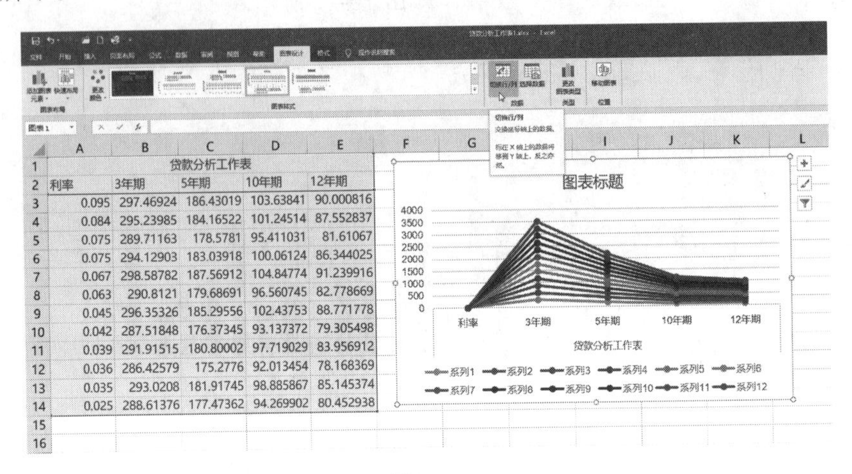

图 16-14

此时所选图表的图例与分类轴进行了交换，得到如图 16-15 所示的图表效果。

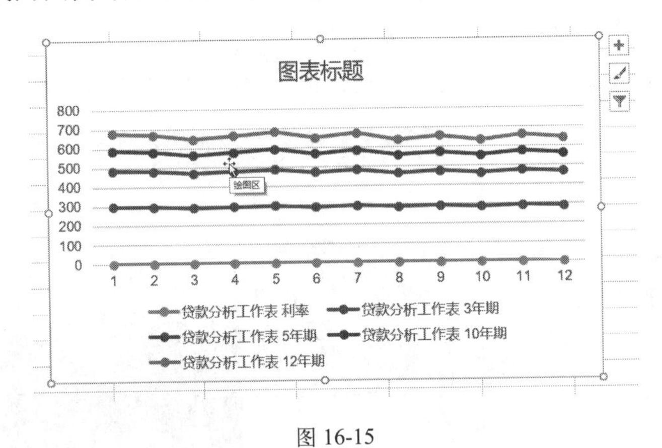

图 16-15

2. 更改图表引用的数据

如果用户需要在图表中新增数据，可以通过“选择数据源”对话框为图表重新选择数据或是只添加新增加的数据系列，在该对话框中还可以调整图表中数据系列之间的排列顺序等。

01 在打开的工作表中现有数据区域的下方添加一行数据，如图 16-16 所示。

02 选中图表，在“图表设计”选项卡下，单击“数据”选项组中的“选择数据”按钮，如图 16-17 所示。

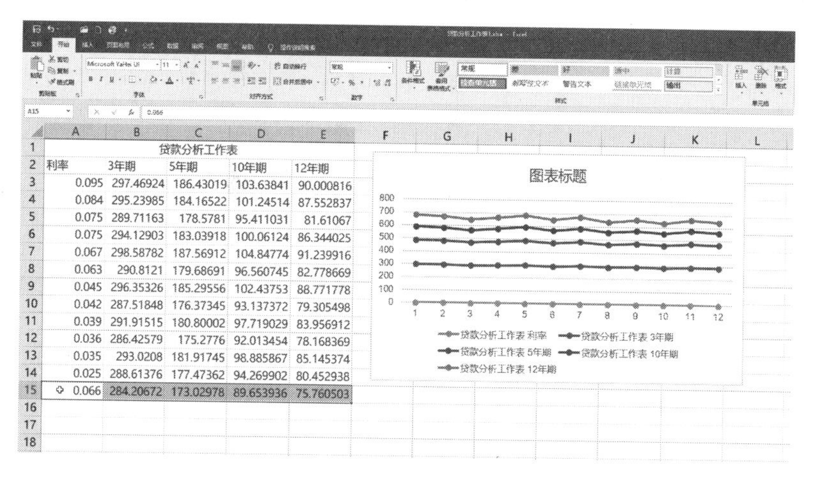

图 16-16

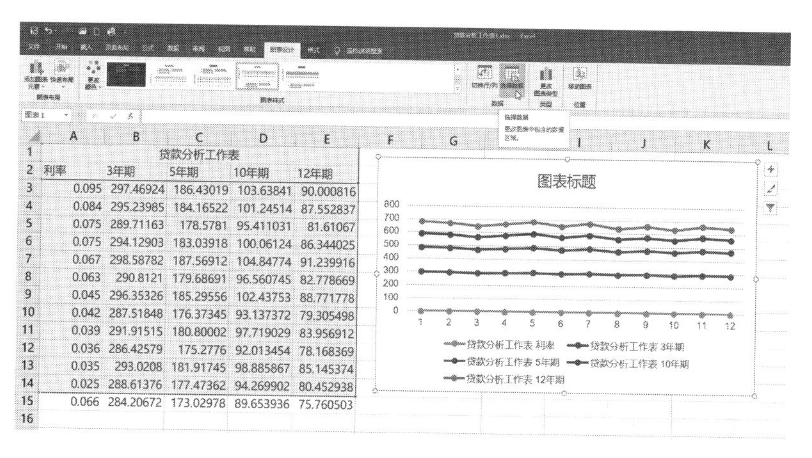

图 16-17

03 在打开的“选择数据源”对话框中，单击“图表数据区域”右侧的扩展按钮，将新的数据行包含进去，如图 16-18 所示。

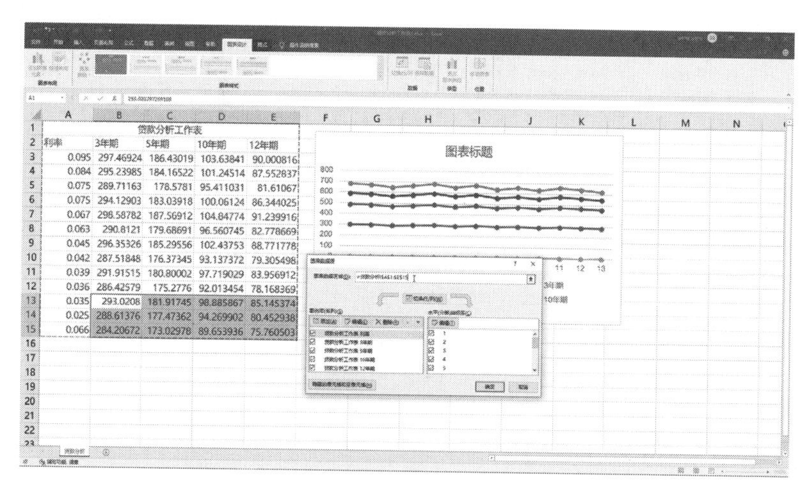

图 16-18

04 在“图例项（系列）”列表框中清除“贷款分析工作表 利率”复选框，因为它不适合作为图例项数据。

05 在“水平（分类）轴标签”列表框中单击“编辑”按钮，如图 16-19 所示。

06 在出现的“轴标签”对话框中，选择利率列作为轴标签区域，如图 16-20 所示，单击“确定”按钮。

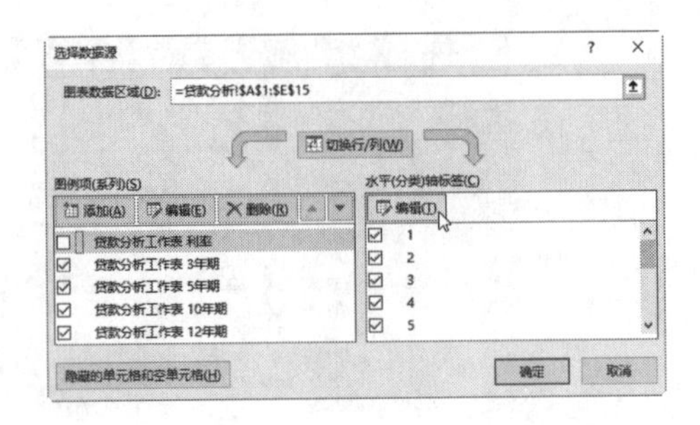

图 16-19

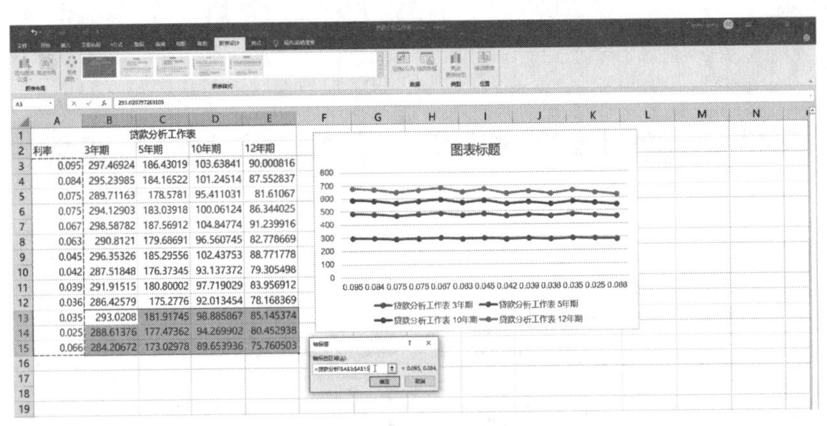

图 16-20

07 返回“选择数据源”对话框，单击“确定”按钮，即可看到此时图表中新增了数据系列，并且以利率为水平分类轴，如图 16-21 所示。

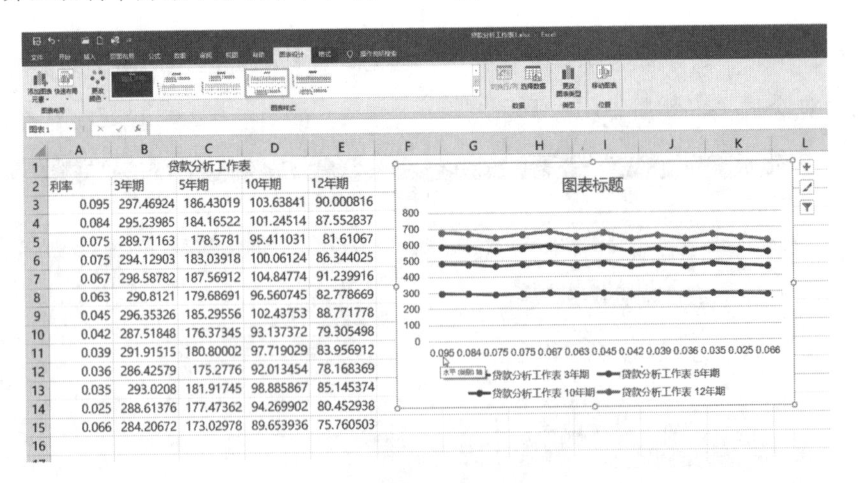

图 16-21

16.2.4 更改图表布局

一个图表中包含多个组成部分，默认创建的图表只包含其中的几项，如数据系列、分

类轴、数值轴、图例，而不包含图表标题、坐标轴标题等图表元素。如果希望图表中包含更多的信息，并且更加美观，可以使用预设的图表布局快速更改图表的布局。

如果需要更改图表布局，先选中需要更改图表布局的图表，切换到“图表设计”选项卡，在“图表布局”选项组中单击“快速布局”按钮，展开图表布局库，选择需要的布局样式，如单击“布局 7”选项，如图 16-22 所示。

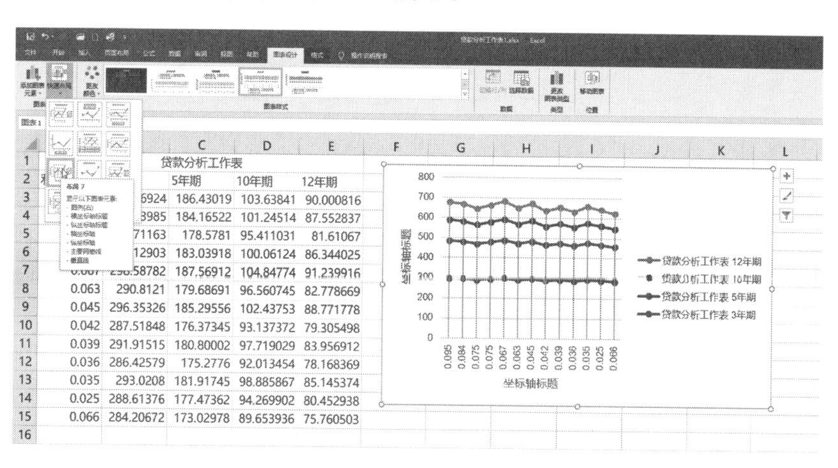

图 16-22

16.2.5　移动图表位置

在 Excel 中，创建图表会默认将其作为一个对象添加在当前工作表中，用户可以将创建好的图表移至图表工作表或其他工作表中。

01 在打开的工作簿中单击需要移动位置的图表，切换到“图表设计”选项卡下，单击“位置”选项组中的“移动图表”按钮。

02 在打开的“移动图表”对话框中，选中“新工作表”单选按钮，并在文本框中输入工作表名称，如图 16-23 所示。

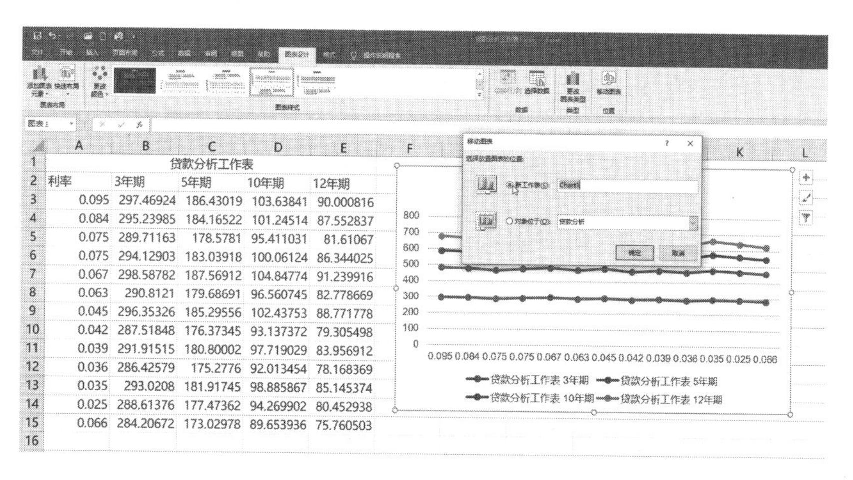

图 16-23

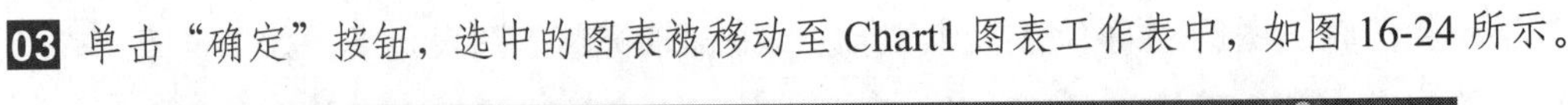

03 单击“确定”按钮，选中的图表被移动至 Chart1 图表工作表中，如图 16-24 所示。

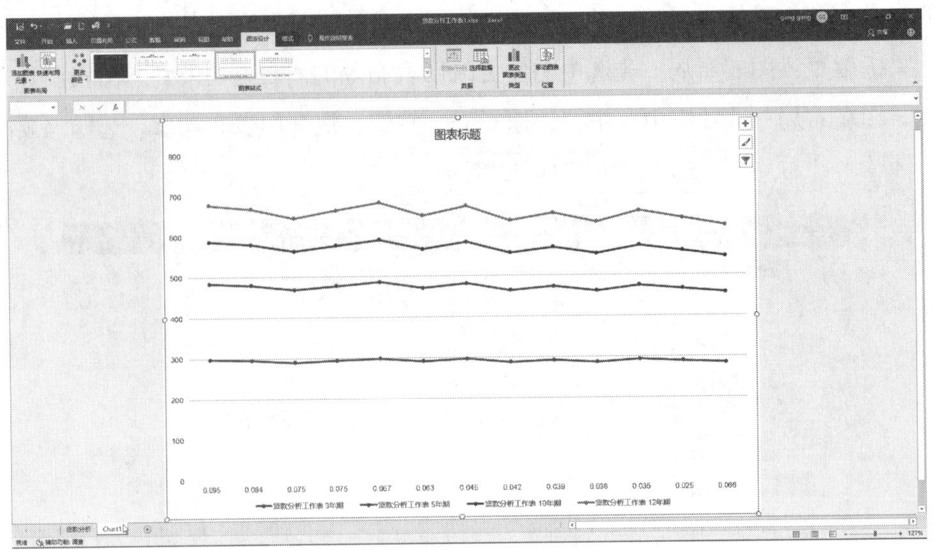

图 16-24

16.3 为图表添加标签

在 Excel 中，除了可以使用预定义的图表布局更改图表元素的布局，还可以根据实际需要自行更改图表元素的位置，如在图表中添加图表标题并设置其格式、显示与设置坐标轴标题、调整图例位置、显示数据标签等，从而使图表表现的数据更为清晰。

16.3.1 为图表添加或修改标题

默认的图表布局样式不显示图表标题，用户可以根据需要为图表添加或修改标题，使图表一目了然地体现其主题。为图表添加标题并设置格式的操作步骤如下。

01 打开上一示例中的工作簿，选中 Chart1 工作表，可以看到该图表已经有了一个“图表标题”占位符。这和第 16.2.4 节“更改图表布局”有关。有些图表布局自动包含了图表标题。单击即可修改该占位符，如图 16-25 所示。

02 在本示例中，我们将图表标题修改为“贷款分析”，然后切换到“图表设计”选项卡，单击“图表布局”选项组中的“添加图表元素”按钮，在展开的菜单中选择“图表标题”|“更多标题选项”命令，如图 16-26 所示。

03 在打开的“设置图表标题格式”面板中，用户可以选择设置该图表标题的文本外观样式和效果。实际上，图表标题同样是文本，因此，在“格式”选项卡中，也可以方便地选择其形状样式和艺术字样式等，并且所有这些修改都可以立即看到效果，如图 16-27 所示。

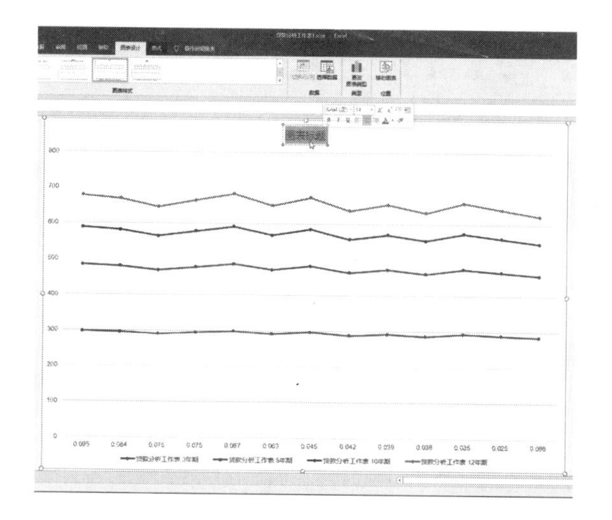

图 16-25

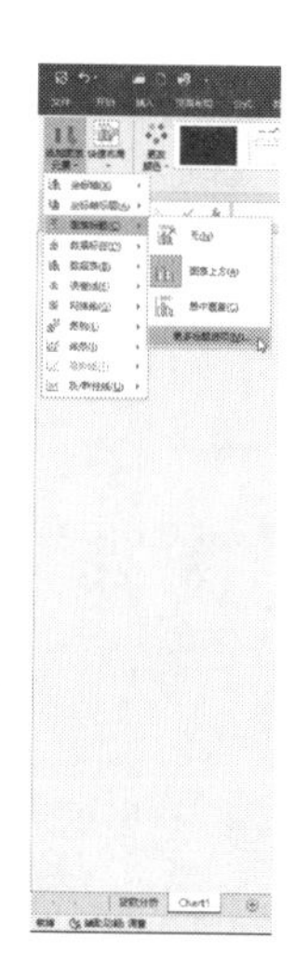

图 16-26

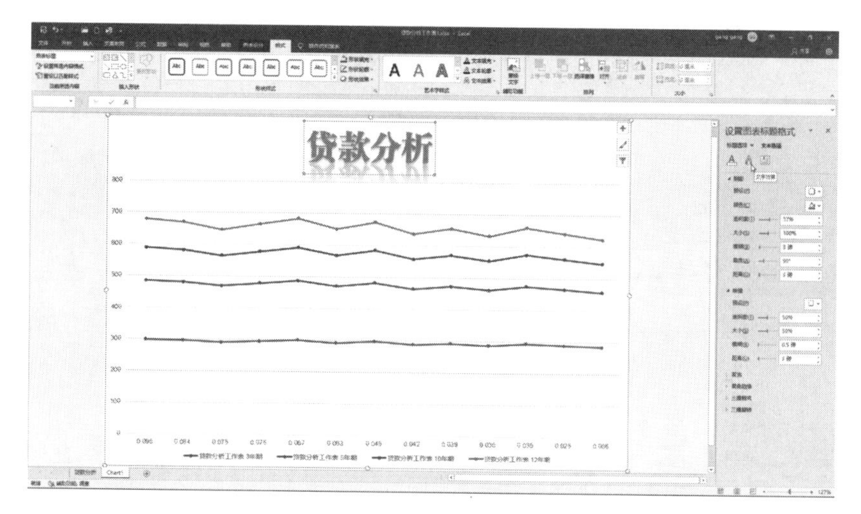

图 16-27

16.3.2　显示与设置坐标轴标题

为了使图表水平和垂直坐标的内容更加明确，还可以为图表的坐标轴添加标题。坐标轴标题分为水平（分类）坐标轴和垂直（数值）坐标轴，用户可以根据需要分别为其添加和设置坐标轴标题，具体操作步骤如下。

01 选中需要设置坐标轴标题的图表，此时“设置图表标题格式”面板会立即变成“设置坐标轴格式”面板，以体现选定项目的变化，如图 16-28 所示。

02 和图表标题一样，坐标轴标题文本框也可以通过“设置坐标轴格式”面板和“格式”选项卡修改样式，如图 16-29 所示。

03 对于“水平(类别)轴”标题文本来说，可以按同样的方式设置其格式，如图 16-30 所示。

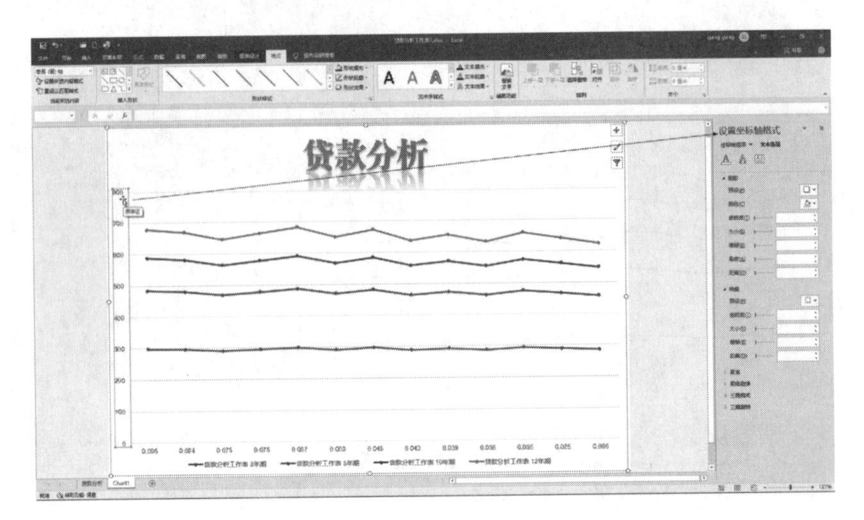

图 16-28

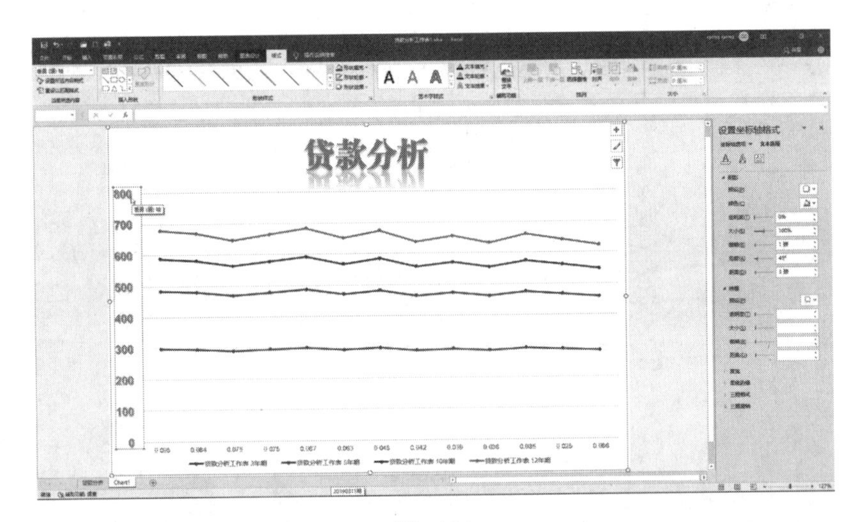

图 16-29

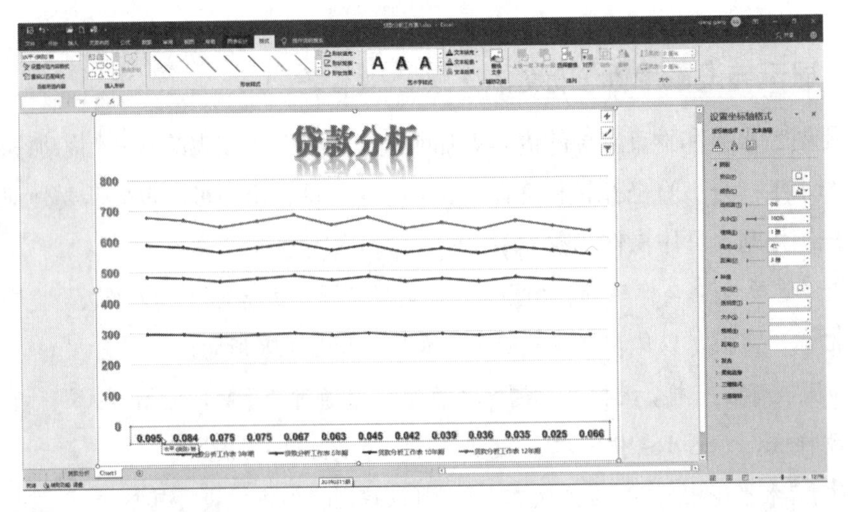

图 16-30

16.3.3 显示与设置图例

图例用于体现数据系列表中现有的数据项名称的标识。在默认情况下，创建的图表都显示在图表的右侧。用户可以根据需要调整图例显示的位置，也可以隐藏图例。

01 打开上一示例中的工作簿，选中需要调整图例位置的图表。

02 切换到“图表设计”选项卡，在“图表布局”选项组中单击“添加图表元素”按钮，在弹出的菜单中选择“图例”|“顶部”命令，这样，原先位于底部的图例就会被移动到顶部，如图 16-31 所示。

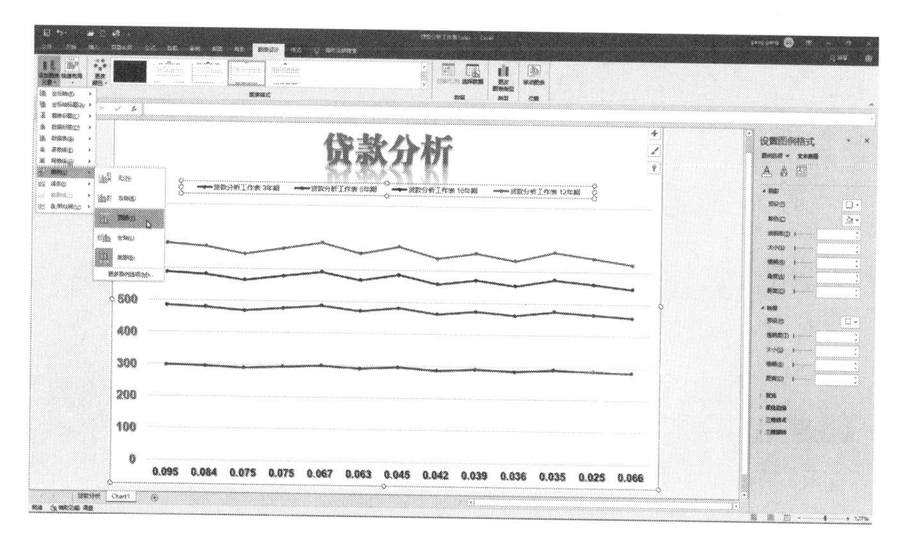

图 16-31

03 与图表标题、坐标轴标题等一样，用户也可以通过“设置图例格式”面板和“格式”选项卡来设置图例的外观效果，如图 16-32 所示。

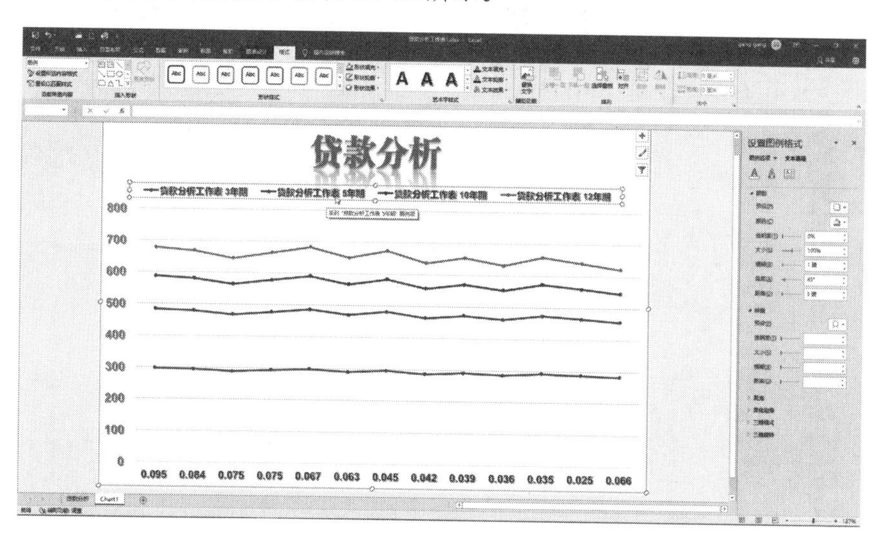

图 16-32

16.3.4 显示数据标签

数据标签用于解释说明数据系列上的数据标记。在数据系列上显示数据标签，可以明确地显示出数据点值、百分比值、系列名称或类别名称。

01 选中图表，切换到“图表设计”选项卡下，单击“图表布局”选项组中的“添加图表元素”按钮，然后选择“数据标签”，在展开的菜单中选择数据标签出现的位置（例如，“上方”），或者单击“其他数据标签选项”命令，如图 16-33 所示。

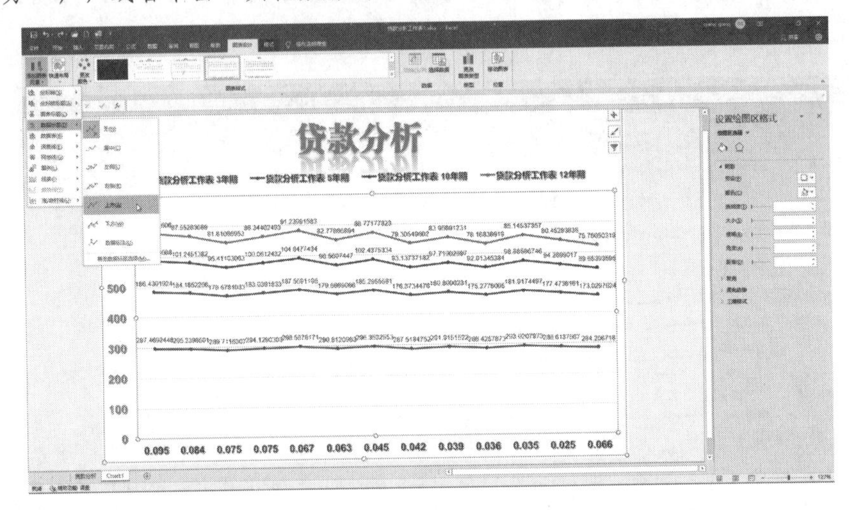

图 16-33

02 通过图 16-33 的预览可以发现，数据标签位数太多，影响辨读，这是由于未设置正确的数据格式引起。要解决该问题非常简单，切换回数据工作表，选中 B3:E15 单元格区域，设置其单元格格式为“货币”即可，如图 16-34 所示。

	A	B	C	D	E
1		贷款分析工作表			
2	利率	3年期	5年期	10年期	12年期
3	0.095	¥297.47	¥186.43	¥103.64	¥90.00
4	0.084	¥295.24	¥184.17	¥101.25	¥87.55
5	0.075	¥289.71	¥178.58	¥95.41	¥81.61
6	0.075	¥294.13	¥183.04	¥100.06	¥86.34
7	0.067	¥298.59	¥187.57	¥104.85	¥91.24
8	0.063	¥290.81	¥179.69	¥96.56	¥82.78
9	0.045	¥296.35	¥185.30	¥102.44	¥88.77
10	0.042	¥287.52	¥176.37	¥93.14	¥79.31
11	0.039	¥291.92	¥180.80	¥97.72	¥83.96
12	0.036	¥286.43	¥175.28	¥92.01	¥78.17
13	0.035	¥293.02	¥181.92	¥98.89	¥85.15
14	0.025	¥288.61	¥177.47	¥94.27	¥80.45
15	0.066	¥284.21	¥173.03	¥89.65	¥75.76

图 16-34

03 切换回到图表工作表，可以看到数据标签已经显示为正确的货币格式。使用“设置数据标签格式”面板和“格式”选项卡可以轻松设置数据标签的外观效果，如图 16-35 所示。

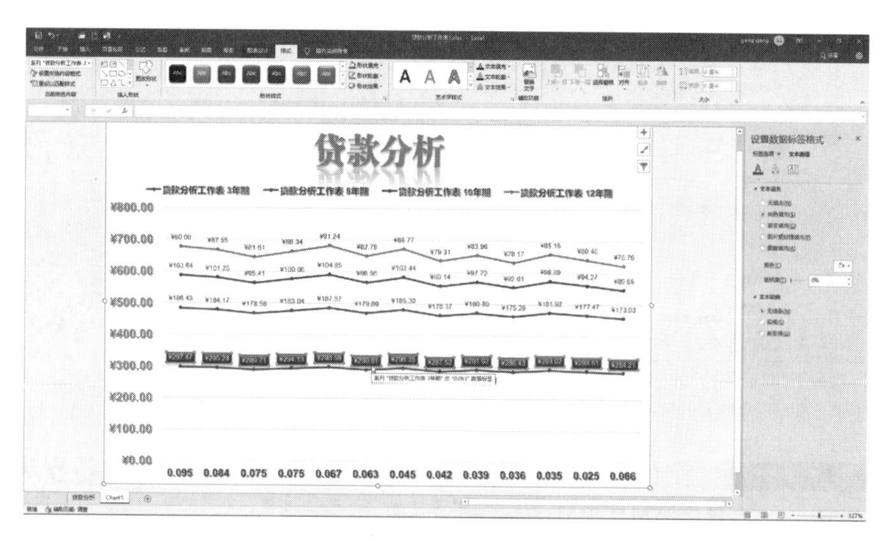

图 16-35

16.4　美化图表

对于已经完成的图表，可以设置图表中各种元素的格式对其进行美化。在设置格式时可以直接套用预设的图表样式，也可以选择图表中的某一对象后手动设置其填充色、边框样式和形状效果等，为其添加自定义效果。

16.4.1　使用图片填充图表区

在图表中可以利用实物图照片等标识图片填充图表区，不仅可以使图表更加美观，具有个性化，而且还能更加明确地表现图表制作的目的。

01 打开上一示例中的工作簿，选中图表，切换到“图表格式”选项卡下，在“当前所选内容”选项组中单击“图表元素”下三角按钮，在弹出的下拉列表中选择“图表区”选项，如图 16-36 所示。

02 选中图表区后，在“形状样式”选项组中单击“形状填充”下三角按钮，在展开的菜单中选择“图片”命令，如图 16-37 所示。

03 在打开的“插入图片”对话框中，可以选择“来自文件”以插入本地图片文件，也可以单击“联机图片”，在线搜索图片。在本示例中，选择“联机图片”，如图 16-38 所示。

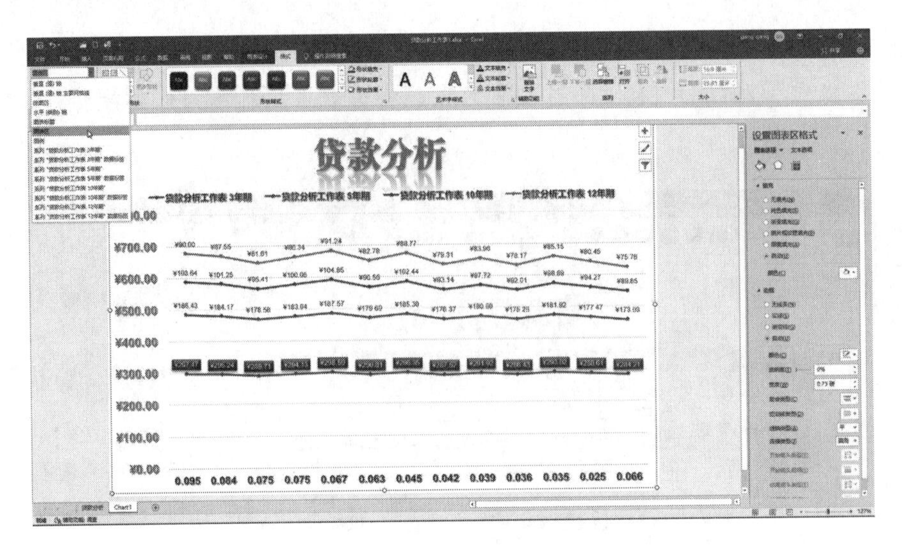

图 16-36

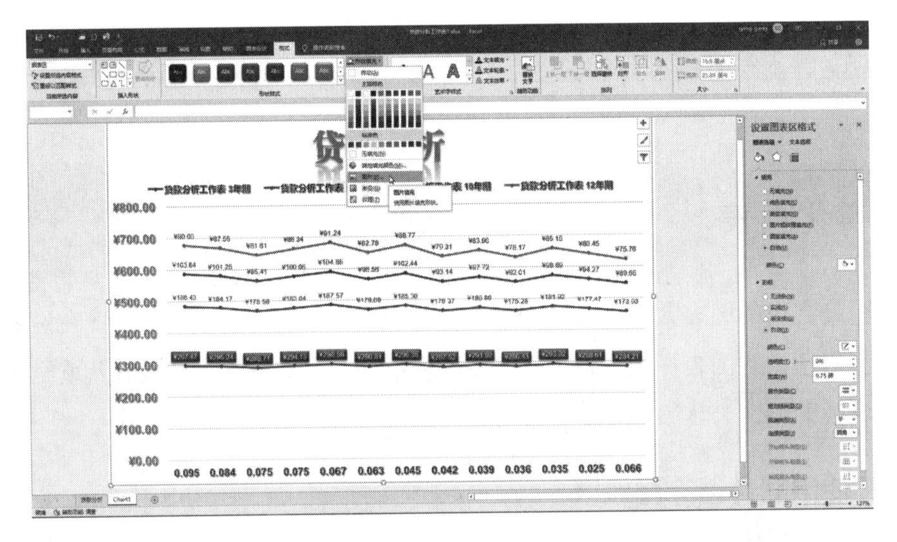

图 16-37

04 打开“在线图片”窗口之后，输入与图表内容相关的关键字，例如“贷款分析”，然后选择合适的搜索结果图片。

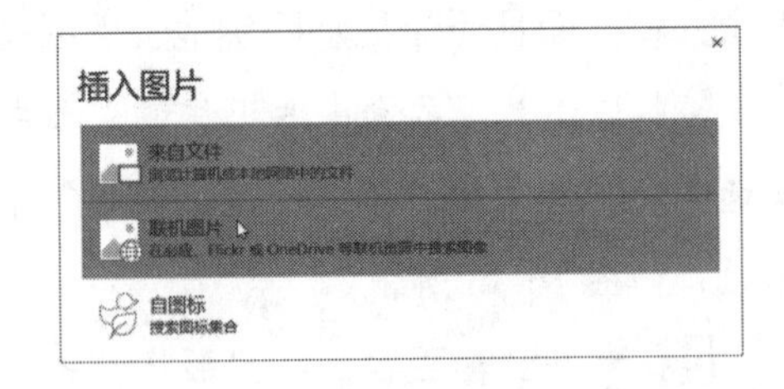

图 16-38

05 单击“插入”按钮。此时，图表的图表区以指定的图片填充效果。但是，它可能太清晰了，影响了图表区域数据的显示，如图 16-39 所示。

06 要解决该问题，可以在“设置图表区格式”面板中，调整图片的“透明度”，使图片不影响数据的显示效果，如图 16-40 所示。

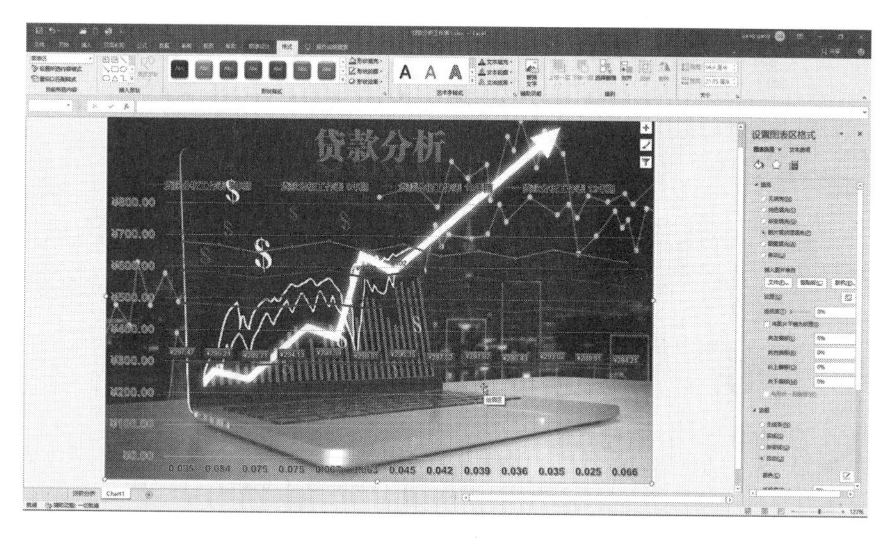

图 16-39

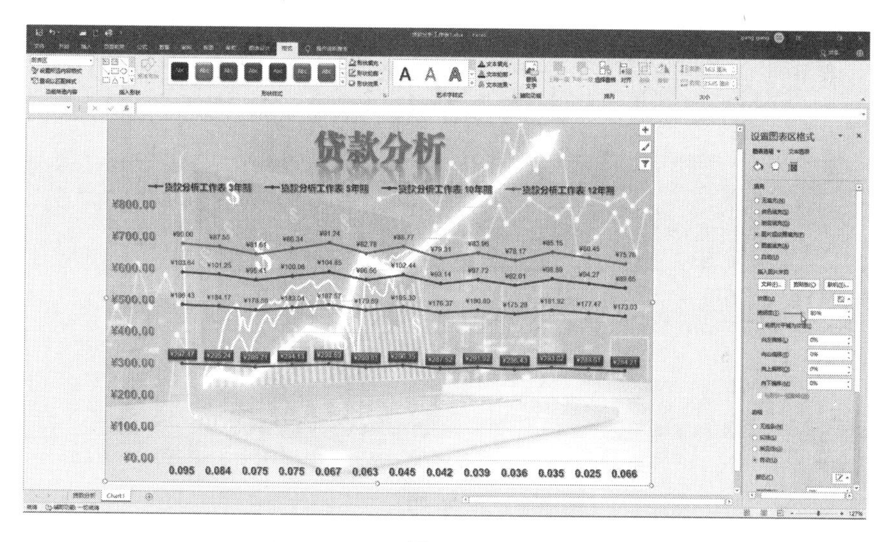

图 16-40

16.4.2 使用纯色或渐变填充绘图区

除了使用图片填充图表区，还可以设置以纯色或渐变填充绘图区，使图表中的数据系列与图表区、绘图区的内容更加协调。

01 单击选中图表中的绘图区并右击，在弹出的快捷菜单中选择“设置图表区域格式”命令，如图 16-41 所示。

02 在出现的“设置图表区格式”面板中，单击“纯色填充”单选按钮，选择一个填充颜色（例如，蓝色），并且可以设置其透明度等，如图 16-42 所示。

03 当然，也可以选择“渐变填充”单选按钮，然后设置渐变光圈的色标，如图 16-43 所示。

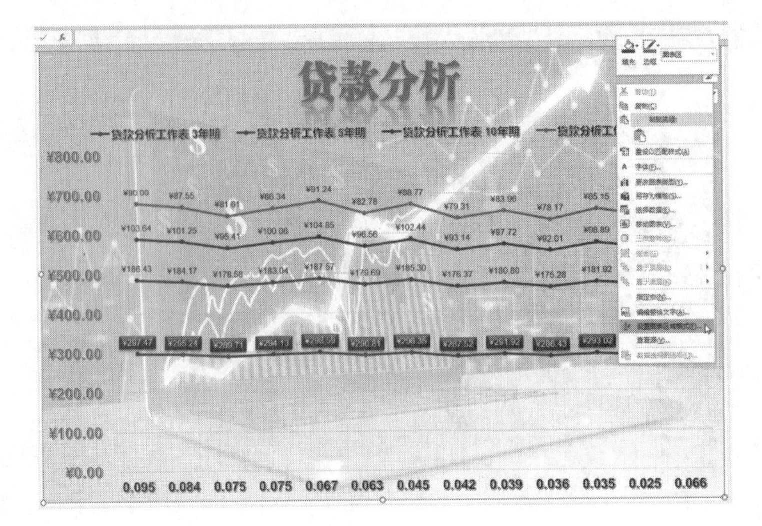

图 16-41

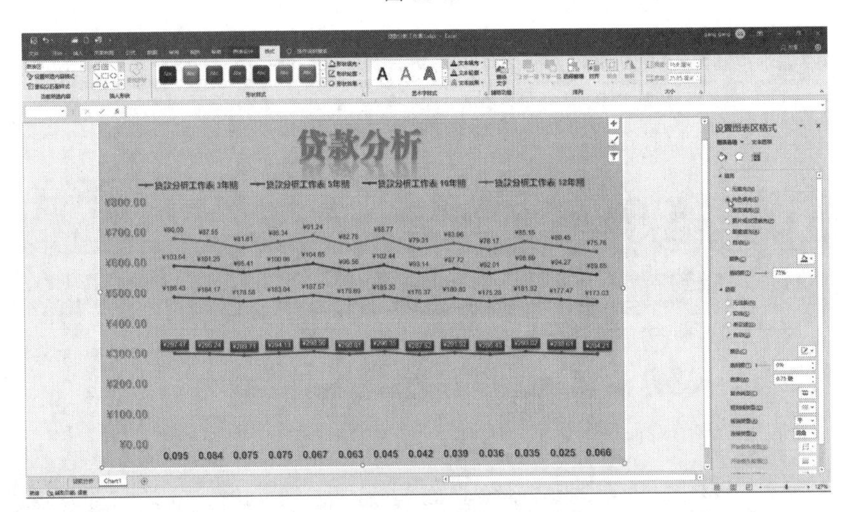

图 16-42

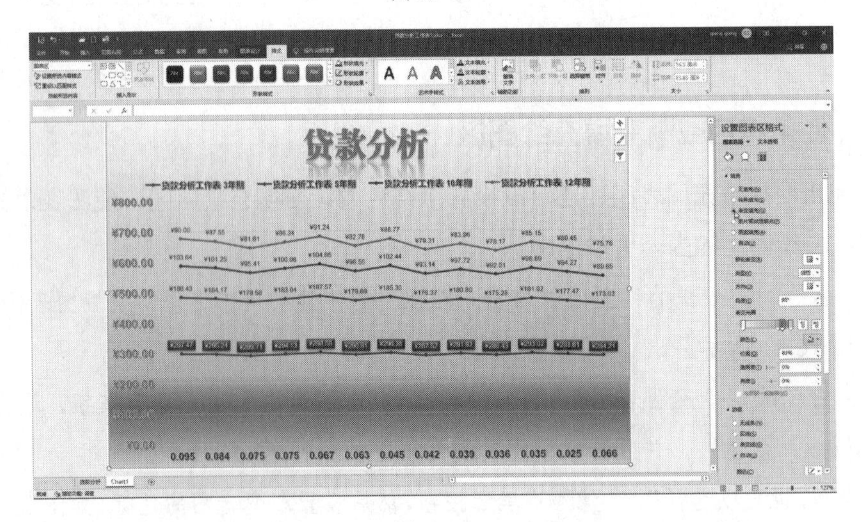

图 16-43

16.4.3　使用预设样式设置数据系列格式

在 Excel 中提供了预设的形状样式，可以用于设置图表区、绘图区、数据系列、图例等图表元素的形状样式及填充格式。在此介绍如何使用预设形状样式设置数据系列的格式。

01 单击图表中需要更改格式的数据系列。

02 切换至“格式”选项卡下，单击“形状样式”选项组中的“其他”按钮，在展开的形状样式库中选择需要的形状样式，如图 16-44 所示。

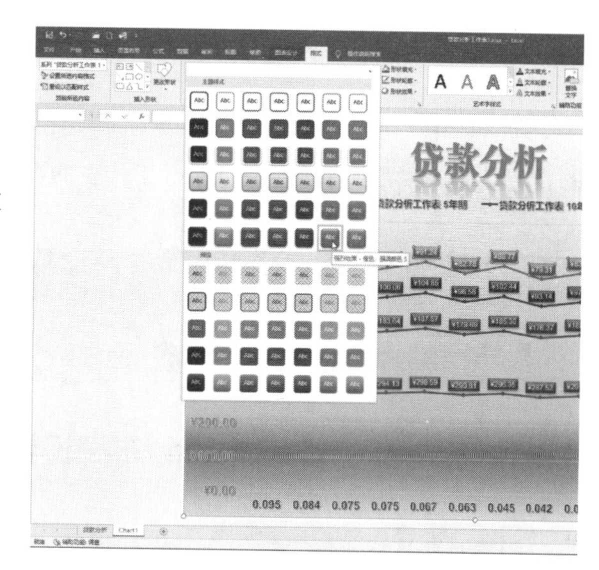

图 16-44

此时选中的数据系列应用了指定的形状样式，采用相同的方法可以设置其他数据系列的格式。

16.4.4　应用预设图表样式

在 Excel 中，除了手动更改图表元素的格式外，还可以使用预定义的图表样式快速设置图表元素的样式，具体操作步骤如下。

01 选中需要应用图表样式的图表。

02 切换到“图表设计”选项卡，单击“图表样式”选项组中的其他按钮，在展开的图表样式库中选择需要的图表样式，如图 16-45 所示。

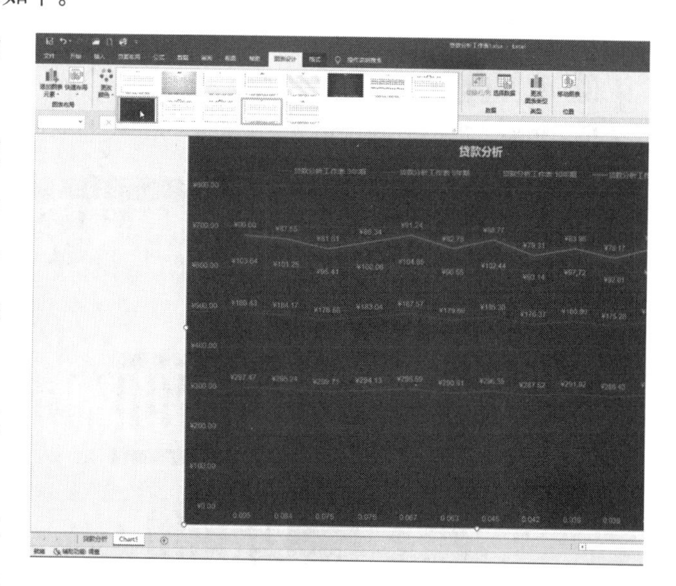

图 16-45

可以看到，这种方式可以快速改变整个图表的外观风格。如果用户对自己的设计能力存疑或者要求提高工作效率，那么这种美化图表的方式也许是最佳的选择。

第 17 章　Excel 工作表的打印输出

Excel 2019 是强大的电子表格办公工具，因此，它的打印输出也是用户需要熟练掌握的常用功能。本章详细介绍了 Excel 工作表的页面布局设置和打印输出功能。

≫ 本章学习内容：

- Excel 工作表的页面布局设置
- 打印输出工作表

17.1　Excel 工作表的页面布局设置

如果对即将打印输出的工作表的页面有一些特殊要求，那么就需要在打印前对工作表页面格式进行设置和调整，以便实现最佳的打印效果。本节将介绍打印时通常要进行设置的大部分页面元素，包括页眉、页脚、页边距、分页、纸张大小和方向、打印比例、打印区域等内容。

17.1.1　插入页眉和页脚

页眉位于工作表的顶部，而页脚位于工作表的底部。通常可以在页眉和页脚处放入一些有利于标识工作表名称、用途以及其他一些辅助信息的内容，如页码、页数、制作日期等。要插入和编辑页眉和页脚，可以按以下步骤操作。

01 启动 Excel 2019，以“饮食和锻炼日记”模板新建一个工作簿。

02 单击“插入”选项卡中的“页眉和页脚”按钮，即可输入页眉和页脚内容，如图 17-1 所示。

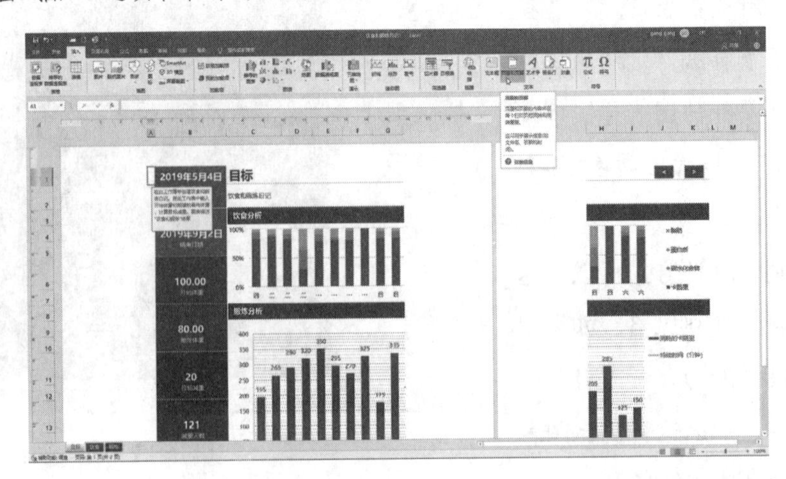

图 17-1

03 当激活页眉或页脚后，切换到“设计”选项卡下，其中“选项”选项组用于对页眉、页脚进行设置，而“页眉和页脚元素”选项组中则提供了可添加到页眉、页脚的诸多内容，如图 17-2 所示。

04 用户可以直接手动输入页眉和页脚等内容，也可以从“页眉”或“页脚”下拉菜单中选择所需的项目，如图 17-3 所示。

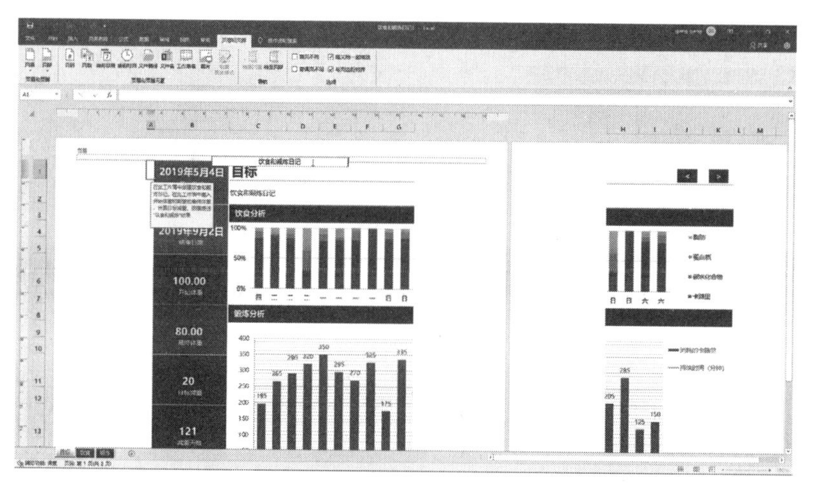

图 17-2

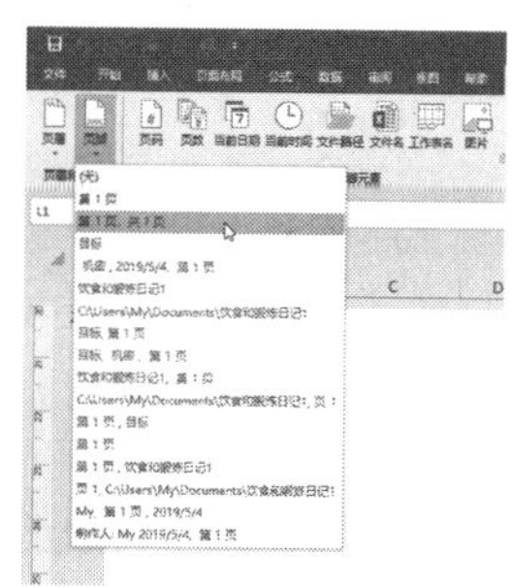

图 17-3

05 切换到“页面布局”选项卡，打开“页面设置”对话框，选择“页眉 / 页脚”标签，单击“自定义页眉”或“自定义页脚”按钮，将打开如图 17-4 和图 17-5 所示的对话框，在其中可以输入文字并使用工具栏中的按钮对文字设置格式。

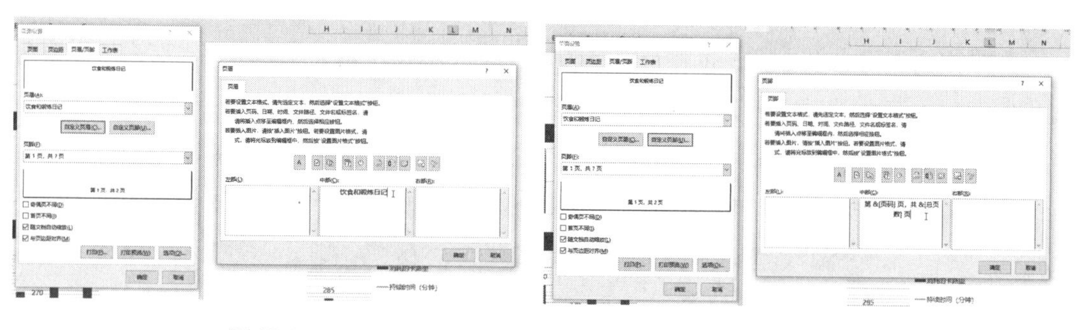

图 17-4

图 17-5

17.1.2 调整页边距

页边距是指工作表数据区域与页面边界的距离，可以通过设置页边距来控制数据打印到纸张上的位置，其操作步骤如下。

01 切换到“页面布局”选项卡，单击“页面设置”选项组中的“页边距”按钮，在弹出的列表中选择预设的页边距，如图 17-6 所示。

02 选择图 17-7 中的“自定义边距”命令，将打开“页面设置”对话框，切换至“页边距”选项卡，可以设置“上”“下”“左”“右”文本框中的值来精确设置页边距的范围，如图 17-7 所示。

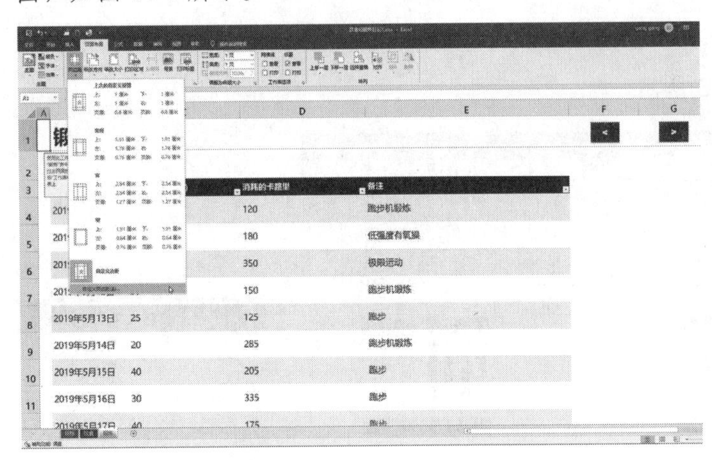

图 17-6

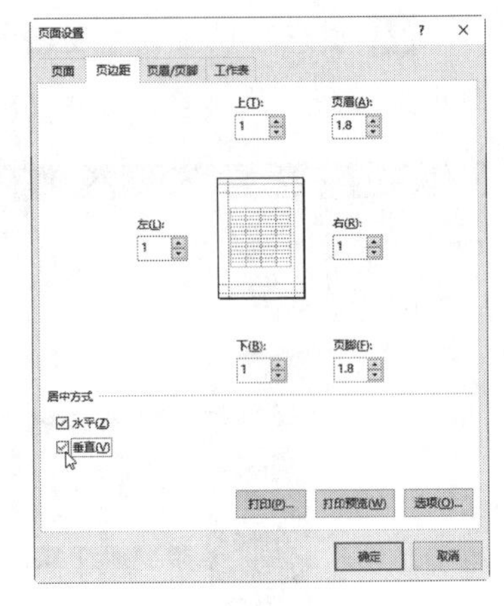

图 17-7

17.1.3 插入或删除分页符

如果工作表中包含的内容很多且超过一页时，Excel 会自动将多出的内容放到下一页进行打印，并使用虚线来表示分页标记，这种虚线标记被称为“分页符”。默认情况下看不到分页符，要显示分页符，可以单击状态栏中的“页面布局”按钮，然后再单击“普通”按钮。

有时可能需要强制分隔页面来打印某些数据，这时就需要手工设置分页符。根据分页后的结果，可以将分页符分为 3 种，即水平分页符、垂直分页符和交叉分页符。

如果需要创建水平分页，也就是以行为基准将工作表分为上、下两页，那么就需要将光标定位到 A 列中的某一行，例如 A 列第 12 行，然后执行以下操作。

01 切换到“页面布局”选项卡，单击“页面设置”选项组中的“分隔符”按钮。

02 在弹出的菜单中选择“插入分页符”命令，即可按行分页，如图 17-8 所示。

	A	B	C	D	E	F	G	H
1	饮食					目标	锻炼	
2	饮食和锻炼日记							
3	日期	时间	描述	卡路里	碳水化合物	蛋白质	脂肪	备注
4	2019/5/5	7:00:00	咖啡	1.00	0.00	0.00	0.00	晨间咖啡
5	2019/5/5	8:00:00	面包	10.00	10.00	2.00	10.00	精简早餐
6	2019/5/5	12:00:00	午餐	283.00	46.00	18.00	3.50	火鸡三明治
7	2019/5/5	19:00:00	晚餐	500.00	42.00	35.00	25.00	砂锅土豆牛肉
8	2019/5/6	7:00:00	咖啡	1.00	0.00	0.00	0.00	晨间咖啡
9	2019/5/6	8:00:00	吐司	10.00	10.00	2.00	10.00	精简早餐
10	2019/5/6	12:00:00	午餐	189.00	26.00	3.00	8.00	三明治
11	2019/5/6	19:00:00	晚餐	477.00	62.00	13.50	21.00	晚餐
12	2019/5/7	7:00:00	咖啡	1.00	0.00	0.00	0.00	晨间咖啡
13	2019/5/7	8:00:00	面包	245.00	48.00	10.00	1.50	精简早餐
14	2019/5/7	12:00:00	午餐	247.00	11.00	43.00	5.00	沙拉
15	2019/5/7	19:00:00	晚餐	456.00	64.00	32.00	22.00	晚餐

图 17-8

插入垂直分页符的方法与插入水平分页符类似，关键是要将光标定位到第一行中，根据希望分页的位置再定位到第一行中的某一列，例如，E1 单元格，再执行以下操作。

01 切换到“页面布局”选项卡，单击“页面设置”选项组中的“分隔符”按钮。

02 在弹出的菜单中选择“插入分页符”命令，即可在光标左侧插入垂直分页符，如图 17-9 所示。

	A	B	C	D	E	F	G	H
1	饮食					目标	锻炼	
2	饮食和锻炼日记							
3	日期	时间	描述	卡路里	碳水化合物	蛋白质	脂肪	备注
4	2019/5/5	7:00:00	咖啡	1.00	0.00	0.00	0.00	晨间咖啡
5	2019/5/5	8:00:00	面包	10.00	10.00	2.00	10.00	精简早餐
6	2019/5/5	12:00:00	午餐	283.00	46.00	18.00	3.50	火鸡三明治
7	2019/5/5	19:00:00	晚餐	500.00	42.00	35.00	25.00	砂锅土豆牛肉
8	2019/5/6	7:00:00	咖啡	1.00	0.00	0.00	0.00	晨间咖啡
9	2019/5/6	8:00:00	吐司	10.00	10.00	2.00	10.00	精简早餐
10	2019/5/6	12:00:00	午餐	189.00	26.00	3.00	8.00	三明治
11	2019/5/6	19:00:00	晚餐	477.00	62.00	13.50	21.00	晚餐
12	2019/5/7	7:00:00	咖啡	1.00	0.00	0.00	0.00	晨间咖啡
13	2019/5/7	8:00:00	面包	245.00	48.00	10.00	1.50	精简早餐
14	2019/5/7	12:00:00	午餐	247.00	11.00	43.00	5.00	沙拉
15	2019/5/7	19:00:00	晚餐	456.00	64.00	32.00	22.00	晚餐

图 17-9

03 在图 17-9 中，已经显示了水平和垂直分页符，但是由于 Excel 默认显示了网格线，所以导致分页符不易识别。要隐藏网格线，可以清除“页面布局”选项卡“工作表选项”工具组中的“网格线”分类中的“查看”复选框，如图 17-10 所示。

	A	B	C	D	E	F	G	H
1	饮食					目标	锻炼	
2	饮食和锻炼日记							
3	日期	时间	描述	卡路里	碳水化合物	蛋白质	脂肪	备注
4	2019/5/5	7:00:00	咖啡	1.00	0.00	0.00	0.00	晨间咖啡
5	2019/5/5	8:00:00	面包	10.00	10.00	2.00	10.00	精简早餐
6	2019/5/5	12:00:00	午餐	283.00	46.00	18.00	3.50	火鸡三明治
7	2019/5/5	19:00:00	晚餐	500.00	42.00	35.00	25.00	砂锅土豆牛肉
8	2019/5/6	7:00:00	咖啡	1.00	0.00	0.00	0.00	晨间咖啡
9	2019/5/6	8:00:00	吐司	10.00	10.00	2.00	10.00	精简早餐
10	2019/5/6	12:00:00	午餐	189.00	26.00	3.00	8.00	三明治
11	2019/5/6	19:00:00	晚餐	477.00	62.00	13.50	21.00	晚餐
12	2019/5/7	7:00:00	咖啡	1.00	0.00	0.00	0.00	晨间咖啡
13	2019/5/7	8:00:00	面包	245.00	48.00	10.00	1.50	精简早餐
14	2019/5/7	12:00:00	午餐	247.00	11.00	43.00	5.00	沙拉
15	2019/5/7	19:00:00	晚餐	456.00	64.00	32.00	22.00	晚餐

图 17-10

04 如果光标所在位置既不属于第一行，也不属于第一列，例如，F 列第 13 行，那么在插入分页符时将同时插入水平和垂直分页符，如图 17-11 所示。

根据分页符类型的不同，在删除分页符时需要注意将光标置于正确的位置，否则无法删除分页符，各位置如下。

- 删除水平分页符：将光标置于水平分页符下面的行中。
- 删除垂直分页符：将光标置于垂直分页符右侧的列中。

● 删除交叉分页符：将光标置于交叉分页符交点的右下角单元格中。

	A	B	C	D	E	F	G	H
1	饮食					目标	锻炼	
2	饮食和锻炼日记							
3	日期	时间	描述	卡路里	碳水化合物	蛋白质	脂肪	备注
4	2019/5/5	7:00:00	咖啡	1.00	0.00	0.00	0.00	晨间咖啡
5	2019/5/5	8:00:00	面包	10.00	10.00	2.00	10.00	精简早餐
6	2019/5/5	12:00:00	午餐	283.00	46.00	18.00	3.50	火鸡三明治
7	2019/5/5	19:00:00	晚餐	500.00	42.00	35.00	25.00	砂锅土豆牛肉
8	2019/5/6	7:00:00	咖啡	1.00	0.00	0.00	0.00	晨间咖啡
9	2019/5/6	8:00:00	吐司	10.00	10.00	2.00	10.00	精简早餐
10	2019/5/6	12:00:00	午餐	189.00	26.00	3.00	8.00	三明治
11	2019/5/6	19:00:00	晚餐	477.00	62.00	13.50	21.00	晚餐
12	2019/5/7	7:00:00	咖啡	1.00	0.00	0.00	0.00	晨间咖啡
13	2019/5/7	8:00:00	面包	245.00	48.00	10.00	1.50	精简早餐
14	2019/5/7	12:00:00	午餐	247.00	11.00	43.00	5.00	沙拉
15	2019/5/7	19:00:00	晚餐	456.00	64.00	32.00	22.00	晚餐

图 17-11

当需要删除分页符时，可以按以下步骤操作。

01 根据分页符类型，将鼠标置于正确位置后，切换到“页面布局”选项卡，再单击“页面设置”选项组中的“分隔符”按钮。

02 在弹出的菜单中选择“删除分页符”命令，即可删除指定的分页符。

要一次性删除所有分页符，则可以按以下步骤操作。

01 切换到“页面布局”选项卡，单击“页面设置”选项组中的“分隔符”按钮。

02 在弹出的菜单中选择“重设所有分页符”命令，即可将当前工作表中的所有分页符删除。

17.1.4 指定纸张的大小

Excel 工作表的默认纸张大小为 A4，可以根据实际情况进行调整，其操作步骤如下。

01 切换到“页面布局”选项卡，单击“页面设置”选项组中的“纸张大小”按钮。

02 在弹出的菜单中选择所需的纸张，如图 17-12 所示。如果之前在工作表中并未显示出分页符的虚线标记，那么在改变纸张大小后，它将会显示出来。

	A	B	C	D	E	F	G	H
1	饮食					目标	锻炼	
2	饮食和锻							
3	日期		描述	卡路里	碳水化合物	蛋白质	脂肪	备注
4	2019/	00	咖啡	1.00	0.00	0.00	0.00	晨间咖啡
5	2019/	00	面包	10.00	10.00	2.00	10.00	精简早餐
6	2019/	00	午餐	283.00	46.00	18.00	3.50	火鸡三明治
7	2019/	00	晚餐	500.00	42.00	35.00	25.00	砂锅土豆牛肉
8	2019/	00	咖啡	1.00	0.00	0.00	0.00	晨间咖啡
9	2019/	00	吐司	10.00	10.00	2.00	10.00	精简早餐
10	2019/	00	午餐	189.00	26.00	3.00	8.00	三明治
11	2019/5/6	19:00:00	晚餐	477.00	62.00	13.50	21.00	晚餐
12	2019/5/7	7:00:00	咖啡	1.00	0.00	0.00	0.00	晨间咖啡
13	2019/5/7	8:00:00	面包	245.00	48.00	10.00	1.50	精简早餐
14	2019/5/7	12:00:00	午餐	247.00	11.00	43.00	5.00	沙拉
15	2019/5/7	19:00:00	晚餐	456.00	64.00	32.00	22.00	晚餐

图 17-12

17.1.5 设置纸张方向

所谓"纸张方向"，就是指要将工作表内容在纸张上纵向打印还是横向打印，其设置方法如下。

01 切换到"页面布局"选项卡，单击"页面设置"选项组中的"纸张方向"按钮。

02 在弹出的菜单中选择"横向"或"纵向"命令，如图 17-13 所示。

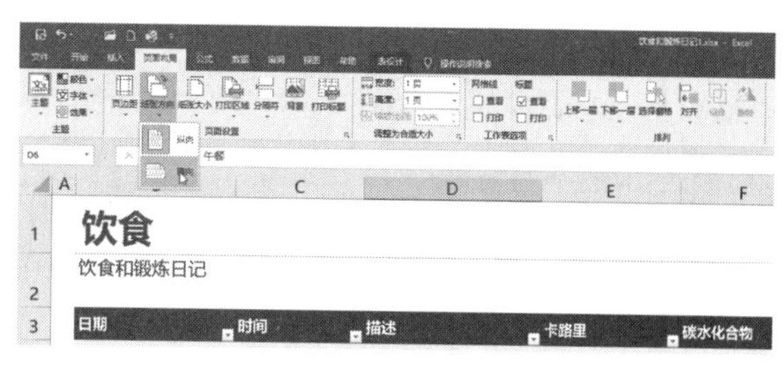

图 17-13

17.1.6 设置打印比例

如果工作表中的页数很多，用户希望在有限的纸张数量的情况下打印工作表中的所有内容，那么可能就需要缩小打印比例，以便在一张纸上可以打印出更多的内容，其操作步骤如下。

01 打开需要打印的文件，切换到"页面布局"选项卡。

02 在"调整为合适大小"选项组中设置打印时的缩放比例，如图 17-14 所示。

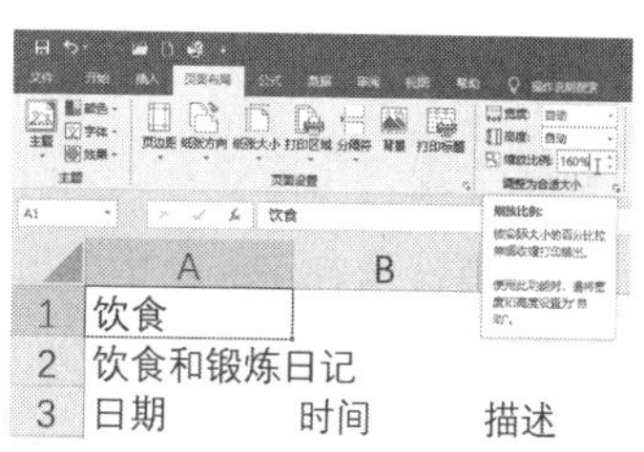

图 17-14

17.1.7 选择打印区域

如果不希望打印整个工作表，而只需要打印其中某个区域的数据，可以使用打印区域这项功能，让 Excel 只打印由用户指定的部分。创建打印区域的通用步骤如下。

01 打开需要打印的文件，使用鼠标选择要打印的区域。在本示例中，选择的是 B1:I11 单元格区域。

02 切换到"页面布局"选项卡下，单击"页面设置"选项组中的"打印区域"按钮。

03 在弹出的菜单中选择"设置打印区域"命令。

这样，在所选区域四周将自动添加边框线，Excel 将只打印该边框线包围部分的内容。在编辑栏左侧的名称框中可以看到选定区域已经具有"Print_Area"名称。如果还有其他需要打印的内容，则可以再继续选择这些区域，例如，在本示例中，可以选中 B14:I15 单元格区域（注意，该区域并非已有打印区的连续区域），然后执行以下操作。

01 切换到"页面布局"选项卡下，单击"页面设置"选项组中的"打印区域"按钮。

02 在弹出的菜单中选择"添加到打印区域"命令，这样就可以将新选择的区域添加到打印区域中。

按照同样的方式，可以将多个不连续的区域设置为待打印的内容。

17.1.8 打印行和列的标题

如果要打印的表格的第一行包含各列的标题，而且工作表不止一页，那么在默认情况下打印时会出现一个问题，即除了第一页以外，其他页的顶部不会打印工作表第一页顶部的标题行，这很容易让人对除第一页以外的其他打印内容感到迷惑，因为缺乏标题的数据看起来是非常不直观的。

要打印行和列的标题时，可按以下步骤操作。

01 切换到“页面布局”选项卡下，单击“页面设置”选项组中的“打印标题”按钮。

02 在打开的“页面设置”对话框中，单击切换到“工作表”选项卡。通过单击“顶端标题行”文本框右侧的按钮，即可选择工作表中包含标题的行。当然，如果标题位于列方向上，也可以在“左端标题列”中设置列标题的位置。

除了设置打印标题外，在“工作表”选项卡中还包括很多其他辅助性设置。例如，可以通过选中“网格线”复选框来指定在打印时将网格线打印到纸张上；如果需要查看数据的顺序位置，可以选中“行和列标题”复选框，这样将打印每行数据的行号和列标，打印出的效果就像在Excel中显示的行号列标一样；通过选择“错误单元格打印为”下拉列表中的内容，可以控制出现错误的单元格中的内容以什么方式来显示（通常情况下不希望显示错误标志，可以将其设置为“空白”）。

17.2 打印输出工作表

完成上述页面设置后，基本上就可以将工作表打印输出了。有时为了更加保险起见，也可以在打印前使用打印预览功能检查工作表的打印外观，以便发现问题并及时进行调整。

01 单击“文件”按钮，在弹出的菜单中选择“打印”命令，展开“打印”面板。

02 设置打印机、打印范围、打印页数、打印方向、纸张大小和页边距等选项。

03 预览打印的结果，如果确认无误，可以单击“打印”面板中的“打印”按钮，将工作表打印输出。

第 18 章　PowerPoint 基础知识

PowerPoint 是一款专门用来制作演示文稿的软件，它是 Microsoft Office 套装软件中的一个重要组成部分。使用 PowerPoint 可以制作出集文字、图形、图像、声音以及视频等于一体的多媒体演示文稿，让信息以更轻松、更高效的方式表达出来。

≫ 本章学习内容：

- 启动和退出 PowerPoint 2019
- PowerPoint 2019 的界面组成
- PowerPoint 2019 的视图方式

18.1　启动和退出 PowerPoint 2019

当用户安装完 Office 2019 之后，启动 PowerPoint 2019 就可以使用它来创建演示文稿。而在不需要使用时，可以随时退出。

18.1.1　启动 PowerPoint 2019

常用的启动方法有：常规启动、通过创建新文档启动和通过现有文稿启动。

常规启动方式是：按 Windows 键，打开“开始”屏幕，单击 PowerPoint 2019 图标，即可启动 PowerPoint 2019，如图 18-1 所示。

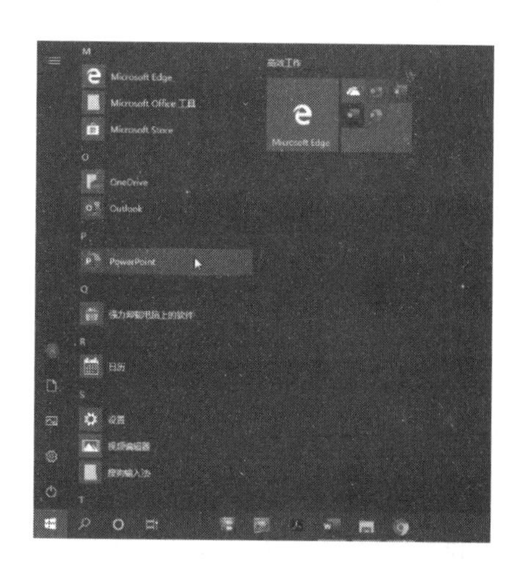

图 18-1

18.1.2　退出 PowerPoint 2019

退出 PowerPoint 2019 的方法有多种，常用的主要有以下几种。

- 单击 PowerPoint 2019 窗口右上角的“关闭”按钮。
- 右击标题栏，在弹出的快捷菜单中选择“关闭”命令。
- 单击“文件”按钮，在出现的界面中选择“关闭”命令。注意，该命令仅关闭当前打开的 PowerPoint 文件，但是不关闭 PowerPoint 应用程序。
- 直接按 Alt+F4 快捷键。

18.2 PowerPoint 2019 的界面组成

PowerPoint 2019 在界面上有了较大的改变，本节主要介绍 PowerPoint 2019 的工作界面及各种视图的切换方式。

启动 PowerPoint 2019 应用程序后，用户将看到全新的工作界面，如图 18-2 所示。PowerPoint 2019 的界面不仅美观实用，而且各个工具按钮的摆放更便于用户的操作。

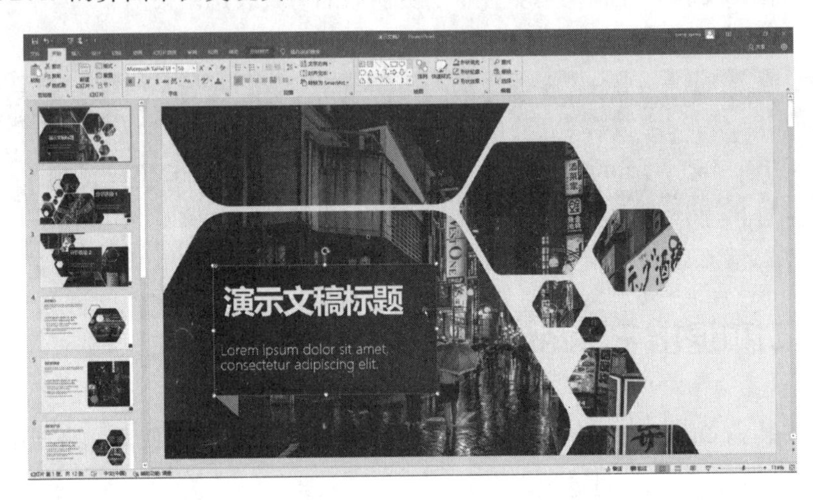

图 18-2

18.2.1 标题栏

标题栏位于工作界面的顶端，包括快速启动按钮、功能区选项按钮、帮助按钮、最小化按钮、最大化按钮和关闭按钮，如图 18-3 所示。

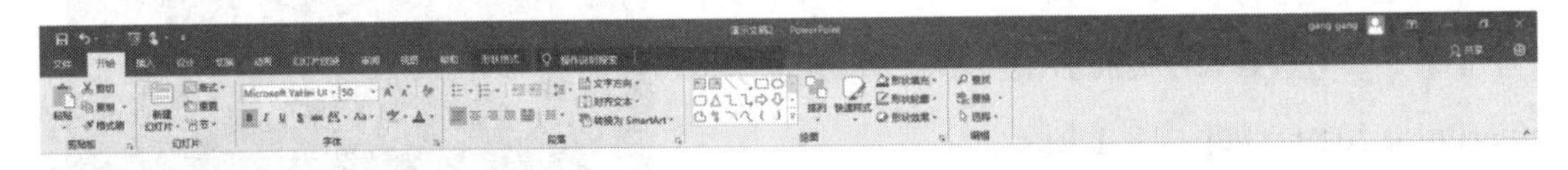

图 18-3

18.2.2 功能区

PowerPoint 2019 的功能区和 Office2019 的其他组件共享相同的特性。不同的选项卡有不同的功能区，如图 18-4 所示。

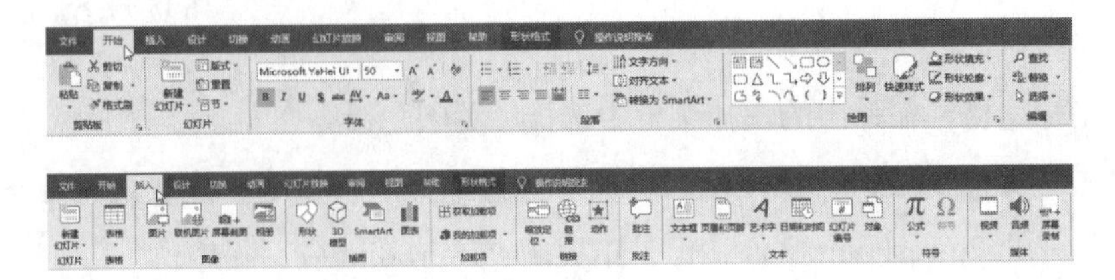

图 18-4

18.2.3 幻灯片的编辑窗口

幻灯片编辑窗口是 PowerPoint 2019 工作界面中最大的组成部分，它是使用 PowerPoint 进行幻灯片制作的主要工作区。当幻灯片应用了主题和版式后，编辑区将出现相应的提示信息，提示用户输入相关内容，如图 18-5 所示。

图 18-5

18.2.4 “幻灯片 / 大纲”窗格

“幻灯片”任务窗格用于显示演示文稿的幻灯片数量及位置，在其中可以更加清晰地查看演示文稿的结构。“幻灯片”任务窗格为默认任务窗格，在其中幻灯片以缩略图形式显示，如图 18-6 所示。

在“大纲”任务窗格中，幻灯片以文本内容形式显示，其作用与“幻灯片”任务窗格相同，如图 18-7 所示。

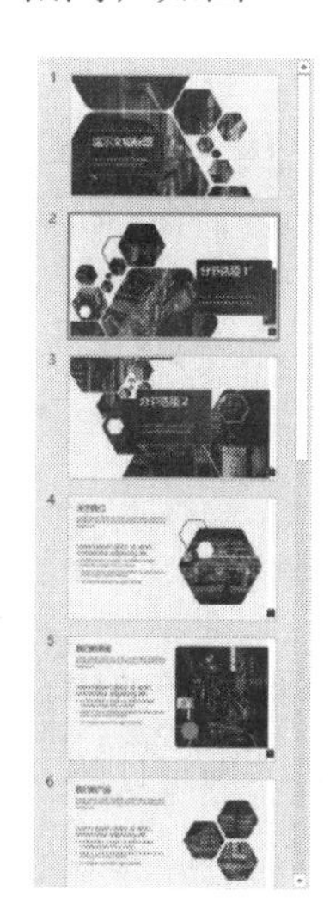

图 18-6

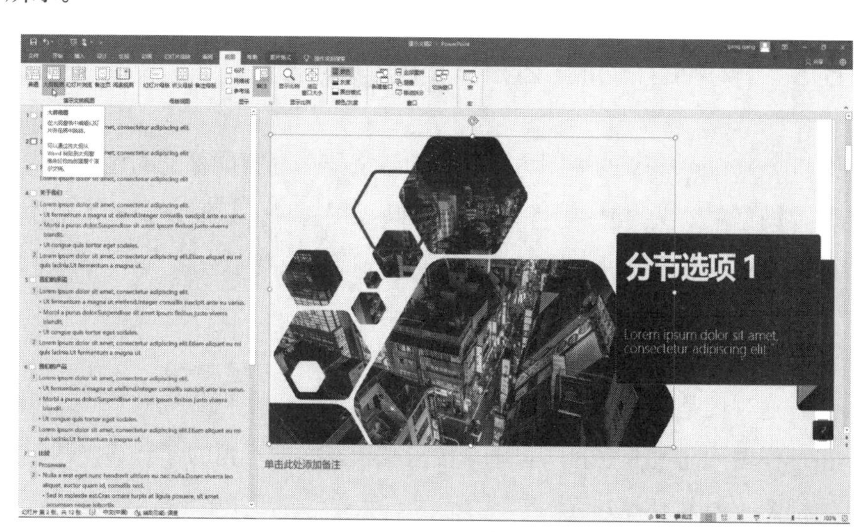

图 18-7

18.2.5 备注栏

用于为幻灯片添加说明和注释，主要用于在演讲者播放幻灯片时，为其提供该幻灯片的相关信息，如图 18-8 所示。

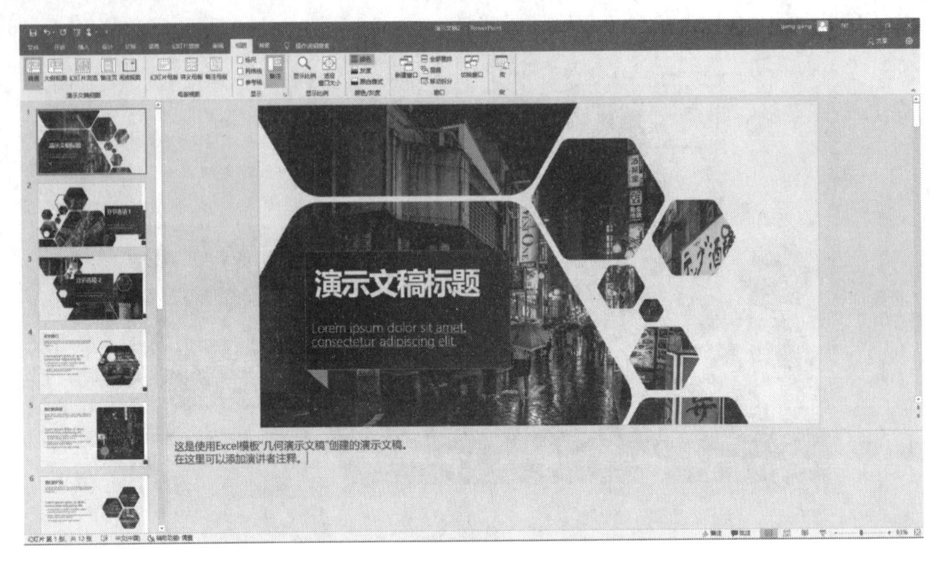

图 18-8

18.2.6 状态栏

状态栏位于工作界面的最底端，显示当前演示文稿的常用参数及工作状态，如整个文稿的总页数、当前正在编辑的幻灯片的编号以及该演示文稿所用的设计模板名称等信息。状态栏的右侧为“快捷按钮和显示比例滑块”区域，用户通过快捷按钮可以设置幻灯片的视图模式，通过显示比例滑块可以控制幻灯片在整个编辑区的视图比例。

18.3 PowerPoint 2019 的视图方式

PowerPoint 2019 的视图方式是指演示文稿在电脑屏幕上的显示方式，包括普通视图、幻灯片浏览视图、阅读视图和幻灯片放映视图 4 种。只要分别单击工作界面右下方视图栏中的 4 个视图方式按钮，就可以切换至相应的视图方式。

18.3.1 普通视图

普通视图是 PowerPoint 2019 默认的视图方式，在该方式下可以对幻灯片进行编辑。单击“视图”选项卡中的“普通”按钮或状态栏右下角的“普通视图”按钮，均可切换至普通视图，如图 18-9 所示。

图 18-9

18.3.2 幻灯片浏览视图

单击“视图”选项卡“演示文稿视图”工具组中的“幻灯片浏览”按钮或状态栏右下角的同名按钮，均可切换至幻灯片浏览视图。在该视图方式中可以浏览演示文稿中所有幻灯片的整体效果，并且可以对其进行整体的调整，如调整演示文稿的背景、移动或复制幻灯片等，但是不能编辑幻灯片中的具体内容（如对幻灯片中的文字进行修改等），如图 18-10 所示。

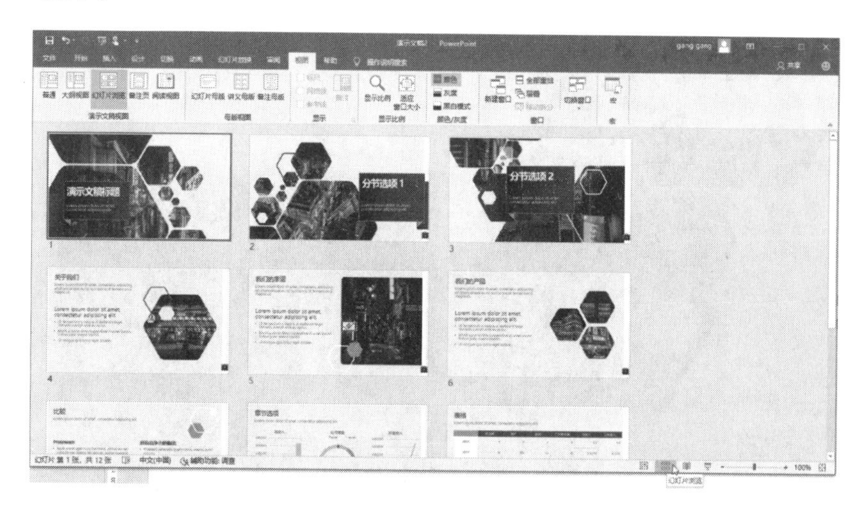

图 18-10

18.3.3 阅读视图

单击“视图”选项卡“演示文稿视图”工具组中的“阅读视图”按钮或状态栏右下角的同名按钮，均可切换至幻灯片阅读视图。在该视图方式中可以按最简洁的界面浏览幻灯片，如图 18-11 所示。

图 18-11

18.3.4 幻灯片放映视图

单击状态栏右下角的“幻灯片放映”按钮，便可切换至幻灯片放映视图。此时演示文稿中的幻灯片将按设置要求以全屏形式动态放映，除可以浏览每张幻灯片的放映情况外，还可以测试其中插入的动画、声音效果等。在该视图中右击，在弹出的快捷菜单中选择相应的命令，可以对放映的幻灯片进行控制，如退出放映等。另外，在该视图左下角也有一排按钮，用户可以通过这些按钮控制演示文稿的放映，如图 18-12 所示。

图 18-12

第 19 章　演示文稿基础操作

如同 Word 文档的基本单位是页面一样，PowerPoint 演示文稿的基本单位则是幻灯片。用户在创建演示文稿之后，可以插入和编辑幻灯片、选择幻灯片设计、移动和复制幻灯片，或删除多余的幻灯片等。要查看幻灯片的效果，可以放映演示文稿。

≫ 本章学习内容：

- 新建空白演示文稿
- 编辑幻灯片
- 放映与保存演示文稿

19.1　新建演示文稿

在 PowerPoint 中，存在演示文稿和幻灯片两个概念，使用 PowerPoint 制作出来的整个文件称为演示文稿（Presentation），而演示文稿中的每一页叫做幻灯片（Slide），每张幻灯片都是演示文稿中既相互独立又相互联系的内容。

新建空白演示文稿时，其操作步骤如下。

01 单击“文件”选项卡，在弹出的界面中选择“新建”命令。

02 在打开的“新建”面板的默认状态下，选择“空白演示文稿”图标。

此时即可创建一个空白的演示文稿。

PowerPoint 2019 提供了丰富的在线演示文稿模板，建议用户把自己感兴趣的演示文稿都下载下来，通过查看其内容汲取有关 PowerPoint 创作的技巧和灵感。例如，单击“演示文稿”关键字，即可查看到很多颇具创意的演示文稿模板，如图 19-1 所示。

下载的方法非常简单，选择感兴趣的模板直接双击即可。如果需要了解其基本情况，则可以单击，在出现的详情窗口中单击“创建”按钮，如图 19-2 所示。

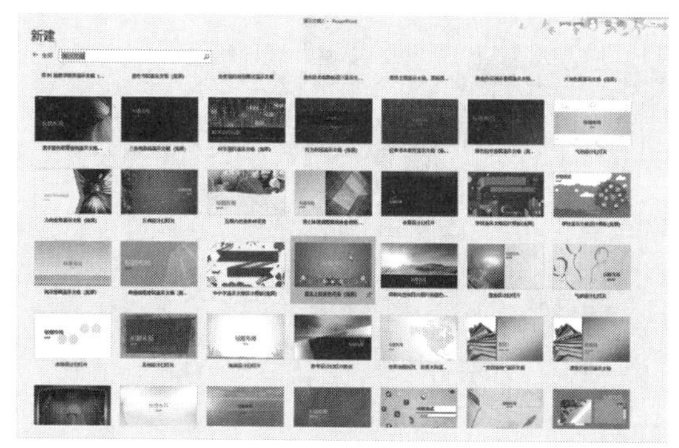

图 19-1

图 19-2

19.2 编辑幻灯片

一个完整的演示文稿通常都是由多张幻灯片组成的，在制作演示文稿的过程中，往往需要对多张幻灯片进行操作，如选择幻灯片、插入幻灯片、移动和复制幻灯片，以及删除幻灯片等。

19.2.1 选择幻灯片

在对幻灯片进行其他操作前必须先选择它。通常移动幻灯片编辑区的滚动条，在幻灯片编辑区中的幻灯片就已经被选择了。但是当演示文稿中有多张幻灯片时，要想迅速选择需要的幻灯片，可以在“幻灯片 / 大纲”任务窗格的“幻灯片”选项卡中单击幻灯片缩略图，以快速选择该幻灯片，如图 19-3 所示。

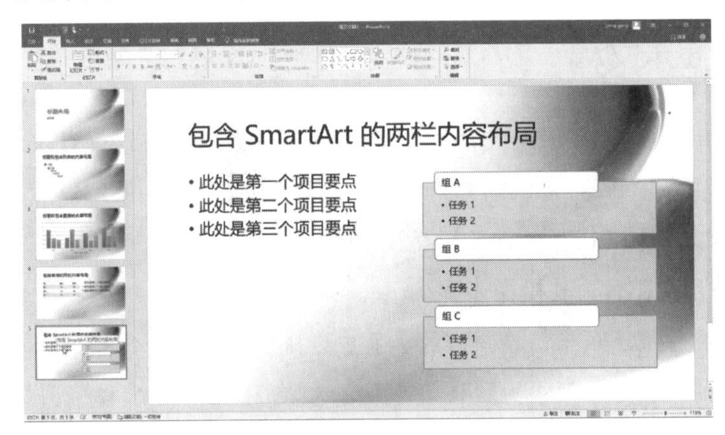

图 19-3

在幻灯片浏览视图模式下，可按住 Shift 键不放选择多张连续的幻灯片，也可按住 Ctrl 键不放选择多张不连续的幻灯片。如图 19-4 所示，即选中了不连续的第 1、3、4、7、8、9、11、12 张幻灯片（被选中的幻灯片会显示红色边框）。

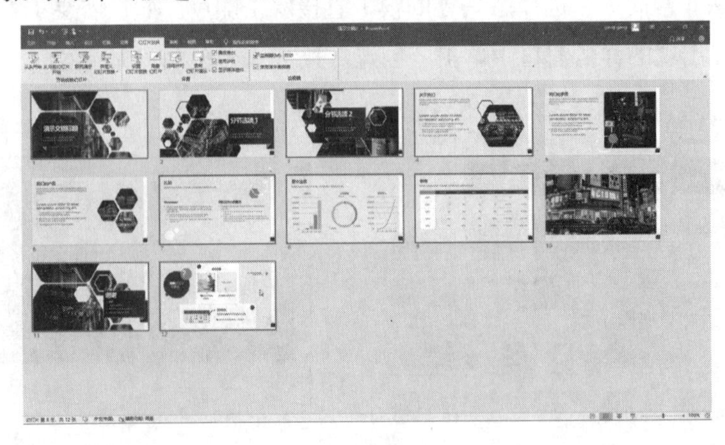

图 19-4

19.2.2　插入幻灯片

在启动 PowerPoint 2019 后，PowerPoint 会自动建立一张新的幻灯片，但随着制作过程的推进，需要在演示文稿中插入更多的幻灯片。

插入幻灯片时，其操作步骤如下。

01 单击“开始”选项卡，在“幻灯片”选项组中单击“新建幻灯片”按钮右下方的下拉箭头，弹出一个幻灯片版式菜单，单击即可插入该版式的幻灯片，如图 19-5 所示。

02 不同的幻灯片版式具有不同的外观效果，适用于不同的演示内容和方式。

> **提示：**直接插入幻灯片的快捷键是 Ctrl+M。

03 幻灯片的版式并不是凭空产生的，它和用户所采用的模板有关。PowerPoint 新建空白演示文稿时，默认具有 11 种版式，并且这些版式的外观效果也是不一样的，如图 19-6 所示。

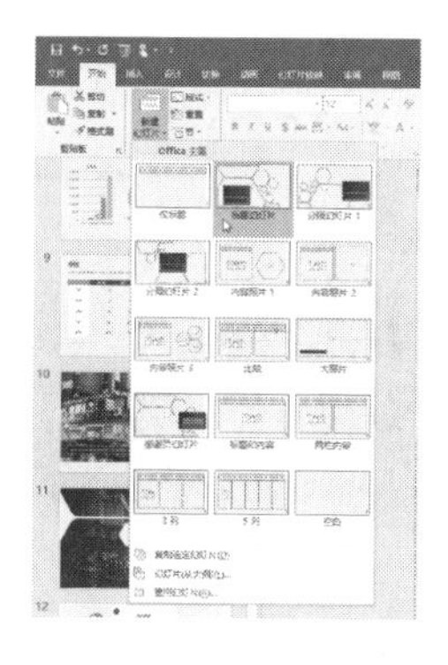

图 19-5

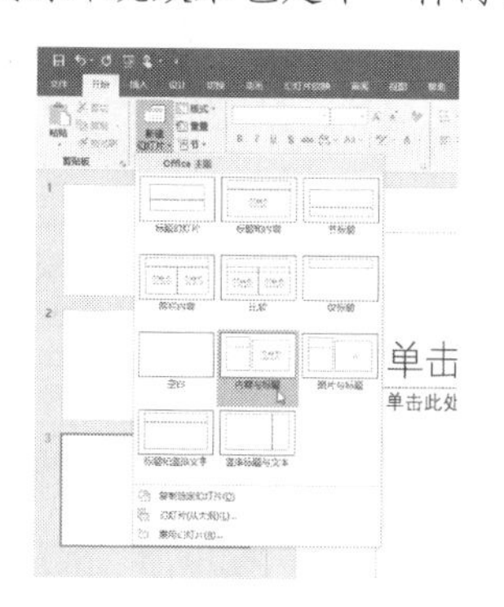

图 19-6

值得一提的是，PowerPoint 2019 对于新建空白演示文稿提供了一种很贴心的“设计理念”提示，它出现在右侧，而且每次的设计模板都不一样，可以为用户新建幻灯片带来启发和新的易用方案，如图 19-7 所示。

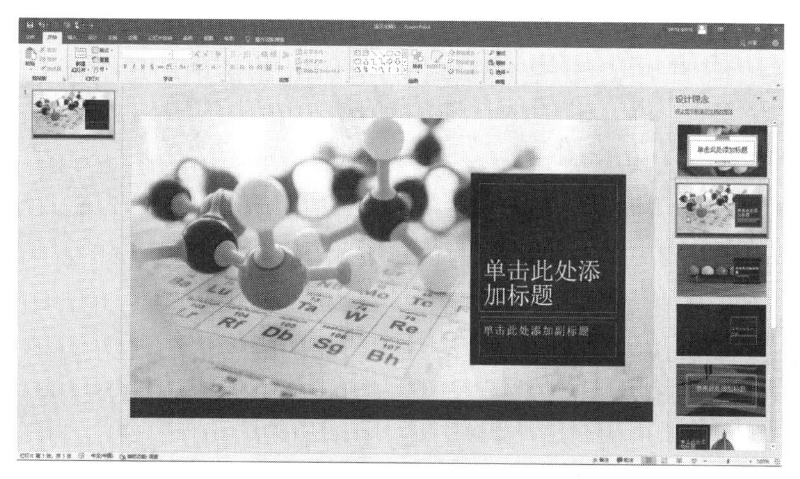

图 19-7

19.2.3 移动和复制幻灯片

如果想调整幻灯片的顺序或者是想要插入一张与已有幻灯片相同的幻灯片，就可以通过移动和复制幻灯片来节约大量的时间和精力。

1. 移动幻灯片

移动幻灯片多在幻灯片浏览视图中执行。其操作步骤如下。

01 打开要移动幻灯片的演示文稿，单击右下角的“幻灯片浏览”按钮，切换至幻灯片浏览视图，如图 19-8 所示。

02 选中要移动的幻灯片，按住鼠标左键不放将其拖动至目标幻灯片位置，如图 19-9 所示。

图 19-8

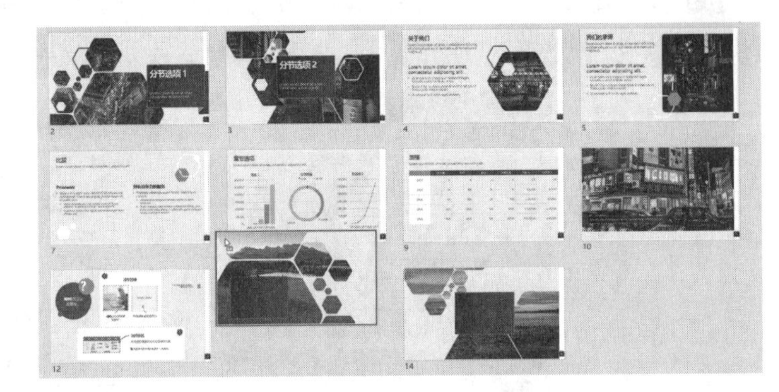

图 19-9

03 释放鼠标左键后，效果如图 19-10 所示。拖动的幻灯片出现在新位置，原位置的幻灯片顺序后移，并且自动重新编号。

> **提示：** PowerPoint 支持一次移动多张幻灯片，操作的方式是一样的，只不过一开始需要选定多张幻灯片罢了。

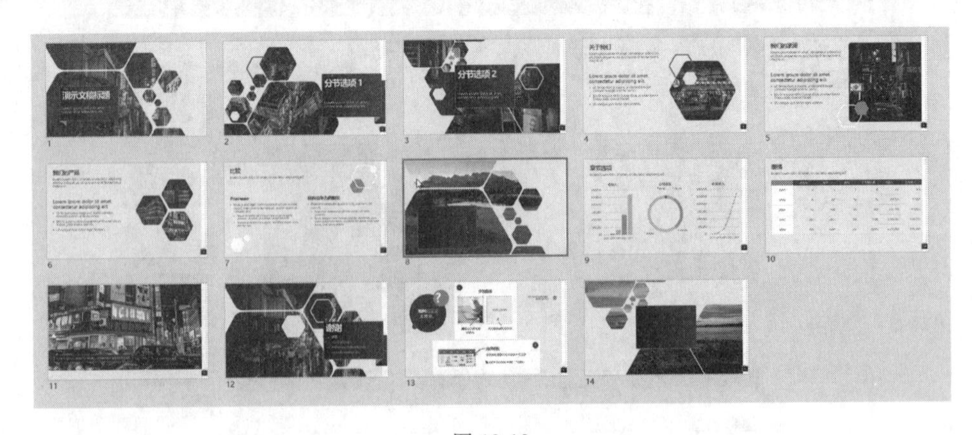

图 19-10

2. 复制幻灯片

复制幻灯片同样以在幻灯片浏览视图中最为方便，其操作步骤如下。

01 切换到幻灯片浏览视图中，选择需要复制的幻灯片，按住 Ctrl 键拖动，此时移动光标右上角会出现加号，表明将移动并复制该幻灯片，如图 19-11 所示。

02 也可以右击幻灯片，在出现的快捷菜单中选择“复制”命令，如图 19-12 所示。

03 将鼠标指针定位到目标位置，单击鼠标右键，在弹出的快捷菜单中选择“粘贴选项”内的“保留源格式”命令，如图 19-13 所示。

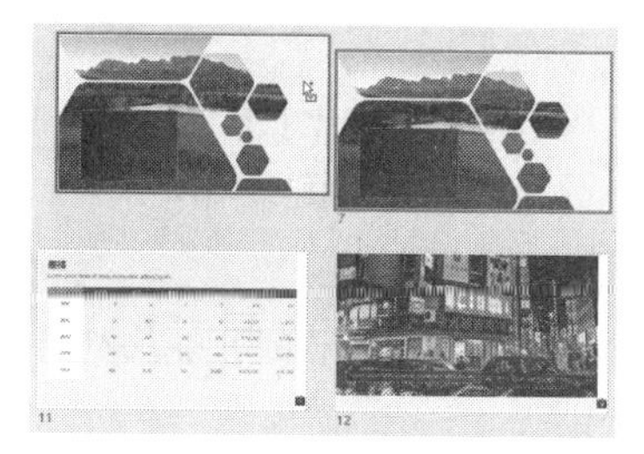

图 19-11

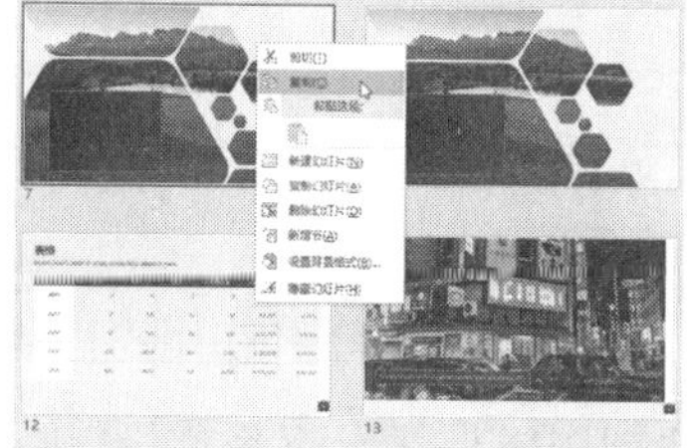

图 19-12

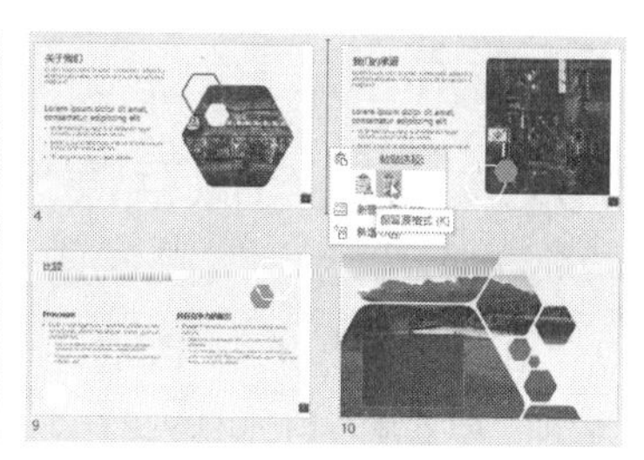

图 19-13

提示：“粘贴选项”中的另外一个按钮是“使用目标主题”，如图 19-14 所示。

粘贴选项:

使用目标主题 (H)

新增节(A)

图 19-14

当用户从一个演示文稿中复制幻灯片到另一个具有不同主题的演示文稿中时，该选项非常有用，因为它可以应用目标演示文稿的主题，从而在粘贴幻灯片之后保持该演示文稿外观风格的统一。以图 19-15 为例，幻灯片 3 和 5 都是从其他演示文稿复制过来的，幻灯片 3 是“保留源格式”命令的结果，而幻灯片 5 则是“使用目标主题”命令的结果，显然，幻灯片 5 保持了整个演示文稿外观风格的统一。

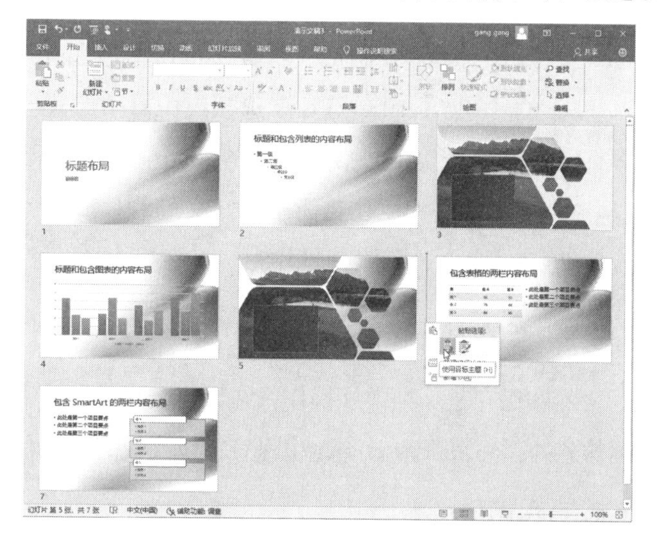

图 19-15

上述方法也支持批量复制幻灯片，只要在复制之前选中多张幻灯片即可。

19.2.4 删除幻灯片

如果有不需要的幻灯片，则可以考虑删除。其操作步骤如下。

01 打开演示文稿并切换至幻灯片浏览视图后，选择将要删除的幻灯片。

02 直接按 Delete 键即可删除它。也可以右击幻灯片，在弹出的快捷菜单中选择“删除幻灯片”命令，如图 19-16 所示。

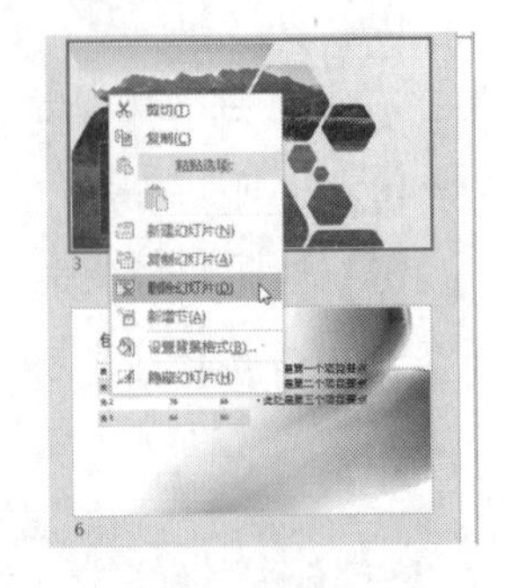

图 19-16

19.3 放映与保存演示文稿

在演示文稿的制作过程中，可以随时进行幻灯片的放映，以观看幻灯片的显示及动画效果。保存幻灯片可以将用户的制作成果保存下来，供以后使用或再次编辑。

19.3.1 放映演示文稿

制作幻灯片的目的是向观众播放最终的作品，在不同场合、不同观众的条件下，必须根据实际情况来选择具体的播放方式。

在 PowerPoint 2019 中，提供了 3 种不同的幻灯片播放模式：从头开始放映、从当前幻灯片开始放映和自定义幻灯片放映。

- 从头开始放映：直接按键盘上的 F5 键，或者在“幻灯片放映”选项卡下的“开始放映幻灯片”选项组中单击“从头开始”按钮，即可从当前演示文稿中的第 1 张幻灯片开始放映。
- 从当前幻灯片开始放映：直接按快捷键 Shift+F5，或者在“幻灯片放映”选项卡下的“开始放映幻灯片”选项组中单击“从当前幻灯片开始”按钮，即可从当前幻灯片开始放映，便于用户查看当前编辑效果。
- 自定义幻灯片放映：使用自定义幻灯片放映可以放映所选择的幻灯片，而不用按顺序依次放映每张幻灯片。

19.3.2 保存演示文稿

文件的保存是一种常规操作，在演示文稿的创建过程中及时保存工作成果，可以避免数据的意外丢失。在 PowerPoint 中保存演示文稿的方法和步骤与其他 Windows 应用程序相似。

1. 常规保存

在进行文件的常规保存时，可以在快速访问工具栏中单击“保存”按钮，也可以单击

"文件"选项卡，然后在出现的界面中选择"保存"命令，当用户第一次保存该演示文稿时，在弹出的"保存"面板中单击"浏览"按钮，将打开"另存为"对话框，供用户选择保存位置和命名演示文稿。

用户可以选择文件保存的路径；在"文件名"文本框中可以修改文件名称；在"保存类型"下拉列表中可以选择文件的保存类型。

2. 加密保存

加密保存可防止其他用户在未授权的情况下打开或修改演示文稿，以此加强文档的安全性。

在保存演示文稿时可为其设置权限密码，其操作步骤如下。

01 创建一个演示文稿后，打开"另存为"对话框。

02 设置完"保存位置""文件名"和"保存类型"等选项后，单击左下角的"工具"按钮，并在弹出的菜单中选择"常规选项"命令。

03 打开"常规选项"对话框，在对话框的"打开权限密码"文本框和"修改权限密码"文本框中输入密码。

> **提示：**"打开权限密码"和"修改权限密码"可以设置为相同的密码，也可以设置为不同的密码，它们将分别作用于打开权限和修改权限。

04 单击"确定"按钮，此时 PowerPoint 将打开"确认密码"对话框，要求用户重新输入打开权限密码。

05 再次输入密码后，单击"确定"按钮，此时 PowerPoint 将要求用户重新输入修改权限密码。

> **提示：**当设置演示文稿密码时，建议用户将密码写下并保存在安全的位置。密码是区分大小写的，如果用户指定密码时混合使用了大小写字母，在输入密码时，键入的大小写形式必须与之完全一致。密码可以是字母、数字、空格和符号的任意组合。

06 单击"确定"按钮，返回到"另存为"对话框，再单击"保存"按钮即可。

在保存路径中双击以加密方式保存的演示文稿，此时 PowerPoint 将打开"密码"对话框，用户只有在输入正确的密码后才会打开该演示文稿。

输入密码后，单击"确定"按钮，此时又打开一个修改权限"密码"对话框，输入密码后单击"确定"按钮，即可打开演示文稿并进行修改。

第 20 章　为幻灯片添加内容

在 PowerPoint 中编辑幻灯片时，可以添加文本、图片、自选图形、表格、音频、视频、超链接等对象。充分利用这些对象，不但可以使演示文稿的表现形式更加活泼和多样化，而且有利于以更新颖、更丰富的方式与观众互动。

≫ 本章学习内容：

- 输入和编辑文本内容
- 为幻灯片添加对象
- 在幻灯片中插入多媒体对象
- 为幻灯片插入超链接

20.1　输入和编辑文本内容

在设置背景以后就可以在幻灯片中输入和编辑文本内容了。与在 Word 中输入文本不同的是，在幻灯片中常常可以看见包含“单击此处添加标题”“单击此处添加文本”等文字的文本框，这些文本框被称为“占位符”，此时只要将文本插入点定位到占位符中，再输入文字就可以了。编辑文本就是改变文本的字体、字号等，通常可以通过选择“开始”选项卡，在“字体”选项组的各个菜单中选择相应的命令或单击相应的功能按钮来完成文本的编辑。

输入和编辑文本时，其操作步骤如下。

01 启动 PowerPoint 2019，单击“文件”选项卡，在出现的界面中单击“新建”命令，然后输入“总结”关键字，可以搜索到一些与工作总结相关的演示文稿模板。双击其中一个模板即可下载打开，如图 20-1 所示。

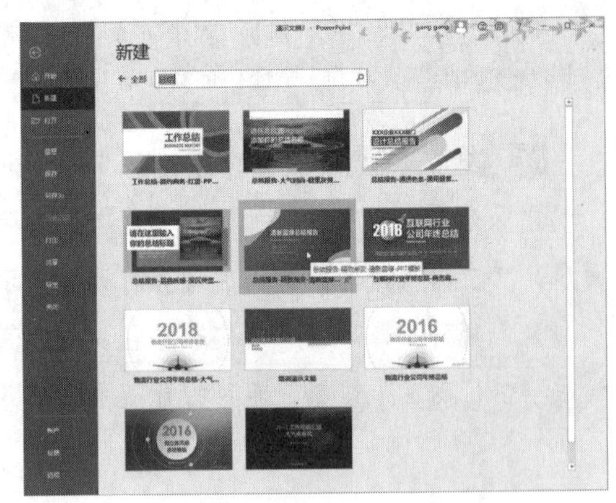

图 20-1

02 在新建的 PowerPoint 演示文稿中，可以看到已经自动添加了若干幻灯片。用户只需要将文本插入点定位到“单击此处添加标题”之类的占位符中，即可输入自己需要的文本，例如“2019 年 xx 项目工作总结报告”，如图 20-2 所示。

03 要提高文本编辑效率，可以切换到“视图”选项卡，单击“大纲视图”，然后在大纲视图中编辑文本，例如，可以

按 Ctrl+H 键查找并替换一些模板中的占位符文本，如图 20-3 所示。

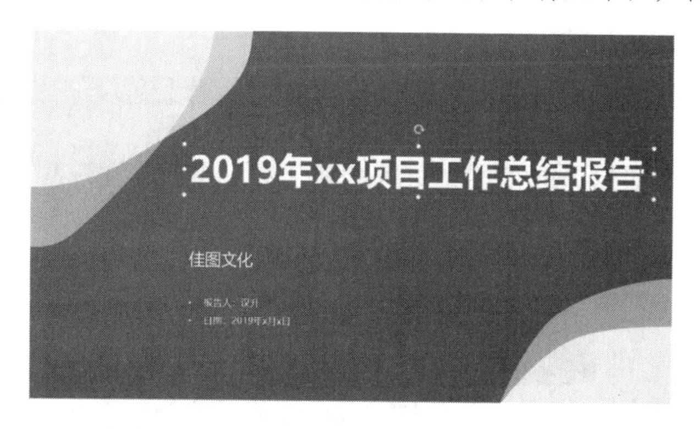

图 20-2

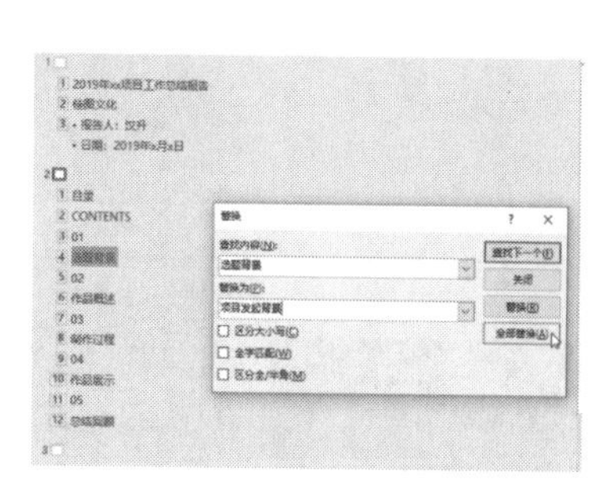

图 20-3

04 如果有在 Word 或其他文本编辑器中已经写好的文字，则可以根据需要粘贴到 PowerPoint 中，或者添加演示文稿模板中自带的不需要的项目，添加一些必要的新大纲，并增删相应的幻灯片。

20.2　为幻灯片添加对象

在 PowerPoint 2019 中添加的图形类对象包括图片、自选图形、表格以及图表，本节来介绍以上对象的添加及编辑操作。

20.2.1　在幻灯片中插入与编辑图片

为幻灯片插入图片时，可以通过占位符插入，也可以通过选项组中的按钮完成操作。将图片插入到幻灯片后，为了让图片效果更加理想，还需要对图片进行一定的编辑操作。

1. 为幻灯片插入图片

在创建幻灯片时，有些幻灯片中预设了图片的占位符，插入图片时可直接通过占位符来完成操作。如果幻灯片中没有占位符，也可以通过选项组中的按钮完成操作。

01 选中需要插入图片的幻灯片，切换到“插入”选项卡，单击“图像”选项组中的“图片”按钮，如图 20-4 所示。

02 在弹出的“插入图片”对话框中，进入目标图片所在路径，选择需要插入的图片，单击“插入”按钮，就完成了插入图片的操作，如图 20-5 所示。

> **提示：** 在 PowerPoint 中也可以插入联机图片等，这和 Word、Excel 都是一样的。

2. 编辑图片

编辑图片时，可对图片的边框颜色、边框宽度、边框样式、阴影、映像、发光、柔化边缘、棱台、三维旋转的格式进行编辑，也可使用“图片样式”列表中预设的样式，在实际操作中可根据演示文稿的需要对图片进行编辑。

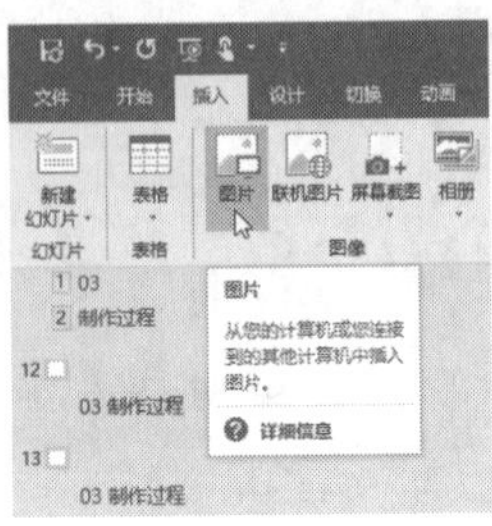

图 20-4

图 20-5

01 打开项目总结报告演示文稿，选择幻灯片中需要设置的图片，切换到“图片格式”选项卡下，单击“图片样式”选项组中的“其他”按钮，如图 20-6 所示。

02 展开图片样式库后，单击需要使用的样式，这里单击“旋转，白色”图标，如图 20-7 所示。

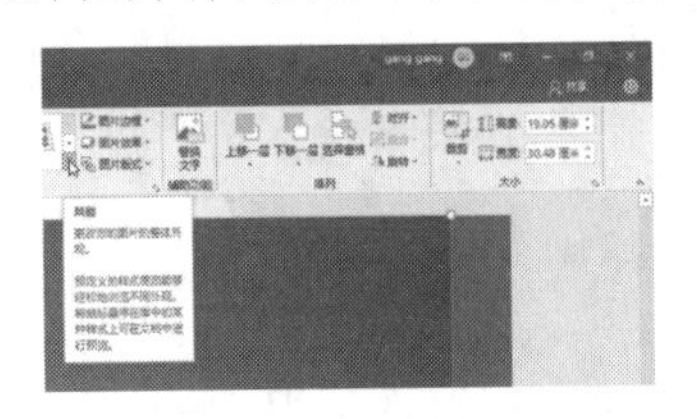

图 20-6

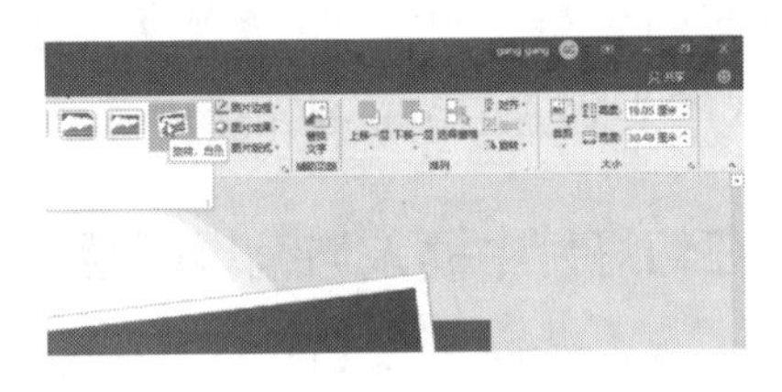

图 20-7

03 为图片应用样式后，还可以进行更多的调整，例如，单击“图片边框”按钮，在展开的菜单中选择“蓝色，个性色 1，淡色 40%”，如图 20-8 所示。

04 在“调整”工具组中，还可以对图片进行透明背景、色彩校正、艺术效果等方面的调整。当然，更好的方式应该是在其他专业图形图像编辑程序（例如 Photoshop）中进行类似的调整。PowerPoint 的这种效果设置胜在简单易用，所见即所得，如图 20-9 所示。

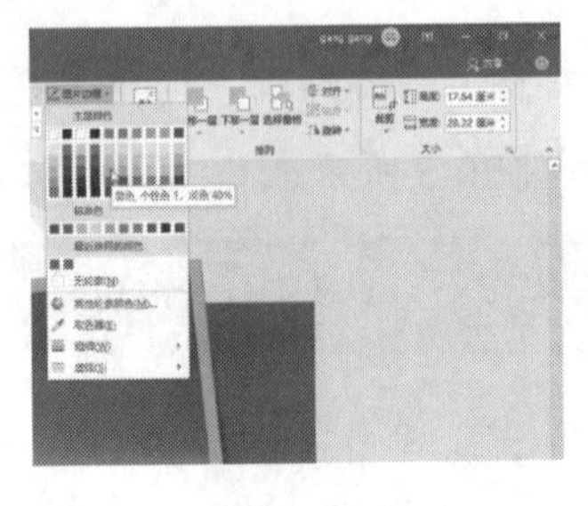

图 20-8

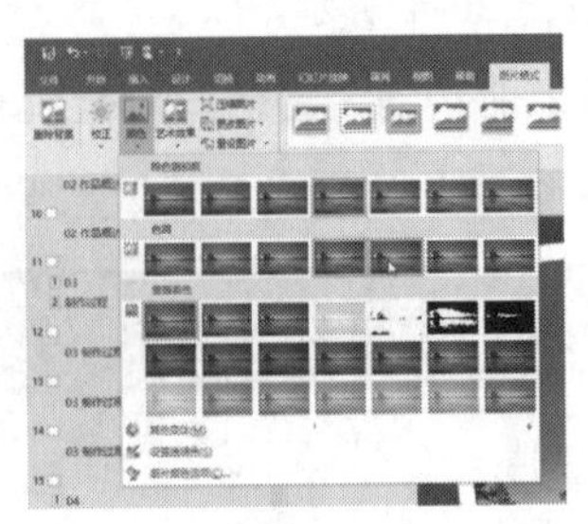

图 20-9

05 值得一提的是，PowerPoint 对于图片的编辑还提供了一种比较特殊的“图片版式”。虽然该功能是 Office 组件共享的，但是它特别适用于 PowerPoint 演示文稿中的图片对象的展示，如图 20-10 所示。

06 在设置“图片版式”之后，即可发现它实际上调用的是 SmartArt 功能，用户可以通过“SmartArt 设计”选项卡方便地修改 SmartArt 版式、样式和文字等，如图 20-11 所示。

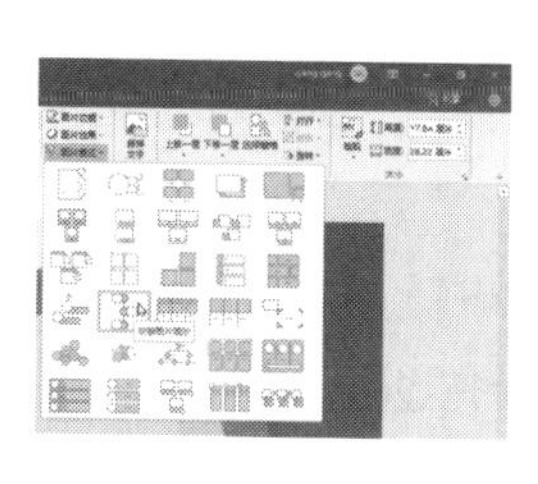

图 20-10

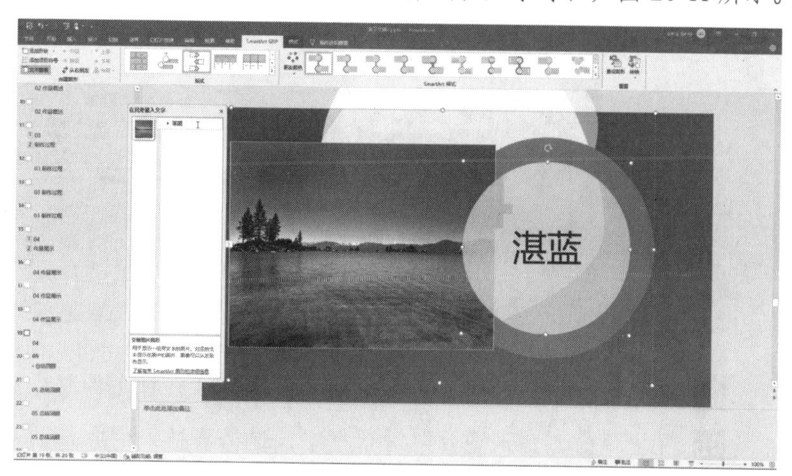

图 20-11

20.2.2　插入与设置自选图形

在 PowerPoint 2019 中包括线条、矩形、基本形状、箭头总汇、公式形状、流程图、星与旗帜、标注和动作按钮 9 种类型的自选图片，为幻灯片插入了需要的图形后，可对图片的填充、轮廓、效果进行适当的设置。

01 切换到“插入”选项卡，单击“插图”选项组中的“形状”按钮，在展开的形状库中单击“箭头总汇”区域中的“箭头：五边形”图标，如图 20-12 所示。

02 选择插入的形状图形后，在需要插入形状的幻灯片的编辑区内拖动鼠标，绘制大小合适的形状图形，如图 20-13 所示。

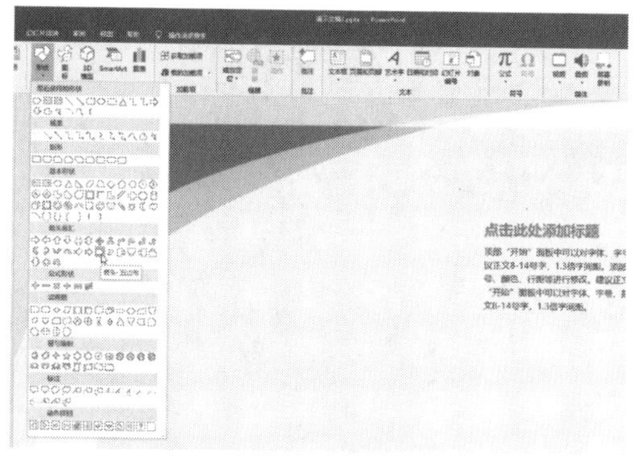

图 20-12

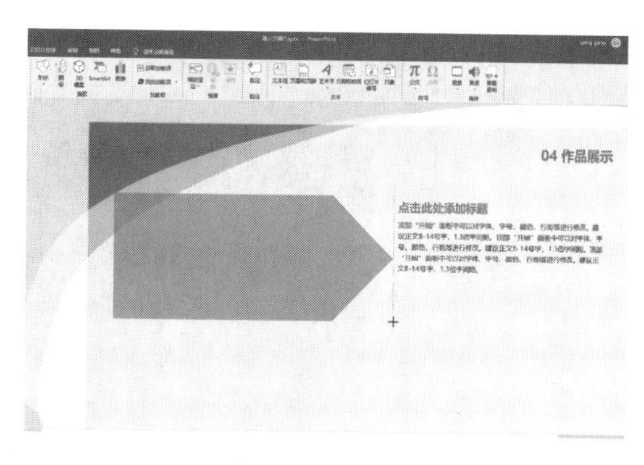

图 20-13

03 形状也可以使用图片进行填充。方法是切换到“形状格式”选项卡下，单击“形状填充”，然后从下拉菜单中选择“图片”命令，如图 20-14 所示。

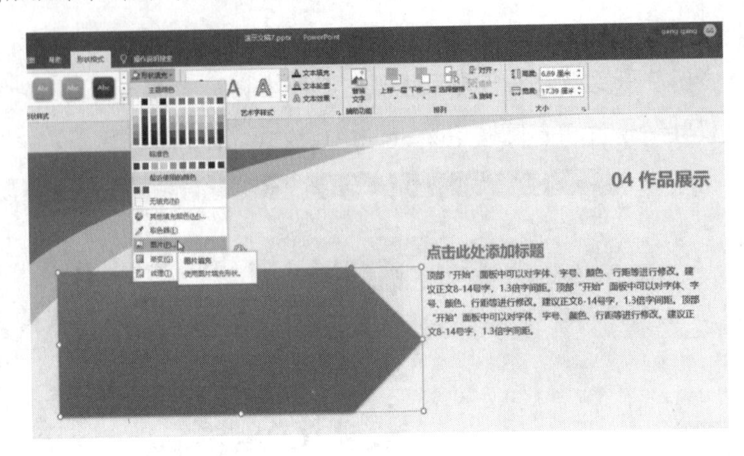

图 20-14

04 在弹出的“插入图片”对话框中，选择“来自文件”，如图 20-15 所示。

05 在出现的“插入图片”对话框中，选择要插入的本地图片，如图 20-16 所示。

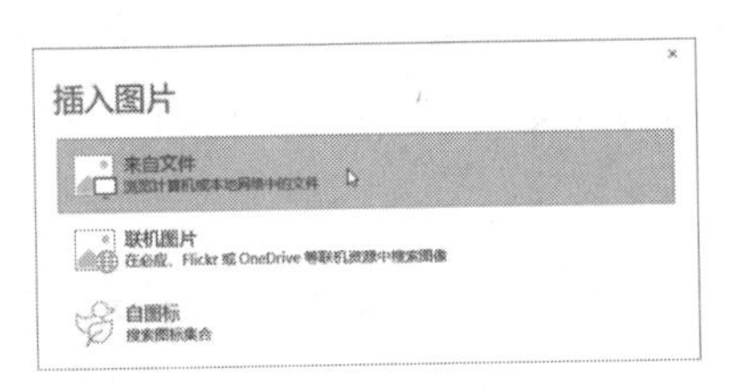

图 20-15

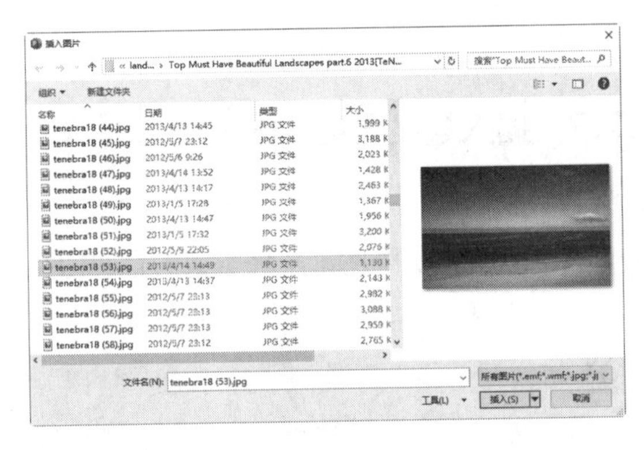

图 20-16

06 单击“插入”按钮，可以看到形状中已经填充了图片，如图 20-17 所示。

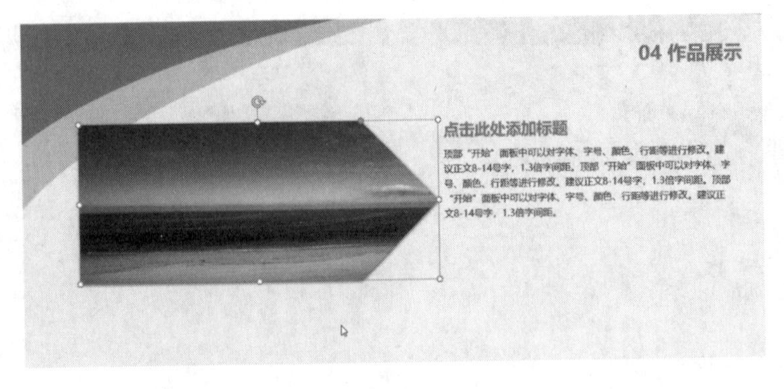

图 20-17

07 由于它是形状，所以还可以在该形状中输入文本，该文本可以具有图片填充效果，也可以设置文本轮廓，如图 20-18 所示。

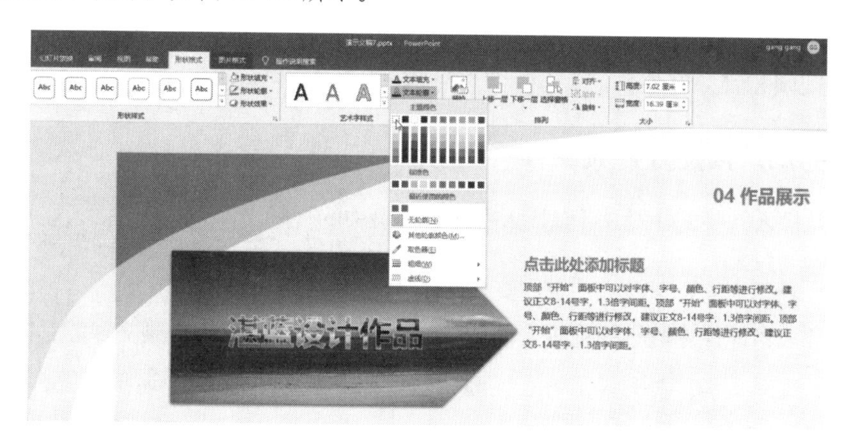

图 20-18

20.2.3　在幻灯片中插入与设置表格

下面介绍如何在幻灯片中插入表格并对其进行编辑，其具体操作步骤如下。

01 启动 Excel2019，以“暗深色抽象设计幻灯片”模板新建一个演示文稿。

02 选中第 4 张幻灯片，切换到“插入”选项卡，单击“表格”选项组中的“表格”按钮，即可插入表格。如果幻灯片版式中有表格占位符，则可以单击该占位符，打开“插入表格”对话框，输入列数为 5，行数为 10，如图 20-19 所示。

03 插入表格后，将插入点定位在需要输入文字的单元格内，然后输入需要的内容，如图 20-20 所示。

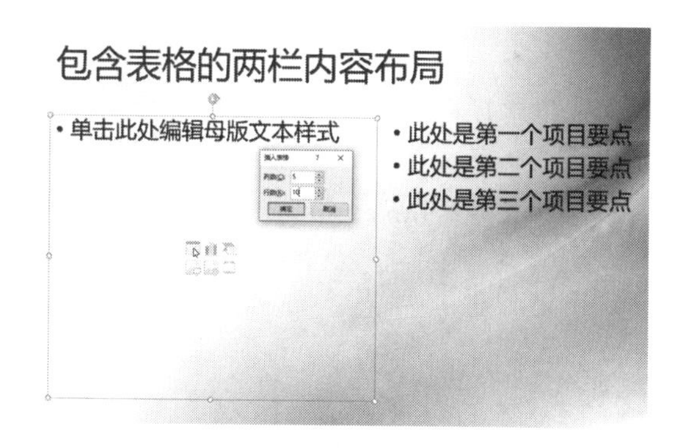

图 20-19

歌曲列表

序号	歌曲名	时长	歌手	专辑
1	蓝莲花	04:30	许巍	时光漫步
2	快乐老家	04:56	陈明	仙乐飘飘
3	千千阙歌	04:59	陈慧娴	千千阙歌
4	梦里水乡	04:58	江珊	梦里水乡
5	西风	04:26	阿鲁阿卓	西风
6	风筝误	03:57	刘珂矣	半壶纱
7	爱的供养	03:39	杨幂	宫锁心玉
8	星月神话	04:11	金莎	星月神话
9	情深意长	04:08	阿鲁阿卓	美丽中国

图 20-20

04 编辑表格的内容后，可以切换到“表设计”选项卡，在“表格样式”选项组的列表框中单击需要使用的表格样式，这和 Excel 中的设计是一样的，而且都是简单易用的所见即所得操作，故不赘述。

20.3 在幻灯片中插入多媒体对象

除了可以在幻灯片中插入图形、表格等元素外，为了丰富演示文稿的内容，可以为演示文稿添加视频和音频文件。

20.3.1 为幻灯片插入视频文件

为幻灯片插入视频文件时，可以插入本地计算机中的视频文件，也可以插入联机视频文件。

1. 插入本机视频文件

现在以插入本地计算机中的视频文件为例，介绍在幻灯片中插入视频文件的具体操作步骤。

01 打开演示文稿，选择需要插入视频的幻灯片，切换到“插入”选项卡下，单击“媒体”选项组中的“视频”下三角按钮，在展开的菜单中选择“PC上的视频”命令，如图20-21所示。

02 在打开的“插入视频文件”对话框中，进入需要使用的文件所在路径，选中目标文件，然后单击“插入”按钮，如图20-22所示。

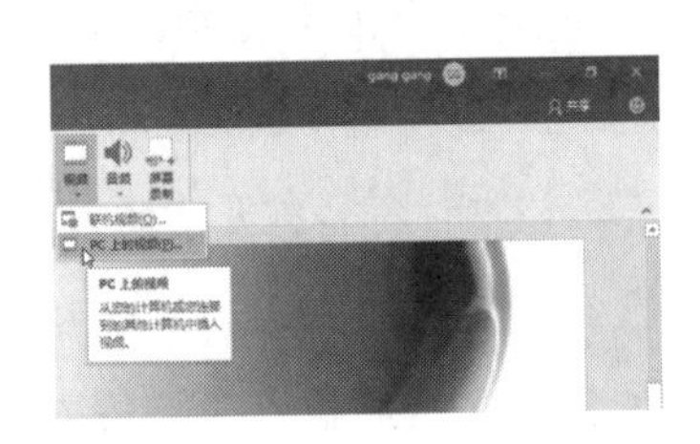

图 20-21

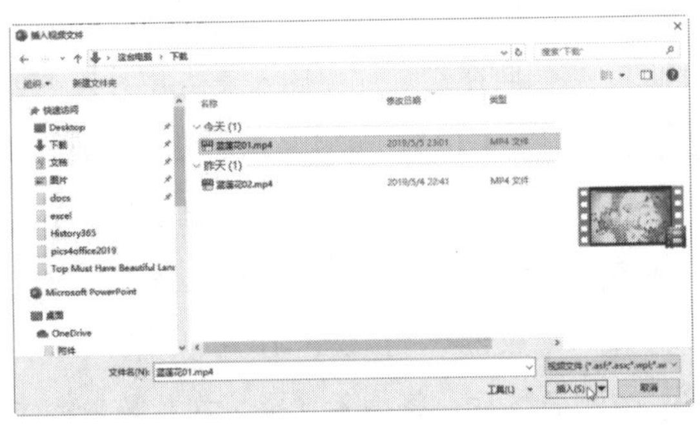

图 20-22

03 PowerPoint将自动加载播放插件（必须为本机可以播放的视频格式，建议插入avi或MP4格式的视频），然后自动创建一个播放窗口和控件，单击控件中的播放按钮即可播放视频进行预览，如图20-23所示。

图 20-23

2. 插入联机视频

现在网络视频非常丰富，在 PowerPoint 中插入联机视频也是一个很好的演示方式。但是，很多网络视频需要登录访问相应的网站，也就是说，必须切换出 PowerPoint 的演示界面。那么，能否在 PowerPoint 的演示界面中播放联机视频呢？答案是肯定的。其操作方式如下。

01 打开 Google 浏览器，使用搜索引擎（例如，百度）搜索要插入的视频的关键字，本示例中为“蓝莲花”，然后单击搜索到的视频结果，如图 20-24 所示。

02 在新选项卡中打开搜索到的结果，让视频播放一遍。然后单击 Google 浏览器右上角的“自定义及控制”按钮，在出现的菜单中选择“更多工具”，然后再选择“开发者工具”，如图 20-25 所示。

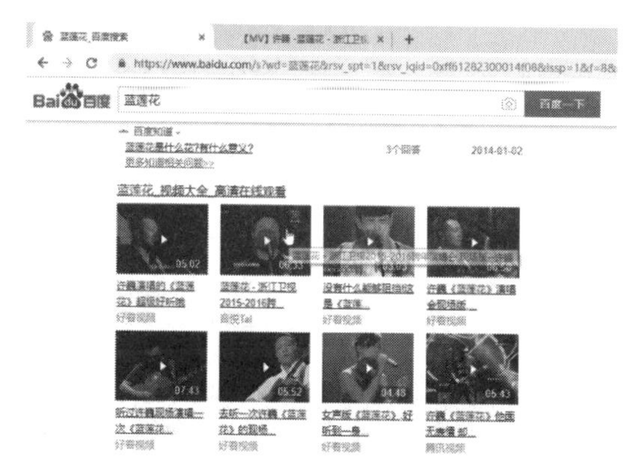

图 20-24

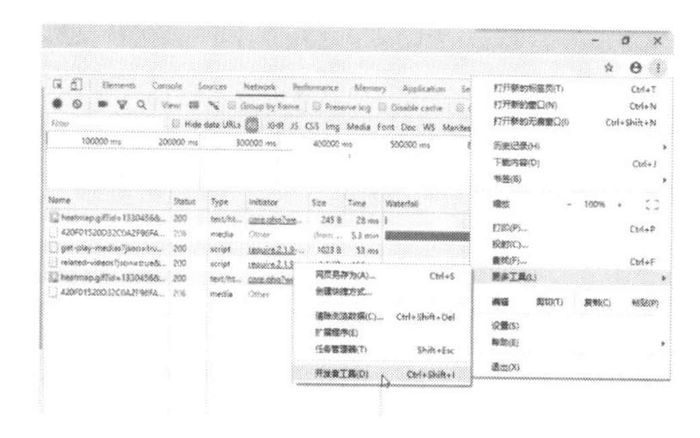

图 20-25

03 在打开的“开发者工具”窗口中，单击顶部的“Network”选项卡，这是查看网络流量统计的界面。由于视频文件一般都比较大，所以它在“Waterfall”栏中显示的流量条相比其他页面元素要长得多。如图 20-26 所示，有 2 个项目的流量都很长，它们其实就是浏览器缓存的视频文件。右击目标视频文件的名称（它的名称可能显示起来好像乱码，这没关系），在出现的快捷菜单中选择 Copy（复制），再选择 Copy link address（复制链接地址）。

04 现在切换回 PowerPoint 2019，定位到需要插入联机视频的幻灯片，然后单击“插入”选项卡“媒体”工具组中的“视频”按钮，从弹出菜单中选择“联机视频”，如图 20-27 所示。

05 在出现的“在线视频”对话框中，按 Ctrl+V 键粘贴刚刚复制的链接地址。同样，这个地址也许看起来像乱码，但它不影响插入的结果，因为这是视频的链接地址，如图 20-28 所示。

06 单击“插入”按钮，PowerPoint 将自动加载播放插件，然后自动创建一个播放窗口和控件，单击控件中的播放按钮即可播放视频进行预览。用户还可以调整播放窗口的大小。

07 视频对象也可以应用外观样式。方法是切换到“视频格式”选项卡，然后从“视

频样式”库中选择一种样式。

08 切换到“播放”选项卡，还可以设置在放映幻灯片时“全屏播放”或循环等选项。

09 单击状态栏右下角的“幻灯片放映”按钮，即可在幻灯片放映界面直接播放联机视频，而无需切换出 PowerPoint 环境，如图 20-29 所示。

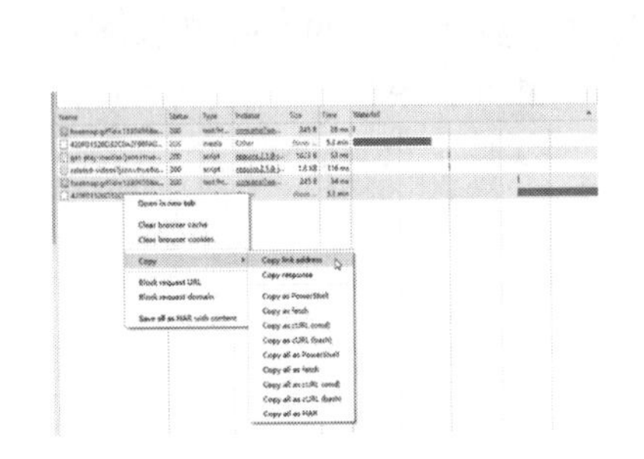

图 20-26

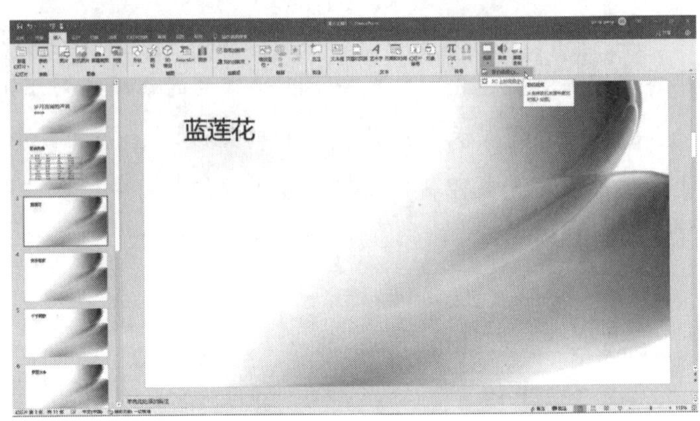

图 20-27

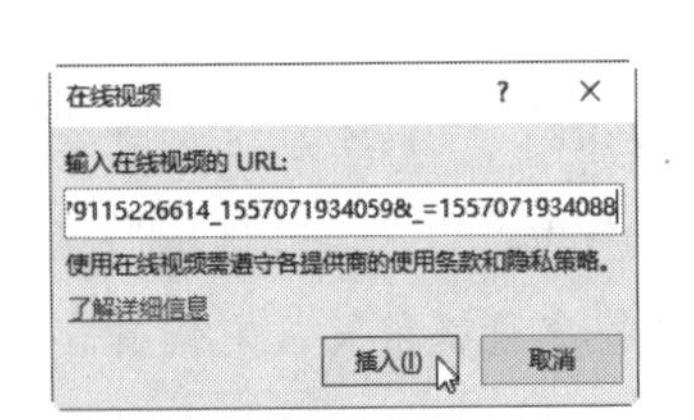

图 20-28

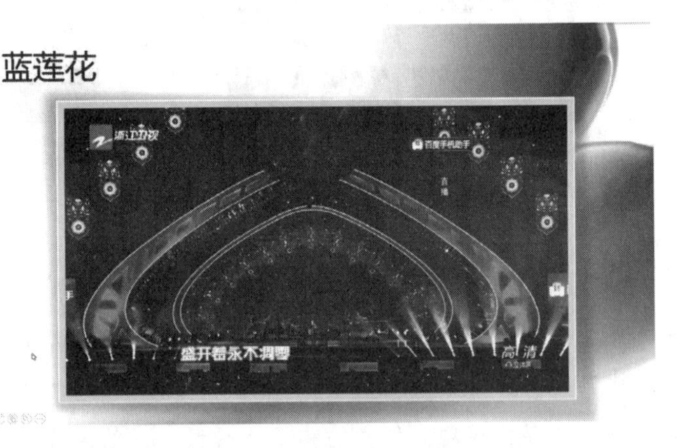

图 20-29

20.3.2 为幻灯片添加音频文件

为了增强演示文稿的表现力，可以在幻灯片中插入一些背景音乐作为衬托。

1. 下载音频文件

同样，为幻灯片插入音频文件时，既可以插入本地计算机中的音频文件，也可以插入剪贴画中的音频文件或联机音频文件，本节以插入计算机中的音频文件为例，介绍具体的操作步骤。

01 打开 Google 浏览器，使用搜索引擎（例如，百度）搜索要插入的音频的关键字，本示例中为“情深意长 阿鲁阿卓”，然后单击搜索到的音频结果，如图 20-30 所示。

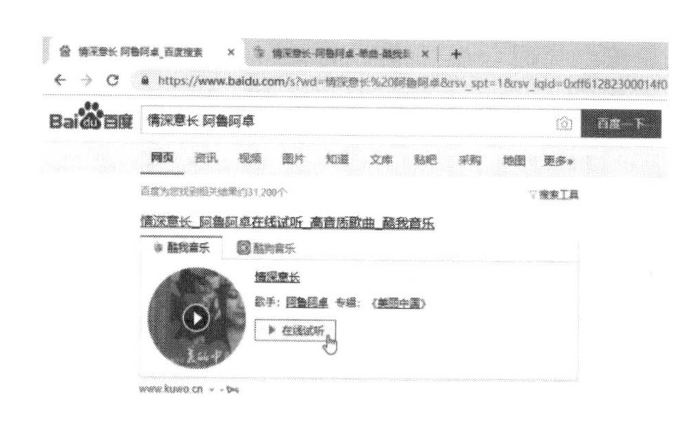

图 20-30

02 在新选项卡中打开搜索到的结果，让音频播放一遍。然后单击 Google 浏览器右上角的“自定义及控制”按钮，在出现的菜单中选择“更多工具”，然后再选择“开发者工具”，如图 20-31 所示。

03 和视频文件一样，音频文件的流量 Waterfall 显示也明显长于其他页面元素。所以，在切换到 Network 选项卡之后，用户可以轻松查看到音频文件的名称。右击该名称，从快捷菜单中选择 Open in new tab（在新选项卡中打开）命令，如图 20-32 所示。

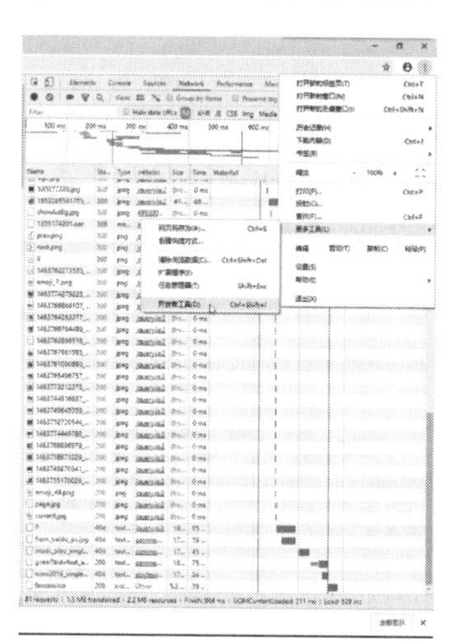

图 20-31

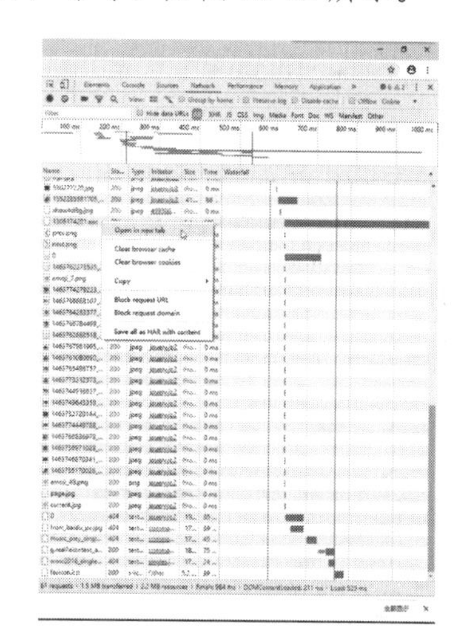

图 20-32

04 在新的选项卡中可以看到音频文件的地址，这实际上是一个 aac 格式的音频文件，按 Ctrl+S 键，即可弹出“另存为”对话框，选择保存该音频文件的本地文件夹。在本示例中，保存的位置是默认的“下载”文件夹。

2. 转换音频文件的格式

如果下载的是 MP3 格式的音频文件，那么在 PowerPoint 之外的操作到此就结束了。但是因为本示例下载到的是 aac 格式的音频文件，所以还需要继续执行以下操作，进行音频格式的转换。如果用户已经拥有 MP3 格式的文件，则可以跳过，直接转到 PowerPoint 中进行操作。

01 用户需要先通过网络搜索和下载一款名为 Ultra MPEG-4 Converter 的软件，这是一款很好用的音频和视频格式转换程序。启动之后，其界面如图 20-33 所示。注意设置一个 Output Folder（输出文件夹），以后该软件转换输出的结果都将保存在该文件夹中。

02 单击 Output Format（输出格式）下拉菜单，选择 General Audio（常用音频），然后再选择 MP3 格式，如图 20-34 所示。

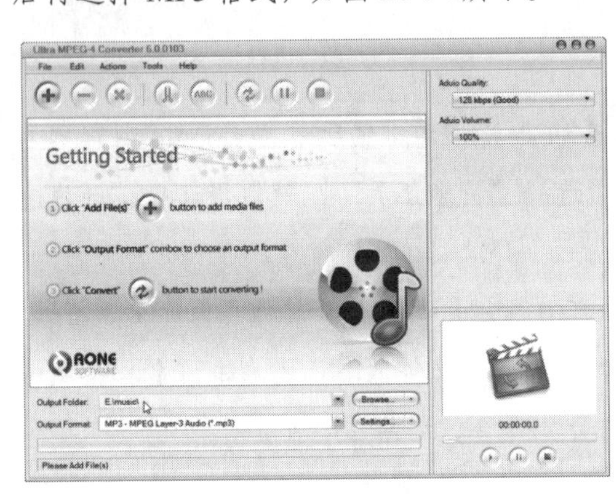

图 20-33

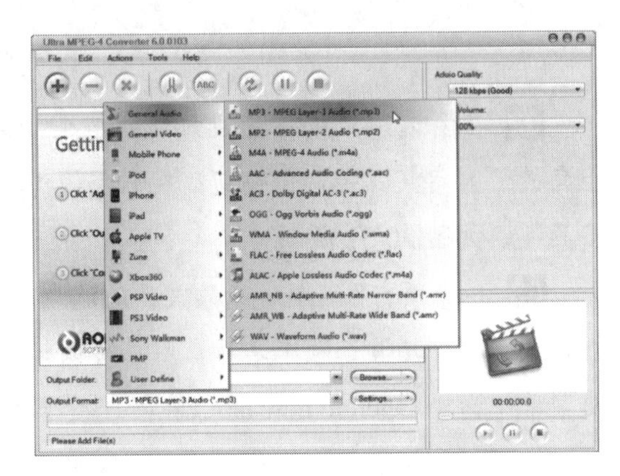

图 20-34

03 单击左上角的加号按钮，打开 Add Media Files（添加媒体文件）对话框，选择刚刚下载的 aac 格式的音频文件，单击“打开”按钮，如图 20-35 所示。

04 添加的文件将出现在 Source File（源文件）列表中。单击 Actions（操作）菜单，然后选择 Start Converting（开始转换）命令，如图 20-36 所示。

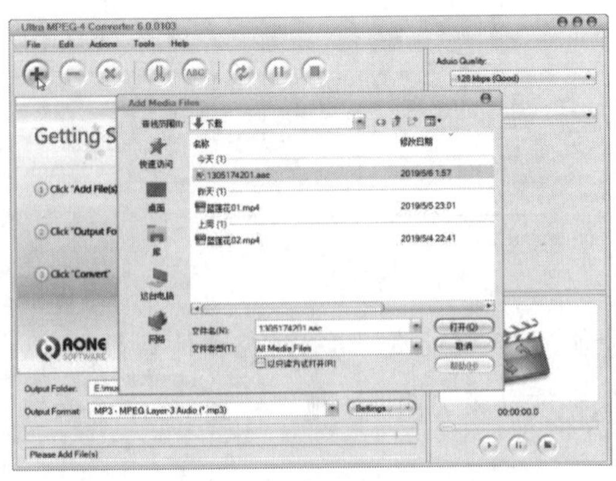

图 20-35

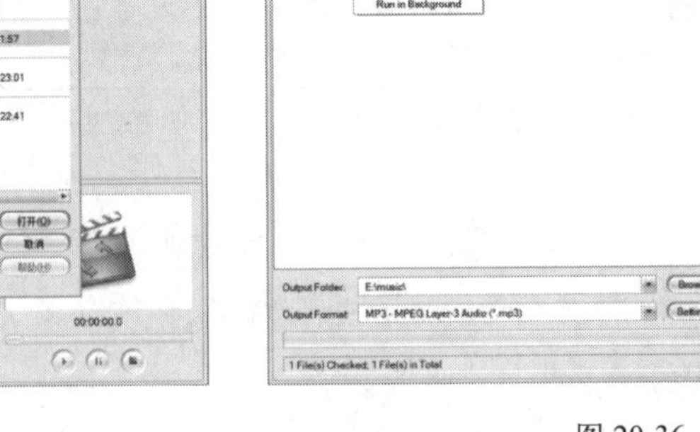

图 20-36

05 在 Status（状态）栏中可以清楚地看到转换进度。完成之后，会显示 Complete（完成）字样。至此，转换音频文件格式的操作顺利结束，如图 20-37 所示。

提示： Ultra MPEG-4 Converter 是一款功能强大的音频和视频转换软件。虽然 PowerPoint2019 可以插入多种格式的音频和视频，但是推荐使用 MP3（音频）和 MP4（视频）。如果用户有其他格式的音频和视频文件需要插入 PowerPoint 中，为了防止出现格式兼容性问题，都可以考虑使用 Ultra MPEG-4 Converter 先行转换。

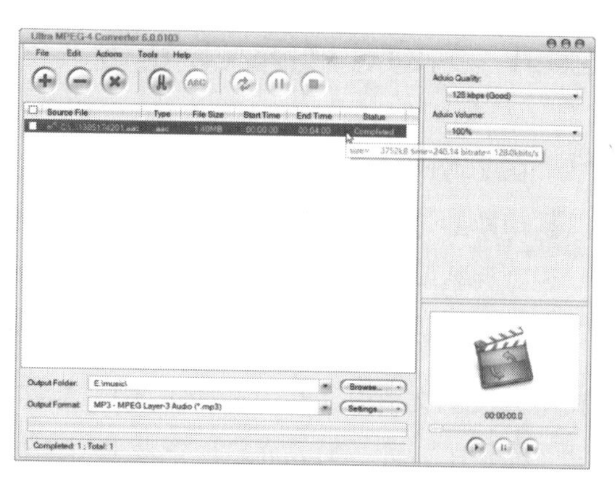

图 20-37

3. 在 PowerPoint 中插入音频

在准备好音频素材之后，即可将它插入到 PowerPoint 中播放。其操作方式如下。

01 启动 PowerPoint，打开演示文稿并定位到需要插入音频的幻灯片。

02 切换到“插入”选项卡，单击“媒体”工具组中的“音频”按钮，从弹出菜单中选择“PC 上的音频”，如图 20-38 所示。

03 在出现的“插入音频”对话框中，选择刚刚转换获得的 MP3 文件，单击“插入”按钮，如图 20-39 所示。

图 20-38

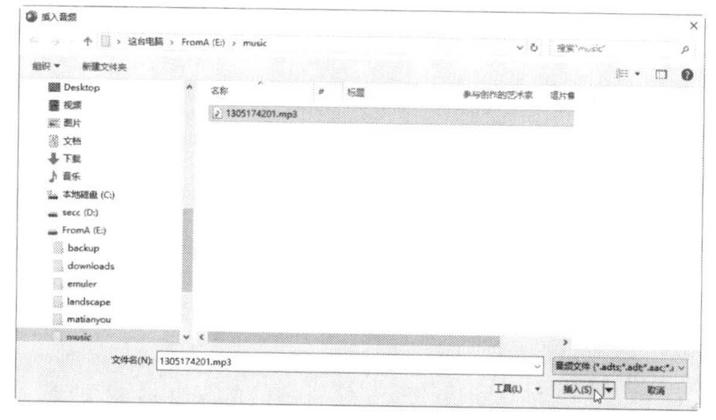

图 20-39

04 选择音频已经被插入到 PowerPoint 中。切换到“播放”选项卡，用户还可以剪辑音频（即有选择性地播放音频片段）或者设置“渐强”（一般在音频开头设置，即一开始声音很低，然后逐渐增大）和“渐弱”（一般在音频末尾设置，即声音从正常播放到渐不可闻）效果，以及循环设置等，如图 20-40 所示。由于这些设置都非常简单，尝试几次即可理解，故不赘述。

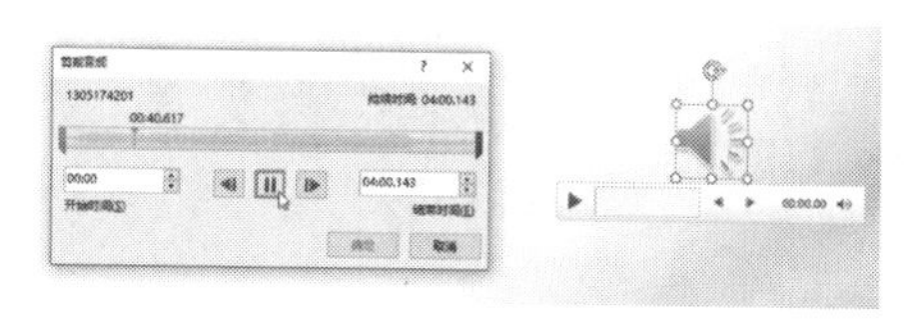

图 20-40

20.4 为幻灯片插入超链接

在 PowerPoint 中，超链接是指从一个目标指向另一个动作的链接关系，这个动作可以是切换幻灯片，也可以是新建幻灯片；而在演示文稿中用来超链接的目标，可以是一段文本或者是一幅图片。

在放映幻灯片时，如果用户需要通过当前的文字链接到文稿中的其余幻灯片时，可将文本链接于文档中，然后选择需要链接到的幻灯片。其操作步骤如下。

01 启动 PowerPoint，打开在上一示例中制作的演示文稿，选中幻灯片中需要设置链接的文本。在本示例中，可以选择“蓝莲花”，右击，然后从快捷菜单中选择“超链接”，如图 20-41 所示。

02 在打开的“插入超链接”对话框中，单击“链接到”列表框中的“本文档中的位置”图标，然后选择第 3 张幻灯片，如图 20-42 所示。

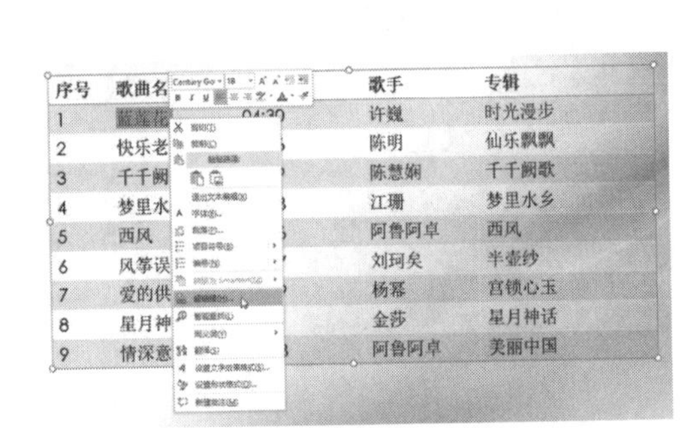

图 20-41

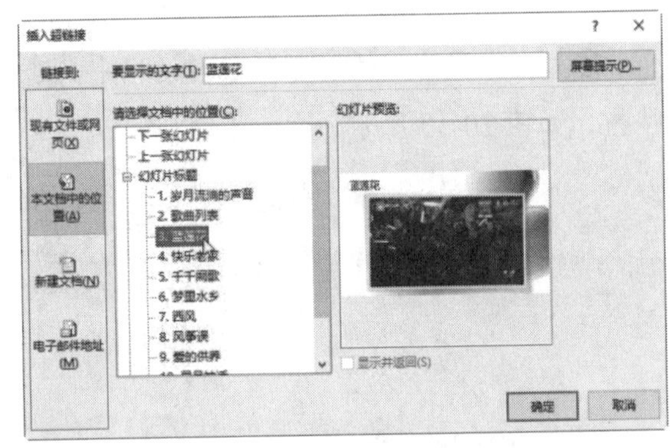

图 20-42

03 经过以上步骤，就完成了插入幻灯片超链接的操作，在所选文本下方会显示一条横线，在进行幻灯片放映时，单击该链接就会切换到链接的幻灯片中，如图 20-43 所示。

歌曲列表

序号	歌曲名	时长	歌手	专辑
1	蓝莲花	04:30	许巍	时光漫步
2	快乐老家	4:56	陈明	仙乐飘飘
3	千千阙歌	04:59	陈慧娴	千千阙歌
4	梦里水乡	04:58	江珊	梦里水乡
5	西风	04:26	阿鲁阿卓	西风
6	风筝误	03:57	刘珂矣	半壶纱
7	爱的供养	03:39	杨幂	宫锁心玉
8	星月神话	04:11	金莎	星月神话
9	情深意长	04:08	阿鲁阿卓	美丽中国

图 20-43

第 21 章　设置演示文稿风格

所谓"演示文稿风格"，其实就是指演示文稿的外观样式，其主要特征包括主题颜色、字体、效果等。PowerPoint 2019 中内置了一系列精彩的主题样式和背景效果等，用户可以快速选择应用。另外，通过幻灯片母版还可以批量改变幻灯片外观。

≫ 本章学习内容：

- 设置演示文稿的主题
- 为幻灯片设置背景效果
- 使用母版设置幻灯片格式

21.1　设置演示文稿的主题

主题是展现演示文稿风格的主要因素，设置主题时，可通过主题样式、颜色、字体、效果几方面来完成，本节将对以上内容的设置进行详细介绍。

21.1.1　选择需要使用的主题样式

在 PowerPoint 2019 中预设了暗香、跋涉等 43 种主题样式，设置文稿主题时可根据文稿的内容选择适当的主题样式，其具体操作步骤如下。

01 打开演示文稿，切换到"设计"选项卡，单击"主题"选项组中的"其他"按钮，如图 21-1 所示。

02 在展开的主题库中单击需要使用的主题样式图标，如图 21-2 所示。

图 21-1

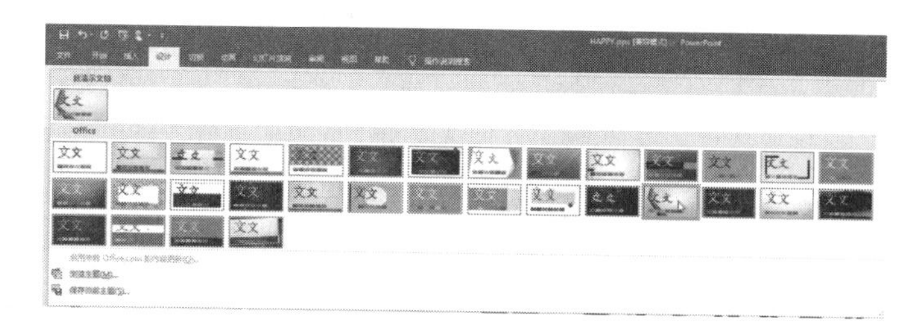

图 21-2

21.1.2　更改主题颜色

在 PowerPoint 2019 中根据主题样式预设了 44 种主题颜色，为演示文稿应用主题后，还可根据需要对主题的颜色进行更改。

继续上例的操作，为演示文稿应用主题后，单击“变体”选项组中的下三角按钮，在弹出的菜单中选择“颜色”命令，在展开的颜色库中单击“气流”选项，如图 21-3 所示。

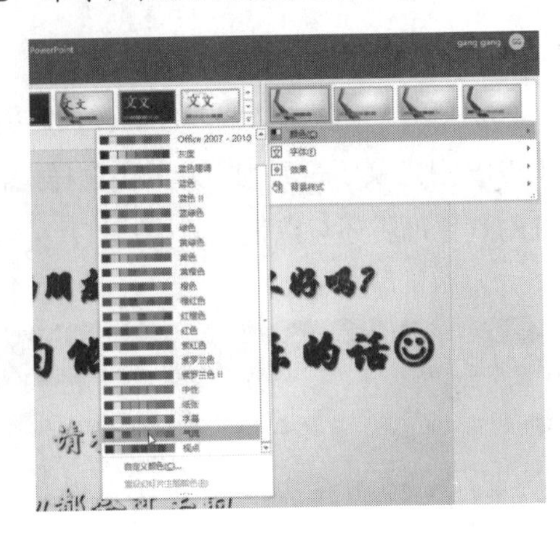

图 21-3

21.1.3 更改主题字体

在主题字体中包括主标题与副标题两类文本的字体，主题字体的样式与主题样式是对应的，用户可根据需要对主题字体进行更改。

继续上例的操作，为演示文稿应用了主题后，单击“变体”选项组中的“字体”按钮，在展开的字体样库中单击“幼圆”选项，如图 21-4 所示。

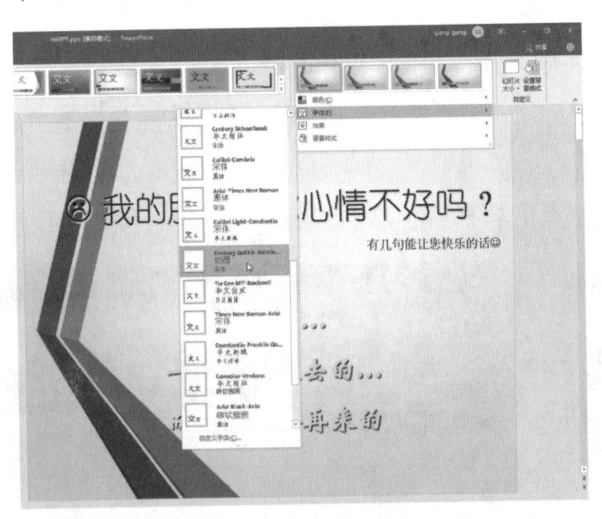

图 21-4

提示： 该项设置仅更改由主题控制的字体，其他新增文本框的字体仍然按自定义显示。由此可见，要保持样式设置的高效率，用户应尽量使用由主题控制的版式。

21.2　为幻灯片设置背景效果

为演示文稿应用了主题后，每个幻灯片的背景也应用了相应的设置，为了使幻灯片更加美观，用户可重新为幻灯片设置背景效果。

21.2.1　为当前幻灯片设置渐变背景

设置幻灯片的背景时，如果只为当前幻灯片设置背景，可通过“设置背景格式”对话框来完成操作。

01 打开演示文稿，在需要设置背景的幻灯片编辑区内任意位置右击，在弹出的快捷菜单中选择“设置背景格式”命令，如图 21-5 所示。

02 此时将在幻灯片编辑窗口右侧出现“设置背景格式”面板，在“填充”选项组下选中“渐变填充”单选按钮，设置渐变光圈颜色，如图 21-6 所示。

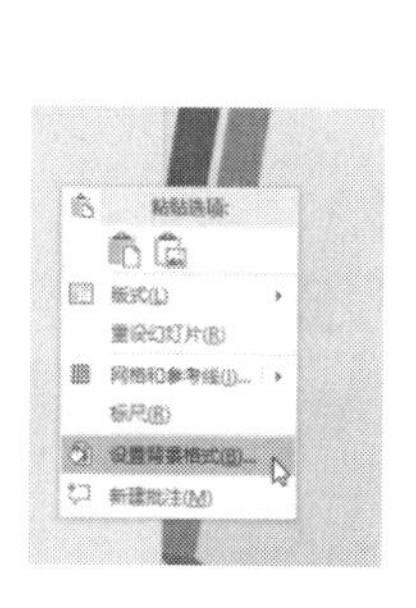

图 21-5

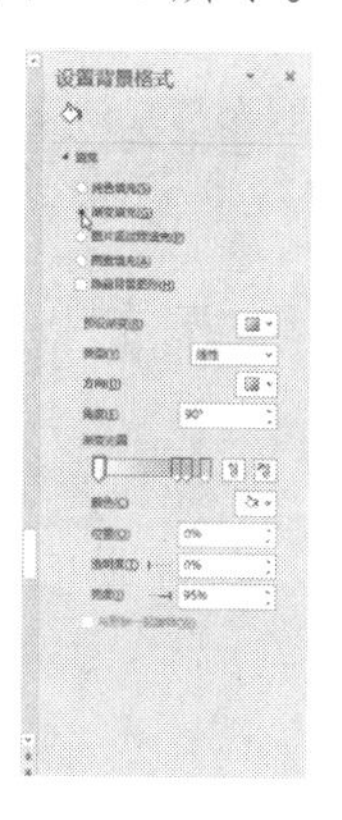

图 21-6

21.2.2　应用程序预设的背景样式

为文稿应用了主题后，PowerPoint 就预设了几种背景效果，需要更改幻灯片的背景时，可直接使用程序预设的背景样式。

01 打开需要应用背景样式的演示文稿。

02 切换到“设计”选项卡下，单击“变体”选项组中的“背景样式”按钮，在展开的样式库中单击“样式 7”图标，如图 21-7 所示。

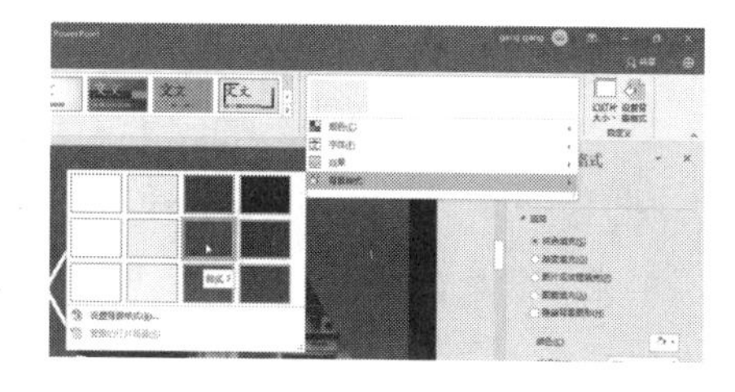

图 21-7

21.3 使用母版设置幻灯片格式

母版中包括可出现在每一张幻灯片上的显示元素，通过母版可定义演示文稿中所有幻灯片或页面的格式，便于统一演示文稿的风格。

21.3.1 选择需要编辑的幻灯片版式

在使用母版设置幻灯片格式之前，首先选择需要编辑的幻灯片版式，其具体操作步骤如下。

01 打开演示文稿，切换到“视图”选项卡下，单击“母版视图”选项组中的“幻灯片母版”按钮，如图 21-8 所示。

02 在“幻灯片”任务窗格中单击需要编辑的幻灯片版式“标题和内容”图标，如图 21-9 所示。

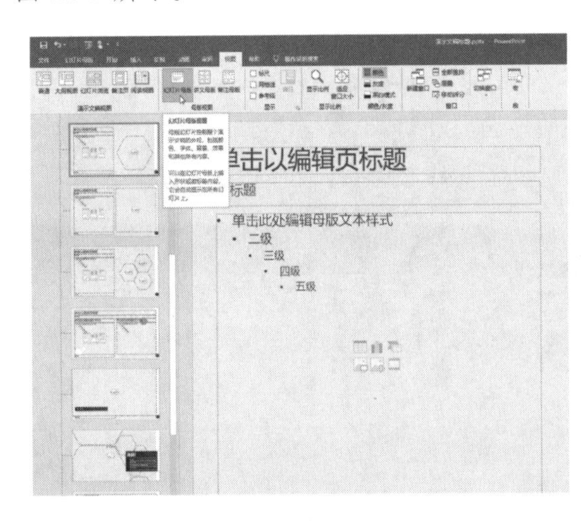

图 21-8

图 21-9

21.3.2 更改幻灯片的标题格式

为了使幻灯片的风格统一，可以在母版中将同版式的文本格式设置为一致效果，其具体操作步骤如下。

01 继续上例的操作，在母版视图下选择需要更改版式的幻灯片后，选中标题文本，如图 21-10 所示。

02 切换至“形状格式”选项卡下，单击“艺术字样式”选项组中的“其他”按钮，展开艺术字样式库后，单击“填充 - 绿色，主题色 3，锋利棱台”，如图 21-11 所示。

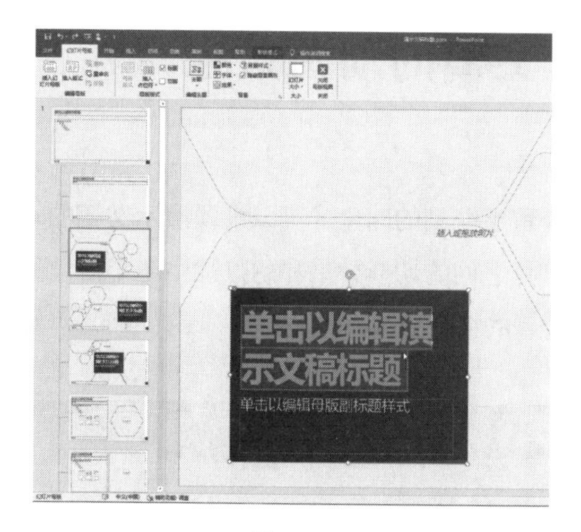

图 21-10

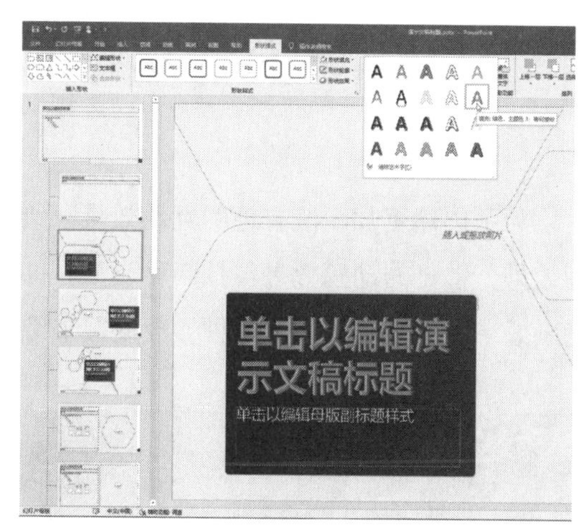

图 21-11

03 在选择需要使用艺术字样式之后，还可以设置其字体、颜色等。由于这些设置都和其他 Office 组件中的艺术字样式设置类似，故不赘述。完成之后，切换到“幻灯片母版”选项卡，单击“关闭”选项组中的“关闭母版视图”按钮，如图 21-12 所示。

04 返回普通视图状态后，即可看到所有应用“标题和内容”版式的幻灯片标题都应用了母版中的设置效果，如图 21-13 所示。

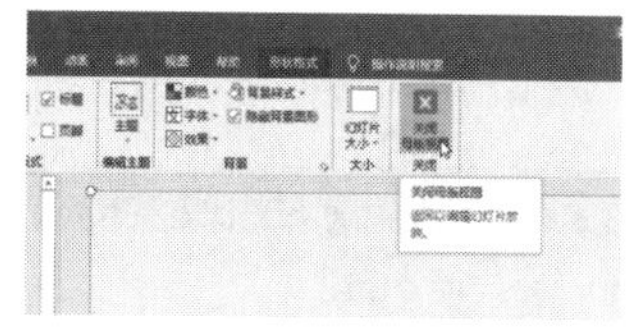

图 21-12

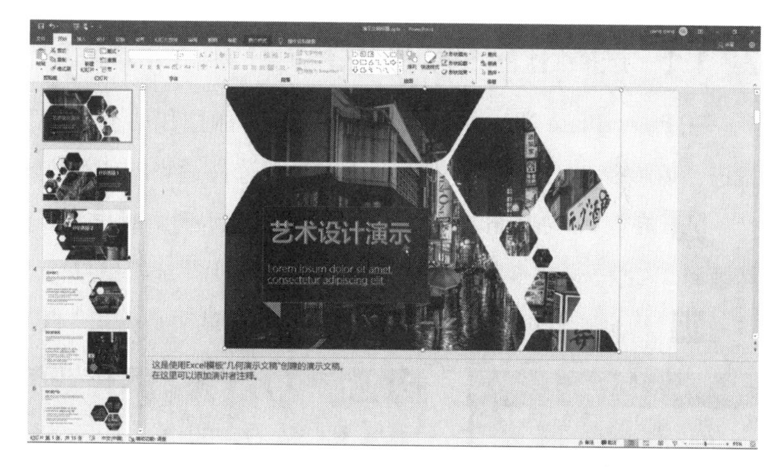

图 21-13

第 22 章　设置演示文稿的动画效果

为了创建更加活泼有趣的互动效果，给观众留下深刻的印象，可以设置演示文稿的动画效果。常见的动画效果包括两种类型，即幻灯片之间的切换效果和幻灯片中各个对象的动画效果。用户可以通过各种参数设置来编辑动画的播放效果。

≫ 本章学习内容：

- 设置幻灯片的自动切换效果
- 设置幻灯片中各对象的动画效果
- 编辑对象的动画效果

22.1　设置幻灯片的自动切换效果

对幻灯片的切换效果进行设置，包括切换方式、切换方向、切换声音以及换片方式 4 个方面，本节将详细介绍上述几方面的内容。

22.1.1　选择幻灯片的切换方式

在 PowerPoint 2019 中预设了细微型、华丽型和动态内容 3 种类型，包括切入、淡出、推进、擦除等 34 种切换方式，可为幻灯片选择适当的切换方式。

01 启动 PowerPoint 2019，打开在第 21 章示例中制作的演示文稿，单击第 2 张幻灯片，切换到"切换"选项卡下，单击"切换到此幻灯片"选项组中的"其他"按钮，如图 22-1 所示。

02 展开切换方式库后，单击"华丽"区域中的"门"图标，如图 22-2 所示。

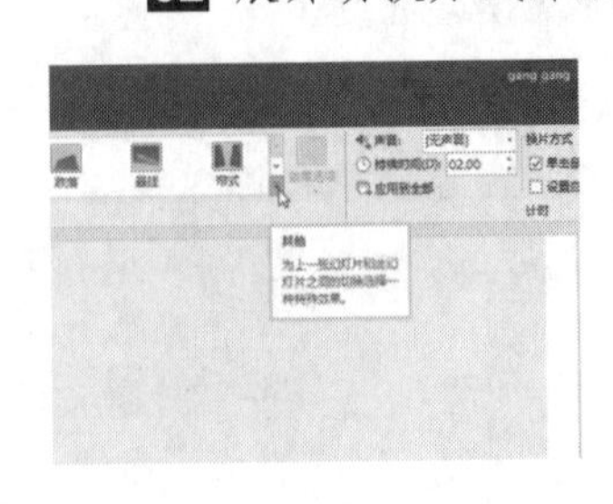

图 22-1

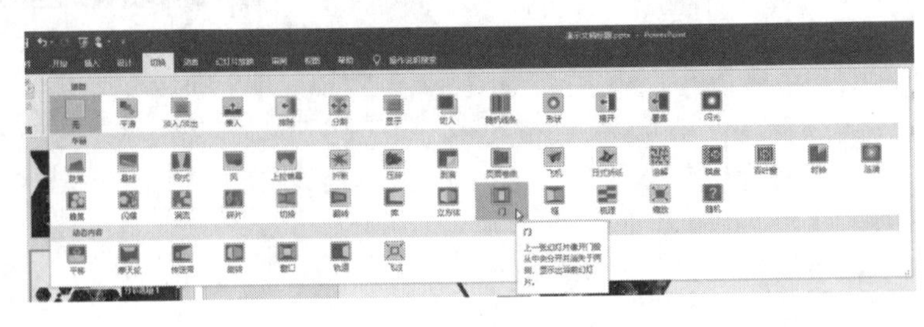

图 22-2

03 单击"预览"工具组中的"预览"按钮可以预览切换方式的外观效果，如图 22-3 所示。

经过以上步骤，就完成了为幻灯片选择切换方式的操作，程序会自动对切换方式进行预览。用户可按照类似的操作，为其他幻灯片应用适当的切换方式。

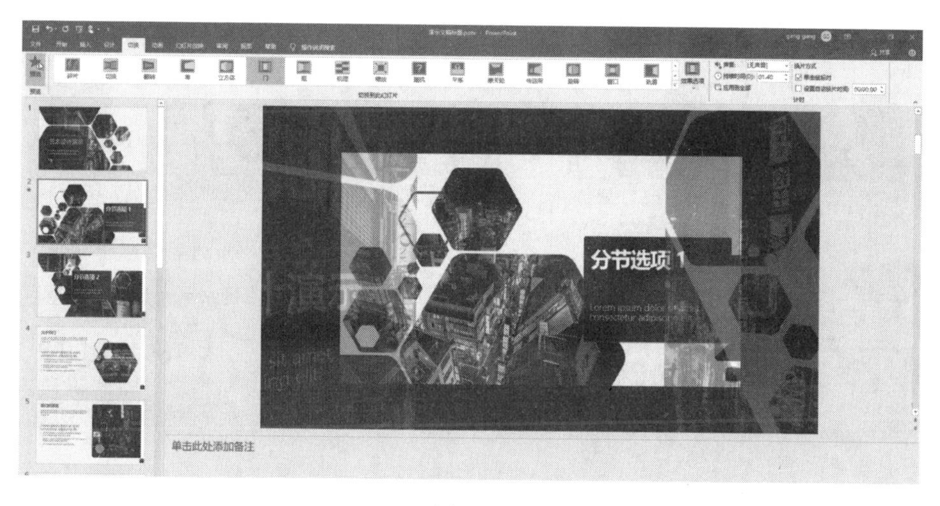

图 22-3

提示：如何快速判断幻灯片是否添加了切换效果？很简单，可以观察普通视图左侧的导航缩略图。如果添加了切换效果，则在缩略图编号下面会出现“播放动画”标记，而没有切换效果的幻灯片是没有这个标记的，如图 22-4 所示。

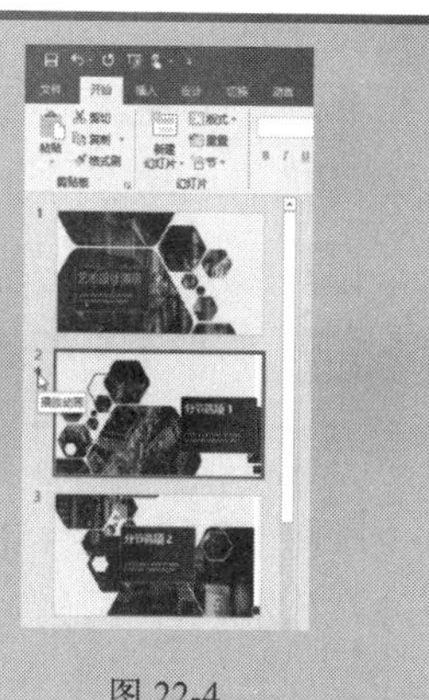

图 22-4

如果演示文稿中的幻灯片很多，那么每一张幻灯片都单独设置切换效果，这也是一项让人感到无趣的工作。能否批量添加切换效果呢？答案是能。其操作方式如下。

01 单击状态栏右下角的“幻灯片浏览”按钮，切换到幻灯片浏览视图，使用鼠标拖动选择目标幻灯片，或者按 Ctrl+A 键选中所有幻灯片。

02 单击“切换”选项卡，在“切换到此幻灯片”工具组中选择一种切换效果。在本示例中，选择的是“随机线条”。这样，仅仅在一瞬间，所有的幻灯片都添加了该切换效果。在幻灯片浏览视图中，可以看到它们的右下角都出现了一个“播放动画”标记，表示它们已经具有了切换效果，如图 22-5 所示。

显然，这种方式的效率非常高（特别是如果演示文稿包含大量幻灯片的话），不过缺陷在于千篇一律，可能会让人感到厌倦，所以中间可以穿插使用其他切换方式。即便如此，在幻灯片浏览视图中设置的效率也要比在普通视图中高得多。

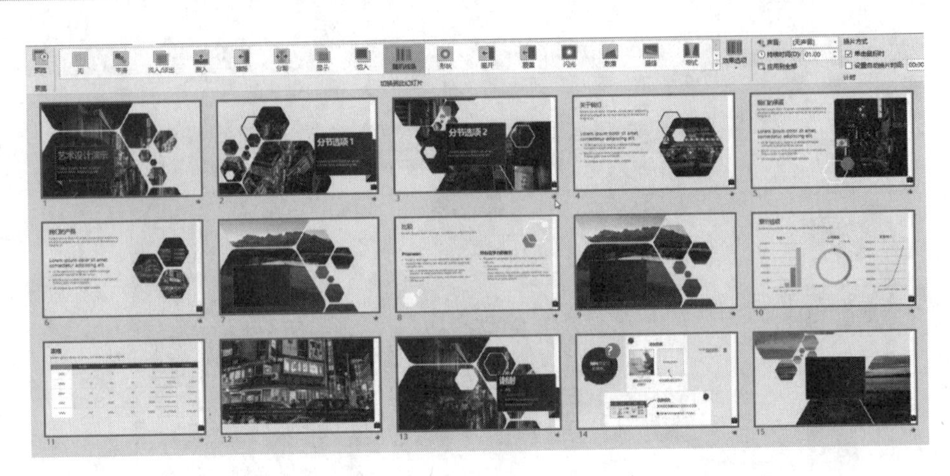

图 22-5

22.1.2 设置幻灯片切换的方向

幻灯片的每种切换方式都包括多种切换方向，为幻灯片应用了切换方式后，可根据需要对切换的运动方向进行更改。

01 继续上例的操作，选中第 2 张幻灯片。

02 单击“效果选项”按钮，在展开的菜单中选择“垂直”或“水平”命令。值得一提的是，不同的切换方式具有不同的效果选项。例如，选择“涡流”切换方式之后，可以选择的“效果选项”包括“自左侧”“自顶部”“自右侧”和“自底部”，如图 22-6 所示。

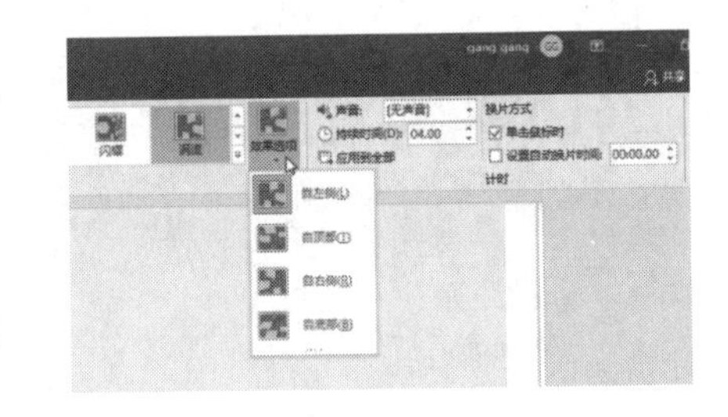

图 22-6

经过以上步骤，就完成了为幻灯片所应用的切换更改方向的操作。

22.1.3 设置幻灯片转换时的声音并设置切换时间

为了让幻灯片切换时更有意境，可在幻灯片切换时为其配上声音。演示文稿中预设了爆炸、抽气、打字机等多种声音，用户可根据幻灯片的内容选择适当的声音。对于幻灯片切换时所用的时间也可根据需要进行更改。

01 继续上例操作，选中第 3 张幻灯片。

02 在“切换”选项卡下，单击“计时”选项组中“声音”下拉列表框右侧的下三角按钮，在展开的下拉列表中单击需要使用的声音选项，如图 22-7 所示，程序会即时播放应用声音后的效果。

03 设置了切换时的声音效果后，在“计时”选项组中的“持续时间”数值框内输入需要设置的切换时间，如图 22-8 所示。

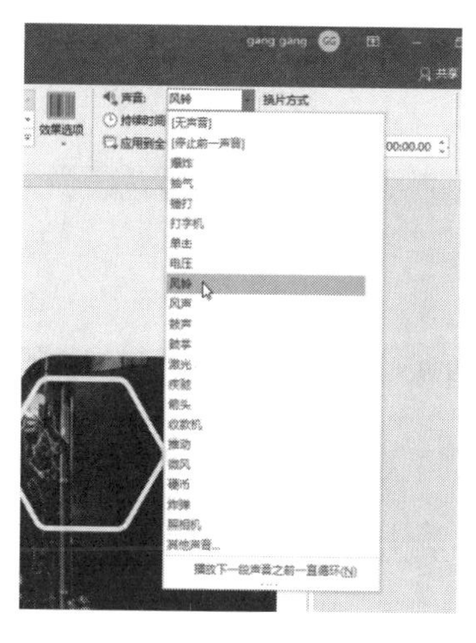

图 22-7

图 22-8

22.1.4　设置幻灯片的换片方式

幻灯片的换片方式包括单击鼠标换片以及自动换片两种，程序在默认的情况下所使用的换片方式为单击鼠标，本节将讲解设置幻灯片的自动换片方式的操作。

01 继续上例的操作，单击“幻灯片”任务窗格中的第 4 张幻灯片图标。

02 在“切换”选项卡下的“计时”选项组中清除“单击鼠标时”复选框。

03 选中“设置自动换片时间”复选框，连续两次单击“设置自动换片时间”数值框右侧的上调按钮，将换片时间设置为 2 秒，如图 22-9 所示。

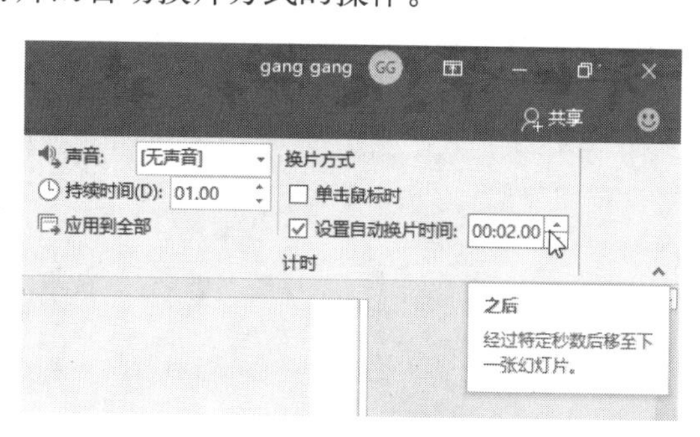

图 22-9

22.2　设置幻灯片中各对象的动画效果

在为幻灯片中的对象设置动画效果时，可分别对幻灯片设置进入、强调、退出以及动作路径的动画效果。在 PowerPoint 2019 中，可在“动画”样式库中选择需要使用的动画效果。

22.2.1　设置进入动画效果

PowerPoint 2019 将一些常用的动画效果放置于“动画”库中，为对象设置动画效果时，可直接在库中选择，也可以在“添加进入效果”对话框中完成设置。

方法一：在动画库中选择动画效果

01 新建或打开包含多张幻灯片的演示文稿，选中需要设置动画效果的对象，也可以按 Ctrl+A 键选中所有对象，如图 22-10 所示。

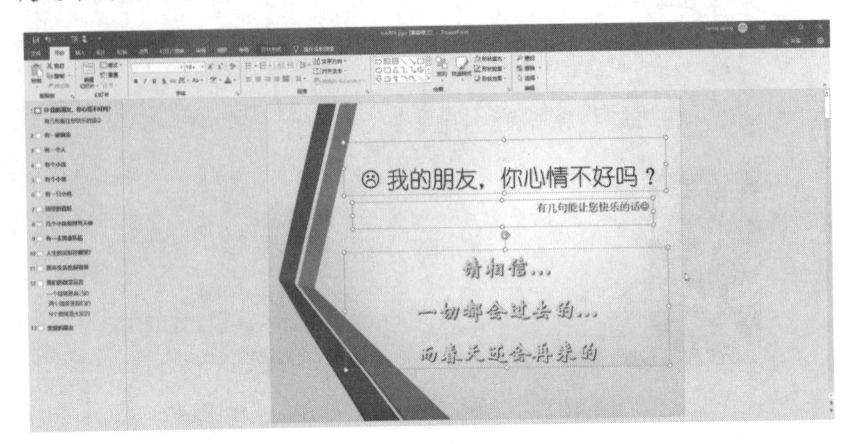

图 22-10

02 切换到“动画”选项卡，单击“动画”选项组中的“其他”按钮，如图 22-11 所示。

03 展开动画库后，单击需要使用的动画效果“陀螺旋”图标，如图 22-12 所示。

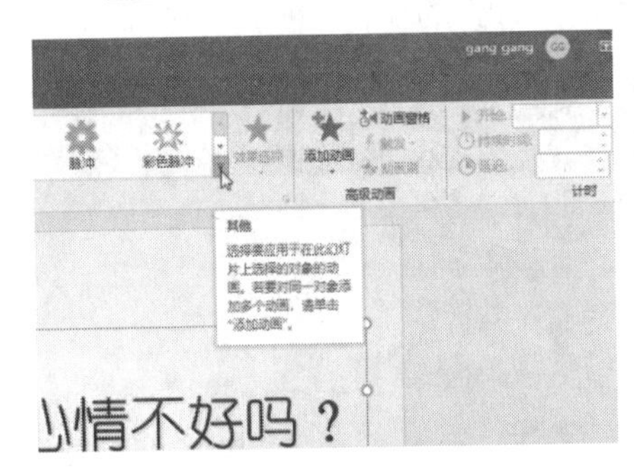

图 22-11

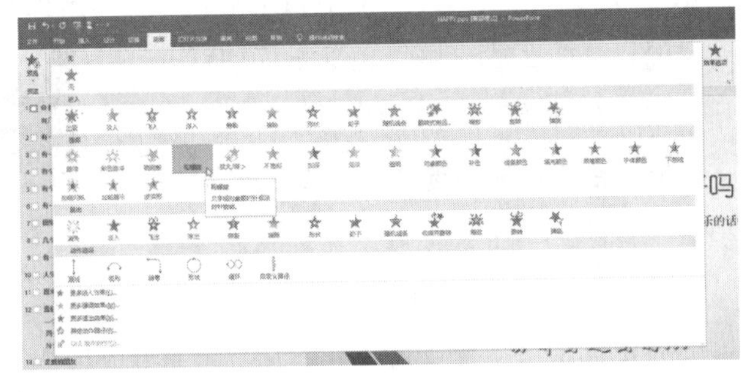

图 22-12

经过以上步骤，就完成了为幻灯片的对象设置动画效果的操作。

> **提示：** 本示例选择了幻灯片上的所有对象设置同一种动画效果，这样做其实是有疑问的，因为它不但让人感觉单调，而且模糊了焦点。更合理的做法是分开设置，或者部分对象无动画，只给想要突出显示的对象设置动画效果。请记住：动画效果只起点缀作用，切勿滥用，否则容易让观赏者转移注意力，或者对演示内容本身感到厌烦。

方法二：在“添加进入效果”对话框中选择动画效果

01 继续上例操作，选中幻灯片中需要设置动画效果的对象，单击“动画”选项卡下“高级动画”选项组中的“添加动画”按钮，然后选择一种“进入”“强调”或“退出”动画，如图 22-13 所示。`

02 也可以在展开的菜单中选择“更多进入效果”命令，打开“添加进入效果”对话框，

这里有一些效果是弹出菜单所没有的，例如“圆形扩展”。选中“预览效果”可以立即看到对象的动画。满意后单击“确定”按钮，如图 22-14 所示。

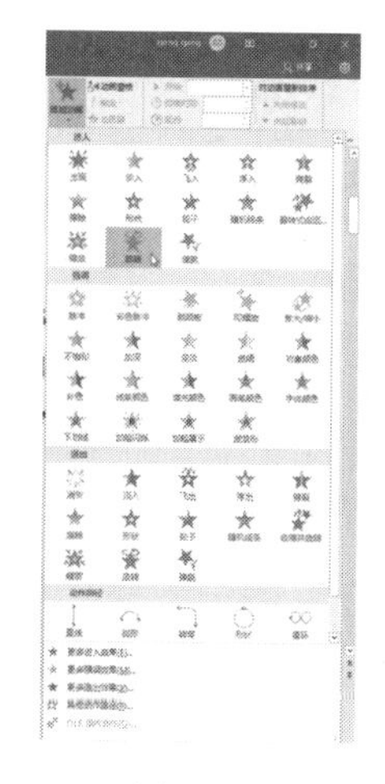

图 22-13

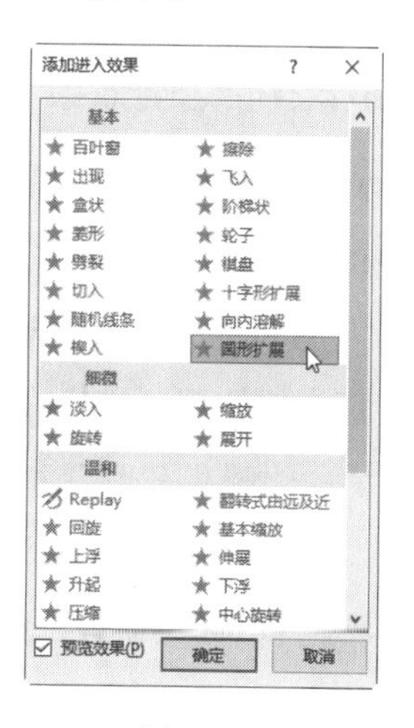

图 22-14

经过以上操作，就完成了为幻灯片中的对象设置进入动画效果的操作，用户可按照本例的操作，为幻灯片中其他的对象设置进入动画效果。

22.2.2　设置强调动画效果

强调动画效果用于让对象突出，从而引人注目，所以在设置强调动画效果时，可选择一些较华丽的效果。

01 继续上例操作，选中第 4 张幻灯片，单击需要设置强调动画效果的对象。

02 切换到“动画”选项卡，单击“高级动画”选项组中的“添加动画”按钮，在展开的菜单中单击“强调”区域中的“彩色脉冲”，如图 22-15 所示。

经过以上步骤，就完成了为幻灯片中的对象设置强调动画效果的操作。

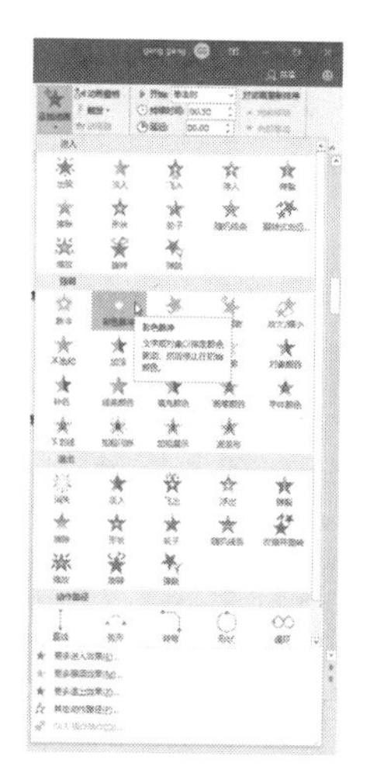

图 22-15

22.2.3　设置退出动画效果

退出动画效果包括百叶窗、飞出、轮子、棋盘等多种效果，用户可根据需要进行设置，具体操作步骤如下。

01 继续上例操作，选中第 5 张幻灯片，选择需要设置退出动画效果的对象。

02 单击“动画”选项卡下“高级动画”选项组中的“添加动画”按钮，在展开的菜单中单击“退出”区域中的“轮子”图标，如图 22-16 所示。

经过以上步骤，就完成了为幻灯片中的对象设置退出动画效果操作。

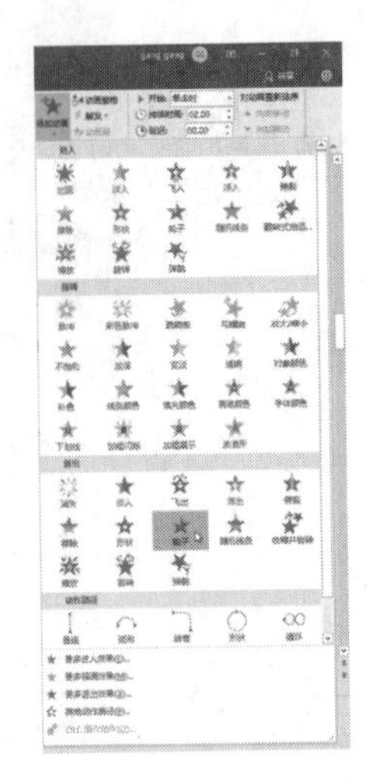

图 22-16

22.2.4 设置动作路径动画效果

动作路径用于自定义动画运动的路线及方向，设置动作路径时，可使用程序中预设的路径。

程序中预设了六边形、平行四边形等多种路径样式，为对象设置路径运动时，可直接使用预设样式。

01 继续上例操作，选择幻灯片中需要设置动作路径动画效果的对象。

02 单击“动画”选项卡下“高级动画”选项组中的“添加动画”按钮。

03 展开动画效果库，选择“其他动作路径”命令，如图 22-17 所示。

04 弹出“添加动作路径”对话框，在“基本”选项组中单击“橄榄球形”图标，然后单击“确定”按钮，如图 22-18 所示。

经过以上操作，就完成了为幻灯片中的对象设置动画路径，对幻灯片进行放映时，所选择的对象也会按照该路径进行运动。

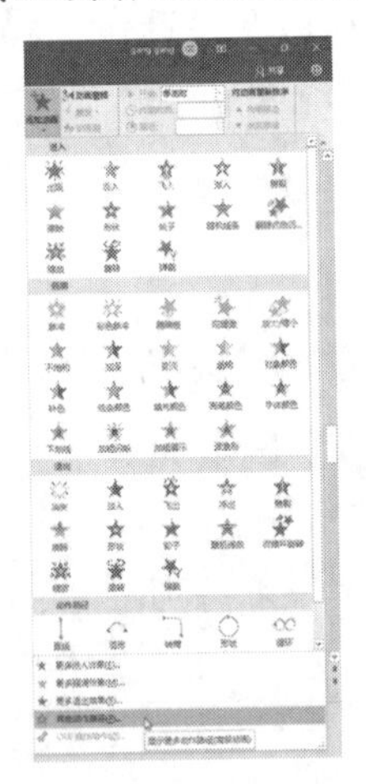

图 22-17

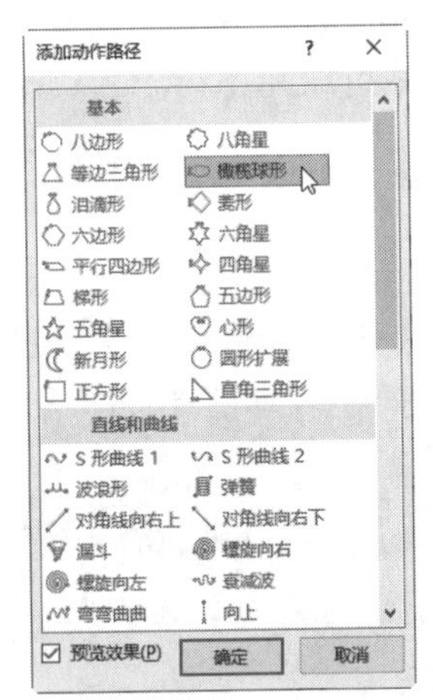

图 22-18

22.3 编辑对象的动画效果

为对象应用动画效果，只是应用于程序中默认的动作效果，对于动画的运行方式、动画声音、动画长度等内容都可以在应用了动画效果后重新进行编辑。通过以上的操作，可以让动画效果更加符合演示文稿演讲者的意图。

22.3.1　设置动画的运行方式

幻灯片中对象的运行方式包括单击时、与上一动画同时和上一动画之后 3 种方式，程序在默认情况下使用单击时的方式，但是用户可以根据需要选择适当的运行方式。

01 打开上一示例中的演示文稿，切换到“动画”选项卡，单击幻灯片中目标对象左上角的动画序号，如图 22-19 所示。

02 选择需要编辑的动画效果后，单击“计时”选项组中“开始”下拉列表右侧的下三角按钮，在展开的下拉列表中单击“上一动画之后”选项，如图 22-20 所示，就完成了更改动画运行方式的操作。

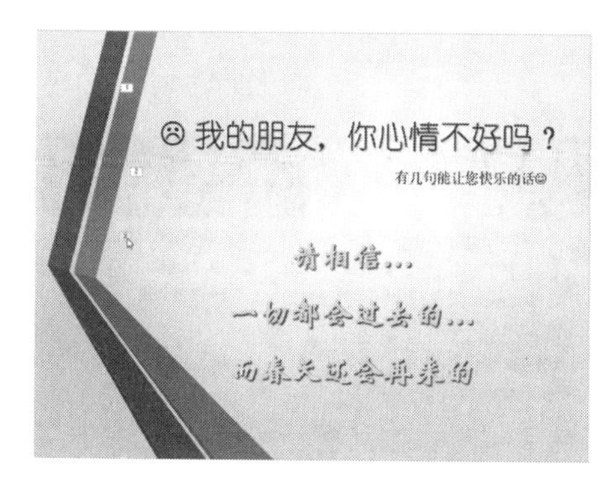

图 22-19

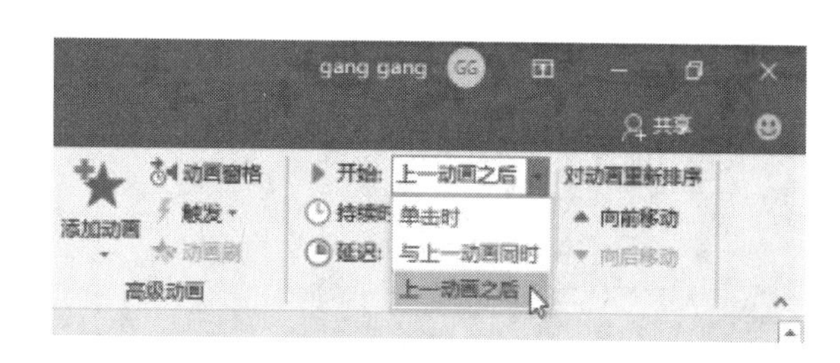

图 22-20

22.3.2　重新对动画效果进行排序

为幻灯片中各对象设置了动画效果后，放映时程序会根据用户所设置的动画顺序对各对象进行播放，在设置了动画效果后，可对动画顺序重新调整。

01 继续上例操作，选择需要编辑的幻灯片后，切换到“动画”选项卡下，单击幻灯片中需要设置的对象左上角的动画序号，如图 22-21 所示。

02 选择需要编辑的动画效果后，单击“计时”选项组中“对动画重新排序”下的“向前移动”按钮，如图 22-22 所示。

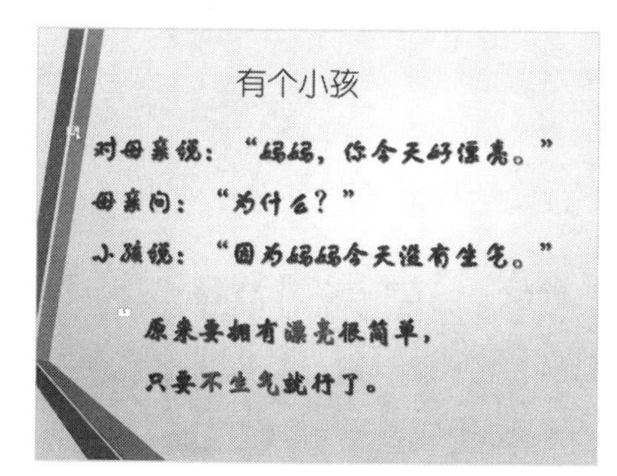

图 22-21

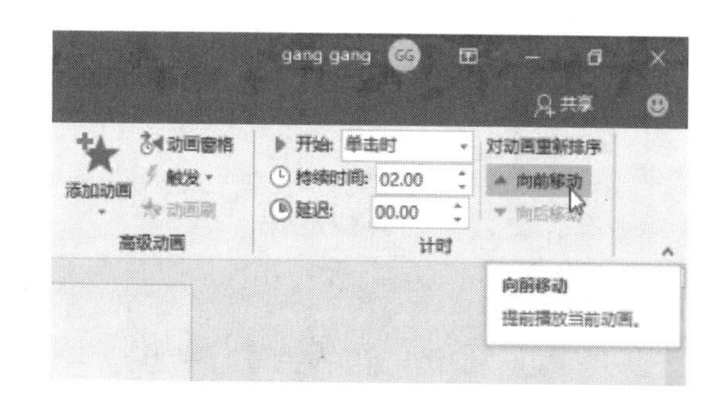

图 22-22

这样就完成了对动画顺序的调整，使得动画内容的出现更加合理。

22.3.3 设置动画的声音效果

在为幻灯片中的对象设置动画效果时，也可以为其添加声音效果，并且在选择了需要使用的声音后，还可对音量大小进行调整，其具体操作步骤如下。

01 继续上例的操作，选择需要编辑的幻灯片，切换到“动画”选项卡，单击幻灯片中需要设置的对象左上角的动画序号，如图 22-23 所示。

02 选择需要编辑的动画序号后，单击“动画”选项组中的“显示其他效果选项”按钮，如图 22-24 所示。

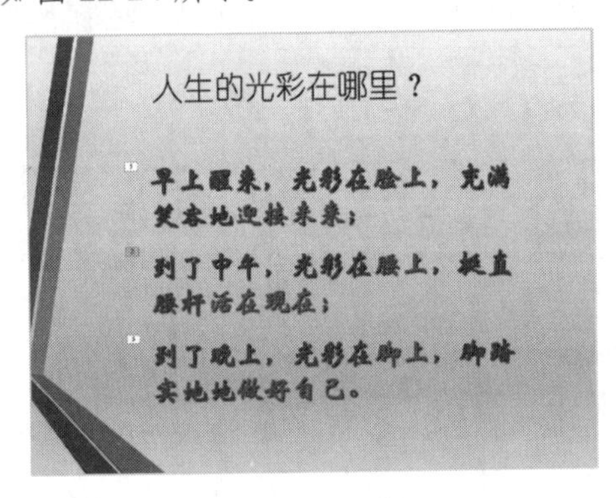

图 22-23

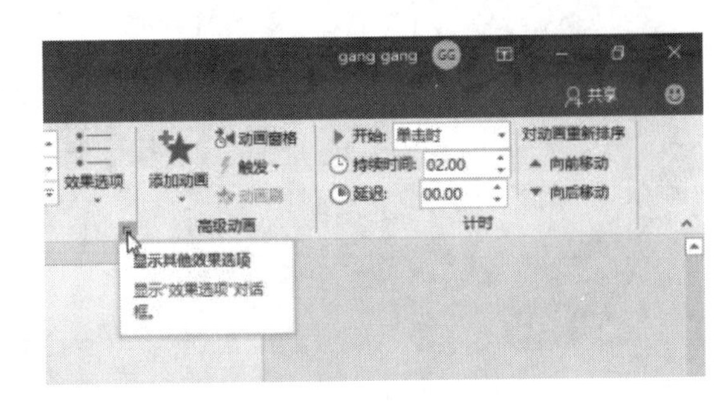

图 22-24

03 弹出“放大 / 缩小”对话框（该对话框的名称和对象所应有的动画相关），在“效果”选项卡下单击“声音”右侧的下三角按钮，在展开的下拉列表中单击需要使用的声音选项，如图 22-25 所示。

04 选择需要使用的声音后，单击“音量”图标，在弹出的音量标尺中，向上或向下拖动标尺上的滑块至合适音量后释放鼠标左键，就完成了为动画设置声音效果的操作，如图 22-26 所示。

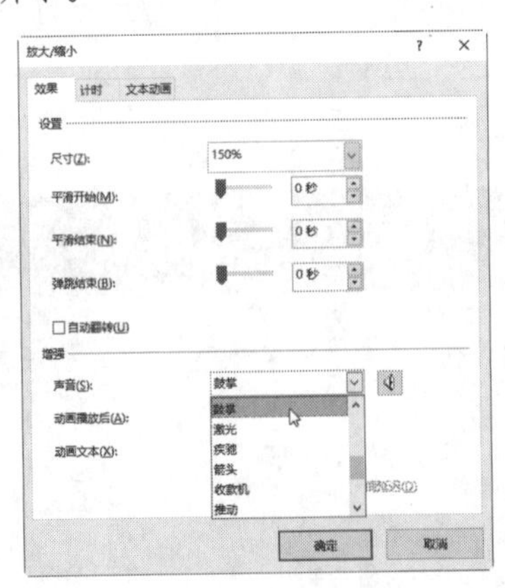

图 22-25

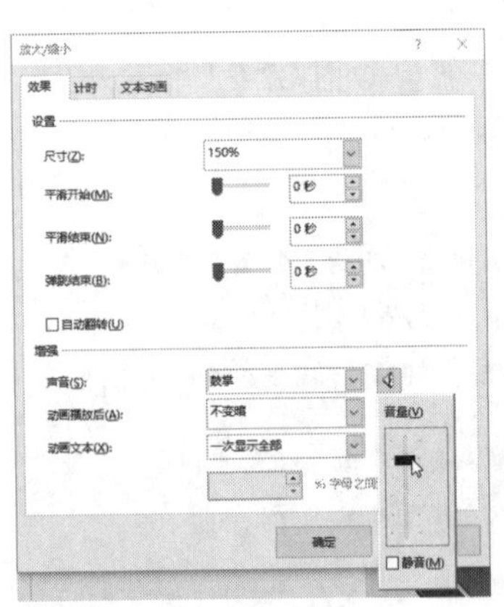

图 22-26

22.3.4　设置动画效果运行的长度

在运行动画效果时，运行的时间长度包括非常快、快速、中速、慢速和非常慢 5 种方式，用户可根据需要选择合适的长度。

01 继续上例的操作，选择需要编辑的第 5 张幻灯片，切换到“动画”选项卡，单击幻灯片中需要编辑动画长度的序号（在本示例中，选择的是 2，因为该文本较长，所以可以考虑延长其动画运行的时间），然后单击“动画”选项组中的“显示其他效果选项”按钮，如图 22-27 所示。

02 在打开的“圆形扩展”对话框中（该对话框的名称与对象应用的动画效果有关），切换到“计时”选项卡下，单击“期间”右侧的下三角按钮，在展开的下拉列表中单击“非常慢（5 秒）”选项，如图 22-28 所示。最后单击“确定”按钮，就完成了动画长度的设置。

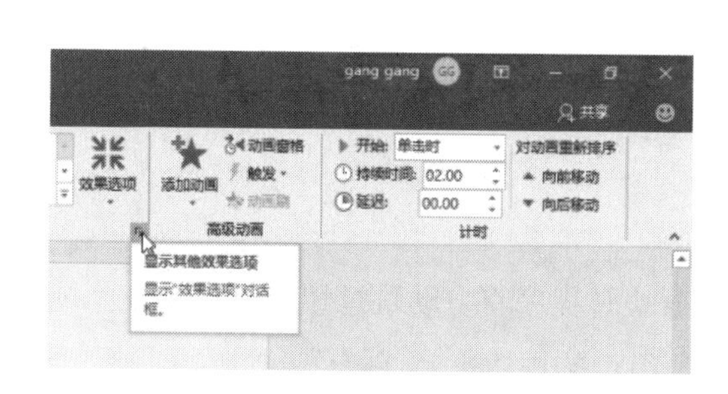

图 22-27

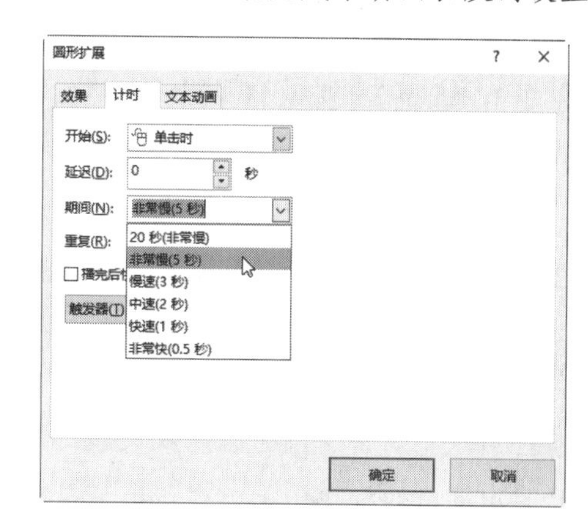

图 22-28

第 23 章　幻灯片的放映

在编辑完成演示文稿之后，播放和呈现的方式也是很重要的。在放映幻灯片时，可以隐藏某些幻灯片或录制幻灯片演示，也可以先进行排练以掌握合适的播放时间。此外，用户还可以通过创建讲义和打包到 U 盘等方式共享演示文稿。

≫ 本章学习内容：

- 准备放映幻灯片
- 放映幻灯片
- 放映时编辑幻灯片
- 共享演示文稿

23.1　准备放映幻灯片

在放映幻灯片之前，一些准备工作是必不可少的，例如将不需要放映的幻灯片隐藏、对放映幻灯片进行演示以及设置幻灯片的放映方式等操作，本节将逐一进行介绍。

23.1.1　隐藏幻灯片

在放映幻灯片之前可以隐藏某些幻灯片，放映时程序将自动跳过该幻灯片。在隐藏幻灯片时可通过快捷菜单来完成，也可以通过选项组中的按钮来完成操作。

方法一：通过快捷菜单隐藏幻灯片

01 打开演示文稿，单击状态栏右下角的“幻灯片浏览”按钮切换到幻灯片浏览视图。

02 鼠标右键单击需要隐藏的幻灯片，在快捷菜单中选择“隐藏幻灯片”命令，如图 23-1 所示。

该幻灯片进行了隐藏，同时在幻灯片缩略图的左下角幻灯片编号将显示隐藏标记（斜杠划过编号），如图 23-2 所示。在放映幻灯片时 PowerPoint 将自动跳过该幻灯片，直接播放其他幻灯片。

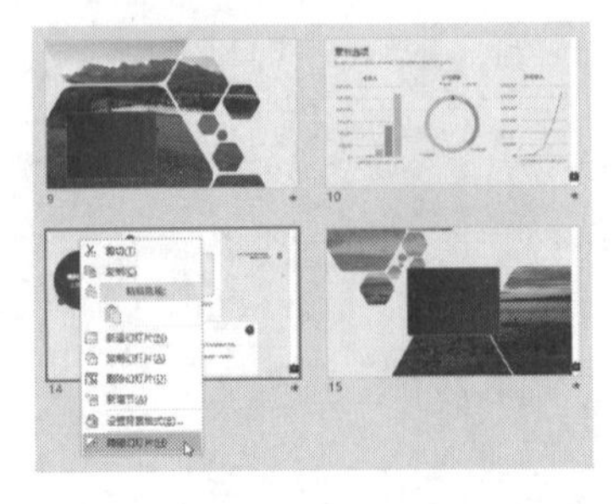

图 23-1

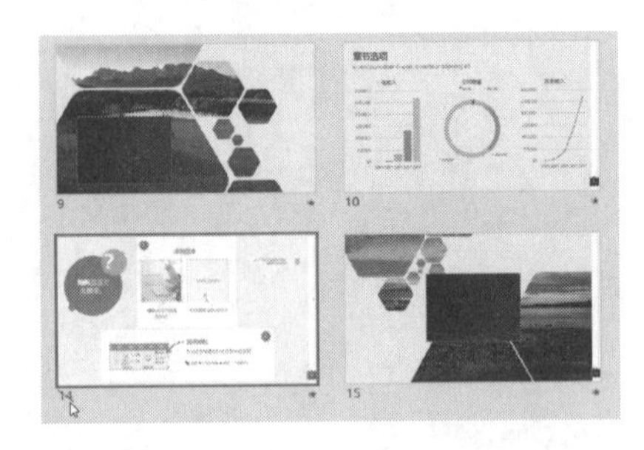

图 23-2

方法二：通过选项组中的按钮隐藏幻灯片

01 单击需要隐藏的幻灯片。

02 切换到“幻灯片放映”选项卡，单击“设置”选项组中的“隐藏幻灯片”按钮，如图 23-3 所示。

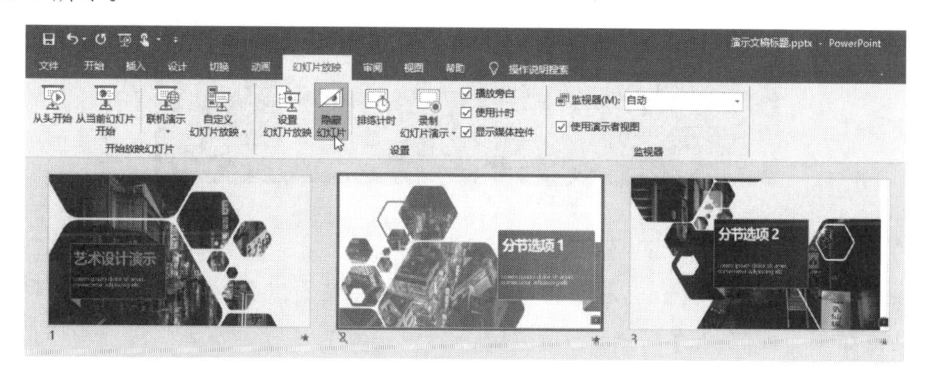

图 23-3

23.1.2　录制幻灯片演示

录制幻灯片的作用是对幻灯片的放映进行排练，对每个动画所使用的时间进行分配，录制时可以从头开始录制，也可以从当前幻灯片开始录制。

从头录制幻灯片演示时，无论当前所选中的是哪张幻灯片，PowerPoint 都将跳到第 1 张幻灯片进行播放，播放时，可对每个动作的时间进行控制。

01 打开演示文稿，切换到“幻灯片放映”选项卡，单击“设置”选项组中的“录制幻灯片演示”下三角按钮，在展开的菜单中选择“从头开始录制”命令，如图 23-4 所示。

02 此时将出现“录制幻灯片演示”界面，单击窗口左上角显示“录制”工具栏，如图 23-5 所示。

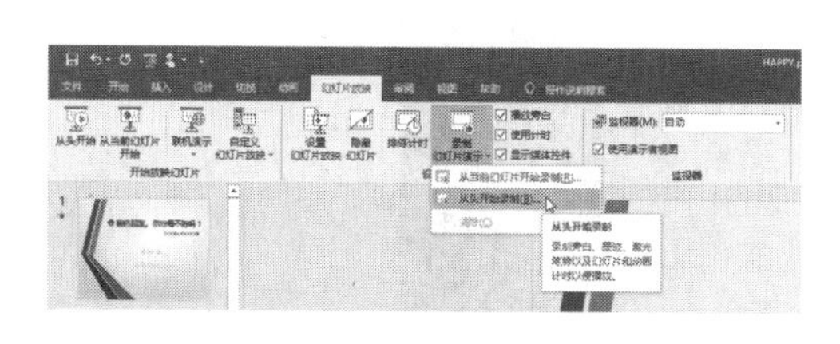

图 23-4

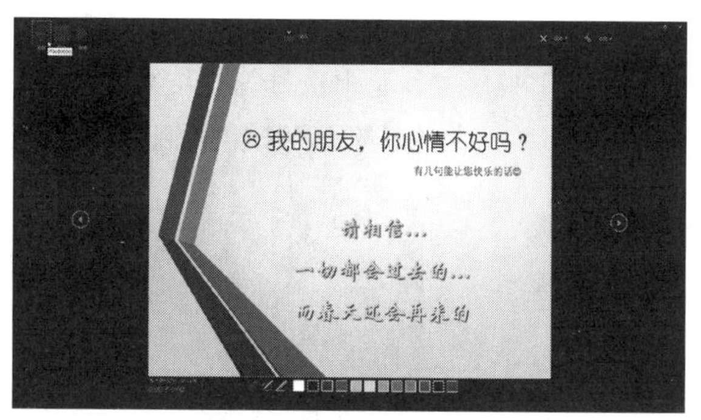

图 23-5

03 在录制过程中，用户可以全程排练自己的演示过程，例如，插入旁白，使用荧光笔标注等。在左下角会显示当前排练的时间和幻灯片进度，如图 23-6 所示。

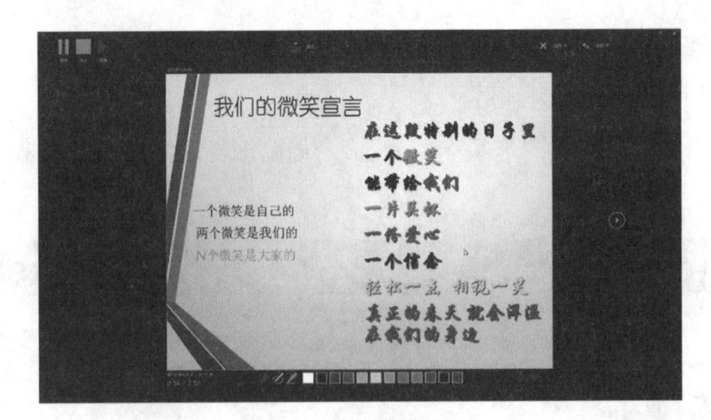

图 23-6

04 排练结束之后，会出现黑屏提示。在左下角会显示出整个放映所需要的时间，此时单击退出即可，如图 23-7 所示。

图 23-7

05 录制结束之后，看起来什么变化都没有，其实结果已经自动保存了。要查看排练的效果，可以再次单击“幻灯片放映”选项卡“设置”选项组中的“录制幻灯片演示”下三角按钮，在展开的菜单中选择“从头开始录制”命令，再次打开录制界面。这次可以单击“重播”按钮，预览上次排练的结果，如图 23-8 所示。

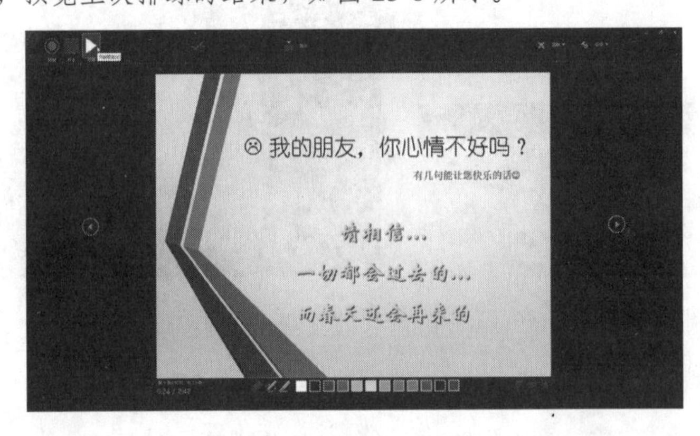

图 23-8

23.1.3　设置幻灯片的放映方式

在设置幻灯片的放映方式时，包括对放映类型、放映选项、放映范围以及换片方式等内容的设置，通过以上内容的设置，将会使幻灯片的放映更加得心应手。

01 打开演示文稿，在“幻灯片放映”选项卡下，单击“设置”选项组中的“设置幻灯片放映”按钮，如图 23-9 所示。

02 打开“设置放映方式”对话框，在“放映类型”选项组内单击“在展台浏览（全屏幕）”单选按钮，在这种情况下，会自动选中“循环放映，按 ESC 键终止”复选框，单击“确定”按钮即可，如图 23-10 所示。

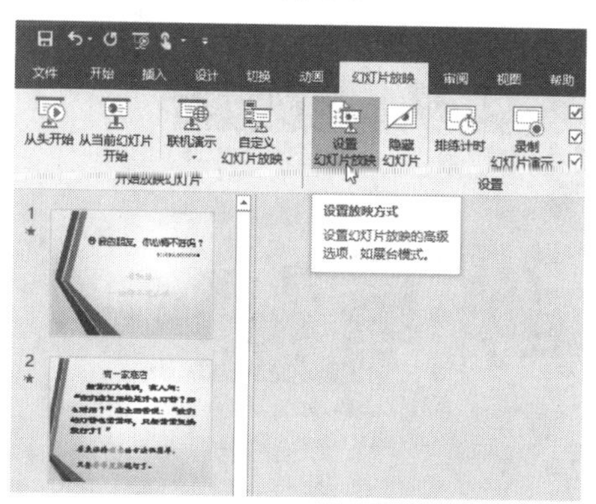

图 23-9

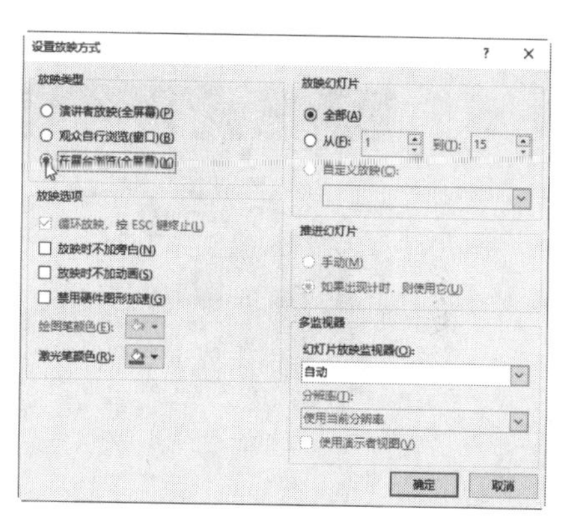

图 23-10

23.2　放映幻灯片

放映幻灯片主要有 3 种方式，包括从头开始、从当前幻灯片开始以及自定义放映幻灯片，用户可根据需要选择适当的放映方式。

23.2.1　按顺序放映幻灯片

“从头开始”与“从当前幻灯片开始”放映幻灯片时，程序都会按照演示文稿中幻灯片的顺序进行放映。其操作方法如下。

01 打开演示文稿，切换到“幻灯片放映”选项卡，单击“开始放映幻灯片”选项组中的“从头开始”按钮，如图 23-11 所示。

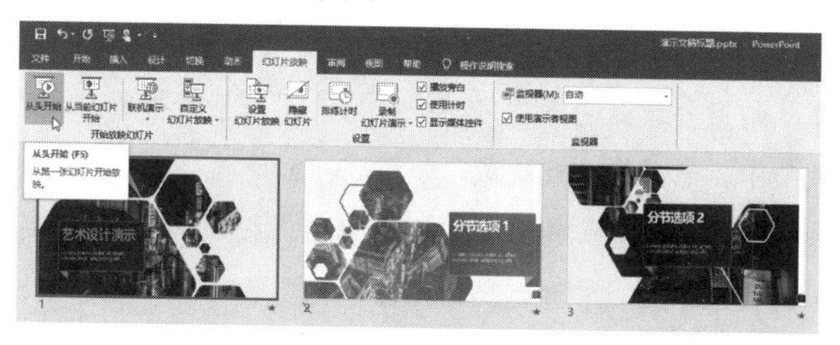

图 23-11

执行放映操作，程序将会从第一张幻灯片开始对演示文稿进行全屏放映。

02 选择要放映的幻灯片，单击“开始放映幻灯片”选项组中的“从当前幻灯片开始”按钮，程序就会从选择的幻灯片开始放映演示文稿。

23.2.2 自定义幻灯片放映

在自定义幻灯片放映时，可根据需要选择要放映的幻灯片，可跳跃选择，也可以对幻灯片的放映顺序重新进行排列，并可以对此次放映进行命名。

01 打开演示文稿，切换到“幻灯片放映”选项卡，单击“开始放映幻灯片”选项组中的“自定义幻灯片放映”按钮，在展开的菜单中选择“自定义放映”命令，如图 23-12 所示。

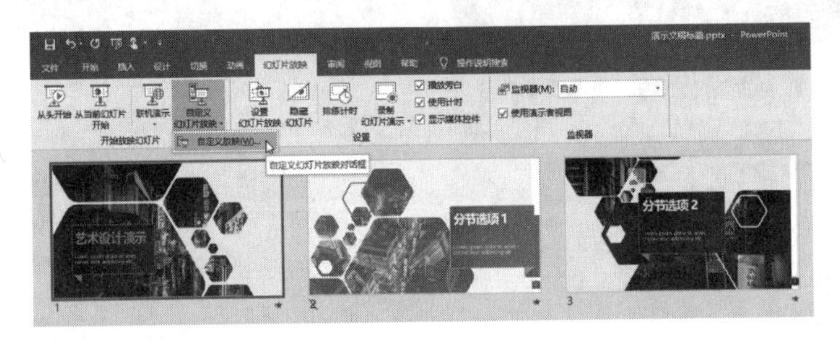

图 23-12

02 在出现的“自定义放映”对话框中，单击“新建”按钮，如图 23-13 所示。

03 在打开的“定义自定义放映”对话框中，在“幻灯片放映名称”文本框中输入需要定义的名称，例如“图形展示”，然后在“在演示文稿中的幻灯片”列表框中选择需要放映的幻灯片，最后单击“添加”按钮，如图 23-14 所示。

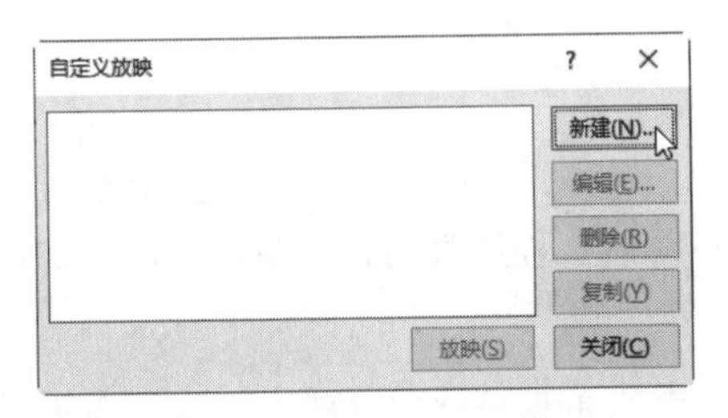

图 23-13

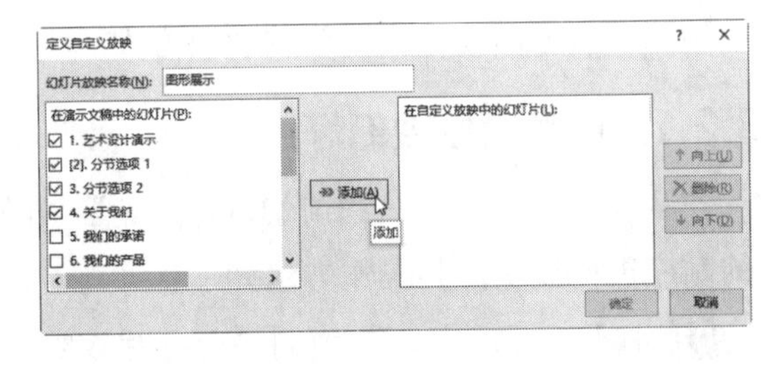

图 23-14

04 需要放映的幻灯片将出现在右侧窗格中。注意，添加隐藏幻灯片是无效的。例如，在本示例中，第 2 张幻灯片就是隐藏的（其编号被使用中括号括起来，表示它是隐藏幻灯片），在自定义放映中，它同样会被隐藏，如图 23-15 所示。

05 将需要放映的幻灯片选择完毕后，单击“确定”按钮，返回“自定义放映”对话框，在“自定义放映”列表框中可以看到定义的内容，需要放映时，单击“放映”按钮即可，如图 23-16 所示。

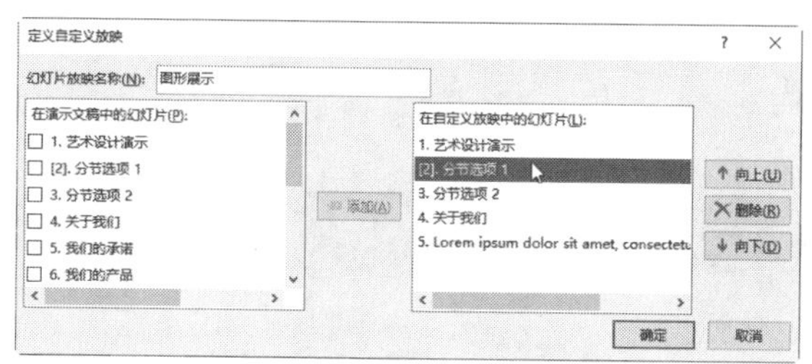

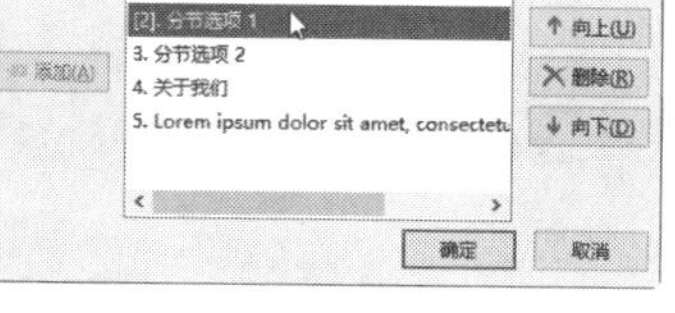

图 23-15

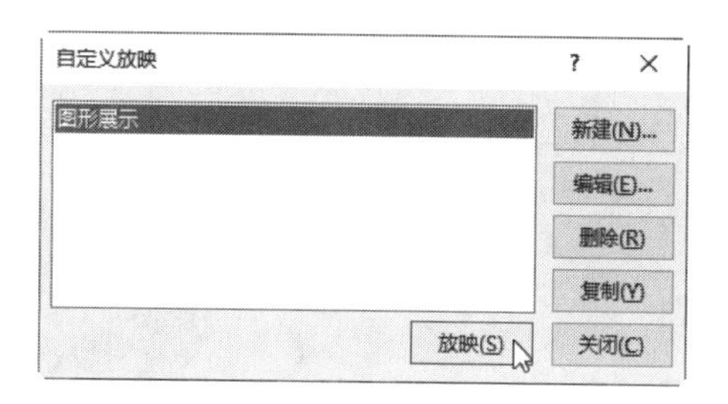

图 23-16

23.3　放映时编辑幻灯片

在放映幻灯片时，如果需要查看其他幻灯片、对幻灯片进行标记或是更改屏幕颜色，可直接在放映幻灯片的过程中进行编辑。

在放映幻灯片时，如果需要对幻灯片进行讲解，可以直接使用墨迹对幻灯片中的内容进行标记，标记完毕后，可以根据需要决定是否将标记的内容保存。

01 打开演示文稿，按 F5 键放映，在画面上右击，在弹出的快捷菜单中选择“指针选项”|“荧光笔”命令，如图 23-17 所示。

02 选择了荧光笔类型后，再次单击“指针选项”按钮，在弹出的菜单中将鼠标指向“墨迹颜色”命令，弹出颜色列表，在其中单击“红色”图标，如图 23-18 所示。

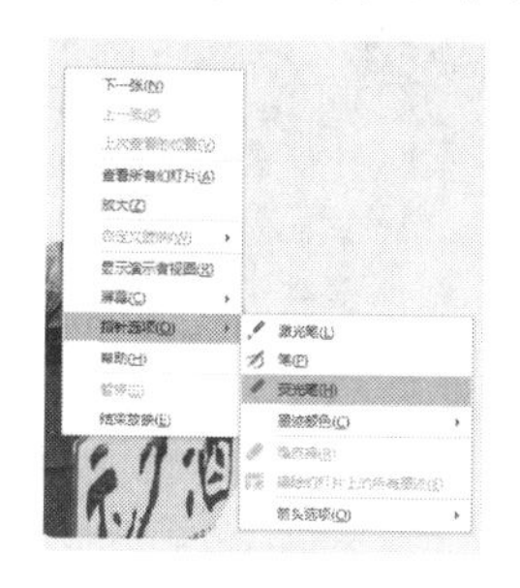

图 23-17

图 23-18

03 选择了标记用的笔以及笔的颜色后，在播放幻灯片的过程中，需要对内容进行标记时，拖动鼠标进行圈释，如图 23-19 所示。

如果需要更改标记所用的笔时，再次单击“指针选项”按钮，在弹出的菜单中选择“笔”命令。

> **提示：** 在使用荧光笔演示时，单击鼠标已经无法切换到下一张幻灯片。此时可以按 N 键进入下一张幻灯片，按 P 键返回上一张幻灯片。

04 将文稿标记完毕后，继续对幻灯片进行放映，结束放映时，会弹出 Microsoft PowerPoint 提示框，询问用户是否保留墨迹注释，单击“保留”按钮，如图 23-20 所示。

05 经过以上步骤，就完成了为幻灯片进行标记的操作，返回普通视图中，在幻灯片中即可看到标记的效果，如图 23-21 所示。

图 23-19

图 23-20

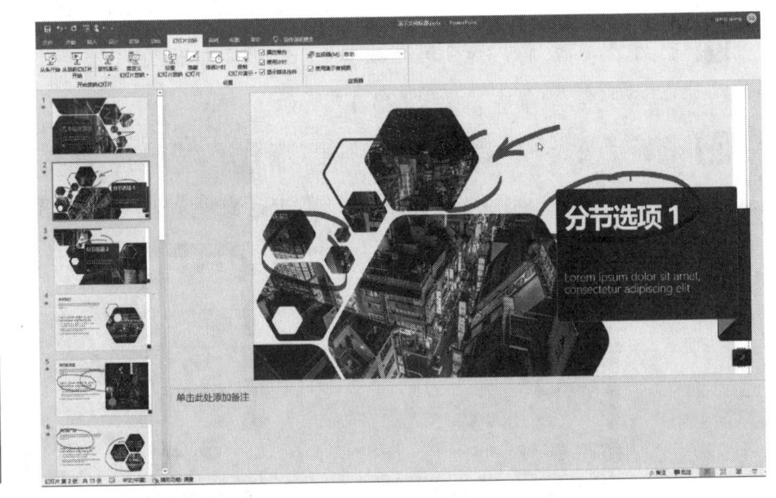

图 23-21

23.4　共享演示文稿

演示文稿制作完毕后，为了能够与更多的人一起分享，可通过使用创建讲义、打包到 U 盘或创建为视频文件的方式达到共享的目的。

23.4.1　将演示文稿创建为讲义

讲义一般指文章的总体概述内容。在 PowerPoint 2019 中，为了方便演示文稿的讲解，可将演示文稿直接创建为讲义，具体操作步骤如下。

01 打开演示文稿，执行“文件”｜“导出”｜“创建讲义”命令，在弹出的面板中

单击“创建讲义”按钮，如图 23-22 所示。

02 弹出“发送到 Microsoft Word”对话框，在“Microsoft Word 使用的版式”选项组下选中“空行在幻灯片旁”单选按钮，如图 23-23 所示。

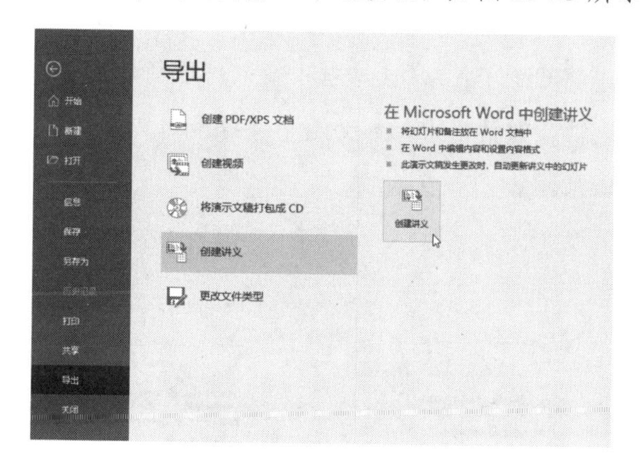

图 23-22

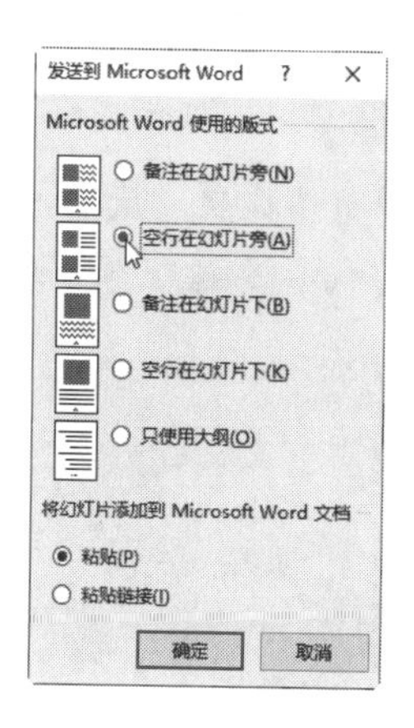

图 23-23

03 单击“确定”按钮，经过以上操作，弹出一个 Microsoft Word 窗口，其中显示出创建的讲义效果，如图 23-24 所示。

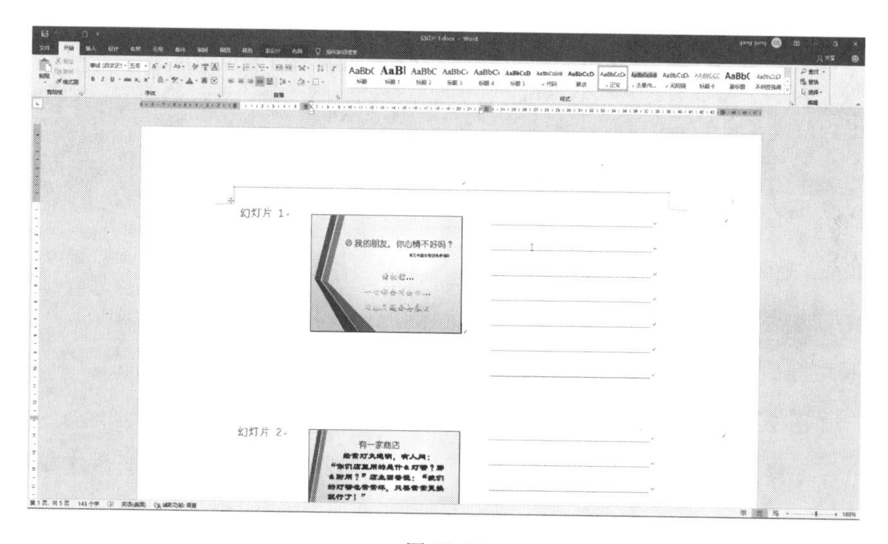

图 23-24

23.4.2 将演示文稿打包到 U 盘

当用户需要将演示文稿发送到异地进行演示时，最好的方式是通过网络进行传输。如果网络不可用，则可以借助 U 盘转移文件。无论哪一种方式，都需要先将演示文稿保存到本机中，然后再打包发送到网络或 U 盘。其具体操作步骤如下。

01 打开演示文稿，执行“文件”|“导出”|“将演示文稿打包成 CD”命令，在

弹出的选项中单击“打包成 CD”按钮，如图 23-25 所示。

提示：现在已经很少有人使用 CD 传递文件，大多数计算机甚至都已经没有光驱了，但是，U 盘仍然是人们常用的文件传输介质，所以，“将演示文稿打包成 CD”功能可被视为 U 盘传输的前期操作。

02 弹出“打包成 CD”对话框，在“将 CD 命名为”文本框中输入需要创建的文件名称，然后单击“选项”按钮，在出现的“选项”对话框中，务必选中“链接的文件”和“嵌入的 TrueType 字体”复选框，如图 23-26 所示。

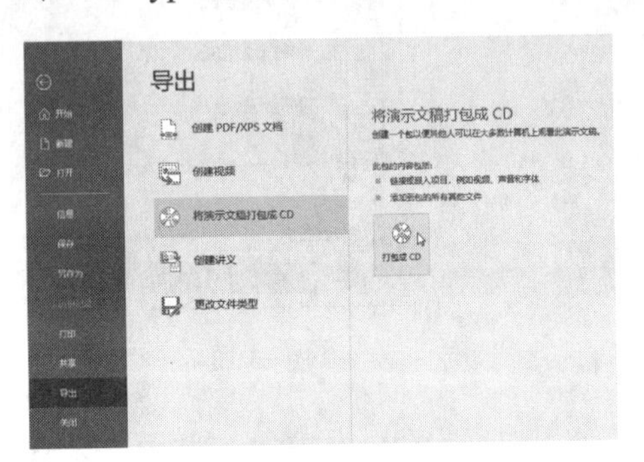

图 23-25

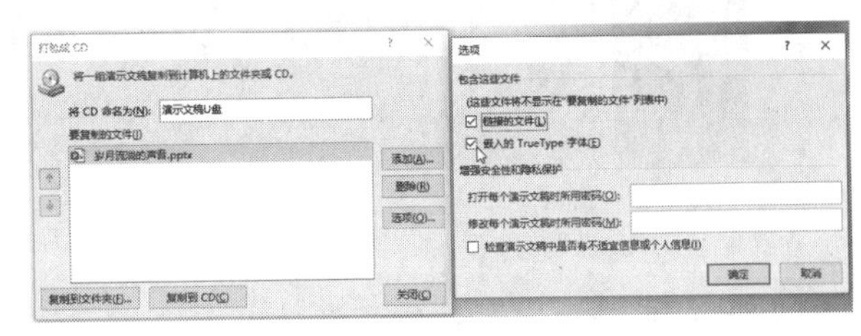

图 23-26

提示：如果演示文稿中插入了本地视频文件或音频文件等链接形式的文件，则务必选中“链接的文件”复选框，否则放映演示文稿时会出现找不到文件的错误。如果演示文稿中使用了本机上存在的较为特殊的字体，则务必选中“嵌入的 TrueType 字体”复选框，否则在其他计算机上放映时，呈现的效果可能会和本机不一致。这也是“打包成 CD”的主要作用。

03 单击“确定”按钮回到“打包成 CD”对话框，单击“复制到文件夹”按钮，打开“复制到文件夹”对话框，程序将打包的文件默认保存在 C:\Users\My\Documents\ 下，单击“位置”文本框右侧的“浏览”按钮可以改变保存位置。本示例对此不作改变，直接单击“确定”按钮，如图 23-27 所示。

04 此时将弹出 Microsoft PowerPoint 提示框，提示用户选择打包的演示文稿中有链接，询问用户是否要在包中包含链接文件，单击“是”按钮，如图 23-28 所示。

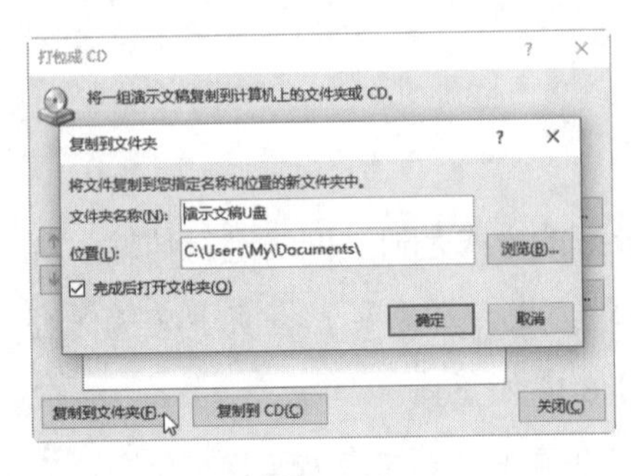

图 23-27

图 23-28

打包完毕后，弹出打包的文件夹，在其中可以看到 PowerPoint 演示文稿文件以及配套内容。现在将“演示文稿 U 盘”文件夹中的内容全部复制到 U 盘即可确保在其他计算机上的正常放映。

> **提示：** 如果要不启动 PowerPoint 而直接放映演示文稿，则可以将 PowerPoint 文档另存为 *.ppsx 文件。方法是在“另存为”对话框中选择“保存类型”为“PowerPoint 放映（*.ppsx）”。
>
> 将 *.ppsx 文件通过 U 盘复制到其他计算机之后，双击即可放映而不会启动 PowerPoint。

23.4.3 将演示文稿创建为视频

为了使演示文稿能够在更多的媒体文件中播放，在幻灯片制作完成后可以将其创建为视频文件，在 PowerPoint 2019 中可以创建 MP4 和 WMV 格式的视频。

01 打开演示文稿，执行“文件”|“导出”|“创建视频”命令，如图 23-29 所示。

02 在右侧面板中可以选择视频的质量（默认为“全高清”），在“放映每张幻灯片的秒数”数值框内输入数值（默认为 5 秒）。单击“创建视频”按钮。

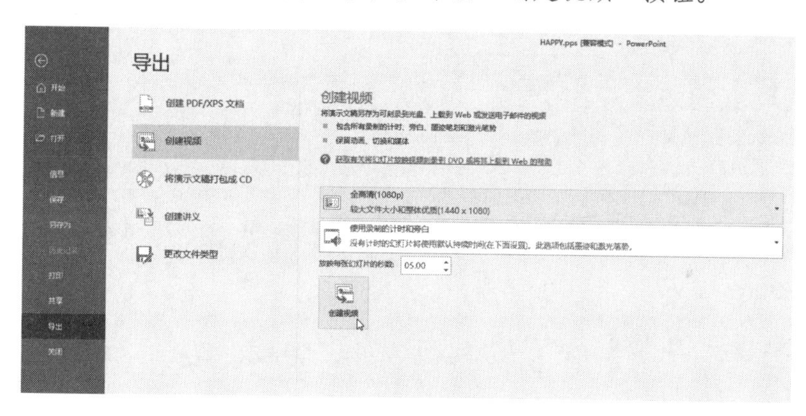

图 23-29

03 在出现的“另存为”对话框中，可以设置视频文件的保存路径，在“文件名”文本框中输入视频文件的保存名称，在“保存类型”中可以选择 MP4 或 WMV 类型。

04 单击“保存”按钮，即可创建视频文件。